Wallfred Brümmer

Wo fängt man in Deutschland?

Wallfred Brümmer

Wo fängt man in Deutschland?

Ein „Fisch und Fang"-Angelführer

5., völlig neubearbeitete Auflage von
HERMANN DENKE und KARL ERNST BEUG

Mit 20 Gewässerkarten

Verlag Paul Parey · Hamburg und Berlin

CIP-Kurztitelaufnahme der Deutschen Bibliothek

Brümmer, Wallfred:

Wo fängt man in Deutschland? : Ein Fisch- u. Fang-Angelführer / Wallfred Brümmer. – 5., völlig neubearb. Aufl. / von Hermann Denke u. Karl Ernst Beug. – Hamburg, Berlin : Parey, 1979.
ISBN 3-490-02414-1

NE: Denke, Hermann [Bearb.]

Anschriften: Spitalerstraße 12, 2000 Hamburg 1; Lindenstraße 44–47, 1000 Berlin 61. Printed in Germany by Westholsteinische Verlagsdruckerei Boyens & Co., Heide/Holstein. Einbandgestaltung: Evelyn Fischer, Hamburg. Die Karten zeichnete Walter Beyer.

ISBN 3-490-02414-1

Vorwort zur 5. Auflage

Dieser Reiseführer für Angler hat von Auflage zu Auflage ungewöhnlich große Umfangserweiterungen erfahren und sich damit den wachsenden Wünschen und Ansprüchen unserer Sportfischer angepaßt. Die 2. Auflage blieb mit 170 Seiten noch im Rahmen der Reihe „So fängt man". Die 3. Auflage hatte schon den doppelten Umfang, und die vor drei Jahren erschienene 4. Auflage, die trotz hoher Druckauflage bereits vergriffen ist, konnte mit ihren 450 Seiten kaum noch als Taschenbuch angesprochen werden.
Bei der Beschaffung, Auswahl und Bearbeitung des überaus umfangreichen Materials für die vorliegende Auflage stellte sich nun bald heraus, daß auch dieser Rahmen gesprengt werden würde. Der Verlag hat sich daher dankenswerterweise entschlossen, der 5. Auflage ein Format zu geben, das die Wünsche nach noch größerer Übersichtlichkeit weitgehend erfüllt. Für den praktischen Gebrauch zu Hause bei der Auswahl des Urlaubsortes, auch zusammen mit der ganzen Familie, und während des Urlaubs, um weitere, nahegelegene gute Fischgewässer zu entdecken, sowie auf der Fahrt, um am Wege liegende Angelmöglichkeiten zu identifizieren, bietet die Neueinteilung des Buches viele Vorteile.
Gewiß sind die Preise nicht stabil, auch kann sich hier und da der Bewirtschafter und eine Bestimmung ändern. Im großen und ganzen aber sind die Fischbestände nach Art und Größe gleichbleibend, zumal, von Unfällen abgesehen, durch das Erstarken des Gewässer- und Umweltschutzes sich das Vorkommen an Fischen eher laufend verbessert.
Der aufmerksame Leser wird zu seiner Freude sehr bald entdecken, daß viele neue Gewässer hinzugekommen sind, insbesondere Anschubgewässer und Talsperren, die erfolgreich mithelfen, das Angebot für den Sportfischer zu vergrößern und den Fangerfolg zu verbessern.

Frühjahr 1979 HERMANN DENKE KARL ERNST BEUG

Inhalt

Allgemeiner Teil 9

Einleitung 9
Touristische Auskünfte 9
Spezielle Informationsmöglichkeiten und Hinweise 11
Heilbäder mit Angelmöglichkeiten 11
Angelurlaub im Ausland 11
Gewässer, Fischarten, Fangzeiten und Methoden 12
Erlaubnis, Bedingungen und Gebühren 13
Hundertjähriger Fischer-Wetter-Kalender 13

Angelmöglichkeiten in Deutschland 16

Abkürzungen 16
Angeln im Meer 17
Organisierte Hochsee-Fangfahrten 17
Schleswig-Holstein 19
Raum Berlin (West) 40
Raum Hamburg 41
Lüneburger Heide 43
Hannover – Leinetal – Braunschweig 50
Harz und Vorland 53
Zwischen Elbe und Weser 60
Weser-Ems-Gebiet 64
Weserbergland von Münden bis Minden 75
Werratal 79
Fuldatal 81
Kurhessen-Waldeck 85
Diemel-Tal 86
Edersee 87
Oberhessen 89
Münsterland, Osnabrücker Land, Teutoburger Wald 92
Niederrheinland 100
Ruhr- und Industriegebiet 105
Sauerland 107
Die Hennetalsperre (Hennesee) 109
Die Möhnetalsperre (Möhnesee) 109
Die Sorpetalsperre (Sorpesee) 110
Bergisches Land mit Sieg und Agger 111
Westerwald 114
Lahn und Dill 119
Eifel und Ahrtal 122
Das Moseltal 132

Die Untermosel bis Koblenz – Einmündung in den Rhein 132
Hunsrück – Nahe 134
Das Saarland 139
Rheinhessen – Pfalz 141
Bergstraße – Odenwald 144
Neckarland 145
Jagst und Kocher 149
Obere Donau 153
Schwäbischer Wald 153
Taubertal 155
Nordbaden 156
Schwarzwald 157
Der Bodensee und seine Umgebung 169
Schwaben – zwischen Lech und Iller, Donau und österreichischer Grenze . . 171
Nördlich vom Bodensee, zwischen Donau, Iller und Stockacher Aach 180
Oberbayern (ostwärts vom Lech, westlich der Isar) zwischen Lech–
Donau und Isar 183
Oberbayern (ostwärts der Isar bis Grenze) zwischen Isar und Inn 193
Oberbayern (Chiemseegebiet) zwischen Inn und Salzach 196
Niederbayern (südlich der Donau) 205
Raum Passau – Vilshofen (Niederbayern) 206
Bayerischer Wald 210
Der Regen 212
Oberpfalz mit Naab und Zuflüssen 216
Altmühl-Tal 223
Fränkische Schweiz 227
Frankenland 229
Spessart 232
Rhön und Haßberge 237
Oberes Maintal – Frankenwald – Fichtelgebirge 240

Register 244

Allgemeiner Teil

Einleitung

Welcher Angler möchte nicht einmal in Gewässern fischen, die bessere Voraussetzungen als die eigenen oder bereits bekannte bieten und die es ermöglichen, sich mit neuen Fangmethoden und Fischarten vertraut zu machen? Naturgemäß sind solche Gedanken und Wünsche mit großen fischereilichen Erwartungen verknüpft, aber dieser verständliche Optimismus soll und darf nicht zu einer Überschätzung fremder Angelmöglichkeiten führen. Gute und schlechte Gewässer gibt es überall, und daß jeder Tag zwar Fischtag, aber nicht Fangtag ist, dürfte allgemein bekannt sein. Hinzu kommt, daß der Gastfischer vor viele Probleme gestellt wird und oftmals nur das persönliche Können und die entsprechende Anpassungsfähigkeit an die neuen Gegebenheiten zum Erfolg verhelfen.
Jeder Urlaub und ganz speziell ein Angelurlaub – ja selbst ein fischereilicher Kurzausflug über das Wochenende – verlangt eine genaue Planung und Vorbereitung. Fest umrissene Vorstellungen über das Reiseziel, die gewünschte Gewässerart, begehrte Fischarten und bevorzugte Fangmethoden sind – neben einer eingehenden Information – hierbei unbedingte Voraussetzung. Es sind viele Faktoren zu beachten; sei es beispielsweise die Frage der Unterkunft (gewässernahe Lage, eigene Boote und anglerfreundliche Wirtsleute) oder die Jahreszeit. Selbst ein Familienurlaub stellt oft ein besonderes Problem dar, denn die verschiedenen – oft gegensätzlichen – persönlichen, familiären, fischereilichen, zeitlichen und touristischen Wünsche müssen schießlich auf einen Nenner gebracht werden. Man sollte daher immer einen Ort wählen, dessen Unterhaltungsmöglichkeiten (Baden, Kleingolf, Reiten, Tennis, Kurzkonzerte, Fahrten usw.) auch den Angehörigen gerecht werden. Entsprechende Hinweise findet man bei den Ortsangaben. Da außerdem der frühe Morgen und die Abendstunden zu den besten Fisch- und Fangzeiten gehören, dürfte es nicht schwer sein, einen harmonischen und gemeinsamen Urlaub zu gestalten. Das Ideale wäre in jedem Falle, wenn auch die Familie fischereiliches Interesse zeigt.

Touristische Auskünfte

Ausführliche Angaben über Lage des Ortes, Sport- und Unterhaltungsmöglichkeiten, besondere Einrichtungen und einen Nachweis von Unterkünften enthalten die von größeren Sommerfrischen, Erholungs- und Kurorten herausgegebenen bebilderten *Prospekte*. Weitere Einzelheiten kann man bei den Verkehrsvereinen, Bürgermeisterämtern, Stadt- oder Gemeindeverwaltungen der einzelnen Orte erfragen. Auskünfte über die bevorzugten Reisegebiete geben folgende regionale *Fremdenverkehrsverbände* (nachstehend abgekürzt FVV), die dem Interessenten auch ein vielseitiges Informationsmaterial zur Verfügung stellen:

FVV Schleswig-Holstein, Adelheidstr. 10, 2300 Kiel, Ruf 04 31/6 40 11.

VA Berlin, Europa-Center, 1000 Berlin 30, Ruf 0 30/2 12 34.

FVZ Hamburg e. V., Hachmannplatz 1, 2000 Hamburg 1, Ruf 0 40/24 12 34.

FVV Nordsee Niedersachsen-Bremen, Gottorpstr. 18, Postfach 295, 2900 Oldenburg, Ruf 04 41/1 45 35.

FVV Lüneburger Heide, Glockenhaus, Postfach 2160, 2120 Lüneburg, Ruf 0 41 31/4 20 06.

Harzer VV, Marktstr. 45, Postfach 1669, 3380 Goslar 1, Ruf 0 53 21/2 04 14.

LVV Weserbergland-Mittelweser, Falkestr. 2, Postfach 174, 3250 Hameln, Ruf 0 51 51/2 45 66.

LVV Westfalen, Balkenstr. 4, 4600 Dortmund, Ruf 02 31/57 17 15.

LVV Rheinland, Rheinallee 69, Postfach 861, 5300 Bonn-Bad Godesberg 1, Ruf 0 22 21/36 29 21.

Hessische Landeszentrale für Fremdenverkehr, Abraham-Lincoln-Str. 38–42, 6200 Wiesbaden, Ruf 0 61 21/77 43 50.

LVV Hessen e. V., Abraham-Lincoln-Str. 38–42, 6200 Wiesbaden, Ruf 0 61 21/7 37 25–6.

FVV Kurhessen und Waldeck e. V., Entenanger 8, Postfach 10 12 24, 3500 Kassel, Ruf 05 61/1 82 73.

FVV Rheinland-Pfalz, Hochhaus, Postfach 1420, 5400 Koblenz, Ruf 02 61/3 50 25.

FVV Saarland, Bismarckstr. 39–41, Postfach 242, 6600 Saarbrücken, Ruf 06 81/6 44 00.

Landes-FVV Baden-Württemberg e. V., Bussenstr. 23, Postfach 304, 7000 Stuttgart 1, Ruf 07 11/48 10 45.

FVV Neckarland-Schwaben, Theaterstr. 9, 6900 Heidelberg, Ruf 0 62 21/5 84 38.

FVV Neckarland-Schwaben, Charlottenplatz 17, 7000 Stuttgart 1, Ruf 07 11/29 01 51.

FVV Schwarzwald, Bismarckallee 10, Postfach 5440, 7800 Freiburg, Ruf 07 61/3 13 17.

FVV Bodensee-Oberschwaben, Schützenstr. 8, 7550 Konstanz, Ruf 0 75 31/2 22 32.

FVV Franken, Am Plärrer 14, Postfach 7, 8500 Nürnberg, Ruf 09 11/26 42 04.

FVV München-Oberbayern, Sonnenstr. 10, Postfach 200929, 8000 München 2, Ruf 0 89/59 63 51.

FVV Ostbayern, Richard-Wagner-Str. 10, 8400 Regensburg, Ruf 09 41/5 71 86.

FVV Allgäu/Bayerisch-Schwaben, Halderstr. 12, 8900 Augsburg 1, Ruf 08 21/3 33 35.

Als direkte Beratungsquellen sind vor allem auch die Reisebüros zu empfehlen, die auf Grund ihrer Erfahrung und Unterlagen wertvolle Hinweise für Einzel- oder Pauschalreisen geben können.

Spezielle Informationsmöglichkeiten und Hinweise

Für den Autofahrer: Touristikdienst des Allgemeinen Deutschen Automobil-Clubs (ADAC) für seine Mitglieder – kostenfreie Zusammenstellung von Reiserouten, Beratung bei Campingreisen, touristische Orientierungsmittel und Reiseliteratur –; Publikationen der Esso und Shell AG; „Varta-Führer durch Deutschland“, ein Verzeichnis von über 5000 Orten mit rund 13 000 Hotels und Gasthäusern; sowie verschiedene andere Autoführer und Atlanten (z. B. „Continental“, „Großer Gelber“, „Shell“, „Aral“, „Baedeker“).

Für den Wasserwanderer: „Deutsches Fluß- und Zeltwanderbuch“ mit Fahrtbeschreibung für alle deutschen Gewässer sowie zahlreichen Kartenskizzen, Handbuch für Wanderruderer, „Kleinflußführer für Nordrhein-Westfahlen“ für das Gebiet zwischen Rhein, Maas, Ems, Weser mit genauen Fahrtanweisungen und „Das Wanderbuch für Nordwestdeutschland“, herausgegeben vom Deutschen Kanu-Verband; ferner zahlreiche Gewässerkarten.

Für den Campingreisenden: „DCC-Campingführer Deutschland-Europa“ mit Beschreibung von 7000 Plätzen, vielen Lageskizzen und FKK-Teil. Sämtliche Reisepublikationen können über Ihre Buchhandlung bezogen werden. Außerdem: „Urlaub auf dem Bauernhof“, ein Verzeichnis mit über 1320 Adressen, darunter auch Ferien-Bauernhöfe mit eigenem Fischwasser, kann bezogen werden vom DLG-Reisedienst-Agrartour, Rüsterstr. 13, 6000 Frankfurt 1.

Heilbäder mit Angelmöglichkeiten

Kur und Fischfang lassen sich in sehr vielen Heilbädern miteinander verbinden, sofern es die Zeit zwischen den ärztlichen Behandlungen erlaubt. Gastkarten werden in der Regel nur an Kurgäste ausgegeben, wobei der Besitz der Kurkarte und des Fischereischeins Voraussetzung ist. Erlaubnis erteilen oder vermitteln die örtlichen Bade- und Kurverwaltungen, die auch touristische und fischereiliche Auskünfte erteilen. Soweit Anglervereine Pächter von Gewässern sind, besteht auch für organisierte Petri-Jünger oftmals Angelmöglichkeit.

Angelurlaub im Ausland

Für den Auslandsreisenden bieten die folgenden Angelführer eine Fülle von Anregungen, Hinweisen und speziellen Angaben: „Wo fängt man in Nordeuropa?“, 2. Aufl. (Dänemark, Island, Norwegen, Schweden und Finnland);

„Wo fängt man in Frankreich, Belgien, den Niederlanden und Luxemburg?“, „Wo fängt man in der Schweiz und in Liechtenstein?“, „Wo fängt man in Österreich?“ 2. Aufl. und „Die 100 besten Angelplätze für Salmoniden in Europa“.

Gewässer, Fischarten, Fangzeiten und Methoden

Deutschland besitzt - angefangen von Nord- und Ostsee bis hinauf zum Forellenbach des Hochgebirges - jeden Gewässertyp, so daß der reisende Angler immer das erwünschte Fischwasser oder die begehrten Fischarten findet.
Um sich aber vor Enttäuschungen zu schützen, sollte sich jeder nur für ein Gewässer entscheiden, das seiner bisherigen Erfahrung und seinem Können entspricht, denn gewöhnlich sind ihm weder die Beschaffenheit und Struktur des fremden Angelrevieres noch das dadurch bedingte charakteristische Verhalten seiner Bewohner vertraut. Ohne eine genaue Gewässerkenntis werden in vielen Fällen die Fangchancen gering sein, denn der Erfolg hängt keineswegs immer nur von einem guten Fischbestand ab. Natürlich kann auch der Gastfischer an neuen Gewässern gute Fänge machen, aber selbst bei einem effektiv guten Fischbestand kann niemand erwarten, auf Anhieb erfolgreich zu sein. Leider ist oft genug die Beobachtung zu machen, daß viele „Fremdangler“ selbst die Schuld an ihrem Versagen tragen. Auf die vorhandenen fischereilichen Möglichkeiten oder Witterungsverhältnisse hat keiner Einfluß, aber bei Ausdauer und Geduld werden unser Können, unsere Erfahrung und Anpassungsfähigkeit an die Gegebenheiten schließlich doch Früchte tragen. Vor allem sollte man sich - das bezieht sich besonders auf einen gemischten Fischbestand - vor einseitigen Fangmethoden hüten, denn viele berühmte Raubfischgewässer weisen z. B. einen noch nicht entdeckten Schatz an kapitalen Friedfischen auf.
Das Fischen an fremden Wassern ist nun einmal recht problematisch, und so ist auch die Jahreszeit genauer Überlegung wert.
Der Hochsommer stellt zwar die Hauptreisezeit dar, fällt aber leider nicht in die beste Fangzeit. Zudem der rege Fremdenverkehrs- und Wassersportbetrieb weder dem ruhesuchenden Angler noch den scheuen Fischen reine Freude bereitet, bevorzugt der erfahrene Urlauber die Vor- und Nachsaison, denn sie bietet nicht nur preisliche Vorteile hinsichtlich Unterkunft und Verpflegung, sondern - im Frühjahr auf Forelle, im Herbst auf Hecht, Zander und Barsch - bedeutend bessere fischereiliche Aussichten. Selbst im Winter kann man - ganz abgesehen von der hohen Waid auf den edlen Huchen - im Meer auf Dorsch und auf den großen Seen unter Eis auf Fried- und Raubfisch zu seinem Recht kommen.
Über die Eigenheiten der einzelnen Fischarten und allgemeinen Fangmethoden informiert eine große Zahl von ausgezeichneten Fachbüchern, so daß hier nicht näher darauf eingegangen zu werden braucht.

Erlaubnis, Bedingungen und Gebühren

Die Erteilung der Angelerlaubnis bzw. Ausgabe von Gastkarten sowie die Angaben über Bedingungen, Auflagen und Gebühren stellen auf Grund dieser Publikation keineswegs eine bindende Verpflichtung für die genannten Fischereiberechtigten dar, sondern unterliegen ausschließlich der freien Vereinbarung.
Grundsätzlich ist zu beachten, daß der Besitz des *Jahres(Bundes)fischereischeins* obligatorisch ist, und die Angelerlaubnis oft nur in beschränktem Umfang oder in Einzelfällen nach Vereinbarung erteilt wird. Neben den aufgeführten Angelmöglichkeiten mit genauen Angaben gibt es natürlich noch eine Vielzahl von Gewässern, für die man nach persönlicher Rücksprache mit dem Pächter oder Besitzer die Genehmigung zum Fischen bekommt. Bei verschiedenen Gebieten sind „Weitere Angelmöglichkeiten" genannt worden, wo es der Privatinitiative des Interessenten überlassen bleibt, Einzelheiten zu erkunden.
Die meisten Angelvereine geben im Rahmen ihrer eigenen Möglichkeiten Tages-, Wochen- und Monatskarten aus; jedoch in der Regel nur mit der Auflage, daß der Gastfischer organisiert ist. Auf die abgelegte Sportfischerprüfung wird immer mehr Wert gelegt (in Bayern, Nordrhein-Westfalen, Rheinland-Pfalz und Niedersachen bereits gesetzlich vorgeschrieben). In Erholungs- und Kurorten wird gewöhnlich der Aufenthalt als Feriengast zur Bedingung gemacht. Hotels mit eigenen Fischwassern sind in allen ausgesprochenen Reisegebieten zu finden. Angelgelegenheit besteht im allgemeinen nur für Hausgäste, und zwar kostenlos bei Beuteablieferung.
Die Gebühren sind je nach Gebiet und Gewässerart unterschiedlich, richten sich aber im allgemeinen nach der Güte des Fischbestandes, wobei besonders das Angeln auf Salmoniden sehr kostspielig werden kann. Trotzdem gibt es auch gute und preiswerte und im Gegensatz dazu nicht zufriedenstellende, aber mit recht hohen Kosten verbundene Angelmöglichkeiten.
Pflicht eines jeden Gastfischers – wobei die Betonung auf „Gast" liegt – soll und muß es sein, sich an fremden Gewässern waidgerecht zu verhalten und die mit der Erlaubnis verbundenen Auflagen über Mindestmaße, erlaubte Köder und Fangmethoden genau zu beachten. Dabei ist es m. E. unerheblich, ob es sich um organisierte oder unorganisierte Angler – ganz abgesehen von der bestandenen Sportfischerprüfung – handelt, denn einzig und allein die persönliche Einstellung in bezug auf den Fisch und die zu seinem Schutz erlassenen Bestimmungen sind entscheidend. „Fleischmacher" und Tierquäler gehören daher an kein Gewässer!

Hundertjähriger Fischer-Wetter-Kalender

Können wir schon nicht in die Zukunft sehen, so ist es doch ein Trugschluß zu glauben, man könnte aus der Vergangenheit nichts lernen. Wir besitzen

Ort/Insel	Januar			Februar			März			April			Mai			Juni		
Helgoland	4/0	1,5	11	4/0	2,5	10	5/1	4	10	9/4	6,5	9	13/7	7,5	8	16/11	7,5	
Flensburg	3/–2	1,5	12	4/–2	2,5	10	6/0	4	11	11/2	6,5	10	17/6	7,5	10	20/9	8	
Kiel	2/–2	1,5	12	3/–2	2,5	10	6/0	4	11	10/3	6,5	10	15/7	7,5	9	19/10	8	
Lüneburg	3/–3	1,5	11	4/–2	2,5	9	8/0	4	10	13/2	6,5	10	19/6	7,5	9	21/9	7,5	1
Hannover	3/–2	1,5	11	5/–2	2,5	9	8/0	4	10	13/3	6	10	19/7	7	10	22/10	7	1
Goslar	2/–3	1,5	11	3/–3	2,5	9	7/–1	4	10	12/3	6	11	18/7	7	11	21/10	7	1
Fulda	2/–4	1,5	10	5/–3	2,5	8	8/0	4,5	9	13/2	6	10	19/6	7	10	22/9	7,5	1
Frankfurt	3/–2	1,5	9	6/–1	2,5	9	10/2	4,5	9	15/5	6	9	20/9	7,5	9	23/11	7,5	
Münster	4/–2	1,5	12	6/–1	2,5	11	9/1	4	11	14/3	6	11	19/7	7	10	22/10	7	1
Olpe	2/–3	1,5	14	3/–2	2,5	13	7/0	4	13	11/2	5	12	17/7	6	11	19/9	6	1
Marburg	2/–3	1	11	4/–3	2,5	9	8/0	4,5	9	13/3	6	10	18/6	7	9	21/9	7	
Bitburg	3/–3	1,5	12	5/–3	2,5	11	9/–1	5	12	14/2	6,5	11	19/6	7	11	22/9	7	1
Koblenz	4/–1	1,5	10	6/0	2,5	9	10/2	4,5	10	15/5	6	9	20/9	7	9	23/12	7	
Trier	4/–2	1	11	6/–1	2,5	10	10/0	4,5	10	15/3	6	9	20/7	7	10	23/10	7	
Saarbrücken	4/–3	1,5	12	6/–2	2,5	10	9/0	5	11	14/2	6	11	19/6	7	10	22/9	7	
Ludwigshafen	4/–1	2	8	6/0	3	8	10/2	5,5	9	15/5	6,5	9	20/9	7,5	10	23/12	7,5	1
Speyer	4/–2	2	8	6/–1	2,5	8	11/2	5	9	15/5	6	9	20/9	7	9	24/12	7	
Michelstadt	3/–3	2	11	5/–3	2,5	9	9/0	5	11	14/2	6,5	11	19/6	7,5	10	22/9	7,5	1
Heidelberg	4/–1	1,5	10	6/0	2,5	9	10/2	5	10	15/5	6	10	20/9	7,5	10	23/12	7,5	1
Stuttgart	4/–2	1,5	9	6/–1	2,5	8	10/1	5	9	14/5	5,5	11	20/9	7	11	23/12	7	1
Tübingen	3/–4	2	8	5/–4	2,5	8	10/–1	5	8	14/2	6	10	19/6	7	11	22/9	7,5	1
Freudenstadt	2/–5	2	13	4/–4	2,5	12	7/–2	5	14	12/1	5,5	14	17/5	7	13	20/8	7	1
Friedrichshafen	2/–4	1,5	10	4/–3	2,5	8	9/0	5,5	10	13/4	6	12	19/7	7,5	12	22/11	8	1
Oberstdorf	2/–9	2	12	4/–8	3,5	11	8/–4	5	13	12/0	5	15	17/4	5,5	16	20/7	5,5	1
Ulm	2/–5	2	9	4/–4	3	7	9/–1	5	9	14/2	6	11	19/7	7	11	22/10	7,5	1
Garm.-Partenk.	2/–6	2,5	11	5/–5	3,5	9	9/–2	5	11	13/2	5	14	18/5	5,5	16	20/9	5,5	1
Tegernsee	3/–5	2,5	12	4/–5	3,5	10	8/–2	5	12	12/2	5,5	14	17/6	6,5	16	19/9	6,5	1
Berchtesgaden	1/–6	2	12	4/–6	2,5	10	8/–2	4	12	13/2	4,5	15	17/6	5,5	16	20/9	5,5	1
Passau	1/–5	2	12	4/–4	2,5	10	9/0	5	10	14/3	6	11	19/8	7	12	22/11	7,5	1
Cham/Bayer. Wald	1/–5	2	10	3/–4	2,5	8	8/–1	5	9	14/2	6	10	19/6	7	11	22/9	7	1
Würzburg	3/–3	1,5	9	5/–2	2,5	8	10/0	5	9	15/4	6	9	20/8	7,5	10	23/11	7,5	1

Ort/Insel	Juli			August			September			Oktober			November			Dezembe	
Helgoland	19/13	7	9	19/13	6,5	13	17/12	5,5	11	12/8	3,5	13	8/4	1,5	13	5/1	1,5
Flensburg	21/11	7,5	11	20/11	6,5	14	18/8	5,5	11	13/5	3,5	13	7/1	1,5	13	4/–1	1
Kiel	21/12	7,5	11	20/12	6,5	13	17/10	5,5	10	12/6	3,5	12	7/2	1,5	12	4/–1	1
Lüneburg	23/11	7,5	11	22/11	6,5	13	19,8	5,5	9	13/5	3,5	10	7/1	1,5	10	4/–1	1
Hannover	23/11	6,5	12	22/11	6,5	12	19/8	5	10	13/5	3,5	10	8/1	1,5	9	5/–1	1
Goslar	22/11	7	12	21/11	6,5	12	18/8	5	11	12/4	3,5	12	6/1	1,5	10	3/–2	1
Fulda	23/11	7	12	22/11	6,5	11	19/8	5	10	13/4	3,5	10	7/1	1,5	9	3/–2	1
Frankfurt	24/13	7,5	9	23/13	6,5	10	20/10	5	9	14/6	3,5	9	8/2	1,5	9	4/0	1
Münster	23/12	6,5	12	22/12	6	12	19/9	5	10	14/5	3,5	11	8/2	1,5	11	5/0	1
Olpe	21/11	6	13	20/10	5	13	17/8	4	11	12/5	3	13	6/1	1,5	13	3/–2	1
Marburg	23/11	7,5	11	22/10	6,5	10	18/8	4,5	9	12/4	3	10	6/1	1,5	9	3/–2	1
Bitburg	23/11	7	12	22/10	6,5	11	19/8	5	11	13/4	3,5	12	7/0	1,5	12	4/–2	1
Koblenz	24/14	7	10	24/10	6,5	9	20/9	5	9	14/7	3,5	10	8/3	1,5	10	5/0	1
Trier	24/12	7	10	23/11	6,5	11	20/8	5	10	14/5	3,5	11	8/2	1,5	11	5/–1	1
Saarbrücken	23/11	7	10	23/10	6,5	11	19/8	5	9	13/4	3,5	10	8/1	1,5	11	4/–1	1
Ludwigshafen	25/14	8	10	24/13	7,5	10	20/10	5,5	9	14/6	4	9	8/3	1,5	9	5/0	1
Speyer	25/14	7,5	10	24 13	7	9	20/10	5,5	8	14/6	3,5	8	8/2	1,5	8	5/–1	1
Michelstadt	24/11	8	11	23/10	7	12	19/7	5,5	10	13/4	4	10	7/1	1,5	10	4/–2	1
Heidelberg	25/14	7,5	11	23/13	7	11	20/10	5,5	9	14/7	3,5	10	8/3	1,5	10	5/0	1
Stuttgart	24/13	8	11	21/13	7,5	11	20/10	5,5	10	14/6	4	9	8/2	2	9	5/–1	1,5
Tübingen	24/11	8	11	23/10	7,5	12	19/8	5,5	10	14/4	4	9	8/0	2	8	4/–3	1,5
Freudenstadt	22/10	8	13	21/10	7	13	17/8	5,5	11	12/4	4,5	12	6/0	2	12	3/–3	1,5
Friedrichshafen	23/12	8,5	13	22/12	7,5	12	19/9	5,5	10	13/5	4	10	7/1	2	9	3/–2	1,5
Oberstdorf	22/9	6,5	17	21/8	6	15	18/6	5	13	13/2	4,5	11	7/–3	2,5	11	3/–7	2
Ulm	23/12	8	12	23/11	7,5	11	19/9	5,5	10	13/4	3,5	8	6/0	1,5	8	3/–3	1,5
Garm.-Partenk.	22/10	6,5	17	22/9	6,5	11	19/7	5,5	12	14/3	5	10	8/–1	3	9	3/–4	2,5
Tegernsee	21/11	7	16	21/10	7	15	18/9	5,5	13	13/4	4,5	10	8/0	2,5	10	4/–3	2,5
Berchtesgaden	22/11	6	17	21/10	6	15	19/8	5	13	13/3	4	10	6/–1	2	10	2/–5	1,5
Passau	24/13	8	13	23/12	7,5	12	19/9	5,5	10	13/5	4	9	7/0	1,5	9	2/–3	1
Cham/Bayer. Wald	24/11	7,5	12	23/10	7	12	19/7	5,5	9	13/4	4	8	6/0	1,5	9	2/–3	1,5
Würzburg	24/13	8	11	23/12	7	10	19/9	5	9	13/5	4	9	7/1	1,5	8	4/–1	1

Höchst- und Tiefsttemperatur

Sonnenscheindauer (Stunden)

Tage mit Regen oder Sch

seit rund einhundert Jahren in Deutschland Wetterbeobachtungsreihen, in denen zum Beispiel Höchst- und Tiefsttemperaturen, Sonnenschein, Regen usw. aufgezeichnet wurden. Bildet man aus diesen jahrzehntelangen Aufzeichnungen – und das haben wir getan – Durchschnittswerte, so erhält man ein zuverlässiges Bild des mittleren Witterungscharakters in den einzelnen Gebieten und Monaten. Das Ergebnis ist in der Tabelle zusammengefaßt. Die darin enthaltenen Angaben sind auf den Sportfischer und die mitreisende Fischersfrau abgestimmt. Mann kann daraus entnehmen:

Wie warm wird es durchschnittlich tagsüber? (Spalte 1, erste Zahl)

Wie stark kühlt sich die Luft nachts im allgemeinen ab? (Spalte 1, zweite Zahl)

Wieviel Stunden Sonnenschein kann man täglich im Durchschnitt erwarten? (Spalte 2)

Mit wieviel Regen- oder Schneetagen muß man im Mittel in den einzelnen Monaten rechnen? (Spalte 3)

Die Höchsttemperatur wird im allgemeinen gegen mittag zur Zeit des Sonnenhöchststandes erreicht, die Tiefsttemperatur kurz vor Sonnenaufgang. Regen- oder Schneetage müssen nicht restlos verregnet oder verschneit sein. Es genügt, wenn ein kurzer Schauer fällt, damit er in den Statistiken der Meteorologen als Regen- oder Schneetag zählt.

Dieser Fischer-Wetter-Kalender gilt nicht nur für die angegebenen Orte, sondern auch für deren nähere oder weitere Umgebung, wenn die Landschaftsverhältnisse etwa gleich sind, und der Kalender gilt außerdem für die nächsten – sagen wir – einhundert Jahre.

Angelmöglichkeiten in Deutschland

Orte und Gewässer mit den wichtigsten fischereilichen und touristischen Angaben

Abkürzungen:

A: örtliche Auskunftsstellen
G: Gewässer, Größe oder Länge der Angelstrecke
FA: vorkommende Fischarten
FZ: günstige Fangzeit oder Saison (wenn keine Angaben = ganzjährig)
E: Erlaubnis erteilt oder vermittelt bzw. Ausgabestellen für Gastkarten.
Geb: Gebühren – unverbindliche Richtpreise
T =Tag, WE = Wochenende, W = Woche, M = Monat, S = Saison, J = Jahr
B: Bedingungen (Auflagen, erlaubte Fangmethoden und Köder)
S: sonstige Hinweise; u. a. auf weitere Angelmöglichkeiten am Ort oder in der Umgebung.

AB = Anglerbund, AC = Anglerclub, AG = Anglergruppe, AK = Anglerklub, ASC = Anglersportclub, ASV = Angelsportverein, AV = Anglerverein, BFV = Bezirksfischereiverein, FuAV = Fischerei- u. Anglerverein, FVd = Fischereiverband, IG = Interessengemeinschaft, J. Fsch. = Jahresfischereischein, KFV = Kreisfischereiverein, O. A. = Organisierter Angler, OFV = Ortsfischereiverein, SA = Sportangler, SAB = Sportanglerbund, SAC = Sportanglerclub, SAG = Sportanglergruppe, SFG = Sportfischergemeinschaft, SFV = Sportfischereiverein, Sp. Prü. = Sportfischerprüfung, VSA = Vereinigte Sportangler, VSAGr = Vereinigte Sportanglergruppe, VSF = Vereinigte Sportfischer, VSFGr = Vereinigte Sportfischergruppe. *(Anmerkung:* Bei den Abkürzungen kann A entweder „Angel“ oder „Angler“ und V auch „-vereinigung“ bedeuten.) FVA = Fremdenverkehrsamt, FVB = Fremdenverkehrsbüro, FVV = Fremdenverkehrsverein, St. = Städtischer oder Städtisches, VA = Verkehrsamt, VB = Verkehrsbüro, VV = Verkehrsverein.

Zur Beachtung: Alle Angaben und Hinweise müssen unter Vorbehalt erscheinen, da Änderungen in der Bewirtschaftung, der Erlaubnisgebühren, Bedingungen, Auflagen und fischereilichen Verhältnisse naturgemäß in der Sache liegen und sich bei der Fülle des Materials Informationen nicht immer ausschließen lassen, die nicht ganz genau oder nicht ausführlich genug waren. Vor Antritt der Angelfahrt ist deshalb eine persönliche Rückfrage bei den genannten Fischereiberechtigten oder örtlichen Auskunftsstellen nicht nur ratsam, sondern aus eigener Erfahrung unbedingt erforderlich! Ausdrücklich wird vom Verfasser darauf hingewiesen, daß dieser Angelführer von Institutionen jeglicher Art völlig unabhängig ist und keinerlei Werbungstendenz enthält. Gewässerbeurteilungen erfolgten ausschließlich aus persönlicher Sicht.

Anmerkung zu den Fernsprech-Rufnummern („Ruf“): Um Platz einzusparen ist von einer Wiederholung gleicher Ortsnetzkennzahlen (Vorwahl-Nr.) innerhalb eines

Abschnittes abgesehen worden. Fehlt diese Angabe, so ist die zuvor genannte Vorwahl-Nr. zu wählen.

Angeln im Meer

Sowohl an der Ostsee, als auch an der Nordsee kann man in allen Orten entweder von der Küste (Brandungsfischen), von Molen und Hafenanlagen sowie von einfachen Booten in Ufernähe (hierbei Strömungs-, Wind- und Wetterverhältnisse zur eigenen Sicherheit genau beachten!) auf Aal, Plattfisch, Dorsch, Hornhecht, Makrele und selbst auf Meerforelle angeln, wobei das Brandungsfischen auf Fehmarn oder der Makrelenfang auf Sylt besonders zu empfehlen ist. Benötigt wird nur der Jahresfischereischein. Wertvolle Ratgeber sind in jeder Hinsicht die speziellen Bücher „Das Angeln im Meer vor westdeutschen Küsten“ (Band I: Fische, Angelmethoden und sportliche Ausrüstung, 2. Aufl.; Band II: Angelplätze an der Küste und auf See, 2. Aufl.) und „So fängt man Seefische, 3. Aufl.“.

Organisierte Hochsee-Fangfahrten

I. Ostsee (von Nord nach Süd)

Maasholm (2341), an der Schleimündung: Fredi Bruhn, Westerstr. 92, Ruf 0 46 42/28 62 u. 39 62; Hans Reinhard Laß, Hafenweg, Ruf 34 58; Gerhard Richter, Hauptstr. 24, Ruf 43 21.

Kappeln (2340), an der Schlei: Helwig Szameitat, Olpenitzer Dorfstr. 11, Ruf 0 46 42/8 13 71; Friedrich Bielfeldt, Hüholzweg 1a, Ruf 20 26.

Ostseebad Eckernförde (2330): Heinrich Buhmann, Ronnenbergweg 2, Ruf 0 43 51/8 15 54; Helmut Jupitz, Karlstr. 4, Ruf 8 13 13; Gottfried Mahrt, Jungfernstieg 38, Ruf 32 24.

Strande (2301), an der Kieler Förde: **A:** FVV, Ruf 0 43 49/2 90; Peter Pingel, Dänischenhagener Str. 15, Ruf 83 34.

Kiel (2300): **A:** Landessportfischerverband Schleswig-Holstein e. V., Hamburger Chaussee 102, Ruf 04 31/68 49 23; Angelcenter Knutzen, Adelheidstr. 16/22, Ruf 6 61 33 und Voranmeldungen Ruf 0 43 05/7 56.

Heikendorf (2305), an der Kieler Förde: Bodo Schargus, Wiesenkamp 97, Ruf 04 31/24 20 05; Kurt Weinreich, Wilh. Ivens-Weg 35, Ruf 24 12 40.

Ostseebad Laboe (2304), an der Kieler Förde: Germania Reederei GmbH, Ruf 0 43 43/82 37 u. 0 43 44/16 69; Laboer Seetouristik Schäfer, Sörnskamp 12, Ruf 0 43 43/76 06; MS „Sirius“, Ruf 04 31/67 12 73 u. 0 43 43/75 13; MS „Langeland“, Ruf 04 31/24 17 32; MS „Lolland“, Ruf 0 30/24 43 44 u. 0 43 43/84 15; Bernd Klement, Reuterkoppel 17, 2301 **Raisdorf**, Ruf 0 43 07/13 28.

Burgstaaken (2448), Hafen von Burg auf Fehmarn: Reederei Seetouristik, 2448 **Burg auf Fehmarn,** Ruf 0 43 71/31 90; Kapitän Rudi Neumann, Breslauer Str. 22, Ruf 27 76; ab **Orth:** Kapitän Fritz Florian, Ruf 0 43 72/5 55.

Ostseebad Heiligenhafen (2447): Reederei Kapitän Willy Freter jun. & Co. KG, Schulstr., Ruf 0 43 62/24 44; Heinrich Gross, Feldstr. 54, Ruf 17 57; Heinz Nagel,

Möwenstr. 48, Ruf 84 34; Sundreederei Hansen & Co. KG, Lauritz-Maßmann-Str. 12, Ruf 86 65 u. 29 46; Hans Parschauer, Danziger Str. 11, Ruf 72 01.

Großenbrode (2443): Paul Scheew, Von-Herwarth-Str. 20, Ruf 0 43 67/87 50.

Neustadt (2430): Ernst Rode, Postfach 1108, Ruf 0 45 61/31 00; Hans Spitz, Ruf 27 68; Reederei Peter Deilmann, Am Hafensteig 19, Ruf 60 41-44; Walter Boldt, Ruf 0 43 62/81 37.

Niendorf/Ostsee (2408): **A:** Kurverwaltung, Strandallee 73a, Postfach 209, 2408 **Timmendorfer Strand;** Willy Belis, Strandstr. 32, Ruf 0 45 03/52 72; Hermann Krüger, Kastanienallee 6, Ruf 43 94; Bruno Brockmann, Strandallee 30, 2409 **Haffkrug,** Ruf 0 45 63/57 18.

Lübeck-Travemünde (2400): Karl Tuchtenhagen, Mecklenburger Landstr. 54, Ruf 0 45 02/26 08; Heinz Kirsch, Teutendorfer Weg 3, Ruf 45 35; F. Sabin, Neuer Schlag 11, Ruf 35 24; Walter Johannsen, An der Bäk 20, Ruf 33 87; Harry Koesling, Teutendorfer Weg 2 C, Ruf 24 11; Eisenbahner-Hochsee-SFV e. V., Ruf 24 50; Hübner & Wegner, Torstr. 34, Ruf 54 27; W. Johannsen, Kurgartenstr. 18, Ruf 58 02.

II. Nordsee (von Nord nach Südwest)

Sylt: „Fisch & Fang"-Angelgeräte, Strandstr. 19, 2280 **Westerland,** Ruf 0 46 51/2 27 24; Gerhard Petersen, Hafenstr. 1, 2284 **Hörnum,** Ruf 0 46 53/4 62; evtl. auch von Hörnum aus: H. P. von Holdt, Schanzenstr. 115, 2000 Hamburg 6 nach Vereinbarung.

Tönning (2253): Kapitän Eckloff, Ruf 0 48 51/24 25

Büsum (2242): Johann Clausen, Möwenweg 6, Ruf 0 48 34/82 58; Heinrich Neumann, Helmsand 1, Ruf 12 11; Theo Simonis, Hummergrund 10, Ruf 82 35; Henry Jasper, Trischenweg 3, Ruf 85 21; J. Buss, Schulstr. 4, Ruf 88 55.

Helgoland (2192): Veranstalter von Fangfahrten ist die Fischereigemeinschaft Helgoland. **A:** Kurverwaltung, Postfach 440, Ruf 0 47 25/7 01.

Cuxhaven (2190): Hochsee-Angelfahrten nach Helgoland: Adolf Lösch, Badehausallee 37, Ruf 0 47 21/3 85 40; Agentur Plennis, Meyerstr. 3, Ruf 3 52 32; H. Tronnier, Reinekestr. 23, Ruf 3 64 64; Tip-Werbung, Franke KG, Postfach 232, Ruf 3 83 21.

Hooksiel/Wangerland 3 (2941), Nordseeküstenbad: Schiffahrt & Seetouristik Schwarz KG, Manteuffelstr. 17, 2940 **Wilhelmshaven,** Ruf 0 44 21/4 18 89.

Harlesiel (2944 Wittmund 2/Carolinensiel): Emil Albrecht, Friedrich-Schleuse, Ruf 0 44 64/2 71; Hermann Albrecht, Am Harlesiel 15, Ruf 3 41; Karl Albrecht, Deichstr. 20, Ruf 7 74; Hinnerk Pieter Tattje, Deichstr. 7, Ruf 7 40; Emil Albrecht, Friedrich-Schleuse, Ruf 8 06.

Neuharlingersiel (2943): Artur Jacobs, Süderweg 138, Ruf 0 49 74/4 24; Eilt Jacobs, Seriemer Weg 153, Ruf 5 38; Hermanus Jacobs, Am Hafen West 33, Ruf 2 79; Wilhelm Jacobs, Süderweg 154, Ruf 2 90; Hinrich Peters, Seriemer Weg 156a, Ruf 5 33; Theodor Peters, Von-Eucken-Weg 116, Ruf 3 01; Gerhard Ricklefs, Haus Seestern, Ruf 2 57; Steffen Steffens, Bootsweg 34, Ruf 5 47; Udo Wiemken, Auf dem Weg 20, Ruf 5 51; Diedrich Dirks, Wiesenweg 35, Ruf 5 57; Emil Steffens, Bootsweg 6, 2941 **Adderhausen,** Ruf 3 07.

Bensersiel (2943) **Esens-:** Karl Rieken, Am Hafen 8, Ruf 0 49 71/25 00; Emil Steffens, Schulstr. 158, Ruf 24 68.

Norderney (2982), Nordseeheilbad: Johann Jenssen, Ruf 0 49 32/33 28; Reederei Cassen Eils, Ruf 28 02.

Norddeich/Norden-Norddeich 2 (2980), staatlich anerkannter Küstenbadeort: Johann v. d. Ohe, Makrelenweg 1a, Ruf 0 49 31/84 31; Bernhard Noormann, Norddeicher Str. 14, Ruf 87 64; Dieter Baar, Robbenstr. 8, Ruf 89 96; Gero Noormann, Nordlandstr. 10, Ruf 8 11 61; Egbert Müller, Robbenstr. 7, Ruf 85 08; Fokko Janssen, Kolkstr. 21, Ruf 87 44; Anne Janssen, Tunnelstr. 34, Ruf 8 11 99.

Borkum (2972), Nordseeheilbad: Ulrich Ney, Ruf 0 49 22/23 38; Einzelbuchungen über Hans-Hermann Ebeling, Ruf 16 94. (Mit MS „Sabine“ im Seegebiet des Borkum-Riffs gute bis sehr gute Grundhaifänge).

Schleswig-Holstein

Westküste mit Mündungsflüssen (von Nord nach Süd)

Sylt, größte der Nordfriesischen Inseln, rd. 100 qkm groß, davon ca. 50 % Dünen, sonst Wiesen, Heide und Ackerland, durch den Hindenburgdamm mit dem Festland verbunden; Endstation der Bahnstrecke Hamburg–Niebüll nach Westerland, Autotransport per Schiene von Niebüll nach Westerland; Personen- und Autotransport von der dänischen Nachbarinsel Röm, die mit dem Festland durch einen Damm verbunden ist, nach List; jeglicher Wassersport (u. a. Surfing), Reiten, Tennis, Golf, Meerwasser-Wellen-Hallenbad. Orte: List, Kampen, Wenningstedt, Westerland, Keitum, Archsum, Morsum, Rantum und Hörnum. **G:** Nordsee, ca. 40 km Sandstrand, Häfen in List und Hörnum, Wattenmeer; besonders reizvoll ist das Angeln an den Nehrungshaken im Norden Ellenbogenspitze, im Süden Hörnum-Spitze. Durch die dort auftretenden Gezeitenströme und damit verbundene Nahrungszufuhr gehören diese Plätze zu den fängigsten der gesamten Nordseeküste. **FA:** Scholle u. a. Plattfische, Aal, Dorsch, Makrele, Hornhecht und Meeräsche. **Geb:** M 2 DM. **B:** J. Fsch. **G:** Rantumer Becken (2,5 km lang und 200 m breit), Nössekuhle (13 000 qm) und Sielgewässer von ca. 14 km Länge, bis 50 m Breite. **FA:** Regenbogenforelle, Hecht, Zander, Brassen, Barsch, Aal, Karpfen, Schleie, Karausche, Döbel u. a. Weißfische. **E:** Angelgerätefachgeschäft „Fisch und Fang“, Strandstr. 19; Eisenwarengeschäft Bockelmann, Kirchenweg 9, beide in 2280 **Westerland;** für Siele und Gewässer des ASV Keitum außerdem Dr. Willi Witt, 2286 **Keitum;** für Morsumer Kuhle (Katrevel): Gemeindeverwaltung Sylt-Ost, 2281 **Morsum,** Ruf 0 46 54/2 49. **Geb:** T 5 DM, W 20 DM, M 50 DM. **B:** Ferien- oder Kurgast, 4 Ruten, 4 Haken, alle Köder; Fangbeschränkung T für G der Sylter SpFV 3 Karpfen, 4 Forellen, für ASV Keitum 2 Karpfen, 2 Forellen. Je Saison 6 Preisangeln (Geb: 8 DM). **S:** Ausführliche Informationen findet der Ferienangler in der Broschüre „Fischen auf Sylt, ein Ferienerlebnis mit Variationen“, die im Fachgeschäft „Fisch und Fang“, Strandstr. 19 in Westerland kostenlos erhältlich ist. Siehe auch: „Organisierte Hochsee-Fangfahrten“ (Von Hörnum aus wurden u. a. 1977 30 Hundshaie gefangen).

Niebüll (2260): Kleinstadt in Nordfriesland, Bahnstrecke Hamburg–Westerland, Anfahrt über B 5, Badegelegenheit, Camping, Schwimmhalle. **A:** SAV Niebüll und Umgebung, Kieler Str. 6, Ruf 0 46 61/32 31. **G:** Baggerkuhle in Süderende (400 m lang, 100 m breit) an der Bahnstrecke nach Westerland, Badewehle und kleine Wehle daneben, 3. Wehle am Gotteskoog-Deich. **FA:** Hecht (Mindestmaß 40 cm, Schonzeit 1. 1.–30. 4.), Zander (40 cm), Aal (35 cm), Lachs (60 cm), Forelle (30 cm), Schleie (18 cm), Karpfen (35 cm). **E:** H. W. Carstensen, Gather Landstr. 33, Ruf 41 93; Sporthaus Petersen, Rathausstr. 29, Ruf 87 28; Kiosk W. Todt, Am Marktplatz. **Geb:** T 5 DM, W 20 DM. **B:** O. A., 3 Ruten mit je 1 Haken, davon 1 Raubfischangel.

Wyk auf Föhr (2270): Nordseeheilbad auf der grünen Insel. **A:** Kurverwaltung, Postfach 1580, Ruf 0 46 81/7 65; SFV Föhr e. V., Ruf 27 05; Gemeindeverwaltung Oldsum, Ruf 0 46 83/2 37. **G:** a) Vorflutdeich bei der Schleuse, ca. 1 ha; b) Vorflutkanal 1,5 km und Vorflutdeich; c) 2 Vorflutkanalstrecken 1 km und 0,5 km. **FA:** Aal, Schleie, Hecht, Scholle. **FZ:** April–November. **E:** Kur- und Gemeinde-

verwaltung wie A, außerdem: Kaufhaus Martens, Wilhelmstr.; Haushaltswaren-Bohn, Mittelstr.; Eisen-Gustav, Boldixumer Str. **Geb:** a) T 1 DM, 2 W 10 DM, 3 W 15 DM; b) J 1 DM; c) T 2 DM, W 10 DM, 2 W 20 DM. **B:** 10. 4.–21. 5. keine Blinker, Spinner und Köderfische, 3 Ruten. **S:** Seeangeln vom Deich und im Watt in Prielen bei Ebbe.

Bredstedt (2257): Kleinstadt in Nordfriesland nahe der Nordsee, Bahnstrecke Hamburg–Westerland, B 5 (Husum, 18 km – dänische Grenze, 35 km); Ferien auf dem Lande, geheiztes Schwimmbad, Baden in der See (Hamburg Hallig), Tennis, Schießstand, Kegeln, Reiten. **A:** VA Rathaus, Ruf 0 46 71/20 66. **G:** Bottschlotter See, ca. 15 ha; Bongsieler Kanal und Soholmer Au, ca. 50 km; Arlau, ca. 25 km (Teilstrecke); zwei Baggerseen, ca. 10 ha; mehrere Wehlen; Lecker Au. **FA:** Hecht, bis 10 kg (Mindestmaß 35 cm, Schonzeit vom 1. 1.–30. 4.), Zander bis 10 kg (35 cm, 1. 1.–31. 5.), Barsch, Aal gut (35 cm), Karpfen bis 25 Pfund (35 cm), Schleie (18 cm), Meer-, Bach- und Regenbogenforelle (35 bzw. 25 cm), Äschen (gesetzl. Mindestmaß), Weißfisch. **FZ:** ganzjährig. **E:** Firma Heinrich Mohr, Osterstr. 45, Ruf 22 56; SFV Leck, Dünenstr., 2262 **Leck,** Ruf 0 46 62/23 34 und SAV Niebüll (siehe dort). **Geb:** T 5 DM, W 12 DM (für G des Deich- und Hauptsielverbandes Südwesthörn-Bongsiel W 15 DM), M 30 DM. **B:** 3–4 Ruten.

Husum (2250): Kreisstadt von Nordfriesland, Ausgangspunkt für Fahrten nach den Halligen; Bahnstrecke Hamburg–Westerland, B 5 (Heide 40 km, Niebüll 43 km), B 200 und 201; Küstenbadeplatz, Wassersport, Tennis, Reiten. **A:** Tourist Information im Rathaus, Postfach 1530, Ruf 0 48 41/6 10 23. **G:** Sielzüge, Südermarsch, Dreisprung-Wehlen, Treeneschleife mit Vorfluter, Husumer Mühlenhaus, Arlau von der B 5 bis Holzbrükke, Huderschleife. **FA:** Hecht, Zander, Barsch, Aal, Brassen, Schleie, Forelle, Weißfisch. **E:** Firma G. Lamp, Schiffbrükke 17; Firma H. A. Nachtigall, Schiffbrükke 23, Ruf 22 32; Dieter Feuerhelm, Dreimühlen, Erlenweg. **Geb:** T 6 DM, 3 T 15 DM, W 25 DM, 2 W 35 DM, M 50 DM. **B:** 3 Ruten, alle Köder. **S:** Angeln im Meer (Küste, Inseln und Halligen).

Die **Treene,** die südlich Flensburg entspringt und bei Friedrichstadt in die Eider mündet, gehört mit ihren zahlreichen Windungen zu den landschaftlich schönsten und fischreichsten Gewässern Schleswig-Holsteins. Immer wieder werden besondere Fänge gemeldet. So erbeutete ein Angler an einem Tage zwei Karpfen von 10 und 12,5 Pfund, sowie einen Hecht von über 17 Pfund. Ein anderer Gastangler landete an einem Tage drei Hechte von 8, 12 und 14 Pfund und dazu zwei Zander von insgesamt über 10 Pfund. Größter Karpfen: 30 Pfund. Die Treene gilt als sehr gutes Meerforellengewässer. Die Einmündung der Rheider Au bei Hollingstedt, 16 km südwestlich von Schleswig, trennt das Gebiet der Mittleren Treene von dem Unterlauf der Treene. **Gebiet der Mittleren Treene: A:** FVV „Mittlere Treene“, Heinz Kohlmeier, Post Jübek, 2383 **Friedrichsau,** Ruf 0 46 25/5 31. **G:** Treene, durchschnittlich 10 m, breit mit mehreren Zuflüssen, ca. 60 km zwischen Treßsee und Rheider Au (Hollingstedt); **G:** Bollingstedter Au, von Ausgang Radkuhle/Mühle Bollingstedt bis zur Treene. **FA:** Meer-, Bach- und Regenbogenforelle, Äsche, Lachs (Salmoniden vorwiegend im Oberlauf der Treene und in der Bollingstedter Au), Aal, Barsch, Hecht, Karpfen, Schleie, Weißfisch. (März/April 1978 mehrere Meerforellen von 11–15 Pfund gefangen). **FZ:** 1. 3–9. 10. **E** für Treene: Kreisverband Schleswig im VDSF e. V. Haithaburing 7, 2380 **Schleswig;** ASV Schleswig von 1932 e. V., Fa. Ewoldsen, Michaelisstr. 20, Ruf 0 46 21/2 58 28; ASV „Petri-Heil“, Schiffbrücke 57/58, 2390 **Flensburg;** Gemeindeverwaltung 2381 **Treia,** Ruf 0 46 26/3 56, für Gemeindestrecke von ca. 5 km. **E** für Treene und Bollingstedter Au: ASV Jübek und Umgebung e. V., Gerhard Thomas, Keelbeker Weg 5, 2384 **Langstedt,** Ruf 0 46 09/52 36; Eugen Dahm, Westerreihe 14, 2384 **Eggebek,** „Gaststätte Flugplatzklause“, Ruf 0 46 09/52 42. **Geb:** T 5 DM, W 15 DM, M 40 DM für Treene; T 4 DM, W 12 DM, 2 W 18 DM, M 25 DM für Bollingstedter Au. **B:** Feriengäste, 3 Ruten mit je 1 Haken, oder 1 Flugangel; Wurmangelverbot; Boote nicht zugelassen; Schonzeit vom 10. 10.–28./29. 2.

Untere Treene: A: „Feriengebiet Untere Treene“, FVV, Am Mittelburgwall 21, 2254 **Friedrichstadt,** Ruf 0 48 81/72 40. **Schwabstedt** (2251): Luftkurort, 8 km (über B 202) östl. von Friedrichstadt; jeglicher Wassersport, Flußbad, Camping, Haus des Kurgastes. **A:** FVV, Ruf 0 48 84/4 20. **G:** Treene, von Rheider Au bis Klärwerk Schwabstedt, ca. 20 km, bis 70 m breit, durchschnittlich 4,5 m tief. **FA:** Hecht (Mindestmaß 50 cm), Zander (35 cm), Meerforelle, Barsch, Aal (35 cm) Karpfen, Schleie (18 cm), Weißfisch. **E:**

ASV, Erhard Henken, Ruf 6 25. **Geb:** W 9 DM, M 18 DM für 1 Raubfisch-, 2 Friedfischangel. **S:** Der Ort Fresendelf, in der Mitte der o. Strecke, bietet ebenfalls günstige Unterkünfte 300 m vom Wasser. **A:** Gemeindeverwaltung 2251 **Fresendelf,** Post Schwabstedt.

Friedrichstadt/Eider (2254): Schönes Städtchen und staatl. anerkannter Luftkurort am Zusammenfluß von Eider und Treene, Bahnstrecke Hamburg–Westerland, an der B 5 und 202; modernes Freibad, Wassersport, Bootsverleih, Tennis, Camping. **A:** Tourist-Information „Alte Münze", Ruf 0 48 81/72 40. **G:** Treene, ca. 4,5 km; Wester- und Oster-Sielzug, Neuer und Alter Hafen, Kanal und Burggräben, insgesamt 150 ha Fischwasser. **FA:** Hecht (Mindestmaß 50 cm), Zander (40 cm), Aal (35 cm), Barsch (18 cm), Wels (80 cm), Schleie (20 cm), Karpfen bis 14 Pfund (30 cm), Weißfisch (15 cm). **E:** SFV „Treene" e. V., Reimer Friccius, Markt 5, Ruf 6 06 und 6 07 (vermietet 3-Zimmer-Appartement) und Gerhard Leonhardt, Prinzenstr. 30, Ruf 2 84. **Geb:** Treene: T 6 DM, 3 T 10 DM, W 20 DM, M 50 DM; Sielzüge (Burggräben): 3 T 6 DM, W 11 DM, M 21 DM. **B:** 4 Fried- und 1 Raubfischangel, Nachtangeln erlaubt. **G:** Untere Eider von der Straßenbrücke bis Bollwerk Tönning. **E:** Amtshaus, Zimmer 2. **Geb:** T 4 und 6 DM, W 10 und 15 DM, M 25 und 37,50 DM. **S:** Bewährte Anglerunterkünfte u. a.: Ilse Prahl, Ruf 73 20 und Heinrich Eggers, Ruf 9 38. Das neue Fischerheim des SFV an der Treene steht auch Gästen zur Verfügung.

Gebiet der Eider zwischen Rendsburg und Friedrichstadt und ihre Nebengewässer: Diese Strecke hat sich zu einem der beliebtesten Fischwasser entwickelt. Die Eiderufer, überwiegend aus Deichvorland (Weideland) bestehend, streckenweise mit unterschiedlich breitem Schilfgürtel und vorgelagerten Seerosenbeständen, sind im allgemeinen gut begehbar. Die Uferkanten des bis zu 16 m tiefen Flusses sind fest. Durchschnittliche Angeltiefe 3–4 m. Strömung unterschiedlich, meist schwach. Die Landschaft mit Deichen, hohem Himmel und weitem Horizont hat einen eigentümlichen Reiz. Streckenweise Weide- und Erlengebüsch. Viele Uferpartien sind direkt mit dem Pkw zu erreichen, andere Abschnitte müssen „erwandert" werden. Diese kleine Anstrengung wird belohnt durch Einsamkeit und Unberührtheit der Flußlandschaft und durch vielfältige Möglichkeiten für Vogel- und Niederwildbeobachtung. **FA:** Hecht (über 30 Pfd.), Zander (über 20 Pfd.), Karpfen (bis zu 20 Pfd.), Rapfen (bis zu 9 Pfd.), Schleie, Meerforelle, Aal (über 5 Pfd.), Barsch, Aland, Brassen u. a. Weißfische. Soweit für die einzelnen Abschnitte keine abweichende Angaben gemacht sind, gelten allgemein folgende Bestimmungen: **Geb:** T 4 DM, W 10 DM, M 25 DM, Angeln vom Boot bei 50 % Aufschlag erlaubt. **B:** 3 Ruten, alle Köder, Nachtangeln erlaubt.

Abschnitte der unteren Eider und Nebengewässer

Rendsburg (2370): 40 km westlich von Kiel an der Eider und am Nord-Ostsee-Kanal gelegen; B 77 (vierspuriger Straßentunnel unter dem Nord-Ostsee-Kanal), B 202 und 203, BAB Hamburg–Flensburg, Ausfahrt Büdelsdorf; Fußgängertunnel unter dem Kanal; Eisenbahnhochbrücke (42 m hoch, 2,5 km lang); jegliche Sportmöglichkeiten u. a. beheiztes Freibad und Hallenbad an der Eider. **A:** Amt für öffentliche Einrichtungen und Fremdenverkehr, Rathaus, Ruf 0 43 31/ 20 63 58. **G:** Eider, von km 0–11; Neue Sorge von Owschlager Au bis zur Sandschleuse, ca. 30 km. **FA:** Eider siehe oben; Neue Sorge: Hecht, Forelle, Aal, Schleie, Aland, Karpfen, Äsche, Barsch, Weißfisch. **E:** ASV „Petri Heil", Wolfgang Letmade, Hallen-/Freibad, Ruf 20 62 73 und außerdem Hans Buntrock, Gastwirtschaft „Dörpskrug", 2371 **Christiansholm. Geb:** Neue Sorge T 5 DM, W 12 DM, M 25 DM. **B:** O.A., 3 Handangeln nur vom Ufer. **G:** Nord-Ostsee-Kanal, siehe dort. **G:** Eider, km 11–17. **E:** ASV „Eider", Hamdorf und Umgebung, C. J. Martens, 2371 **Hamdorf,** Ruf 0 43 32/3 80.

G: Eider, km 17–23,50 m vor Einlauf in den Gieselaukanal; gute Hecht- und Zanderstrecke (1977 mehrere Hechte von 25–28, im Mai 1978 Hecht von 27 Pfund gefangen, größter Zander = 18 Pfd., größter Karpfen = 32 Pfd.). **E:** ASV Breiholz, Helmut Koschnitzki, In de Fröh 1, 2371 **Breiholz,** Ruf 0 43 32/13 62 und Angelgeräte Mickan/Brinke, 2241 **Wrohm,** Ruf 0 48 02/3 66.

G: Gieselaukanal, Verbindung zwischen Eider und Nord-Ostsee-Kanal, 1,7 km von der Eider bis zur Schleuse, Breite 50–60 m, Tiefe 4 m. Beste Friedfischstrekke, vormals Wettkampfstrecke der Deutschen Meisterschaften der Sportangler. **A** und **E:** ASV Albersdorf e. V., Klaus Steffens, Wulf-Isebrand-Str. 18a, 2243 **Albersdorf;** an der Gieselaukanalschleuse und Angelgeräte Mickan (siehe oben). **Geb:** T 6 DM, W 20 DM, M 50 DM.

G: Gieselaukanal, Südstrecke, 1,5 km. **E:** ASV Hademarschen e. V., Günther Podszun, Bussardweg 14, 2215 **Hanerau-Hademarschen,** Ruf 0 48 72/31 54, und Schleusenwärter H. Wendt, Gieselaukanalschleuse. **Geb:** T 5 DM, W 15 DM. **B:** O. A., nur vom Ufer. Ab 15. 5. Köder mit Stellfisch, mit Blinker vom 15. 6.–31. 12., 2 Ruten.

G: Eider 50 m vor Abzweigung des Gieselaukanals bis Straßenbrücke Lexfähre, ca. 5 km. **G:** Haaler Au, ca. 3 km, 6–15 m Breite, 1,50–2,50 m Tiefe, von der Steinbergbrücke bis zum Nord-Ostseekanal. **FA** in Haaler Au: Karpfen (35 cm), Hecht (35 cm), Aal, Brassen, Rotaugen u. a. **Geb:** (Haaler Au) T 3 DM, W 7 DM. **E:** ASV Lütjenwestedt, Joachim Schröder, 2216 **Gut Warringholz,** Ruf 0 48 92/9 24; Angelgeräte Mickan, Wrohm; Fritz Nielsen, Lexfähre. **S:** Weitere Angelmöglichkeiten in der Haaler Au und zusätzlich in der Bukenerau durch ASV „Forelle", Gastwirtschaft Johannsen, 2371 **Todenbüttel,** 4 km östlich von Lütjenwestedt.

G: Eider von Schleuse Lexfähre bis Einmündung der Sorge, ca. 10,5 km. **E:** ASV Wrohm e. V., Helmut Lamprecht, Raiffeisenstr. 3, 2241 **Wrohm;** Angelgeräte Mickan und Nebenstellen der Firma in Lexfähre, Hohner Fähre und in Tielenhemme.

G: Eider von Einmündung der Sorge bis km 41 und Sorge 1,5 km aufwärts. **E:** ASV Tielen, Hans Hadenfeldt, 2371 **Tielen,** Ruf 0 43 33/3 00. **S:** 10 Ferienwohnungen für 2–6 Personen.

G: Sorge von der Sandschleuse an der B 202 bis zur Einmündung der Hohner Rinne. **E:** ASV Christiansholm-Meggerholm, Buntrock, „Dörpskrog", 2371 **Christiansholm,** Ruf 0 43 39/2 82 (preiswerte Übernachtung).

G: Alte Sorge von der B 202 bis Külken, 6 km, 80 m breit. **E:** Bernhard Hansen, BP-Station, 2371 **Erfde,** Ruf 0 43 33/2 50. **Geb:** T 5 DM, W 20 DM, M 30 DM. **B:** O.A., Sp.Prü.

G: Alte Sorge von Külken bis Börmermühle, ca. 13 km; einsame Altarme 10–30 m breit, teilweise dichter Schilfgürtel. **E:** FV „Sorge", H. Günter Hennings, 2381 **Bergenhusen,** Ruf 0 48 85/3 35. **Geb:** W 10 DM. **B:** Kein Angeln vom Boot.

G: Eider von km 40,9–47. **E:** ASV Pahlen-Dörpling, Willi Risch, Schulstr. 13, 2241 **Pahlen,** und Karl Zietz, Mühlenkamp 25, Ruf 0 48 03/3 87.

G: Eider von km 47–53. **E:** Fischermeister Voß, 2246 **Hennstedt,** Ruf 0 48 36/17 62.

G: Eider von km 53–58. **E:** ASV Delve-Schwienhusen, Heinz Lentz, 2241 **Delve,** Ruf 0 48 03/4 55; Campingplatz „Eidertal"; Vereinslokal Böhrnsen.

G: Eider von der Steinschleuse bis km 63 (ca. 6 km); Alte Sorge und beide Sorge-Arme, ca. 4 km; Treene von der Eisenbahnbrücke bis Brücke Fresendelf, ca. 4,5 km; Westersielzug und Karpfenkuhle. **E:** ASV „Stapel" e. V., Vereinslokal „Eiderlust", 17.30–18.30 Uhr (auch Köderfische). **S:** Viele Ferienwohnungen und Fremdenzimmer für Angler, Camping, Bootsvermietung. **A:** FVV Stapelholm, 2251 **Süderstapel,** Ruf 0 48 83/3 65 und 3 20.

G: Eider von km 72 bis zur Einmündung Broklandsau; Angelteich (ca. 3 ha). **FA** im Angelteich: Forellen, Karpfen, Schleie. **Geb** für Angelteich: T 15 DM. 1 Rute mit 1 Haken, nur an Wochenenden. **E:** ASV Hennstedt und Umgebung e. V., Schulstr. 12, 2246 **Hennstedt,** Ruf 0 48 36/14 10. **A** und Zimmervermittlung: FVV, Ruf 5 16 oder 13 44.

G: Eider weiter flußabwärts siehe u. a. Friedrichstadt und Lunden und oberhalb: Fischermeister Heinz Siegert, 2241 **Kleve.**

Lunden (2247): Kirchspielslandgemeinde mit den ländlichen Orten Groven, Karolinenkoog, Krempel, Hemme, Lehe, Rehm-Flehde-Bargen und St. Annen, Verbandsbereich nördlich von Heide im Eiderbogen, Bahnstrecke Hamburg–Westerland, B 5, moderne Freischwimmbäder (z. T. beheizt), Ferien auf dem Lande, Urlaub auf dem Bauernhof. **A:** Amtsverwaltung, Nordbahnhofstr. 7, Postfach 1128, Ruf 0 48 82/52 77. **G:** 1. Untereider von Brücke Friedrichstadt bis Brücke Karolinenkoog. 2. von Brücke Karolinenkoog bis Eiderabdämmung. **FA:** Aal, Butt, Aalquappe, Zander, Hecht. **E:** Für 1. Hermann Looft, Nordbahnhofstr. 8, für 2. „Anglerzunft Eiderkante", Lunden und Umgebung, Rolf Pieper, Friedrichsstr. 20; siehe auch Fischermeister Heinz Siegert, 2241 Kleve. **Geb:** W 6 DM, M 12,50 DM. **B:** Sp.Prü., 5 Ruten, Wurm und Wattwurm als Köder.

Tönning (2253): Hafenstadt, Bade- und Luftkurort auf der Halbinsel Eiderstedt, Bahnverbindung mit Husum, B 202 und B 5/5a über die neue Eiderbrücke; Wassersport. **A:** Kurverwaltung, Am Markt 1, Ruf 0 48 61/2 64. **G:** Norderbootfahrt (15 km Brackwasserkanal); Rantrumer Wehle. **FA:** Hecht, Aal, Barsch, Brassen, Karpfen bis 9 kg, Schleie, Weißfisch. **E:** SAV Tönning, Am Hafen 7. **Geb:** T 5 DM, W 10 DM. **B:** Alle Köder, 3 Ruten. **S:** Angeln am Seedeich unterhalb Tönnings (nur J. Fsch.); siehe auch: „Organisierte Hochsee-Fangfahrten".

Garding (2256): Kleinstadt in der Mitte von Eiderstedt, 11 km westlich von Tönning (B 202). **A:** FVGemeinschaft Eiderstedt e. V., Tönninger Str. 41, Ruf 0 48 62/4 69. **G:** Norder- und Süderbootfahrt. **FA:** Aal, Hecht, Karpfen, Schleie. **E:** Stadtverwaltung, Zimmer 2, Ruf 2 14. **Geb:** M 4 DM. **S:** Weitere Angelmöglichkeiten an der Küste und Eidermündung; Urlaub auf dem Lande mit eigenem Fischwasser: Emmy Carstens, Spannbüllhof, 2256 **Vollerwiek,** Ruf 82 80 (3,5 km südl. von Garding).

Wesselburen (2244): Kleinstadt zwischen Heide (15 km) und dem Eiderdamm. **A:** Stadtverwaltung, Ruf 0 48 33/20 77. **G:** Schwanenwehl, Brille, Brök und diverse Kanäle. **FA:** Aal, Barsch, Karpfen, Schleie, Scholle, Weißfisch. **E:** SFV, Heinrich Lütjens, Ostpreußenstr. 16; wochentags: Fa. W. Knauf KG, Bahnhofstr. 10. **Geb:** M 20 DM. **B:** Fangbegrenzung: 3 Karpfen und 5 Schleien. **S:** Angeln an der Eidermündung unterhalb der Karolinenkoog-Brücke.

Heide (2240): Kreisstadt und Mittelpunkt Dithmarschens, Bahnstrecke Hamburg–Westerland u. a., Schnittpunkt der B 5, 203 und 204, großes Schwimmzentrum mit Freibad, Hallenbad und Sauna, Schießstandanlagen, Pferde- und Motorsport, Camping. **A:** FVB, Am ZOB, Ruf 04 81/20 15. **G:** Moorkuhlen, Bennewohld, Süderholm und Ostrohe, insgesamt über 100 ha in ursprünglicher Landschaft. **FA:** Hecht, Barsch, Aal, Karpfen, Schleie, Zander und Weißfisch. **FZ:** Mai bis Dezember. **E:** SAV „Früh auf" e. V., Horst-Günter Witt, Alte Weddingstedter Landstr. 53 und Angelgerätefachgeschäft Carl Clauberg, Süderstr. 28, Ruf 40 76. **Geb:** T 6 DM, W 25 DM, M 50 DM. **B:** 3 Ruten.

Nordhastedt (2241): Dorf und Sommerfrische an der B 204, 7 km südostw. von Heide; beheiztes Freibad im Wald, Bootsverleih, waldreiche Wanderwege. **A:** Gemeindeverwaltung, Ruf 0 48 04/2 61. **G:** Nordhastedter Moorkuhlen. **FA:** Hecht, Barsch, Zander, Aal, Karpfen, Schleie, Brassen, Weißfische. **E:** ASV Emil Beiroth, Hauptstr. (Bäckerei). **Geb:** T 5 DM, W 20 DM, 2 W 30 DM, M 40 DM. **B:** Alle Köder, außer Blinker; 3 Ruten; 2 Karpfen pro Tag.

Sarzbüttel (2241): 8 km südl. von Nordhastedt. **G:** Moorkuhlen. **FA:** Hecht, Zander, Barsch, Aal, Karpfen, Schleie, Brassen, Weißfisch: **E:** Verein Sarzbütteler Sportangler e. V., Herbert Maaßen, Löwenstr.

13. **Geb:** T 4 DM, W 15 DM, 2 W 25 DM. **B:** 3 Ruten, alle Köder.

Büsum (2242): Nordseeheilbad und Fischereihafen, Bahnverbindung mit Heide, Anfahrt über B 203 von Heide (20 km, B 5), Wassersport, Hallen-Meerwasser-Wellenschwimmbad, Bootsverleih, Tennis, Fahrradverleih, Reiten, Camping, Ferien-Häuser und -Wohnungen. **A:** Kurverwaltung, Ruf: 0 48 34/20 06. **G:** Büsumer Spülkanal, vom Parkplatz Untertunnelung bis Straßenbrücke Perlebucht; Hedwigenkoog-Kanal, v. Deich-Straßenschleuse bis Conventhaus; Schülpersiel-Kanal, von Wesselburen bis Schülper-Altensiel; Warwerort-Kanal, von Hassenbüttel bis Tiebensee; Sommerkoog; Ringschlot, Hillgroven; Wehl 1, Westerdeichstrich. **FA:** Aal, Hecht, Karpfen, Schleie, Rotaugen. **E:** ASV „Posenkieker" Büsum e. V., Günter Warnick, Deichhausener Str. 44. **Geb:** T 4 DM, W 20 DM. **B:** 2–3 Ruten mit je 1 Haken. **S:** Siehe „Organisierte Hochsee-Fangfahrten" und Westerdeichstrich.

Westerdeichstrich (2242): anerkannter Erholungsort an der Nordsee, ca. 3 km von Büsum entfernt, grüner Strand, (auch FKK) entlang des Wattenmeeres. Campingplätze, Reiten und Fahrradverleih. **A:** FVV Westerdeichstrich e. V., Dorfstr. 20, Ruf 0 48 34/23 36. **G:** 3 Wehle, Hitzelswehl, 1,5 ha; Mühlenwehl, 1 ha; Bischofswehl, 0,8 ha. **FA:** Aal, Karpfen, Schleie, Karausche, Weißfisch. **E:** wie A, im „Zimmernachweis", oder im „Badebüro" am Strand. **Geb:** T 3 DM, W 12 DM, M 35 DM. **B:** 3 Ruten.

Meldorf (2223): Domstadt in Dithmarschen an der B 5, 12 km südl. von Heide; Seglerhafen, gr. Freibad, Hallenbad, Tennis, Reiten, Dithm. Landesmuseum. **A:** FVV, Am Zingel 34, Ruf 0 48 32/78 08. **G:** Moorkuhlen in Braaken, Windbergen und Sarzbüttel, Alte Tonkuhle Wolmersdorf, Miele, Nordermiele, Südermiele, Süderau. **FA:** Hecht, Zander, Barsch, Aal, Karpfen, Schleie, Bachforelle, Meerforelle, Weißfisch. **E:** Meldorfer SFV e. V., Escher Weg 35; Kurt Nehlsen, Westerstr. 11, Ruf 88 06. **Geb:** Meldorf T 7,50 DM, W 30 DM, 2 W 45 DM; Sarzbüttel T 4 DM, W 15 DM, 2 W 25 DM. **B:** 3 Ruten.

Süderhastedt (2221): Gemeinde 10 km südöstl. von Meldorf an der B 431. **G:** Holstenau, ca. 2,8 km lang und 6–10 m breit; Fischteich an der Hochdonner Str., 180 m lang und 25 m breit; Moorkuhle in Eggstedt (siehe auch dort), ca. 1,5 ha; weitere kleine G. **FA:** Fried- und Raubfische (Hecht 50 cm, Karpfen und Schleie 35 cm). **E:** ASV „Dithmarsia" e. V. Süderhastedt und Umgebung, Hans Otto Rahn, Hauptstr. 24, Ruf 0 48 30/3 30; Hans Ulrich Gorontzi, Schulstr. 2, Ruf 3 93. **Geb:** T 5 DM, W 10 DM, M 25 DM. **B:** O. A., 2–3 Ruten, alle Köder.

Eggstedt (2221): 3 km östl. von Süderhastedt. **G:** Eggstedter Moor. **FA:** Hecht, Aal, Friedfisch. **E:** ASV Eggstedt e. V., Peter Claußen, Ruf 0 48 30/31 13. **Geb:** T 5 DM, W 20 DM, M 40 DM. **B:** 3 Ruten, alle Köder.

Burg/Dithm. (2224): waldreichster Luftkurort an der Westküste zwischen Marsch und Geest in unmittelbarer Nähe des N-O-Kanals, umgeben von Wasser, Wald und Heide. Bahnstrecke Hamburg–Westerland, Anfahrten von Wilster (B 5, 12 km), Itzehoe über Hochdonn (B 5, 431, 25 km), und Meldorf (B 5, 20 km); ruhige Wanderwege, Waldschwimmbad. **A:** VV, Postfach 54, Ruf 0 48 25/24 03 oder Postfach 22, Ruf 24 28. **G:** Helmscher Bach, Burger Au, Friedrichshöfer Au, Büttler Kanal (Kudensee bis Schöpfwerk), Kudensee, Kattenstieg am NO-Kanal; insgesamt ca. 30 ha Seen und 25 km Auen und Bäche. **FA:** Hecht, Barsch, Aal, Forelle im Oberlauf des Helmscher Baches, Karpfen, Schleie, Weißfisch. **E:** ASV, Gerd Ehlers, Buchholzer Str. 8, Ruf 22 10; Wilfried Schramm, Kl. Schulstr. 12, Ruf 22 79. **Geb:** T 5 DM, W 25 DM, M 30 DM. **B:** O. A., 3 Ruten, alle Köder, keine Blinker; Kattenstieg T 3 Karpfen.

Friedrichskoog (2221): Anerkannter Erholungsort an der Nordsee mit gepflegtem grünen Badestrand. 2 km Strandpromenade; Strandkörbe, Wattenlaufen, Deichwanderungen; reizvoller Fischereihafen. Reines reizhaltiges Klima. Zimmer auf Bauernhöfen, in Privathäusern, sowie Ferienwohnungen und Bungalows. **A:** Kurverwaltung, Ruf 0 48 54/8 11. **G:** Fleete, 5 km lang, 2–3 m breit. **FA:** Aal (Mindestm. 28 cm). **E:** Gemeindeverw., Koogstr. 35a. **Geb:** T 0,50 DM, W 3 DM. **B:** 3 Ruten.

St. Michaelisdonn (2220): Kleinstadt und Erholungsort zwischen Geest und Marsch, 10 km nördl. von Brunsbüttel, Bahnstrecke Hamburg–Westerland; Motor- und Segelflug, Schwimmbad, Urlaub auf dem Bauernhof, vielseitige Wanderwege. **A:** Amt Eddelak-St. Michaelisdonn. **G:** Moorkuhlen in Kuden und Spiekerberg; Fleet Trennewurth. **FA:** Hecht, Karpfen, Weißfisch; im Fleet: Aal. **E:** ASV, Werner Kleemann, Marner Str. 16, Ruf 0 48 53/3 56. **Geb:** T 5 DM, W 20 DM. **B:** 3 Ruten, alle Köder.

Marne (2222): Mittelpunkt der „Südermarsch", an der B 5, 11 km nordwestl. von Brunsbüttel; Freibad, Tennis, Reiten. **A:** Stadtverwaltung-VA, Ruf 0 48 51/20 01-03. **G:** Neufelder Fleet, 3 Fleete im Kaiser-Wilhelm-Koog und weitere im Ort. **FA:** Aal. **E:** SFV Marne und Umgebung, Bruno Claußen, Hauptstr. 32, 2222 **Diekhusen-Fahrstedt,** Ruf 35 60. **Geb:** Unkostenbeitrag. **B:** 3 Ruten, Köderfischsenke.

Brunsbüttel (2212): Stadt und größter Hafen an der Westküste am Schnittpunkt Elbe/Nord-Ostsee-Kanal, 25 km westl. Itzehoe an der B 5, Fährverbindung mit Cuxhaven; Freibad, Tennis, Segeln, Camping. **A:** Stadtverwaltung, Koogstr. 61–63, Ruf 0 48 52/6 11. **G:** Büttler Kanal, Leher Querwegfleet, Große Braake. **FA:** Hecht, Barsch, Aal, Karpfen, Schleie, Weißfisch. **E:** ASV, Gerd Zöger, Koogstr. 84, Ruf 27 33. **Geb:** T 5 DM, W 15 DM, M 30 DM. **B:** 3 Ruten. **S:** Siehe auch Nord-Ostsee-Kanal:

Der Nord-Ostsee-Kanal: vielbefahrene Schiffahrtsstraße, die Schleswig-Holstein von der Kieler Förde bis Brunsbüttel nahe der Elbmündung durchquert, durchschnittlich 100 m breit, 10 m tief; bei Achterwehr mündet die Eider in den Kanal, den sie kurz vor Rendsburg wieder verläßt; Verbindung mit dem Kudensee, Zuflüsse u. a. Wilster Au, Burger Au und Wehrau; zahlreiche Fähren, Straßen- und Fußgängertunnel bei Rendsburg (B 77), Straßenbrücken Grünentaler Hochbrükke, Levensauer Hochbrücke westlich der Holtenauer Schleusen bei Kiel, BAB-Brücke bei Rendsburg (E 3). **FA:** Hecht, Zander, Aal, Barsch, vereinzelt Meer- und Regenbogenforelle, Karpfen, Schleie, Weißfisch. **FZ:** ganzjährig. **E:** Landessportfischerverband Schleswig-Holstein e. V., Hamburger Chaussee 102, 2300 **Kiel,** Ruf 04 31/68 49 23; G. Podszun, Bussardweg, 2215 **Hanerau-Hademarschen;** G. Zöger, siehe oben **Brunsbüttel;** U. Gorontzi, Schulstr. 2, 2221 **Süderhastedt;** W. Rosacker, Hollerstr. 27, 2370 **Büdelsdorf;** Fa. Gronau, Hohe Straße 10, 2370 **Rendsburg,** Ruf 0 43 31/2 21 83; H. Denker, Danziger Weg 20, 2370 **Westerrönfeld;** ASV, Karl Peters, 2243 **Albersdorf;** Angelgeräte Mickan, 2241 **Wrohm;** W. Siemsen, Sandberg 5, 2210 **Itzehoe;** Gerd Ehlers, Buchholzer Str. 8, 2224 **Burg/Dithm.;** K. H. Martens, 2225 **Schafstedt,** dort auch **E** für Mühlenbach, **G** des ASV „Früh auf". **Geb:** O. A. aus Hamburg und Schleswig-Holstein. J 30 DM; O. A., wohnhaft außerhalb dieser beiden Länder Gastkarten für 30 aufeinanderfolgende Kalendertage 20 DM. **B:** 3 Ruten, alle Köder.

Kellinghusen (2217): Schön gelegene Kleinstadt am Rande des „Naturpark Aukrug"; B 206, 15 km östlich von Itzehoe; Wassersport, Reiten, Tennis. **A:** VV. **G:** Stör, von Einmündung Kirchweddelbach bis Bramaumündung, ca. 8 km, 15–50 m breit; Bramau, von Grenze Wrist/Föhrden Barl bis Mündung, ca. 5 km, 10 m breit; Rensinger See, 5,5 ha, bis 23 m tief; weitere kleinere G. **FA:** Hecht (Mindestmaß 50 cm), Zander (45 cm), Barsch (15 cm), Aal (35 cm), Meerforelle (35 cm), Bachforelle (35 cm), Quappe, Karpfen (40 cm), Döbel (20 cm), Aland (20 cm), Hasel und Weißfische. **E:** VdSA e. V., Hans-Werner Feldsien, Philosophenweg 17, Ruf 0 48 22/14 33. **Geb:** Stör/Bramau T 5 DM, W 15 DM, M 40 DM; Rensinger See T 5 DM, W 18 DM. **FZ, B** und **S:** Siehe „Gewässerbeschreibung" mit Rundschreiben des Vereins.

Aukrug (2356): Mittelpunkt des „Naturpark Aukrug", zwischen Kellinghusen und dem Nord-Ostsee-Kanal; Anfahrt über BAB Hamburg–Flensburg (E 3), Ausf. Neumünster, B 430 8 km. **A:** FVV Naturpark Aukrug, Bargfelder Str. 10, **Aukrug-Innien,** Ruf 0 48 73/6 13. **G:** Bünzau. **FA:** Aal, Forelle, Hecht. **E:** Wie A. **Geb:** T 5 DM, W 15 DM, M 30 DM. **B:** O. A., nach Vereinbarung mit SAV.

Itzehoe (2210): Industrie- und Handelsstadt am Südrand der holstein. Geest, an der windungsreichen Stör; B 5 (27 km östlich von Brunsbüttel), B 77, 204, 206; beheiztes Freibad, Hallenbad, Rudern, Reiten, Tennis. **A:** VV, Geschäftsst. Nordd. Rundschau, Ruf 0 48 21/40 04. **G:** Stör von Delftor bis Bramau, 18 km; Moorkuhlen Bockwisch/Krempermoor, 25 ha; Große und Kleine Tonkuhle Edendorf, 10 ha. **FA:** Hecht, Zander, Barsch, Aal, Meerforelle, Karpfen, Schleie, Brassen, Aland, Rutten, Rapfen, Forelle, Rotaugen. **FZ:** Mai–November. **E:** Angelgerätegesch. Wilh. Siemsen, Sandberg 5; E. Koll, Holstencenter; Heinz Krüger, Schuhmannweg 14, 2211 **Kremperheide;** H. Gloistein, Reetmoor 4, 2211 **Münsterdorf. Geb:** T 3 DM, W E 4 DM, W 10 DM, M 18 DM. **B:** O. A. (Nicht-O. A. können obere Stör beangeln); 3 Ruten, davon 2 Raubfischangeln. **S:** Weitere **A:** Wilh. Siemsen, siehe oben, Ruf 29 07.

Wilster (2213): Kleinstadt in der Wilstermarsch, Bahnstrecke Hamburg–Westerland, B 5 zwischen Itzehoe und Brunsbüttel. Wassersport, Reiten, Tennis. **A:** Stadtverwaltung, Postfach 100, Ruf 0 48 23/5 02. **G:** Wilsterau, ca. 17 km, durchschnittlich 10 m breit, 2 m tief. **FA:** gut Hecht (Mindestmaß 50 cm), Barsch (20 cm), Aal (35 cm), Schleie (20 cm), vereinzelt Karpfen (35 cm), Weißfisch. **E:** ASV „Petri Heil" e. V. Wilster, Werner Hildebrandt, Rumflether Str. 1. **Geb:** T 6 DM, W 20 DM, M 30 DM. **B:** 3 Ruten.

Borsflether Wisch (2210): 10 km südl. von Wilster, Bahnstation Krempe. **G:** Gr. Wettern, 10,6 km, 10 m breit; Burggraben Krempe, 1/2 ha; Kremperau, 2 km, 4,5 m breit. **FA:** Karpfen, 1 je T. **E:** SAV f. Krempe und Umg., Farbenhaus H. Kock, Breitestr., 2209 **Krempe. Geb:** T 6 DM, W 15 DM. **B:** 3 Ruten. **S:** Ferien auf dem Bauernhof, Gert Hellmann, Ruf 0 48 24/21 99, eig. Fischwasser.

Glückstadt (2208): Hafenstadt an der Niederelbe, Bahnstrecke Hamburg–Westerland, B 431 (Elmshorn 20 km); Schwimmbäder, Wassersport. **A:** VV und Stadtverwaltung, Am Markt 4, Ruf 0 41 24/20 11. **G:** Niederelbe, Außenhafen, weiße Kuhle, Festungsgraben, Anlagenteiche, Burggraben, Kremper Rhin, Grap. **FA:** Hecht, Zander, Barsch, Aal, Karpfen, Schleie, Weißfisch. **E:** SAV Glückstadt, nach Vereinbarung. **Geb:** T 2 DM, W 10 DM. **B:** O. A., 3 Ruten, alle Köder.

Elmshorn (22): Industriestadt zwischen Geest und Marsch, Bahnstrecken Hamburg–Westerland–Kiel und Flensburg, B 5 (Hamburg 35 km, Itzehoe 25 km), B 431; Freibad an der Krückau, Reiten, Tennis. **A:** Stadtverwaltung, Ruf 0 41 21/23 11. **G:** Krückau und andere Gewässer. **FA:** Hecht, Barsch, Aal, Karpfen, Schleie, Weißfisch, Salmoniden. **E:** SAV Elmshorn/Barmstedt e. V. Elmshorn, Kaltenweide 157. **Geb:** T 5 DM, W 20 DM, M 30 DM. **B:** O. A., 3 Ruten, davon 1 auf Raubfisch, Jungangler 2 Ruten.

Ostküste mit Hinterland (von Nord nach Süd)

Flensburg (2390): Grenzstadt am Ende der über 30 km langen gleichnamigen Förde; BAB 7 (E 3), B 76, 199, 200; jegl. Wassersport, Bootsverleih, Hallenbad, Reiten, Tennis, Camping. **A:** VV, ZOB-Gebäude, Ruf 04 61/2 30 90. **G:** Hollmarksee, bei **Kleinsoltfeld. FA:** Hecht, Karpfen, Schleie, Forelle, Brassen, Aal. **Geb:** T

10 DM, 3 Ruten. **G:** Niehuuser See bei **Harrislee,** an der dänischen Grenze. **FA:** Karpfen, Brassen, Aal, Barsch. **Geb:** T 5 DM, W 15 DM, 3 Ruten. **E:** für Hollmark- u. Niehuuser See: ASV „Petri-Heil“, Schiffbrücke 58, 2390 Flensburg. **S:** Vermittlung von Angelgelegenheiten im nahen Dänemark, in der Wiedau u. a. Gewässern, siehe auch: „Gebiet der mittleren Treene“. **G:** in der weiteren Umgebung: Südensee bei 2393 **Sörup. FA:** Hecht, Aal, Friedfische. **E:** Gaststätte „Seeklause“, direkt am See; Pächter Erich Green, 2393 **Boknis/Schlei. Geb:** T 3 DM. **G:** Winderatter See, zwischen Sörup und Markerup, ca. 1,2 km lang und bis 300 m breit. **FA:** Hecht, Aal, Friedfische. **E:** H. Reichentrog, 2393 **Winderatt. Geb:** T 3 DM.

Glücksburg (2392): Ostseeheilbad am Südufer der Flensburger Förde; jeglicher Wassersport, Bootsverleih, Tennis, Reiten. **A:** Kurverwaltung, Haus des Kurgastes, Ruf 0 46 31/22 01. **G:** Schloßteich. **FA:** Hecht, Aal, Schleie, Forelle, Friedfische. **E:** Kur- u. Schloßverwaltung. **Geb:** T 5 DM, W 25 DM. **B:** 1 Rute, T 2 Fische. **G:** „Rüder See“ (Mühlenteich), ca. 35 ha. **FA:** Hecht, Aal, Friedfische. **E:** ASV; Parkhotel Ruhetal; Fa. H. Berg, Jagdsportgesch., Angelburger Str. 24, 2390 **Flensburg**; Kaufm. Heinz Matthiesen, Große Straße 10, Glücksburg. **Geb:** T 2–5 DM. **B:** 1 Rute, alle Köder.

Die Schlei ist eine langgestreckte Förde der Ostsee. An manchen Stellen rücken ihre Ufer so dicht zusammen, daß der Eindruck einer Flußlandschaft entsteht. Seeähnliche Breiten und romantische, schilfbewachsene Buchten, die sog. Noore, machen die Schlei nicht nur zu einem der schönsten Segelreviere Deutschlands, sondern bieten auch dem Angler jede Möglichkeit. Campingplätze. Urlaub auf dem Lande mit günstigen gewässernahen Ferienwohnungen, Privatpensionen und Gasthäusern (oft direkt am Wasser mit eig. Boot, Steg oder Ufer). Die Schlei hat eine Länge von 41,5 km, eine Breite von 4,1 km (Große Breite) bis ca. 100 m (Missunder Enge), eine Tiefe von durchschnittlich ca. 3 m, an den Engen bis zu 14,7 m und umschließt eine Fläche von insgesamt 54 m².

Fichereirechtlich ist die Schlei in 3 Abschnitte eingeteilt:

I. Von Schleswig bis Arnis (Linie zwischen Arnisser Kirche und dem Haus auf dem Schwonsberg) einschl. der Noore bei Brodersby, Gunneby, Lindau und Grödersby.

II. Das Haddebyer Noor und das Selker Noor.

III. Von Arnis (Linie zwischen Arnis Kirche und dem Haus auf dem Schwonsberg) bis Schleimünde (offene Ostsee).

FA: Aal, Butt, Hering, Hornhecht, Barsch, Dorsch, Makrele, Meerforelle, Zander, Plötze. **A** u. **E:** Die Gemeindeverwaltungen; Amtsverwaltung 2347 **Süderbrarup;** FVV Schleidörfer, 2341 **Lindaufeld,** Zimmernachweis 2381 **Steinfeld,** Ruf 0 46 41/34 11; außerdem siehe nachfolgende Orte:

Kappeln/Schlei (2340): Kleine Hafenstadt an Schlei und Ostsee. **A:** FVV, Informationszentrum Mühle, Schleswiger Straße, Postfach 1306, Ruf 0 46 42/45 55. **G:** Schlei. **E:** FVV; Waffen-Schmidt, Schmiedestr. 5, Ruf 22 57; Stadtverwaltung, Theodor-Storm-Straße, Ruf 10 71. **Geb:** W 5 DM, M 8 DM. **G** des ASV Kappeln: Lyskjär See bei **Scheggerott**, 8 km westl. von Kappeln. **E:** Waffen-Schmidt (s. o.). **Geb:** T 5 DM. **B:** Über FZ, Mindestmaße u. Köder siehe bes. Umdruck bei den E. **S:** Siehe „Organisierte Hochsee-Fangfahrten“.

Schleswig (2380): Stadt mit vielen Sehenswürdigkeiten an der inneren Schlei; BAB 7/E 3, B 76, 77 u. 201; jeglicher Wassersport, Bootsverleih (Stadthafen, Fa. Ley), Reiten, Tennis, Camping. **A:** VB, Friedrichstr. 7–11, Ruf 0 46 21/2 40 31. **G:** Schlei, Abschnitt I. **E:** ASV, Fa. Ewoldsen, Michaelisstr. 20, Ruf 2 58 28; Stadtver./Liegenschaftsabt. Rathausmarkt 1, Zi. 18. **Geb:** W 10 DM, M 20 DM (mit Boot 30 DM). **B:** Siehe Umdruck „Ordnung für Zeitmitglieder“ bei **E. G:** Brautsee, ca. 9 ha. **FA:** Hecht, Aal, Karpfen, Schleie,

Weißfische. **E:** s. o. **Geb:** T 2,50 DM (mit Boot 3 DM), WE 4 (5) DM, W 13,50 (15) DM, 3 W 25 (30) DM, M 37,50 (45) DM. **B:** siehe oben. **G:** Großer Langsee, bei 2381 **Süderfahrenstedt**, 8 km nördl. von Schleswig. **A:** Gemeindeverw. **FA:** Hecht, Barsch, Zander, Schlei, Aal, Weißfisch. **E:** Fa. Ewoldsen, s. o.; O. Wilken, Süderfahrenstedt. **Geb:** T 4 DM (mit Boot 5 DM), WE 6 (9) DM, W 13,50 (17,50) DM, 3 W 30 (35) DM, M 45 (50) DM. **B:** siehe oben. **G:** Ziegelteich Jöns, Pulverholz. **A:** Ruf 3 20 71. **FA:** Forelle. **Geb:** T 10 DM. **B:** 1 Rute, Beschränkg. 7 Stück. **G:** Treene: siehe „Gebiet der Mittleren Treene".

Selk (2381): Schön gelegenes Dorf am Selker Noor, einem Seitenarm der Schlei. **A:** FVV Haddeby/Dannewerk, 2381 **Jagel,** Ruf 0 46 24/14 43. **G:** Selker Mühlenteich, ca. 1,5 ha. **FA:** Karpfen, Schleie, Forelle (T Neubesatz). **E:** Johann Voß, Selker Mühle. **Geb:** T 10 DM je Rute (Hausgäste 6 DM). **S:** Ferienpension, Ruf 0 46 21/ 3 25 25. **G:** Forellen- u. Karpfenteiche. **A** u. **E:** H. Wodke, Ruf 3 25 97.

Klein-Waabs (2331): an der Ostsee zwischen der Eckernförder Bucht und der Schleimündung, Wassersport, Camping. **A:** Ostsee-Campingplatz Gut Ludwigsburg, 2331 Loose-Waabs. **G:** Aas-See, ca. 20 ha. **FA:** Hecht, Barsch, Aal, Friedfisch. **FZ:** 1. April–30. September. **Geb:** T 2 DM, W 10 DM. **B:** Gast des Campingplatzes Ludwigsburg: 2 Ruten.

Ostseebad Eckernförde (2330): Fischereihafen an der gleichnamigen Ostseebucht, feinsandiger Strand, Seepromenade, Steilufer und Buchenwald, Wassersport, Bootsverleih, Camping. **A:** Kurverwaltung, Ruf: 0 43 51/60 11. **G:** Ostsee, Norderhake. **FA:** Aal, Butt, Dorsch, Hecht, Brassen, Karpfen. **E:** Stadtverwaltung. **Geb:** Norderhake T 1 DM. **S:** Fischen in der Ostsee vom Land (Mole) und Boot. Siehe auch „Organisierte Hochseefangfahrten".

Kiel (2300): Landeshauptstadt, am Ende der etwa 16 km langen gleichnamigen Förde und am Nord-Ostsee-Kanal; Schnittpunkt der Bundesstraßen 4, 76, 202, 404, 502, 503, Endpunkt der Autobahn von Hamburg über Neumünster; Fährverbindungen nach Skandinavien; viele kulturelle Einrichtungen und Sportanlagen, weltbekanntes Segelrevier (seit 1882 alljährlich im Juni „Kieler Woche"). **A:** Amt für Wirtschafts- und Verkehrsförderung – Abt. Fremdenverkehr, Rathaus, Ruf 04 31/9 01-23 00-02. **A** für Sportfischerei: Landessportfischerverband Schlesw.-Holst. e. V., Hamburger Chaussee 102, Ruf 68 49 23, siehe auch dessen **G:** „Der Nord-Ostsee-Kanal", „Elbe-Lübeck-Kanal", „Gr. Plöner See/Bosau", „Uklei-See", „Westensee".
G: Hafen/Förde. **FA:** Dorsch, Hering, Butt, Aal, Makrele, Meerforelle (eine von 14 Pfd. 270 g gefangen). **E:** Hafen- und Seemannsamt, Bollhörnkai 1. **Geb:** M 2 DM. **G:** Fuhlensee, nahe dem Olympia-Hafen, ca. 16 ha. **FA:** Hecht, Aal, Karpfen, Schleie, Barsch, Weißfisch. **E:** ASV „Holrut" e. V., Prieser Strand 14, **Friedrichsort/**Kiel 17. **Geb:** T 5 DM, W 15 DM, M 40 DM. **B:** 3 Ruten, O. A. **G:** Schwentine, mündet in den Kieler Hafen, 7 km lang, 14–15 m breit, bis 3,5 m tief. **FA:** Hecht, Karpfen, Schleie, Meerforelle (Rekord 20 Pfd. u. 50 g), Weißfisch. **E:** AV „An de Waterkant", Werner Assmann, Scharweg 44, Kiel 14. **S:** „Schwentine" siehe auch „Holsteinische Schweiz/Raisdorf". **G:** Eider-Ring-Kanal siehe „Gebiet Naturpark Westensee". **E:** „SV Ringkanal", H. Meyer, Andersenweg 8, Kiel 17, Ruf 39 13 35. **S:** Siehe auch „Organisierte Hochsee-Fangfahrten" (Kieler Bucht: Deutscher Rekord Steinbutt 12 Pfd., 350 g).

Gebiet „Naturpark Hüttener Berge"

Reizvolle Landschaft mit vielfältiger Fauna und Höhen von über 100 m, nördl. von Rendsburg zwischen „Große Breite" der Schlei und dem N.-O.-Kanal. **A:** FVV Naturpark Hüttener Berge e. V. 2331 **Ascheffel,** Ruf 0 43 53/2 57 u. 3 00.

Owschlag (2372): 10 km nördl. von Rendsburg am Westrand des Naturparks; BAB Hamburg–Flensburg (E 3), Ausfahrt

Owschlag; beheiztes Freibad, Baden im See, Rudern, Tennis. **G:** Owschlager See, ca. 25 ha. **FA:** Hecht, Aal, Karpfen, Barsch, Weißfisch. **FZ:** Mai–Okt. **E:** Hotel-Pension „Förster-Haus am See", Max Förster, Ruf 0 43 36/32 90. **Geb:** T 6 DM, Hausgäste frei. **B:** 3 Ruten, alle Köder; Bootsverleih. **S:** Siehe auch **G:** Neue Sorge ab Owschlager Au: „Gebiet der Eider/ Rendsburg".

Bistensee (2331): Ruhiger Ferienort am gleichnamigen See inmitten des Naturparks; Anfahrt wie Owschlag, bzw. Wittensee; Baden, Bootsverleih, Camping. **A:** Gemeindeverwaltung, Ruf 0 43 53/3 00. **G:** Bistensee, 151 ha. **FA:** Hecht (gute Fänge), Barsch, Aal, Karpfen, Zander, Weißfisch. **E:** G-Besitzer am See (Fischerei, Campingplatz), nach Vereinbarung.

Wittensee: Größtes **G** des Naturparks, 1033 ha, 4 km lang, 2,5 km breit, bis 20 m tief; Anfahrt über BAB Hamburg–Flensburg (E 3), Ausfahrt Rendsburg/Büdelsdorf, B 203 5 km Richtung Eckernförde; Bademöglichkeiten, Wassersport. **A:** VV, 2333 **Gr.-Wittensee,** Ruf 0 43 56/4 42 u. 4 24. **FA:** Hecht, Aal, Brassen, Schleie, Barsch, Kleine Maräne, Weißfisch. **E:** Fischmeister Bruno Behning, Ruf 3 77, und Fischmeister Hans Behning, Ruf 3 27, beide in 2331 **Sande** (Westufer). **Geb:** T 3 DM (vom Boot 5 DM), W 10 DM (15 DM) je Rute; Bootsverleih T 5 DM. **B:** Nach Vereinbarung. **S:** Ferienwohnungen und Urlaub auf dem Bauernhof z. B.: Anneliese Haß, Ruf 2 08, u. Mariechen Schmidt, Ruf 3 19, beide 2333 **Kl.-Wittensee,** Seeanlieger mit eigenem Boot.

Gebiet „Naturpark Westensee"

Abwechslungsreiche Landschaft im Städtedreieck Kiel, Neumünster und Rendsburg mit vielen Seen; BAB Hamburg–Flensburg/E 3, Ausfahrt Warder. **A:** FVV Naturpark Westensee e. V., Tourist-Information, 2351 **Warder,** Ruf 0 43 92/ 27 55.

G: Westensee, westlicher Teil, ca. 275 ha (Seeanteil Jörs), G des Landessportfischerverbandes Schlesw.-Holst. e. V. Kiel, Hamburger Ch. 102, 2300 **Kiel,** Ruf 04 31/68 49 23. **FA:** Aal, Barsch, Forelle, Hecht, Weißfisch. **E:** 15. 4.–15. 10., Herr Bünning, Bootsliegeplatz des LV (eigener Parkplatz) in **Langniß,** Ruf 0 43 05/6 64. **Geb:** T 4 DM (nicht OA 6 DM), W 20 (30) DM, M 30 (50) DM; Bootsgeb.: T 6 DM (für WE telef. Vorbestellung von Booten ratsam). **B:** 3 Ruten von einer Stunde vor bis eine Stunde nach Sonnenaufgang; Spinnangeln und Eisangeln auf Barsche erlaubt; Köderfischfang mit 1 Senknetz von 1 × 1 m. Verbindung mit dem westl. Seeteil hat:

G: Bossee, 40 ha, G des SFV „Petri Heil", 1. Vors. Hermann Arens, Holtenauer Str. 231, 2300 **Kiel 1. FA:** Brassen, Hecht (Mindestmaß 60 cm), Aal (35 cm), Karpfen (35 cm), Barsch (15 cm), Schleie (28 cm). **FZ:** Mai–Sept.; Schonzeiten: Hecht 1. 1.–31. 5., Schleie 1. 4.–30. 6. **E:** Günther Bünning, Schulweg, 2301 **Westensee-Bossee. Geb:** T 5 DM, W 20 DM, M 40 DM. **B:** O. A., Sp.Prü.; alle natürlichen Köder, 3 Ruten.

G: Westensee, östlicher Teil bei Hohenhude und Eider zwischen Westensee und Achterwehr. **FA:** Hecht, Aal, Schleie, Karpfen. **E:** Fischermeister Schmidt, 2301 **Wrohe** (direkt am See), Ruf 0 43 05/2 47. **Geb:** T 5 DM. **B:** Nur vom Land aus. **S:** Weitere Angelmöglichkeit zwischen Achterwehr und Nord-Ostsee-Kanal: **G:** Eider-Ringkanal. **FA:** Hecht (zahlreich), Karpfen (bis 20 Pfund), Barsch, Brassen, Schleie, Aal. **E:** SV Ringkanal, H. Meyer, Andersenweg 8, 2300 **Kiel** 17, Ruf 04 31/ 39 13 35.

G: Gr. Schierensee, südl. vom Westensee, 51 ha. **FA:** Aal, Hecht, Barsch, Karpfen, Schleie. **FZ:** Mitte April bis Mitte Okt. **E:** Försterei, 2301 **Schierensee,** Ruf 0 43 05/ 7 53, nur über Gastgeber im Naturpark. **Geb:** W 20 DM. **B:** 2 Ruten; Paddelboote in begrenzter Zone erlaubt.

G: Forellensee Kleinvollstedt, 4 km nördl. BAB-Ausfahrt Warder, 3 ha. **FA:** Forelle. **E:** Parkplatz „Forellensee", 2371 **Keinvollstedt. Geb:** 1. Rute 14 DM, 2. Rute 6 DM, jede weitere Rute 5 DM, ab Mittag Ermäßigung.

G: Vollstedter See, zwischen Kl.- und Gr.-Vollstedt, 42,8 ha. **FA:** Aal, Hecht, Barsch,

Karpfen, Schleie. **E:** Gemeindeverwaltung 2371 **Groß-Vollstedt. Geb:** T 10 DM, W 40 DM. **S:** Bootsverleih.

G: Brahmsee, an der BAB bei Warder, 38 ha. **FA:** Aal, Hecht, Barsch, Zander. **E:** Gemeindeverwaltung 2351 **Langwedel,** Ruf 0 43 29/4 27; Fischer Bernhard Schmidt, Langwedel. **Geb:** T 5 DM. **S:** Bootsverleih.

G: Wardersee, westl. vom Brahmsee, 57 ha. **FA:** Aal, Hecht, Barsch, Karpfen. **FZ:** Mitte April bis Mitte Okt. **E:** Gemeinde, 2351 **Warder,** Ruf 0 43 92/4 96. **Geb:** T 5 DM, W 20 DM. **B:** Nur für Feriengäste in der Gemeinde.

G: Borgdorfer See, 2 km südl. vom Brahmsee, 2 km östl. von 2353 **Nortorf;** 51 ha, 2–7 m tief. **FA:** Aal, Hecht, Karpfen, Barsch. **E:** Gastwirtschaft Gloy, 2351 **Borgdorf-Seedorf. Geb:** T 5 DM, W 15 DM, 2 W 20 DM, M 30 DM; Benutzung eines eigenen Bootes M 20 DM. **B:** 3 Ruten.

G: Einfelder See, am Südrand des Naturparks, 6 km nördl. von Neumünster an der B 4, auf einer Wasserscheide zweier Flußgebiete, der Eider im Norden und der Stör im Süden. 177,5 ha bei einer maximalen Tiefe von 8,40 m und einer mittleren Tiefe von ca. 3,00 m. Die Westseite des Sees hat die tiefsten Stellen mit schlammigem Grund, wogegen am Ostufer vorwiegend flacher Sandstrand zu finden ist. Bewirtschaftet wird der See von der Seegemeinschaft „Einfelder See“ im Kreissportfischerverband Neumünster und Umgebung e. V., der acht Vereine angehören. **FA:** Aal, Hecht, Karpfen, Barsch, Forelle, Weißfisch. **E:** Hotel „Seeblick“ in **Mühbrook,** an der Nordseite des Sees; Angelsportfachgeschäft Elektronik u. Hobby GmbH, Bahnhofstr. 16, 2350 **Neumünster,** Ruf 0 43 21/4 33 56; Fa. Reimer Johannsen, Haart 39, Ruf 4 12 50; K. Kühl i. Fa. Hinrichsen, Bahnhofstr. 10, **N.-Einfeld,** Ruf 49 75. **Geb:** T 3,50 (nicht OA 5,50) DM, W 15,50 (25,50) DM, M 30,50 (40,50) DM; Jugendliche haben Ermäßigung; Boot T 3 (6) DM. **B:** 3 Ruten, alle Köder. **S:** Bootsverleih Aral-Tankst. Günter Raasch, Kieler Str. 697. Weitere Angelmöglichkeit nördl. vom Einfelder See: **Bordesholm** (2352): Ebenfalls an der B 4. **G:** Kiesgrube, 0,04 ha und Moorgewässer. **FA:** Aal, Barsch, Hecht, Weißfisch. **E:** ASV, H. Krohn, Bahnhofstr. 118. **Geb:** T 5 DM, W 15 DM, M 30 DM. **B:** T 2 Edelfische.

Lütjenburg (2322): Kleinstadt in wald- und wasserreicher Umgebung, 33 km östl. von Kiel, B 202 u. 430; Wassersport. **A:** VA, Oberstr. 15a, Ruf 0 43 81/70 12. **G:** Kossau/Niedermühle. **FA:** Hecht, Barsch, Forelle, Weißfisch. **E:** Ordnungsamt, wie A. **Geb:** M 3 DM (Rentner 1,50). **S:** Weitere Angelmöglichkeiten in folgenden Orten:

Gut Kletkamp (2321): 8 km südl. von Lütjenburg in ruhiger Lage; Reiten, Wildbeobachtung, Baden. **A** u. **E:** Gutsverwaltung Graf Brockdorff, Ruf 0 43 81/2 51. **G:** 2 Teiche, 3 u. 1 ha; Graben, 400 m lang, 10 m breit. **FA:** Schleie, Hecht, Aal, Barsch, Karpfen, Weißfisch. **Geb:** T 15 DM, W 70 DM, Hausgäste Ermäßigung. **B:** 2 Ruten, alle Köder, Angeln v. Boot möglich. **S:** Vermietung von Ferien-Appartements im Schloß (Hausprospekt).

Gut Mühlenfeld (2322): 4 km südl. von Lütjenburg in idyllischer Landschaft des Kossau-Tales. **A** u. **E:** Werner Blöcker, Ruf 0 43 81/2 46. **G:** 3 km Fließgewässer Kossau, Quellen- u. Waldteiche. **FA:** Bach- u. Regenbogenforelle. **Geb:** Nach Vereinbarung, Gäste der Waldferienwohnungen haben Vergünstigung. **B:** 3 Ruten, alle Köder. **S:** Bootsverleih, Reitunterricht, evtl. Jagdmöglichkeit.

Behrensdorf (Ostsee) (2322): 7 km nördl. von Lütjenburg. **A** u. **E:** Gemeindeverwaltung, Alte Dorfstr. 17, Ruf 0 43 81/2 86; Gräfl. v. Walderseesche Gutsverwaltung im Ortsteil **Waterneverstorf,** Ruf 3 10. **G:** Großer Binnensee (Angelsteg), Lippe-Schleusengewässer, Au, Ostsee. **FA:** Aal, Barsch, Hecht, Weißfisch. **Geb:** T 1 DM, W 3 DM, M 10 DM; für Lippe W 5 DM, M 12 DM; Steg W 15 DM, M 30 DM. **B:** Feriengast alle Köder.

Todendorf (2321): 2 km nördlich von Behrensdorf an der Ostsee. **G:** Giekauer Moor, nordwestl. von Lütjenburg, 2 Seen von ca. 250–300 m × 50–100 m. **FA:** Hecht, Karpfen, Schleie, Aal, Zander, Weißfisch. **FZ:** Frühjahr–Herbst. **E:** Anglerhotel und

Gasthaus „Oase“, Margot und Ernst Dobslaw, Ruf 0 43 85/3 63. **Geb:** T 2 DM nur für Hausgäste. **B:** 2 Ruten, Angeln vom Ufer aus; Fang kann erworben werden. **S:** Hausprospekt anfordern; Angeln auf der Ostsee mit eigenem Boot und Kapitän möglich. **Geb:** T 5 DM.

Hohwacht/Ostsee (2322): Erholungsort zwischen Meer, Wald und Binnenseen, 7 km nordöstl. von Lütjenburg; 3 km Sandstrand, beheiztes Meerwasser-Brandungsbad, Tennis. **A:** Kurverwaltung, Postfach 20, Berliner Platz, Ruf 0 43 81/ 70 85-86. **G:** Kossaumündung am Großen Binnensee. **FA:** Aal, Brassen, Dorsch. **E:** Gutsverwaltung 2322 **Neudorf. Geb:** Nach Vereinbarung. **G:** Kossaumündung bei Lippe, zwischen Hohwacht und Behrensdorf. **FA:** Aal, Barsch, Weißfisch. **E:** M. Wellhörner, Gaststätte „Klabautermann“. **Lippe. Geb:** Nach Vereinbarung. **G:** Sehlendorfer Binnensee, ca. 80 ha, und Mühlenau. **FA:** Aal, Brassen, Hecht, Barsch, Weißfisch. **E:** Leo Rathje, „Tivoli“. **Geb:** Nach Vereinbarung. **S:** Für Gebiet Sehlendorfer Binnensee auch **A:** Kurverwaltung Sehlendorf, 2321 **Blekkendorf,** Ruf 0 43 82/5 57 u. 3 44. **S:** Angeln in der Ostsee auf Butt, Makrele und Dorsch.

Oldenburg in Holstein (2440): auf der Halbinsel Wagrien in Ostholstein, B 202 und B 207 (E 4). **A:** FVA, Ruf 0 43 61/5 62. **G:** Karpfengewässer, ca. 1,5 ha. **FA:** Karpfen, 43 cm, 3–4 kg (T 2 Stück), Schleie, Weißfisch. **E:** Firmen August Eberhardt, Kuhtorstr. 5–11, u. H. Mumm, Inh. H. Kruse, Schuhstr. 7. **Geb:** T 10 DM. **B:** 2 Ruten, Naturköder, Hälterung von Karpfen verboten.

Heiligenhafen (2447): Fischerstädtchen und Ostseeheilbad an der „Vogelfluglinie“ (B 207/E 4). **A:** Kurverwaltung, Rathaus, Markt 4, Postfach 165, Ruf 0 43 62/ 73 71 und 73 73. **G:** Stangenmoor. **FA:** Hecht, Zander, Barsch, Aal, Karpfen, Schleie, Weißfisch. **E:** Ordnungsamt, Adr. wie A und Hermann Lehmbeck, „Lehmbecks Hof“, Ruf 2 45, dort auch Urlaub auf dem Bauernhof, Ruderboote, Bademöglichkeit. **Geb:** Kostenlos für Hausgäste, sonst nach Vereinbarung. **B:** alle Köder. **S:** Bauernhof H.-H. Milz, Heiligenhafen (1,5 km), Neurathjensdorfer Weg 1½, eigene Angelgewässer. Siehe auch „Organisierte Hochseefangfahrten“.

Fehmarn: 185 qkm große Insel zwischen Sund und Belt, 78 km Küste. Wirtschaftlicher und kultureller Mittelpunkt der Insel ist

Ostseeheilbad Burg auf Fehmarn (2448): Malerisches Städtchen an der „Vogelfluglinie“ und B 207/E 4, mit Hafen (Burgstaaken) und Seebad (Burgtiefe) mit modernem Kur-Centrum mit Meerwasser-Wellen-Hallenbad; jeglicher Wassersport; Camping und Urlaub auf dem Bauernhof auf der ganzen Insel. **A:** VA, Am Markt 1, Ruf 0 43 71/30 51, und Kurverwaltung, Südstrandpromenade. **G:** Torfkuhle, ca. 2 ha. **FA:** Karpfen, Barsch, Schleie, Aal, Weißfisch. **FZ:** April–Okt. **E:** ASV, Eberhard Dittmann, Niendorfer Str. 5. **Geb:** T 8 DM, W 25 DM. **B:** Feriengast, 2 Ruten, natürl. Köder, keine Metallsetzkescher.

Weitere Fangplätze auf Fehmarn:

Markelsdorfer Huk: günstig für das Brandungsfischen. Die Westseite ist gut beangelbar bis herunter zu jener Stelle, an der der Deich an die Küste stößt. Sie ist besonders bei westlichen Winden zu bevorzugen, und man erreicht auch mit mäßig weiten Würfen bereits tieferes Wasser. Die Nordküste kann auf mehrere Kilometer Länge bis etwa zur Mitte der nördlichen Binnenseen (Peilbake am Deich) befischt werden. Es sind jedoch weite Würfe erforderlich, um die langen, flachen Sandflächen vor dem Strand zu überwinden. Die besten Fangstellen befinden sich in unmittelbarer Nähe der Huk. Der Platz kann als gut bis sehr gut für den Fang von Dorsch und Plattfisch und als zufriedenstellend für Aal bezeichnet werden. Bisweilen gehen hier auch Meerforellen an die Grundangel. Empfohlene Bleigewichte: 50–100 g in flachen Formen. Anfahrt mit dem Wagen bis ans Meer ist möglich; Fußwege über Westermarkelsdorf oder Altenteil.

Wallnau: bester Platz in diesem Revier ist die Schleuse; günstigste Fangzeit nach starken Regenfällen vor allem im Herbst, wenn Tausende von Kleinfischen, vor allem Stichlinge, mit dem Süßwasser in die Ostsee getrieben werden. Die Gleitfloßangel mit dem Lebendköder bringt dann sehr gute Erfolge auf Dorsch, seltener Meerforelle. Aber auch zu anderen Zeiten kann man hier erfolgreich auf Dorsch, Plattfisch und Aal angeln. Gewarnt sei vor dem oft recht steinigen Grund.

Leuchtturm Flügge/Krumm Steert: besonders zu empfehlen bei süd- bis südwestlichen Winden. Es dürfte der beste Schollenangelplatz rund um Fehmarn sein; daneben auch Aalfang. Weite Würfe sind entlang des Krumm Steerts nötig; westlich Flügge wieder tieferes Wasser. Wattwürmer lassen sich leicht zu beiden Seiten des Krumm Steerts graben.

Orther Rhede: sehr flach, aber fast gegen alle Winde gut geschützt; erwärmt sich im Frühjahr schneller als die übrigen Gebiete. Man kann daher hier bereits Aale fangen, wenn sie an den übrigen Küstenabschnitten noch nicht laufen; bevorzugtes Ziel der passionierten Aalangler. Wattwürmer lassen sich unmittelbar am Fangplatz graben.

Strukkamp-Albertsdorf: bei westlichen Winden ein leidlich guter Angelplatz, hauptsächlich auf Aal; gute Wattwurmstelle.

Alte Mole: ist nur watend zu erreichen, dann über glitschige Steine bis zur Spitze klettern; hier in etwa 5–6 m tiefem Wasser angeln auf Dorsch, Aal und Plattfisch (sehr gute Fänge).

Molen des Fährhafens von Puttgarden: vielbesuchte Fangplätze, die zeitweise gesperrt, jetzt wieder freigegeben worden sind; Angeln im Hafenbecken verboten. Von beiden Molen ganzjährig gute Dorschfänge, im April und Mai günstig für Plattfisch (besonders von der Westmole). Vom Juni bis September unterschiedliche Erfolge auf Makrele und Hornhecht (Ostmole günstiger); gefischt wird mit Blinker oder Gleitfloß und Heringsfetzenköder in halber Wassertiefe. Aale nur mäßig vorhanden, in den nicht ausgebaggerten Teilen des Fährbeckens auch Aalquappen. In den Sommermonaten umschwimmen oft größere Wittlingsschwärme die Molenköpfe; leichter Fang mit Heringsstückchen an feinem Gerät. Einzelerfolge bei Meerforelle und Lachs (bis 10 Pfund) an der Ostmole. Weiter östlich, unterhalb des Leuchtturms „Marienleuchte“ bei Ohlenburgs Huk, befindet sich eine gute Angelstelle für Plattfisch, Aal und Dorsch. Das 3–4 m tiefe Wasser reicht hier bis dicht unters Land. **A** u. **E** für Puttgarden: Gemeinde 2448 **Bannesdorf.**

Wulfener Steilküste: ausgezeichnet für das Brandungsfischen auf Aal und Plattfisch, erfolgversprechend auch auf Meerforelle. Man sollte daher neben den Grundruten auch eine Gleitfloßangel auslegen und eine Spinngerte bereithalten. Wattwürmer können entweder hier oder am Wulfener Hals im Burger See gegraben werden. Die beste Köderstelle entlang der Südküste liegt jedoch vor der Halbinsel Burgtiefe im Burger See.

Staberhuk: ein guter Angelplatz für das Brandungsfischen, zumal man sich hier den Änderungen der Windlage leicht anpassen kann. Die Spitze der Huk sollte gemieden werden, da das Ufer sehr verblockt und verkrautet ist. Besser ist die Ostseite bis zur Ortschaft Katherinenhof. Hier sind in den Abendstunden mit dem weit geworfenen Blinker oft überraschende Dorschfänge möglich. Die steinige Südküste erfordert entsprechendes Gerät (u. a. Schnurstärken bis 0,60 mm). Außer Dorsch werden hier ebensogut Aal und Plattfisch erbeutet. Der westlich des Leuchtturmes gelegene große und moderne Campingplatz ist ein günstiger Ausgangspunkt für dieses Gebiet.

Angeln vom Boot aus: ebenfalls ausgezeichnete Möglichkeiten, besonders auf Hornhecht und Makrele, aber auch auf Dorsch, Butt, Aal, Meerforelle und vereinzelt Lachs. Gute Fangplätze u. a. vor allem die Bänke im **Alten Sund** (alle Fischarten je nach Jahreszeit), **Puttgardener Riff** (rd. 1,5 km von der Küste entfernt), östlich des Leuchtturmes **„Marienleuchte“** (Makrele, Hornhecht) und **Staberhuk** (sehr gut Dorsch, daneben Makrele, Hornhecht und Meerforelle). **S:** Siehe auch: „Organisierte Hochsee-Fangfahrten“ von Burgstaaken aus.

Neustadt (2430): Hafenstadt an der Lübecker Bucht mit den Badeorten Pelzerhaken (5 km) und Rettin (5 km); Bahnstrecke Lübeck–Puttgarden (Vogelfluglinie), BAB 1, B 207/E 4; Wassersport, Camping. **A:** Kurverwaltung Neustadt-Pelzerhaken-Rettin, Strandpromenade, 2431 **Pelzerhaken,** Ruf 0 45 61/70 11. **G:** Binnenseen, ca. 13 ha. **FA:** Aal, Karpfen, Schleie, Hecht, Barsch, Forelle, Weißfisch. **E:** Angelgeräte Fritz Becker, Königsstr. 8. **Geb:** Ab 11 DM. **B:** 3 Ruten; Bootsverleih. **S:** siehe auch „Organisierte Hochseefangfahrten".

Süsel (2420): Östl. der Straßenkreuzung B 76/207 (E 4). **G:** 2 je 80 ha große Seen. **FA:** Hecht, Aal, Barsch, Karpfen u. a. **E:** Fischermeister Gerhard Liebe, Badeweg 4, Ruf 0 45 24/82 28. **Geb:** Für Hausgäste frei. **S:** Moderne Ferienhäuser; Bootssteg am See.

Kurgebiet Pönitzer See: Das waldreiche Erholungsgebiet an der „Eingangspforte" zur Holsteinischen Schweiz nahe der Ostsee gehört zum Ostseeheilbad **Haffkrug-Scharbeutz** (2409): BAB 1 Hamburg–Neustadt, Ausf. Scharbeutz; B 432, Bad Segeberg - Scharbeutz; Badeanstalt am Großen Pönitzer See, Haus des Kurgastes in Klingberg, Kuranlagen, Seepromenade, Freilichtpark (FKK), Wassersport, Reiten, Camping, Ferienwohnungen. **A:** Kurverwaltung, Strandallee 134, Ruf 0 45 03/71 11, Nebenstelle Haffkrug Ruf 0 45 63/2 04, für Kurgebiet Nebenstelle, Ruf 0 45 24/82 81. **G:** Großer Pönitzer See, 112 ha, bis 20 m tief; Kleiner Pönitzer See, ca. 19 ha, bis 9 m tief; Taschensee bei Gronenberg, ca. 42 ha, bis 9 m tief; *Wennsee* bei Scharbeutz, 7,5 ha. **FA:** Hecht, Barsch, Aal, Karpfen, Schleie, Weißfisch. **E:** Fischermeister Armin Jakobsen, Fischerweg 1, 2409 **Pönitz am See,** Ruf 0 45 24/3 04. **Geb:** T 5 DM von Sonnenaufgang bis -untergang. **B:** 2 Ruten, Schleppfischen erlaubt. **S:** Bootsverleih, T 10 DM; siehe auch „Organisierte Hochsee-Fangfahrten" von Niendorf aus.

Hemmelsdorf - Timmendorfer Strand (2408): Zwischen Lübeck und der Lübekker Bucht; BAB 1 Lübeck–Neustadt, Ausf. Ratekau. **A:** Kurverwaltung 2408 Timmendorfer Strand/Niendorf, Strandallee 73a, Ruf 0 45 03/40 61. **G:** Hemmelsdorfer See, 500 ha; Aalbeek u. Querbeek, 8 km. **FA:** Aal, Barsch, Brassen, Karpfen, Zander, Hecht, Weißfisch. **FZ:** Mai–Sept. **E:** Fischermeister Walter Schierbaum, Ruf 29 10. **Geb:** T 5 DM, W 15 DM, M 25 DM, S 50 DM; v. Boot T 1 Pers. 12 DM, 2 Pers. 16 DM, 3 Pers. 20 DM. **B:** 3 Ruten von 6–19 Uhr, alle Köder. Für das Gebiet der Großgemeinde **Ratekau E:** Günter Pfensig, Badeanstalt, 2401 **Offendorf,** Ruf 0 45 04/36 50. **S:** Siehe auch „Organisierte Hochsee-Angelfahrten" von Niendorf und Travemünde.

Travemünde (2400), Ortsteil der Hansestadt Lübeck: Heil- und Seebad an der Lübecker Bucht mit modernsten Kureinrichtungen, Meerwasserbrandungsbad, -bewegungsbad, -freischwimmbecken, jeglicher Wassersport einschl. Windsurfing, Reiten, Golf, Tennis. **A:** Kurverwaltung, Kursaal, Ruf 0 45 02/8 43 63. **G:** Trave-Mündung, 3,5 km an der Priwallseite und 1,3 km im Hafengebiet, ca. 400 m breit. **FA:** Aal, Barsch, Plattfisch, Dorsch, Makrele. **FZ:** ganzjährig. **E:** Kurverwaltung und Hafenamt Lübeck. **Geb:** J 15 DM. **B:** O. A., Ferien- oder Kurgast; 2 Ruten, nur vom Ufer. **S:** Siehe auch: „Organisierte Hochsee-Fangfahrten".

Lübeck (2400): Hansestadt und größter Ostseehafen der Bundesrepublik; BAB 1 von Hamburg/E 4, Schnittpunkt der B 75, 76, 206 u. 207; jeglicher Wassersport, siehe auch Travemünde. **A:** Amt für Stadtwerbung und Fremdenverkehr, Markt, Ruf 04 51/1 21 und VV, Markt und Kiosk am Bahnhof, Ruf 7 23 00. **G:** Wakenitz, vom Falkendamm bis Rothenhusen (ca. 15 km); Trave einschl. Pötenitzer Wiek, von Hamberge/Geniner Straßenbrücke an abwärts (ca. 33 km); sonstige G der ASV. **FA:** Hecht, Aal, Dorsch, Butt, Barsch, Meerforelle, Brachsen, Zander, Weißfisch. **E:** Hafen- und Seemannsamt, An der Untertrave 14/15, Ruf 12-2 36 22; für G der ASV: Die Angelgeräte-Fachgeschäfte R. Kössling, Königstr. 119/121 und Cleophas, Mühlenstr. 66. **Geb:** Für Wakenitz vom Ufer J 15 DM, vom Boot J 30 DM; für Trave/Pötenitzer Wiek nur vom Ufer J 15 DM; für beide G „Urlauber-Angelkarten", Gültigkeitsdauer 6 W, zum halben Preis; für G der ASV Geb. bei den genannten Fachgeschäften erfragen. **B:** 1–2 Ruten, Hecht-Schonzeit auf der Wakenitz 1. 1.–30. 4. **S:** Siehe auch „Organisierte Hochsee-Fangfahrten" von Travemünde aus.

Holsteinische Schweiz und Randgebiete

Raisdorf (2301): Ferienort in waldreicher Umgebung am nördlichen Rand der Holsteinischen Schweiz, 6 km nördl. von Preetz, B 76 u. B 202; Wassersport, beheiztes Freibad, Tennis. **A** u. **E:** SFV „Schwentine", Ernst Brendel, Rosenthal 2. **G:** Rosensee, ca. 43 ha, angestauter Flußlauf der Schwentine, ca. 3,5 km, durchschnittlich 14 m breit, vom Werk II bis zur Einmündung der Spolsau. **FA:** Hecht (Mindestmaß 60 cm), Schonzeit 1. 1.–30. 4., besondere Fänge bis zu 20 Pfund), Zander (35 cm, Schonzeit 1. 4.–31. 5.), Barsch (13 cm), Aal (50 cm, Einzelfänge bis 5 Pfund), Karpfen (40 cm, tägl. 3 Stück nur mit Einfachhaken, Fänge bis 25 Pfund), Schleie (25 cm), Bachforelle (Schonzeit 15. 1–15. 2.), Regenbogenforelle (Schonzeit 15. 1.–15. 5.), Aland, Döbel, Brassen u. a. Weißfische; im Sommer 1978 Fang eines 22 cm langen Flußkrebses. **E:** Siehe A; ferner Walter Voigt, Rosenthal 14. **Geb:** T 6 DM, W 20 DM, M 35 DM. **B:** O.A., Feriengast, 3 Ruten, je 1 Haken (keine Hecht- und Spinnangel), keine Bootsbenutzung. **S:** Weitere Angelmöglichkeiten in der Schwentine unterhalb siehe: Kiel. Für das Vereins-**G:** Rosenfelder See ebenfalls **E:** Ernst Brendel, siehe oben.

Preetz (2308): Luftkurort an der Schwentine und zwischen mehreren Seen, B 76 (Kiel 16 km, Plön 13 km); jeglicher Wassersport, Strand und Freibad, Tennis, Reiten, Camping. **A:** FVV, Mühlenstr. 14, Ruf 0 43 42/22 07, Postfach 228. **G:** Kirchsee, Lanker See (427 ha), Postsee (343 ha), Rosensee, Schwentine. **FA:** Hecht, Barsch, Aal, Brassen, Schleie, Weißfisch. **FZ:** ab 1. April. **E:** für Postsee: Fischermeister Georg Schmidt, An der Mühlenau 8, Ruf 25 85; für Kirschsee, Lanker See, Schwentine: Fischermeister Peter Schramm, Casthöhlenweg, Ruf 23 49. **Geb:** T 5 DM, W 15 DM, M 50 DM. **B:** 2 Ruten, Grundangeln nicht gestattet; Angeln vom Boot aus möglich. **S:** Bootsverleih.

Großer Plöner See: größtes Gewässer der Holsteinischen Schweiz, 3038 ha, sehr unregelmäßige Bodenfläche, bis zu 60 m tief, zahlreiche Untiefen und Inseln, viele Buchten, bewaldete Ufer, Wassersport, jedoch keine Motorboote, Bootsverleih, Campingplätze. **FA:** starke Hechte über 20 Pfund (Mindestmaß 50 cm), Aal (35 cm), Barsch, Brassen (Rekord 13 Pfund), Seeforelle bis 14 Pfund, Schleie bis 4 Pfund, Weißfisch. **E:** erteilen verschiedene Fischereipächter für einzelne Teilgebiete. Orte:

Ascheberg (2323): Erholungsort am bewaldeten Westufer, Bahnstrecke Lübeck–Kiel–Neumünster, B 430 (Bornhöved–Plön); Camping, Reitschule. **A:** FVV, Rathaus, Ruf 0 45 26/3 01. **E:** Helmut Laskowski, Plöner Chaussee 40, u. in der Fischerei beim Hof Ascheberg, Ruf 2 33. **Geb:** T 3 DM (vom Boot 5 DM), W 15 (20) DM, S 50 (80) DM. **B:** 2 Ruten. **S:** Bootsverleih.

Bosau (2422): Luftkurort auf einer Halbinsel am Ostufer; Bootsverleih, Segelschule, Camping. **A:** FVA, Ruf 0 45 27/4 98. **G:** Gr. Plöner See, Bosauer, Ruhlebener, Nehmtener Teil. **E:** Für den Landessportfischerverband: Konrad Kühn, Stadtbeker Str. 6, Ruf 5 80. **Geb:** T 6 DM, W 25 DM, 2 W 35 DM, 3 W 45 DM, M 60 DM; Boot T 6 DM (Angeln nur vom Boot aus möglich); im Landessportfischerverband OA haben Ermäßigung; Frühangler können am Vortag Angelkarte und Boot für den folgenden Tag bestellen. **B:** 3 Ruten, davon 1 mit Spinner, Wobbler o. ä., von Sonnenaufgang bis -untergang; 1 Köderfischsenke 1 × 1 m erlaubt. **S:** Hafen des LV Schl.-Holst. neben der Badean-

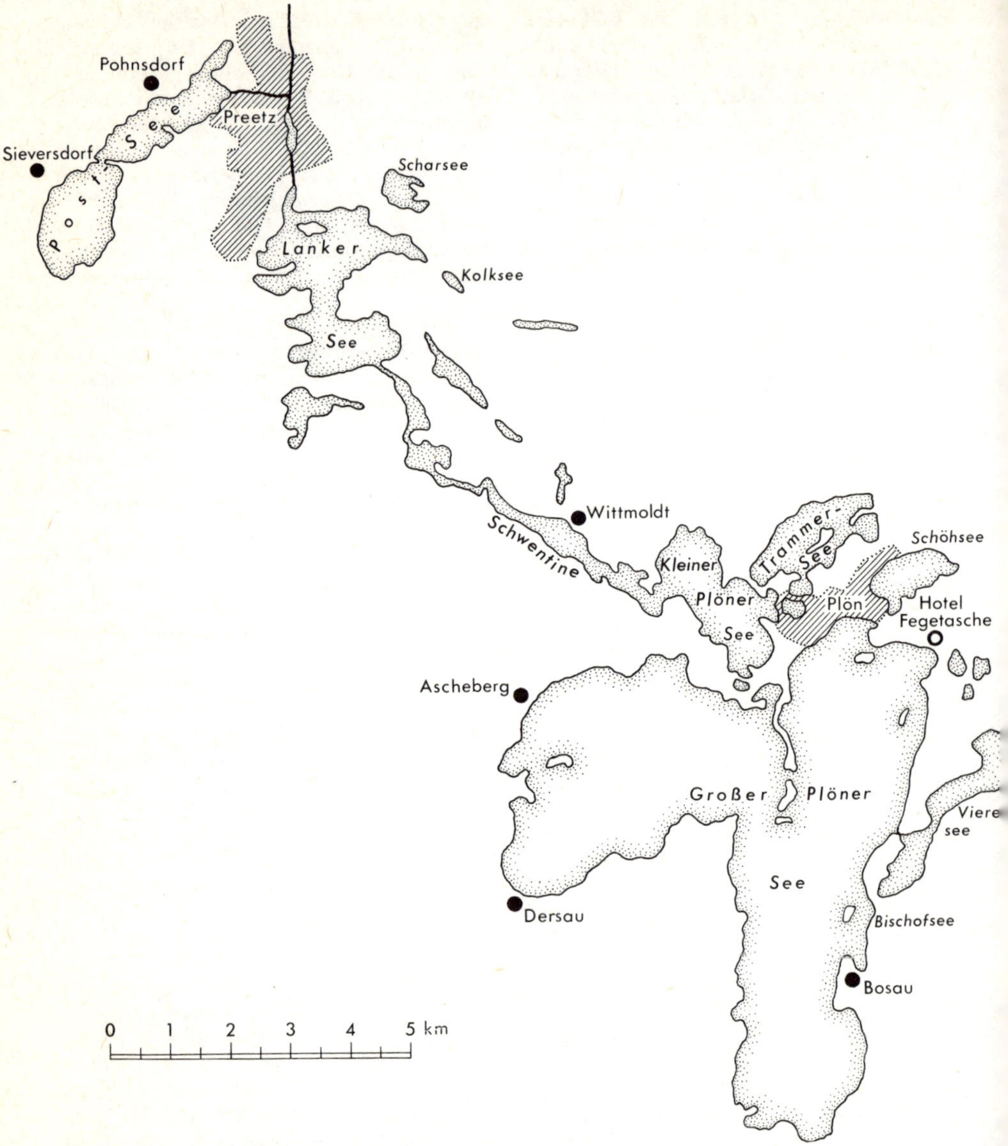

stalt: Boote mit Zubehör u. Liegeplatz für Privatboote zu vermieten. **G:** Bischofsee, 71 ha. **FA:** Wie Gr. Plöner See. **E:** Lissy Hinrichs, Plöner Str. 7, Ruf 3 42. **Geb:** T 5 DM, W 25 DM. **B:** Angeln vom Boot und Ufer. **S:** Bootsverleih; Urlaub auf dem Bauernhof, Christa Meier, Hof am See, Ruf 2 84. Die Gemeinde stiftet einen Zinnteller für den Fang des schwersten Hechtes, der dreimal hintereinander oder fünfmal in beliebiger Reihenfolge gewonnen werden muß, um in den Besitz des Bewerbers überzugehen. Jeder Jahressieger erhält eine Plakette.

Dersau (2323): waldreicher Luftkurort südlich von Ascheberg (Bahnstation, 5 km), Baden, Camping. **A:** FVV, Ruf 0 45 26/6 80. **FZ:** 15. 5.–15. 11. **E:** s. u. Ascheberg. **Geb:** T 3 DM, W 15 DM; vom Boot T 5 DM. (Angeln vom Ufer aus möglich.) **B:** Vom Boot bis 5 Pfund täglich. **S:** Wildgehege im Nehmtener Forst.

Plön (2320): Luftkurort auf einem schmalen Landstreifen, im Zentrum der „Holsteinischen Seenplatte", Bahnstrecke Lübeck–Kiel, B 76 (Eutin–Preetz) und B 430; jeglicher Wassersport, Schwimmhalle, Sauna, Kurzentrum mit med. Badeeinrichtungen, Segelschule, Camping. **A:** Kurverwaltung, Schwentine-Haus, Ruf 0 45 22/27 17.
G: Großer Plöner See und Kleiner Plöner See (237 ha). **FA:** Siehe Gr. Plöner See. **E:** Fischermeister Kurt Wilken, Eutiner Str. 8, Ruf 22 36. **Geb:** T 5 DM, W 25 DM. **B:** ab 1. 4. 2 Ruten mit Wurm, ab 15. 5. 1 Rute mit Blinker; grundsätzlich Angeln vom Boot aus, am Strandweg auch vom Ufer aus. **S:** Bootsverleih.
G: Schöhsee, 79 ha, im Ostteil der Stadt. **FA:** Aal, Barsch, Brassen, Hecht, Schleie, Weißfisch. **E:** 1. Kieler Anglerklub, Anglerheim am Schöhsee, Friedrichstr. 29, Ruf 30 01 u. 46 27. **Geb:** T 3 DM, mit Boot 8 DM. **B:** Angeln nur vom Boot aus, Gäste von Anliegern auch vom Vermieter-Grundstück aus. **S:** Bootsverleih.
G: Schluensee, 128 ha, nördl. des Schöhsees, an der B 430. **FA:** Aal, Barsch, Brassen, Hecht, Schleie, Weißfisch. **E:** Plöner AV, Werner Braune, Lange Str. 11. **Geb:** einschl. Boot T 8 DM, W 27 DM, M 50 DM. **B:** 4 Ruten nur vom Boot und von der Brücke. **S:** Bootsverleih.
G: Trentsee, 13 ha, im Nordteil der Stadt. **E:** Fischermeister Wilken, siehe Plöner Seen, nur für Gäste der Seeanlieger. **Geb:** T 5 DM, W 25 DM. **B:** Angeln vom Boot und Ufer.
G: Trammer See, 169 ha, nördl. der Stadt. **FA:** Aal, Barsch, Brassen, Hecht, Weißfisch. **E:** Kurverwaltung (s. o.). **Geb:** T 7 DM, W 35 DM. **B:** Angeln vom Boot u. vom Ufer.
G: Vierersee, 5 km lang, bis 500 m breit, Durchfahrt zum Großen Plöner See an dessen Ostseite. **FA:** Hecht, Aal, Barsch, Brassen, Schleie. Karpfen, Weißfisch. **FZ:** April–Dez. **E:** Fischermeister Wilken, siehe oben. **Geb:** T 5 DM, W 25 DM. **B:** Nur an Haus- u. Campinggäste Hof Augstfelde

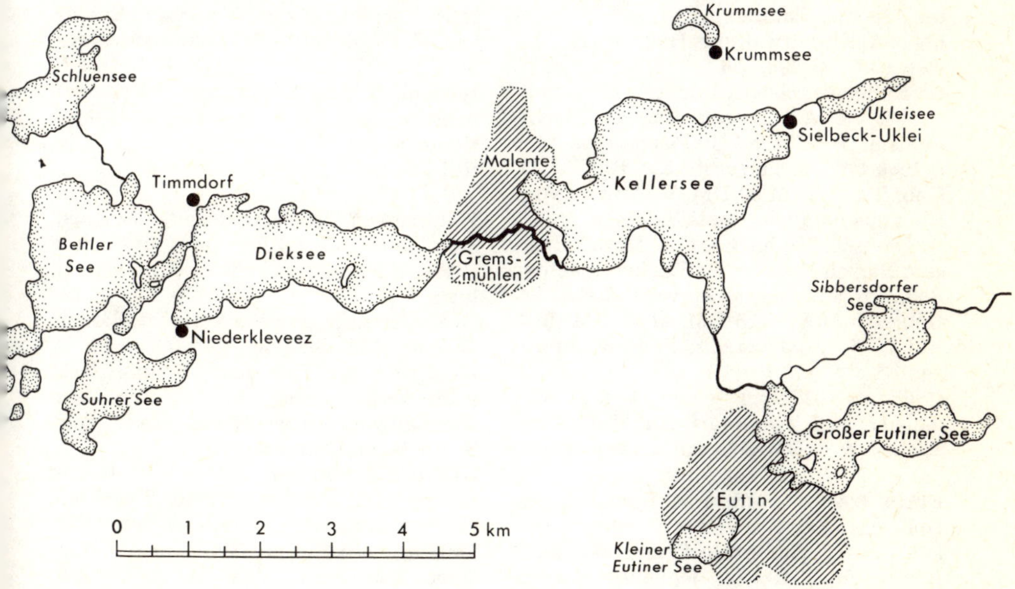

und nur von dessen Seeufer (1,5 km) aus. **S:** Anfragen bez. Unterkunft: Margarethe Westphal 2321 **Hof Augstfelde,** Post Niederkleveez, Ruf 0 45 22/31 28; Ferienwohnungen, Komfort-Appartements, Camping, Bootsverleih; Hausprospekt anfordern.

G: Behler See, Langensee und Höftsee, östl. von Plön, stehen miteinander in Verbindung, 350 ha. **FA:** Hecht, Aal, Zander, Barsch, Edelmaräne, Brachsen u. a. **E:** Eigentümer Christian Werth, Am Stadtrand 46, 2000 **Hamburg 70,** Ruf 0 40/ 6 93 57 45; Günther Buhrmann, 2427 **Timmdorf** (zwischen Behler See und Dieksee), Ruf 0 45 23/26 87; Wolfgang Noak, Timmdorf, Ruf 36 64; Hasko Kroezius, 2320 Plön, Am Steinberg, Gelände der Heilsarmee, Ruf 0 45 22/34 25. Bei diesen Ausgabestellen **Geb** und **B** erfragen. **S:** Bootsverleih durch Günther Buhrmann (siehe oben), dort auch Anglerunterkünfte (Pension).

Malente-Gremsmühlen (2427): Kneippheilbad und Luftkurort zwischen Diekund Kellersee, 5 km nordwestl. von Eutin, Bahnstrecke Lübeck–Kiel, Anfahrt über B 76 und 430; jeglicher Wassersport, Bootsverleih, Hallenschwimmbad, Reiten, Tennis, Camping, Kurpark, Wildgehege. **A:** Kurverwaltung, Haus des Kurgastes, Ruf 0 45 23/23 56.

G: Kellersee, 560 ha, buchtenreich, Teilgebiet. **FA:** Aal, Barsch, Brassen, Hecht, Schleie, Weißfisch. **E:** Fischereipächter Schwarten, Kellerseestr. 52, Ruf 35 63. **Geb:** T 8 DM, M 80 DM. **B:** Angeln vom Boot aus möglich (Bootsverleih).

G: Dieksee, 388 ha. **FA:** Aal, Hecht, Brassen, Barsch, Zander. **E:** Fischereipächter Schmidt, 2321 **Niederkleveez,** Ruf 33 94. **Geb:** T 5 DM, W 25 DM, M 50 DM. **B:** 3 Ruten. **S:** Bootsverleih; Ferienwohnungen.

G: Trentsee, kleiner See im Dorf. **E:** Burmeister, 2427 **Timmdorf,** Ruf 32 83. **Geb:** T 6 DM, W 30 DM. **B:** Nach Vereinbarung.

Eutin (2420): Luftkurort inmitten der Holsteinischen Schweiz mit Sielbeck-Uklei, Fissau, Sibbersdorf und Neudorf, B 76 (Plön–Haffkrug), jeglicher Wassersport, Hallenschwimmbad, Bootsverleih, Tennis, Camping. **A:** FVA, Haus des Kurgastes, Ruf 0 45 21/31 55.

G: Großer Eutiner See, 237 ha. **FA:** Aal, Barsch, Brassen, Hecht, Schleie, Zander, Weißfisch. **E:** siehe A und „Jagen und Fischen", Albert-Mahlstedt-Str. 14. **Geb:** 3,60 DM je nach Dauer. **B:** Angeln vom Ufer und Boot aus möglich.

G: Uklei-See, 35 ha, in ruhiger, waldreicher Lage östl. des Kellersees, völlig windgeschützt, idyllischer Waldweg um den See. **FA:** Aal, Barsch, Hecht, Zander, Karpfen, Weißfisch (sehr klares G). **E:** des Landesfischereiverb., Ursula Busch, Jagdschloß, 2420 **Sielbek**/Eutin, Ruf 0 45 21/37 53. **Geb:** T 6 DM, W 25 DM, M 35 DM; Bootsgeb. T 5 DM. **B:** 3 Ruten von Sonnenaufgang bis 2 Std. nach -untergang, T nur 3 Karpfen oder Hechte. **S:** Bootsverleih.

Schönwalde (2431): 12 km nordöstl. von Eutin, am 164 m hohen Bungsberg, 10 km BAB-Ausfahrt Neustadt/H.-Nord; waldreiche Umgebung. **A:** Verkehrs- und Verschönerungsverein, Ruf 0 45 28/3 64. **G:** See, 18 ha. **FA:** Aal (Mindestmaß 35 cm), Barsch, Hecht (50 cm, 1. 5.–31. 12., ab 1. 10. Blinker erlaubt), Schleie (25 cm), Forelle, Karpfen (42 cm), Weißfisch. **E:** Werner Schildknecht, 2431 **Mönchneversdorf,** Ruf 9 37. **Geb:** T 10 DM, W 50 DM, M 100 DM. **B:** Je 1 Stipprute u. Wurfangel; Angeln vom Boot aus möglich, kein Bootsverleih. **S:** Ferienwohnungen u. a.: Ruf 2 51 u. 7 70.

Wankendorf (2355): Am Rande der Holst. Schweiz zwischen Plön und Neumünster, B 404; Bademöglichkeit. **A:** Amtsverwaltung.

G: Schierensee, 26 ha. **FA:** Hecht, Barsch, Zander, Aal, Schleie, Karpfen, Forelle, Weißfisch. **E:** Willi Voss, Schule. **Geb:** nach Vereinbarung. **B:** 2 Ruten, kein Spinnangeln; Köder: Wurm, Made, Teig. **S:** Bootsbenutzung möglich.

G: Stolper See, ca. 160 ha. **FA:** Hecht, Barsch, Aal, Zander, Schleie, Weißfisch. **E:** Fischereipächter Erich Boller, Mühlenberg, 2355 **Stolpe. Geb:** T 5 DM, vom Boot 7 DM u. nach Vereinbarung. **B:** alle

Köder, von Land 2 Ruten; für vom Boot geangelte Edelfische muß kleine Entschädigung gezahlt werden. (Anzahl der Ruten freigestellt.)

Bad Segeberg (2360): Luftkurort und Heilbad südlich der Holsteinischen Schweiz, im Verkehrsdreieck Hamburg (56 km) - Kiel (46 km) - Lübeck (25 km). B 205, 206, 404 und 432; Freibadeanstalt am Großen Segeberger See, Strandbad Ihlsee (Bootsverleih), Hallenschwimmbad, Wassersport, Reiten, Tennis, Camping. „Karl-May-Spiele“ im Juli/August; Kalkberg und Kalkberg-Höhlen, Heimatmuseum. **A:** FVA, Am Kalkberg 1, und Fritz Meins, Stadtverw., Ruf 0 45 51/20 11. **G:** Großer Segeberger See, ca. 180 ha; Klüthsee, ca. 30 ha; Ihlsee, ca. 35 ha; Trave, ca. 2,5 km, von Bad Segeberg bis Högersdorf. **FA:** Hecht (Mindestmaß 50 cm, tägl. Fangbegrenzung 3 Stück), Barsch, Aal, Karpfen (pro Jahr bis 8 Stück), Schleie, Weißfische. **E:** Segeberger SFV, Peter Franck, Kirchstr. 22, Ruf 21 78 oder 34 38; Fischermeister Karl Ivens, Ende Winklersgang; Firma Heinrich Hamann, Angelgeräte, Bahnhofstr. 4; Campingplatz „Seeblick“, 2361 **Klein Rönnau;** Campingplatz Bad Segeberg, Eitel Müller. **Geb:** vom Ufer T 3 DM, W 10 DM; vom Boot (für O.A.) T 5 DM, W 15 DM nur auf dem Ihlsee. **B:** 3 Ruten, alle Köder.

Blunk (2361): Ruhiges Dorf 8 km nördl. von Bad Segeberg im Landschaftsschutzgebiet gelegen. Bademöglichkeit in Seen von Wald und Wiesen umgeben. **A:** Bürgermeister Wischmann, Brandsmühle, Ruf 0 45 57/2 48. **G:** Blunker See, Teilgebiet von 10 ha, bis etwa 11 m tief, und Nehmser See, 25 ha, bis etwa 3 m tief. **FA:** Hecht, Barsch, Brassen, Aal, Karpfen, Schleie, Weißfisch, für den Blunker See auch Forellen, für den Nehmser See auch Zander. **FZ:** ganzjährig. **E:** ASV „Früh Auf“, Vereinslokal „Bahnhofsgaststätte“, Bahnhofstraße; Detlef Pape, Segeberger Straße; Helmut Schöps, Nehmser Str. 6, 2361 **Nehms;** Werner Graack, Segeberger Straße, Friseurgeschäft, 2361 **Schlamersdorf. Geb:** T 7 DM, längere Zeit Ermäßigung. **B:** 3 Handangeln, alle Köder, außer Wollhandkrabbe. **S:** Bei der Beschaffung günstiger Unterkünfte und Ferienwohnungen ist behilflich: 1. Vors. des ASV „Früh Auf“, Horst Konow, Polizeistation Berliner Straße, 2361 Schlamersdorf, Ruf 0 45 55/4 10.

Lauenburgische Gewässer

Ratzeburg (2418): Inselstadt und Luftkurort in wald- und seenreicher Landschaft, B 208; jeglicher Wassersport, Badeanstalt, Mineralwasser-Hallenbad, Bootsverleih, Tennis, Camping. **A:** St.VA, Am Markt 9, Ruf 0 45 41/27 27. **G:** Ratzeburger See, Domsee, Großer und Kleiner Küchensee, insges. 16 qkm, bis 20 m tief; fischreich. **FA:** sehr gut Hecht (schwerster 30 Pfd.), Barsch und Aal, Friedfisch. **FZ:** ganzjährig. **E:** Fischermeister Heinrich Vollert, Schloßwiese 2, Ruf 35 59. **Geb:** T 7 DM, jeder weitere 1,50 DM. **B:** 2 Ruten, alle Köder. **S:** Betreuung und Beratung durch den Ratzeburger SFV, Sportfischereihafen mit Anglerheim am Kl. Küchensee, Palisadenweg.

Mölln (2410): Die „Eulenspiegelstadt“ inmitten des Naturparks „Lauenburgische Seen“ und am Elbe-Lübeck-Kanal, B 207 (Schwarzenbek–Lübeck); Wassersport, Bootsverleih, Freischwimmbad, modernes Hallenbad, Tennis. **A:** Kurverwaltung, Am Kurgarten/Hindenburgstraße, Ruf 0 45 42/70 90 u. 70 99. **G:** Lüttauer See, Schmalsee, Schulsee, Stadtsee u. Ziegelsee, insges. ca. 135 ha. **FA:** Hecht (Mindestmaß 50 cm), Zander (40 cm), Barsch (15 cm), Aal (35 cm), Karpfen (35 cm), Schleie (25 cm), Rapfen (35 cm), Forelle (35 cm), Brachsen (28 cm), Rotaugen (15 cm). **FZ:** Raubfischschonzeit v. 1. 1.–30. 4., Schonzeit für Forellen v. 1. 1.–13. 3. **E:** Siehe A. **Geb:** T 8 DM, W 24 DM, M 48 DM; während der Saison einschl. Kurtaxe: T 6,90 DM, W 24,30 DM, M 63 DM. **B:** 3 Ruten mit je 1 Haken; Blinkern nicht erlaubt.

Elbe-Lübeck-Kanal: Verbindung zwischen Elbe und Ostsee, zweigt von der Elbe bei der Lauenburger Elbbrücke ab, nach 12 km an Büchen vorbei, durchquert nach weiteren 20 km den Möllner See und mündet südwestlich von Lübeck in die Trave; knapp 70 km lang, durchschnittlich 60 m breit und 2 m tief, 7 Schleusen, landschaftlich schöner Lauf mit Schutzzonen an den Ufern aus Reet, Röhricht und anderen Pflanzen, die von kleinen Schneisen durchbrochen werden. **FA:** Hecht (Mindestmaß 50 cm), Zander (40 cm), Karpfen (35 cm), Aal (35 cm), Brassen, Aland, Weißfische. **FZ:** ganzjährig. **E:** LV Schleswig-Holstein, 23 **Kiel,** Hamburger Chaussee 102, Ruf 04 31/ 68 49 23; SAV Lauenburg, Werner Zirpel, Elbstr. 42, 2058 **Lauenburg;** ASV Trave, Hüxterdamm 2, 2400 **Lübeck;** Fritz Brembach, Hamburger Str. 1, 2060 **Bad Oldesloe. Geb:** J 15 DM. **B:** O.A., 3 Ruten nur vom Ufer aus; Fangbegrenzung T 2 Raubfische, 3 Karpfen; Schonzeit für Hecht u. Zander: 1. 1.–30. 4.; Köderfischsenke von max. 1 × 1 m an reetfreien Stellen erlaubt; Angeln in den Möllner Seen siehe dort, in den Schleusen nicht erlaubt.

Lauenburg (2058): alte Schifferstadt am steilabfallenden Elbufer, Bahnverbindungen mit Lübeck, Lüneburg und Hamburg (45 km), B 5 und 209, modernes Schwimmbad, Bootsverleih, Tennis. **A:** StVA, Ruf 0 41 53/30 11. **G:** Elbe, linkes Ufer km 562,3 (Barförde) bis km 583,2 (Obermarschacht gegenüber Geesthacht); rechtes Ufer km 566,3 (Zonengrenze) bis km 582,35 (vor Geesthacht) und km 585,0 bis km 587,7 (bis Wehr Geesthacht); durchschnittlich 300 m breit, 3–5 m tief; Elbe-Lübeck-Kanal (s. dort); Lauenburger Hafen, von der Schleuse bis zur Elbmündung, 1,5 km, durchschnittlich 100 m breit, 2 m tief; Elbe-Seitenkanal siehe Abschnitt „Lüneburger Heide". **FA:** Hecht, Zander, Aal, Barsch, div. Friedfische. **FZ:** April bis Sept. **E:** SAV Lauenburg/Elbe e. V., Elbstr. 42, Ruf 29 74; Wasser- und Schifffahrtsamt, Grünstr. 16. **Geb:** für Elbe M 9 DM, J 18 DM. **B:** O.A., 3 Ruten, alle Köder, Senke erlaubt.

Raum Berlin (West)

Das Land Berlin umfaßt eine Fläche von 481 qkm. Der Anteil der Wasserfläche beträgt 6,3 %. Von diesen 3100 ha werden 2732 ha Wasserfläche fischereilich genutzt. Die schiffbare Länge von Havel, Spree und zahlreichen Kanälen beträgt gut 110 km. Die durch eine Schleuse bei Spandau getrennte Oberhavel mit Tegeler See und Unterhavel mit Gr. Wannsee weisen mit weiteren Nebengewässern die größte Wasserfläche (ca. 2200 ha) auf. Beangelt werden ferner die Spree, 8 Schifffahrtskanäle, das Tegeler Fließ (zusammen 247 ha) und 23 Seen mit ca. 260 ha. Für die 28 voneinander abgegrenzten Fischereistrecken werden 39 verschiedene Erlaubnisscheine (Angelkarten) ausgegeben, siehe **„G".** **A:** Fischereiamt Berlin, Martin-Luther-Str. 105, 1000 **Berlin 62,** Ruf 0 30/7 83 84 62. Der Gastangler erhält dort 1. eine Broschüre „Das Fischereiamt Berlin informiert", mit farbigen Gewässerskizzen „Oberhavel und Nebengewässer" und „Unterhavel, Nebengewässer und Grunewaldseenkette" und 2. das „Merkblatt für die Sportfischerei in Berlin". Letzteres enthält Angaben darüber, welche Fische wo und wie zu fangen sind. Einzelheiten siehe folgende Informationen: **G:** Oberhavel und Tegeler See, 545 ha, 18 km lang; Oberhavel 3–6 m, Tegeler See bis 16 m tief. **FA:** Zander, Hecht, Aal, Barsch, Wels, Karpfen, Schleie, Weißfisch. **E:** Siehe A. **Geb:** M 10 DM, J 40 DM (Jugendl. 10 DM). **B:** 2 Ruten, davon 1 als Raub- bzw. Spinnangel, alle Köder; Bootsverleih in Tegel, Greenwichpromenade und Tegelort, Bärbelweg. **S:** Bus-, U-Bahn- und S-Bahnverbindung; gute Wander- und Wassersportmöglichkeiten; Freibäder, Fahrgastschiffsverkehr.

G: Spree und Unterhavel, einschl. Großer und Kleiner Wannsee (Spree von Berlin-Mitte bis Mündung bei Spandau: 30 ha, 14 km lang; Unterhavel, einschließl. seenartige Erweiterungen: 1135 ha, 18 km lang). **FA:** Zander, Hecht, Aal, Barsch, Karpfen, Schleie, Weißfisch. **E:** Fischereisozietät Tiefwerder-Pichelsdorf, Tiefwerder Dorfstr. 79–80, 1000 **Berlin 20. Geb:** W

17 DM. **B:** Alle Köder, bis 4 Ruten. **S:** Verkehrsverbindungen zur Unterhavel: Bus und S-Bahn; gute Wander- und Wassersportmöglichkeiten, Strandbad Wannsee.

G: Plötzensee, nördl. vom Westhafen (Wedding), 7,70 ha, bis 5,5 m tief. **FA:** Karpfen, Schleie, Hecht, Aal, Weißfisch. **FZ:** April–Oktober. **E:** Bootsverleih Tamm, Seestr./Ecke Dohnagestell, 1000 **Berlin 65. Geb:** T 5 DM, J 40 DM (J-Karten auch bei A). **B:** 2 Ruten, davon 1 als Raub- bzw. Spinnangel, alle Köder; nur vom Boot aus. **S:** Verkehrsverbindungen: Bus und U-Bahn, Stadtautobahn Nord bis Seestr.; Freibad; Park mit Wanderwegen.

G: Hohenzollernkanal, von km 0,4 bis 7,5 zwischen Spandau und Schleuse Plötzensee und Alter Berlin-Spandauer Schiffahrtskanal. **FA:** Zander, Hecht, Barsch, Aal, Karpfen, Schleie, Weißfisch. **E:** Siehe A. **Geb:** J 25 DM. **B:** 2 Ruten, davon 1 als Raub- bzw. Spinnangel, alle Köder. **S:** Verkehrsverbindung: Stadtautobahn Nord, Abfahrt Kurt-Schumacher-Damm oder Saatwinkler Damm.

G: Neuköllner Schiffahrtskanal, von Lohmühlenbrücke bis zum Britzer Hafensteg. **FA:** Barsch, Aal, Weißfisch. **E:** Siehe A. **Geb:** J 5 DM. **B:** 2 Ruten, davon 1 als Raub- bzw. Spinnangel, alle Köder.

G: Innere Kanäle: Landwehrkanal, Verbindungskanal, Westhafenkanal, Berlin-Spandauer Schiffahrtskanal (zwischen Schleuse Plötzensee und Nordhafen). **FA:** Barsch, Aal, Weißfisch. **FZ:** Juni–November. **E:** Siehe A. **Geb:** J 5 DM. **B:** Wie vor.

G: Heiligensee (ostwärts der Oberhavel): 34,58 ha, bis 9 m tief. **FA:** Zander, Hecht, Aal, Barsch, Karpfen, Schleie, Weißfisch. **E:** Fred Janke, Olafstr. 15, 1000 **Berlin 28. Geb:** T 5 DM, J 100 DM. **B:** 4 Ruten, davon 2 als Raubfischruten.

G: Großer Malchsee (Nordteil vom Tegeler See): 1,3 km lang. **FA:** Wie Heiligensee. **E:** Restaurant „Waldhütte“, Schwarzer Weg, 1000 **Berlin 27. Geb:** J 25 DM. **B:** 2 Friedfischruten.

G: Teltow-Kanal (50 ha, 30 km lang), Friedrich-Leopold-Kanal und Griebnitzsee (ca. 54 ha, 3 km lang). **FA:** Hecht, Zander, Aal, Schleie, Rotfeder, Blei, Güster, Karpfen, Barsch. **E:** AV Berlin Schöneberg, K. P. Neumann, Luckeweg 25, 1000 **Berlin 48. Geb:** J 50 DM. **B:** 2 Ruten, 1 Senknetz.

G: Wilmersdorfer Seen: Halensee, Dianasee, Königssee, Herthasee, Hubertussee und Hundekehlesee (Fläche aller Seen: 21,45 ha); Grunewaldsee, 17,5 ha, mittlere Wassertiefe ca. 2,5 m. **FA:** Aal, Hecht, Zander, Karpfen, Plötze, Barsch. **E:** SFV Wilmersdorf 1947, Königsallee 33, 1000 **Berlin 33. Geb:** M 10 DM, J 30 DM; Grunewaldsee J 50 DM. **B:** 2 Ruten. **S:** E nur im begrenzten Umfang. **G:** Krumme Lanke (Zehlendorf): 15,4 ha, mittlere Wassertiefe ca. 5 m. **FA:** Aal, Hecht, Zander, Wels, Weißfisch. **E:** Berliner Wasserwerke, Hohenzollerndamm 45, 1000 **Berlin 31. Geb:** J 100 DM (nur im begrenzten Umfang). **B:** 2 Ruten.

G: Schlachtensee (Zehlendorf): 43,1 ha, mittlere Wassertiefe ca. 8 m. **FA:** Wie Krumme Lanke. **E:** H. Hensel, Marinesteig 6a, 1000 **Berlin 38. Geb:** J 50 DM (nur im begrenzten Umfang). **B:** 2 Ruten; Bootsverleih.

G: Stölpchensee (südl. vom Wannsee): 10 ha, mittlere Wassertiefe 3 m. **FA:** Hecht, Zander, Aal, Schleie, Karpfen, Barsch, Weißfische. **E:** Fr. Becker, Glienicker Str. 9, 1000 **Berlin 39** (nur im begrenzten Umfang). **Geb:** J 15 DM. **B:** 2 Ruten.

G: Hermsdorfer Fließ (nordöstl. vom Tegeler See): 12 ha, 14 km lang. **FA:** Hecht, Aal, Karpfen, Aland u. a. Weißfisch. **E:** AV „Goldhaken“, Wolfgang Hofert, Tessenowstr. 24, 1000 **Berlin 26. B:** Nur O.A., 2 Ruten.

Raum Hamburg

Freie und Hansestadt Hamburg, internationale Hafen- und Großstadt. **A:** Über Anschriften der Vereine im Raum Hamburg im Angelsport-Verband Hamburg e. V. erteilt: 1. Vorsitzender des Verbandes, Max Weidemann, Denickestr. 44, 2100 Hamburg 90, Ruf 0 40/77 50 75. **G:** Elbe (soweit Küstengewässer) von Oortkaten (Ochsenwerder) bis Tinsdal (Blankenese) und die Dove-Elbe von der Mündung (Norderelbe) bis zur Tatenberger Schleuse frei befischbar mit folgenden Ausnahmen: Fischereihafen (Altona-Neumühlen), die Tankschiffhäfen, die Harburger Seehäfen, die Süderelbe oberhalb der Harburger Elbbrücken beidseitig bis zur Bunthausspitze und die Südseite weiter elbaufwärts. Außerdem die Norderelbe von der Bunthausspitze elbeabwärts bis zur Müggenburger Schleuse. Sowie sämtliche Anlegestellen mit Fährverkehr. **FA:** Aal, Barsch, Hecht, Karpfen, Zander und Weißfische aller Art. **G:** Binnen- und Außenalster mit Seitenarmen und verzweigten Kanälen. Größtes Binnengewässer Europas inmitten eines geschlossenen Stadtgebietes mit regem Wassersportverkehr. Sämtliche Kanäle und Alsterlauf bis zur Ohlsdorfer Schleuse (Am Hasenberg) befischbar. Angelverbot an Brücken und Anlegestellen der Alster-Dampfer. Der Stadtparksee mit einem Teil seiner Nebenarme nicht zugänglich, Wassertiefe bis über 3 m, durchschnittlich 2 m, teilweiser Pflanzenbewuchs. **FA:** Hecht, gute Fangplätze besonders in den Seitenarmen, z. B. Insel-, Braband- und Rathenau-Kanal; Zander, in den tieferen Stellen, z. B. Feenteich das „Loch“ zwischen dem ehemaligen Uhlenhorster Fährhaus und dem kleinen Fährhaus (nur mit Boot), Einmündung des Mundsburger Kanals in die Außenalster, das Gebiet von der Reesendammbrücke am Jungfernstieg, ein langer Graben in Richtung Lombardsbrücke und ein tiefes Becken an der Südseite der „Schönen Aussicht“, das sich ungefähr 500 m weit in die Außenalster hineinzieht; Barsch, recht häufig vertreten; große Aale, z. B. im Mittelabschnitt des Osterbek-Kanals, auch im Kuhmühlenteich und im Alsterlauf von der Krugkoppelbrücke bis zur Ohlsdorfer Schleuse (Am Hasenberg); Karpfen (bis über 20 Pfd.), gute Fangplätze am NW-Ufer der Binnenalster, zwischen dem Neuen Jungfernstieg und der Lombardsbrücke, auch an der Krugkoppelbrücke am Eichpark, auf der Strecke Winterhuder Fährhaus bis zur Ohlsdorfer Schleuse, ebenso der Haynpark und an der Tarpenbekmündung die Mühlenteiche. Karauschen, Schleie, Brassen, sind stark vertreten und andere Weißfische; auch Einzelfänge von Regenbogenforellen, die aus der Oberalster (Vereinsgewässer) abgewandert sind. **E:** nicht erforderlich. **B:** J.Fsch. Für das Spinnen: O.A. Sp.Prü. (Eintragung behördlicherseits im J.Fsch.; 2 Ruten, alle Köder, Nachtangeln erlaubt. Für Bootsangler besondere Erlaubnis (J nur 120 Zulassungen). Der Angelsport-Verband Hamburg e. V., dem über 73 Vereine mit 15 500 Mitgliedern im Raum Hamburg von Cuxhaven bis Lüneburg-Lauenburg angehören, gibt Gastkarten für seine verbandseigenen Gewässer aus. **G:** Alte Süderelbe, ca. 6 km, abgedämmter Nebenarm der Elbe (Finkenwerder). Dove-Gose-Elbe, ca. 25 km (Moorfleet-Bergedorf). Hohendeicher See (vormals Baggersee Overhaken), ca. 6 ha, in Hamburg-Ochsenwerder. Oste (Nebenfluß der Elbe, zwischen Cuxhaven und Hamburg), ca. 29 km. **FA:** Aal, Barsch, Hecht, Karpfen, Schleie, Zander und Weißfisch. **E:** Jagd-Angel-Geräte und Zubehör Alfred Röhr, Winsener Str. 16, 2100 Hamburg 90 (Harburg), Ruf 0 40/ 7 63 35 39; für Dove-Gose-Elbe: Sport-ABC Borowski, Alte Holstenstr. 53, 2050 Hamburg 80 (Bergedorf). **Geb:** W 5 DM, M 20 DM. **B:** O.A., für Dove-Gose-Elbe auch Nicht-O.A. **G:** Elbe-Seitenkanal siehe Abschnitt „Lüneburger Heide“. **S:** Auch verschiedene Hamburger Angelvereine geben in Einzelfällen Gastkarten für ihre Pachtgewässer im Hamburger Stadtgebiet oder für die Pachtgewässer in Schleswig-Holstein und im nördlichen Niedersachsen aus. Auskünfte siehe A. Gewässerkarten-Mappen mit Skizzen aller Gewässer des Angelsport-Verbandes Hamburg e. V. und Angaben über Verkehrsverbindungen sind zu beziehen durch: Jürgen Holst, Ruscheweystr. 34^{II}, 2000 Hamburg 65, Ruf 6 02 93 48.

Lüneburger Heide

Ahlden (3031): Erholungsort in schöner Auenlandschaft an der Aller, 17 km südwestlich von Fallingbostel. **A** und **E:** VV, Ruf 0 51 64/83 59. **G:** Aller, Alte Leine. **FA:** Friedfische aller Art. **Geb:** W 11 DM, nur Feriengäste im Ort.

Amelinghausen (2124): Erholungsort im zentralen Gebiet der Lüneburger Heide, 26 km südwestlich von Lüneburg; temperiertes Freibad, Camping, jeglicher Wassersport. **A** und **E:** Gemeindeverwaltung, Lüneburger Str. 30, Ruf 0 41 32/13 55. **G:** Lopau-Stausee, ca. 800 m lang und bis 155 m breit. **FA:** Aal, Forelle, Äsche, Hecht. **Geb:** T 14 DM. **B:** 1 Rute; Fangbegrenzungen siehe T-Erlaubnisschein. **S:** Urlaub auf dem Bauernhof u. a. mit Angelmöglichkeit: O. Engel, Mühlenhof, **Oldendorf/Luhe,** Ruf 3 42; H. Hedde, Ruf 4 09 (eigener Fischteich).

Bardowick (2123): Großes Bauerndorf mit sehenswertem Dom, 5 km nördl. von Lüneburg an der B 4; beheiztes Freibad, Schwimmkurse. **A:** Samtgemeindeverwaltung, Schulstr. 6. **G:** Ilmenau 11 km, Breite 10 m. **FA:** Hecht, Barsch, Aal, Forelle, Karpfen, Döbel u. a. Weißfische. **FZ:** Mai–Dezember. **E:** Siegfried Schulz, Gasthaus Hohensand; ASV, P. Faber, Radbrucher Weg 51a. **Geb:** T 6 DM, W 20 DM, 2 W 35 DM, M 40 DM. **B:** Sp.Prü., 3 Ruten (1 Hechtrute).

Bergen (3103) mit Ortsteil **Eversen** (Bergen 2): Am Naturpark Südheide und an der „Deutschen Ferienstraße Alpen–Ostsee" 16 km nördl. von Celle; Wasserwandern, Bootsverleih. **A:** FVV, Bergen-Sülze 2, Ruf 0 50 54/3 92. **G:** Örtze. **FA:** Forelle, Äsche. **FZ:** April–Oktober. **E:** Hans Frieling, Twechen 13. **Geb:** T 6 DM, W 25 DM.

Bevensen (3118): Staatlich anerkanntes Heilbad und Kurort im Ilmenautal, umgeben von parkartigen Waldungen, zwischen Lüneburg und Uelzen, 4 km zur B 4; modernes Schwimmbad, Tennis, Reiten, Camping. **A** und **E:** Kurverwaltung, Brückenstr., Ruf 0 58 21/30 77. **G:** Ilmenau, ca. 3,5 km. **FA:** Hecht, Aal, Schleie, Barsch, Forelle, Weißfisch. **Geb:** W 3 DM. **B:** O.A. oder Kurgast. **S:** Urlaub mit Angelmöglichkeit: C. F. Bautsch, Forellenhof, **Gr. Hesebeck,** Ruf 74 56.

Bienenbüttel (3119): Sommerfrische im Ilmenautal zwischen Lüneburg und Bevensen, B 4; beheiztes Freibad. **A:** VV „Ilmenautal". **G:** Ilmenau, weitere Angaben siehe Lüneburg. **S:** Ferienwohnung mit Angelmöglichkeit (Forellenteiche): „Haus Daheim", Ilmenaustr. 7a, Ruf 0 58 23/ 12 47.

Bleckede (2122): Kleinstadt an der Elbe, 24 km östlich von Lüneburg, mit 12 Ortsteilen; Wassersport, Tennis, Reiten. **A:** VV, Am Berge 5, Ruf 0 58 54/2 61. **G:** Elbe vom Kateminer Bach bis Wendewisch, ca. 22 km, mit Nebenarmen und Altwasser. **FA:** Hecht (Mindestmaß 40 cm), Aal (35 cm), Zander, Barsch, Schleie, Weißfisch. **FZ:** Mai–Oktober. **E:** Zweckverband der Fischerei, Margarethe Laue, Am Hafen 6, Ruf 0 58 52/6 65; Bleckeder ASV, Heinz Täger, Lüneburger Str. 29, Ruf 3 51; ASV Elbblick, „Gasthaus Mali", Wendischthuner Str. 40, Ruf 3 22; Hannchen Rörhup, Hauptstr. 39, Ortsteil Alt Garge, Ruf 0 58 54/2 10; Angelgeräte Höffgen, siehe Lüneburg. **Geb:** T 3,20 DM, W 6,20 DM, M 10,20 DM. **B:** 3 Ruten, Köderfischsenke bis 1 qm.

Bodenteich (3123): Luftkurort, 16 km südöstl. von Uelzen, umgeben von Wiesen und Wäldern, ca. 20 ha Erholungsanlage, Seepark mit Parksee, Freischach, Boccia-Bahn, Bootsverleih, Wassertretstelle; beheiztes Waldbad, Tennis, Leseraum, Fitneßraum, Trimmpfad. **A:** VB im Rathaus, Ruf 0 58 24/10 11. **G:** Staugewässer von 8 ha, Länge 1,5 km, Breite 90 m. Das Gewässer besteht aus drei gleichgroßen Seen, die miteinander verbunden sind. **FA:** Forelle (Mindestmaß 30 cm), Karpfen (36 cm), Äsche (30 cm), Aal (45 cm), Schleie (22 cm), Weißfische (20 cm). **FZ:** Mai–September. **E:** Gasthaus Kapelke, Neustädter Str. **Geb:** T 6 DM, W 30

DM, M 60 DM, Saison 110 DM. **B:** O.A., JFsch., alle Köder, 1 Rute. Fangbegrenzung: Edelfische - Forelle, Karpfen, Äsche - 2 pro Tag. In der Saison 10 Edelfische. Angeln nur vom Ufer. **S:** Siehe auch „Elbe-Seitenkanal".

Celle (3100): Verkehrsknotenpunkt am Südrand der Lüneburger Heide mit mittelalterlichem Stadtbild, B 3, B 214, B 191; Wassersport, Hallen- und Freibad, Reiten, Camping. **A:** VV, Schloßplatz 13, Ruf 0 51 41/2 30 31. **G:** Aller, von Brücke Westtangente bis Oldauer Schleuse. **FA:** Friedfische. **E:** Fachgesch.: W. Ahrend, Neustadt 5, Ruf 4 36 60; K. Beyer, Mauernstr. 19, Ruf 2 22 62; E. Döll, Hehlentorstr. 15, Ruf 2 44 33. **Geb:** T 5 DM. **B:** 2 Ruten.

Damnatz/Elbe (3139): Über Dannenberg, ruhiges Dorf in der Elbniederung, Wassersport. **A:** Gemeindedirektor, Ruf 0 58 65/3 66 oder 8 12. **G:** Elbe, ca. 4,2 km. **FA:** Raub- und Friedfisch. **E:** Wilhelm Mattiesch, nach Vereinbarung, Ruf 3 60.

Dannenberg/Elbe (3138): Samtgemeinde am Naturpark Elbufer-Drawehn; B 191 (Uelzen 41 km) und B 216, Elbuferstraße nach Hitzacker–Bleckede; beheiztes Schwimmbad, Hallenbad, Reiten, Tennis, Schießsport, Camping. **A:** Gäste-Information der Samtgemeindeverwaltung, Ruf 0 58 61/3 01. **G:** Elbe von Hafen Damnatz bis Grenze Schreibershak; Alte Jeetzel von Bückau bis Schöpfwerk Lüggau; Jeetzel (Kanal) von Brücke Hitzacker (ausgeschildert) bis Schild „ASV Wustrow", unterhalb der DDR-Grenze, ohne Wehre und Schöpfwerke, ca. 35 km. **FA:** Hecht (Mindestmaß 45 cm), Zander (40 cm), Karpfen (30 cm), Aal, Barsch, Schleie, Weißfisch. **FZ:** April–Dezember, Hecht 1. 6.–30. 11. **E:** Wie A; Gasthaus Schulz, Marschtorstr. 10, Ruf 25 82; Gasthaus Helmut Liedtke, Marschtorstr. 27c, Ruf 24 41; Seifenhaus „Erika", Ottfried Krenz, Lange Str. 22, Ruf 25 40; Gasthaus Schraer, Ordastr. 4, Ruf 25 39. **Geb:** Kanal und Jeetzel T 8 DM, 2 T 12 DM, W 25 DM, jede weitere W 20 DM; Elbe T 5 DM. **B:** O.A. 2 Ruten, davon 1 Raubfischangel, alle Köder, Nachtangeln möglich.

Ebstorf (3112): Luftkurort 12 km nordwestlich von Uelzen; modernes Hallen- und Freibad, Camping, Tennis, Reiten; Kloster aus dem 12. Jahrhundert mit „Weltkarte". **A:** VB, Hauptstr. 30, Ruf 0 58 22/10 66. **G:** Schwienau, ca. 7 km; Mühlenteich. **FA:** Forelle, Hecht, Zander, Barsch, Aal, Rapfen, Karpfen, Schleie, Weißfisch. **E:** ASV „Schwienau", Erhard Müller, Celler Str. 20, Ruf 7 51. **Geb:** T 8 DM, W 14 DM. **B:** Sp.Prü.

Echem (3141): Gemeinde in der Elbmarsch, 5 km südlich von Lauenburg. **A:** Gemeindeverwaltung. **G:** Neetze und Wetter, ca. 7 km, durchschnittlich 10 m breit; Echemer See, ca. 100 ha. **FA:** Hecht, Barsch, Aal, Karpfen, Schleie, Weißfisch. **E:** Angelgeräte Höffgen, siehe Lüneburg; Peter Dittmer, Fischhausen 1. Dort A über **Geb, B** und Bootsverleih.

Elbe-Seitenkanal: Verbindung zwischen dem Mittellandkanal südöstlich von Gifhorn und der Elbe bei Artlenburg, 4 km unterhalb Straßenbrücke Lauenburg; 114,650 km lang, Wasserfläche ca. 50 m breit; überquert mehrere Gewässer, u. a. Aller, Ise, Ilmenau und Neetze; Schleuse bei Uelzen (23 m Höhenunterschied), Doppelschiffshebewerk Scharnebeck, bei Lüneburg (38 m). **FA:** Karpfen, Schleie, Zander, Aal, Barsch, Brassen, Weißfisch. **E:** Jagd-, Angelgeräte und Zubehör, Alfred Röhr, Winsener Str. 16, 2100 **Hamburg 90** (Harburg), Ruf 0 40/7 63 35 39; Sport-ABC Borowski, Alte Holstenstr. 53, 2050 **Hamburg 80** (Bergedorf), Ruf 7 21 94 27; D. Kliefoth, Eisenbahnweg 12, 2120 **Lüneburg;** P. Nickel, Neulander Weg 31, 2090 **Winsen/Luhe;** W. Zirpel, Elbstr. 42, 2058 **Lauenburg** (siehe dort). Nicht-O.A. außerdem bei Kurt Grönke, Obere Schrangenstr. 16, 2120 **Lüneburg;** K. Heyde, Veerser Str. 90, 3110 **Uelzen;** darüber hinaus A bei allen Anlieger-ASV. **Geb:** O.A. J 15 DM, Nicht-O.A. W 11 DM.

Fallingbostel (3032): Staatlich anerkanntes Kneippheilbad und Luftkurort in waldreicher Umgebung; Autobahnausfahrt (A 7), B 209; Freibad. **A:** Kurverwal-

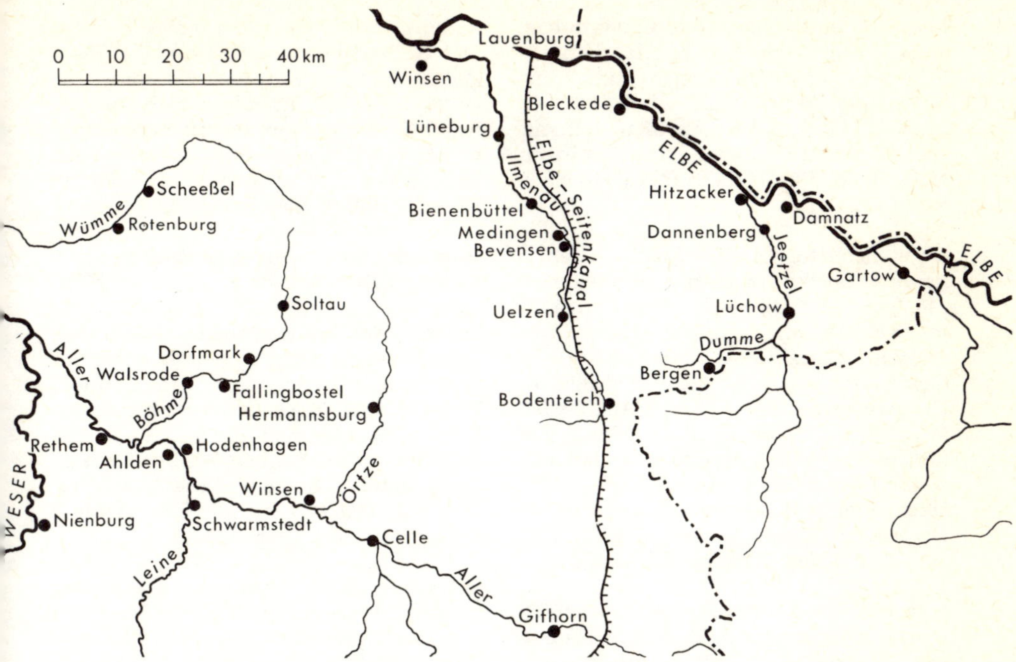

tung, Sebastian-Kneipp-Platz 1, Ruf 0 51 62/21 01. **G:** Böhme, ca. 6 km, 5–7 m breit. **FA:** Forelle, Aal, Barsch, Karpfen, Schleie, Weißfisch. **FZ:** April–Oktober. **E:** Diedrich Schlüter, Hermann-Löns-Str. 11, Ruf 26 49. **Geb:** 10 T 15 DM, M 30 DM. **B:** 2 Ruten, Angeln vom Boot verboten.

Fintel (2139): Aufstrebender Ferienort am Rande der Lüneburger Heide, 20 km nordöstlich von Rotenburg (Wümme); beheiztes Freibad, Freizeitzentrum „Eurostrand GmbH Fintel", mit Hallenbad, Sauna, Solarium, Sportplätzen, Tierpark. **A:** VV, Spitzen 49, Ruf 0 42 65/7 85 und 13 29. **G:** Fintau, ca. 5 km; Ruschwede, ca. 6 km, bis 2 m breit, div. Teiche. **FA:** Forelle, Aal, Karpfen, Schleie. **E:** Privatpächter, Vermittlung durch VV. **S:** Urlaub auf dem Bauernhof, Ferienhäuser mit eigenem See.

Gifhorn (3170): Stadt am Südrand der Lüneburger Heide an Aller und Ise, Bahnstrecken Hamburg–Braunschweig und Berlin–Hannover, B 4 und 188; Wassersport, Hallen- und Freibad mit Solarium. **A:** Städtische Fremdenverkehrsförderung, Lindenstr. 3, Ruf 0 53 71/8 82 51. **G:** Ise, Aller, Allerkanal, Mittellandkanal (im Pachtbereich des ASV Gifhorn), ca. 10 km/10 m breit. **FA:** Aal (Mindestmaß 35 cm), Barsch, Brasse (25 cm), Rotauge (20 cm), Hecht (50 cm), Schleie (25 cm), Karpfen (35 cm), Döbel (25 cm), Äsche (30 cm), Aland (25 cm), Quappe (25 cm), Zander (50 cm). Pro Tag 1 Karpfen und 1 Zander oder Hecht; Beuteablieferung: 20 Köderfische. **E:** ASV, Schütte, Steinweg 29, Ruf 5 00 44; Erwin Henkel, Lindenstr. 21, Ruf 44 51. **Geb:** T 5 DM, W 20 DM, M 40 DM. **B:** 3 Ruten, davon 1 mit lebendem Köder; O.A. **S:** Siehe auch „Elbe-Seitenkanal".

Habighorst-Höfer (3101): Ortsteile der Samtgemeinde **Eschede** am Naturpark Südheide, in waldreicher Umgebung mit zahlreichen Fischteichen; B 191, 17 km nordöstl. von Celle; Waldschwimmbad, Heidekutschfahrten, Fahrradverleih. **A:** FVV Samtgemeinde Eschede und Margarete Engel, Höfer, Ruf 0 51 45/61 12. **G:** Aschau, 3,5 km. **FA:** Karpfen, Schleie, Aal, Forelle. **E:** Ponyhof Hans Rominger, Habighorst, Ruf 0 51 42/12 52. **Geb:** Nach Vereinbarung.

Hankensbüttel (3122): Staatlich anerkannter Luftkurort in der Südheide; B 244, 9 km westlich von Wittingen; beheiztes Waldbad, medizinische Bäder, Wassersport; Camping in Masel (6 km). **A:** Gemeindeverwaltung, Ruf 0 58 32/4 01. **G:** Isenhagener See, 6,3 ha. **FA:** Karpfen (Mindestmaß 40 cm), Schleie (28 cm), Aal (25 cm), Hecht (35 cm), Weißfisch, Brassen. **FZ:** Juni–September. **E:** ASV, Karl-Heinz Bierstedt, Bahnhofstr. 34; Carsten Olvermann, Hindenburgstr. 2. **Geb:** T 10 DM. **B:** 2 Ruten (Jugendl. 1 Rute).

Hanstedt (2116): Ferienort 28 km westlich von Lüneburg, BAB Hamburg–Hannover, Ausfahrt Garlstorf; Waldschwimmbad, Badeteich, Köhlerhütte, Wildpark Lüneburger Heide bei Nindorf (3 km), Heide-Kutschfahrten, Reiterzentrum. **A:** VV, Am Steinberg 2, Ruf 0 41 84/5 25. **G:** Angler-Zentrum. **FA:** Forelle (schwerste 14 Pfd. 400 g), Barsch, Zander, Karpfen, Schleie, Aal. **E:** Horst Rehfeldt, Schützenstr. 8, 2110 **Buchholz,** Ruf 0 41 81/41 77. **Geb:** T 25 DM, Fünferkarte 100 DM. Im Ortsteil **Dierkshausen,** 2,5 km westlich. **G:** Privater Teich. **FA:** Forelle, Karpfen, Schleie, Zander, Aal. **E:** Rudolf Klipp, Mühle Dierkshausen, Ruf 0 41 84/2 52. Im Ortsteil **Schierhorn,** 5 km westlich von Dierkshausen. **G:** Privater Fischteich. **FA:** Wie vor. **E:** Artur Nottorf, Schierhorner Allee. **S:** Anglerurlaub im Gast- und Pensionshaus „Zum Braunen Hirsch“, 2111 **Nindorf,** Ruf 0 41 84/3 36. **G:** Teich, 1 ha, 3 m tief, direkt am Haus; 2 Teiche im Wald, 1,5 und 0,75 ha, 2–4 m tief. **FA:** Forelle, Karpfen, Schleie, Aal, Hecht (bis 15 Pfd.), Zander (bis 10 Pfd.). **B:** Nur für Pensionsgäste.

Hemslingen (2131): Ferienort in der Nordheide, B 71, 14 km östlich von Rotenburg (Wümme); beheiztes Schwimmbad. **G:** Fischteich, ca. 6000 qm. **FA:** Wels, Hecht, Zander, Karpfen, Weißfisch. **E:** Hotel-Landgasthaus Meyer, Eichenweg 7, Ruf 0 42 66/2 54. **Geb:** Für Hausgäste frei. **B:** 2 Ruten, Beuteablieferung, Fische zum Mitnehmen (Einfriermöglichkeit) je Pfund 5 DM. **S:** Hausprospekt.

Hermannsburg (3102): Staatlich anerkannter Erholungsort im Naturpark Südheide, 33 km südöstlich von Soltau; beheiztes Waldschwimmbad, Saison-Hallenbad, Tennis, Fahrradverleih. **A:** VV im Fremdenverkehrspavillon, Am Markt 3, Ruf 0 50 52/20 40. **G:** Örtze, ca. 3 km. **FA:** Forelle (Mindestmaß 28 cm), Äsche (28 cm), Hecht, Aal, Schleie, Weißfische. **FZ:** April–Oktober. **E:** FV und wie A. **Geb:** T 6 DM, W 30 DM. **B:** 1 Raubfischangel und 1 Fliegenrute oder 1 Grundrute.

Hitzacker (3139): Staatlich anerkannter Luftkurort an der Mündung der Jeetzel in die Elbe; Elbuferstr., 10 km nördlich von Dannenberg (B 216 und 191); Sportboothafen, jeglicher Wassersport, beheiztes Freibad, Tennis, Reiten. **A:** Kurverwaltung, Weinbergsweg 2, Ruf 0 58 62/2 66. **G:** Elbe von km 516–529,6, ca. 300 m breit, mit Nebenarmen und Altwasser; Jeetzel nebst toten Armen, ca. 4,2 km von der Mündung flußaufwärts, einschl. Hafen, Sportboothafen (hinter der Kirche) und Gewässer bis zur Eisenbahnbrücke, ca. 30 m breit; Unter dem Berge (alte Jeetzel), Vereinsgewässer, ca. 22 ha. **FA:** Hecht (Mindestmaß 45 cm), Zander (45 cm), Karpfen (45 cm), je Fisch W 3 Stück. **FZ:** Hechtschonzeit 1. 12.–16. 8. **E:** Wie A und Hans Joachim Rudolph, Drawehnertorstr. 18, Ruf 79 06. **Geb:** für Kurkarteninhaber: Elbe nebst Buhnen T 6 DM, W 20 DM, M 30 DM; Unter dem Berge und Jeetzel T 9 DM, W 20 DM, M 48 DM. **B:** 3 Ruten, davon 1 Raubfischangel, alle Köder, Nachtangeln erlaubt. **S:** Bootsverleih im Hafen.

Hodenhagen (3035): Erholungsort an der Einmündung der Meiße in die Aller, 15 km südl. von Fallingbostel. Bahnstrecke Soltau–Hannover, Autobahn Hamburg–

Hannover (Ausfahrt Westenholz, 6 km); Wassersport. **A:** VV, Ilexweg 1, Ruf 0 51 64/3 65. **G:** Aller, ca. 5 km, 50 m breit; Meiße, ca. 3 km; Wiehezug. **FA:** Hecht, Karpfen, Aal, Zander, Schleie, Weißfisch. **FZ:** Mai–September. **E:** Aller-Drogerie Rudolf Goroncy, Heerstr., Ruf 7 86. **Geb:** Aller T 3 DM, W 10 DM; Meiße und Wiehezug T 5 DM, W 15 DM, M 30 DM. **B:** Sp.Prü., 3 Ruten.

Hösseringen/Suderburg 2 (3113): Heidedorf inmitten eines großen, wildreichen Mischwaldes im Quellgebiet der Hardau am Naturpark Südheide, 17 km südwestlich von Uelzen, Badestrand am Stausee, Rudern, Reiten, Fahrradverleih, Trimm-Pfad, Camping, Ferienwohnungen und Ferienhäuser. **A:** VV Hardautal, Sitz Hösseringen Nr. 73, Ruf 0 58 26/7 33. **G:** Stausee, 80 000 qm (einzige Talsperre der Lüneburger Heide). **FA:** Forelle, Karpfen (Mindestmaß 35 cm), Bachsaibling (30 cm), Schleie (30 cm). **FZ:** Mai–September. **E:** Gastwirt Albert Moritz, Ruf 14 63. **Geb:** T 15 DM. **B:** T 3 Fische, Anfüttern nicht erlaubt, 1 Rute.

Isenbüttel (3172): 5 km südlich Gifhorn, in der Nähe der Einmündung des Elbe-Seitenkanals (siehe diesen) in den Mittellandkanal. **A:** Ferienzentrum, W. Bendler, Ruf 0 53 74/3 25. **G:** Tankumsee. **FA:** Hecht, Zander, Karpfen, Schleie, Forelle, Weißfisch. **E:** ASV, S. Mahler, An der Hehlenriede 34, Ruf 7 28; G. Borsiel, 3171 **Calberlah,** Ruf 3 25. **Geb:** T 8 DM. **B:** Sp.Prü.

Knesebeck/Wittingen 2 (3120): Erholungsort in reizvoller Wald- und Heidelandschaft, 28 km nordöstlich von Gifhorn; Freibad, Schwimmhalle, 76 km Wanderwege, Reiten, Camping, Schießsport. **A:** VV, Postfach 23. **G:** Ise, 5 km; Strandbad, 1,7 ha; siehe auch: „Elbe-Seitenkanal". **FA:** Ise: Hecht, Forelle, Aal, Weißfisch; Strandbad: Hecht, Aal, Karpfen, Schleie. **E:** ASV, B. Grabengießer, Laubenweg 2, Ruf 0 58 34/3 68. **Geb:** T 5 DM. **B:** Sp.Prü., 1 Rute vom Ufer.

Lauenbrück (2139): Ferienort am Oberlauf der Wümme, B 75, 13 km nordöstlich von Rotenburg (Wümme), waldreiches Gebiet am Zusammenfluß von Fintau und Wümme. **G:** Fischteich. **FA:** Karpfen, Schleie. **E:** Barbara von Bothmer, Campingplatz, Ruf 0 42 67/3 55. **Geb:** T 5 DM. **S:** DLG-Gütezeichen „Urlaub auf dem Bauernhof".

Lüchow (3130): Stadt im Jeetzeltal am Ostrand der Lüneburger Heide, Mittelpunkt des hannoverschen Wendlandes mit seinen Rundlingsdörfern, B 493 nach Uelzen (41 km); beheiztes Freibad, Hallenbad, Tennis, Reithalle, Wassersport. **A:** Stadtverwaltung, Postfach 39, Ruf 0 58 41/9 37. **G:** Kanal, von Blütlingen bis Hitzacker, ca. 24 km, durchschnittlich 20 m breit. **FA:** Hecht, Barsch, Aal, Karpfen, Schleie, Aland u. a. Weißfische. **FZ:** Hecht 1. 6.–30. 11. **E:** Hans Otte, Lange Str. 35. **Geb:** T 6 DM, W 20 DM, jede weitere W 10 DM. **B:** 3 Ruten, Nachtangeln. **G:** Jeetzel, Alte Jeetzel. **FA:** Wie oben. **E:** Petersen i. Fa. Gomm, Lange Str. 62, Ruf 20 61. **Geb:** T 6 DM, W 20 DM.

Lüneburg (2120): Luftkurort, Heil- und Kneippbad mit mittelalterlichem Stadtbild; Verkehrsknotenpunkt B 4, B 209 und B 216; Sole-Wellenbad (26°, 2 % Sole), Sole-Bewegungsbad (30°, 4 % Sole), Hallen- und Freibad, Reiten, Camping, Wassersport. **A:** Werbe- und VA, Rathaus, Postfach 2540, Ruf 0 41 31/2 45 93. **G:** Ilmenau, von Wichmannsburg bis Rote Schleuse/ Lüneburg (s. Bienenbüttel), 18 km; Ilmenau bei Jastorf, von Emmendorf, 100 m unterhalb der Brücke bis Kanalüberführung Kl. Hesebeck, 12 km, 15 m breit; Ilmenau in der Stadt, von den Bootshäusern bis zur Eisenbahnbrücke (Buchholzer Strecke); Teich an der Rennbahn; Neetze und Wetter: s. Echem; Hittberger Seen, nahe der Elbe, östlich von Echem; Elbe-Seitenkanal, s. dort! **FA:** Äsche (Mindestmaß 30 cm), Karpfen (35 cm), Zander (50 cm), Forelle (30 cm), Schleie (25 cm), Hecht (50 cm), Aal (40 cm), Weißfisch (20 cm). **FZ:** Schonzeiten: Forelle 1. 10.–31. 3., Äsche und Hecht 1. 12.–30. 4. **E:** Lüneburger ASV (LAV), Angelgeräte G. Höffgen, An der Brausebrükke, Ruf 3 15 40; Kurt Grönke, Obere Schrangenstr. 16; Gastwirtschaft Adele Heuer, **Jastorf;** Gastwirtschaft Müller/Conrad, **Hittbergen. Geb:** T 6 DM, 3 T 15 DM, W 25 DM, M 50 DM, in Lüneburg Kurgäste 2 W 30 DM. **B:** O.A., Sp.Prü., 2 Ruten; Fangbegrenzung: Äsche, Forelle 2 Stück T, Hecht, Karpfen, Zander 1 Stück T; kein Anfüttern mit Maden.

Müden (Örtze) (3105): Staatlich anerkannter Erholungsort am Zusammenfluß von Wietze und Örtze am Rande des Naturparks Südheide, 31 km nördlich von Celle. Beheiztes Schwimmbad „Herrenbrükke“, Heidesee mit 6,5 ha Wasserfläche und 2 km Rundwanderwege, Wasserwandern, 65 Morgen großer Wildpark, Reiten, Ferienfahrschule, Ferien a. d. Bauernhof. **A** und **E:** VV, Salzmoor 1, Ruf 0 50 53/3 29. **G:** Örtze, ca. 2 km, 5–8 m breit, von Eisenbahnbrücke im Ort bis Bavener Grenze. **FA:** Forelle (Mindestmaß 35 cm), Äsche (35 cm), 3 Fische T bzw. 10 W. **FZ:** 16. 5.–30. 9. **Geb:** T 6 DM, W 18 DM. **B:** Feriengast mit J.Fsch. Köder: Spinner, Blinker, künstl. Trockenfliege; 1 Rute.

Munster (3042): Kleinstadt im Örtzetal zwischen Naturpark Südheide und Naturschutzpark Lüneburger Heide, an der B 71; beheiztes Freibad, Hallenbad, Tennis, Reiten. **A:** Stadtverwaltungsschulamt, Ruf 0 51 92/13 02 06 und 2 07. **G:** Örtze; Flüggenhofsee (ca. 15 000 qm); Waldsee (ca. 10 000 qm). **FA:** Raub- und Friedfische. **E:** Textilgeschäft Schmurdy, Friedrich-Heinrich-Platz, Ruf 31 87; nach Geschäftsschluß Herr Vogelfänger, Kreienmoor 12. **Geb:** T 5 DM, W 20 DM. **B:** 2 Ruten.

Oldendorf/Örtze-Hermannsburg 3 (3102): Ferienort im Naturpark Südheide. **A** und **E:** VV Oldendorf e. V., Dicksbarg 17, Ruf 0 50 52/6 76. **G:** Örtze, ca. 2 km zwischen Straßenbrücke und Pioniersteg. **FA:** Hecht, Barsch, Aal, Forelle (Mindestmaß 30 cm), Äsche (33 cm), Weißfisch. **Geb:** 3 T 15 DM, W 25 DM, 2 W 44 DM, M 80 DM. **B:** Alle Köder, außer Wurm und Made; 1 Rute, Feriengast. **S:** Weitere Angelmöglichkeiten in Teichen.

Rethem/Aller (2818): Kleinstadt am Unterlauf der Aller, an der B 209; Freibad, Wassersport, Reiten, Camping. **A** und **E:** VV, Lange Str. 4, Ruf 0 51 65/12 91–12 93. **G:** Aller von km 80 bis 87; mehrere Seen von ca. 5 ha. **FA:** Hecht (Mindestmaß 50 cm), Barsch, Barbe, Aal (35 cm), Karpfen (35 cm), Schleie (25 cm), weitere 22 FA. **E:** SAV, Lange Str. 79, Ruf 5 26; Gaststätte Oestmann, Lange Str. **Geb:** T 3 DM, W 10 DM für Aller; T 4,50 DM, W 18,50 DM, M 35,50 DM für die Seen. **B:** 2 Ruten, T 2 Karpfen, 2 Schleien, 2 Hechte, 2 Zander. **S:** Ferienwohnungen mit Angelmöglichkeiten in der Umgebung.

Rotenburg (Wümme) (2130): Kreisstadt am Westrand der Lüneburger Heide, Kreuzungspunkt der B 75 und der B 71, Beginn der B 215 nach Verden und der B 440 nach Visselhövede–Walsrode, Autobahnausfahrten Sittensen, Bockel, Stukkenborstel und Verden-N.; Wassersport, beheiztes Freibad und Hallenbad, Nödenstr. 9, Badestrand am Bullensee; Reiten, Tennis, Camping „Waldschlößchen“. **A:** VA, Große Str. 1, Ruf 0 42 61/40 21. **G:** Wümme, ca. 10 km; Rodau und Wiedau, ca. 5 km. **FA:** Hecht, Barsch, Aal, Forelle, Karpfen, Schleie und Weißfisch. **E:** ASV „Wümme“ e. V., Heinz von Deylen, Königsberger Str. 31, Ruf 51 79. **Geb:** T 5 DM, W 10 DM, M 30 DM. **B:** O.A., Feriengast; 2 Ruten, alle Köder.

Salzhausen (2125): Tausendjähriges Dorf im Erholungsgebiet „Hohe Geest“, 18 km westlich von Lüneburg an der „Deutschen Ferienstraße Alpen–Ostsee“, BAB Hannover–Hamburg, Ausfahrten: Egestorf (8 km) und Garlstorf (6 km); beheiztes Waldbad, Hallenbad in Rüters Gasthaus, Reiten (Reithalle Luhmühlen), Tennis (-halle); Ferien auf dem Bauernhof. **A:** VV, Samtgemeindebüro, Schulstr. 6, Ruf 0 41 72/6 03. **G:** 2 Teiche, 8000 und 10 000 qm. **FA:** Forelle (250–2000 g), keine Fangbegrenzung. **E:** Forellenzucht Gut Schnede, 2091 **Vierhöfen,** Ruf 2 38. **Geb:** T 17,50 DM. **B:** Tel. Voranmeldung, da Anglerzahl je Teich begrenzt; 1 Rute.

Försterei Sareitz (3131): In waldreicher,

einsamer Lage am Ostrand der Göhrde, 12 km südwestlich von Dannenberg. **A:** Oberförster Rabisch, Forsthaus Sareitz, Ruf 0 58 49/2 37, für Hausgäste (Ferienhäuser). **G:** Jeetzel, Neue Jeetzel, 12 km. **FA:** Hecht, Barsch, Aal, Karpfen, Schleie, Weißfisch. **E:** Vermittlung durch die Försterei. **Geb:** T 8 DM, W 20 DM. **B:** O.A., Feriengast, 2 Ruten.

Scheeßel (2138): Gemeinde im Westteil der Heide, 8 km nordöstlich von Rotenburg/Wümme, Bahnstrecke Hamburg–Bremen, B 75; Freibad. **A:** VA, Ruf 0 42 63/20 11. **G:** Wümme, ca. 7 km. **FA:** Forelle, Hecht, Barsch, Aal, Karpfen, Schleie, Weißfisch. **E:** ASV Scheeßel, H. Gerschewski, Zevener Str. 20 (Geschäftszeiten). **Geb:** T 3 DM, W 10 DM, M 20 DM. **B:** O.A., 2 Ruten, alle Köder.

Schnackenburg (3131): Kleinstadt an der Aland-Mündung in die Elbe, 33 km östlich von Lüchow; Wassersport. **A** und **E:** AV, Vors. Ludwig Schermer, Gartenstr. 5, Ruf 0 58 40/2 71. **G:** Elbe, Aland, städt. Gewässer. **FA:** Hecht, Aal, Barsch, Karpfen, Schleie, Weißfisch. **Geb:** W 12 DM, M 20 DM. **B:** 2 Ruten.

Schwarmstedt (3033): Sommerfrische zwischen Leine und Aller an der B 214 zwischen Celle (33 km) und Nienburg (32 km); BAB Hannover–Hamburg, Ausfahrt Schwarmstedt und Raststätte „Allertal". **A:** Samtgemeindeverwaltung, Am Markt 1, Ruf 0 50 71/30 03. **G:** Aller von km 41,0 bis 46,7, ca. 30 m breit. **FA:** Hecht, Zander, Barsch, Aal, Karpfen, Schleie, Weißfisch. **E:** ASV „Aller-Leine", Günter Morhoff, Bahnhofstr. 11, Ruf 26 01; Erhard Schebitz, Marklendorf, 3031 **Buchholz;** VV, Norbert Tepe, Leine-Hotel, 3033 Schwarmstedt, Ruf 6 83. **Geb:** T 3 DM, W 10 DM. **B:** O.A., SpPrü.; 3 Ruten, davon 1 auf Raubfisch. **S:** Angelmöglichkeit: Schloß Bothmer.

Verden/Aller (2810): am Zusammenfluß von Aller und Weser, westl. Eingangstor zur Lüneburger Heide, bekannt als Reiterstadt; Bahnstrecke Bremen–Hannover, weitere Linien nach Rotenburg und Soltau–Uelzen; BAB E 71, Ausfahrt Verden/Ost oder Nord, B 215; Wassersport, Reiterferien, Ferienwohnungen, Rollschuhstadion. **A:** Städt. VA, Ostertorstr. 7a, Ruf 0 42 31/1 23 17. **G:** Aller, Weser und Vereinskuhlen, ca. 40 km. **FA:** fast alle Raub- und Friedfischarten. **FZ:** ganzjährig, Raubfischfang ab 1. 7. bis 31. 12. **E:** Hotel Maske, Verden-Hönisch, Nienburger Str. 22, Ruf 31 53. Verein der Sportfischer Verden/Aller e. V. **Geb:** T 5 DM. **B:** O.A., Sp.Prü.; alle Köder, bis zu 3 Ruten; Gastkarten werden nur für den Friedfischfang ausgegeben.

Winsen/Aller (3101): Heidedorf an der Aller, ausgedehnte Wald-, Heide- und Moorflächen; BAB E 4, Ausfahrt Schwarmstedt; B 214 (6 km), B 3 (6,5 km); beheiztes Freibad, Freizeitanlage „Hüttenseepark" im OT Meißendorf, Ruf 0 51 43/3 36, Tennis, Reiten, Wanderwege, Wassersport, Campingplatz „Auf der Hude" (an der Aller), „Wachholderpark", Camping an der Aller, Ruf 16 93. **A:** VV, Rathaus, Am Amtshof, Ruf 2 03 **G:** Aller, von Winsen-Brücke bis Allerplackgraben, Kilometerstein 25,5. **FA:** Aal, Hecht, Karpfen, Schleie, Weißfische. **FZ:** 1. 5. bis 30. 9. **E:** VA, Rathaus. **Geb:** bis 3 T 5 DM, 8 T 6 DM, 2 W 8 DM, M 10 DM. **B:** bis zu 3 Angelruten, ab 1. 8. nur 1 Rute auf Hecht. Alle Köder, außer Blinker; Bootsverleih. **S:** Tageskarten auch bei Gutsverwaltung Sunder, Ortsteil Meißendorf, Ruf 0 50 56/ 3 36.

Winsen/Luhe (2090): Erholungsort zwischen Elbe, Marsch und Heide; B 4 zwischen Lüneburg (21 km) und Hamburg (20 km), BAB E 4, Ausfahrt Thieshope (12 km), Maschen (15 km). Bahnstrecke Hamburg–Hannover und Hützel–Soltau; Hallenbad, beheiztes Freibad, Bauernhofpensionen, Camping im Ortsteil Laßrönne an der Elbuferstraße; Reiten, Tennis, Segeln mit eigenen Booten. **A:** Handels- u. VV im DER-Reisebüro, Rathausstr. 2 Ruf 0 41 71/29 10 u. 24 28 **G:** Untere Luhe, ca. 1 km; Ilmenau-Kanal, ca. 5 km; **G:** Elbe, **G:** Stöckter Hafen, ca. 1 ha; **G:** Ilmenau, von Pumpe Laßrönne bis Mündung; **G:** Luhe, von Pattensener Graben (Winsen/Luhe) bis Mündung, Ausschachtung hinter der Seebrücke. **FA:** Hecht, Karpfen, Schleie, Weißfische, tägl. Fangbegrenzung je 2 Karpfen und Hechte. **E:** FV Sportverein e. V. Luhe, Neulanderweg 31, Ruf 717 14. **Geb:** T 5 DM, W 15 DM. **B:** J.Fsch., bis zu 3 Ruten, alle Köder. **G:** Waldteiche der Forellenzucht Schnede, am Garstedter Wald, Ruf 0 41 72/2 38. **FA:** Regenbogenforelle. **Geb:** T 17,50 DM. **B:** J.Fsch., Sp.Prü., 1 Rute.

Hannover – Leinetal – Braunschweig

Alfeld (3220): zwischen den bewaldeten Gebirgszügen im Leinetal, an der historischen Leinetalstraße, 50 km südlich von Hannover; Bahnstrecke Frankfurt–Kassel–Hannover; BAB E 4, Ausfahrt Hildesheim/Ost (28 km); beheiztes Freibad, Hallenbad, Sauna, Jugendherberge in Wernershöhe, Leihpferde, Tennis, Wassersport. **A:** VV für Alfeld und Umgebung, Rathaus, Ruf 0 51 81/50 81 **G:** Leine, einschl. Altarme, von der Wispensteiner Brücke bis zum Weinberg, beidseitig, ca. 10 km, 10 bis 15 m breit. **FA:** Hecht (50 cm, Schonzeit: 1. 1. bis 30. 4), Bach- u. Regenbogenforelle (28 cm, 1. 11. bis 15. 3., Fangbeschr. 2 Fische), Weißfische. **FZ:** 1. 5. bis 31. 10. **E:** ASV Alfeld/Leine e. V.; H. Marzahn, Rob.-Linnarz-Str. 43, Ruf 37 51; W. Aue, Gastwirtschaft, Röllinghausen, Ruf 52 37; W. Friedhoff, Kurze Straße 2, Ruf 51 55; T. Rosteck, Göttinger Str. 57, Ruf 10 71; **Geb.:** T 5 DM, W 15 DM, M 30 DM. **B:** 2 Ruten, davon 1 Raubfischangel, alle Köder. Auf Aal Nachtangeln mit 3 Ruten.

Einbeck (3352): zwischen Harz und Solling in einer sanft geschwungenen Talmulde des Leineberglandes, Bahnstrecke Salzderhelden–Dassel, B 3 zwischen Hannover (71 km) und Göttingen (38 km); BAB E 4, Ausfahrt Northeim/Nord. Sehenswerte ehemalige Hansestadt, gut erhaltenes mittelalterliches Stadtbild; beheiztes Freibad, Reiten, Tennis, Wandern. Hallenbad. **A:** Städt. FVA, Rathaus, Ruf 0 55 61/31 62 21. **G:** Leine, von Stöckheimer Becke bis Müllershausen bei Salzderhelden, ca. 4,5 km durchschnittlich 10 m breit; **Salzgraben**, von Abzweigung aus der Leine bis Hollenstedt, Einfluß in die Leine bei Müllershausen, ca. 5 km, 2 m breit. **FA:** Hecht, Barsch, Aal, Regenbogenforelle, Karpfen, Schleie, Barbe u. a. Weißfische. **FZ:** 1. 4. – 31 12. **E:** FV Einbeck e. V., Ludwig Stamm, Marktstr. 30, nach Vereinbarung. **Geb:** T 3 DM, W 10 DM, J 30 DM. **B:** O.A., 2 Ruten, alle Köder.

Freden (3222): Kleinstadt und Erholungsort im Leinetal, von bewaldeten Bergzügen eingeschlossen, an der Landstraße zwischen Alfeld (9 km) und Kreiensen (12 km), BAB E 4, Ausfahrt Rhüden (20 km); an der Bahnstrecke Hannover–Kassel. Freibad, Wassersport, Wandern **A:** Samtgemeinde, Ruf 0 51 84/85 85. VV. **G:** Leine, ca. 5,2 km, durchschn. 20 m breit. **FA:** Hecht (40 cm, 1. 1. bis 30. 4.), pro Tag 1 Fisch; vereinzelt Zander (35 cm, 1. 4. bis 30. 5.), Barsch, Aal, Bach- und Regenbogenforelle (25 cm, 1. 11. bis 15. 3., pro Tag 3 Fische), selten Äsche, Karpfen (30 cm), Schleie, Weißfische. Insgesamt tägl. Fangbegrenzung 10 Fische. **FZ:** ganzjährig. **E:** SAV Freden e. V, Werner Schwan, Mühlgraben 14, und Friedel Kreikemeier, Alfelder Str. 4 (Uhrengeschäft), Reinhold Öhls, Salinenstr. 1. **Geb.:** T 4 DM, W 15 DM, M 30 DM. **B:** O.A., Sp.Prü., 2 Ruten auf Friedfisch, Nachtangeln erlaubt.

Gronau (3212): Kleinstadt bei Alfeld (17 km), B 3, BAB A 7, Ausfahrt Hildesheim; Bahnstrecke Kreiensen–Hannover. **A:** Samtgemeinde, VA, Blankestr. 16. **G:** Leine, oberhalb Banteln bis unterhalb Gronau, ca. 15 km Angelstrecke. **G:** Alter Leinearm bei Rheden, ca. 1,5 km, **G:** Kiessee bei Godenau, 10 Morgen Wasserfläche. **FA:** Hecht, Barsch, Aal, Regenbogenforelle Karpfen, Schleie, Barbe, Döbel, Zander u. v. Weißfische. **FZ:** Leine: ganzjährig, Alter Leinearm: vom 1. 4. bis Jahresende, Kiessee: von März bis Dezember **E:** FV Gronau e. V., Siegfried Aschmann, Wassertorstr. 17 in 3211 Eime; Fritz Gö-

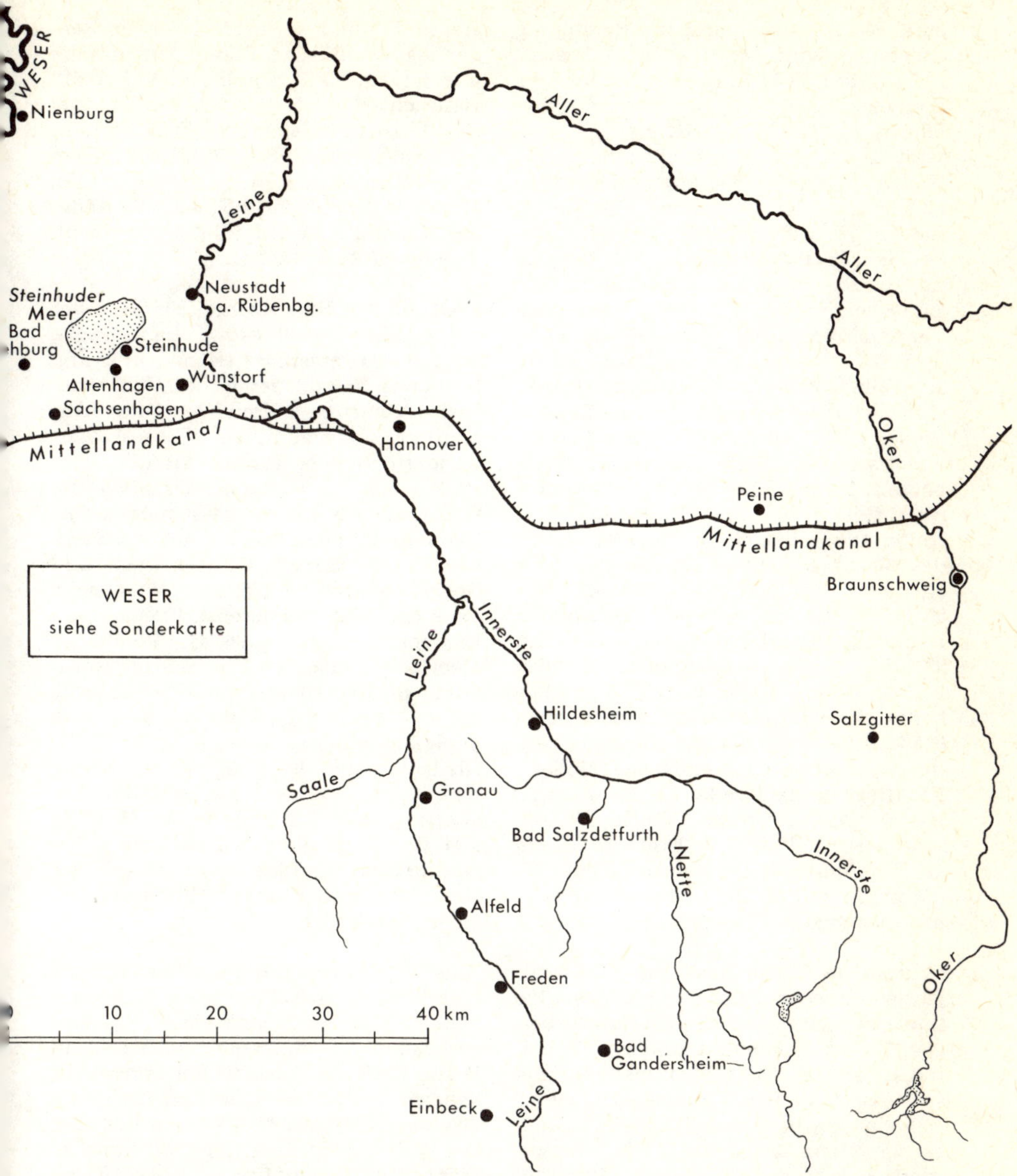

decke, Blankestr. 25. **Geb:** T 5 DM. **B:** O.A., Sp.Prü.; alle Köder, 3 Ruten und Nachtangeln erlaubt.

Hannover (3000): Hauptstadt des Bundeslandes Niedersachsen, Kreuzung der B 6, B 3 und B 65; Ausgangspunkt der B 217, 441 und B 522; Autobahnschnittpunkt der Strecken Hamburg–Kassel und Berlin–Dortmund; Bundesbahnknotenpunkt internationaler Strecken. Verschiedene Freibäder, Hallenbäder, Camping: Parksee Lohne (Isernhagen), Birkensee (Laatzen), Blauer See (Garbsen; Sportpark, wo für alle Sportarten Betätigung angeboten wird. **A:** VB, Ernst-August-Platz 8, Ruf 05 11/32 10 33. **G:** Aller, von Bannetze bis Müden; **G:** Aller/Oker, von Müden bis Diekhorst; **G:** Leine, insgesamt ca. 35 km; **G:** Kiesteiche und versch. Weiher, insges, ca. 600 Morgen. Teichgebiet südlich des Maschsees. **FA:** Hecht, Zander, Wels, Barsch, Aal, Forelle, Karpfen, Schleie u. v. Weißfische. **FZ:** ganzjährig, Raubfisch ab 1. 5. **E:** FV Hannover, Hildesheimer Str. 122, Ruf 88 00 54, nach Vereinbarung. **Geb:** W 10 DM. **B:** O.A., Sp.Prü.; 3 Ruten, davon 2 Raubfischangeln, alle Köder erlaubt. **G:** Leine, Kanalstrecken, Kiesteich. **FA:** Hecht, Zander, Barsch, Aal, Karpfen, Schleie, Forelle, Weißfische. **E:** SAV Hannover, Wiehbergstr. 2, Ruf 86 16 24, nach Vereinbarung. **Geb:** T 10 DM. **B:** O.A., Sp.Prü., 2 Ruten, alle Köder. **G:** Teichgebiet südlich des Maschsees, **E:** Klubheim des ASV Hannover, Wilkenburger Str. 34, Ruf 86 15 34 oder in den Angelgeschäften Henning, Knochenhauerstr. 10, Ruf 32 10 96; Kapune, Goethestr. 40, Ruf 1 27 22; **Geb:** T 5 DM, W 10 DM. **S: Harkenbleck** (3001): ca. 15 Autominuten vom Stadtzentrum auf die B 3 Richtung Göttingen, liegt der „Forellensee Möller“, **FA:** Regenbogenforelle, Hecht, Zander, Barsch, Aal, Karpfen, Schleie, Weißfische. **Geb:** T 10 DM **E:** Erlaubnisschein am Forellensee. **B:** 3 Ruten, alle Köder. Es dürfen bis 10 Forellen und andere Fische in unbegrenzter Menge gefangen werden.

Hildesheim (3200): Stadt des „Tausendjährigen Rosenstocks“ in einer Talmulde (Pott) an den nordwestlichen Harzvorbergen; BAB E 4, Ausfahrt Hildesheim, B 1, B 6, B 243 und 494; Bahnstrecken Hannover–Goslar und Braunschweig–Hameln; 2 Hallenbäder, beheiztes Freibad, Jugendherberge am Rottsberg, FKK; Wassersport, Reit-Lehrgänge, Tennis, Rundflüge, Camping am Rottsberg (Gasthaus Wilhelmshöhe), Ruf 0 51 21/3 75 76; **A:** VV, Markt 5, Ruf 19 95 oder 19 96. **G:** Kanal, ca. 16 km; **G:** Nette, ca. 4 km; **G:** Leine, ca. 1 km; **G:** Dys-Außenteich/Tonkuhle Drispenstedt; Kiesteich Heisede; Kiesteich Giften; Kiesteich Ahrbergen (3); **G:** Innerste, ca. 12 km. **FA:** Karpfen, Schleie, Zander, Aal, Weißfische. Forelle nur in Nette und Innerste, **FZ:** 1. 5. bis 30. 9. **E:** SFV, Heinrichstraße 15, Ruf 5 99 95; Angelgeräte Hermann Hake, Inh. Fritz Simbürger, Almstr. 34a, Ruf 3 61 91, ca. 300 m vom VV entfernt. **Geb:** T 6 DM, W 25 DM, M 50 DM. **B:** J.Fsch., 2 Ruten, alle Köder (im Kanal 3 Ruten erlaubt), auch Nachtangeln auf Aal gestattet.

Neustadt am Rübenberge (3057): an der Leine, über 38 000 Einw., Bahnstrecke Hannover–Bremen, B 6 (Hannover 25 km, Nienburg 25 km), modernes Hallenbad, Freizeitzentrum, 4 Freibäder, Strandbad Mardorf am Steinhuder Meer, Wasserwandern, Reiten, Tennis. **A:** ASV Neustadt a. Rbge. e. V., An der Eisenbahn 10. **G:** Leine, ca. 25 km, ca. 30–40 m breit. **FA:** Hecht und Zander (50 cm), Aal und Karpfen (35 cm), Barsch, Schleie, Bach- und Regenbogenforelle (25 cm), Weißfische ohne Maß. **FZ:** unbegrenzt. **E:** Zoo-Shop Riedemann, Leinstr, 26. **G:** Steinhuder Meer, leicht mooriger Flachsee am Nordrande des Weserberglandes; 32 qkm groß, 2–3 m tief; am Südufer See- und Schlammbad Steinhude. **A:** u. **E:** LSFV Niedersachsen, Abgabe von Erlaubnisscheinen an O.A; auch bei Zoo-Shop Riedemann. **Geb:** T 5 DM, W 10 DM, M 20 DM. **B:** O.A., Bootsverleih bei allen Anliegern in Neustadt-Mardorf am Steinhuder Meer; alle Köder und 3 Ruten erlaubt, auch Nachtangeln auf Aal.

Nienburg/Weser (3070): malerische Stadt an der Weser zwischen Heide, Moor und Marsch; Kreuzungspunkt der B 6 Hannover (48 km) - Bremen (69 km), B 214 und B 215; BAB E 4, Ausfahrt Schwarmstedt; beheizte Freibäder, Hallenbad, Camping: „Wassersport Weser“, 5 km nördlich des Ortes; Reiten, Rudern, Segeln, Tennis. **A:** Städt. VA, Lange Str. 39, Ruf 0 50 21/ 8 73 56. **G: Weser**, vom Flußkm 238,70 - Stolzenau - Nienburg - Hoya - Barme - Dörverden bis km 308,50 ca. 70 km, durchschn. 80 m breit, **FA:** Hecht, Zander, Wels, Barsch, Aal, Karpfen, Schleie u. a. Weißfische. **FZ:** ganzjährig, unter Beachtung der Schonzeiten, Raubfische ab

1. 5., Friedfische ganzjährig. **E:** FV Nienburg; Fa. Coldewey, Leinstr. 30, Ruf 32 51; Fa. Jacobs, Verdener Landstr. 33, Ruf 27 27; Fa. Cordes, Lange Str. 71, Ruf 31 91. **Geb:** W 15 DM, M 35 DM. **B:** alle Köder, 2 Friedfischruten, 1 Raubfischrute.

Northeim (3410): im westlichen Harzvorland, im Tal der Leine zwischen Harz und Solling; Bahnstrecken Hannover–Kassel und Walkenried-Ottbergen; Kreuzungspunkt der B 3 und B 241 zwischen Einbeck (17 km) und Göttingen (22 km); BAB der E 4, Ausfahrt Northeim/Nord (4 km) oder /West (4 km). Hallenbad, Bergbad, Camping (3 km nördlich der Stadt), Jugendherberge, Reithalle, Tennis, Segelfliegen. **A:** FVV, Am Münster 30, Ruf 0 55 51/36 50. **G: Leine**, rechtes Ufer, 6,2 km, durchschn. 12 m breit; **G: Rhume**, von Northeim bis Hollenstedt, ca. 15 km, durchschn. 20 m breit. **FA:** Hecht, Barsch, Aal, Bach- und Regenbogenforelle (pro Woche 3 Stück), Karpfen (pro Woche 2 Stück), Schleie, Barbe, Döbel u. a. Weißfische. **E:** ASV Northeim i. Hann. e. V, Albert Pygoch, Bachstr. 5, Ruf 5 11 71; Waffen-Schönebeck, Am Münster 25, (Sport Müller), Ruf 33 30. **Geb:** wenn O.A.: T 5 DM, W 25 DM; andere: T 7 DM, W 35 DM. **B:** 2 Ruten, alle Köder.

Salzgitter (3320): moderne Großstadt im Grünen mit Thermal-Sole-Wellenbad in Salzgitter-Bad; industrieller Schwerpunkt in Niedersachsen; Bahnstrecken Hannover–Bad Harzburg, Braunschweig–Derneburg (Salzgitter-Lebenstedt); an der B 6, 248 und 490, 20 km südwestlich von Braunschweig. BAB E 4, Ausfahrt Derneburg (15 km) und Dreieck Salzgitter (15 km). Freibäder, Hallenbäder, Sauna, Camping an der BAB Derneburg. **A:** VV, Salzgitter-Lebenstedt, Bahnhofplatz, Ruf 0 53 41/4 30 30 **G:** Salzgitter See in Lebenstedt, ca. 75 ha groß; Zweigkanal vom Mittellandkanal, ca. 10 km. **FA:** Hecht (50 cm, Durchschnittsgewicht 5 Pfd.), Zander (40 cm, 4 Pfd.), Barsch, Aal, Forelle (Besatz in fängiger Größe), Karpfen (35 cm, 4 Pfd.), Schleie (25 cm), vereinzelt auch Äsche, Weißfische. **FZ:** 15. 6. bis 15. 10. **E:** ASV Fuhsetal, Salzgitter-Lebenstedt, Geschw.-Scholl-Str. 3, Ruf 5 13 65; Kurt Schneller; Club Gebhardshagener Fischer 1947 e. V., Erhard Dehne, Salzgitter-Gebhardshagen, Hardeweg 21, Ruf 7 09 28. Alfred Werner, Christian-Willmer-Str. 5; **Geb:** 3 T 15 DM, 7 T 25 DM. Interessengemeinschaft Mittellandkanal: 1 W 10 DM. **B:** Sp.Prü., 2 Ruten, alle Köder, Nachtangeln erlaubt.

Steyerberg (3074): Erholungsort und Großgemeinde im Gebiet der Mittelweser, von mehreren Altarmen der Großen Aue durchzogene Talniederung mit reizvollem Landschaftsbild; 19 km von Nienburg, 41 km von Minden; Bahnstation Nienburg (Busverbindungen) an der Strecke Hannover–Bremerhaven; beheiztes Freibad, Hallenbad, Tennis, Reiten, Wandern. **A:** Fleckenverwaltung, Amtshof, Ruf 0 57 64/10 42.**G:** Große Aue, rd. 24 m breit, vom Steyerberg-Wehr aufwärts bis Voigtei, Hof Oldenburg, ca. 12 km; vom gleichen Wehr abwärts bis zum Reeser Wehr, ca. 4 km. **FA:** Hecht (45 cm), Zander (45 cm), Karpfen (35 cm), vereinzelt Forelle, Barsch, Aal, Schleie u. a. Weißfische. **E:** SAV Steyerberg, Friedrich Dolle, Gartenstr. 2, Ruf 2 44; FV: Sarninghausen, Gaststätte Willy Nuttelmann, Haus Nr. 7, Ruf 2 11; **Geb:** SAV Steyerberg: T 5 DM, W 15 DM, M 25 DM. FV: Sarningshausen T 5 DM, W 10 DM, 2 W 28 DM, M 30 DM **B:** O.A., Sp.Prü., J.-Fsch., 1 Raub- und 2 Friedfischangeln, alle Köder, außer Blinker und Spinner. **S:** weitere Angelmöglichkeiten in der Weser (5 km entfernt) und mehrere Altarme.

Harz und Vorland

Bad Gandersheim (3353): Staatlich anerkanntes Heilbad an den Ausläufern des Westharzes in reizvoll-romantischer Hügellandschaft. B 64, B 445, BAB E 4, Ausfahrt Seesen (11 km), Echte (13 km); Thermal-Sole-Bewegungsbad, Waldschwimmbad, Motor- und Segelfliegen, Tennis, Reiten, Muster-Kur-Campingplatz. **A:** Kurverwaltung, Wilhelmsplatz 10 A, Ruf 0 53 82/7 34 40 u. 41. **G:** Leine, vom Hotel „Leinetal" bis Erzhausen, ca. 12 km. **FA:** Hecht (40 cm, bis 5 kg, tägl. 2 Fische), Barsch, Aal (35 cm, bis 2 kg), Karpfen (30 cm, bis 4 kg), Bach- und Regenbogenforelle (28 cm, bis 2 kg, 3 Fische), Weißfische. **FZ:** 1. 4. bis 31. 12. **B:** J.Fsch., 3 Ruten, alle Köder. **G:** Gande, von Gehrenrode bis Mündung, ca. 15 km. **FA:** und **FZ:** wie vor **B:** 1 Rute, nur künstl. Köder. **G:** Osterbergsee, ca. 1,2 ha. **FA:** Forelle (28 cm, pro Tag 2 Fische), Karpfen (30 cm, pro Woche 1 Fisch). **B:** J.Fsch., Sportfischerpaß, 1 Rute, künstl. Fliege, Teigköder. **E:** SAV Bad Gandersheim-Kreiensen; Kurverwaltung; Bäckermeister Karl-Heinz Gräger, Hohler Weg 2, 3351 Greene; Erwin Kirsch in Fa. E. Kalinowski, Wilhelmstr. 5 in 3350 Kreiensen; Walter Stolze, Am Hubestift 7 in 3352 Einbeck. **Geb:** mit Sportfischerschein: T 6,50 DM, 3 T 13 DM, W 25 DM, M 38 DM, S 115 DM; ohne Sportfischerschein: T 9,50 DM, 3 T 20 DM, W 40 DM, M 60 DM, S 175 DM **S:** Salmonidenfang bis 30. 9., Änderungen vorbehalten. „**Harzangelkarten**" für 33 zu befischende Teiche werden von nachstehenden Ausgabestellen für **Geb:** mit Kurkarte: T 15 DM, ohne Kurkarte: T 17 DM. 3 T 30/35 DM, W 50/60 DM. für folgende Teiche ausgegeben: **G:** Bärenbrucher Teich, ca. 6,8 ha (S = Salmonidengewässer). **G:** Oberer Eschenbacher Teich, ca. 1,6 ha/S; **G:** Unterer Eschenbacher Teich, 4,8 ha/S; **G:** Eulenspiegler Teich, 3,5 ha/S; **G:** Haderbacher Teich, 2,4 ha/S; **G:** Hasenbacher Teich, 3,9 ha/S; **G:** Langer Teich, 1,9 ha/S; **G:** Oberer Nassenwieser Teich, 4,4 ha/S; **G:** Oberer Pfauen-Teich, 4,4 ha/S; **G:** Mittlerer Pfauen-Teich, 8,5 ha/S; **G:** Unterer Pfauen-Teich, 5,7 ha/S; **G:** Pixhaier Teich, 8,1 ha/S; **G:** Prinzen-Teich, 13,6 ha/S; **G:** Sumpf-Teich, 10,3 ha/S; **G:** Schrötenbacher Teich, 2,1 ha/S; **G:** Schwarzenbacher Teich (Mischgewässer, verschiedenartiger Fischbesatz), 5,4 ha/M; **G:** Stadtweger Teich, 8,5 ha/M; Alter Wasserläufer Teich, 2,1 ha/M; Wasserläufer Teich, 1,1 ha/M **G:** Mittlerer Zechen-Teich, 1,6 ha/M; Oberer Zechen-Teich, 1,4 ha/M; **G:** Ziegenberger Teich, 8,0 ha/M; **G:** Johann-Friedricher Teich, 5,8 ha/M; **G:** Oberer Floß-Teich, 0,6 ha/M; **G:** Unterer Floß-Teich, 0,9 ha/M; **G:** Oberer Grumbacher Teich, 4,3 ha/M; **G:** Mittlerer Grumbacher Teich, 2,0 ha/M; **G:** Oberer Spiegeltaler Teich, 1,6 ha/M; **G:** Unterer Spiegeltaler Teich, 3,5 ha/M; **G:** Than-Teich, 0,4 ha/M; **G:** Unterer Kellerhals-Teich, 1,5 ha/M; **G:** Schalker Teich, 2,8 ha/M; **G:** Polstertaler Teich, 0,2 ha/M. **Ausgabestellen:** Kurverwaltungen von: 3396 Altenau, Ruf 0 53 28/4 11; 3353 Bad Gandersheim, Ruf 7 34 41; 3395 Bad Grund, Ruf 0 53 27/20 21–23; Bad Harzburg, Ruf 0 53 22/7 42 84; 3422 Bad Lauterberg, Ruf 0 55 24/40 21; 3423 Bad Sachsa, Ruf 0 55 23/22 41; 3423 Steina, Ruf 0 55 23/3 36; 3389 Braunlage, Ruf 0 55 20/10 54; 3392 Buntenbock, Ruf 0 53 23/35 83; 3392 Clausthal-Zellerfeld, Ruf 0 53 23/19 00 u. 14 60; 3380 Hahnenklee, Ruf 0 53 25/23 55; 3389 Braunlage, Ruf 0 55 83/8 12 (Hohengeiß); 3394 Langelsheim/Lautenthal, Ruf 0 53 25/44 44; 3394 Langelsheim 3/Wolfshagen, Ruf 0 53 26/40 88; 3360 Osterode/Lerbach, Ruf 0 55 22/68 55 und Riefensbeek, Ruf 41 26; 3396 Schulenburg, Ruf 0 53 29/8 48; 3424 St. Andreasberg, Ruf 0 55 82/7 13 u. 7 27; 3425 Walkenried, Ruf 0 55 25/3 57; 3426 Wieda, Ruf 0 55 86/3 11; 3391 Wildemann, Ruf 0 53 23/61 11 u. 61 12; 3421 Zorge, Ruf 0 55 86/3 07; FVÄ: 3205 Bockenem, Ruf 0 51 22/7 51; 3360 Osterode, Ruf 0 55 22/68 55; Tourist-Information: 3380 Goslar, Ruf 0 53 21/70 42 16. **FZ:** 19. 3. bis 19. 10. (Ein Schonzeitenverzeichnis und die zu beachtenden Mindestmaße, werden der Angelkarte beigegeben). **B:** J. Fsch., 2 Ruten, davon 1 Raubfischangel, alle Köder, Angeln nur vom Ufer aus erlaubt. Von den 33 Teichen darf jeden Tag ein anderer zum Befischen ausgewählt werden.

Bad Harzburg (3388): Heilbad und heilklimatischer Kurort an der Radau, am Nordrand des Harzes; B 4 und B 6 (10 km östlich von Goslar), BAB E 4, Ausfahrt Rhüden (33 km); Bahnstation an den Strecken Hamburg–Harz und Bremen–Bad Harzburg, Braunschweig–Seesen; beheiztes Freibad, Thermalsole-Hallenbad, Bauernhofpensionen, Ferienwohnungen, Leihpferde, Tennis, Camping. **A:**

Kurverwaltung, Forstwiese 5 (Rathaus), Ruf 0 53 22/7 41 u. 7 42 84 **G:** Okertalsperre, (Anfahrt 15 km); Bedingungen siehe dort. **G:** Oberharzer Teiche, hierfür gibt die Kurverwaltung eine **„Harzangelkarte"** an Kur- und Feriengäste ab, die zum Befischen von 33 Teichen berechtigt. Näheres siehe im Nachtrag bei Bad Gandersheim. **G:** Sievers Teich (Anfahrt 5 km) und Lengder Teiche (8 km entfernt). **FA:** keine Salmoniden; Hecht, Karpfen, Barsch u. a. Weißfische. **FZ:** März bis November. **E:** Kurverwaltung. **Geb:** T 6 bis 7,50 DM. **B:** Sp.Prü., J.Fsch., Kurgast, 2 Ruten, keine Bootsbenutzung.

Bad Lauterberg im Harz (3422): staatlich anerkanntes Kneipp-Heibad am Südrand des Harzes, von bewaldeten Höhenzügen umgeben; B 27 zwischen Göttingen (47 km) und Braunlage (18 km); BAB E 4, Ausfahrt Seesen (43 km) und Göttingen (53 km). Waldfreibad, Bootsverleih, Sesselbahn auf den Hausberg, Camping, Ferienwohnungen, Jugendherberge, Leihpferde, Wassersport auf dem Oderstausee, Tennis. **A:** Städt. Kur- und Badeverwaltung, Ritscherstr. 4, Ruf 0 55 24/40 21 **G:** Oderstausee, ca. 136 ha, 5 km lang, 300 bis 500 m breit und bis 56 m tief, (je nach Wasserstau) 30,5 Mill. m^3 Fassungsvermögen. Direkt an der B 27. **FA:** Forelle (30 cm, Schonzeit: 16. 10. bis 15. 3., Fangbegrenzung: 4 Fische), Hecht (50 cm, 1. 1. bis 30. 4., 3 Fische), Barsch, Aal, Karpfen (38 cm, 3 Fische), Schleie (25 cm), Weißfische (15 cm), Felche, Seeforelle, Seesaibling. **E:** Angelgerätegeschäft E. Peix, Hauptstr. 83, Ruf 20 12; Hotel „Zur Schweiz", Bes. G. Vogel, Odertal 6, Ruf 33 21; Campingplatz „Herzbek", W. Schubert, Am Oderstausee, Ruf 38 00 u. 38 11; Campingplatz „Erikabrücke", am Eingang des Oderstausees, Ruf 55 82/14 31. **Geb:** T 7,50 DM, W 30,50 DM, 2 W 40,50 DM, 3 W 50,50 DM, M 60,50 DM, J 180,– DM. **B:** J.Fsch., bis zu 3 Angelruten, Köder beliebig. **G:** Wiesenbecker Teich, Mischgewässer, liegt ca. 3 km vom Stadtkern entfernt; Größe ca. 32 Morgen, Tiefe 8 bis 12 m. **FA:** Karpfen (38 cm, 3 Fische), Schleie (25 cm, 2 Fische), Forelle (30 cm, 6 Fische). **E:** Hotel Wiesenbecker Teich, G. Dombrowski, Ruf 0 55 24/33 09, nach Vereinbarung. **Geb:** T 15 DM, M 150 DM, für Hausgäste nach Vereinbarung. **G:** Oder, Fließgewässer mit wechselnd flachen und tieferen Stellen. **FA:** Forelle (22 cm, pro Tag 4 Fische), **FZ:** 16. 3. bis 15. 10. **E:** ASV Bad Lauterberg; Angelgerätegesch. E. Peix, Hauptstr. 83; Hotel „Zur Schweiz", Odertal 16. **Geb:** nur auf besondere Tageskarte 5,50 DM. **B:** Nur Flugangelgeräte mit künstl. Fliege zugelassen. **S:** Mit der **„Harzangelkarte"** wird die Erlaubnis erworben, an 33 Teichen die Sportfischerei auszuüben. Näheres über Gewässer, Ausgabestellen und Gebühren unter Bad Gandersheim.

Clausthal-Zellerfeld (3392): staatlich anerkannter heilklimatischer Kurort mitten im Oberharz; reines Mittelgebirgsklima, 66 Teiche und kleinere Bergseen fügen sich in der näheren Umgebung in die Landschaft. B 241 und B 242 zwischen Goslar (19 km) und Osterode (11 km). BAB der E 4, Seesen (23 km). Bahnstation ist Goslar. Waldseebad, Hallenbad, 2 Campingplätze, 1) „Waldweben" 1,5 km westl. Zellerfeld, Ruf 0 53 23/17 12; 2) „Prahljust" 4 km südöstl. der Stadt, Ruf 13 00, am Pixhaier Teich. Ferienwohnungen, Urlaub auf dem Lande, Jugendherberge, Sommerski, Leihpferde, Tennis. **A:** „Die Oberharzer" Kurbetriebs-GmbH, Kurgeschäftsstelle, Bahnhofstr. 2, Ruf 19 00 u. 14 60; **G: 33 Teiche**, rings um Clausthal-Zellerfeld gelegen. Näheres bei Bad Gandersheim zu ersehen. **E:** außer Kurverwaltung Fa. Winterhoff, Bornhardtstr. **B:** Kurgast, bei Salmonidengewässer 1 Rute, bei Mischgewässer 2 Ruten erlaubt.

Ortsteil **Buntenbock** (3392): Höhenluftkurort und Wintersportplatz mit Mittelgebirgsklima auf einer Hochfläche bei Clausthal-Zellerfeld mit vielen, einst zu Bergwerkszwecken angelegten Teichen, von Wäldern und Wiesen umgeben; Bahnstrecke bis Goslar, Busverbindung: Goslar–Clausthal-Z., Clausthal-Z.–Buntenbock (Richtung Osterode). BAB E 4, Seesen (26 km); Baden, Camping am Pixhaier Teich, Ferienwohnungen, Wander-

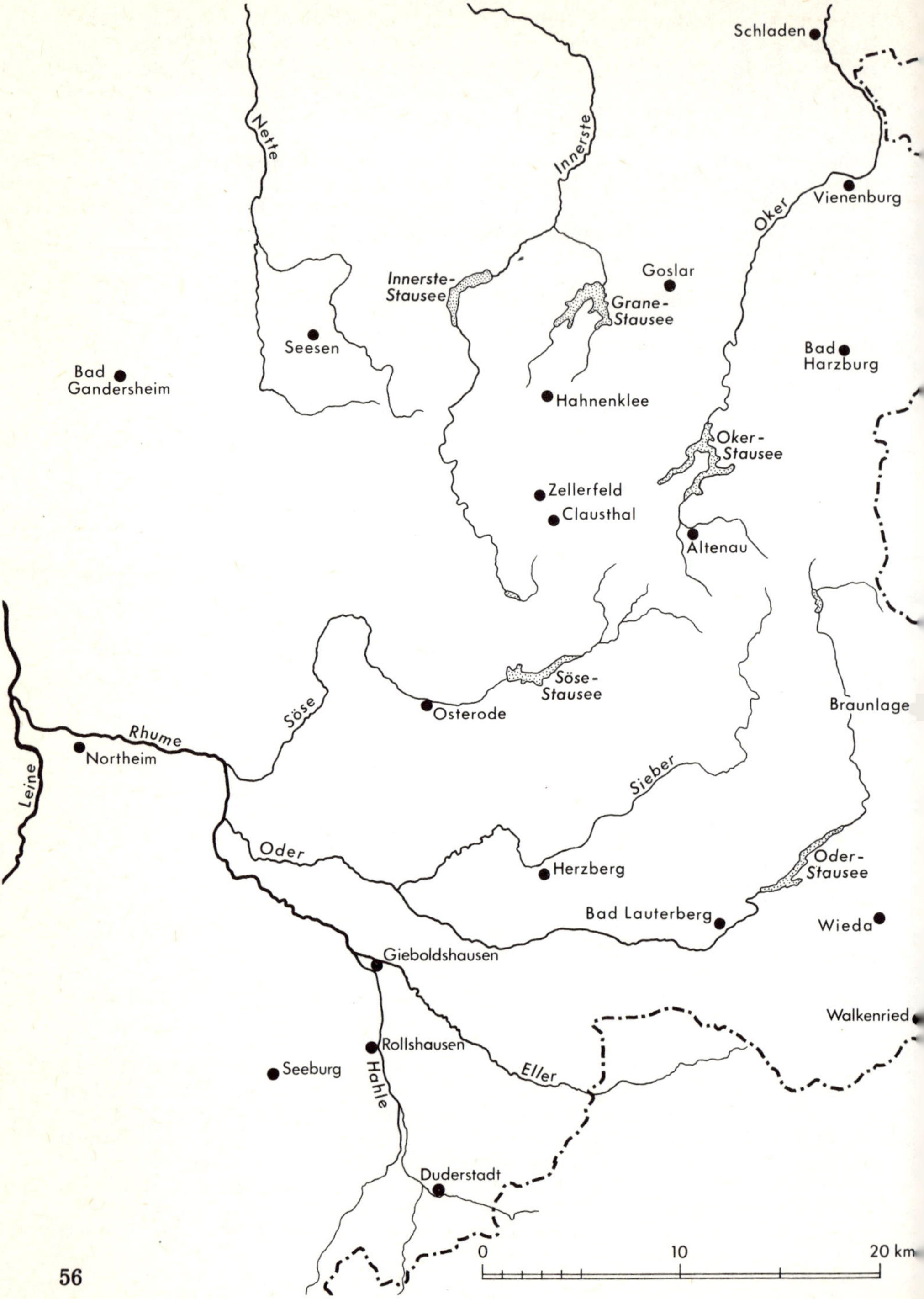
Schladen
Nette
Innerste
Vienenburg
Oker
Innerste-
Stausee
Goslar
Grane-
Stausee
Seesen
Bad
Harzburg
Bad
Gandersheim
Hahnenklee
Oker-
Stausee
Zellerfeld
Clausthal
Altenau
Söse-
Stausee
Söse
Osterode
Braunlage
Rhume
Northeim
Leine
Sieber
Oder
Herzberg
Oder-
Stausee
Bad Lauterberg
Wieda
Gieboldshausen
Walkenried
Rollshausen
Seeburg
Hahle
Eller
Duderstadt
0
10
20 km

wege. **A:** Kurgeschäftsstelle, Am Brink 5, Ruf 0 53 23/35 83. **G:** 33 Teiche sind zu beangeln, aber jeden Tag nur einen Teich. Gewässer, Gebühren und Ausgabestellen für die „**Harzangelkarte**“ siehe unter Bad Gandersheim. **S:** Für die Oberharzer Teiche liegen Clausthal-Zellerfeld und sein Ortsteil Buntenbock f. e. Angelurlaub am günstigsten, sie liegen auch ungefähr i. d. Mitte zwischen d. 5 Talsperren: Granetalsperre (Astfeld, Wolfshagen, Hahnenklee, Goslar); Innerstetalsperre (Langelsheim, Lauenthal); Okertalsperre (Schulenburg, Altenau, Clausthal-Zellerfeld); Sösetalsperre (Osterode und Riefensbeek); Odertalsperre (Bad Lauterberg). Angelkarten sind bei den eingeklammerten Kurverwaltungen erhältlich.

Duderstadt (3428): wirtschaftl. u. kultureller Mittelpunkt des Untereichsfeldes, fruchtbare Hügellandschaft zwischen Göttinger Bergland und Harz. 32 km östl. von Göttingen an der B 247 und 446, BAB E 4, Ausfahrt Nörten-Hardenberg (31 km), Göttingen (36 km). Grenzübergang Gerblingerode (1 km), Bahnstation Herzberg (20 km) der Strecken Hamburg–Harz u. Northeim–Walkenried. Busverbindungen. Hallenbad, beheiztes Freibad, Camping: „Nesselröder Warte“, Ruf 0 55 08/ 3 64; Jugendherberge, Leihpferde, Tennis. **A:** Städt. VB, Rathaus, Ruf 0 55 27/ 20 11. Schwedhelm, Bernward, Ruf 37 75. **G:** 34 verschiedene Gewässer, von 2 bis 30 Morgen Wasserfläche, davon 1/4 reine Salmonidengewässer, der Rest besteht aus Mischgewässern. Alle Gewässer liegen im Harz und dessen Vorland, um Clausthal herum. Bedingungen siehe unter Bad Gandersheim. Dort sind auch die Ausgabestellen aufgeführt. **E:** Eichsfelder-Angler-Shop, Christus-König-Weg 6, in Duderstadt. ASV Westerode e. V., Duderstadt 13.

Gieboldehausen (3416): Großgemeinde an der Rhume im bergigen Harzvorland, am Fuße des Rotenbergs; Schnittpunkt der B 27 zwischen Göttingen (27 km) und Herzberg (11 km) mit der B 247 zwischen Northeim (20 km) und Duderstadt (13 km). BAB Hannover–Kassel, Ausfahrt Northeim/West (24 km) und Göttingen (31 km). Bahnstation Wulften (8 km), Strecke Northeim–Walkenried. Hallenbad, Sauna, Camping „Oderbrücke“, an der B 27, Ruf 0 55 28/53 59; Leihpferde. **A:** Samtgemeindeverwaltung, Hahlestr. 1 (Rathaus), Ruf 10 55; **G: Hahle**, 4 bis 6 m breit. **G:** Rhume, 8 bis 10 m breit, zus. ca. 6 km. **FA:** Forelle (30 cm, pro Tag 2 Fische), Hecht (40 cm), Aal, Karpfen (35 cm), Schleie (30 cm), Weißfische. **FZ:** 1. 3. bis 31. 10. **E:** ASV Gieboldehausen, Ulrich Kellner, Birkenweg 11. **Geb:** T 7,50 DM, W 30 DM, J 100 DM. **B:** 2 Ruten, davon 1 für Raubfische, alle Köder, O.A., Sp.Prü.

Goslar (3380): bezaubernde, historische Fremdenverkehrsstadt am Nordrand des Harzes; B 6, 82, 241 und 498, BAB Hannover–Kassel, Ausfahrt Kl. Rhüden (23 km); Bahnhofsknotenpunkt. Freibad Herzberger Teich, Hallenbad, Bauernhofpensionen, Ferienwohnungen, Jugendherberge, Leihpferde, Tennis, Wandern, Talsperre, Camping „Sennhütte“, Ruf 2 24 98; **A:** Kur- u. Fremdenverkehrs-Ges. Goslar-Hahnenklee, Markt 7, Ruf 0 53 21/ 70 42 13–70 42 19. **G:** Lengder Kiesteich an der Oker vor Schladen, ca. 35 bis 40 ha. **G:** Vienenburger Kiessee, ca. 35 ha. **G:** Oker, von Vienenburg bis vor Schladen, ca. 6 km; **G:** Innerste, in der Gemarkung Groß Heere/Baddeckenstedt, ca. 4 km. **FA:** Hecht (Rekordhecht 47 Pfd.), Zander, Barsch, Karpfen (bis 8 Pfd.), Aal, Schleie, Weißfische. **Geb:** T 10 DM, W 35 DM. **B:** 2 Ruten, alle Köder, Nachtangeln erlaubt. **E:** Verein Nordharzer Sportfischer; Angelgeschäft Erhard Burkert, Astfelder Str. 2, Ruf 2 47 77, auch Köderfischverkauf; Lebensmittelgesch. Winterhoff, Bornhardstr. 18 in Clausthal-Zellerfeld; Samenhandlung Ernst Schulz, Goslarer Str. 36 in 3387 Vienenburg 1 (Köderfischabgabe); Gaststätte Deutsches Haus, Unter dem Amte, Vienenburg; Helmut Thiemann, Am Ohebach 6 (Ausgabe immer); Esso-Center, Dieter Kretschmer, Goslarer Str. (Ausgabe immer) alle in Vienenburg. Kurverwaltung 3388 Bad Harzburg. **S:** Für 33 Angelgewässer wird eine **„Harzangelkarte“** ausgegeben; Näheres siehe bei Bad Gandersheim.

Granetalsperre: 1,5 km südlich von Astfeld, 3 km westl. von Goslar. Fassungsvermögen 45 Mill. m³; verbunden mit Okertalsperre durch einen 7,4 km langen Stollen. Wassersport verboten, da Trinkwasserreservat. Schöner Wanderweg um die Sperre. Befischung nur mit amtsärztlichem Attest und „Jahreskarte“ **Geb:** Saison 150 DM. **FA:** Bachforelle, Regenbogenforelle, vereinzelt Äsche. **E:** Landessportfischerverband Niedersachsen e. V. Hannover, dort auch Ausgabe der Karten und weitere Auskünfte. **B:** Verbandsmitglied, O.A., nur Fliegenrute. **S:** Angelparadies westlich von Goslar. 33 Teiche werden mit „**Harzangelkarte**“ angeboten. Näheres unter Bad Gandersheim.

Hahnenklee, Ortsteil von 3380 Goslar 2: staatlich anerkannter heilklimatischer Kurort auf dem Oberharzer Plateau, abseits vom Durchgangsverkehr, BAB Hannover–Kassel, Ausfahrt Seesen (20 km), Bahnstation Goslar (17 km). Waldseebad am Kuttelbacher See, ca. 42 000 m² groß, Hallenbad, Bootsverleih, Jugendherberge, Ferienwohnungen, Tennis, Sommerski, Wanderwege, Camping „Am Kreuzeck“, Ruf 0 53 25/25 70. **A:** u. **E:** Kurverwaltung, Rathausstr. 16, Ruf 23 55. **G:** Kuttelbacher See. **FA:** Bach- u. Regenbogenforelle, Aal, Karpfen, Schleie, Hecht. **Geb:** T 10 DM, W 50 DM. **B:** Kurgast (Mindestaufenthalt 1 Woche); 1 Rute, alle Köder. **G:** Großer Kranicher Teich, Bedingungen wie vor. **S:** Für 33 Angelteiche im Raume Harz, wird eine „**Harzangelkarte**“ ausgegeben, deren Gebühren, Ausgabestellen und Gewässer unter Bad Gandersheim zu ersehen sind.

Herzberg (3420): Kleinstadt und Ferienort am Rande des Südharzes bei Osterode (11 km), B 243, BAB Hannover–Kassel, Ausfahrt Seesen (32 km) und Göttingen (42 km). Bahnstation an den Strecken Hamburg–Harz, Hildesheim–Herzberg und Northeim–Walkenried. Freibad am Juesweg, Bootsverleih, Camping „Silbertal“, Ferienwohnungen, Leihpferde, Tennis, Segel-Rundflüge, Wanderwege. **A:** Städt. VA, Von-Einem-Str., Ruf 0 55 21/26 61. **G:** Juessee, reizvoll umgeben von Bänken und Bäumen, ca. 10 ha, 32 m tief. **FA:** Hecht (50 cm, Schonzeit 1. 2. bis 31. 3.), Zander (35 cm, 1. 4. bis 30. 6.), Barsch, Aal, Regenbogenforelle (27 cm, 1. 11. bis 31. 3., pro Tag 3 Fische), Karpfen (38 cm, 1 Stück), Schleie (25 cm, 1. 5. bis 30. 6.), Weißfische. **FZ:** 1. 4. bis 31. 12. **E:** Stadtverwaltung, Zi. 1, Ruf 20 41; Seehotel „Juesfried“, Juesstr. 20, Ruf 23 58. **Geb:** T 6 DM, W 10 DM, 15 T 12 DM, M 20 DM. **B:** 2 Ruten, 1 Köderfischangel ohne Rolle, Angeln vom Boot aus erlaubt. **G:** Oder (Fluß), Pachtgewässer des FV Herzberg u. Umgebung. **E:** Tabakwaren- und Angelgerätegeschäft Gerh. Gärtner, Hauptstr. 41, Ruf 18 40 **FA:** Bach- und Regenbogenforelle. **Geb:** T 15 DM, W 75 DM. **B:** nur Fliege bzw. Blinker. Für 33 Angelteiche gibt es die „Harzangelkarte“, siehe Bad Gandersheim.

Innerstetalsperre: 3 km nördlich von Lauenthal an der Straße nach Langelsheim; wurde 1966 aufgestaut, 3,5 km lang, bei Vollstau ca. 150 ha groß; Fassungsvermögen 20 Mill. m³. Vielfältige Wassersportmöglichkeiten. **FA:** Bach- und Regenbogenforelle (28 cm), Barsch, starkes Vorkommen, **E:** Landesverband Niedersachsen; Kurverwaltung Lauenthal; Angelgerätegeschäft Burkert, Goslar, Astfelder Str. 3, u. a. **Geb:** T 6 DM, S 60 DM. **B:** O.A., Kurgast; 1 Rute, künstl. Köder, sonst wie Okertalsperre. Günstige Unterkunft: in Lauentahl u. Hotel Berghof, Ruf: 0 53 26/5 18, Lindenthal, Post 3394 Langelsheim (direkt am Stausee, Bootsverleih, Camping). **S:** durch Überbelastung mit Abwässern in den lezten Jahren größere Fischsterben; Angelmöglichkeiten zeitweise kaum gegeben. Eine Abwasserumleitung soll Abhilfe schaffen. Für 33 Angelteiche im Raume des Harz, wird eine „**Harzangelkarte**“ ausgegeben. Gebühren, Ausgabestellen und Gewässer sind bei Bad Gandersheim zu ersehen.

Okertalsperre: 1,5 km östlich Schulenburg; mehrarmiger und buchtenreicher Stausee, das in viele Täler greifende Staubecken faßt 47 Mill. m³ (Gewinnung von Kraftstrom). Großes Wassersportparadies. Die 230 ha große Wasserfläche ist von Schneeschmelze und Witterungsverhältnissen sehr abhängig. **FA:** Bach- und Regenbogenforelle (28 cm), vereinzelt Äsche (30 cm), Saibling, aber auch Weißfische. **FZ:** März-November. **E:** Landessportfischerverband Niedersachsen; Kurverwaltung Altenau; Gemeindeverwaltung Schulenburg; Angelfachgesch. E. Burkert, Goslar, Astfelder Str. 3 u. a. **Geb.:** T 6 DM (bei Fanglimit von 5 Fischen), 2 W 30 DM und für Kurkarteninhaber Saisonkarte 60 DM. **B:** O.A., Kurgast; 1 Rute, nur künstl. Köder, Wasserkugel mit einem künstl. Köder erlaubt (sehr erfolgreich). In der Vorsperre alle Köder. Fischen nur vom Ufer; Mitbringen von Köderfischen strengstens untersagt. **S:** Gute Fangplätze an den steilen Geröllhalden und in den Stubbenfeldern. Gewässernahe Unterkünfte: Altenau und Neu-Schulenburg sowie im Hotel Gemkenthal, direkt am Stausee. Die Fangergebnisse waren in den letzten Jahren sehr gut; empfehlenswertes Angelgewässer.

Rollshausen: (3429): eingebettet zwischen Suhle und Hahle an der B 247, zwischen Gieboldehausen (3,5 km) und Duderstadt (9 km), bis zur Grenze der DDR (12 km). BAB Kassel–Hildesheim, Ausfahrt Göttingen. **A:** ASV Westerode e. V. Duderstadt 13; Bernward Schwedhelm, Ruf 0 55 27/37 75 **G:** ehemalige Tongrube, ca. 7 Morgen, teilweise bis zu 12 m tief. **FA:** Karpfen (Fangbegr. 2 Fische), Hecht, Forelle (bis 5 Pfd.), Weißfische. **FZ:** Mai bis Oktober. **E:** Eichsfelder Angler-Shop, Christus-König-Weg 6, 3428 Dud.-Westerode. **Geb:** T 5 DM. **B:** 2 Ruten, alle Köder, kein Bootsverleih, O.A., Sp.Prü.

Schladen (3342): Samtgemeinde an der Oker im Harzvorland, an der B 4 zwischen Wolfenbüttel (16 km) und Bad Harzburg (18 km). Bahnstation an der Strecke Wolfenbüttel–Bad Harzburg. Freibad. **A:** Samtgemeindeverwaltung im Ortsteil Schladen, Bahnhofstr. 9, Ruf 0 53 35/50 21. **G:** Kiesteich der Fa. Steine und Erden, ca. 50 ha. **G:** Oker in der Gemarkung Schladen-Börssum-Dorstadt, ca. 10 km. **FA:** Hecht (bis 20 kg), Barsch (bis 2,5 kg), Karpfen (bis 30 kg), Aal (bis 2,5 kg), Regenbogenforelle (bis 2 kg), Schleie, Weißfische. **FZ:** 1. 4. bis 30. 11. **E:** Gasth. „Gala-Eck", Jahnstr. 34, Ruf 2 33. **Geb:** nur T 7,50 DM. **B:** J.Fsch., O.A., 2 Ruten, alle Köder.

Seeburg: (3401): ländliche Gemeinde im Harzvorland bei Duderstadt (11 km) am Seeburger See, an der B 446 zwischen Nörten-Hardenberg (19 km) und Duderstadt. BAB Hannover–Kassel, Ausfahrten Nörten-Hardenberg (20 km) und Göttingen (25 km). Bahnstation Wulften (15 km), Strecke Northeim–Walkenried. Freibad am Seeburger See, Wassersport, Camping, Jugendherberge, Segeln, Wandern. **A:** Gemeindeverwaltung, Seestraße, Ruf 0 55 07/3 14. **G:** Seeburger See, ca. 400 ha (Auge des Eichsfeldes), **FA:** Hecht, Zander, Barsch, Aal, Karpfen, Schleie, Weißfische. **E:** Erna Ripping, Ortsteil Bernshausen Nr. 101, Ruf 0 55 28/16 00, nach Vereinbarung. **Geb:** T 6 DM, für längere Zeit nach Übereinkommen. **B:** 2 Ruten, alle Köder.

Seesen (3370): Urlaubsort für Wanderfreunde, Ausgangspunkt für Harzrundfahrten im Schnittpunkt der B 243 zwischen Hildesheim (41 km) und Osterode (21 km), der B 248 zwischen Salzgitter (22 km) und Northeim (28 km). Einzige Harzstadt mit Autobahnanschluß (4 km). Bahnstation an den Strecken Braunschweig–Kassel, Hildesheim–Walkenried. Beheizte Freibäder, Hallenbad, Camping, Ferienwohnungen, Rundwanderwege, Trimm-dich-Pfad. **A:** Tourist-Information, Am Markt 8a, Ruf 0 53 81/34 58. **G:** Teich hinter dem Heimatmuseum; **G:** Teich im Steinway-Kurpark, 0,3 ha; **G:** Teiche bei Winkelsmühle, 1,3 ha, sowie weitere Angelmöglichkeiten in mehreren Teichen und Bächen in der Umgebung. **FA:** Forelle (28 cm), Karpfen (35 cm), Schleie (25 cm), Hecht (45 cm), Aal (45 cm). **E:** ASV Seesen, Werner Uhde, Neustadt Nr. 4; Gasth. „Winkelsmühle", Vor der Stadt 311. **Geb:** T 7,50 DM. **B:** Köder je nach Gewässer, J.Fsch. **G:** Teich im Steinway-Kurpark, **FA:** Forelle. **E:** Helmut Hartmann, Lautenthaler Str. 73, nach Vereinbarung. **Geb:** T 10 DM. (nicht an

Wochenenden und Feiertagen). **G:** Im Ortsteil Münchehof 4 Teiche im Forellenhof von Otto Kurbach, Stauffenburg, Ruf 0 53 27/42 42.

Vienenburg (3387): im leicht bergigen nördlichen Vorharzland am Südhang des 256 m hohen Harly, eines kleinen Bergrückens; Teiche und Flüsse bieten Anglern willkommene Urlaubsgelegenheiten; an der B 4 zwischen Braunschweig (38 km) und Braunlage (31 km). BAB Hannover–Kassel, Ausfahrt Kl. Rhüden (34 km). Bahnstation, Busverbindungen, beheiztes Freibad, Tennis, Wanderwege, Ferienwohnungen. **A:** Stadtverwaltung, Goslarer Str. 9, Ruf 0 53 24/10 21. **G:** Vienburger See, über B 4, Harz-Heide-Straße; ca. 35 ha groß; **FA:** Hecht (50 cm, kapitale Exemplare), Zander (50 cm), Barsch, Aal, Karpfen (40 cm), Schleie (28 cm), Forelle (28 cm), Weißfische. Fangbegrenzung: 2 Hechte, Zander oder Karpfen. Besondere Fänge: Hecht über 30 Pfund, Karpfen über 21 Pfund. Aal über 6 Pfund. **E:** Esso-Station, Goslarer Str. 8; Gaststätte „Deutsches Haus“, Unter dem Amte 2; Samengeschäft E. Schulz, Goslarer Str. 36; Helmut Thiemann, Am Ohebach 5 in Lengde; Motel „Brümmer“ 3341 Dorstadt; Angelgeschäft Burkert, Astfelder Str. 3 in 338 Goslar. **Geb:** T 10 DM, W 35 DM. **G:** Oker, vom See bis zur Gemarkungsgrenze Schladen, ca. 8 km, durchschnittlich 10 m breit. **FA:** Hecht (bis 5 kg), Barsch, Aal, vereinzelt Forelle, Schleie, Weißfische. **G:** Lengder Kiesteich, **FA:** Aal, Karpfen, Schleie, Weißfische. Gebühren und Ausgabestellen für Erlaubnisscheine für alle 3 Gewässer gleich. **B:** 2 Ruten, alle Köder erlaubt.

Walkenried (3425): Am Südhang des Harzes, in einer an Naturschönheiten reichen und vielgestaltigen Landschaft. 23 km südlich von Braunlage, Bahnstation an der Strecke Northeim–Walkenried. Waldfreibad, Ferienwohungen, Naturschutzgebiete, Wanderwege. **A:** Kurverwaltung, Steinweg 4, Ruf 0 55 25/3 57. **G:** Priorteich, 7,48 ha. **FA:** Forelle, Karpfen. **Geb:** T 15 DM, W 75 DM. **G:** Röseteich, 3,21 ha. **G:** Unterer Höllteich, 1,94 ha. **G:** Andreasteich, 4,88 ha. **G:** Eckteich, 1,33 ha; **G:** Hirseteich, 3,59 ha. **FA:** Hecht (Schonzeit 1. 1. bis 30. 4.), Regenbogenforelle (1. 11. bis 15. 3.), Karpfen (1. 5. bis 30. 6.), Schleie (1. 5. bis 30. 6.). Rotaugen und Barsch. **Geb:** T 10 DM, W 50 DM. **B:** 2 Ruten, Forellenfang nur mit Blinker und Fliege; Fangbegrenzung: insgesamt nur 3 Fische tägl., Weißfische unbeschränkt.

Wieda (3426): Luftkurort nordöstlich von Bad Sachsa, von Almwiesen umrahmt, ringsum Berge mit herrlichen Mischwäldern; Bahnstation ist Walkenried (3 km) an der Strecke Hamburg–Harz und Northeim–Walkenried. Anfahrt über B 4. Busverbindungen, beheiztes Freibad, Hallenbad, Camping, Tennis, Wandern. **A:** Kurbetriebsgesllschaft, Langestr. 46, Ruf 0 55 86/3 11. **G: Wieda**, 2 km langes Flußteilstück. **FA:** Bach- u. Regenbogenforelle (20 cm, 5 Stück pro Tag). **FZ:** 1. 5. bis 15. 9. **E:** Kurverwaltung. **Geb:** T 5 DM , W 20 DM. **B:** J.Fsch., 1 Rute, alle Köder.

Zwischen Elbe und Weser

Bederkesa (2852): staatlich anerkannter Erholungsort am gleichnamigen See, im Schnittpunkt der L 117/119 zwischen den Mündungsgebieten von Elbe und Weser. Bahnbusverbindung mit Bremerhaven (25 km); jeglicher Wassersport, Seerundfahrten, Reiten, Tennis, Hallenbad, Freibad, Camping. **A:** VA, Seebeckstr. 7, Ruf 0 47 45/2 23 u. ASV Bederkesa e. V., 1. Vors. R. Metscher, Berghorn 4 (Opel-Dienst) **G:** Geeste-Elbe-Kanal (Schifffahrtsweg Elbe-Weser) von Lintiger Schleuse bis Pumpwerk Holzurburger Wald, ca. 4 km; **G:** Bederkesaer See, ca. 250 ha. **FA:** Hecht, Zander, Karpfen, Barsch, Aal, Schleie u. Weißfische. **E:** für den See: VA, Seebeckstr. 7 nur für den Kanal: Reinhold Metscher, Berghorn 4. **Geb:** See: T 3,50 DM, W 15 DM, 2 W 25 DM, M 50 DM. Kanal: T 4 DM, 3 T 10 DM, 7 bis 14 T 18 DM. Jugendliche bis 16 Jahre 50 % Ermäßigung. Zusammenhängender Urlaub 35,– DM. **B:** Feriengäste; Kanal: 2

Ruten für Friedfisch, 1 Rute für Raubfischfang; See: 2 Ruten, alle Köder, im See Blinkern verboten.

Bremen (2800): Freie und Hansestadt, großer Seehafen. Verkehrsknotenpunkt, Flugplatz; 7 Hallenschwimmbäder, 7 beheizte Freibäder, Weserstadion, jeglicher Wassersport. **A:** VV, Bahnhofplatz 29, Ruf 04 21/32 12 12 und Tourist-Information gegenüber Hauptbahnhof. **G:** „Unterweser", vom Wehr in Hastedt stromabwärts bis Einmündung der Lesum bei Vegesack; **G:** „Kleine Weser" (Nebenarm) und Lesum (Bremer Seite) unterliegen den Gezeiten. **FA:** Hecht, Zander, Barsch, Aal u. a. Weißfische. **B:** J.Fsch. **G:** Oberwesergebiet, von km 335,5 (oberhalb der Fähre Hagen-Grinden) bis zur Grenze mit dem Freistaat Bremen, rechte Seite km 361,7, linke Seite km 359,5 und den dazugehörenden Nebengewässern. **G:** Ochtum, einige seenartige Erweiterungen von der Landstraße Kirchweyhe-Dreye bis Stuhrer Graben. **G:** Wümmegebiet, rechter Nebenfluß der Weser von Hexenberg/Wietengraben bis Kropps Wasseruhr/Würden an beiden Seiten, ca. 12 km, durchschnittlich 30 m breit; außerdem Wörpe von Heidelberg bis Lilienthal; Große Brake in Niederbühren und Wallgräben. Vahrer See. **FA:** Raub- und Friedfische, Schonzeiten und Mindestmaße auf dem Erlaubnisschein ersichtlich. **E:** Angelsportzentrale Heinrich Becker, Balgebrückstr. 8, Domsheide, Ruf 2 84 09; Geschäftsstelle des SFV Bremen e. V., Taubenstraße 11. **Geb:** pro Gewässer W 10 DM. **B:** O.A., Sp.Prü., 3 Ruten an Weser, Wümme/Wörpe, Brake, Ochtum; 2 Ruten an Werdersee, Wallgräben, Piepe, Vahrer See; 1 Senke nur für Weser, Wümme/Wörpe, Brake u. Ochtum.

Bremerhaven (2850): 65 km nördlich von Bremen an der 1800 m breiten Wesermündung; Überseeverkehr, Bahnhof am Meer, Bundesbahn von Hamburg, Bremen, Stade und Cuxhaven. Busverkehr, Schiffsausflüge nach Helgoland, Führungen durch den Fischereihafen, jeglicher Wassersport, Hallen- und Strandbad, Tennis, Reiten, Camping. **A:** Städt. VA, Friedrich-Ebert-Str. 58, Ruf 04 71/2 17 80. **G:** Teilstrecke der Lune, zwischen Nesser-Siel an der B 6 und Stotel-Nesse, ca. 1,5 km. Lune im Stadtgebiet von der Schleuse am Neuen Lunesiel bis Sperrdamm, ca. 1 km. **FA:** Hecht, Zander, Aal, Barsch, Karpfen, Weißfische. **E:** ASV Bremerhaven; A. Hippe, Bremerhaven-G., Johannesstr. 4, Ruf 3 24 87; Angelgeräte, Claus Behrens, Elbestr. 34, **Geb:** T 5 DM, W 15 DM. **B:** 3 Ruten, alle Köder. **G:** **Geeste**, ca. 15 km, 6 bis 8 m breit. **FA:** Raub- und Friedfische. **E:** ASV „Unterweser", Geschäftsstelle Dresdner Str. 25, Bremerhaven-M., nach Vereinbarung. **Geb:** T 5 DM.

Bremervörde (2140): Stadt zwischen Unterweser und Unterelbe und Zentrum des Vörder Landes; Bahnverbindungen mit Hamburg über Stade, Bremerhaven oder Bremen; B 71 und B 74; Wassersport auf der Oste, Hallenbad, Freibad, Segelfliegen, Urlaub auf dem Bauernhof. **A:** Städt. VA u. VV. **G:** Obere Oste von der Sprekkenser Grenze bis zum Wehr, ca. 5 km. **G:** Untere Oste vom Wehr bis zur Schiffstelle in Niederrechtenhausen, ca. 5 km. Breite der Oste 20 bis 40 m. Dazu die mit der Oste verbundenen Kolke. **FA:** Hecht (Mindestmaß 50 cm, Schonzeit 1. 1. bis 30. 4.), Zander (40 cm, 1. 3. bis 15. 5.), Barsch (15 cm), Lachs (60 cm, 1. 10. bis 28. 2.), Meerforelle (40 cm, wie Lachs), Bachforelle (30 cm, wie Lachs), Regenbogenforelle (30 cm, 1. 1. bis 30. 4.), Äsche (30 cm, 1. 2. bis 30. 4.), Karpfen (40 cm), Schleie (25 cm), Döbel (25 cm), Aland (30 cm), Nase (20 cm) u. a. Weißfische. Für alle Cypriniden Schonzeit vom 1. 3. bis 30. 4.; außer für Hecht gelten alle Schonzeiten für Obere Oste. Fangbegrenzung: 1 Karpfen je Angeltag, sonst keine Auflagen. **FZ:** das ganze Jahr. **E:** VV „Vörder Land", Rathaus; Sportgeschäft Heins, Quarrenburger Str.; Gastwirt Lüw Quell in Niederrechtenhausen. **Geb:** T 5 DM, WE 10 DM (v. Freit. 15 Uhr bis Sonnt. 24 Uhr), W 20 DM, 14 T 30 DM. **B:** Sp.Prü., alle Köder, Obere Oste 3 Ruten, untere Oste 4 Ruten. In Oberer Oste v. d. 3 Angeln nur 1 für Hecht. **S:** weitere Auskünfte FSV Bremervörde e. V., Kleine Brunsburg 5.

Dorum (2853): Erholungsort an der B 6 zwischen Bremerhaven und Cuxhaven; gleiche Bahnstrecke; Mittelpunkt des Landes Wursten, an der Grenze von Marsch und Geest. Beheiztes Meerwasser-Wellenfreibad, Wattwanderungen, Reiten, Kutschfahrten, Naturbadestrand, Camping. **A:** Kurverwaltung, Westerbüttel 13, Ruf 0 47 42/10 11. **G:** Wasserlöse, ca. 4 km und 5–7 m breit; 2 Teiche. **FA:** Hecht, Barsch, Aal, Karpfen, Schleie, Döbel, Aland u. a. Weißfische. **FZ:** 1. 5. bis 31. 10. **E:** ASV „Petri Heil", nach Vereinbarung; VV im Rathaus; H. Schade, Gasth. „Deutsches Haus" und W. Busch, Königsberger Str. 9 in Dorum; H. Grute, Pension Dormertief. **Geb:** T 3 DM, S 25 DM. **B:** 2 Ruten, alle Köder.

Hagen (2851): Ort an der Grenze von Marsch und Geest, inmitten von Wäldern, Heide und Moor, Naturschutzgebiete, 24 km südlich von Bremerhaven, in der Nähe B 6; BAB-Ausfahrt. Urlaub auf dem Bauernhof, Reiten, Spiel- und Sportstätten, beheiztes Hallenfreibad mit Cafeteria, Tennisplätze, Tanzpalast, Wanderwegenetz. **A:** Samtgemeindeverwaltung, Amtsplatz 1, Ruf 0 47 46/60 01. **G:** Drepte, von Hagen bis Sandstedt, ca. 7,5 km, 5–7 m breit; 2 Teiche in Hoope; 1 Teich in Rechtebe; 1 Teich zwischen Sandstedt und Rechtenfleth und 1 Teich in Hagen. Weser in 9 km Entfernung. **FA:** Hecht (50 cm), Zander (45 cm), Schleie (18 cm), Karpfen (35 cm), Weißfische frei. **E:** ASV Hagen; nach Vereinbarung Gasth. Herbert Funke, Amtsdamm; Hotel „Auf dem Keller"; Theodor Dresen, Birkenweg 17; Fredi Hüllen, Feldstr. 8; Gemeindeverwaltung. **Geb:** T 5 DM, W 20 DM, M 30 DM. **B:** 2 Ruten, alle Köder, Kurgast. Weitere Angelmöglichkeiten in Fließ- und Teichgewässern des ASV Uthede.

Nordholz (2851): von Bremerhaven 32 km entfernt; bis zur Nordsee (Spieka-Neufeld 3 km), Anfahrt über B 6. **A:** Gemeindeverwaltung und ASC Nordholz, Schriftführer Knud-Eggert Reher, An der Bahn 5; **G:** Spiekaer-Wasserlöse mit Wallgraben und Durchstich, ca. 7 km lang und 4–8 m breit; 2 km Kanal, von Dehne Cappelneufeld bis Brücke Allers, als fließende, von den Gezeiten abhängige Fischwasser sowie der Kajedeich, ca. 800 m lang u. 10–18 m breit. **FA:** Karpfen (E 45 cm), Forelle (E 25 cm), Zander (E 40 cm), Schleie (E 25 cm), Aal, Weißfische. E = Edelfische pro Tag und Gewässer nicht mehr als 2 Fische gleicher Art. Rotaugen bis 800 g, Brassen von 2–4 kg. **FZ:** Hecht und Zander ab 1. 5., alle anderen Fische ganzjährig. **E:** ASC Nordholz; Simon, Grüner Weg 32; Berenscher Hof, Berensch; Gasth. Frey, Mühlenstr.; Pension Eymers, Spieka Neufeld; Dehne, Cappel-Neufeld; Gasth. Romeike, Dorumer Tief. **Geb:** T 5 DM, WE 10 DM, W 20 DM, 2 W 30 DM. **B:** alle gesetzlich erlaubten Köder, 2 Ruten mit je einem Angelhaken, aber nur 1 Rute auf Raubfisch, Landegerät ist Vorschrift. Angelgeschäft am Ort.

Oberndorf an der Oste (2171): Erholungsort, Anfahrt über B 73 aus dem Raum Hamburg, über B 495 (Hansalinie), aus dem westdeutschen Raum; Bahnstation ist Wingst (Strecke Hamburg–Cuxhaven); Wassersport. **A:** FVV, Ruf 0 47 72/3 02. **G:** Oste, ca. 80 m breit; Fleete und Teiche. **FA:** Aal, Zander, Hecht, Barsch u. a. Weißfische. **E:** Gemeindebüro Oberndorf. **Geb:** S 15 DM. **B:** 2 km flußabwärts beginnt das freie Küstengewässer (nur J.Fsch. erforderlich). **S:** Angelgeräte in der Gemischtwarenhandlung G. Drechsel, bei der Kirche 3.

Osten an der Oste (2176): Erholungsort und Angelzentrum im Niederelberaum, unmittelbar an der B 495 und nur 1 km von der B 73 entfernt; Marschlandschaft mit großen Obsthöfen; Wassersport, Bootsverleih, Heidestrandbad in Hemmoor–Basbeck (2 km); Tennis, Reiten, Urlaub auf dem Bauernhofe. Herrlicher Sandstrand an der Insel „Krautsand". **A:** FVV, Ruf 0 47 71/24 51, Gemeindeverwaltung, Hinter den Höfen 1, Ruf 24 52, nach Dienstschluß 25 40 u. 25 41. **G:** Untere Oste (Pachtgewässer des Landesverbandes Hamburg), von km 43,4 (ehem. Handkahnfähre Kleinwöhrden), auf der ganzen Breite bis km 65,52 (Moorstricher Schleuse), von da bis km 66,72 (Seeschleuse) am rechten Ufer bis zur Flußmitte, außerdem von der Eisenbahnbrücke in Hechthausen bis Camping Geesthof in Klint, durchschnittlich 80 m breit, viele Krümmungen, starke Strömung; 2 km flußabwärts von Oberndorf beginnt das freie Küstengewässer (nur J.Fsch. erforderlich) **FA:** Hecht (50 cm), Zander (40 cm), Barsch, Aal (35 cm), Meerforelle (45 cm), Regenbogenforelle (35 cm), Rutte, Rapfen, Aland u. a. Weißfische. **FZ:** ganzjährig. Schonzeit für Hecht und Zander vom 16. 1 bis 30. 4. **E:** Gemeinden an der Oste; Horst Ahlf, „Fährkrug", Ruf 23 38. „Stechmanns Gasth.", 2161 Großenwörden. **Geb:** J 15 DM. **B:** O.A., Feriengäste; 3 Ruten, alle Köder, Schleppangeln ist verboten. **S:** für Dove – Gose – Elbe – Alte Süderelbe und Baggersee Overhaken, ca. 60 ha, gibt es Gastkarten bei den Ausgabestellen des LV Hamburg. Nachfolgend einige Pachtgewässer des SFV „Oste" e. V.; Osten: **See** „Heidestrandbad" „in Hemmoor-Basbeck, ca. 1,75 ha, Anfahrt von Osten: Basbeck-Bundesstr. 73 überqueren „Parken" am Hallenbad, kurzer Weg zum Gewässer. **FA:** Hecht, Zander, Barsch, Aal, Karpfen, Schleie, Regenbogenforelle u. Weißfische. Ziegelkampsee in Hemmoor-Basbeck, ca. 1 ha, Anfahrt wie vor, weiter bis zum Bahnhof Basbeck – links, entlang bis zum Bahnübergang – dann auf der anderen Seite rechts zurück bis zum Gewässer. **FA:** Hecht, Aal, Karpfen, Schleie, Grasfisch, Regenbogenforelle, Weißfische. **G:** Zwillingsgraben in Hemmoor-Warstade, ca. 1,5 km, **FA:** Hecht, Barsch, Aal, Schleie u. Weißfische. **G:** Wahlenfleth Osten, ca. 5 km (Moorkanal). **FA:** Karpfen, Hecht, Schleie, Weißfische. **G:** Achthöfener Fleth Osten, wie Dorffleth. **G: See** bei Dreyer/Süderdeich, ca. 1,75 ha. **FA:** wie vor. **G:** See bei Bleicher/Süderdeich, ca. 1 ha. **FA:** Hecht, Barsch, Aal, Karpfen, Schleie u. Weißfische. **E:** wie vor: Horst Ahlf, Osten. Geschäftsstelle des SFV „Oste". Wolfgang Matthies, Jahnstr. 12, Ruf 33 23; **Geb:** je Gewässer T 4 DM, W 18 DM. (außer Hadelner Kanal), jede Woche Verlängerung 6 DM. **B:** Mindestmaße und Schonzeiten auf „Merkblatt für Gäste" beachten. 3 Ruten mit je 1 Angelhaken; Köder beliebig, Anfüttern in kleinen Mengen (bis 5 l Naßfutter) erlaubt, Fischhälterung nur in Garnkeschern. Nur 2 Fische gleicher Art pro Gewässer in der Woche. Fangbeschränkung: Sonderregelung für Schleie, 4 Stück pro Woche aus allen Gewässern zusammen. **G:** Hadelner Kanal, von Brükke „Hadelner Baum" (B 73) bis Schöpfwerk Lehe, ca. 25 km. **FA:** Raub- und Friedfische. Gewässer der Pachtgemeinschaft ASV Cuxhaven/Land Hadeln und SFV „Oste"; siehe auch Otterndorf. **S:** Angelzubehör und Köderfische im Kaufhaus W. A. Lohse, Lange Str. 26 und Fachgesch. J. Brunswig, Ritterstr. 5 in Stade. Fa. Goos, Hemmoor.

Osterholz-Scharmbeck (2860): Stadt nördlich von Bremen, östlich der Unterweser am Teufelsmoor; Bahnstrecken Bremen, Bremerhaven und Bremervörde; B 6 und B 74, BAB Bremen – Industriehafen (9 km); Wassersport, Kunsthandwerk, Wandern im Teufelsmoor, Tennisanlagen, beheiztes Freibad, 18-Löcher-Golfplatz, Camping. **A:** Verkehrsverband, Hohetorstr. 1, Ruf 0 47 91/21 61. **G:** Hamme von Viehspecken bis zur Gemarkungsgrenze Teufelsmoor, Länge etwa 5 km, Breite 10 m. **FA:** Aal, Aland, Barsch, Brassen, Güster, Hecht, Karpfen, Plötze, Schleie, Zander. **FZ:** ganzjährig. **E:** Gaststätte Viehspecken, Inh. Rudolf Dirks in Vollersode. **Geb:** T 3 DM, W 15 DM, 2 W 30 DM, S 40 DM. **B:** kein Bootsverleih, aber beste Erfolge vom eigenen Boot aus. Alle Köder, keine Frösche, 3 Ruten, davon 2 Raubfischangeln. **S:** weitere Auskünfte SAV „He bit", Wallhöfen 20, 2864 Vollersode. **A:** SAV „hool ruut" Pennigbüttel e. V., Heimstr. 2, Ruf 21 61; **G:** Beeke, vom Speckgraben bis zum Görtegraben u. Neuer Fangstaken. Ges.-Länge ca. 3,5 km, Breite 8 m u. 6 m; **FA:** Hecht u. Zander (Durchschnittsgew. 3–5 Pfd.). Barsch, Aal, Karpfen, Brassen, Schleie, Weißfische. **FZ:** ganzjährig, Schonzeiten für Hecht (1. 1. bis 30. 4.), Zander (1. 3. bis 31. 5). **E:** 1. Vors. M. Brünjes vom SAV „hool ruut". **Geb:** T 5 DM, M 20 DM, J 40 DM. **B:** Köder beliebig, 3 Friedfisch- und 2 Raubfischangeln.

Syke (2818): Ausflugs- und Erholungsort in waldreicher Umgebung im Hachetal, 20 km südlich von Bremen an der B 6; BAB E 3, Ausfahrt Bremen/Brinkum (9 km). Hallen- und Freischwimmbad, Tennis. **A:** Stadtverwaltung, Herrlichkeit 6, Ruf 0 42 42/40 11. **G:** Hache in Barrien. **FA:** Aal, Karpfen, Schleie, Weißfische. **E:** Stadtverwaltung.

Wingst/Dobrock (2177): ruhiges Erholungsgebiet in dem ausgedehnten Waldgebiet des Dobrock, geschlossene Waldfläche, Naturschutzgebiet; 30 km markierte Wanderwege, modernes Hallen- und Freibad, Freizeitanlage am Balksee (Bootsverleih), Reiten, Tennis, Wassersport. Bahnstation ist Wingst der Strecke Hamburg–Cuxhaven, B 73; **A:** FVB, Hasenbeckallee, Ruf 0 47 78/3 12. **G:** Oste, von der Einmündung in die Elbe bis zur nördlichen Grenze der Feldmark Oberndorf/Oste. **G:** Oste, von der nördl. Grenze der Feldmark Oberndorf bis zur ehem. Fähre in Kleinwörden. **G:** Ostesee, ganze Wasserfläche ca. 25 ha. Für diese 3 Gewässer: **FA:** Aal, Barsch, Zander, Aland, Quappe, Rapfen, Weißfische. **Geb:** T 15 DM. **E:** Büro der Samtgemeinde Am Dobrock in Cadenberge und in den Nebenstellen, der Gemeinden Belum, Geversdorf, Neuhaus, Oberndorf und Wingst. **B:** J.Fsch., 2 Ruten, alle Köder. **G:** Aue, ca. 1,5 km, von der Osteschleuse bis zur Brücke in Bülsdorf. **G:** Bülkauer Kanal, ca. 2 km, von der Osteschleuse bis 500 m hinter der Brücke in Uhlenkamp. **G:** Angelteiche in Neuhaus am Ostedeich (ganze Fläche). **FA:** Aal, Barsch, Aland, Weißfische, in den Teichen Karpfen. **Geb:** T 4 DM, W 15 DM, M 30 DM. **E:** Funk, Karl-Heinz, Bahnhofstr. 41 in Neuhaus, Ruf 0 47 52/4 43; Schröder, Hans-Wilhelm, Poststr. 15, Ruf 3 54; Hotel Ramm, Stader Str. 10, Ruf 3 50; Shell-Tankstelle, Bürgerpark 4, Ruf 5 11, alle in Neuhaus. Lührs, Ronald, Hauptstr. 89 in Belum, Ruf 4 08; Laurus, Heinrich, Cuxhavener Str. 2a in Cadenberge, Ruf 0 47 77/3 56; Hotel Eylmann, ebendort, Bergstr. 5, Ruf 2 21; Alfred Karsten, Bergstr. 4, Ruf 2 47; Knaus Camping, Schwimmbadallee 4 in Wingst, Ruf 0 47 78/70 44; FVB, Hasenbeckallee 1, Wingst, Ruf 3 21. **G:** Bülkauer Kanal, ca. 2 km, von der Brücke der Anglerstr. in Wingst bis 300 m vor dem Balksee (Hof Pape). **FA:** Aal, Barsch, Zander, Quappe, Weißfische. **Geb:** T 4 DM, W 15 DM, M 30 DM. **E:** Büro der Samtgemeinde in Cadenberge, Am Markt 1, und im FVB Wingst. **B:** J.Fsch. 2 Ruten. **G:** Balksee: von der B 73 bis Hemmoor, Reiten, Camping. Urlaub für Naturfreunde lohnend. **A:** FVV Wingst/Dobrock, Ruf 3 12. Besitzer: Christian Werth, am Strandbad 46, 2 Hamburg 70, Ruf 0 40/6 93 57 45. **FA:** Aal, Barsch, Quappe, Zander, Weißfische. **Geb:** T 6 DM, W 35 DM, J 250 DM. **E:** FVB Wingst; Fischermeister Otto Hinze, Anglerstr. 2. Hier Boote, Erlaubnisscheine, Ratschläge. **B:** 2 Ruten, alle Köder, Fangbegrenzung 12 Pfund pro Tag, kein Nachtangeln. **S:** Teilbereichskarten bei Bootsverleih Friemelt, Freizeitanlage, Ruf 0 47 77/5 89.

Weser-Ems-Gebiet

Aurich (2960): Kreisstadt und Sitz der Bezirksregierung für Ostfriesland. B 72 und B 210 (Schnittpunkt), Bahnhof der Strekke Emden–Aurich; modernes Hallenbad, beheiztes Freibad mit Wärmehalle, Tennis, Reiten. **A:** Kreisverkehrsverein, Verkehrspavillon am Pferdemarkt, Ruf 0 49 41/31 80 u. 44 64. **G:** zahlreiche Gewässer im Umkreis von 20 km, von neuem Landkanal bis zur Krummhörn. **FA:** Hecht, Zander, Aal, Karpfen, Schleie, Weißfische. **E:** Bezirksfischerverein für Ostfriesland, Haus an der Verbindungsschleuse in 2970 Emden, Ruf 0 49 21/2 55 75; Obmann des FVd für Aurich, Hermann Carstens, Albert-Schweitzer-Ring 40, Aurich, Ruf 36 19. **Geb:** T 5 DM, W 25 DM, M 50 DM.

Barnstorf (2847): Sommerfrische und kultureller, wirtschaftlicher Mittelpunkt bei Diepholz (15 km), Bahnstrecke Osnabrück–Bremen, B 51. Landschaftsschutzgebiet, beheiztes Waldschwimmbad, Hallenbad, med. Bad mit Sauna, Tennis,

Reiten. **A:** Samtgemeindeverwaltung, Schlingstr. 22, Ruf 0 54 42/6 33. **G:** Hunte, von der Eisenbahnbrücke Cornau bis zur Grenze des Kreises Hoya bzw. Oldenburg, ca. 20 km. **G:** Aue, unterhalb Brükke Donstorf, Strecke Düste-Eydelstedter Holz, ca. 5 km. **G:** Großes Meer in Holte, flaches Gewässer, ca. 16,5 ha, überwiegend stark verschilfte und verlandete Uferzonen (Angeln nur vom Boot aus möglich). **FA:** Hecht (50 cm), Barsch, Aal, Karpfen (30 cm), Schleie (20 cm) und Weißfische. **FZ:** 1. 5. bis 31. 10. **E:** FV Barnstorf, Ernst Pinnekamp, Sport- und Angelgeräte, Lange Str. 9, Ruf 4 95. **Geb:** für Hunte und Aue: T 5 DM, W 20 DM; für See: T 10 DM, mit Boot. **B:** O.A., Sp.Prü., 3 Ruten, alle Köder; im See 3 Ruten, davon 1 Hechtsetzangel oder 1 Spinnangel. **S:** Anlegesteg und 6 Vereinsboote für Gäste vorhanden.

Brake (2880): Fremdenverkehrsstadt an der Unterweser, Bahnstrecke Hude–Blexen und von Oldenburg, Anfahrt über B 69, 75, 211 und 212; Wassersport, Natur-Strandbad an der Weser, Sportzentrum mit großem Hallen- und Freibad, Camping auf der Weserinsel, Schiffahrtsmuseum der oldenburgischen Weserhäfen.

A: Stadtverwaltung, Schrabberdeich 1; **G:** Binnenhafen, ca. 4 ha; Braker, Klippkanner und 2 Teilstücke Käseburger Siel, insgesamt 20 km, durchschnittlich 10 m breit, 2 Teiche ca. 3 ha. **FA:** Hecht, Barsch, Zander, Aal, Karpfen, Schleie und Weißfische. **FZ:** April – Oktober. **E:** SFV Brake e. V., Gert Rosenbohm, Amselstr. 15. **Geb:** für die Teiche: T 10 DM, alle anderen Gewässer: T 5 DM, W 15 DM, M 35 DM, J 80 DM. **B:** O.A., Sp.Prü. 3 Ruten (1 Raubfisch-, 2 Friedfischangeln), in den Teichen 2 Ruten. Alle Köder erlaubt.

Carolinensiel-Harlesiel (2944): Nordseeküstenbadeort der Stadt Wittmund (14 km). Autoanfahrt: bis Wittmund B 210, dann B 461; Bahnverbindungen mit Jever, Busverbindungen. Camping am Wattenmeer, beheiztes Seewasserbecken, Jachthafen, Bootsverleih in Altfunnixsiel. **A:** Nordseeküstenbadeort Harlesiel GbmH der Stadt Wittmund, Carolinensiel, Am Hafen West 2, Ruf 0 44 64/3 09. **G:** Harle, rd. 30 m breit, vom Ortsteil Friedrichsschleuse bis Bermuder Leide, ca. 10 km. **FA:** Aal, Karpfen, Schleie, Hecht, Weißfische. **FZ:** Mai bis Oktober. **E:** SFV Jever e. V., Hermann-Str. 6, 2942 Jever; Herr Alexander Michels und die unter **A:** genannte Auskunftsstelle. **Geb:** T 4 DM, 7 T 20 DM, 14 T 35 DM. Gewässerkarte 3 DM. **B:** Sp.Prü., Boote nur im Ortsteil Altfunnixsiel; alle Köder, bis zu 5 Ruten. **S:** zahlreiche Angelmöglichkeiten in der Umgebung; von Ferienwohnungen bis zum Angelgewässer nur wenige hundert Meter; (Angelmöglichkeiten siehe Jever und Umgebung und „Organisierte Hochsee-Fangfahrten“).

Detern-Stickhausen (2919): Erholungsgebiet Leda-Jümme, im ostfriesischen Küstenraum. Unberührte, urwüchsige Hammrich- (Weide-) und Moorlandschaft. Gesunde Gewässer, sauerstoffhaltige Nordseeluft, kein Ferienrummel. Sport- und Hochseeangeln, Wasserwandern, Wanderwegenetz, vielseitige Tierwelt, Naturbadestrand. BAB-Ausfahrt Cloppenburg; B 72 und B 75; Bahnstrecke Bremen–Oldenburg–Leer, Station Stickhausen-Velde. **A:** FVV 2919 Stickhausen, Ruf 0 49 57/7 11. **G:** Leda, Jümme, Aper Tief, Nord- und Südgeorgsfehnkanal-Fließgewässer mit Ebbe und Flut, ca. 45 km. Kolke, Teiche, Jümme-Altarme (stehende Gewässer), ca. 170 ha. **FA:** Hecht, Zander, Forelle, Barsch, Aal, Schleie, Karpfen, Weißfische; besondere Fänge: Hecht 23 Pfd., Zander 16 Pfd., Aal 6 Pfd., Barsch 7 Pfd. **FZ:** März bis Dezember. **E:** FVV, Burgstr. 44, Ruf 7 11. **Geb:** W 15 DM, 2 W 20 DM, M 25 DM. **S:** Angelgeräte, Köderfische, Maden und Würmer im Angebot: Eisenwaren H. Müller; Fa. Barth in Detern.

Diepholz (2840): umgeben von weiter Moorlandschaft, 8 km nördlich vom Dümmer See. Verkehrsspinne der Straßen B 51, B 214 und B 69. Bahnstrecke Osnabrück–Diepholz–Bremen. **A:** SFV Diepholz e. V. **G:** Hunte, ca. 18 km. **G:** Lohne, ca. 9 km. **FA:** Hecht, Zander, Barsch, Aal, Schleie, Karpfen, Weißfische. **E:** Friedrich Kemper, Angelgeräte, Steinstr. 19, Ruf 0 54 41/33 29. **Geb:** T 5 DM, W 15 DM, M 30 DM, J 70 DM. **B:** O.A., Sp.Prü., 2 Ruten, alle Köder.

Dörpen (2992): 10 km südlich von Papenburg. Ortsteil Aschendorf; westlich der Einmündung B 401 in die B 70. **A:** Gemeindeverwaltung. **G:** Dortmund-Ems-Kanal, 6 km lang, 40 m breit; Seitenkanal, 2 km, 50 m breit, nicht schiffbar; Wendehafen 300 mal 200 m, nicht schiffbar. **FA:** Hecht (50 cm, 1. 1. bis 15. 4.), Fänge von 3–18 Pfd., Zander (45 cm, Fänge von 3–9 Pfd.), Barsch, Aal, Karpfen (38 cm), Döbel, u. a. Weißfische. **E:** ASV Dörpen, 1. Vors. Gerhard Westhus, Anglerklause, Dörpen-Heeder-Str. 66, Ruf 0 49 63/17 51. **Geb:** T 3 DM, W 12 DM, J 50 DM. **B:** Sp.Prü. Voraussetzung. 3 Ruten, alle Köder, nur vom Ufer aus.

Edewecht (2905): im Großraum Oldenburg-Ammerland, zwischen B 401 u. B 75, BAB E 35, Ausfahrt Zwischenahner Meer. Bahnstrecke Bremen–Oldenburg–Bad Zwischenahn–Edewecht. Abwechslungsreiche Landschaft von Moor und Geest; beheiztes Freibad mit Liegewiese,

Hallenbad. **A:** Gemeindeverwaltung; **G:** Aue, bis zur Gemeindegrenze Bad Zwischenahn. **FA:** Hecht Zander, Barsch, Aal, Karpfen, Schleie, Weißfische. **E:** FV Edewecht e. V.; Gasthaus zur Mühle, Inh. Heinrich Fittje, Holljestr, 13, Ruf 0 44 05/ 2 89. **Geb:** T 5 DM, W 15 DM, J 50 DM.

Elsfleth (2887): Kleinstadt an Weser und Hunte, Bahnstrecke Hude–Nordenham-Blexen. Anfahrt über B 75 und 212; Wassersport, Freibad. **A:** städt. VA, Elsfleth. **G:** Liene-Kanal bis zur Einmündung in den Moorriemer Kanal, Neuenfelder Kanal von Moorriemer Kanal bis zur Kuhbrücke; Moorriemner Kanal, vom Sperrwerk an der Watkenstraße bis zur Moorriemer Straßenbrücke; ca. 4 km, 10 bis 15 m breit. **FA:** Hecht (45 cm, 6–7 Pfund im Durchschnitt), besonderer Fang ein 20pfünder. Zander (35 cm, bis über 10 Pfund), Schleie, Karpfen (bis 15 Pfund), Brassen (bis 6 Pfund) u. a. Weißfische. **FZ:** ganzjährig. Hecht ab 1. Mai, Zander ab 1. Juni. **E:** An Sonn- und Feiertagen: SFV Elsfleth e. V., Vors., Frank Hochheiden, Lerchenstr. 15, Kassenwart Wolfgang Stricker, Möwenstr. 8. innerhalb der Geschäftszeiten: Reisebüro u. Tabakwarengeschäft Joh. Wege, Steinstr. **Geb:** T 5 DM, jeder weitere Tag 3 DM, W 15 DM, M 30 DM. **B:** O.A., Sp.Prü., 3 Ruten, alle Köder, Nachtangeln erlaubt, Senke 1mal 1 m; weitere Angelmöglichkeiten in Weser und Hunte.

Esens-Bensersiel (2943): Nordseeküstenbadeort in Ostfriesland, Bahnstrecke Sande–Norden; Abzweigung von der B 210; Meerwasserschwimmbecken, beheiztes Meerwasserwellenbad, Tennis, Camping. **A:** u. **E:** VA, Esens, Kirchplatz, Ruf 0 49 71/9 88. **G:** Dornumersieler Tief, Benser Tief und Neuharlingersieler Tief (Teilstrecken) und Wattenmeer. **FA:** Hecht, Zander, Barsch, Aal, Karpfen, Schleie, Weißfische. **FZ:** ganzjährig. **E:** Kurverwaltung, Bensersiel, Ruf 9 06. SFV Esens Seilerei Schmeding, Vor dem Drostentor 11, Ruf 22 39. **Geb:** T 3 DM, W 9 DM, M 15 DM, je nach Gewässergröße: b) T 7,50 DM, W 18 DM, M 45 DM. **B:** Sp.Prü., alle Köder, 1 Hechtangel, 2 Friedfischangeln. **S:** weitere Angelmöglichkeiten im Wattenmeer; siehe auch „organisierte Hochsee-Fangfahrten". Urlaub auf dem Bauernhof mit eigenem Fischwasser: Georg Taddigs, Bensersiel Nr. 114, Ruf 6 13.

Friedeburg (2947): ruhiger Erholungsort, Kr. Wittmund, Bahnstationen sind Wilhelmshaven, Sande, Jever und Wittmund. Busverbindungen. Anfahrt über B 436 und 437. Waldfreibad. **A:** Gemeindeverwaltung, Hauptstr. 96, Ruf 0 44 65/ 14 14. **G:** Ems-Jade-Kanal, Entwässerungsgraben Friedeburger Tief (ca. 10 km, 5 m breit, 2–3 m tief). **FA:** Hecht, Barsch, Aal, Karpfen, Schleie, Weißfische. **FZ:** ganzjährig. **E:** Wilhelmshavener FV, Hans Laux, Reepsholt/Piemelsfehn, Friedeburg 1. **Geb:** T 4 DM, W 20 DM, M 40 DM, J 98 DM. **B:** O.A., Sp.Prü., alle Köder.

Friesoythe (2908): Stadt in Südoldenburg Bahnstrecke Cloppenburg (31 km) – Friesoythe-Ocholt; Anfahrt über B 72 und B 401; beheiztes Schwimmbad mit Einstiegbecken. **A:** Stadtverwaltung, Ruf 0 44 91/8 03. **G:** Soeste, entspringt in der Gemeinde Emstek, bildet nördlich von Cloppenburg die Thülsfelder Talsperre (siehe dort) und mündet nach einem Lauf von 90 km bei Barßel (siehe dort) in das Barßelder Tief, einem Zufluß der Leda; **G:** Obere Soeste bis zur Einmündung; Aue, Lahe, Laheableiter, Marka, Ohe bis zur Landesgrenze, Oheableiter, Sagter Tief bis zur Brücke Scharrel, Friesoyther Kanal bis Wendehafen Schwaneburg und alle Wasserzüge der Friesoyther Wasseracht; **FA:** Hecht (50 cm, 15. 12. bis 31. 3.), Zander (35 cm, 20. 4. bis 31. 5.), Barsch, Aal, Karpfen (35 cm), Schleie (20 cm), Döbel, Aland u. a. Weißfische. **FZ:** ganzjährig. **E:** FV für den Bezirk der Friesoyther Wasseracht e. V., Gastwirtschaft „Amtsstuben" Wilhelm Münzebrock, Mühlenstraße. **Geb:** Zwei-Tage-Gastkarte 6 DM, W 15 DM. **B:** O.A. Sp.Prü.; 2 Handangeln oder Piere oder Spinner; das Angeln im vereinseigenen Teich (Soestenallee) ist nur mit Sondergenehmigung erlaubt.

Goldenstedt (2849): Ferienort nahe der Hansalinie, reizvoll am Huntetal und Hartenbergsee gelegen. In der Umgebung Wald, Heide und Moor. Erreichbar über BAB A 1, Abfahrt Vechta (20 km) oder Wildeshausen Nord (14 km). B 72, 69, 51 und 213. Bahnstrecke Osnabrück–Delmenhorst. Freilichtforum, Strandbad, Camping, Zelten, Jugendherbergen, Tennisplätze und Tennishalle, Vergnügungspark, Wasserwandern. In 50 km Radius: Bremen, Oldenburg, Dümmer See, Zwischenahner Meer, Thülsfelder Talsperre. **A:** Gemeindeverwaltung, Hauptstr. 39, Rathaus, Ruf 0 44 44/3 63. **G:** Hunte, von Rethwisch bis Pauley Bäke (oldenb. Seite), 12 km, durchschnittlich 10 m breit. **FA:** Hecht, Barsch, Aal, Quappe, Karpfen, Schleie, Döbel, Aland u. a. Weißfische. **FZ:** Mai–November. **E:** Karl Wink, Am Sportplatz 17, Ruf 21 30; Fritz Freytag, Hauptstr. 37, Ruf 4 04. **Geb:** T 5 DM, WE 8 DM, W 20 DM, M 35 DM. **B:** Sp.Prü.; 2 Ruten, Hechtfang nicht erlaubt.

Großenkneten (2901): Großgemeinde mit den Orten Ahlhorn (zahlreiche Fischteiche), Großenkneten und Huntlosen; Bahnstrecke Wilhelmshaven–Oldenburg–Osnabrück; BAB Ausfahrten Wildeshausen/West und Ahlhorner Heide; B 69 und B 213. Kleinschwimmhalle in Ahlhorn, Reitsport, Rundwanderwege. **A:** Gemeindeverwaltung, Am Markt 3, Ruf 0 44 35/ 10 01; **G:** Hunte, von Eisenbahnbrücke Sannum bis Einmündung der Aue in die Hunte, mit Nebenzügen; ca. 16 km. **FA:** Hecht, Zander, Aal, Karpfen, Weißfische. **FZ:** bis auf einige Ausnahmen: ganzjährig. **E:** SFV Huntlosen; Gastwirtschaft Reinberg, Huntlosen-Dehland; Café Behr in Dötlingen. **Geb:** T 5 DM, Dreierkarte 11 DM, M 51 DM. **B:** Sp.Prü., Kunst- und Naturköder, keine Betäubungsmittel. 2 Ruten.

Hage (2984): etwa 5 km von der Nordsee entfernt, zwischen Marsch und Geest in waldreicher Umgebung; Anfahrt über die Grüne Küstenstraße B 70, Bahnstation ist Norden. Neues Kurzentrum mit beheiztem Freibad, Reit- und Fahrmöglichkeiten, Tennis. **A:** Samtgemeinde Hage, Rathaus, Ruf 0 49 31/70 04. **G:** Hager Tief, Kiessee in Blandorf-Wichte, Kiessee in Schweindorf, Kanal in Roggenstede. **FA:** Hecht, Zander, Barsch, Aal, Karpfen, Schleie, Forelle, Weißfische. **E:** ASV Hage e. V.; Gasthof Martini, Hauptstraße, Ruf 72 16; Gaststätte Müller, Hauptstraße, 2981 Berumbur, Ruf 0 49 36/5 75; Ferienpark Berum, Ruf 4 60; Samtgemeinde Hage. **Geb:** T 7,50 DM, W 20 DM, 2 W 30 DM.

Haren/Ems (4472): staatlich anerkannter Erholungsort, alte Schifferstadt, 10 km nördlich von Meppen; B 402 u. B 70, 16 km bis zur holl. Grenze. Temperiertes Wellen-Freibad, Reiten, Tennis, Jugendherberge, ideale Wandermöglichkeiten in wald- und wasserreicher Umgebung. **A:** Stadtverwaltung, Papenwiese 7/9, Ruf 0 59 32/20 25. **G:** Ems, ca. 10 km Länge, 10–15 m breit. **FA:** Hecht, Zander, Aal, Karpfen, Schleie, Weißfische. **E:** ASV Emmelner Str. 2, Ruf 23 21. **Geb:** T 3 DM, W 10 DM, M 15 DM. **B:** Sp. Prü., O.A., 2–3 Ruten, alle Köder, Nachtangeln erlaubt.

Harpstedt (2833): Ausflugs- und Erholungsgebiet mit Hochwäldern im Delmetal nahe Bremen und Delmenhorst. BAB E 3, Ausfahrt Wildeshausen/Nord (10 km) und Delmenhorst/Süd (8 km); von B 213 ab Wildeshausen (8,5 km) – Harpstedt–Bassum; temperiertes Freibad. **A:** VV, Amtshof, Ruf 0 42 44/4 10. **G:** 3 Waldteiche in Harpstedt, zus. ca. 3 000 qm; **FA:** Karpfen, Schleie, Aal, Weißfische aller Arten. **G:** Hunte, von Hölingen bis Reckum, ca. 3 km. **FA:** Zander, Forelle, Hecht, Karpfen, Aal, Quappe, Brassen, Weißfische. **E:** ASV Harpstedt e. V.; Heinz Schnackenberg, Burgstr. 7, Ruf 3 64; Karl Fresemann, Esso-Station, Ruf 3 93; Willi Runge, 2831 Reckum a. d. Hunte, Ruf 0 44 31/24 71. **Geb:** T 4 DM, WE 6 DM, W 12 DM, M 28 DM. **B:** Sp.Prü., erlaubte Köder: Wurm, Teig, Made. In den Teichen 1 Handangel; in der Hunte: 2 Handangeln.

Haselünne (4473): Ferienerholungsort im Emsland, an der Hase, waldreiche Umgebung; Schnittpunkt der B 213/B 402,

Bahnstrecke Essen–Meppen; temperiertes Freibad, Hallenbad mit Sauna, Bootsverleih, Bootswanderungen, Jugendzeltplatz, Reithalle, Tennisplätze, „Haseufer-Komfort-Camping“. **A:** Stadtverwaltung, Rathaus am Markt, Ruf 0 59 61/8 31. **G:** fließende Hase zwischen den Grenzen der Nachbar-Vereine Herzlake und Lehrte, ca. 20 km, 25 m breit. See im Naherholungsgebiet, ca. 20 ha. **FA:** Hecht (50 cm), Zander (45 cm), Barsch, Aal, Quappe, vereinzelt Forelle (30 cm), Karpfen (30 cm), Schleie, Döbel, Aland u. a. Weißfische. **FZ:** 1. 5. bis 31. 12. (für Hecht und Zander). **E:** Bernhard Wilmes, Petersilienstraße 6 für ASV Haselünne, Ruf 13 17; Verwalter des Campingplatzes, Andruper Str., Ruf 13 31. **Geb:** T 4 DM, WE 6 DM, W 15 DM, M 40 DM, J 60 DM. **B:** O.A., Sp.Prü.; alle Köder, 3 Ruten, davon 1 Raubfischangel; Nachtangeln erlaubt; Köderfischsenke. **S:** Anglerurlaub „Hotel und Gasthof zum Wachholderhain“, Ruf 51 75, unmittelbar an Wachholderhain und Hase gelegen mit 18 ha großem See.

Hude (2872): staatlich anerkannter Erholungsort im Erholungsgebiet Delmenhorster Geest; Bahnstrecke Wilhelmshaven-Oldenburg-Bremen; Anfahrt über BAB „Hansalinie“ und A 28, sowie B 75 und B 212; Waldschwimmbad, Hallenbad, Reiten, Wandern, Kutschwagenfahrten. **A:** VA, Parkstr. 53, Ruf 0 44 08/10 15. **G:** Stedinger Kanal, von der Straße Hiddigwardermoor bis zum Hekler Kanal; weitere Kanäle, Gräben und Teiche des Wüstinger FV (von dort Gewässerkarte). **FA:** Hecht, Brassen, Rotaugen und Aal (gut); Zander, Barsch, Karpfen und Schleie (seltener). **FZ:** günstig für Aal: Mai bis September, für Hecht (50 cm): September bis Dezember. **E:** Gastwirt Kunst, Hude/Oberhausen. **Geb:** T 5 DM. **B:** O.A., Sp.Prü.; alle Köder, 3 Ruten.

Jever (2942): an der friesischen Küste, Ausgangspunkt für Nordseeküstenbadeorte und Nordseeinseln. Bahnstrecke Sande–Norden, B 210 (Wittmund 9 km, B 69, 12 km); Reiten, Wandern, Schwimmen, Tennis, Jugendherberge. **A:** VV, Rathaus, Am Kirchplatz 11, Ruf 0 44 61/30 91; SFV Jever e. V., 1. Vorsitzender Ludwig Rohlfs, am Kirchplatz 11. **G:** Sämtliche Gewässer (Sieltiefe und Zuggräben) des Entwässerungsverbandes Wangerland (Ausnahmen sind auf den Gastkarten vermerkt bzw. aus der Gewässerkarte des SFV ersichtlich); Harle (sog. Wittmunder Tief), von der Einmündung der Berdumer Leide bis zur alten Schleuse in Carolinensiel (Streckenplan auf Erlaubnisschein des SFV). **FA:** Hecht (50 cm), Zander (35 cm), Barsch, Aal (32 cm), Karpfen (32 cm), Schleie, Forelle, u. a. Weißfische. **E:** wie **A:** SFV; Altentagesstätte in Jever, Alter Markt, Ruf 28 38; Gert Janssen, Schlachtstr. 7, Ruf 33 64; Gaststätte Harlehof, Altfunnixsiel; Gaststätte Ennen, Neufunnixsiel, Ruf 0 44 64/3 02; Campingplatz Schilling; Hobby-Center, Heidmühle, Menkestr. 6, Ruf 0 44 61/85 71; Gert Janssen, Carolinensiel, Am Hafen, Ruf 0 44 64/3 39; Elektrogeschäft Zeh, Horumersiel, Ruf 0 44 26/2 14; Herr Müller, Hooksiel (ehemaliges Gemeindebüro); **Geb:** T 4 DM, W 20 DM, 2 W 35 DM, **B:** Sp.Prü., Bundespersonalausweis oder J.Fsch.; 5 Angeln, davon höchstens 2 Raubfischangeln. Hechtangeln nur mit Drillingshaken, mindestens der Größe 1 (nur Rückenköderung), Friedfischangeln nur mit einfachen Haken. Schonzeiten: Hecht und Zander vom 1. 1. bis 30. 4. u. gesetzliche Artenschonzeiten.

Kluse - Steinbild Ems (2991): Steinbild ist Ortsteil von Kluse, eines der ältesten Dörfer, direkt an der Ems; B 70 Meppen–Papenburg, ab Kluse 3 km, Bahnstrecke Meppen–Leer; Bootsanlegestellen, Badeplatz. **A:** Gemeindeverwaltung Steinbild, Ruf 0 49 63/6 29. **G:** Ems, rechtes Ufer vom Flußkm 196,12 bis 202,29, linkes Ufer von km 197,93 bis 204,25. **FA:** Hecht (40 cm, 1. 1. bis 15. 4. Schonzeit), besondere Fänge 10 Fische um 25 Pfund; Zander, Barsch, Aal, Karpfen (32 cm), Schleie (20 cm), Weißfische. **FZ:** günstig für Zander Nov./Dez., für Aal Mai/Juni. **E:** ASV Steinbild und Umgebung e. V.; Hans Janßen, Ortsteil Steinbild Nr. 10, Ruf 6 24. **Geb:** T 3 DM, W 12 DM. **B:** Sp.Prü.; alle Köder, 3 Ruten.

Der Küstenkanal: führt von der Hunte bei Oldenburg, parallel der B 401 zum Dortmund-Ems-Kanal bei Dörpen, ca. 70 km. **FA:** Hecht, Zander, Barsch, Aal, Karpfen, Schleie, Weißfische. **E:** Mit Einschränkung die FV Oldenburg, Edewecht, Friesoythe und Dörpen (siehe bei den genannten Orten). **S:** weitere Auskünfte über LFV Weser-Ems e. V., Oldenburg i.O., Metzerstr. 27.

Lathen (4474): Gemeinde an der Ems und B 70; in der Nähe das Feriengebiet „Der Hümmling“, an der Bahnstrecke Hamm–Norddeich. **A:** VA, Lathen. **G:** Dortmund-Ems-Kanal von km 186,300 bis 198,000 links und rechts, sowie 3 Ems-Altarme mit ca. 11 km Länge. **FA:** Hecht (1. 2. bis 30. 4. Schonzeit), Zander, Barsch, Aal, Karpfen, Schleie, Weißfische. **FZ:** ganzjährig. **E:** FV Lathen u. Umgebung e. V., Ruf 0 59 33/14 82. Gasth. H. Terfehr, Ruf 7 91 (Fremdenzimmer); Angelgerätegeschäft J. Haake, Ruf 13 60; H. Hinrichs, Hilter/Ems, Ruf 16 81 (Fremdenzimmer); B. Sandker, Sustrum, Ruf 0 59 39/5 03 (Fremdenzimmer). **Geb:** T 3 DM, W 10 DM, 2 W 17,50 DM, 3 W 25 DM, M 30 DM. **B:** Sp. Prü.; 3 Ruten, alle Köder.

Leer (2950): Tor Ostfrieslands, an der Mündung der Leda in die Unterems, beide durchfließen Leer. B 70 und B 75 (E 35), Eisenbahnknotenpunkt, Flughafen Leer-Nüttermoor, See- und Binnenhafen; Hallenbad, temperiertes Freibad, Reiten, Tennis, Schiffsfahrten, Camping Marina Bingum, Marinastr., Ruf 04 91/44 21; **A:** Reise- und VB Leer, Am Denkmalplatz, Ruf 31 03; **G:** Ems, von Papenburg-Schleuse bis Mündung; Leda von Ledasperrwerk in Leer bis Mündung in die Ems (freie Küstengewässer, nur Fsch. erforderlich); Hafen von Leer, ca. 40 ha; Entlastungspolder beim Ledasperrwerk, ca. 12 ha.; mehrere Sieltiefe und Baggerseen. **FA:** Hecht (50 cm, bis 20 Pfd.) Zander (40 cm, bis 12 Pfd.), Barsch, Aal (Einzelfänge bis über 6 Pfund), Karpfen (40 cm), Schleie, Döbel, Aland u. a. Weißfische, Butt; tägl. Fangbegrenzung 2 Edelfische. **FZ:** 1. 4. bis 31. 10. **E:** Fachgeschäft Mammen, Mühlenstr. 25, Ruf 26 89. Marina Bingum, Marinastraße; FVV Bingum; KSS Bingum; Hotel Lange, Leer Nettelburg. **Geb:** T 5 DM, W 25 DM, M 45 DM. **B:** O.A., Sp.Prü.; 4 Ruten, Edelfische als Köder sind nicht erlaubt.

Lembruch (2841): Erholungs- und Hauptort am Dümmersee bei Diepholz (10 km), Bahnstrecke Bremen–Osnabrück, B 51, BAB E 3 (Hansalinie), Ausfahrt Neuenkirchen/Vörden (20 km) oder Holdorf (23 km). Badeplätze, Bootsverleih, Segeln, Paddeln, Rudern, Tretboote, Tennis, Reiten, Camping, Tierpark Ströhen, ca. 15 km vom See, Museumshof Rahden (ca. 25 km), Dümmer Museum mit Aquarien und allen einheimischen Fischarten, Fischereigeräten u. a. **A:** FVV Dümmer e.V., Ruf 0 54 47/2 42. **G:** Dümmersee, zweitgrößter Binnensee Niedersachsens, ca. 526 ha groß, durchschnittlich 1,2 m tief; im Westteil mooriger Grund (vom Ufer Zugang nur bei Dümmerlohausen), Naturschutzgebiete beachten; Fremdenverkehr bei Lembruch und Hüde am Ostufer, viele Binsen-Inseln, von der Hunte durchflossen. **FA:** Hecht (gut, besondere Fänge bis 27 Pfd.), Zander, Barsch, Aal, Karpfen, Schleie, Weißfische. **E:** Fischermeister Ludwig Stroßhal, Inh. der Gaststätte „Fischerhaus“, 2844 Hüde, Nr. 52. FVA Lembruch, Geschäftsstelle in der Kreissparkasse, Lembruch; Fischhandlung und Aalräucherei M. Hoffmann in Dümmerlohhausen; Angelgerätegeschäft Friedrich Kämper, Lüderstr. in Diepholz. **Geb:** Nichtmitglieder: vom Ufer aus T 8 DM, vom Boot aus T 10 DM. Für längere Zeit nach Vereinbarung. **B:** J.Fsch., 2 Ruten, alle Köder außer Blinker und lebendem Stellfisch; in Hüde und Lembruch Bootsverleih. **S:** weitere gute Angelmöglickeiten in der Umgebung, u. a. Hunte, Aue, Lohne, Dümmerrandkanal; benachbarte Ausgabestellen für Gastkarten befinden sich in 2844 Stemshorn, Schäferhof; Schomaker, 2845 Dümmerlohausen und beim Diepholzer ASV. **G:** Hunte, ca. 20 km von Wildeshausen bis Rethwisch, 15 bis 30 m breit und 1 m bis 1,5 m tief. **E:** SFV Goldenstedt, Karl Wink, Am Sportplatz 17, Ruf 0 44 44/21 30 und Heinrich Disselberg, Hauptstr. in Goldenstedt. Informationen über LSV Niedersachsen e. V. Seilwinderstr. 4 in 3000 Hannover.

Meppen (4470): liegt am Zusammenfluß von Ems und Hase, am Dortmund-Ems-Kanal, Schnittpunkt der B 70 und B 402. Bahnstrecke Ruhrgebiet–Münster–Emden; jeglicher Wassersport, modernes Freibad (Warmbad) und Hallenbad, Tennis, Reiten, Camping. **A:** Stadtverwaltung, Markt 43, Ruf 0 59 31/10 61. **G:** Ems, Hase, Radde und Dortmund-Ems-Kanal, ca. 45 km Uferstrecke. **FA:** Hecht (ab 16. 4. frei), Aal, Zander, Barsch, Karpfen, Schleie, Weißfische. **FZ:** ganzjährig. **E:** SAV Meppen e.V., Georg Höfter „Domhotel", Lingener Str. 1, Ruf 1 28 14; Fa. Hauenherm, Angelgeräte, Am Bahnhof, Ruf 21 05; Gaststätte Ingrid Volle, Schützenhof 26, Ruf 25 75; Gaststätte Voß, Schleuse Hüntel, Ruf 29 17. **Geb:** T 4 DM, jeder weitere Tag 1 DM. **B:** Sp. Prü.; 2 Ruten, davon höchstens 1 auf Raubfisch.

Neuharlingersiel (2943): Nordseeküstenbadeort, Fischerdorf mit 1500 Einwohnern, mit malerischem Hafen; vorgelagerte Inseln Wangerooge, Spiekeroog, Langeoog; von B 210 Richtung Norden, von B 461 westlich. Bahnstrecke Wittmund–Norden; Sandstrand, Meerwasser-Hallenbad mit Sauna, Solarium, Boots- und Fahrradverleih, Wattwanderungen, Reiten, Kutterfahrten in See, Schiffsfahrten zu den Ostfriesischen Inseln und Helgoland; Haus des Gastes mit Spielräumen, Fernseh- und Leseräumen. **A:** Kurverein, Ruf 0 49 74/3 55. **G:** Altharlingersiel-Tief, ca. 2 km, 10 m breit; Neuharlingersiel-Sieltief, 500 m, 25 m breit. **FA:** Aal, Karpfen, Schleie, Hecht, Barsch u. a. Weißfische. **E:** Kurverwaltung. **Geb:** T 2 DM, W 7,50 DM, jede weitere Woche 5 DM. **B:** Kurgast; 3 Ruten erlaubt, Bootsbenutzung. **S:** In Neuharlingersiel-Ostbense, eigenes Fischwasser: Erika Böttcher, Ruf 0 49 74/3 43; siehe auch: „organisierte Hochsee-Fangfahrten".

Nordenham (2890): Hafenstadt, erstreckt sich etwa 14 km entlang des westlichen Weserufers im Butjadinger Land. Bahnverbindung mit Hude, B 212; Sandstrandbad, Wassersport, Hallenbad, Jugendherberge, Camping. Bequem erreichbar die Nordseeküstenbadeorte. **A:** VV, Atenser Allee 117, Ruf 0 47 31/60 66; Reisebüro Lückemeyer, Bahnhofstr. 39, Ruf 40 51. **G:** Butjadinger Zuwässerungskanal (Schongebiet von der Hoffinger-Hellmer-Brücke bis zur Odenburger Straße), Esenshammer Sieltief, Butjadinger Sielacht (Schongebiet: im Zuge des Blexer Sieltiefs, von der Straße Nordenham-Einswerden bis zur Schleuse (Weser), Abbehauser Sieltief (Schongebiet: 100 m östlich und 100 m westlich des Kanaldükkers in Großensiel), Strohauser Sieltief, insgesamt über 120 km Angelstrecke. **FA:** Hecht (50 cm, Schonzeit vom 15. 1 bis 31. 5.), Zander (45 cm, 15. 1. bis 31. 5.), Barsch, Aal, Karpfen (40 cm), Schleie (25 cm), Aland, Döbel, Brassen, Güster, Plötze, Rotfeder u. a. Weißfische. **FZ:** ganzjährig unter Beachtung der Schonzeit. **E:** SFV Butjadingen e. V., Hannoversche Str. 28; Robert Mück, Hansingstr. 199. **Geb:** T 5 DM, W 15 DM, M 50 DM. **B:** O.A., J.Fsch., Sp.Prü.; 3 Ruten, alle Köder. **S:** Ferienwohnungen bei Lilo Heddewig, Strandallee 35, 2893 Nordseebad Burhave, in ruhiger Lage, inmitten von Wasserzügen.

Oldenburg (2900): Großstadt und Sitz der Bezirksregierung Weser-Ems; Eisenbahnknotenpunkt; B 69, 75, 211 und 401; Knotenpunkt der BAB 28, 29 und 293. 3 Hallenbäder, Freibäder, Reit- und Tennissport, Camping, Stadion und Sportplätze, Jugendherberge. **A:** VV, Lange Straße 3, Ruf 04 41/2 50 92; **G:** Mehrere Teiche, Fließ- und Tidegewässer (ca. 110 ha). **FA:** Hecht (50 cm, Schonzeit vom 1. 1. bis 15. 4.), Aal (32 cm), Karpfen (38 cm), Zander (45 cm, vom 20. 4. bis 31. 5.), alle Arten von Weißfischen. **FZ:** ganzjährig. **E:** SFV Oldenburg e. V., Altburgstr. 12; Sportangler-Zentrale Odenburg: Egon Köhn, Damm 8 in Oldenburg. **Geb:** T 5 DM, W 15 DM, 2 W 20 DM, M 30 DM. **B:** O.A., Sp.Prü.; 2 Friedfisch- und 1 Raubfischrute, alle Köder.

Papenburg (2990): liegt an der Nord-Süd-Verkehrsachse zwischen dem rheinisch-westfälischen Industriegebiet und der

Nordseeküste, die durch die Ems, den Dortmund-Ems-Kanal, die Eisenbahnstrecke Köln–Münster–Emden–Norddeich und die B 70 gebildet wird. Ost-West-Verbindungen bestehen durch den Küstenkanal, den Mittellandkanal und durch den Anschluß an die B 401 nach Oldenburg und Bremen, sowie nach Holland über die neue Emsbrücke. Hallenbad, Sauna, Freibad, Wassersportmöglichkeiten, Tennis, Schiffsausflugsfahrten. **A:** FVV, Rathaus, Ruf 0 49 61/82–1. **G:** Ems, ca. 9 km, und Altwasser. **FA:** Hecht, Zander, Barsch, Aal, Schleie, Karpfen, Weißfische. **E:** SFV Papenburg, Paul Hendrys, Gasthauskanal 20; SFV Aschendorf-Ems e. V., Elmar Gröwe, Paul-Gerhard-Str., Papenburg 2. **Geb:** T 3 DM, WE 6 DM. **B:** O.A., Sp.Prü.; alle Köder, 3 Ruten.

Pogum-Ditzum (2951): Idyllische alte Sieldörfer an der Emsmündung, am Dollart. Bahnstation Leer, Busverbindung. Deichwanderwege, Aalräuchereien und Krabbenverarbeitung. Ferien auf dem Bauernhof, Privatquartiere, **G:** Binnengewässer (Entwässerungskanal = Sieltief) ca. 3 km Länge. Außengewässer: Ems und Dollart. **FA:** Binnengewässer: Hecht, Barsch, Aal, Weißfische. Außengewässer Aal, Butt. **FZ:** günstig die Sommermonate. **E:** Außengew. Fischereiaufsichtsstelle Norddeich, Norddeicher Str. 5, Ruf 0 49 31/84 44. Binnengew. VV der Küstenorte Pogum-Ditzum/Nordsee, Jemgum/Ems e. V. **Geb:** für Binnengewässer T 1,50 DM, M 5 DM, J 10 DM. Für Außengewässer nach den geltenden Bestimmungen. **B:** J.Fsch., Personalausweis.

Rastede (2902): staatlich anerkannter Erholungsort im Oldenburger Land zwischen Oldenburg (Oldb.) und Wilhelmshaven an der Grünen Küstenstraße B 69, Bahnstrecke Oldenburg–Wilhelmshaven. BAB-Ausfahrt (E 35). Temperiertes Freibad, Wanderwegenetz, Reit- und Fahrsport, Tennis, Camping. **A:** VV, Ruf 0 44 02/21 41. **G:** Schanze, ca. 4 km, durchschn. 4 m breit; Jade von Schanze bis Pumpwerk Bollenhagen, ca. 5 km, durchschn. 6 m breit; Hahner Bäke, ca. 7 km, durchschn. 5 m breit; Ellernteich im Schloßpark, ca. 3,5 ha. **FA:** Hecht (45 cm, bis 15 Pfund), Karpfen (40 cm, bis 12 Pfd.), Aal, Schleie, Zander (35 cm), Forelle (28 cm), Weißfische. Fangbegrenzung: je Angeltag 2 Karpfen und 2 Hechte. FZ: ganzjährige Saison. **E:** SFV Rastede e. V. nach Vereinbarung; Walter Keunecke, Bahnhofstr. (Eisen-Onken); Gerhard Pawlik, Oldenburger Str. 291 (Am Kamin). **Geb:** Fließgewässer: T 5 DM, W 20 DM. Ellernteich: T 8 DM, WE 15 DM, W 35 DM. **B:** O.A., Sp.Prü.; alle Köder, 3 Ruten, eine davon auf Raubfisch. **S:** weitere Angelmöglichkeiten in der Umgebung: Jadebusen, Zwischenahner Meer, Weser, Hunte und Küstenkanal.

Salzbergen (4442): Erholungsort bei Rheine (10 km), B 65 (Rheine-Lingen), Bahnstrecke Rheine–Bentheim oder Lingen. Wassersport. **A:** Gemeindeverwaltung. **G:** Ems, von Landesgrenze Niedersachsen/NRW bis Brücke Hannekenfähr, ca. 35 km, durchschn. 40 m breit. **FA:** Hecht (40 cm), Zander (35 cm), Barsch, Aal, Regenbogenforelle (30 cm), Karpfen (30 cm), Schleie, Barbe, Döbel, Nase u. a. Weißfische. **FZ:** April bis Oktober. **E:** SFV Salzbergen, Bernhard Poggemann, Koberg 28. **Geb:** T 3 DM, W 10 DM, J 40 DM. **B:** Feriengast; 3 Ruten, alle Köder, Nachtangeln erlaubt.

Schüttorf (4443): altes Städtchen, Erholungsort bei Bentheim (6 km), B 65 (Rheine – Salzbergen – Schüttorf – Bentheim). Bahnstrecke Rheine–Salzbergen (8 km) – Bentheim. **A:** VA der Samtgemeinde Schüttorf, Markt 1–2. **G:** Vechte (Fließgewässer) von Ohne bis Hofesaat Brandlecht, ca. 20 km lang, 12 m breit; **G:** Baggersee Haddorf – Gut Stovern, ca. 15 ha, **G:** Baggersee Hatger, ca. 3,5 ha. **FA:** Hecht (50 cm), Zander (45 cm), Karpfen (38 cm), Aal (40 cm), Weißfische (18 cm). **FZ:** März bis November. **E:** SFV Schüttorf e. V., Herm.-Schlikker-Str. 43, Ruf 0 59 23/4 49. Karl Metzger, Ohner Str. 34; Ferdinand Venhaus, Eschenstr. 5; Angler-Shop Christian Lötgering, Steinstraße. **Geb:** T 4 DM, W 15 DM. (Gastscheine nur für die Vechte). **B:** O.A., Sp.Prü.; 3

Ruten, sämtliche Köder erlaubt, keine Bootsbenutzung.

Schweindorf (2941): Erholungsort in Ostfriesland inmitten von Wiesen, Weiden und Feldern; Anfahrt über die Hansalinie, B 72 u. B 210, „Ewiges Meer" (größter Hochmoorsee Europas), Wanderwege, Kutschfahrten, Reiten. **A:** Verkehrs- und Heimatverein Holtriem, Schweindorf. **G:** in Binnengewässern und Sieltiefen. **FA:** Hecht, Zander, Barsch, Aal, Weißfische. **E:** wie A: Ruf 0 49 75/6 18.

Thülsfelder Talsperre: Anfahrt über BAB, Hansalinie, Ausfahrt Cloppenburg. Stausee der Soeste an der B 72 (12 km nordwestl. von Cloppenburg), 12 km südlich von Friesoythe, Charakter eines Naturgewässers; ca. 5,5 km lang, 1,5 km breit. Bei Normalstau ca. 150 ha, 5,5 m tief; bei Vollstau ca. 450 ha und bis 9 m tief. Das flache Südwestufer ist von urwaldartigem Buchenwald besäumt, die Senke ist versumpft und mit dichtem Ried bestanden; ein geschlossener Schilfgürtel befindet sich nur im Nordwestteil; Ufer mit Heide, Kiefer und Birke. Am Nordende ein ca. 700 m langer und 20–50 m breiter, windungsreicher Arm mit seichten Buchten, das gesamte Ufer mit Rinnen, Mulden und Buchten durchzogen. 4 große Campingplätze, 4 Badestrände, Fischerheim für O.A. bietet Übernachtungsmöglichkeit (4 DM). **A:** FVA Cloppenburg, Rathaus, Ruf 0 44 71/66 11; FVA Friesoythe, Rathaus, Ruf 0 44 91/ 8 05; Zweckverband Erholungsgebiet Thülsfelder Talsperre, Kreisamt, Ruf 0 44 71/20 51 in 4590 Cloppenburg. **FA:** Hecht, Zander, Barsch, Karpfen, Aal, Wels, Schleie, Weißfische. (Karpfen u. Hecht kapit. Exempl.). **E:** LFVd Weser-Ems, Metzerstr. 27, 2900 Oldenburg, Ruf 04 41/22 51 (Abt. Fischerei verlangen). Anglerzentrale Egon Köhn, Damm 32, auch Oldenburg, Ruf 30 11. Talsperrenwärter Heinz Deeken, Friesoyther Straße in Petersfeld; direkt beim Stausee. **Geb:** für O.A. und Mitglieder: T 3 DM, WE 10 DM, W 12 DM, M 20 DM. Für Gäste: T 5 DM, WE 18 DM, W 25 DM, M 50 DM. **B:** Sp.Prü., O.A., 2 Ruten. Das Fischen vom Westufer der Sperre ist verboten, da Naturschutzgebiet. Fangbegrenzung pro Tag 2 Hechte, Karpfen oder Zander. Erlaubt sind alle Köder, zusätzlich 1 Stippangel auf Köderfisch. Keine Bootsbenutzung. **S:** Hotel Seeblick, Restaurant und Café, Besitzer Heinz Göken und Frau, Ruf 0 44 95/2 75, bieten 2 km Badestrand, Familien-Campingplatz, Fremdenzimmer, herrliche, endlose Wanderwege und eine gutbürgerliche Küche.

Varel-Dangast (2930): Ferien- und Luftkurort in landschaftlich begünstigter Lage am Jadebusen; Bahnstrecke Bremen–Oldenburg–Wilhelmshaven; B 69 und B 437, BAB A 29, Ausfahrten Zetel (7 km), Varel-Bockhorn (5 km). Nordseebad Dangast, ruhiges Familienbad, 2 km langer Badestrand mit Spiel- und Liegewiesen; Wassersport, Hallenbad, Meerwasserquellbad, Camping. **A:** Stadtverwaltung Varel 1, Windallee 4, Ruf 0 44 51/50 21. **G:** Jade, ca. 5 km. **FA:** Hecht, Barsch, Aal, Karpfen, Schleie u. a. Weißfische. **E:** SDV Varel, „Zur weißen Taube", Düsternstraße 17, nach Vereinbarung.

Vechta (2848): Kreisstadt im Mittelpunkt des Städtedreiecks Oldenburg–Bremen–Osnabrück; Bahnstrecke Osnabrück–Oldenburg, B 69 und BAB E 3, Ausfahrt Vechta (8 km). Hallen- und Freibad, Tennis, Reiten, Wandern in Wald- und Moorgebieten. **A:** Stadtverwaltung, Kapitelplatz 3, Ruf 0 44 41/30 11–30 14. **G:** Moorbach und Tonbergsee. **FA:** Aal, Hecht, Barsch, Schleie, Weißfische. **E:** Gasthof Sgundek, Diepholzer Str. 91. **Geb:** Tonbergsee: T 5 DM, Moorbach 2 T 3,50 DM. **B:** O.A.

Weener (2952): zentral gelegener Ort des Rheiderlandes zwischen Ems und deutsch-niederländischer Grenze; Bahnstrecke Bremen–Groningen (Niederlande) und B 75, die Grüne Küstenstraße. Boots- und Segelhafen, beheiztes Freibad, Jugendherberge. **A:** Verkehrs- und Verschönerungsverein, Osterstraße 5, Ruf 0 49 51/5 59. **G:** Erlensee Stapelmoor, ca. 12 ha; Kolk in Pogum, ca. 1 ha.; Eisenbahndock bei Weener, ca. 2 ha; früh. Außendeichskolk am veräng. Markerweg b. Weener, ca. 2,5 ha; Kolk in Vellage (Sterrenberg), ca. 0,6 ha; Kolk Bunderhee (Janssen), ca. 1,5 ha; Kolk Bunderhee (Tammen), ca. 2,5 ha. Sieltiefe: Balkhaus-Tief, Bentumer Sieltief, Buschfelder Sieltief, Ditzum-Bunder Sieltief, Groß-Soltborger Sieltief, Holthuser Tief, Stapelmoorer Sieltief, Weener Sieltief, Wymeerer Sieltief, weitere Nebengewässer, insges. ca. 70 km; Durchschnittsbreite 12 bis 15 m. **FA:** Hecht (50 cm, Schonzeit 1. 1. bis 30. 4.), Zander (35 cm), Aal, Barsch, Schleie (25 cm), Karpfen (35 cm), Brassen (25 cm), Forelle (30 cm), u. a. Weißfische. Fangbegrenzung: tägl. 2 Karpfen, Hechte u. Regenbogenforellen. **FZ:** ganzj. **E:** ASV Rheiderland e. V., Hans Dieter Stock, Süderstraße 26; Angelgerätegesch. Wessel Baumann, Neue Straße 21; Stadtschänke, Süderstraße 21; Lindenhof Stapelmoor, Hauptstraße; Adler-Apotheke, An der Blinke 2, 2955 Bunde; VV Jemgum, Gemeindehaus, 2951 Jemgum; Gasthof „Zur Fähre" Christ. Bussmann, Mitling-Mark, 2957 Westoverledingen. **Geb:** T 5 DM, WE 9 DM, W 15 DM, M 32 DM. **B:** O.A., Sp.Prü.; 3 Ruten, alle Köder, alle Gewässer sind nur vom Ufer aus befischbar. **S:** eine Gewässer-Lagekarte für 2 DM bei den Ausgabestellen zu haben.

Wilhelmshaven (2940): die „Grüne Stadt am Meer", Nordsee- und Heilschlickbad; Bahnstrecke von Bremen, B 69 (von Oldenburg, 55 km); jeglicher Wassersport, Seebadeanstalt am grünen Südstrand, Familienbad am Sandstrand, Hallen- und Schlickbad, Tennis, Reiten, Küstenmuseum, Botanischer Garten, Seewasser-Aquarium, Squash, Camping. **A:** Freizeit in Wilhelmshaven GmbH. City-Passage am Rathausplatz, Ruf 0 44 21/2 62 61. **G:** Ems-Jade-Kanal, 22 km, durchschnittlich 20 m breit; Gewässer der Kniphauser Sielacht (10 Tiefs) ca. 30 km, 5–10 m breit; Stadtparkteich am Neuengrodener Weg, ca. 5 ha; Wiesenbatterie Schilling, ca. 3 ha. Teich in der Plauenstraße, gesamter Hafen, Gewässer außerhalb der Deiche. Angelfahrten in See – Auskunft erteilt Schwarz, Ruf 4 18 89. **FA:** Hecht, Zander, Barsch, Aal, Regenbogenforelle, Karpfen, Schleie, Döbel, Barbe, Rotfeder, Rotauge, Karausche. **FZ:** Mai bis Dezember. **E:** SFV Wilhelmshaven e. V., Heinrich Römer, Samen, Gökerstr. 90, Ruf 3 24 77; Stahlwaren Everts, Rheinstr. 89, Ruf 4 14 64; Herr Brinkmann, Preußenstraße 44, Brückenwärter Hans Laux, 2941 Reepsholt. **Geb:** T 4 DM, W 20 DM, M 40 DM, J 98 DM. **B:** O.A., Sp.Prü.; Rutenanzahl differiert bis zu 4 Stück, richtet sich nach dem Gewässer. Bis zu 2 Raubfischangeln erlaubt. Alle Köder, Nachtangeln erlaubt. **G:** Hafengebiet, ca. 200 ha. **FA:** Aal, Butt. **Geb:** T 2 DM, W 6 DM, J 12,50 DM. **B:** 4 Ruten, alle Köder, Nachtangeln erlaubt. **S:** freies Angeln auf Aal und Butt im Jadebusen. Bootsverleih nur im Stadtpark Wilhelmshaven.

Zetel/Neuenburg (2932): Erholungsgebiet in landschaftlich reizvoller Lage zwischen Heide, Wald und Meer; Bahnstation in Varel; B 437. Neuenburger Urwald, Ausflüge an die Nordseeküste und zu den Ostfriesischen Inseln, Freibad, Tennis, Segelflug. **A:** Gemeindeverwaltung Ohrbult, Ruf 0 44 53/27 73; und Verwaltungsstelle Neuenburg, Ruf 0 44 52/ 2 91. **G:** a) Lengener Meer, 25 ha, in Ruttelerfeld, Zollweg; b) Kiesgrube Driefeler Esch, 7 ha, in Zetel, Driefeler Esch; c) Friedeburger Tief mit einer Gesamtlänge von 11 283 m, von der ostfr. Landesgrenze (Horster Tief) bis zum Dangastersiel mit einigen Zuflüssen. **FA:** a) Aal, Barsch und Hecht. b) und c): Aal, Barsch, Hecht, Karpfen, Schleie, Zander, Weißfische. **FZ:** Frühjahr bis Herbst. **E:** Heinz Frerischs, Erlenstr. 1, Ruf 27 15, Friesische Wehde. b): Wilfried Fröhlich, Schöpfwerk Petershörn, 2935 Bockhorn, Ruf 7 11 33; c) Adolf Imken, Sielstr. 30, 2930 Varel 4/ Dangast, Dangaster Siel, Ruf 0 44 51/ 20 75; Horst Drenkwitz, Gartenstr. 34, in Bockhorn, Ruf 75 34; **Geb:** T 5 DM, WE 12 DM, W 25 DM, M 40 DM, Saisonk. 75 DM. **B:** Sp.Prü., Kur- und Feriengäste, 3 Handangeln, erlaubte Köder sind im Erlaubnisschein aufgeführt. **S:** weitere Auskünfte erteilt SFV Friesische Wehde e. V., Erlenstr. 1 in Zetel, Ruf 27 15. Fischereischein für die Außengewässer erteilt Fischermeister Kramer, Norddeicher Str. 5,

Ruf 0 49 31/21 44 (Jahresgebühr 3 DM) 2981 Norddeich.

Weserbergland von Münden bis Minden

Bad Karlshafen (3522): Soleheilbad und Erholungsort an der Mündung der Diemel zwischen Solling und Reinhardswald in einer der schönsten Partien des Wesertals; Bahnstrecke Ottbergen–Northeim–Walkenried, B 80 und B 83 (Wesertalstraße) Hameln–Kassel; BAB Hannover–Kassel, Ausfahrt Münden (50 km). Dampferanleger der Oberweser-Dampfschiffahrt; Wassersport, temperiertes Mineralquellen-Schwimmbad, Hallenbad, Leihpferde, Tierpark, 2 Campingplätze, Tennis, Jugendherberge. **A:** Kurverwaltung, Hafenplatz 8, Ruf 0 56 72/10 91/10 92, oder Informations-Pavillon, Weserstr. 21a, Ruf 10 22; **G:** Weser, von km 34, 86 bis 44, 86, Breite ca. 45 bis 55 m. **FA:** Hecht (50 cm), Karpfen (32 cm), Forelle (28 cm), Schleie (25 cm), Barsch, Aal, Barbe, Zander, Brasse u. a. Weißfische. **FZ:** günstig: Mai bis September. **E:** Gebiet Weser: Kurverwaltung, Pavillon am Hafen, Ruf 10 92; Fischereigenossenschaft Hann-Münden; Stadtverwaltung im Rathaus. **G:** Diemel, Ortsteil Helmarshausen, staatl. anerkannter Erholungsort, **A:** VV, Ruf 10 55; **E:** Uwe Fey, Helmarshausen, Ruf 8 61; **Geb:** 3 T 10 DM, 14 T 20 DM, 4 W 25 DM, J 45 DM. für eine Rute; 75 DM für 2 Ruten. **B:** Sp.Prü., J.Fsch.; alle Köder, außer narkotischen u. explosiven.

Bodenfelde (3417): Großgemeinde am Fuß des Sollings, ohne Durchgangsverkehr, Erholungsort an der Weser zwischen Wald und Wiesen; an der B 80 (Karlshafen–Münden), Wesertalstraße und Deutsche Märchenstraße, Bahnstrecke Karlshafen–Uslar. Dampferhaltestelle, Weserfähre, beheiztes Freibad, Hallenbad, Wanderwege, Camping. **A:** VV, Ruf 0 55 72/4 60. **G:** Weser, markierte Strecke. **FA:** Hecht (50 cm), Barbe, Döbel, Barsch, Aal u. a. Weißfische. **FZ:** ganzjährig. **E:** Fischereigenossenschaft Lippoldsberg; Ausgabe „Altes Brauhaus“ , Inh. Gorny. **Geb:** 3 T 10 DM, 14 T 20 DM, M 30 DM; 2 Ruten 75 DM. **B:** Allgemein 1 Rute, alle Köder erlaubt.

Bodenfelde, **Ortsteil Wahmbeck** (3417): ruhiger Erholungsort am rechten Weserufer; Waldgebiet. B 80 (Wagenfähre), Bahnstation Bodenfelde (3 km), Dampferhaltestelle, Hallenbad in Bodenfelde, viele Rundwanderwege. **A:** VV, Herbert Grote, am Hilkenberg 9, und im Haus der Volksbank in Wahmbeck, Ruf 0 55 72/71 16. **G:** Weser, ca. 9 km lange, beidseitige Angelstrecke, von km 31 bis 39, 7, ca. 80 bis 90 m breit. **FA:** Hecht (2 Stück, 50 cm), Karpfen (32 cm), Forelle (28 cm, 3 Stück), Schleie (22 cm), Aal (40 cm), Weißfische (5 kg). **FZ:** ganzjährig unter Beachtung der Artenschonzeiten. **E:** wie A:, **Geb:** 3 T 10 DM, 14 T 20 DM, 28 T 25, J 75 DM. Nur bei Jahresschein 2 Handangeln, (davon eine für Raubfisch). **B:** Am rechten Ufer ohne Bundesschein, am linken (Hessen) Bundesschein noch erforderlich. Keine Bootsbenutzung, alle Köder erlaubt, 1 Rute (nur bei Jahresschein 2 Ruten).

Bodenwerder (3452): staatlich anerkannter Luftkurort, waldreiche Sommerfrische an der Mündung der Lenne in die Weser. Hier lebte „Baron von Münchhausen“. B 83 (Wesertalstraße) Hameln–Holzminden, Bahnstrecke Hameln–Emmenthal (12 km) – Kirchbrak. Weserdampfer, Ausflugsbusse, beheiztes Schwimmbad, Hallenbad, Motorboot-Rundfahrten, Tennis, Jugendherberge, Camping. **A:** VA Bodenwerder, Große Str. 35, Ruf 0 55 33/25 60. **G:** Weser, linkes Ufer vom km 85,28 bis km 111,90; rechtes Ufer von 87,00 bis km 98,70 und von km 108,40 bis 111,90. Wassertiefe 3 bis 6 m in der Mitte. **G:** 4 Kiesseen, zus. ca. 100 Morgen groß. **FA:** Hecht und Zander (45 cm), Barsch, Aal, Forelle (24 cm, Karpfen (35 cm), Schleie u. a. Weißfische. **FZ:** ganzjährig. **E:** SFV Bodenwerder-Heinsen e. V., Ruf 5 97, 1. Vors. Hans Speckmann, Steingrund 8; Volksbank; Angelcenter Schünemann, Hallerstr. 1; Gaststätte Offermanns, Ostlandstr. alle Bodenwerder. Werner Kohrs, 3452 Pegestorf Nr. 47, Günter Kohrs, Grave Nr. 71; Helmut Bertelsmeier, Polle, Pyrmonter Str. 199; Erich Bullmann, Oststr. 2, Heinsen; Günther Müller, Reileifzen. **Geb:** T 8 DM, W 15 DM, 2 W 25 DM, M 35 DM, J 65 DM. gelten für alle Gewässer, einschl. Kiesseen. **B:** O.A., Sp.Prü.; 2 Ruten, alle Köder, Nachtangeln nicht erlaubt.

Bodenwerder, **Ortsteil Rühle** (3452): staatl. anerkannter Erholungsort am rechten Weserufer, Sommerfrische am Fuße des Voglers; Bahnstation Bodenwerder (5 km). B 83 auf der gegenüberliegenden Uferseite; Dampferanlegestelle, Wassersport. **A:** VV, Kirchweg 5; Ruf 0 55 33/12 24; **G:** Weser, von km 99 bis 109,00, rechte Uferseite. **FA:** Hecht, Aal, Karpfen, Schleie, Forelle, Zander, Weißfische. **FZ:** ganzjährig. **E:** SFV Rühle u. Dölme e. V., Helmut Borchers, Bodenwerdersche Str. 21, Ruf 24 07; Waldemar Schünemann, Rühle, Bodenwerdersche Str. 23; Claus Schünemann, Campingplatz Himmelspforte. Walter Schünemann, Bevern, O. T. Dölme. **Geb:** T 5 DM, 14 T 15 DM, 4 W 25 DM, J 80 DM. **B:** O.A., Sp.Prü.; 2 Ruten, alle Köder.

Boffzen (3474): Erholungsort an der Weser in schöner, waldreicher Umgebung am Westrande des Sollings, 4 km südöstlich von Höxter; B 64/83, Bahnstation an Strecke Holzminden–Warburg. Anleger der Oberweser-Dampfschiffahrt. **A:** Samtgemeindeverwaltung, Heinrich-Ohm-Str. 21, Ruf 0 52 71/50 25. **G:** Weser, Länge 8 km, 70 m breit. **FA:** Raub- und Friedfische, besonders gut: Aal und Karpfen. **E:** ASV Fürstenberg-Boffzen, nach Vereinbarung; Angelsport Eberwein, Mühlengrube 19; Hans Schare, Stapelgasse 9; Hotel Fürstenberg, Besitzer Hirt, 3476 Fürstenberg; Herbert Surmann, Wehrden, Paradiesstr. in 3472 Beverungen. **Geb:** 2 T 6 DM, W 10 DM, M 20 DM. **B:** Feriengast, Bundesfischereischein, Sp.Prü.; 2 Ruten, alle Köder.

Fürstenberg – Weser (3476): Erholungsort, umgeben von Laub- und Nadelwäldern, zwischen Höxter (6 km) und Beverungen (10 km), östl. der Weser. Bahnstrecke Holzminden–Scherfede–Warburg; Dampferanleger; B 64, 83, 241 u. 497; Ausflugsfahrten, Rundwanderwege, Hallenbäder und beheizte Freibäder in 6 km Umkreis. **A:** Gemeindeverwaltung, Ruf 0 52 71/51 01; **G:** Weser, ca. 8 km lange Angelstrecke von Derental km 60,17 bis 60,27, linkes Ufer von 61,7 bis 63,92, ca. 75 m breit; **FA:** Aal, Barbe, Barsch, Brachse, Forelle, Hecht, Karpfen, Zander u. a. Weißfische. Fangbegrenzung: 2 Edelfische pro Tag. **FZ:** März bis November. **E:** Angel-Shop Eberwein, Mühlengrube 19, 3474 Boffzen. Hotel Fürstenberg (Bes. Hirt), Meinbrexerstr. 1; Gaststätte „Petriwinkel", an der Weser. **Geb:** 2 T 6 DM, W 10 DM, M 20 DM, J 50 DM. **B:** O.A., Sp.Prü.; 2 Ruten, alle Köder.

Hess. Oldendorf (3253): an der Weser, Bahnstrecke Hildesheim–Hameln–Löhne; B 83 (Wesertalstraße) Hameln (12 km) – Bückeburg (19 km); BAB E 8, Ausfahrt Rehren. Stadion, beheiztes Waldschwimmbad, Jugendherberge, Reiten, Tennis, Wassersport. **A:** VA, Marktplatz, Ruf 0 51 52/30 32. Herr Karl Kruse vom FV, Lange Str. 81, Ruf 24 40; **G:** Weser, ca. 13 km im gesamten Stadtgebiet, und ca. 9 ha Kiesteiche. **FA:** Hecht, Zander, Aal, Weißfische. **FZ:** ganzjährig. **E:** Thieme, Lange Str. 63; Karl Kruse, oder Fährhaus Hess. Oldendorf, Ortsteil Großwieden. **Geb:** T 5 DM, W 15 DM, 2 W 20 DM, M 30 DM, J 100 DM. **B:** alle Köder u. 2 Ruten erlaubt.

Höxter (3470): mit 12 ländlichen Kur- und Erholungsorten in einem besonders reizvollen Teil des Weserberglandes an der B 83 (Wesertalstraße) zwischen Hameln (56 km) und Karlshafen (23 km) und an der B 64; BAB E 4, Ausfahrt Münden, (73 km), Bahnstation an der Strecke Altenbeken–Kreiensen; Dampferanleger der Oberweser Dampfschiffahrt, Hallenbad, beheiztes Schwimmbad, Jugendherberge, Camping, Tennis, Reiten, Flugplatz auf dem Räuschenberg. **A:** FVA, am Rathaus 7, Ruf 0 52 71/63–244; **G:** Weser, Gaststrekken von km 66,5 bis km 67,5 (rechtes

Ufer; Boffzen-Haken) und von km 73,0 bis 76,0 (linkes Ufer, Lüchtringen-Haken). **FA:** Raub- und Friedfische. **E:** SFV Höxter e. V., Albaxerstr. 33c, nach Vereinbarung. Franz Hohmann, Marktstr. 22, Ruf 23 77; **Geb:** T 10 DM, W 25 DM, M 40 DM. **B:** 1 Rute. **S:** Der SFV Höxter-Godelheim e. V. gibt für die Weser, Nethe und mehrere Kiesteiche Erlaubnisscheine aus. **A:** u. **E:** Angelgeräte Karl Müller Godelheim, Ruf 89 63.

Höxter – **Stahle** (3470): Ortsteil von Höxter, ruhiger Ferienort, B 64 und 83; Tennishalle, Hallenbad, Freibad und weitere Sportanlagen in unmittelbarer Nähe der Baggerseen, Camping. **A:** Bezirksverwaltungsstelle Stahle, Ruf 0 55 31/32 11. **G:** Weser, von km 78,40 bis km 85,28 (linkes Ufer). 2 Baggerseen, ca. 1 ha. **FA:** Raub- und Friedfische, jedes Jahr mehrere Hechte über 20 Pfund. **FZ:** ganzjährig. **E:** FV Stahle, nach Vereinbarung. Angelgeräte Axel Stäuber, Wilhelmstr. 3450 Holzminden; Karl-Heinz Schmidtke, OT Stahle, Köterbergstr. 51, Ruf 47 76; Heinrich Krekeler, Köterbergstr. 53, Ruf 41 78; Campingplatz Holzminden (auf der Stahler Seite). **Geb:** T 5 DM, W 15 DM, M 25 DM. **B:** O.A., Sp.Prü.; alle Köder, 2 Ruten und Nachtangeln erlaubt.

Minden (4950): Das Tor zum Weserbergland, 4 km nördlich der Porta Westfalica (Eintritt in die norddeutsche Tiefebene), Wasserstraßenkreuz Weser- und Mittellandkanal; Bahnstrecken Köln–Hannover und Amsterdam–Osnabrück–Hannover–Berlin; B 61, 65 und 482, BAB E 8, Hannover–Dortmund, Ausfahrten Bad Eilsen (17 km), Porta Westfalica (10 km), Vennebeck (11 km); Fahrgastschiffahrt, Wassersport, Hallen- und Freischwimmbäder, Camping, Tennis, Reiten, Heilquellen-Kurbetrieb, Wandern, Freizeitpark. **A:** Verkehrs- und Werbeamt, Ritterstraße 31, Ruf 05 71/8 93 85; **G:** Weser, ca. 68 km, von Porta Westfalica-Veltheim, Flußkm 171,45 ca. 60 m breit, über Vlotho, Bad Oeynhausen-Dehme, Minden bis Petershagen-Schlüsselburg, Flußkm 238,72 bis 200 m breit. **FA:** Wels (Mindestmaß 75 cm, bis 15 kg schwer), Hecht (50 cm, bis 8 kg), Zander (50 cm, 3 kg), Aal (35 cm, bis 4 Pfd.) Barsch, Rutte, Barbe, Forelle (28 cm), Weißfische. Fangbegrenzung: tägl. 2 Hechte, Welse oder Zander oder insgesamt 2 Fische dieser 3 Arten, höchstens mit anderen Fischarten zusammen 15 Pfd. **FZ:** ganzjährig. Artenschonzeiten beachten. **E:** FV Minden und Umgebung e. V., Königstraße 40 (Di und Do 17.30 bis 20 Uhr), Ruf 2 37 30; SAV „Weser" Leteln e. V., F. Hiddessen, Letelner Str. 1; FV und ASVe in Bad Oeynhausen, Petershagen, Porta Westfalica, Vlotho; Fa. Gerd Kucharzewski, Marienwall 25; Fa. Kaiser u. Knake, Friedrich-Wilhelm-Straße 5; Fa. Jürgens, Hufschmiede. **Geb:** T 4,50 DM, Ausgabe beschränkt. **B:** O.A., Sp.Prü.; 2 Ruten, davon 1 auf Raubfisch, alle Köder, keine Bootsbenutzung.

Oberweser – Gieselwerder (3525): Gieselwerder ist Ortsteil in einem besonders reizvollen Urlaubszentrum an der Märchenstraße im Wesertal zwischen Reinhardswald und Bramwald unmittelbar am Strom. B 80 (Wesertalstraße) zwischen Karlshafen (14 km) und Hann. Münden (27 km); BAB Hannover–Kassel, Ausfahrt Nörten-Hardenberg (37 km); Bahnstation Bodenfelde (5 km), Strecke Altenbeken–Northeim oder Göttingen–Bodenfelde. Beheiztes Schwimmbad, Camping, Fahrradverleih, Wandern. **A:** VA Gieselwerder, Rathaus, Ruf 0 55 72/8 81 u. 3 75. **G:** Weser, von Flußkm 20,0 bis 30,0, beide Seiten, durchschn. 60 m breit. **FA:** Aal, Barsch, Hecht, (tägl. 2 Fische), Zander, Forelle (3 Fische tägl.), Schleie u. a. Weißfische, tägl. nicht mehr als 5 kg Gesamtgewicht. **FZ:** April bis Ende Oktober. **E:** VA Oberweser-Gieselwerder, Angelgeräte Ingrid Warnecke, Mühlenbachstr. 7, Ruf 5 70. **Geb:** 3 T 10 DM, 14 T 20 DM, M 25 DM, J 45 DM, bei Benutzung von nur einer Angelrute. Bei 1 Raubfisch- und 1 Friedfischrute J 75 DM. Jahreskarten für 125 DM gibt es für folgende Gewässerstrecken: Werra von km 76,6 bis km 88,7; Freda von km 87,7 bis km 105 und Weser von km 1 bis km 4 und km 4–44,87. **B:** 1 bzw. 2 mögliche Ruten, alle Köder.

Oberweser – **Oedelsheim** (3525): OT von Oberweser, staatl. anerkannter Erholungsort am Sonnenhang des Wesertals, unmittelbar am Fluß; ausgedehnte Waldungen, Anfahrt auf B 80. Hallenbad, Turnhalle, Leihpferde, Bundeskegelbahn, moderner Campingplatz an der Weser, Ruf 0 55 74/2 35. **A:** VA, Oedelsheim, Ruf 1 07. **S:** Angelmöglichkeiten in der Weser, Bedingungen siehe bei Oberweser-Gieselwerder.

Petershagen (4953): beiderseits der Weser, 15 km nördl. der Porta Westfalica im weiten Flachland der Norddeutschen Tiefebene. Bahnstrecke Minden (10 km) – Uchte; B 61 und 482, BAB E 8, Hannover–Dortmund, Ausfahrt Bad Eilsen (24 km) auf B 83 über B 65 zur B 482. Wassersport, beheiztes Freibad, Campingplatz Lahde, Kursanatorium Bad Hopfenberg, Wanderungen in ausgedehnten Waldgebieten, Leihpferde. **A:** Städt. VA, Schloßfreiheit 2–4 und Bahnhofstr. 63, Ruf 0 57 02/4 64 (OT Lahde). **G:** Weser, ca. 68 km. Weiteres siehe unter Minden. **E:** FSV Petershagen e. V., A. Willharms, Mindener Str. 13, Ruf 0 57 07/3 07 bzw. 5 71. SAV Windheim (Weser) e. V., Geschäftsstelle Petershagen-Windheim, Weserstr. 2, Ruf 0 57 05/6 43; FV Lahde e. V., E. Niederbracht, Petershagen-Lahde, Bückeburger Str. 5, Ruf 0 57 02/91 08; ASV Schlüsselburg, Hohe Str. 44, Ruf 0 57 61/15 06; Gebühren und Bedingungen sind bei **Minden** ersichtlich. **S:** W. Strangmann, Spezialabteilung für Angelzubehör, auch Köderfische, 4951 Schlüsselburg, Ruf 0 57 61/15 06.

Reinhardshagen (3512): mit den Ortsteilen Vaake und Veckerhagen, staatlich anerkannter Luftkur- und Familienferienort an der Weser, mittelgebirgsartiges Reizklima; B 80 (Wesertalstraße) zwischen Hann. Münden (11 km) und Karlshafen (30 km), BAB Hannover–Kassel, Ausfahrt Hann. Münden (20 km), Bahnstation Hann. Münden. Hallenbad, beheiztes Freibad, Camping im OT Vaake, Dampferfahrten, Wandern. **A:** Gemeindeverwaltung, VA, Amtsstr. 10. **G:** Weser, von km 4 bis km 20,0. **FA:** Aal, Hecht, Karpfen, Forelle, Brassen u. a. Weißfische. **FZ:** ganzjährig. **E:** Gemeindeverwaltung. **Geb:** 3 T 10 DM, 14 T 20 DM, M 25 DM, J 45 DM. (mit nur 1 Rute) J 75 DM, bei Verwendung von 2 Ruten. **B:** J.Fsch.; alle Köder, kein Bootsverleih.

Rinteln (3260): in dem von bewaldeten Bergen umgebenen Wesertal, an der Einmündung des Extertales im Schaumburger Weserbergland, zwischen Hameln und Rinteln, an der B 238, 40 km nördlich Detmold; Anziehungspunkte: Doktorsee und Helenensee. BAB E 8, Ausfahrt Bad Eilsen (5 km), Bahnstrecke Hildesheim–Löhne und Braunschweig–Osnabrück. Beheiztes Weserangerbad, Hallenwellenbad, am Doktorsee 800 m Badestrand, Wassersportparadies, Sauna, Reitplatz und Reithalle, Freizeitanlage, Camping am Doktorsee, Ruf 0 57 51/26 11, Tennisplätze, Segelflüge. **A:** Stadtverwaltung, Ruf 45 41 App. 62; Brennerstr. 23. **G:** Doktorsee, 180 Morgen groß, bis 8 m tief, Verbindung mit der Weser. **FA:** Hecht (50 cm, bes. Fänge 24 bis 34 Pfd.), Zander (45 cm, 17 Pfd.), Barsch, Aal (bis 3 Pfd.), Forelle (25 cm, 1. 10. bis 31. 3. Schonzeit), Karpfen (40 Pfd.), Schleie u. Weißfische. Tägl. Fangbegrenzung: 4 Edelfische. **FZ:** ganzjährig. Raubfischfang ab 1. 7. **E:** FV Grafschaft Schaumburg von 1908 e. V. Rinteln, Siegfried Nörenberg, Hafenstr. 6, Ruf 54 96; Platzwart Wilhelm Hoppe, Brennerstr. 16a, Ruf 26 11; **G:** Weser, von km 155,0 (Rhoder-Bach/Konwertsche Weide bis km 171,84 bei Eisbergen. **G:** 3 Kiesteiche im OT Engern, 6 bis 9 m tief, zus. 220 Morgen groß. **Geb:** Weser: T 5 DM, W 15 DM, 2 W 20 DM, M 30 DM. Jugendliche mit 1 Rute: T 3 DM, W 6 DM, 2 W 8 DM, M 12 DM. Für Doktorsee I u. II: T 7,50 DM, W 22,50 DM, 2 W 30 DM, M 45 DM. Jugendliche: wie bei Wesergebühren.

Vlotho/Weser (4973): Luftkurort, idyllisch eingebettet zwischen bewaldeten Höhen, eine heiter-beschwingte, sanfthügelige Landschaft, Kurbetrieb in Bad Seebruch und Bad Senkelteich. Bahnstrecken Löhne–Hildesheim und Bentheim–Braunschweig. B 514 (8 km südöstlich von Bad Oeynhausen, BAB E 8, Ausfahrt Bad Oeynhausen (5 km); Freizeitanlage mit Campingplatz und sportlichen Anlagen, beheiztes Waldschwimmbad, Wassersport, Jugendherberge, Reiten, Tennis-Gastspiele möglich. **A:** Städt. VA, Lange Straße 60, Ruf 0 57 33/30 81. **G:** Weser, ca. 68 km Angelstrecke; Fischarten, Schonzeiten, Gebühren und sonstige Bedingungen siehe unter **Minden** (4950). **E:** FV von 1920 Vlotho e. V., W. Kuhlemeier, Kuhkamp 7, und Hotel Ratsstuben, Lange Str. 65, Ruf 22 20; Heinrich Bartels, Lange Str. 49, Ruf 7 43; Familien-Freizeitplatz Borlefzen. **S:** Fischerei- und Angelsportvereine in Bad Oeynhausen, Minden, Porta Westfalica, Petershagen, weitere Möglichkeiten siehe jeweils dort.

Werratal

Bad Sooden-Allendorf (3437): Heilbad mit 9600 Einw. an der Deutschen Ferienstraße Alpen–Ostsee, B 27; BAB E 4, Ausfahrt Friedland (von Norden kommend), Ausfahrt „Werratal“ aus westlicher Richtung und Ausfahrt Bad Hersfeld von der E 70 (aus südlicher Richtung). D-Zug-Station an der Fernstrecke Hamburg–München (Frankfurt a. M.). Freischwimmbad, Sole-Hallen-Bewegungsbad, Wellenaußenbecken, 200 km markierte Wanderwege, Tennis, Reiten. **A:** Städt. Kurverwaltung, Ruf 0 56 52/20 66 u. 20 67. **G:** Werra, ca. 7 km; **FA:** Aal und Forelle. **Geb:** T 4,50 DM, W 20,50 DM, M 40,50 DM. **B:** 2 Ruten. **G:** 2 Teiche, ca. 30 ha, **FA:** Hecht, Zander, Karpfen, Aal, Schleie, Forelle u. Weißfische. **E:** Albert Hagelgans, Vors. ASV e. V., Bad Sooden, Ruf 27 86; Gasthaus zur Krone (Stadtteil Allendorf), Kirchstr. 76, Ruf 22 57; Dieter Lange, Am Bruch, Ruf 10 07; **Geb:** T 5 DM, W 20 DM, M 40 DM. **B:** 2 Ruten.

Eschwege (3440): Bahnstrecke Bebra–Göttingen, Bahnstation. B 7, B 27, B 249 u. B 452. BAB E 4 u. E 70 (30 bis 50 km). Wassersport, Hallenbad, beheiztes Freibad, Bootsverleih, Tennis, Segelfliegen, Campingplatz, mark. Wanderwege, Wildpark. **A:** Stadtverwaltung, Ruf 0 56 51/3 00 41. **G:** Werra, von der Einmündung der Frieda stromabwärts bis km 39, dort wo die Werra von Nordosten kommend, unterhalb Albungen an die Eisenbahn stößt, einschl. Nordarm und Harlache in der Gemarkung Eschwege, Länge ca. 17 km. **FA:** hauptsächlich Aal und Regenbogenforelle. **E:** Vereinslokal des ASV Eschwege, Hotel-Restaurant Stadthalle, Wiesenstraße; 1. Vors. Konrad Wittich, Auer Str. 19; Firma Gustav Ruhlandt, Forstgasse; Firma S. Junghans, Stad 7; Zoohaus Schmied, Nikolaiplatz; Gasthaus „Goldener Stern“, Brückenstr. 9/11; Gaststätte „Zur Silberklippe“, am Anger, 3446 Meinhard-Grebendorf; Firma Schäfer, Angelgeräte, Grebendorf; Gasthaus „Werratal“, Inh. H. Ruelberg, Eschwege-Albungen; Gaststätte „Kahlfeld“, 3446 Meinhard-Jestädt. **Geb:** T 4 DM, W 20 DM, M 40 DM. **B:** 2 Ruten, alle Köder. **G:** Werratalsee, Freizeit- und Erholungszentrum, z. Z. ca. 140 Morgen groß, gegenüber dem Leuchtberg, südlich der B 249, zwischen Eschwege und Schwebda. **FA:** Hecht, Zander, Aal, Karpfen, Schleie, Weißfische. Ein gut besetztes Gewässer! **E:** wie unter Werra: Fa.: Ruhlandt, Fa. Junghans u. Gaststätte Silberklippe. **Geb:** T 4 DM, 3 T 10 DM, W 20 DM. **B:** J.Fsch., Sp.Prü.; 2 Ruten (davon 1 auf Raubfisch), keine Edelfische als Köderfisch, sonst keine Beschränkungen. **G:** Kiesteich bei Grebendorf (Teich I): ca. 22 Morgen groß, **FA:** Karpfen, Zander, Hecht, Schleie, Weißfische. **E:** nur im Geschäftszimmer des ASV, Brückenstr. 9/11. **Geb:** Nur T 10 DM. **B:** 2 Ruten (davon 1 auf Raubfisch), keine Edelfische als Köderfisch verwenden, sonst alle Köder. **G:** Kiesteich vor Grebendorf an der zweiten Eisenbahnbrücke (Teich II), ca. 2 ha groß; **FA:** Karpfen, Schleie, vereinzelt Forelle, Weißfische. **E:** wie unter Werra. **Geb:** T 5 DM, W 25 DM. **B:** J.Fsch., Sp.Prü.; 2 Ruten, alle Köder. **G:** Seen im Freizeit- und Erholungszentrum des Werra-Meißner-Kreises in der Gemeinde Meinhard, zwischen den OT Jestädt und Grebendorf (ca. 35 ha Wasserfläche). **FA:** Aal, Hecht, Karpfen, Forelle, Zander, Schleie, Weißfische. **E:** Gasthaus „Zur Krone“, Heinz Kahlfeldt, Am Anger, Jestädt; Fa. Renate

Ebert, Forstgasse und Fa. Junghans, Stad 7, beide in Eschwege; Aufsichtsbehörde des Freizeitzentrums (Fischereiaufseher); Heinz Bebendorf, Friseurgeschäft, Eschweger Straße in Grebendorf. **Geb:** T 5 DM, W 20 DM (gültig für 7 Tage), M 50 DM, gültig für 30 Tage. **B:** an alle Angler mit J.Fsch., 2 Ruten, (1 für Raubfisch), freie Köderwahl. **G:** Kiesteich, Gemarkung Albungen (Werra), ca. 20 Morgen, **FA:** Karpfen, Schleie, Hecht, Weißfische. **E:** Heinz Stübner, Bilsteinstr. 8 in Albungen; Gasthaus „Werratal", Ruf 0 56 52/26 92; Gasthaus „Sommerliede", Ruf 26 88; **Geb:** T 5 DM, W 25 DM, 2 W 45 DM, 3 W 65 DM, M 85 DM. **B:** J.Fsch., 2 Ruten, keine Beschränkung der Köderwahl. Fangbegrenzung: 1 Hecht, 2 Karpfen und 5 Schleien pro Tag. Angelzeit von 5 bis 22 Uhr. **S:** Vogelschutzgebiet (Sperrgebiet), die Mindestmaße und die auf dem Erlaubnisschein vermerkte Fangbegrenzung beachten. Weitere Angelmöglichkeiten siehe unter Meinhard-Schwebda und Wanfried.

Hann. Münden (3510): staatl. anerkannter Erholungsort am Zusammenfluß von Fulda und Werra zur Weser, umgeben von den waldreichen Höhen des Reinhards-, Kaufunger- u. Bramwaldes; Bahnverbindung an der Strecke Kassel–Göttingen; B 3 und B 80; BAB E 4, Ausfahrten Hedemünden und Lutterberg; Wassersport, Hallenbad, beheiztes Schwimmbad, Rudern, Reiten, Tennis, Camping. **A:** VB, Rathaus, Ruf 0 55 41/7 51; **G:** Werra, von km 79,3 ca. 10 km; **G:** Fulda, von km 87,710 ca. 20,8 km bis zur Vereinigung; **G:** Weser, von km 0,0 bis 4,0 und km 6 bis 44,86. **FA:** Hecht (50 cm), Zander (40 cm), beide nur auf Jahressch. Karpfen (32 cm), Forelle (28 cm), Schleie (22 cm), Aal, Barsch, Äsche, Barbe u. a. Weißfische; Fanglimit 2 Hechte, 3 Forellen und 5 kg sonstige Fischarten. **E:** VB, Rathaus; Verein der Fischfreunde zu den 3 Strömen in Münden; Fischerei-Genossenschaft, Sitz Lippoldsberg. **Geb:** 1–3 T 10 DM, 2 W 20 DM, 4 W 25 DM, J 45 DM, nur für Friedfischfang mit 1 Rute. J 75 DM, 2 Ruten, eine für Raubfisch, für das gesamte Gebiet außer Weser km 4–6; Fulda km 105 bis Weser km 0,0; Werra von Straßenbrücke Münden bis Weser km 0,0. In der Zeit vom 1. 10. bis 31. 3. Winterkarte für 20 DM. **B:** Gastscheine, alle Köder, außer Hechtköder und Blinker, 1 Rute.

Herleshausen (3443): Ort mit 1500 Einw. im Südringgau (Grenzgebiet), BAB E 70, Ausfahrt Obersuhl (25 km), B 7 (13 km), Camping. **A:** Gemeindeverwaltung, Ruf 0 56 54/64 45, oder Heimat- und VV, Ruf 5 37; **G:** Werra, Bezirk A und B, ca. 6,5 km, nur linkes Ufer (Grenzgebiet), durchschnittlich 30 m breit. **FA:** Aal, Bach- und Regenbogenforelle, vereinzelt Weißfische. **FZ:** ganzjährig, unter Beachtung der Artenschonzeiten. **E:** ASV Herleshausen; G: Hasenauer, Bahnhofstr. 10; Gerhard Siemon, Edeka-Markt, Anger 6; Gasthaus „Zur schönen Aussicht", Bahnhofstr, 19; G. Düsterwald, Spar-Markt, Anger 4; Bürgermeisteramt. **Geb:** T 3 DM, W 10 DM, M 20 DM. **B:** 2 Ruten, alle Köder.

Herleshausen, Ortsteil **Wommen** (3443): 450 Einw., Anfahrt wie bei Herleshausen. **A:** Gemeindeamt Wommen und Herleshausen, Ruf 0 56 54/64 45. **G:** Werra, 6 km Fließstrecke, nur linkes Ufer, 30 m breit; **G:** 1 Kiesgrube ca. 1,3 ha. **FA:** Werra: Forelle und Aal. Kiesteich: Karpfen, Schleie, Forelle, Weißfische. **E:** ASV Wommen 1961 e.V. 1. Vors. Hans Werner Wiegand, OT Holzhausen, Schloßbergstr. 20; Friedrich Börner, OT Wommen, Alter Bach 5; Ernst Buchenau, Lichtenberg 4 im OT Wommen. **Geb:** T 3 DM, W 10 DM, M 20 DM. Im Kiesteich T 6 DM. **B:** J.Fsch., 2 Ruten, alle Köder. **S:** Für Übernachtung und Urlaubsaufenthalt steht ein Anglerheim zur Verfügung, Aufenthaltsraum, inkl. Angelkarte pro Tag und Person 20 DM.

Meinhard – Ortsteil **Schwebda** (3446): 1150 Einw., 7 km von Eschwege, BAB E 70, Ausfahrt Bad Hersfeld (35 km), B 7, B 249, B 452 Freibad, Segeln, 12 km markierte Wanderwege, Anglerheim am Griesteich. **A:** Gemeindeverwaltung. **G:** 1) Werra, Bezirk 12 b von km 39 bis km 42,5 von Albungen bis Kleinvach, **G:** 2) a.

im Winkel (früher Badeteich), b. Altarm der Werra bei Schwebda, c. Werratalsee, ca. 50 ha groß. **FA:** Aal, Barsch, Forelle, Hecht, Karpfen, Krebs, Schleie, Zander, Weißfische. **E:** für die Werra: Gaststätte Heinz Thomas, Kleinvach, Ruf 0 56 52/28 75; für die Teiche: Vereinslokal in Schwebda, Langegasse, ab 8 Uhr, außer dienstags, Ruf 0 56 51/34 95; Friseurmeister E. u. H. Schäfer, Dorfstraße, ab 8 Uhr, außer sonntags und montags, Ruf 57 72; Bürgerhaus Werratal, Am Sportplatz, ab 8 Uhr, außer montags, Ruf 53 83; Fa. S. Junghans, Stad in 3440 Eschwege, ab 9 Uhr, außer sonntags, Ruf 6 00 21. **Geb:** Werrabezirk: T 4 DM, W 20 DM, M 40 DM. Kiesteiche 2a und 2b: je Teich T 5 DM, 3 T 12,50 DM, 7 T 25 DM. Werratalsee: T 4 DM, 3 T 12 DM, 7 T 20 DM. **B:** J.Fsch., in den Teichen darf mit 2 Ruten, davon 1 auf Raubfische, geangelt werden. Als Köderfische nur Rotauge, Rotfeder oder Karausche erlaubt. **S:** Köderfische und Angelzubehör bei Georg Schäfer, in Meinhard erhältlich.

Waldkappel (3445): Die Stadt am Walde, staatl. anerkannter Erholungsort an der Wehre, einem Zufluß der Werra. Bahnstrecke Kassel–Eschwege; B 7, BAB E 4, Ausfahrt Bad Hersfeld (43 km), Busverbindungen: Eschwege, Spangenberg, Melsungen. Beheiztes Freibad, Reiten. **A:** VA der Stadt Waldkappel, Friemer Str. 10, Ruf 0 56 56/2 75; **G:** Fischteich (Vorwärmebecken der ehemaligen Flußbadeanstalt). **FA:** Aal, Karpfen, Schleie, Forelle, Weißfische. **E:** Stadtverwaltung. **Geb:** T 4 DM, (Kurkarte 2,50 DM), W 12 DM, bzw. 9,50 DM. **B:** Kurgast, J.Fsch.; 2 Ruten, freie Köderwahl.

Wanfried (3442): Kleinstadt und Luftkurort im Werratal, umgeben von bewaldeten Bergen, Naturschutzgebiet; Anreise über B 249/250, BAB E 4, Ausfahrt Bad Hersfeld, Hedemünden (50 km), nach Eschwege (10 km). Beheiztes Schwimmbad, Badesee, Reit- und Malkurse. **A:** VV, Rathaus, Ruf 0 56 55/7 01; **G:** Werra, Bezirke 5, 6 und 7, rechts von km 14,7 oberhalb von Altenburschla und links von km 18 (unterhalb Völkertshausen), beiderseitig bis zur Frieda-Einmündung, ca. 9 km. **FA:** Aal, Bach- und Regenbogenforelle (Fangbegr. 5 Fische pro Tag), Weißfische. **E:** ASV Wanfried; Friedel Gries, i. Fa. Wanfrieder Schmirgelwerk, Gottlob Gries KG, und Klaus Kellner, Friseurgeschäft, Bahnhofstr. 3; Hotel Wanfrieder Hof, Marktstr. 21; Werner Thiel, Wanfried-Altenburschla Nr. 70. **Geb:** T 4 DM, W 20 DM, M 40 DM. **B:** J.Fsch., 2 Ruten, alle Köder.

Witzenhausen (3430): „Kirschenstadt“ im Werratal, mit 17 Ortsteilen, staatlich anerkannte Kneipp- und Luftkur- bzw. Erholungsorte. Bahnstrecke Kassel–Hannover; BAB E 4, Ausfahrt Werratal, B 27, B 80 und B 451; Hallenbad, Tennis, Reiten, Kegeln, Camping. **A:** städt. VA, Rathaus, Ruf 0 55 42/7 45 u. 20 01; **G:** Werra, von Flachsbacheinmündung im Ortseingang Stadtteil Ermschwerd und rechtes Ufer bis zur Brücke im Stadtteil Gertenbach, ca. 13 km. **FA:** Aal, Forelle (25 cm). **G:** Teich II bei der Unterrieder Eisenbahnbrücke, ca. 4 ha. **FA:** Forelle, Barsch, Karpfen. **E:** ASV Witzenhausen, Vors. Dietmar Gries, Neu-Eichenberg, Ortsteil Eichenberg-Bahnhof; Jagd-Fischerei-Sportgeschäft Burgsmüller sen., Inh. A. Homburg, Walburger Str. 26. Städt. VA. **Geb:** für Werra: T 4 DM, W 20 DM, M 40 DM. Teich: T 5 DM. **B:** Sp.Prü.; 2 Ruten, alle Köder.

Fuldatal

Alheim – Ortsteil **Heinebach** (6445): ruhiger Erholungsort im kurhessischen Bergland bei Melsungen (24 km), auch BAB-Ausfahrt der E 4; B 83. Bahnstrecke Bebra–Melsungen. Ideale Wanderstrecken. **A:** Verwaltungsstelle Heinebach, Schulstr. 3, Ruf 0 56 64/3 76; **G:** Fulda, ca. 13 km, 8 bis 10 m breit; 1 Kiesteich. **FA:** Hecht (50 cm, Schonzeit in der Fulda vom 1. 1. bis 1. 11.; Kiesgrube vom 1. 2. bis 20. 4.), Barsch, Aal (40 cm), Karpfen (35 cm), Schleie und Weißfische. **FZ:** ganzjährig. **E:** Günter Waffenschmidt, Nürnberger

Str. 25, Ruf 82 13; **Geb:** T 6,50 DM. (Monatsermäßigung). **B:** Alle Köder, 2 Ruten, J.Fsch.; Nachtangeln.

Bad Salzschlirf (6427): Heilbad zwischen den Vorbergen von Rhön und Vogelsberg bei Fulda (17 km), Bahnstrecke Fulda (17 km) - Gießen und Fulda–Frankfurt a. M., Anfahrt über B 62 und B 254, BAB E 4, Ausfahrt Alsfeld und Kirchheim, E 70 Hünfeld/Schlitz oder Fulda/Süd. Beheiztes Freibad, Tennis, markierte Wanderwege, Fahrradverleih. **A:** Kur- und VV, Rathaus, Ruf 0 66 48/22 66; **G:** Schlitz, ca. 1 km Angelstrecke und 5 bis 20 m breit. **FA:** Hecht (50 cm, Fangzeit ab 1. 5. bis zu 8 Pfd. schwer), Aal (bis über 3 Pfd.), Forelle (25 cm, bis 2 Pfd.), Karpfen (bis 7 Pfd., Mindestgewicht 1 kg), Schleie (20 cm, bis 2 Pfd.), Barbe bis 6 Pfd., Döbel bis 5 Pfd., u. a. Weißfische. **FZ:** ganzjährig. **E:** Kurverwaltung. **Geb:** M 40 DM. **B:** Kurgast; 1 Rute, alle Köder, Nachtangeln erlaubt.

Bebra (6440): Kleinstadt und Eisenbahnknotenpunkt, Kreis Hersfeld-Rotenburg/F. B 27 und B 83; BAB E 70, Ausfahrt Bad Hersfeld. Schwimmbad. **A:** SAV Bebra, **G:** Baggerseen, bis zu 5 m tief. Stadt-Teich 1, ca. 8 ha; Teich 2, ca. 1 ha. Stadt-Teich 3, ca. 1 ha; Biber-Teich 1, ca. 3 ha; Biber-Teich 2, ca. 4 ha. **FA:** Stadt-Teich 3 ist ein Forellensee, der nur mit Fliege u. Blinker befischt werden darf. Hecht (60 cm, ab 1. 7., besondere Fänge: über 10 kg), Zander (50 cm, ab 1. 7.), Wels (80 cm), Karpfen, Schleie, Forelle, Weißfische. Fangbegrenzung: 1 Karpfen, 1 Hecht, 5 Schleien, 4 Forellen, 1 Wels, 1 Zander. **E:** Spar-Geschäft Lettmann, Goethestr. oder 1. Vors. Peter Fiedler, Stettiner Str. 9, Ruf 0 66 22/25 89; Willi Krapf, Eichendorffstr. 15, Ruf 0 66 23/39 88; Georg Hobert, Blücherstr. in Bebra. **Geb:** T 7 DM, WE 20 DM, W 30 DM. **B:** außer bei Teich 3 alle Köder, 2 Friedfisch- oder 1 Friedfisch- und 1 Raubfischangel. Am Forellenteich nur 1 Rute.

Beiseförth (3509): 7 km südlich von Melsungen liegt im Fuldatal der Erholungsort an der B 83 und BAB A 7, Ausfahrt Melsungen; Hallenbad, Sauna, Kneippanlagen, Mineralwasserquellen, Wildgehege, Waldlehr- und Waldsportpfad. **A:** Heimat- und VV, Ruf 0 56 64/4 73. **G:** Fulda, ca. 500 m, 30 m breit; Beiseförther See, ca. 2 ha. **FA:** Hecht, Zander, Forelle, Aal, Karpfen, Schleie, Weißfische. Schonzeiten und Mindestmaße auf Erlaubnisschein beachten. **FZ:** Mai–Sept. **E:** VB Beiseförth. **Geb:** T 5 DM, W 20 DM. **B:** 2 Ruten, freie Köderwahl. Kur- oder Ferienaufenthalt von mindestens 7 Tagen. **S:** für einen Angelteich gibt Fritz Körbel, Grüne Str. 17, Erlaubnisscheine ab. **Geb:** 5 DM. **B:** Feriengast.

Fuldatal – Ortsteil **Wahnhausen** (3501): bei Kassel (12 km), BAB E 4, Ausfahrt Kassel/Ost; B 3 und Bahnstrecke Kassel–Hann. Münden. Freizeitzentrum, markierte Wanderwege. **A:** Gemeindeverwaltung, Fuldatal, Ruf 05 61/81 10 97; **G:** Fulda, von der grauen Katze (km 87,7) bis zum Waldfried (km 96,2) ca. 9 km. **FA:** Hecht (40 cm), Barsch, Aal (40 cm), Forelle (28 cm), Karpfen (32 cm), Schleie (22 cm), Weißfische. **FZ:** April bis Oktober. **E:** Verwaltungsstelle der Gemeinde, Fuldatal-Simmershausen, Raiffeisenstr. 6; Fulda-Freizeitzentrum, Fuldatal-Knickhagen. **Geb:** 3 T 10 DM, 14 T 20 DM, 4 W 25 DM, J 45 DM für eine Rute. Für 2 Ruten und 10 km Gewässerstrecke J 75 DM. Für Werra, Fulda und Weser bei 2 Ruten J 125 DM. **B:** alle Köder erlaubt.

Kassel (3500): Verwaltungs-, Wirtschafts- und Kulturzentrum Nordhessens mit über 200 000 Einw., Bahnknotenpunkt, BAB-Abzweigungen A 7, A 44, und A 49. B 3, B 7, B 83 und B 251; Fluß-, Frei- und Hallenbäder, Wassersport, Tennis, Golf, Reiten, Segelfliegen, Camping. **A:** VA, am Hauptbahnhof, Ruf 05 61/1 34 43; **G:** Fulda im Stadtgebiet, ca. 12 km Angelstrekke, 40 m breit; **G:** Fulda von km 87,71 bis km 96,24, zwischen 60 und 80 m Breite. **FA:** Hecht (40 cm), Zander (40 cm), Barsch, Aal (40 cm), Bachforelle (22 cm), Äsche (35 cm), Karpfen, Schleie, Weißfische. **FZ:** ganzjährig. **E:** ASV „Hassia“, Heinz Werner, Haferpfad 8; Kurhess. ASV, Egon Fuhs, Usbeckstr. 3; ASV „Chasalla“, Heinz Simon, Hafenstr. 49,

Minden
Hausberge
Veltheim
Vlotho
Erder
Rinteln
Hameln
WESER
Bad Pyrmont
Bodenwerder
Emmer
Polle
Holzminden
Höxter
0 10 20 30 40 km
Fürstenberg
Beverungen
Karlshafen
Lippoldsberg
Trendelburg
Gewissenruh
Eberschütz
Diemel
Wrexen
Vaake
Hann.-Münden
Werra
Twiste
Diemel-Stausee
Landau
Kassel
Witzen-hausen
Korbach
Bad Sooden
Allendorf
Eder-Stausee
Waldeck
Wanfried
Eschwege
Eder
Bad Wildungen
Melsungen
Waldkoppel
Fulda
Herleshausen
Rotenburg
Bebra
Allendorf
Treysa
Bad Hersfeld
Neukirchen
Oberaula
Alsfeld
Homberg/Ohm
Schlitz
Bad Salzschlirf
Fulda
Wölfersheim
Gedern
Bad Nauheim
Schlüchtern
Friedberg
Büdingen
Nidda
Bad Orb
Bad Vilbel
Gelnhausen
Frankfurt
Main
Offenbach
RHEIN
Darmstadt
Erbach

nach Vereinbarung: W. Frosch, Gasthaus „Roter Kater", Fuldatalstr. 364; Kaufhof AG, Obere Königstr. 29/33; Zoohandlung Kliem-Schnell, Friedrich-Ebert-Str. 86, Zoo-Becker, Die Freiheit 14; **Geb:** 3 T 5 DM, 2 W 10 DM, M 15 DM. **B:** 1 Rute, alle Köder; Bootsverleih: Kissler, Blücherstr. 24. **S:** weitere Angelmöglichkeiten bestehen an Eder, Schwalm, Diemel, Werra, Weser, Eder- und Diemelsee.

Melsungen (3508): 20 km südlich von Kassel, reizvolle Lage im Fuldatal, staatl. anerkannter Luftkurort mit über 10 000 Einw. in waldreicher Umgebung. B 83, 253 und 487; BAB-Ausfahrt der E 4. Bahnstrecke Kassel–Schwalmstadt; Hallenbad, beheiztes Waldschwimmbad, Tennis, Wandern, Bootsverleih, Reiten. **A:** FVV Melsungen, Ruf 0 56 61/23 48; **G:** Fulda, ca. 2 km. **FA:** Hecht (Fang nicht erlaubt), Barsch, Aal (40 cm, durchschn. 1 Pfd.), Forelle, Karpfen (bis 6 Pfd.), Schleie (20 cm, bis 2 Pfd.), Weißfische. **E:** SAV „Bartenwetzer" e. V. Melsungen; Fa. Angelgeräte Eimer, Rotenburger Str. (hier werden auch Angelgeräte verliehen); Dr. Hans-Wilh. Sostmann, Rotenburger Str. **Geb:** für Fulda, Angelstrecke I und Beiseförther Teich: T 5 DM, W 20 DM. Fulda, Angelstrecke II: T 3,50 DM, W 7,50 DM. **S:** Bedingungen für Beiseförther Teich siehe dort.

Niederaula (6434): Sommerfrische am Knüllgebirge, an der Fulda, 11 km von Hersfeld; Bahnstrecke Bad Hersfeld–Treysa; B 62 und B 454, BAB E 4, Ausfahrt Kirchheim (4 km) und E 70 Niederjossa (2 km); Flußbad. **A:** Gemeindeverwaltung, Bahnhofstr. 34, Ruf 0 66 25/3 54. **G:** Fulda, ca. 7 km, 6 bis 10 m breit; windungsreich. **FA:** Hecht, Barsch, Aal, Karpfen, Schleie, Weißfische. **E:** SFV Niederaula, nach Vereinbarung; Berthold Lehfeld, Altstadt 8; Bernhard Schaake, OT Niederjossa, Jossastr. 15. **Geb:** T 5 DM, W 20 DM, M 40 DM. **B:** O.A., Sp.Prü.; Ferien- oder Kurgast, erlaubte Köder: Wurm und Teig; 1 Rute auf Friedfischfang.

Oberaula (6435): staatl. anerkannter Luftkurort im Knüllgebirge, zwischen Bad Hersfeld und Alsfeld (B 454), BAB E 4, Ausfahrt Kirchheim; Bahnstrecke Kirchheim–Schwalmstadt; Busverbindungen mit Breitenbach, Herzberg und Kirchheim; Urlaub auf dem Bauernhof (Ringelsmühle), Reiten. **A:** VV Oberaula. **G:** Osterteich, ca. 6000 qm (künstl. angelegt). **FA:** Aal, Forelle, Karpfen, Schleie, Weißfische. **FZ:** 1. 5. bis 30. 9. **E:** „Angelshop", Renate Scheidemantel, Bahnhofstraße, Ruf 0 66 28/12 24. **Geb:** nur T 8 DM. **B:** nur an Feriengäste, 1 Rute, Boote werden verliehen, aber nicht zum Angeln. **G:** Wallgraben in Schwalmstadt, OT Ziegenhain. **FA:** Hecht, Karpfen, Schleie, Weißfische. **FZ:** ganzjährig. **E:** Kiosk Norbert Fischer, Ziegenhain, Alleeplatz; Angelshop R. Scheidemantel. **Geb:** T 6 DM.

Schlitz (6407): Burgenstadt (4 Burgen), staatl. anerkannter Erholungsort (240 m über NN) im Vogelsbergkreis mit bewaldeten Hängen, mittelalterlicher Stadtkern. BAB E 70, Ausfahrt Alsfeld/Ost (35 km), aus Richtung Hamburg über Hattenbacher Dreieck, Weiterfahrt in Richtung Würzburg, Ausfahrt Niederjossa/Schlitz (13 km), aus Richtung Würzburg, Ausfahrt Schlitz/Hünfeld (11 km). Hallenbad, beheiztes Freibad, Erholungszentrum mit Reit- und Sportplatz, Tennis, Segeln, Camping, Rudern, Windsurfing, Naturpark u. Wandergebiet. **A:** VA, Rathaus, Ruf 0 66 42/50 51–50 53. **G:** Schlitz, von Gemarkungsgrenze Bad Salzschlirf/Ützhausen bis zur Mündung in die Fulda bei Hutzdorf, ca. 11 km. **G:** Fulda, von Hartershausen (abgesehen von einigen Einschränkungen) bis unterhalb Rimbach, ca. 15 km. **G:** Baggersee, ca. 13 ha groß, in Pfordt. Schlitz: windungsreich, streckenweise dicht bewachsene Ufer. **FA:** Aal (50 cm), Barsch (25 cm), Döbel Hecht (55 cm, Fangbegr. 1 St.), Zander (55 cm, 1 Fisch), Forelle (30 cm, 2 St.), Karpfen (40 cm, 2 Fische), Barbe, Brachse, Karausche, Nase, Schleie (30 cm), Rotauge und Rotfeder. **FZ:** Mai bis Oktober. Hecht ab 1. 9. **E:** Schlitzer SFV e. V.; Gaststätte Göbel in Schlitz-Pfordt; Gasthof „Porta" Alfred Gräb, in Pfordt; Gaststätte Lips, Schlitz-Niederstoll; Textilhaus Lachmann, Salzschlirfer Str. 17 in Schlitz; Buchhandlung Langer, Günthergasse in Schlitz. **Geb:** Flüsse: T 10 DM, Pfordter See T 8 DM. 1. W 25 DM; 2. W 20 DM, 3.W 15 DM, 4. W 10 DM, M 70 DM. **B:** J.Fsch.; 2 Ruten auf Friedfische oder 1 auf Friedfische u. 1 auf Raubfische. Nur vom Ufer aus zu befischen, alle Köder erlaubt (während der Hechtschonzeit, lebender oder toter Köderfisch und Blinker verboten).

Kurhessen - Waldeck

Bad Wildungen - Stadtteil **Mandern** (3590): Sommerfrische mit 700 Einw., Bahnstrecke Fritzlar (8 km)–Bad Wildungen (3 km), B 253, BAB A 49, Ausfahrt Fritzlar; Campingplatz. **A:** Ortsvorsteher in Mandern, Ruf 0 56 21/38 60; **G:** Teiche. **FA:** Forelle, Karpfen, Schleie. **E:** Camping-Platzwart, Helmut Decher, An der Krebslache 1, Ruf 41 30. **B:** Campinggast. **G:** Teiche, ca. 1 ha. **FA:** Hecht, Barsch, Forelle, Karpfen, Schleie. **E:** Wilhelm Ekkelmeier, Nordstraße 19, Fritzlar-Ungedanken, Ruf 0 56 22/25 42; nach Vereinbarung. **B:** Campingplatzbesucher.

Bad Wildungen - **Bergfreiheit** (3591): 12 km von Bad Wildungen (Bahnstation) entfernt, Autobahnkreuz Kassel (45 km), B 3; Hallenbad, beheiztes Freibad. **A:** VV Bergfreiheit, Ruf 0 56 26/2 78. **G:** Bach. **E:** SFV Bergfreiheit, Friedrich Ritter. **Geb:** T 7 DM.

Bad Wildungen - **Mandern** (3591): Anfahrt B 253, Campingplatz. **G:** Teich. **E:** Decher in Mandern.

Bad Wildungen - **Wega** (3591): zu erreichen über B 253 und B 323. **G:** Bach und Teich. **E:** ASV Wega, Vors. Christian Ranft, nach Vereinbarung.

Homberg (Efze) (3588): im Schwalm-Eder-Kreis, malerisches Städtchen an der Efze, Bahnstrecke Schwalmstadt–Eschwege, von BAB, Ausfahrt Homberg/Efze auf B 323 (8 km), B 254 Schwalmstadt (19 km)–Wabern; Schwimmbad, Tennis, Segelfliegen. 78 km markierte Wanderwege, Reiten. **A:** Stadtverwaltung, Ruf 0 56 81/7 12 80. **G:** Efze, bei Homberg, ca. 2,5 km; **G:** Cappeler Teich, ca. 3 Morgen. **FA:** Efze: Forelle. Teich: Hecht (40 cm), Karpfen, Schleie, Aal, Weißfische. **FZ:** 1. 4. bis 31. 10. **E:** Zentralgaststätte Otto Jütte, Westheimer Str. 33; Angelsportgeschäft Karl Reinhardt, Westheimer Str. 18. **Geb:** T 5 DM. **B:** O.A., Sp.Prü.; 1 Rute, alle Köder. **S:** im Stadtteil Hülsa **G:** Teich. **FA:** Karpfen. **FZ:** 1. 4. bis 31. 10. **E:** Karl-Heinz Fröhlich, Bornweg 82 in Hülsa. VV Homberg-Hülsa, Am Teich 114, **Geb:** 5 DM.

Willingshausen - Ortsteil **Loshausen** (3579): Dorf mit rd. 1000 Einw., 5 km südlich von Schwalmstadt; BAB E 4, Ausfahrt Alsfeld (20 km), B 254, Bahnstrecke Bad Hersfeld–Schwalmstadt, Busverbindungen mit diesen Orten. Urlaub auf dem Bauernhof. **A:** Gemeindeverwaltung Willingshausen, Ruf 0 66 97/1 48. **G:** Antreff und alte Schwalm, ca. 5 km, neue Schwalm, ca. 2,5 km Länge. **FA:** Aal, Hecht, Karpfen, Schleie, Forelle, Weißfische. Fangbegrenzung: tägl. einen Hecht, 3 Forellen. **FZ:** ganzjährig, unter Beachtung der Artenschonzeiten. **E:** Helwig Stroh und Ludwig Arnold, Elektriker in Loshausen, Haus Nr. 11. **Geb:** T 4 DM. **B:** Haus- oder Feriengast, 2 Ruten; Angeln an der Antreff und alten Schwalm nur in Begleitung eines Vereinsmitgliedes. Im Ortsteil Merzhausen. **G:** Antreff. **FA:** Hecht, Schleie, Aal, Karpfen, Forelle, Weißfische. **FZ:** ganzjährig. **E:** Heinrich Jäckel, Haus Nr. 192. **Geb:** 5 DM. Im OT Zella **G:** Antreff und Schwalm. **FA:** u. **FZ:** wie vor. **E:** Joh. Heinrich Baumgart, Haus Nr. 84. **Geb:** T 5 DM.

Zwesten (3584): staatl. anerkannter Luftkur- und Erholungsort mit den Ortsteilen Oberurff, Niederurff, Betzigerode und Wenzigerode. Bahnstation Borken (8 km) oder Bad Wildungen (14 km). B 3 und B 485, BAB E 4, Ausfahrt Alsfeld/Ost; am Fuße des Kellerwaldes zwischen Edersee und Schwalm, umgeben von herrlichen Buchen- und Nadelwäldern. Der Zwestener „Löwensprudel" ist heilwirkend bei

Magen- und Darmleiden und erkrankten Harnwegen. 75 km gutmarkierte Wanderwege führen durch die romantischen Täler von Urff, Schwalm und Wälzebach. Therapeutisches Bewegungsbad, Kurpark, Liegehallen, Mineralbäder, Reitschule, Campingplatz. **A:** VA, Ringstr. 1, Ruf 0 56 26/7 71. **G:** a) Schwalm, von Wehr der Damm'schen Mühle, flußabwärts bis zur Ottomühle, ca. 1,0 km, 3 bis 5 m breit. b) Schwalm, vom ehemaligen Badeplatz Niederurff bis zum Wehr der Dammschen Mühle, ca. 1,2 km, 13 bis 15 m breit. **G:** c) Urff, im OT Oberurff von der Brücke der B 3 bis zur Hammerbrücke, ca. 1,0 km, 3 bis 5 m breit. **FA:** zu a) und b): Hecht, Barsch, Barbe, Karpfen, Schleie, Aal, Forelle, Äsche und Weißfische; zu c): Forelle. **FZ:** 1. 4. bis 31. 10. **E:** zu a): Borkener ASV Edeka-Geschäft Balthasar Wagner, Hauptstr. in Zwesten. zu b): Campingplatz Zwesten; zu c): Kurverwaltung der Gemeinde Zwesten, Ringstr. **Geb:** a): T 6 DM, b): T 5,50 DM, c): T 6 DM. **B:** Sp.Prü., J.Fsch.; alle Köder erlaubt, bis zu 2 Ruten, Fangbegrenzung zu c): pro Tag 2 Forellen.

Zwesten – Ortsteil **Oberurff** (3584): ruhiger Ortsteil am Fuße des Kellerwaldes, an der B 485 und B 3; Ferien auf dem Lande, Reitschule im ehemaligen Gutshof, Pensionsmöglichkeiten, markierte Wanderwege. **A:** VA Zwesten, Ruf 0 56 26/7 71. **G:** ca. 5 km Bachlauf und Angelteich. **FA:** Forelle und Karpfen. **E:** Fischereibetrieb Urfftal, Ruf 2 39 und 5 55; tägl. 10 bis 11 Uhr oder nach Vereinbarung. **Geb:** für 3 Forellen oder 1 Karpfen 8 DM. **B:** J.Fsch., möglichst Sp.Prü.; freie Köderwahl, 1 Rute.

Diemel-Tal

Diemelsee: im Ferienland Waldeck und Naturpark Diemelsee, zwischen Dortmund und Kassel, Korbach und Brilon. B 7, B 55, B 252, B 516, B 480; BAB E 63, Ausfahrt Diemelstadt (27 km). Strandbad Diemelsee, Bootsverleih, Hallenbad, Campingplätze, Segeln, Jugendzeltplatz. **A:** Gemeinde 3543 Diemelsee, Ruf 0 56 33/ 3 64 u. 8 73; VV Heringhausen, Seestr. 14, Ruf 8 50; VV Giebringhausen, Ruf 10 34; **G:** Staugewässer von Diemel und Itter (22 Mill. cbm) 166 ha Wasserfläche. Gutes Zandergewässer. **FA:** Zander, Hecht, Wels, (versuchsweise), Barsch, Karpfen, Schleie, Weißfische. **E:** Kaufmann Schneider, 3549 Helminghausen; Gaststätte Schlüter, an der Diemelsee-Staumauer und Gaststätte Seehof; Bernhard Rummel, Heringhausen; Lebensmittelgesch. Rostin, Seestr.; Hotel „Fürst zu Waldeck“, 3542 Willingen 2; Gaststätte „Diemelpforte“, 3543 Diemelsee-Stormbruch Nr. 62, Ruf 12 77; Gastst. Stede, Diemelsee-Giebringhausen, Ruf 10 40; Friedrich-Josef Jesper, 3538 Niedermarsberg, Hauptstr. 8; Heidi Schlei, Sportfischereibedarf, Bahnhofstr. 46, Ruf 0 56 91/25 85; Gasthaus Tenbrock, Bömighausen; Knust, Diemelseeufer-Seehof, Kotthausen. **Geb:** 2 T 5 DM, W 12 DM, J 75 DM. **B:** J.Fsch. **S:** Ein 25 000 qm großer See bei Bömighausen mit **FA:** Regenbogenforelle (tägl. bis zu 5 Fische) **E:** Gasthaus Josef Tenbrock, Bömighausen Nr. 40, Ruf: 0 56 32/2 68. **Geb:** T 15 DM, mit Kurkarte 13,50 DM, W 70 DM. **B:** 1 Rute und alle Köder, keine Bootsbenutzung. Weitere Angelmöglichkeiten in der Needar auf Forellen.

Diemelstadt-**Wrexen** (3549): Ortsteil von Diemelstadt, am Zusammenfluß von Diemel, Orpe und Laubach. Bahnstrecke Warburg–Brilon, BAB E 63, Ausfahrt Diemelstadt (2 km), B 7 und B 252; beheiztes Schwimmbad, Reiten, Tennis, markierte Wanderwege, Bungalow-Feriendorf Wrexen. **A:** VB, Ruf 0 56 42/4 48. **G:** Diemel, ca. 3 km lang, etwa 15 m breit. **FA:** Forelle, Äsche. **E:** ASV Diemelstadt-Wrexen, Ruf 4 15. **Geb:** müssen bei Ausgabestelle erfragt werden. **B:** Beuteablieferung; 1 Rute, nur künstl. Köder. **S:** Urlaub auf dem Bauernhof, Heinrich Besse, Wrexen, Ruf 3 65; eigene Fischwasser.

Hofgeismar (3520): Stadt mit über 13 000 Einw., im nördlichen Hessen, an der Esse zwischen Reinhardswald und Warburger

Börde; Bahnstrecke Kassel–Warburg. B 83 (Hameln B 7), BAB E 4, Ausfahrt Kassel (28 km); beheiztes Schwimmbad, Hallenbad mit Bade- und Massageinstitut, Reiten. **A:** Stadtverwaltung, Ruf 0 56 71/ 7 11. **G:** Esse, in der Ortsgemarkung, ca. 2,5 km. **FA:** Forelle. **Geb:** T 6 DM. **B:** 1 Rute, künstl. Köder. **G:** Diemel, ca. 3 km, von Eberschütz bis Sielen, ca. 10 m breit (vom Ort 7 km entfernt). **FA:** gut Forelle und Aal, ferner Hecht und Weißfische, tägl. Fanglimit: 3 Forellen (28 cm). **G:** Lempe, ca. 2,5 km. **FA:** nur Forelle (tägl. nur 3 Fische). **E:** SAV Hofgeismar 1948 e. V., Fritz Glanzner, Mühlenstraße. Herr Meimbresse, Fa. Eberhardt und Terbille, Bahnhofstr. 8, Ruf 26 04. **Geb:** T 7 DM für O.A. **B:** Feriengast, 1 Rute, alle Köder, in der Lempe nur künstl. Köder. **S:** Gast- und Pensionshaus Malzfeldt, Stadtteil Sababurg, Ruf 0 56 81/21, mit Tierpark und eig. Fischteich.

Trendelburg (3526): Bergstädtchen und anerkannter Luftkurort am westlichen Rande des Reinhardwaldes, Bahnstrecke Kassel–Hofgeismar bis Trendelburg mit Bus. BAB E 4, Ausfahrt Nörten-Hardenberg (37 km); B 83. Freibad, Tennis, Reiten, Camping, markierte Wanderwege. **A:** VA, Ruf 0 56 75/3 93; **G:** Diemel, von Deisel bis Sielen, ca. 6 km, durchschnittlich 15 m breit. **FA:** Bach- und Regenbogenforelle (pro Tag 3 Fische), Hecht, Barsch, gut Aal, Schleie, Barbe, Döbel u. a. Weißfische. **E:** Gasthaus „Goldener Löwe“, Ruf 4 26, für Hausgäste nach Vereinbarung. **B:** 1 Rute, Angeln von 4 bis 24 Uhr. **S:** Burghotel und Gästehaus Trendelburg, Ruf 3 12, Vermittlung von Angelmöglichkeiten.

Edersee

Arolsen (3548): anerkanntes Heilbad im Nordosten des Landkreises Waldeck-Frankenberg, rd. 45 km westlich von Kassel, mit 12 Ortsteilen. Bahnstrecke Kassel–Korbach–Marburg; BAB E 63, Ausfahrt Diemelstadt (10 km), B 252 und B 450. Hallenbad, beheiztes Freibad, Tennis, Reiten, Wanderwege, Fahrradverleih. **A:** Kur- und Verkehrsverwaltung, Ruf 0 56 91/34 56. **G:** Teich, ca. 9 ha, 1,6 km lang, 300 m breit. **FA:** Regenbogen- und Bachforelle (25 cm, pro Tag bis zu 3 Stück), Barsch, Hecht, Rotauge. **FZ:** 1. 4. bis 31. 10. **E:** Gemeindeverwaltung Edertal, 3593 Edertal-Giflitz; Gaststätte Wald-Eck, Inh. F. Kleinhoff, Edertal-Affoldern; Edeka-Geschäft H. Hesse, ebenfalls Affoldern; Angel-Schmidt, an der Sperrmauer, Edertal-Hemfurth-Edersee. **Geb:** T 10 DM, W 50 DM. **B:** Sp.Prü. erwünscht; Bootsbenutzung, 1 Rute, entweder 1 Fliegen-, Spinn- oder Hechtangel. Auf Salmoniden nur künstl. Köder auf Hecht Köderfisch, Wobbler und Blinker, Kunststofffische nicht unter 10 cm Länge. Wurm und Made verboten. **G:** Ausgleichsbekken Affoldern-Hemfurth = Affolder See; 166 ha groß, Fassungsvermögen bis 7 Mill. cbm bei schwankendem Wasserstand. **A:** Waldeckische Domanialverwaltung, Schloßstr. 28 in Arolsen. **FA:** Bach- und Regenbogenforelle, Hecht, Weißfische. **Geb:** T 10 DM, W 50 DM, jedoch nur an Feriengäste, die mindestens 3 Übernachtungen in der Großgemeinde Edertal nachweisen. **E:** ASV Edertal, OT Affoldern; Gemeindeverwaltung in Giflitz; VÄ und Fa. Angel-Schmidt an der Edertal-Sperrmauer. **B:** 1 Rute, Metall- und Kunststoffköder nicht unter 10 cm Länge. Lebende Köderfische nicht unter 12 cm. Bootsverleih: Fa. Niederquell am Nord-Ostufer.

Arolsen – **Helsen** (3548): Erholungsort an der B 252. **G:** Teich, ca. 1 ha. **FA:** Forelle, Karpfen. **E:** Rudolf Koch, Luisenthal 26, Ruf 36 37; Waffen-Schwenke, Helenenstr. 12, Ruf 35 21; Sportfischereibedarf Schlei, Bahnhofstr. 46; **Geb:** T 10 DM.

Arolsen – **Landau** (3548): 7 km von Arolsen entfernt, B 450, Freibad. **G:** Bach. **E:** Leo Liguda, Arolser Str. **Geb:** T 5 DM.

Arolsen – **Mengeringhausen,** staatl. anerkannter Erholungsort; B 252. Beheiztes Freibad. **G:** Teich, ca. 1,2 ha groß. **FA:** Forelle, Karpfen, Schleie. **E:** Erlaubnisscheine am Gewässer. **Geb:** T 9 DM, W 50 DM.

Der Edersee: windungs- und buchtenreicher Stausee der Eder, ca. 12 qkm groß, 27 km lang, bis 1 km breit, 202 Mill. cbm Fassungsvermögen; in waldreicher, hügeliger Umgebung. Zwischen Bad Wildungen (B 485, Edertal 9 km)–Waldeck, Sachsenhausen (5 km), Korbach (B 252)–Herzhausen (11 km)–Frankenberg. Bahnstrecken Kassel–Bad Wildungen–-Edertal–Waldeck–Korbach und Frankenberg–Herzhausen–Korbach. BAB E 63, Ausfahrt Burghasungen. Jeglicher Wassersport, Bootsverleihe, Campingplätze. **A:** Wasser- und Schifffahrtsamt Hann. Münden, Aufsichtsbezirk Edertal, Ortsteil Hemfurth-Edersee, Hauptstr. 57, Ruf 0 56 23/12 05. **FA:** 25 verschiedene Fischarten. Hecht (50 cm, starke Exemplare zwischen 15 bis 44 Pfund, Schonzeit: 1. 1. bis 30. 4.), Zander (50 cm, zw. 10 bis 26 Pfd., 1. 1. bis 31. 5.), Barsch (2 bis 6 Pfd.), Aal (2 bis 5 Pfd.), bes. Fang 8 Pfd. Bachforelle (3 bis 9 Pfd., 1. 11. bis 31. 3.), Karpfen (bis 20 Pfd.), Schleie, Barbe (bis 6 Pfd. guter Fangplatz am Edereinlauf). Döbel (bes. Fang 7 Pfd.) u. a. Weißfische; tägl. Fanglimit: 3 Hechte u. Zander. **FZ:** ganzjährig. **E:** Jahreskarten werden nur beim Aufsichtsbezirk Edertal ausgegeben. 2 Tages-, Wochen- und Senkscheine geben nachfolgende Stellen aus: Schmidt, Christian, Angelgeräte, Am spitzen Rain 10, Ruf 19 32, direkt an der Sperrmauer, hier auch alle Köderfische erhältlich; Erlaubnisscheine ab 4 Uhr erhältlich. Paland, Friedrich, Itterstr. 60, **Herzhausen,** Ruf 0 56 35/3 28. Shell-Tankstelle an der B 252, Angler-Shop, Ruf 3 28, hier auch Ködermaterial. Umbach, Paul, Angelgeräte und Bootsverleih, Vöhl, Am Mühlenwald 4, Ruf 3 17. Dratwinski, Engelbert, Kanuclub, Fürstental, Kanulager, Ruf 5 65; Meyer, Herbert, Gasth. zur Fähre, 3544 Waldeck-Scheid, Ruf 0 56 34/71 89; Hülsmann, Helmut, Campingplatz, Zeltplatz Bettenhagen, Ruf 71 83; Gerlach, Christian, Angelgeräte und Pension, Bootsverleih, Korbacher Str. 28, **Niederwerbe**, Ruf 8 55; Wiesmann, Willi, Waldhotel, Oberer Seeweg 2, Ruf 0 56 23/53 48; W. Mehrhoff, **Waldeck**, Ruf 0 56 34/3 48; Müller, Adolf, Seehotel und Bootsverleih, Ruf 0 56 23/54 88; Sinnig, Hedwig, Terrassenhotel Edertal, Randstr. Ruf 13 61; Petryniec, Rudolf, Gasth. und Pension, Bringhäuserstr. 8, Edertal-Hemfurth, Ruf 12 38; Seidlitz, Hans-Joach., Fischerhütte und Campingplatz, 3593 **Edertal-Rehbach**, Fischerei, Ruf 19 49 und 0 56 34/4 84; Zwiener, Rudolf, Campingplatz **Bringhausen/Hemfurth**, Auf der Breite, Ruf 0 56 23/17 12; Heinrich Tönges, Am Lehmacker 4, OT **Gellershausen**, Ruf 49 94; Ludwig Dienst, Obere Stiege 2, **OT Wellen**; Schmidt, Erika, Pension, Kirschstr. 4 in Edertal-Affoldern; Höbel, Karl, Gasth. u. Pension in 3559 Harbshausen, Ruf 0 56 35/2 53; Wicha, Karl, Angelgeräte, Ederstr. 4, Ruf 0 64 51/85 97 in **Frankenberg**/Eder; Schwenke, Karl, Angelgeräte und Waffen, Helenenstr. 12, Ruf 0 56 91/35 21 in **Arolsen**;Heidi Schlei, Angelgeräte, Bahnhofstr. 46, Ruf 25 85 ebenfalls Arolsen; Karl-Heinz Ise, Angelgeräte, Schützebergerstr. 53, Ruf 0 56 92/25 77 in 3549 **Wolfhagen**; Gaststätte Herbold 3549 **Volkmarsen-Herbsen**, Ruf 0 56 93/71 89. Kliem-Schnell, Angelgeräte und Zoohalle, Friedr.-Ebert-Str. 78, Ruf 05 61/1 27 80 in 3500 Kassel. **Geb:** 2 T 5 DM, W 12 DM, J 75 DM; Jahreskarte für die Benutzung einer Senke: 10 DM. **B:** 2 Ruten, davon 1 Raubfischangel, alle Köder erlaubt. Boote mit Verbrennungsmotor nicht mehr zugelassen, nur noch Ruderboote. **S:** weitere Angelmöglichkeiten: **G:** Affolder See, siehe unter Arolsen. **G:** Forellenbach und Kiesgrube (Karpfen und Schleie). **E:** Anglergeschäft Schmidt, nach Vereinbarung. **G:** unterhalb der Edersee-Sperrmauer – Wehr bei **Eder-Wabern.** 3591 **Affoldern**, B 252 und B 253 bis zur Mündung der Eder in die Fulda liegen über 100 befischbare Kiesgruben, die größte davon 25 000 qm und 4,5 m tief. **FA:** im Wallersee, Waller, (bis 30 Pfd.) Hecht (15 Pfd.), Karpfen (bis 20 Pfd.), Zander (18 Pfd.), Forelle, Barsch, Schleie und Weißfische. Fangbegrenzung beachten. **E:** Angelbedarf Schmidt, direkt an der Sperrmauer, Ruf 0 56 23/6 32. **Geb:** T 16 DM. **B:** J.Fsch., alle Köder, außer Blinker und Spinner. Ein wichtiger Führer für erfolgreiches Fischen im Edersee ist das Buch von H. Oster „So fängt man am Edersee“, Verlag Paul Parey, Hamburg und Berlin.

Korbach (3540): Kreisstadt mit ländlichen Ortsteilen zwischen Bergen, Wäldern und Seen; Bahnstrecken von Frankfurt, Bremen, Oberhausen und Köln; BAB E 63, Ausfahrt Diemelstadt (31 km); B 251 u. 252. Hallenbad mit Sauna, beheiztes Freibad, Reiten, Freizeitpark, „Laaker Teiche“ (Bootsverleih), Ferienwohnungen, Urlaub auf dem Bauernhof. **A:** VA, Rathaus, Ruf 0 56 31/5 32 31. **G:** Raumbergteich, ca. 180 m lang, 40 m breit, nahe Ortsteil Niederschleidern, 10 km von Korbach. **E:** Gasthaus „Zur Wasserburg“, Inh. Dessel; Ortsvorsteher Johann Clement, Korbach 22; Niederschleidern, Haus Nr. 27, Ruf 22 14; Alleringhausen, Haus Nr. 23, Ruf 32 80. Eppe, Haus Nr. 68, Ruf 0 56 36/3 50. **Geb:** T 5 DM, zuzüglich 1,50 DM pro Forelle. **B:** 2 Ruten, alle Köder, tägl. Fanglimit 5 Forellen.

Waldeck (3544): Erholungsort am Edersee mit mehreren Ortsteilen. B 485, BAB E 63, Ausfahrt Zierenberg (30 km). Edertalbahn Korbach–Bad Wildungen. Freibad, jeglicher Wassersport, Reiten Segelfliegen, Camping. **G:** Edersee (siehe dort) **G:** Forellenteich. **E:** W. Mehrhoff, Waldeck 7, Ruf 0 56 34/3 48. **Geb:** 4 DM pro Fisch.

Waldeck – **Dehringhausen** (3544): **G:** Bach. **E:** Werner Schütz (Pension), Warolder Str. 2, Ruf 0 56 95/1 99. **Geb:** T 5 DM.

Waldeck – Niederwerbe (3544): **G:** Teich. **FA:** Regenbogenforelle u. Karpfen bis 3 kg. **E:** Gästehaus Friedrich, Ruf 0 56 34/3 83. **Geb:** T 4 DM; Hausgäste ab einer Woche Aufenthalt frei, Bezahlung des Fanges. **G:** Forellenteich. **E:** Gasthaus Löber, Ruf 8 50; **Geb:** T 15 DM.

Waldeck – **Selbach** (3544): **G:** Forellenteich im Ortsteil Sachsenhausen. **E:** Gutshof Kuckenberg, Ruf 3 90. **Geb:** Fanggewicht muß bezahlt werden. **S:** über weitere Angelmöglichkeiten im Verkehrsgebiet Waldeck erteilt das VA in 3540 Korbach, Kreishaus, Ruf 0 56 31/5 41 Auskunft.

Oberhessen

Alsfeld (6320): Stadt mit 18 000 Einw. in Oberhessen; Verkehrsknotenpunkt der Bahnstrecke Fulda–Lauterbach–Alsfeld–Kirchheim. BAB E 4, Ausfahrt Alsfeld Ost oder West; B 49, B 62, B 254; beheiztes Freibad, Hallenbad, Reiten, Segelfliegen, fast 100 km markierte Wanderwege, europäische Modellstadt für Denkmalschutz. **A:** VV, Ruf 0 66 31/7 71. **G:** Schwalm, von Eudorf (Sportplatz bis Heidelbach, Staudamm), reguliert, ca. 7 km lang und 5 m breit. **FA:** Bach- und Regenbogenforelle (pro Tag 3 Fische), Hecht, Aal, Barsch, Karpfen, Schleie u. a. Weißfische. **FZ:** 1. 4. bis 31. 10. **E:** ASV Alsfeld e. V.; Walter Mertsch, Am Roßmarkt; Horst Nowotka, Alsfeld-Altenburg, Grüner Weg 13. **Geb:** T 3 DM, W 15 DM. **B:** O.A., Sp.Prü.; alle Köder u. 2 Ruten erlaubt.

Bad Soden – Salmünster (6483): Heilbad für Herz- und Kreislaufkrankheiten im hess. Kinzigtal; Bahnstrecke Frankfurt–Bebra; B 40 (Frankfurt 60 km), **A:** Hess. Forstamt Salmünster, Ruf 0 60 56/13 15. **G:** Hirschbornteiche, drei quellwassergespeiste Waldteiche mit insges. 3 ha. **FA:** Forelle (Besatz 3mal wöchentlich), Karpfen, Schleie, Hecht, Zander, Aal, Wels, Weißfische; keine Mindestmaße, tägl. Fangbegrenzung: 1 Hecht oder Zander, oder 1 Wels, Forellen unbegrenzt, 2 Karpfen. **FZ:** 15. 3. bis 31. 10. **E:** Hess. Forstamt Salmünster, Stadtverwaltung Bad Soden-Salmünster. Samstags und sonntags: Ausgabe der Erlaubnisscheine an den Teichen; Angelgerätehandlung Eckert, Poststr. 16 in Wächtersbach. **Geb:** nur T, je 1 Rute 10 DM. **B:** keine. **G:** Jossa, 4 km lange und 3 m breite Bachstrecke. **FA:** Forelle, Äsche, wöchentlich Neubesatz, gutes Fliegengewässer, keine Fangbegrenzung. **FZ:** 1. 4. bis 31. 10. **E:** Gasthaus „Zur Krone“, im OT Mernes. **Geb:** 3 Stunden 15 DM. Verlängerung um 3 Stunden 10 DM.

Frankfurt a. Main (6000): größte und bedeutendste Stadt Hessens im Rhein-Main-Becken. Verkehrsknotenpunkt für Bahn und Straße, bedeutendster Flughafen Deutschlands, Goethe- und Universitätsstadt, echte Metropole. Hallenbäder, beheiztes Freibad, Freibäder, jegliche Sportanlagen, Zoo. **A:** VV am Hauptbahnhof, Ruf 06 11/2 31; U-Bahnhof, Hauptwache, Ruf 28 74 86; Flughafen Terminal Mitte, Halle B, Ruf 6 90 u. 25 95. **G:** Nidda, ca. 1,8 km, 20 m breit, von Holzbrücke Nied bis Autobahn Wiesbaden (Am Neufeld); **G:** Altarm Grill, ca. 3 ha; **G:** Altarm Kellerseck, ca. 2 ha; **G:** Altarm Praunheim, ca. 4 ha. **FA:** Hecht, Karpfen, Aal, Schleie, Zander, Waller, Weißfische. **FZ:** Waller günstig 1. 6. bis 31. 12. **E:** AV Frankfurt Nied e. V.; Adolf Wiedemer, Windthorststr. 34, 6230 Frankfurt 80; Norbert Ulshöfer, Lotzstr. 21, Ffm. 80; Anglerheim am Kellerseck. **Geb:** Nidda: T 5 DM, J 60 DM. Kellerseck u. Grill: T 8 DM, J 200 DM. **B:** O.A., Sp.Prü., 2 Ruten, alle Köder. **S:** gut beraten werden Sie bei Fa. F. W. Bissinger, Ziegelgasse 2, Ruf 29 43 11. Anglerzentrale, Fachgeschäft an der Kleinmarkthalle mit Balzer-Reisedienst.

Friedberg (6360): Stadt in der Wetterau, Eisenbahnknotenpunkt, B 3, B 275 und B 455; BAB E 4, Ausfahrt Friedberg (7 km); Hallenbad, Tennis, Segelfliegen. **A:** Stadtverwaltung, Ruf 0 60 31/41–46 **G:** in Bruchenbrücken, einem Vorort von Friedberg, Angelteich direkt am Waldrand. **FA:** Karpfen, Schleie, Weißfische. **E:** Erlaubnisscheine direkt am Gewässer. **G:** Wetter, von Steinfurth bis Schwalheim, ca. 9 km. **FA:** Hecht,Barsch, Aal, Karpfen, Schleie, Barbe u. a. Weißfische. **E:** nur nach Vereinbarung über ASV Friedberg, Hauptstr. 2. **B:** O.A., Feriengast; 2 Ruten, alle Köder.

Gedern (6473): Luftkurort im Naturschutzpark „Hoher Vogelsberg" bei Büdingen (25 km), B 275 und B 276; Erholungsgebiet „Gederner See" mit Campingplatz und Bootsverleih, jeglicher Wassersport, Reiten, Segelfliegen, Familien-Feriendorf, Bungalow-Siedlung, Zeltplatz. **A:** Stadtverwaltung, Ruf 0 60 45/3 31. **G:** Gederner See, ca. 800 m lang und 250 m breit, 14 ha. **FA:** Forelle, Karpfen, Schleie, Zander, Hecht, Weißfische. **E:** Heinz Finger, Gasthaus am See, Ruf 12 81; Platzwart Wolfgang Neunert, Mehrzweckhalle am See. **Geb:** T 10 DM. **B:** J.Fsch., Feriengast; 2 Ruten, alle Köder; nur vom Ufer aus. **S:** Sportfischer Ausbildungsseminar, Wochenkurse, deren Ausbildungsplan unter fachkundiger Leitung auf die Sportfischerprüfung vorbereitet (Kosten zwischen 300–400 DM, einschließlich Unterbringung und aller sonstigen Kosten). Anschließend Abnahme der Fischerprüfung durch Verband Nordhessischer Sportfischer. Übungsgeräte stellt die Fa. Balzer zur Verfügung. Praktische Ausbildung an Teichen und Weihern; Auskunft und Anmeldung: Magistrat der Stadt Gedern, VB, Rathaus, Ruf 3 31 oder 4 14.

Herbstein (6422): Luftkurort im Naturpark „Hoher Vogelsberg", waldreicher Erholungsort; B 275 u. B 254; BAB E 4, Ausfahrt Alsfeld (35 km); Freibad, Baden in den nahegelegenen Seen, Wildpark. **A:** VV, Stadtverwaltung, Rathaus, Marktpl. 7, Ruf 0 66 43/2 21. **G:** Teich an der Lanzenhainer Str., ca. 1 ha. **FA:** Bach- und Regenbogenforelle (25 cm), Karpfen (35 cm), Schleie (25 cm); tägl. Fangbegrenzung 3 Fische (davon 2 Forellen). **E:** Stadtverwaltung. **Geb:** T 10 DM. **B:** O.A., Haus-, Ferien- oder Kurgast, alle Köder (außer Wurm), eine Rute mit einfachem Haken, keine Bootsbenutzung.

Hanau – **Klein Auheim** (6450): Ortsteil von Hanau (2 km) am Main in Oberhessen; Bahnstrecke Offenbach–Hanau–Seligenstadt; B 45, B 43 u. B 8; BAB E 5, Ausfahrt Hanau (6 km). Wassersport. **A:** VA, Verwaltungsstelle Klein Auheim. **G:** Kiesgrube, ca. 20 ha (Tistra-See), gutes bekanntes Karpfengewässer, 3 m tief mit vielen flacheren Stellen, die der Karpfen mag. **FA:** Hecht, Karpfen (Rekordfang: 25 Pfund v. G. Bauer), Zander, Aal, Waller, Forelle, Barsch, Schleie, Weißfische.

Fangbegrenzung: tägl. 2 Edelfische. **FZ:** 1. 5. bis 31. 10. **E:** ASV „Petri Heil" e. V. Klein Auheim, Sudetendeutsche Str. 99, Hanau 8. Firma Sport-Harberler in Hanau-Großauheim, Hintergasse 8; Fa. Angelgeräte Lothar Dinkel, Mathildenstr. 22, 6050 Offenbach/Main. **Geb:** T 10 DM. **B:** 2 Ruten, alle Köder, außer mit Blut.

Königstein i. T. (6240): Hochtaunuskreis. BAB Ausfahrt Ffm.- Höchst, B 8 u. B 455. Hallenbad, beheiztes Freibad, Tennis. **A:** Kurverwaltung, Hauptstr. 21, Ruf 0 61 74/ 20 22 51. **G:** 2 Fischweiher an der Billtalhöhe, etwa 2 km auf der B 8 in Richtung Limburg; 1000 qm und ca. 800 qm groß. **FA:** Karpfen, Schleie, Forelle, Saibling u. div. Weißfische. **FZ:** 1. 4. bis 31. 10. **E:** ASV 1971; Städt. Kurverwaltung, Herr Herschelmann, Ruf 20 21. **Geb:** T 10 DM. **B:** J.Fsch., 1 Rute mit einem Haken, freie Köderwahl. Fangbegrenzung: 1 Karpfen, 1 Schleie, 3 Forellen oder Saiblinge, Weißfische unbegrenzt.

Laubach (6312): Luftkurort am Naturpark Hoher Vogelsberg. Große Waldungen. Bahnstrecke Gießen–Hungen-Laubach. BAB E 4, Ausfahrten Gießen-Steinbach oder Gießen-Reiskirchen; B 3, B 276, B 49 u. B 457. Frei- und Hallenbad mit Sauna, Reiten, Grillhütte. **A:** Städt. VA, Stadtverwaltung, Kirchplatz 3, Ruf 0 64 05/2 02 u. 3 08. **G:** Wetter u. Horloff, ca. 4 km Bachlauf. **FA:** Forelle (ab 200 g, Mindestmaß 23 cm), Fangbegrenzung 4 Fische. **G:** Naturteich, ca. 10 000 qm, innerhalb der eingefriedeten Fischzuchtanlage. **FA:** Zander, Forelle, Karpfen, Schleie, Weißfische. **FZ:** April bis Oktober. **E:** Fischzucht Helmut Jantzen, im Mühlengrund, Ruf 5 10; (Teichwart in der Anlage). **Geb:** T 5 DM. **B:** 2 Ruten, alle Köder außer Köderfischen; Sp.Prü. erforderlich.

Offenbach und Umgebung (6050): Industriestadt in Hessen, Bahnstrecke Frankfurt–Hanau; B 43, B 46 u. B 448; BAB E 4 und E 5, Ausfahrt Frankfurt/Ost (1 km); beheiztes Freibad, Hallenbad, Camping, Tennis, Reiten, Wassersport. **A:** VB, Frankfurter Str. 35, Stadthof, Ruf 06 11/ 80 65 29 46. **G:** Wallersee (Baggersee), bei Hainhausen, ca. 15 ha, bis 15 m tief; **G:** Sportgewässer bei Mainflingen, ca. 20 ha, bis 10 m tief. **FA:** Hecht, Zander, Wels, Barsch, Aal, Karpfen, Schleie, Weißfische. **E:** ASV, nach Vereinbarung; Angelgerätegeschäft Dinkel, Mathildenstr. 20; Fa. Modellbau u. Angler-Zentrale, K. Sloboda, Große Marktstr. 45; K. H. Thyralla, Westendstr. 18 in 6051 Hainhausen. **Geb:** T ab 8 DM. **B:** O.A., Sp.Prü.; alle Köder. **S:** ausgezeichnete Raubfischgewässer, besonders der Wallersee, der jährlich stark mit fangfähigen Fischen besetzt wird.

Schlüchtern (6490): Luftkurort im oberen Kinzigtal zwischen Spessart, Vogelsberg und Rhön; Bahnstrecke Frankfurt–Hanau–Fulda–Bebra; B 40, BAB E 70, Ausfahrten Brückenau/Volkers (25 km) oder Fulda/Süd (23 km). Hallenbad und Freischwimmbad in der Innenstadt, beheiztes Freibad im Stadtteil Hutten, markierte Wanderwege, Reiten, Tennis. **A:** Städt. VB, Rathaus, Ruf 0 66 61/80 41–43. **G:** Kinzig, ca. 4,5 km, 3 m breit; **G:** Elmbach, 2 km, ca. 2 m breit; **G:** Riedbach, 1,5 km, ca. 1,5 m breit. **FA:** Bachforelle, Regenbogenforelle (25 cm), Durchschnittsgewicht 250–500 g und darüber; Fangbegrenzung: Wochengast 3 Forellen tägl. Tagesgast 5 Fische tgl. **FZ:** 1. 4. bis 31. 10. **E:** an Feriengäste: Städt. VB, an Sportfischer mit Prüfung: ASV Bergwinkel, Rudolf Rüffer, Höbäckerweg 4, Ruf 17 44. **Geb:** T 15 DM, W 35 DM. **B:** Sp.Prü., Feriengast; 1 Rute, nur Fliege, Blinker u. Köderfischchen erlaubt.

Schotten (6479): staatlich anerkannter Luftkurort in Oberhessen, im Naturpark „Hoher Vogelsberg", Mittelpunkt eines aufstrebenden Freizeit- und Erholungsraumes. Bahnstrecke Friedberg–Nidda (15 km); BAB E 4, von Süden kommend Ausfahrt Friedberg, von Norden Alsfeld/ West. B 276, B 455. Neuzeitliches Freiluftschwimmbad, Reithalle, Segelfliegen, Golf, Tennis, Rudern, Wintersportplatz. **A:** Städt. VA, altes Rathaus, Ruf 0 60 44/ 20 01–20 03. **G:** Niddastausee, 1,9 km lang, 800 m breit, bis 15 m tief; außerdem Teiche in der Nähe. **FA:** Forelle, Zander (40 cm), Hecht (40 cm), Weißfische. Tägl. Fangbegrenzung: 3 Edelfische. **FZ:** 1. 5. bis 31. 10. **E:** im VB; altes Rathaus; am Stausee; Hotel „Seeterrassen". **Geb:** T 7,50 DM, W 20 DM, M 35 DM. Saison 120 DM. **B:** J.Fsch., 2 Ruten (darunter nur 1 Raubfischangel), Schleppangeln verboten. Während der Hechtschonzeit darf nur mit der Wurm- oder Teigangel gefischt werden. **S:** Verwaltung des Stausees durch Forstamt Schotten. Die Angler-Zentrale F. W. Bissinger in Frankfurt, Ziegelgasse 2, berät und gibt ebenfalls Erlaubnisscheine aus.

Wölfersheim (6366): Gemeinde in der Wetterau, Nähe Friedberg (10 km), BAB E 4, Ausfahrt Butzbach oder Bad Nauheim; Bahnstrecke Friedberg–Gießen. B 455. **A:** Gemeindeverwaltung, Hauptstr. 60; ASV Wölfersheim und Umgebung e. V. **G:** Tagebausee Wölfersheim, ca. 36,4 ha, **G:** Tagebausee Inheiden/Trais Horloff, ca. 35,8 ha; **G:** Trais Horloff-Kleiner Teich, ca. 3 ha; **G:** Teiche Reichelsheim/Dorn Assenheim, ca. 4 ha; **G:** Wetter in Steinfurth, ca. 3,5 km. **FA:** Hecht, Aal, Karpfen, Forelle, Zander, Wels, Barsch u. a. Weißfische. Fangbegrenzung: Tägl. bis 5 kg, jedoch dürfen pro Tag 2 Karpfen, 2 Schleie, 1 Hecht gefangen werden. Forellen 3, Wels 1 Fisch pro Woche. **FZ:** März bis 1. November. **E:** Preußische Elektrizitäts AG, Abt. Wölfersheim, Heyenheimer Weg 5 (beim Pförtner); Karl Kreuder, Angelgeräte, Kaiserstr. 81 in 6360 Friedberg; Erich Meub, Wiesbrück 17, 6361 Weckesheim; Dieter Jakob, Gaststätte „Hindenburg" in 6301 Inheiden. **Geb:** T 8 DM, W 40 DM, J 150 DM. **B:** Sp.Prü.; 2 Ruten, jedoch nur 1 auf Raubfisch, alle Köder erlaubt; Angeln nur vom Ufer aus.

Münsterland, Osnabrücker Land, Teutoburger Wald

Ahaus (4422): Großgemeinde im Münsterland an B 70 und B 474. Hallenbad, Freibad, Tennis- und Reitsport. **A:** VA, Ruf 0 25 61/7 22 44. **G:** Altes Naturfreibad an der Jahnstraße. **FA:** Hecht, Barsch, Aal, Karpfen, Schleie, Weißfische. **E:** Gaststätte „Im Wall", Wallstr. 28, Ruf 28 10. **Geb:** T 3 DM. **G:** Ahauser Aa, ca. 6 km lange und 4 bis 5 m breite Angelstrecke. **G:** Tongrube, ca. 15 000 qm groß. **FA:** Hecht (bis 5 kg), Zander, Barsch, Aal (1 kg), Forelle (bis 1 kg), Nasen, Döbel u. a. Weißfische. **FZ:** April bis Oktober. **E:** ASV Ahaus-Altstätte; Theo Rensing, Enscheder Str. 20, Altstätte. **Geb:** T 10 DM. **B:** J.Fsch., Sp.Prü., alle Köder.

Bad Essen (4515): Heilbad im Wiehengebirge; Bahnstation Bohmte (7 km, Strekke Osnabrück–Bremen); B 65, BAB E 8 Ausfahrt Gesmold. Sole-Freibad, Sole-Hallenbad, Jugendherberge, Reitverein. **A:** Gemeinde, Ruf 0 54 72/8 88; Kurbetriebe, Ruf 8 33. **G:** Mittellandkanal von km 8 bis 68,5; **G:** Hunte, von Wittlage bis zum Dümmer, ca. 30 km, 10 m breit. **G:** Pöhler-See in Rattinghausen; **G:** Amtsgraben in Wittlage und **G:** Wimmer-Bach. **FA:** Hecht (45 cm), Zander (45 cm), Aal, Karpfen (40 cm), Bach- u. Regenbogenforelle (22 cm), Schleie (25 cm), Brassen (20 cm) u. a. Weißfische. Fangbegrenzung: 3 Edelfische pro Tag; tägl. höchstens 1 Karpfen. **FZ:** ganzjährig. **E:** Kurbetriebe Bad Essen, Lindenstr. 41, Mittellandkanal; SFV Wittlage – Günther Wallberg, Wellenweg 11, Eielstädt. **Geb:** T 6 DM. **B:** O.A., Sp.Prü.; 2 Ruten, Pöhler See 1 Rute, alle Köder, außer narkotisierende, 2 Stellangeln oder 2 Handangeln; nach Beginn der Dämmerung bis zum Sonnenaufgang 10 Haken auf Aal.

Bad Oeynhausen (4970): Staatsbad in Nordrhein-Westfalen an der Porta Westfalica mit großem Kurpark und Heilquellen; an der B 61 zwischen Minden (17 km) und Bielefeld (32 km); BAB A 2, Ruhrgebiet-Berlin u. A 30 Niederlande–Bad Oeynhausen. Bahnlinien Köln–Hannover, Niederlande–Löhne–Braunschweig. Thermalsole-Bewegungszentren, beheizte Schwimmbäder, Heilquellen, Jugendherberge, Reiten, Tennis. **A:** Städt. VA, Ostkorso 8, Ruf 0 57 31/2 20 01 oder VV, Ruf 2 04 30. **G:** Werre, vom Wehr am Sielpark bis zur Mündung in die Weser, ca. 6

km, durchschnittlich 25 m breit. **G:** Weser, ca. 68 km, von Vlotho bis Schlüsselburg, 50 m breit. **FA:** Hecht, Barsch, Aal, Barbe, Karpfen, Schleie, Zander, Forelle, Weißfische. **FZ:** ganzjährig, unter Einhaltung der gesetzl. bzw. örtlichen Schonzeiten und Mindestmaße. **E:** FV Ravensberg e. V., Bad Oeynhausen und Kurverwaltung; für Weser: SAC „Wesertal" Dehme e. V. – Vereinslokal „Biele", Dehmer Str.; Willi Hischer, Dehmer Str., Bad Oeynhausen 6. **Geb:** Werre: T 6 DM, 4 W 20 DM, J 50 DM. Weser: T 4,50 DM, W 8,50 DM, M 15,50 DM. **B:** 2 Ruten Friedfisch/1 Rute Raubfisch; alle gesetzlich zugelassenen Köder.

Bad Pyrmont (3280): Niedersächsisches Staatsbad zwischen den bewaldeten Bergzügen des Weserberglandes und den Ausläufern des Teutoburger Waldes; Bahnstrecke Hannover–Altenbeken, 7 km südlich der B 1 zwischen Hameln (15 km) und Paderborn (54 km). Großes Hallenwellen- und Sole-Hallen-Freibad, Golf, Reiten, Tennis, Segelfliegen, Spielbank, Camping im Schellental. **A:** Kur- u. VV, Ruf 0 52 81/46 27 u. 84 66; **G:** Emmer, von Lügder Feldmarkgrenze bis kurz hinter Ortsteil Thal. Ab Thal nur rechte Flußhälfte, ausgenommen „Kehrspule" (fremde Strecke), ca. 8 km, durchschn. 4 m breit. **FA:** Forelle (28 cm, 15. 12. bis 31. 3.), Äsche (28 cm, 15. 3. bis 9. 5.), Winterschonzeit 20. 10. bis 14. 2.; Aal, Karpfen, Schleie, Döbel u. a. Weißfische; tägl. Fangbegrenzung 4 Fische, für Forelle und Äsche je nach Dauer der Angelerlaubnis. **E:** Kurverwaltung, Finanzabteilung des Staatsbades. **Geb:** T 6 DM für Kurkarteninhaber. W 20 DM, 2 W 36 DM, M 52 DM. **B:** Kurgast; nur Fliegenrute erlaubt, Wasserkugel und Blinker nicht gestattet; Aalfang ab 19 Uhr mit 2 Grundangeln, sonst nur 1 Rute. Ab Thalmühle (Stauwehr) nur mit Flugangel bis Hakengröße 18. Sonntags keine Angelerlaubnis.

Bad Salzuflen (4902): Staatsbad zwischen Teutoburger Wald und Weserbergland; B 239, bis Lemgo 20 km, Bahnstrecke Bielefeld–Herford–Bad Salzuflen–Detmold. BAB E 73, Ausfahrt. **G:** Werre, ca. 10 km, 10 bis 15 m breit; **G:** Bega, ca. 7 km, 10 bis 15 m breit; **G:** 2 Seen in Bad Salzuflen-Steinbeck, 8 und 8,5 Morgen groß. **FA:** Hecht, Barsch, Aal, Forelle, Karpfen, Schleie, Döbel, Zander, Rapfen u. a. Weißfische. Fangbegrenzung: 3 Edelfische, sonst unbeschränkt. **E:** SFV Bad Salzuflen e. V., Brüderstr. 18, Ruf 0 52 22/ 49 81; Hans Wieczorek, Fischereibedarf, Herforder Str. 32, Ruf 49 81; Angel + Zoo, Manfred Butz, Brüderstr. 18, Ruf 48 38; Angelgeräte Meßmann, Uferstr. 14. **Geb:** nach Vereinbarung. **B:** J.Fsch.; 2 Ruten, alle Köder; im Steinbecker See ist Blinkern untersagt.

Bergkamen (4619): Stadt in der Nähe des Datteln-Hamm-Kanals; B 61 u. 233; BAB-Kamener Kreuz E 3 und E 73; Bahnstrekken Dortmund–Hamm und Lünen–Hamm. Hallen- und Freischwimmbäder. **A:** Stadtverwaltung, Ordnungsamt, Ruf 0 23 07/1 44-3 63; **G:** Datteln-Hamm-Kanal, Lippe. **FA:** Hecht (45 cm), Zander (35 cm), Barsch, Aal, Karpfen (35 cm), Schleie, Brassen, Döbel u. a. Weißfische. **FZ:** ganzjährig. **E:** örtliche Angelvereine nach Vereinbarung. **Geb:** T 3 DM, J 40 DM. **B:** 3 Ruten, alle Köder, Nachtangeln und Köderfischsenke erlaubt.

Bielefeld (4800): Bahnknotenpunkt, B 61 und B 68; E 73 (6 km); Sportanlagen für alle Sportarten. **A:** FVV und SFV Bielefeld e. V., Beckhausstr. 234. **G:** Baggersee Vennebeck (4952 Porta Westfalica) ca. 4 ha groß; **G:** Baggersee Ovenstädt (4953) ca. 15 ha groß. **FA:** Hecht, Zander, Karpfen, Schleie u. Weißfische. Edelfische pro Tag 2 Stück, andere Fische bis zu 5 kg. **FZ:** 1. 6. bis 30. 11. **E:** Geschäftsstelle SFV, Beckhausstr. 234. **Geb:** T 8 DM. **B:** O.A., Sp.Prü.; 1 Rute, Köder nach Gewässerordnung, die jedem Gastangler ausgehändigt wird. **G:** Ems, ca. 3 km lang. **FA:** Aal, Barsch, Forelle, Karpfen, Plötze. **E:** ASV „Gut Fang" in Bielefeld; Bauer W. Hemkemeyer, Bedener Str. 24 in 4416 Greffen; Sportzentrale gegenüber dem Stadttheater, Bielefeld. **Geb:** T 6 DM.

Bissendorf – Ortsteil **Wissingen** (4516): über Osnabrück, Bahnstation der Strecke

Löhne–Osnabrück; BAB E 8, Ausfahrt. Waldbad im Luftkurort Schledehausen, Campingplatz am Sonnensee. **A:** Gemeindeamt Bissendorf, Ruf 0 54 02/12 12. **G:** Hase, von Straßenbrücke Jeggen/Achelriede mit kurzen Unterbrechungen bis Ausbergen (Einlauf Goldgraben), ca. 11 km lang, 2 bis 5 m breit. **FA:** Äsche/Forelle (26 cm, 3 Stück pro Tag), Hecht, Karpfen (30 cm), Schleie (24 cm), Aal, Barsch u. a. Weißfische. Schonzeiten: Forelle/Äsche 1. 10. bis 14. 4.; Hecht 1. 3. bis 30. 4.; alle anderen Fische ganzjährig frei. **E:** Fischerei-Schutzverein Wissingen e. V.; Gastwirtschaft Schorling (Vereinslokal), Bahnhofstr. in Wissingen. **Geb:** nur Gastkarten für 2 zusammenhängende Tage. 2 T 6 DM. **B:** O.A., Sp.Prü.; 2 Ruten, alle Köder. Nachtangeln erlaubt. Fangmeldung bei Kartenausgabestelle abgeben.

Büren (4793): Großgemeinde mit mehreren Ortsteilen an den nördlichen Ausläufern des Sauerlandes. BAB E 63, Ausfahrt (5 km). Hallenbad, beheiztes Freibad, Segelfliegen, Reiten, Tennis. **A:** VA, Lindenstr. 12, Ruf 0 29 51/20 41. **G:** Alme, ca. 6 km lange und 4 bis 5 m breite Angelstrecke. **G:** Afte, ca. 2,5 km lange, bis 5 m breite Angelstrecke. **FA:** Forelle, Äsche. **FZ:** 1. 5. bis 15. 10. **E:** SFVg Büren e. V. 1974; Klaus-Peter Sauer, In den Twieten 3. **Geb:** T 10 DM. **B:** J.Fsch., O.A., Sp.Prü., 1 Rute, Köder: nur künstl. Fliege oder Blinker. **G:** Alme im OT Büren-Brenken. **FA:** Forelle, Äsche, Aal. **E:** SFV Brenken, Frehe 20, Ruf 34 55, nach Vereinbarung. **G:** Alme, im Ortsteil Büren-Wewelsburg. **FA:** Forelle, Äsche, Aal; **E:** Dieter Zimmer, Graffler Berg 9 in Wewelsburg.

Detmold (4930): Im Südosten der Stadt das Hermannsdenkmal, bewaldete Höhen. B 238, B 239; BAB E 73, Ausfahrt Bad Salzuflen (23 km); Hallenbad, temp. Freibad, Jugendherberge. **A:** VV, Rathaus, Ruf 0 52 31/7 71. **G:** ca. 4 km Fließgewässer, **G:** 15 ha Teichanlage. **FA:** Friedfische, Hecht, Waller. **E:** SFV Detmold-Hiddessen; Günter Riehl, Auf der Helle 1; Restaurant Geereneck, Obere Straße. **Geb:** T 15 DM. **B:** 2 Ruten, pro Tag 2 Edelfische. **G:** Postteich u. Meschsee im Ferienort Heidenoldendorf. **FA:** Aal, Karpfen, Schleie, Hecht, Weißfische. **E:** Heimat- u. VV, Schwarzenbrinkerstr. 63, Ruf 6 94 35.

Dörentrup (4926): mit den Ortsteilen Schwelentrup, Hillentrup, Wendlinghausen, Humfeld und Bega im Lippischen Bergland; Bahnstrecke Bielefeld–Hameln; B 66 (1 km); Freibad, Reiten, Haus des Gastes, Kurpark, Wildgehege. **A:** VV e. V., Verkehrspavillon Schwelentrup. **G:** Teiche, frühere Tongrube, ca. 3 ha. **FA:** Karpfen (49 cm), Forelle (25 cm), Zander (45 cm), Schleie (25 cm); Fangbegrenzung: tägl. 3 Edelfische. **FZ:** 1. 4. bis 15. 10. **E:** wie A:; **Geb:** T 12 DM, W 60 DM. **B:** Sp.Prü.; Haus-, Ferien- oder Kurgast. Alle Köder, 2 Ruten. Erlaubnisscheine nur an Gäste, die einen Aufenthalt von mindestens 7 Tagen gebucht haben.

Dülmen (4408): im Münsterland an der B 474, günstig B 51 und B 274; BAB A 43, Ausfahrt. **G:** Börnster See, ca. 30 000 qm groß und 5 m tief (Forellenhof Heideland). **FA:** Bach- u. Regenbogenforelle (35 cm), Bachsaibling (35 cm), Äsche (35 cm), Seeforelle (50 cm) u. Seesaibling (40 cm), Silberlachse (50 cm), Karpfen u. Zander (nur große Exemplare). **E:** Seebesitzer Hülsmann, Dülmen-Börnste, Ruf 0 25 94/36 25 und 22 02. **Geb:** T 25 DM, tel. Vereinbarung, mittwochs nur Fliegenfischer zugelassen, sonst nur donnerstags bis einschl. sonntags. **B:** Sp.Prü.; 1 Rute, Schonzeiten von Mitte November bis Anfang April.

Emsdetten (4407): Stadt nördlich von Münster (30 km), B 481 u. B 475; BAB E 3, Ausfahrt Greven (13 km), Bahnstrecke Hamm–Münster; Hallen- und Freischwimmbad, Tennis, Reiten, Camping. **A:** Stadtverwaltung, Am Markt 1; **G:** Ems, von km 14,2 bis 34,1; **FA:** Hecht (50 cm, 1. 1. bis 30. 4., ab 1. 5. mit 2 Ruten), Zander (45 cm, 1. 5. bis 30. 6.), Forelle (28 cm, 1. 1. bis 15. 4.), Barsch, Aal, Karpfen (38 cm), Schleie (25 cm), Barbe (15. 5. bis 15. 6.) u. a. Weißfische. **E:** ASV Emsdetten; Gaststätte Bisping-Waldesruh, Emsstr. 100 in Emsdetten; Angelsportgeschäft Albert

Denker, Münsterstr. 1, Angelsportgeschäft Hans Brüggemann, Dornenkamp 7a in Emsdetten. **Geb:** T 5 DM. **B:** Sp.Prü., J.Fsch.; 1 Spinnrute oder 3 Grundruten. **G:** Fischteiche des ASV Emsdetten, gleiche Bedingungen wie vorstehend. Nur in Begleitung eines Mitgliedes des ASV Emsdetten.

Freudenberg (5905): Luftkurort in waldreicher Mittelgebirgslandschaft des südwestlichen Siegerlandes. B 62, B 54 und B 55; BAB A 45, Ausfahrt (2 km). Hallenbad, beheiztes Freibad, Tennis, Reiten. **A:** VA, Krottorferstr. 25, Ruf 0 27 34/2 41. **G:** Gambachs Weiher, ca. 300 m lang und 200 m breit. **FA:** Forelle, Karpfen, Schleie, Weißfische. **E:** Stadtverwaltung, Bahnhofstr. 18/20 (nur während der Dienststunden); an der Kasse des städt. Freibades. **Geb:** T 5 DM. **B:** J.Fsch., O.A., Sp.Prü., Feriengast. **S:** weitere Angelmöglichkeiten bestehen nach Vereinbarung im Büscher-Weiher, **E:** SFV Freudenberg, Joh. Schönauer, Waldstr. 1.

Heek (4431): Gemeinde bei Ahaus, B 70, von B 474 ca. 10 km. **A:** Gemeindeverwaltung. **G:** Dinkel, ca. 3,5 km, 8 m breit. **FA:** Aal (35 cm), Karpfen (35 cm), Schleie (25 cm), Forelle (25 cm), Weißfische. **FZ:** 1. 5. bis 30. 9. **E:** Angelsporthaus Effkemann; Gaststätte Heisterborg; ASV Dinkelstreue, H. Buesge, Schwatten Berg 13 in Heek. **Geb:** T 6 DM. **B:** Sp.Prü.; 2 Ruten und alle Köder erlaubt.

Herford (4900): Stadt in Ostwestfalen, BAB E 73, Ausfahrt. B 61 und B 239; Verkehrsknotenpunkt. Wassersport, Hallen- und Freischwimmbad, Camping. **A:** VA am Ort, Ruf 0 52 21/5 00 61 u. 5 14 15, Fürstenaustr. 7. **G:** Baggersee der ASG „Friedenstal“ e. V., ca. 4 ha, in Lage-Müssen. **FA:** Hecht, Zander, Karpfen, Schleie, Aal, Weißfische. **Geb:** T 10 DM, M 60 DM. **E:** Angelsport Tröder, Pivitsheider Str. 142 in Lage-Müssen. **G:** Werre, ca. 9 km lange und 25 m breite Angelstrecke der IG Herforder Angelsportvereine. **FA:** Forelle, Karpfen, Schleie, Aal, Weißfische. **Geb:** T 3,50 DM. **E:** Sport-Eggemann, Radewiger Str. 31; M. Bollhöfer, Radewiger Str. 35. **G:** Hücker-Moor-See zwischen Bünde und Spenge, ca. 12 ha. Gewässer des ASV Herford und Umgebung. **FA:** Karpfen, Schleie, Hecht, Zander, Weißfische. **Geb:** T 7,50 DM. **E:** Gasthaus Horstmann, Am Gewässer. **G:** Borlefzer See in Uffeln/Vlotho, ca. 10 ha. **FA:** Karpfen, Schleie, Hecht, Zander, Weißfische. **Geb:** T 7,50 DM, W 15 DM, M 30 DM. **E:** Herr Vauth, Borlefzen Nr. 2. Schonzeiten u. Angaben über Fangbegrenzungen u. Köderwahl siehe Berechtigungsscheine.

Hiddenhausen (4901): Kleinstadt und Erholungsort direkt an der Ausfahrt der BAB A 30; Bahnstrecke Herford–Bünde, von B 239 (3 km). **A:** VA der Gemeindeverwaltung, Rathausstr. 1. **G:** Werre, ca. 7 km, 20 bis 25 m breit. **FA:** Weißfische; tägl. Fangbegrenzung 5 Pfund Fische. **G:** Else (Teilstrecke) und **G:** Nölkensee. **FA:** wie vorstehend. **E:** ASV Schweicheln-Bermbeck und Umgebung; Sport-Eggemann, Radewiger Str. 31 in Herford, Ruf 0 52 21/5 07 27. **Geb:** T 5 DM. **B:** 2 Ruten, davon 1 Raubfischangel, alle Köder.

Hilchenbach (5912): Luftkurort im Naturpark Rothaargebirge im Siegerland, B 305, BAB A 45, Ausfahrten Olpe, Freudenberg oder Siegen. Hallenbad, Freibäder, Wassersport, Camping. **A:** VB, Markt 13, Ruf 0 27 33/37 00. **G:** Oberer Hüttenweiher in Müsen, ca. 3000 qm groß. **FA:** Zander, Aal, Forelle, Karpfen, Schleie, Weißfische. **E:** Angelfreunde Müsen, Wilhelm Weihrauter, Werbelsbrunnen 4, Ruf 64 19. **Geb:** T 10 DM. **B:** J.Fsch., Sp.Prü., 1 Rute, alle Köder. **G:** Loher Weiher, in Hilchenbach-Dahlbruch. **FA:** Forelle, Schleie. **E:** ASV Oberes Ferndorftal, Ruf 20 28. **S:** In der Nähe die Breitenbach-Talsperre.

Kalletal (4925): im Nordlippischen Bergland zwischen Teutoburger Wald und Wesergebirge, Nähe Lemgo (12 km), B 238, BAB E 8, Ausfahrt Bad Eilsen, E 37 Bad Salzuflen. In der Nähe Luftkurorte und Sommerfrischen. **A:** Gemeindeverwaltung. **G:** Weser, ca. 9 km (linkes Ufer), **G:** Herrengraben bei Varenholz, ca. 1 km, 4 bis 6 m breit. **G:** 3 Baggerseen im Bereich des Weser-Freizeit-Zentrums in Varenholz. **FA:** Forelle, Hecht, Zander, Barsch, Karpfen, Schleie, Aal, Weißfische. **FZ:** ganzjährig. **E:** Lippischer FV e. V. Lemgo; Gastwirtschaft „Zur Post" in Erder; „Schloß-Café" in Varenholz (Tageskarten). **Geb:** nach Vereinbarung des FV. **B:** O.A., Sp.Prü.; alle Köder, 2 Ruten, Nachtangeln erlaubt. **S:** 5 weitere Angelmöglichkeiten an priv. Baggerseen: Bauernhofpension „Forellengrund", 4926 Dörentrup-Hillentrup, eigene Forellenteiche; Bauernhofpension „Forellenhof", 4926 Dörentrup-Schwelentrup.

Lemgo (4920): alte Hansestadt in waldreicher Umgebung des Lipper Landes, an B 238, B 66; BAB E 37, Ausfahrt Bad Salzuflen (15 km). Hallenbad, Freibad, Camping. **A:** VA, Am Markt, Ruf 0 52 61/2 13. **G:** Baggersee, ca. 8 ha, am Autobahnzubringer; **G:** Baggersee, ca. 6 ha in Varenholz; **G:** Weser, ca. 8 km Angelstrecke mit Weserkiessee, der ca. 8 ha groß ist. **G:** Försterteiche der Stadt Lemgo; **G:** Bega, ca. 10 km, von Lemgo bis zur Mühle Mekkermann. **FA:** Hecht (bis 20 Pfd.), Zander (4 kg), Barsch, Aal, Karpfen (10 kg), Schleie, Weißfische. **E:** Angelsport Mellies, Neue Str. 38, Lemgo, weiter in den umliegenden Orten mit Angelfachgeschäften. **Geb:** T 5 bis 8 DM, nach Vereinbarung auch W und M. Försterteiche: T 10 DM. **B:** J.Fsch., Sp.Prü., Feriengast, Nachtangeln auf Aal erlaubt. **S:** weitere Angelmöglichkeit: Gasthaus Hartmann, Inh. G. Hillebrand, Matort, Vlothoer Str. 77, Ruf 0 52 66/4 08, eigene Fischteiche.

Löhne (4972): Stadt in der Nähe von Herford, A 30 Bad Oeynhausen–Löhne–Niederlande, BAB Ausfahrt. Bahnstrecken: Köln–Löhne–Berlin u. Niederlande–Löhne–Hameln. Beheiztes Freibad, Hallenbad. **A:** Amt für Planung, Liegenschaften, Wirtschaft und Verkehr. **G:** Werre, ca. 8,5 km, 25 m breit. **FA:** Hecht, Barsch, Aal, Karpfen, Schleie, Weißfische. Tägl. Fangbegrenzung: insges. 5 kg Friedfische, 2 Raubfische. **E:** ASV Löhne, Vors. Wilhelm Busche, Lisztstr. 1; Heinz Möller, Lübecker Str. 8a (Drogerie Hagemann); Wilfried Rasche, Kampstr. 13, Löhne 3. **Geb:** T 5 DM, W 15 DM, M 30 DM. **B:** 2 Ruten, davon 1 Raubfischangel, alle Köder. Angeln nur vom Ufer aus.

Lübbecke (4990): am Nordhang des Wiehengebirges, Bahnstrecke Bremen–Frankfurt; B 65 und B 239; BAB E 8, Ausfahrt Kirchlengern. Wassersport, beheiztes Freibad, Sportzentrum mit Hallenbad, Reiten, Tennis. **A:** Stadtverwaltung, VA, Ruf 0 57 41/80 61; **G:** Mittellandkanal von km 68,5 bis 86 (17,5 km). **FA:** Zander, Barsch, Aal, Karpfen, Schleie, Weißfische. **FZ:** ganzjährig. **E:** Angelgeräte H. von Behren, Lübbecke 1; Angelgeräte M. Habedank, 4994 Pr. Oldendorf; Angelgeräte H. Ortgies, 4992 Espelkamp. **Geb:** T 4 DM, W 12 DM, M 20 DM. **B:** O.A., Sp.Prü.; 2 Ruten, alle Köder.

Lügde (3283): Erholungsort in waldreicher Umgebung des Weserberglandes an den Ausläufern des Teutoburger Waldes, unweit von Pyrmont; B 1, B 83 u. B 239; Bahnstrecke Paderborn–Hameln. Beheiztes Freibad. **A:** VA, Rathaus, Zi. 5, Ruf 0 52 81/70 11 u. 12; **G:** Emmer, ca. 3 km Länge u. 8 m Breite. **FA:** Bach- u. Regenbogenforelle (30 cm), Äsche (30 cm), Aal, Karpfen, Schleie, Weißfische. Fangbegrenzung: 3 Salmoniden pro Tag. **FZ:** 1. 5. bis 30. 9. **E:** ASV Lügde, Hotel Seiler, Markt 35, Ruf 72 22; VA, Rathaus, Zi. 5. **Geb:** T 12 DM für Fliegenfischer, sonst 8 DM. WE (Freitag bis Sonntag einschl.) 25 DM. **B:** J.Fsch., Sp.Prü.; alle Köder, Wurm und Made nur auf Grundangel, 2 Ruten.

Lünen (4670): Industriestadt am Rande des südlichen Münsterlandes, B 54, B 61 und B 236, BAB E 3, Ausfahrt Dortmund/NO oder Kamen; Bahnstrecke Münster u. Gronau–Dortmund. Wassersport, temperiertes Freibad, Hallenbad, gute Sportanlagen, Tennis. **A:** Amt für öffentliche Ordnung, Ruf 0 23 06/10 42 71. **G:** Datteln-Hamm-Kanal, Dortmund-Ems-Kanal, Lippe, Cappenberger See. **FA:** Hecht, Zander, Barsch, Aal, Karpfen, Schleie, Weißfische. **E:** Gesetzl. Bestimmungen des Landes NW, des FLV und der örtlichen FV. Angelgeschäft Werner Hill,

Jägerstr. 94, Ruf 4 07 12. **Geb:** T 2 bis 5 DM. **B:** Sp.Prü.; J.Fsch., Anzahl der Ruten und Wahl der Köder nach den Bestimmungen der versch. Vereine.

Münster (4400): Einkaufs- und Verwaltungszentrum im Herzen Westfalens (265 000 Einw.), B 51, B 54, B 64, B 219; BAB E 3, Ausfahrt Nord (5 km) oder Süd (3 km). Bahnknotenpunkt. Freibad, Hallenbad, Jugendherberge, Sportplätze. **A:** VA, Berliner Platz 22; Untere Fischereibehörde, Klemensstraße; LFV Westfalen e. V., von-Vincke-Str. 6. **G:** Aasee, ca. 40 ha (Angelgewässer des ASV „Früh auf" 1922. **G:** Hiltruper See, im Erholungsgebiet der Stadt Münster. Anfahrt über BAB E 3, Ausfahrt Münster Süd. **A:** Waldhotel Krautkrämer, 4400 Münster-Hiltrup, Ruf 0 25 01/12 97 und VA der Stadt Münster, Berliner Platz 22, Ruf 49 23 13. **G:** ca. 18 ha groß und bis zu 6 m tief, gut befischbare Uferzonen. **FA:** Hecht (keine Schonzeit, Mindestmaß 45 cm, bekannte beste Fänge 15 Pfd.) Karpfen (35 Pfd.), Grasfisch, Schleie (5 Pfd.), Zander, Barsch (sehr starkes Vorkommen, bis 4 Pfd.), Nerfling, Aal (bis 4,5 Pfd.), Regenbogenforelle und Wels (vereinzelt). **FZ:** ganzjährig, keine Fangbeschränkung. **Geb:** T 6 DM. **E:** Waldhotel Krautkrämer, direkt am See. **B:** J.Fsch., Sp.Prü., 2 Grund- und eine Handangel, keine Bootsbenutzung. Senke zum Köderfischfang erlaubt. Badeverbot, da Trinkwasserversorgung für die Stadt Münster. Nachangeln erlaubt. **G:** Werre, ca. 8 km Angelstrecke. **G:** Dortmund-Ems-Kanal, ca. 30 km lang. **FA:** Aal (stark vertreten), Hecht (50 cm), Karpfen, Schleie, Zander und Forelle (mäßig vorkommend), Weißfische (von den Vereinen z. T. abweichende Mindestmaße und Schonzeiten von den gesetzlichen). **E:** Fachgeschäft J. Brintrup, Warendorfer Str. 93 (hier Erlaubnisscheine für Aasee, Lippe, Dortmund-Ems-Kanal, Rhein-Herne-Kanal, Datteln-Hamm-Kanal u. Wesel-Datteln-Kanal). Fa. Benfer, Fa. Helmuts-Angelshop, Fa. „Der Tierfreund"; Zoo Baer u. a. Fachgeschäfte in Münster. **Geb:** T ab 2,50 DM, J ab 30 DM, je nach Gewässer und Verein. **B:** J.Fsch., Sp.Prü.; 2 Ruten, alle Köder. Trotz Bootsverleih kein Angeln vom Boot aus. Nachtangeln erlaubt.

Neuenkirchen (4445): Stadt in der Nähe von Rheine (8 km), B 70 (Rheine-Ahaus); **A:** LFV. **G:** Offlumer See. **FA:** Forellen, Hecht, Zander, Barsch, Weißfische (hauptsächlich Rotaugen). **E:** Gaststätte Offlumer See, Ruf 0 59 73/34 69, Ausgabe ab 6.30 Uhr. **Geb:** T 5 DM, J 45 DM. **B:** J.Fsch.; 2 Ruten, alle Köder; keine Bootsbenutzung. Östlicher Teil des Sees befischbar, da die anderen Ufer noch durch Abraumanlagen gesperrt sind.

Oelde (4740): Gartenstadt im Münsterland, Bahnstrecke Bielefeld–Dortmund; BAB E 73, Ausfahrt (2 km). B 61 und B 64. Hallenbad, beheiztes Freibad, Reit- und Tennissport. **A:** VA, Ruf 0 25 22/31 71. **G:** Mühlenteich, im Stadtbereich. **FA:** Hecht, Barsch, Karpfen, Schleie, Weißfische. **E:** SFV Rheda e. V., 4830 Gütersloh 1. **G:** Angelteiche, in Keitlinghausen. **E:** Gutshof-Pension Meier Gresshoff, Ruf 21 85. **B:** nur für Hausgäste. **G:** Angelteichanlage, ca. 20 000 qm groß. **FA:** Forelle, Karpfen, Schleie. **Geb:** zwischen 15 und 25 DM je T (es werden auch ½ T ausgegeben. **B:** J.Fsch.

Olfen (4716): Landstädtchen und Erholungsort am Dortmund-Ems-Kanal; Bahnstation ist Selm (5 km, der Strecke Dortmund–Gronau), BAB E 3, Ausfahrt Castrop-Rauxel (13 km); B 235, Beginn B 236 u. 474. Sportplätze, Hallenbad, Reithalle, Campingplätze, Freibad Ternscher See, Ferienhausgebiet. **A:** VA u. Stadtverwaltung, Rathaus, Kirchstr. 5, Ruf 0 25 95/ 4 26–4 28; **G:** Stever, ca. 5 km, 20 m breit; **G:** Dortmund-Ems-Kanal (alte und neue Fahrt). **FA:** Hecht, Aal, Barsch, Karpfen, Schleie, Weißfische, vereinzelt Zander und Regenbogenforelle. **FZ:** ganzjährig. **E:** FV Olfen. **Geb:** T 5 DM, J 40 DM. **B:** O.A., Sp.Prü.; 3 Ruten, alle Köder.

Rhede (4992): nahe der holländischen Grenze (13 km), an der B 67, BAB E 36, Ausfahrt Bocholt-Wesel (14 km), Hallenbad, Freibad, Tennis- und Reitsport. **A:**

Städt. VA, Ruf 0 28 72/10 26. **G:** Kappers Kölke (stehendes Gewässer), ca. 16 000 m^2 groß. **FA:** Hecht, Zander, Barsch, Aal, Karpfen, Schleie, Weißfische. **E:** ASV Rhede e. V., Josef Tenbusch, Dorbröker 9; Karl-Heinz Frank, Flurstr. 39. **Geb:** T 10 DM. **B:** J.Fsch., Sp.Prü., 2 Ruten, alle Köder.

Sachsenhagen (3051): zwischen Stadthagen und Steinhuder Meer (10 km), über B 65, 441, 442 und 482; BAB E 8, Ausfahrt Bad Nenndorf (25 km); Bahnstrecke Wunstorf–Minden, Bahnhof Stadthagen. **A:** Stadtverwaltung. **G:** Mittellandkanal, von km 128,140 bis km 131,000; durchschnittlich 35 m breit. **FA:** Karpfen, Aal, Brasse, Plötze, Rotfedern. **FZ:** Saisonbedingt. **E:** ASV Sachsenhagen e. V., Heinz Hinse, Bergtrift 28. **Geb:** W 5 DM, M 10 DM, J 20 DM. **B:** O.A., Sp.Prü.; 2 Ruten, alle Köder.

Sassenberg (4414): ausgedehntes Erholungsgebiet mit Heide- und Waldlandschaft. BAB E 73, Ausfahrt Beckum (24 km), B 475, B 476, B 513. Campingplätze, beheiztes Waldschwimmbad, Pauschalangebote für Angler. **A:** VA, Ruf 0 25 83/ 8 71. **G:** Feldmarksee (Baggersee), ca. 10 ha. **FA:** Karpfen, Schleie, Aal, Weißfische. **E:** Josef Ostermann, Heidestr. 39 (am See). **Geb:** T 5 DM, W 20 DM, M 40 DM. **B:** J.Fsch., Sp.Prü., 2 Ruten, Fangbeschränkung, tägl. 1 Karpfen.

Spenge (4905): Stadt an den NO-Ausläufern des Teutoburger Waldes, bei Herford (10 km), über B 61 und BAB E 8, Ausfahrt Rödingshausen (10 km), E 73, Ausfahrt Herford. Wassersport. **A:** Stadtverwaltung. **G:** Warmenau, ca. 4 km, 6–8 m breit; **G:** Obermannteich, ca. 3600 qm; **G:** Wehrburger Teich, ca. 2500 m^2; **G:** Mühlenburger Teich, ca 4000 m^2 groß. **FA:** Hecht, Zander, Aal, Karpfen (bis 10 Pfund), Schleie, Weißfische; in der Warmenau: Forelle. Fangbegrenzung: 1 Karpfen, 1 Hecht, andere Fische 5 Pfund Höchstgewicht. **FZ:** Mai bis Dezember. **E:** ASV Spenge e. V., Wilhelm Siekmann, Lange Straße. Lothar Pajong, Obernstr. 15; Gaststätte Ziegenbruch, Blücherplatz 6. **Geb:** T 8 DM. **B:** O.A., Sp.Prü.; alle Köder, 2 Ruten, davon 1 Spinnangel erlaubt.

Steinheim (3282): Stadt zwischen Eggegebirge und Weserbergland in Ostwestfalen-Lippe; Bahnstrecke Bad Pyrmont (25 km) - Grevenhagen; B 1, Abzweigung bei Bad Meinberg, auf B 239 bis Wöbbel (4 km). Tennis, beheiztes Schwimmbad. **A:** Stadtverwaltung, Marktstr. 2, Ruf 0 52 33/ 84 92. **G:** Emmer, von der „Langen Brükke" (Höxter Straße) flußabwärts bis zur Einmündung der Napte (Kreisgrenze Detmold), ca. 3 km, durchschn. 6 bis 10 m breit. **FA:** Bach- u. Regenbogenforelle (26 cm, bis 15. 4. Schonzeit), 3 Salmoniden pro Tag, Äsche, Karpfen, Schleie, Weißfische. **FZ:** 15. 3. bis 20. 10. **E:** ASV; Gastwirt Josef Lange, Wöbbeler Str. 20, Ruf 5 43. **Geb:** T 10 DM. **B:** O.A., Sp.Prü.; 2 Ruten, alle Köder.

Telgte (4404): Wallfahrtsstadt im Mittelpunkt des Münsterlandes, östlich von Münster. B 51 und B 64; BAB E 3, Ausfahrt Münster (15 km). Campingplatz an der Ems, beheiztes Waldschwimmbad. **A:** Stadtverwaltung, Ruf 0 25 04/1 31. **G:** Ems, ca. 7 km, 4 bis 8 m breit. Dazu einige Altwasser der Ems. **FA:** Hecht (Schonzeit: 1. 1. bis 30. 4., tägl. 2 derselben), Barsch, Aal, Forelle, Karpfen (tägl. 2 Fische), Schleie, Weißfische. **FZ:** ganzjährig, unter Beachtung der Artenschonzeiten. **E:** ASV Telgte e. V., J. König, Ostbeverner Str.; Gaststätte „Zum Kuckuck" in Telgte. **Geb:** T 5,50 DM. Wochenkarten ermäßigt. **B:** J.Fsch., O.A., Sp.Prü., bis zu 3 Ruten, Köder frei.

Warendorf (4410): Stadt des Pferdes im östlichen Münsterland; B 64 (Münster, 25 km-Rheda, 27 km), B 475, BAB E 73, und Hansalinie. Bahnstrecke Münster–Rheda. Reitwanderwege, Bundesleistungszentrum des Reitsports (Olympiade-Komitee), Hallenbad, beheiztes Freibad, Sporthallen, Sportplätze. **A:** VA, Ruf 0 25 81/ 26 25 u. 25 41. **G:** Ems und Axbach, ca. 10 km. **FA:** Karpfen, Schleie, Barsch, Hecht, Aal, Weißfische. Fangbegrenzung: 1 Hecht, 1 Karpfen pro Tag. 3 Hechte im Monat. **E:** KFV e. V. 1885 Warendorf/Ems,

Werner Schwabe, Füchtenknäppe 27; Gaststätte Karl Buller, Emsstr. 17. Angelgeräte Heinz Kleinegreber, Oststr. 42. **Geb:** T 5 DM, W 18 DM. Nicht-O.A.: T 7 DM, W 25 DM. **B:** Sp.Prü., Benutzung eines Fadenkeschers mit Bügeln zum Hältern der Fische.

Wettringen (4441): Erholungsort im NW Münsterlands, nahe der holländischen Grenze. B 70 (Rheine, 30 km) – Burgsteinfurt (6,5 km), Omnibusverbindungen. Wassersport, Freibad, Hallenbad, Erholungszentrum „Haddorfer Seen", Ferienhausgebiet, Campingplatz für 500 Wohnwagen und Zelte. **A:** Gemeindeverwaltung, VA, Ruf 0 25 57/4 51 bis 4 53. **G:** Haddendorfer See, ca. 12 ha. **FA:** Hecht (bis 20 Pfd.), Zander (10), Barsch (5), Karpfen (18), Schleie (5), Karausche (bis 4 Pfd.), Weißfische. **FZ:** ganzjährig. **E:** Gasthaus Wolters, Inh. Hildegard Löbbers, Haddorf Nr. 44, Ruf 0 25 33/2 53. **B:** Sp.Prü.; 2 Ruten, alle Köder, Angeln vom Boot aus erlaubt. **Geb:** T 3 DM.

Willebadessen (3533): Luftkurort am Osthang des bewaldeten Eggegebirges im Tal der Nethe, südl. Teutoburger Wald. Bahnstrecke Altenbeken (20 km)–Kassel, B 68, B 64 und von B 252 (10 km); BAB A 44, Ausfahrt Diemelstadt (20 km). Omnibusverbindungen zu den größeren, umliegenden Orten. Natur- und Wildpark, erholsame Wanderwege, Tennis, Reiten, großes Hallenbad. **A:** Haus des Kurgastes, Lange Str., Ruf 0 56 46/5 95. **G:** 2 Teiche innerhalb des Wildgeheges, ca. 1,5 ha. 1). 170 m lang, 112 m breit; 2.) 267 m lang, 98 m breit. **FA:** Zander (40 cm), Karpfen (35 cm), Regenbogenforelle (24 cm), Schleie (20 cm), Aal, Barsch, Weißfische. Fangbegrenzung: 2 Forellen, 2 Karpfen, andere Fischarten beliebig. **FZ:** 15. 4. bis 31. 8. **E:** Gasthof Ewers, Lange Straße; Haus des Kurgastes, Lange Straße. **Geb:** T 8 DM. **B:** O.A., Sp.Prü.; Feriengast, 2 Ruten, beliebige Köderwahl.

Winterberg (5788): staatl. anerkannter heilklimatischer Kurort am Fuße des Kahlen Asten. An B 236 und B 480; Hallenbäder, beheiztes Bergschwimmbad, Golfplatz, Reiten, Tennis, Wandern. **A:** Kurverwaltung, Ruf 0 29 81/22 52. **G:** Oberlauf der Ruhr, ca. 1,5 km. **FA:** Forelle, tägl. Fangbegrenzung: 5 Fische. **E:** VV Niedersfeld, Ruhrstr. 26. **B:** J.Fsch., Sp.Prü., Kurgast, 1 Rute.

Wünnenberg (4791): staatlich anerkannter Luftkurort in den waldreichen Vorbergen des Sauerlandes, Briloner Höhen. B 480, BAB E 63, Ausfahrt (9 km). Kurmittelhaus, beheiztes Waldschwimmbad, Reiten, Wandern. **A:** VA, Ruf 0 29 53/7 20; FV Leiberg. **G:** Afte, ca. 3,5 km und versch. Teiche. **FA:** Bach- und Regenbogenforelle, Äsche, vereinzelt auch Aal. **G:** Paddelsee, ca. 18 000 qm, bis 3 m tief. **FA:** Karpfen, Schleie, Aal, Zander, Forelle, Barsch u. a. Weißfische. **FZ:** 1. 4. bis 31. 10. **E:** VA, Gasthof Stratmann; 1. Vors. des SFV, Günther Holzapfel; Gemeindeverwaltung. **Geb:** T 10 DM. **B:** J.Fsch., Sp.Prü., Feriengast, 1 Rute (Teich: alle Köder, Afte: Fliege oder Blinker). Fangbeschränkung: 5 Edelfische (davon 1 Karpfen) pro Tag.

Gewässer der Niedersächsisch-Westfälischen Anglervereinigung e. V.
Gemeinnütziger Gebietsverein im niedersächsisch-westfälischen Weser-Ems-Gebiet. Anschrift: NWA, Postfach 3209, 4500 Osnabrück.

Gewässer und Streckeneinteilung: G: Mittellandkanal, Strecke 1 A von km 8 bis Eisenbahnbrücke Achmer; Strecke 1 B von Eisenbahnbrücke **Achmer** bis Eisenbahnbrücke Wehrendorf; Strecke 1 C von Brücke **Wehrendorf** bis km 68,5. **G:** Zweigkanal, Strecke 2 A vom Mittellandkanal bis Schleuse **Hollage**; Strecke 2 B bis Hafengebiet Osnabrück insges. ca. 12 km. Hafengebiet **Osnabrück** (3), Ostseite von Wendestelle bis einschl. Römereschbrücke, Nordende der Ladestelle Kämmerer bis km 12,9 (nur 15 Angler zugelassen). **G:** Hase, Strecken Natbergen Brükke bis Eisenbahnbrücke Fledder. Eisenbahnbrücke Hauptbahnhof Osnabrück bis **Dörenburg** (Straßenbrücke Halen-Hollage), Niehaus-Brücke in Achmer (70 km nördlich der Landgrenze) bis Gemeindegrenze **Epe-Malgarten/Rieste**

einschl. hohe und tiefe Hase, sowie der beiden Mühlenkolke in **Malgarten** und 500 m flußaufwärts von der Wegebrücke bei Gut Twiestel beginnend bis 150 m vor dem Stauwehr am Schützenhof in **Quakenbrück**; auf dem linken Ufer noch 1 km weiter bis zum Einlauf des Bewässerungsgrabens (Gemeindegrenze **Lechterke. G:** Bühner Bach. **G:** Hunte, von der Brücke oberhalb des Colon Asshorn, **Herringhausen** bis Einmündung in den Dümmer; am Mühlenkolk in **Hunteburg** darf das Westufer nicht und das Ostufer nur auf 5 m Breite betreten werden (Strecken 6 A und 6 B). **G:** Großer (7 A) und Kleiner (7 B) Recker Teich. **G:** Düte, unterhalb des Gutes Sutthausen bis zur Einmündung in die Hase (8). **G:** Nette, vom Kloster St. Angela bis zur Einmündung in die Hase (9) und vom Kloster St. Angela mit Unterbrechungen flußaufwärts (13). **G:** Nonnenbach, rechtes Ufer in der Gemeinde **Epe**, Anfang 10 m unterhalb der Straßenbrücke Malgarten-**Wittenfelde**, Ende 650 m flußabwärts (10). **G:** Mammutsee in **Hörsten** an der Autobahn (11) und die durch den See fließende Flöte von der Gemeindegrenze **Vörden/Hörsten** bis zur Einmündung in die Aue in Hörsten (12). **FA:** Forelle (Fangzeit vom 1. 5. bis 31. 10.), Hecht, Zander, Barsch, Aal, Quappe, Karpfen, Schleie, Brassen u. a. Weißfische; tägl. Fangbegrenzung 2 Hechte, 3 Zander, 2 Karpfen, 2 Forellen. **FZ:** ganzjährig. **E:** Sporthaus Scheinert und Sporthaus R. Ballas, Osnabrück. **Geb:** T 5 DM. **B:** O.A., Sp.Prü., 3 Ruten, davon nicht mehr als 2 Raubfischangeln, Köderfischsenke erlaubt; 10 Aalhaken der Größen 1–3 von Sonnenuntergang bis Morgendämmerung, in der Strecke 13 nur künstl. Köder.

Kanalstrecken in Nordrhein-Westfalen: insgesamt 300 km Angelstrecken, deren überwiegender Teil vergleichbare fischereiliche Verhältnisse aufweisen. **G:** Dortmund-Ems-Kanal. **G:** Rhein-Herne-Kanal; Datteln-Hamm-Kanal; **G:** Wesel-Datteln-Kanal. **FA:** ganz ausgezeichnete Strecken, wenn auch überwiegend Weißfische zu fangen sind. Aal, Hecht, Zander, Karpfen, Schleie, Forelle. **E:** Mitgliedsvereine des LFV Westfalen und Lippe, von-Vincke-Straße 6 in 4400 Münster.

Niederrheinland

Düren (5160): an der Rur, kultureller und wirtschaftlicher Mittelpunkt am Nordrand der Eifel. B 56, B 264, BAB E 5, Köln–Aachen. Hallenbad, Freibad, Reitbahnen. **A:** VA, Rathaus, Ruf 0 24 21/ 39 12 30. **G:** Stausee Obermaubach. **FA:** Forelle, Äsche, Hecht, Barsch, Weißfische. **E:** Gaststätte Peter Strepp, direkt an der Staumauer Obermaubach. In allen fischereilichen Fachgeschäften der Stadt gibt es Erlaubnisscheine. **Geb:** T 5,50 DM. **B:** 1 Rute, Köderwahl vorgeschrieben. Angeln auch vom Boot aus. **G:** Badesee bei Düren, ehemalige Braunkohlengrube. **FA:** Forelle (6 bis 12 Pfd.), Hecht, Barsch, Karpfen, Schleie, Aal, Weißfische. **Geb:** T 8 DM. **E:** in allen Fachgeschäften; Gaststätte „bei Rös", direkt an der Straße nach Langerwehe. KFV Düren. **B:** keine Bootsbenutzung, 2 Ruten. Sperrgebiete während der Sommermonate (Badestrand) 1. 5. bis 30. 8. beachten.

Emmerich (4240): Grenz-, Industrie- und Handelsstadt. B 8 und B 220, BAB E 36 (Niederlande – Emmerich – Oberhausen – Basel. Bahnstrecke Wesel–Emmerich–-Arnhem (Holl.); Wassersport, beheiztes Freibad, Tennis. **A:** FVA, Martinikirchgang 2, Ruf 0 28 22/7 51. **G:** Rheinstrom, rechtsrhein. von km 847,4 bis km 854,3; linksrhein. von km 847,8 bis 854,3; **G:** Industriehafen und Wardmannsmeer, insges. ca. 20 ha; **G:** Klein-Netterden, ca. 6,5 ha. **FA:** Hecht, Zander, Aal, Schleie, Forelle, Barsch, Weißfische. **FZ:** ganzjährig. **E:** SFV 1932 e. V. „Rheinlust", Th. Wemmers, Rheinpromenade 5 (Gasth. „Zum Anker"), Ruf 7 06 33. **Geb:** T 3 DM. **B:** Sp.Prü.; alle Köder, 2 Ruten.

Emmerich-**Elten** (4240): Erholungsgebiet am rechten Niederrhein. BAB-Ausfahrt der E 36. B 8, Bahnstrecke Wesel–Emmerich (8 km)–Oberhausen–Arnhem (Holl.);

Busverkehr nach den Niederlanden. Hallenbad, Naturfreibad, Wanderwege, Naturpark, Märchenberg, Westernclub mit Reitgelegenheit, Campingplatz mit allen Versorgungsanlagen, Wochenendhäuschen für 2–4 Personen. **A:** VA, Rathaus, Emmerich, Ruf 0 28 22/7 51 und Autobahn-Grenzübergang Elten, Ruf 0 28 28/ 24 70. **G:** Tiefe Wild (Stau des Wildbaches), ca. 9,3 ha. **G:** Wild, ca. 3 km langer, aber breiter Vorfluter; **FA:** Hecht, Barsch, Aal, Karpfen, Schleie, Weißfische. **E:** Frau G. Philipoom, Wildweg 2, Ruf 25 24; Fischereiaufseher Roth; Internationaler Campingplatz, Standplätze für Wohnwagen und Zelte, Vermietung von Bungalows (ganzjährig); Stadtverwaltung Emmerich. **Geb:** T 3 DM, M 10 DM, J 50 DM; Angelboot je T 5 DM. Für die Wild: J 10 DM. **B:** 2 Ruten, alle Köder (Köderfische bei Philipoom erhältlich). **S:** weitere Angelmöglichkeit in einem ca. 2 ha großen Gewässer.

Hückelhoven (5142): mit 11 Stadtteilen, Industriestadt im waldreichen Rurtal, zwischen B 57 und B 221. BAB A 46, Ausfahrt. Bahnstrecken Aachen–Düsseldorf und Baal–Mönchengladbach; Hallenbad, Freibad, Reiten, Tennis. **A:** Stadtverwaltung, Rathaus, Parkhofstr. 76, Ruf 0 24 33/40 45; **G:** Rur, ca. 14,5 km; **G:** Altarme, Baggerseen, Teiche, insges. 113 ha. **FA:** Hecht, Karpfen, Aal, Schleie, Weißfische. **FZ:** günstig: Frühjahr und Herbst, Schonzeiten sind zu beachten. **E:** ASV Rurtal, Rudi Kleinen, Schloßstr. 34, Rurich, Ruf 40 45; ASV Brachelen, Willi Over, Annastr. 81, Brachelen, Ruf 0 24 62/ 88 92; ASV Hückelhoven, Sitz Hilfarth, Otto Meyer, Kaphofstraße 61, Hilfarth, Ruf 0 24 33/25 54; ASV Ratheim, Josef Strömer, Bergstr. 8, Ratheim. **Geb:** 4 DM bis 5,30 DM pro Tag. **B:** O.A., Sp.Prü., 2 Ruten, alle Köder.

Jülich (5170): alte Herzogstadt im Rurtal zwischen Eifel und Niederrhein, B 1 Aachen–Mönchengladbach, B 55 Aachen–Köln; BAB E 5 Aachen–Köln. Bahnstrekke Aachen - Jülich - Mönchengladbach. Hallenbad, Freibad, Tennis. **A:** Stadtverwaltung, Rathaus, Ruf 0 24 61/70 01. **G:** 2 Baggerseen, ca. 20 ha. **FA:** Karpfen, Forelle, Aal, Hecht, Zander, Weißfische. Fangbegrenzung: von Karpfen, Hecht, Zander, Forelle je 2 Fische. Mindestmaße auf Erlaubnisschein beachten. **FZ:** nach gewöhnlichen Voraussetzungen. **E:** ASV Jülich 1923 e. V., Klevische Str. 2a; Willy Bauer, ebenfalls Klevische Straße 2a; Kaufhof AG (Sportartikel-Abteilung), Wirtelstr.; Fa. H. Breuer, Angelgeräte, Josef-Schregler-Str. in 5160 Düren; Fa. G. Requard, Angelgeräte, Bahnhofstr. 24 in 5100 Aachen. **Geb:** nach Vereinbarung. **B:** J.Fsch.; 2 Ruten. **G:** 1 Baggersee, ca. 15 ha, und 1 Fischweiher, ca. 3 ha. **FA:** Hecht (ca. 5–6 Pfd.), Zander (3–5 Pfd.), Karpfen, Aal, Barsch (bis 4 Pfd.), Weißfische. Fangbegrenzung: Hecht, Zander, Karpfen pro Tag 1 Fisch; bis zu 10 Rotaugen, Barsche unbegrenzt. **FZ:** 1. 5. bis 30. 11. **E:** ASV Barmen-Broich e. V., Lankenstr. 30; Heinz Muckenheim, Lankenstr. 30; Fridolin Hecker, Tuchbleiche 13; Gasthaus „Zur Velau“. **Geb:** T 5,50 DM. **B:** J.Fsch., 2 Ruten, alle Köder. **G:** Baggerseen in Jülich Süd, je 1 ha. **FA:** Hecht, Karpfen, Schleie, Zander, Weißfische. **FZ:** günstig: Juni bis September. **E:** Eisenbahner-ASV Jülich e. V., nach Vereinbarung. **Geb:** nach Vereinbarung. **B:** O.A., Sp.Prü.; 1 Rute; nur in Begleitung eines Vereinsmitgliedes.

Kleve (4190): Stadt der Lohengrinsage am Altrhein, von B 220, Emmerich–Kleve bis zur holl. Grenze; B 57 Xanten–holl. Grenze, B 9 Geldern–Kleve–Niymegen (Holl.); BAB E 36, Ausfahrt Emmerich (13 km); Bahnstrecke Xanten–Kleve–Kranenburg oder Geldern–Kleve–Kranenburg. Hallenbad, beheiztes Freibad, Tennis, Jugendherberge, Sportzentrum mit Reit- und Schwimmsportanlagen. **A:** VA, Rathaus, Ruf 0 28 21/8 41. **G:** Altrhein, ca. 9,5 ha. **FA:** Karpfen, Schleie, Hecht, Aal, Weißfische. **FZ:** ganzjährig. **E:** ASV „Rheinstrand“ e. V. Griethausen-Kellen; Kurt Maaßen, Rheinstr. 14 in Griethausen; Fachgeschäft Angel u. Boot, Kavarinerstr. 28, Kleve. **Geb:** T 3 DM. **G:** Altrhein, ca. 30 ha, bei Kleve-Brienen. **FA:** wie vor und Zander. **E:** Rheinfischerei Hans Liebeton, Am Postdeich, Griethausen. **Geb:** T 3 DM, M 10 DM, J 30 DM. **G:** Altrhein, ca. 20 ha. **FA:** wie vor. **E:** Rheinfischerei H. Stelzner, Schenkenschanz. **Geb:** 3 DM, M 10 DM. **G:** Baggersee Wissel, ca. 65 ha. **FA:** Karpfen, Schleie, Hecht, Zander, Aal, Weißfische. **E:** ASV Kleve e. V., Am Alden Schmidt 67 in Kleve-Kellen. Fachgeschäft Angel und Boot; Zoo-Geschäft Beckers, Voßstraße, Goch; Erholungsstätte Wisseler See GmbH Wissel, Campingplatz. **Geb:** T 3,10 DM, M 20,10 DM (nur für Benutzer des Campingplatzes, 10 Pf = Spargroschen für Landessportbund). **G:** Wyler-Meer, ca. 20 ha, bei Kranenburg-Zyfflich/ Wyler. **FA:** Karpfen, Schleie, Hecht, Zander, Aal, Weißfische. **E:** ASV Kleve; Fachgeschäft Angel und Boot; Bäckerei Herbert Meisters, Kranenburg-Zyfflich-Wyler; **Geb:** T 3,10 DM. **G:** Kermisdahl in Kleve, ca. 7 ha. **FA:** Karpfen, Schleie, Hecht, Aal, Weißfische. **E:** ASV Kleve u. vorgenannte Ausgabestellen. **Geb:** T 3,10 DM. **G:** Spoykanal in Kleve, ca. 5 ha. **FA:** wie vor. **E:** Stadtverwaltung Kleve, Abt. Liegenschaftsamt. **Geb:** J 5 DM. **B:** 2 Ruten, es dürfen keine Metallkescher für die Hälterung der gefangenen Fische benutzt werden. Fangbegrenzungen: Hecht (50 cm, je Tag 2 Fische), Schleie (30 cm), Karpfen (35 cm, je Tag 2 Fische); **S:** Fischereiberater: Heinz van de Löcht, Jungferngraben 3 in Kleve, Ruf 9 34 27. Es gibt außer den hier aufgeführten Gewässern viele Entwässerungsgräben (1–4 m breit), wo bei den Anliegern die Erlaubnis eingeholt werden muß.

Mönchengladbach-Rheydt (4050): Oberzentrum zwischen Maas und Rhein mit rd. 262 000 Einw., größte Stadt am linken Niederrhein. Sitz der NATO und brit. Hauptquartier; B 57, B 59, B 230; mehrere Autobahnanschlüsse; Bahnstrecken Nettetal, Schwalmtal, Erkelenz, Wegberg, Jülich, Grevenbroich, Neuss. Flughafen, Stadttheater, Trabrennbahn, Reiten, Hallenbäder, Wellenbad, beheiztes Freibad, Golf, Jugendherbergen, Sportzentrum. **A:** städt. VA, Rathaus, Ruf 0 21 61/ 2 70 24 50 und am Hauptbahnhof VV, Ruf 2 20 01. **G:** Mönchengladbach 1: Volksgartenweiher, Stadtwaldweiher, Badhotelweiher. **FA:** Hecht, Karpfen, Schleie, Zander, Aal, Weißfische. **E:** Günter Kinne, Compeswühlenweg 61; 2: AV e. V. Mönchengladbach und Rheydt, Kiefernstr. 40. **Geb:** für die einzelnen Gewässer verschieden, nach Vereinbarung. **B:** 2 Ruten, alle natürlichen Köder, keine Bootsbenutzung.

Moers (4130): am linken Rheinufer, Mittelpunkt des linksrheinischen Kohlen- und Salzbergbaus; B 60, B 57, BAB A 2, Ausfahrten. Bahnstrecke Duisburg–Krefeld. Omnibusverbindungen nach den größeren Städten der Umgebung. Hallenbad, Freibad. **A:** VA, Rathaus, Ruf 0 28 41/ 20 11; VV, Ruf 2 58 24. **G:** Ruhr, von Flußkm. 4,30 + 30 (Berliner Brücke) bis einschl. Unterwasser des Kettwiger Stausees, Flußkm. 21,5 + 40. **FA:** Hecht, Zander, Barsch, Aal, Karpfen, Schleie, Weißfische. **FZ:** ganzjährig. **E:** SFC Moers e. V., 1. Vors. Walter Knappmann, Oestrumerstr. 3, Moers. **B:** J.Fsch., 2 Ruten, alle Köder. **G:** Hohenforster Forellensee, ca. 100 m lang, 20 m breit; Silbersee, ca. 10 ha; Hohenforster See, ca. 200 m lang, 40 m breit. **FA:** erster See: nur Forelle, weitere: Hecht, Aal, Karpfen, Schleie, Weißfische. **FZ:** ganzjährig. **E:** am Forellensee „Haus Silbersee", Hotel, nach Vereinbarung. **Geb:** T 5 bis 10 DM. **B:** J.Fsch., O.A., Sp.Prü.; 2 Ruten, alle gesetzlich erlaubten Köder. **S:** weitere Beratung und Vermittlung durch Wolfgang Helbach, Luiterstr. 179, Hohenforster Hof, Ruf 6 16 07.

Das Gebiet der Netteseen: Ort **Nettetal** (4054): mit den OT Breyell, Hinsbeck, Kaldenkirchen, Leuth und Lobberich; Bahnstationen: Breyell, Lobberich u. Kaldenkirchen. B 221, B 7 u. BAB A 61 (2,5 km bis holl. Grenze). Wassersport, Hallenbad und mehrere Freibäder, Jugendherberge, Reiten, Camping. **A:** VA, Werner-Jaeger-Halle, An den Sportplätzen in Lobberich, Ruf 0 21 53/21 93. Seengebiet: ruhige und abwechslungsreiche Seen-, Bruch-, Heide- und Waldlandschaft im Naturpark „Schwalm-Nette", zwischen der niederländischen Grenze und der „Hinsbecker Schweiz", nur 35 km vom rheinischen Industriezentrum entfernt. Die Nette durchfließt bis zur Einmündung in die Niers den Breyeller See, den Nette-Bruch, Windmühlenbruch, Ferkes-Bruch, den Wittsee und die vier Krieckenbecker Seen. Auf der gesamten Strecke gibt es 11 Wehre; der Wittsee Süd ist durch den Bahndamm der Strecken Kempen–Kaldenkirchen vom großen Wittsee getrennt. **G:** Breyeller See, von Schänzchen bis Kothmühle, ca. 12 ha, bis 2,5 m tief. **G:** Nettebruch, von Kothmühle bis Nelsenmühle, ca. 12,5 ha (fischereilich gut); **G:** Windmühlenbruch, von Nelsenmühle bis Neumühle, ca. 5 ha (Aalfang hier günstig). **G:** Ferkes-Bruch, von Neumühle bis Lüthenmühle, ca. 5 ha (gut für Karpfen und Schleie). **G:** Wittsee, von Lüthenmühle bis zum Bahndamm (südlicher Teil), ca. 7 ha; **G:** Großer Wittsee (nördlicher Teil), ca. 22,5 ha. **G:** Nette (Fließgewässer), ca. 3 km, 5–7 m breit. **G:** Quellensee, ca. 2 ha, 1 bis 3 m tief (auch Forelle). **G:** die „Kälberweide", ca. 3,5 ha; **G:** Altwasser; Krieckerbecker Seen (Hinsbecker Bruch, Gladbacher Bruch, Schrolik-See, Poelvenn-See), zusammen ca. 120 ha groß. **FA:** Hecht, Barsch, Aal, vereinzelt Zander, Karpfen, Schleie, Weißfische. **E:** Verwaltungsstellen im Nettetal; ASV „Netteseen"; ASV „Rotauge"; Breyeller ASV; ASV „Seerose"; Strandlokal „de Witt See"; Seehof Lüthenmühle Tobrock; Josef Girkes, Strandhaus „Quellensee"; und für die einzelnen Gewässerstrecken noch viele andere Ausgabestellen. **Geb:** T 3 DM, W 10 DM. **B:** Feriengast, 2 Ruten, alle Köder. **S:** besondere Fänge: Hecht von 26 Pfd. und Karpfen von 23 Pfd. aus den Krieckebecker Seen.

Neuss (4040): Industriestadt am Niederrhein. B 1, B 9 und B 477; BAB A 52 und 57; Wassersport, Hallen- und Freibad, Camping. **A:** VV, Friedrichstr. 40, Ruf 0 21 01/2 61 01–04; **G:** Neusser Hafenbekken (bevorzugt Floßhafen), ca. 80 ha. **G:** Rheinstrom v. Neuss-Uedesheim bis Hafeneinfahrt Neuss, ca. 10 km. **G:** Erftstrom von Holzheim bis Grimlinghausen, ca. 8 km; **G:** Vereinsgewässer, ca. 22 ha. **FA:** Hauptfisch: Rotauge, Brassen, Döbel. Beschränkt: Karpfen, Schleie, Hecht, Barsch, Zander, Aal. Mindestmaße und Schonzeiten: Offene Gewässer lt. Fischereigesetz in Nordrhein-Westfalen; Vereinsgewässer jeweils nach der Gewässerordnung. **FZ:** ganzjährig, außer Artenschonzeiten. **E:** Hafenbecken: Städt. Hafenbetriebe, Hammer Landstr. 45, Neuss; Rheinstrom: Angelfachgeschäfte in Neuss und Düsseldorf; Erftstrom und Vereinsgewässer: jeweils die Pachtvereine. **Geb:** T 3 DM, WE 5 bis 10 DM, W 10 DM, M 10 bis 20 DM, auch 25 DM, J 30 DM. **B:** Sp.Prü., 2 Ruten, alle Köder. **S:** genaue Auskunft erteilt: Hans Philipsen, Arndtstr. 2 in Neuss.

Niederkrüchten (4055): Gemeinde im Naturpark Schwalm-Nette, Kr. Viersen, Bahnstationen in Viersen und Mönchengladbach mit Busverbindung nach Niederkrüchten; Kreuzungspunkt B 221 und B 230, BAB A 61, Ausfahrt Mönchengladbach. Wassersport, beheiztes Freibad, Hallenbad, Camping, 100 km ausgeb. und markierte Wanderwege. **A:** Gemeindeverwaltung, Ruf 0 21 63/50 41. **G:** Schwalm. **FA:** Aal, Karpfen, Schleie, Forelle u. Weißfische. **FZ:** ganzjährig. **E:** Gemeindeverwaltung. **Geb:** J 5 DM. **G:** Venekotensee. **FA:** Forelle, Hecht, Zander, Karpfen, Aal, Weißfische. **FZ:** Mai bis Februar. **E:** Spielwarengeschäft Karl Hamböck, Roermonder Str. 16 in Elmpt. **Geb:** T 5 DM, WE 12 DM, M 40 DM. **G:** Freibad, Haus Mühlenbruch. **FA:** Forelle, Hecht, Karpfen, Rotaugen. **FZ:** ganzjährig. **E:** Gaststätte Haus Mühlenbruch, Schwalmweg 40. **Geb:** T 6 DM, J 75 DM. **G:** Brempter See. **FA:** Aal, Barsch, Rotauge, Forelle. **FZ:** ganzjährig. **E:** Werner Dietz, Brempt, Brempter See. **Geb:** T 10 DM. **B:** 2 Ruten; Köderfische dürfen nur am See gekauft werden.

Wassenberg (5143): Luftkurort im Naturpark Schwalm-Nette, 5,5 km von der deutsch-niederländischen Grenze, B 221; Bahnstrecke Mönchengladbach–Bad Lövenich; Wassersport (nordöstlich große Baggerseen), Camping, Naherholungsgebiet „Effelder Waldsee", Wanderwege durch Wald- und Heidelandschaften. **A:** Stadtverwaltung, Ruf 0 24 32/40 21–40 25.

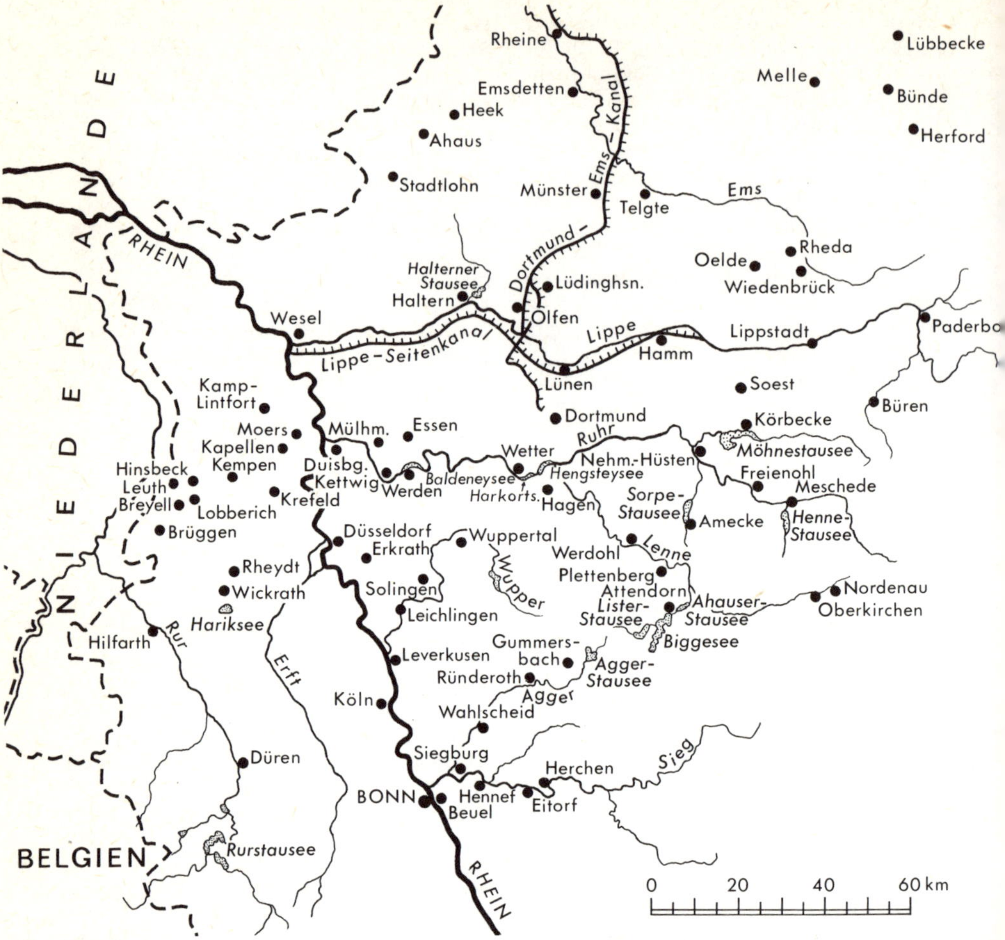

G: Gondelweiher in Wassenberg, ca. 30 Ar. **G:** Rur in Orsbeck, ca. 5 km Angelstrecke. **G:** Ophovener Seenplatte, ca. 100 Ar; **G:** Effelder Waldsee, ca. 450 Ar. **FA:** Karpfen, Schleie, Hecht, Aal, Zander, Weißfische. Beuteablieferung nach Vereinbarung. **E:** für Gondelweiher: Herr Grave, Oststr. 2 in Wassenberg; für Rur und Ophoven: Tankstelle Wilms, Wassenberg; Baggerseen: Herr Jansen, Wassenberg-Forst Nr. 7; Effelder Waldsee: Fam. Geuertz, am Effelder Waldsee. **Geb:** T 5,10 DM. **B:** 2 Ruten, alle Köder; verboten sind lebende Fische als Köderfisch. Bootsbenutzung erlaubt.

Wesel (4230): am unteren Niederrhein, nahe der holländischen Grenze, nördlich der Lippeeinmündung in den Rhein; B 8, B 58, B 70 und B 473; Bahnstrecken Oberhausen–Emmerich (holl. Grenze), Münster – Wesel – Emmerich, Bocholt – Oberhausen; BAB E 36, Ausfahrt Bocholt/Wesel (N) und Wesel/Schermbeck (O); Wassersport, beheiztes Freibad, Hallenbad, Camping. **A:** VA, Rathaus, Ruf 02 81/20 33 90; VV, Franz-Etzel-Platz 4, Ruf 2 44 98. **G:** Rhein, von km 806,35 bis 814,50 (rechtsseitig); **G:** Lippe, rechts und links der Mündung, einschl. Büdericher Insel. **G:** Lippe-Seitenkanal von Schleuse

Friedrichsfeld bis zum Rhein. **G:** Ölhafen teilweise. **FA:** Karpfen, Schleie, Aal, Weißfische. **FZ:** ganzjährig. **E:** Richard Grub, Am Feldtor 13; Radio-Elektro, Heinz Burbach, Lombertstraße 14. **Geb:** T 5 DM, W 15 DM. **B:** J.Fsch.; 2 Ruten, alle Köder.

Xanten (4232): Historische Dom- und Siegfriedstadt auf dem linken Rheinufer; B 57; Bahnstrecke Moers–Kleve; BAB E 36, Ausfahrt Bocholt/Wesel, auf B 473 über Wesel. Wassersport, Hallenbad. **A:** VA, Rathaus, Ruf 0 28 01/3 71. **G:** Rhein, mehrere Kilometer Angelstrecke am linken Ufer. **FA:** Raub- und Friedfische. **E:** LFV Nord-Rheinland, nach Vereinbarung; Gaststätte Bongers-Winkelmann, Klever Straße; Zoohandlung Trost, Bahnhofstr. 14 in 4220 Dinslaken. **Geb:** M 8 DM. **B:** 2 Ruten, alle Köder. **G:** Baggersee bei Geldern. **FA:** Hecht, Barsch, Aal, Karpfen, Schleie, Weißfische. **E:** Radiogeschäft Franken, Kurfürstenstr. 4; Zoohandlung Joh. van Bonn, Orkstr. 12. **Geb:** T 4 DM, M 30 DM. **B:** alle Köder.

Ruhr- und Industriegebiet

Düsseldorf und Umgebung (4000): Landeshauptstadt von Nordrhein-Westfalen, Kunst- und Mode-, Universitäts-, Kongreß- u. Messestadt am Rhein. Verkehrsknotenpunkt für Straße und Schiene, wirtschaftliches und kulturelles Zentrum. Rheinstadion, Pferderennbahn, Golf, Tennis, Reiten, Segel- und Motorflug, 2 Campingplätze, beheizte Freibäder, Hallenbäder, Jugendherberge. **A:** Untere Fischereibehörde Düsseldorf, Auf'm Hennekamp 45, Ruf 02 11/ 8 99 27 79. **G:** Unterbacher See, ca. 90 ha; **FA:** Hecht (45 cm), Zander (40 cm), Barsch, Aal, Karpfen (35 cm), Schleie (20 cm), Weißfische. **FZ:** ganzjährig, außer gesetzl. Schonzeiten. **E:** Dipl.-Kaufmann W. Richarz, Alt Eller 7 in Düsseldorf, Ruf 21 39 09; und alle Angler-Fachgeschäfte in Düsseldorf. **Geb:** T 7 DM, W 20 DM, M 40 DM, J 190 DM. **G:** Habessee Wersten, ca. 6 ha. **FA:** wie vor. **E:** Alle Angler-Fachgeschäfte in der Stadt. **Geb:** T 5 DM, J 100 DM. **G:** Baggersee Lichtenbroich, ca. 30 ha, Schwarzbach, Rhein. **FA:** wie vor, auch **FZ. E:** ASV Düsseldorf u. Wittlaer e. V., Heinz Gronen, Schlehenweg 31, D'dorf-Lohausen, Ruf 43 59 10. **Geb:** Für Besucher der Stadt Düsseldorf kostenlos. **G:** Rhein, **FA:** Hecht sowie alle Friedfische. **FZ:** ganzjährig. **E:** alle Angler-Fachgeschäfte in D'dorf. **Geb:** J 30 DM. **G:** Hafenbecken, **FA:** Aal, Karpfen, Schleie, Weißfische. **E:** wie vor. **Geb:** W 3 DM, J 15 DM. **G:** Ziergewässer der Stadt Düsseldorf. **FA:** alle Friedfische. **FZ:** ganzjährig von 0 bis 7 Uhr, außer gesetzl. Schonzeiten. **E:** Franz Schmelter, Hammer Dorfstr. 108, Ruf 30 69 64. **Geb:** T 7 DM, M 15 DM, J 55 DM. **B:** für alle Gewässer: Sp.Prü., J.Fsch.; 2 Ruten, nur vom Ufer aus erlaubt, alle Köder (Köderfische, die keinem gesetzl. Mindestmaß unterliegen). Die Mindestmaße und Schonzeiten sind den jeweiligen Erlaubnisscheinen zu entnehmen.

Duisburg (4100): 620 000 Einw., kultureller Mittelpunkt des Niederrheins, Verkehrsknotenpunkt von Straße und Bahn, Anschluß an das europäische Wasserstraßennetz, größter Binnenhafen der Welt; Zoo, Haus der 1000 Fische, erste Walanlage und Delphinarium Deutschlands; 8 Freibäder, 11 Hallenbäder, Stadion, Schwimmstadion, Golf, Reitbahnen und Sportplätze usw. **A:** Stadtinformation, Friedrich-Wilhelm-Str. 94, am Hauptbahnhof, Ruf 02 03/28 13 21 89. **G:** Kruppsee, **FA:** Karpfen, Schleie, Brassen, Hecht, Zander, Weißfische. **E:** Hans Küppers, Uhlandstr. 3, Duisburg 14. **Geb:** M 50 DM. **S:** Für Rhein und Altrhein J 25 DM. **G:** Sechs-Seen-Platte, Wedau, untere Ruhr, Blauer See, Bissingheim; **FA:** Aal, Hecht, Karpfen, Schleie, Zander, Weißfische. **E:** Fa. Schulz-Hohenstein, Münzstr. 50 in Duisburg. **Geb:** W 10 DM. **G:** Barbarasee, Wedau; **FA:** Hecht, Karpfen, Schleie, Zander, Aal. **E:** Wedau FV, Vereinsheim am Bertasee, Wedau/Duisburg. **G:** Rhein (einschl. Budberger Insel Roos), Rheinhausen; **FA:** Rotaugen, Barsche, Brassen, Schleie, Karpfen. **E:** Sporthaus

Hoppe, Krefelder Str. 40, Rheinhausen. **Geb:** 3 T 3 DM, M 8 DM, J 20 DM.

Essen (4300): Großstadt, wirtschaftlicher und kultureller Mittelpunkt des rheinisch-westfälischen Industriegebietes. Dichtes Nah- und Fernverkehrsnetz, Autobahn Köln–Hannover, Ausfahrt Düsseldorf/Nord und Essen/Gladbeck. 7 Freibäder, 8 Hallenbäder, 3 Campingplätze, Sport- und Reitanlagen, Jugendherberge. **A:** Werbe- und VA, Norbertstr. 2, Ruf 02 01/77 04 82; **G:** Baldeneysee, Ruhr, vom Wehr bis km 39,8 – Stadtgrenze Bochum, ca. 12 km, 35 bis 350 m breit, Altarm. **G:** Rhein-Herne-Kanal. **FA:** Hecht (Fangbegrenzung 2 Fische, Schonzeit vom 1. 12. bis 30. 4.), Zander (2 Fische, 1. 4. bis 30. 6.), Barsch, Aal, Forelle, Karpfen (3 Fische), Schleie, Weißfische (15 Pfd. andere Fische pro Tag). **FZ:** ganzjährig. **E:** FV Essen e. V., Stauseebogen 39, Essen 15; Fa. Schallbruch, Pferdemarkt 9, Essen 1, Ruf 22 27 92; Fa. Holl, Rüttenscheider Str. 124, Essen 1; FV Essener Angelfreunde e. V., Gerschermannweg 10, Essen 11; PV Essen, Werden e. V., Schleuse 7, Essen 16. **Geb:** T 4,50 DM. **B:** J.Fsch., 2 Ruten, keine Bootsbenutzung, alle Köder außer Fleischmaden.

Hattingen (4320): Stadt im Ruhrkreis, im Schnittpunkt der Städte Essen, Bochum, Wuppertal, B 51, BAB A 43, Ausfahrt Herbede (6 km), Bahnstrecke Wuppertal–Essen. Hallenbad, beheiztes Freibad, Tennis, Reiten (Pferdeverleih), Camping, Jugendherberge. **A:** Stadtverwaltung, Presseamt, Rathausplatz 1, Ruf 0 23 24/2 04–1. **G:** Ruhr, z. T. rechtes u. linkes Ufer; zwischen 30 und 50 m breit, durchschn. 1,5 m tief. Von der Kosterbrücke abwärts, rechtes und linkes Flußufer bis km-Stein 57,5. Von der Hattinger Straßenbrücke abwärts, linkes Flußufer bis etwa in Höhe der Gaststätte „Zum Deutschen“, km-Stein 53,13. **FA:** Aal, Aland, Barsch, Brasse, Döbel, Forelle (25 cm), Hecht (50 cm), Karpfen (35 cm), Zander (40 cm), Schleie (25 cm), Weißfische. Fangbegrenzung: täglich von Hecht, Karpfen, Forelle je 1 Stück; 2 Schleien, jedoch im Monat nur 4 Hechte, 5 Forellen, 8 Karpfen, 12 Schleien. Friedfische für Eigenbedarf. **FZ:** Saison Mai bis Dezember, übrige Fische ganzjährig. **E:** Anglerheim „Haus Weile“, Bochumer Str. 6; Waffen- u. Sporthaus Isenberg, St.-Georg-Str. 10; Sportkauf Heggerstr.; Angelgerätebedarf R. Weber, Bredde 7 in 56 Wuppertal; Angelgerätebedarf Pott, Langenberg/Rhld.; Angelgeräte Zoo G. Schmelz, Herner Str. 76 in Bochum. **Geb:** T 4 DM, 3 T 10 DM, 7 T 20 DM, J (eng begrenzt) 180 DM. **B:** Sp.Prü., J.Fsch.; Sportfischer aus Hessen müssen Nachweis der Mitgliedschaft im VDSF erbringen. 2 Ruten, davon 1 Raubfischrute, Wurm, Made, Köderfisch; Köderfischhälterung: Gründling, max. 3 Stück. **S:** weitere Auskunft: Heinz Frein, 1. Vors., Amselweg 14 in Hattingen; ASV Henrichshütte e. V., Rolf Heiligenschmidt, Westring 4 in Bochum, Ruf 02 34/1 77 78.

Herdecke (5804): Kleine Industriestadt an der Ruhr zwischen Harkort- und Hengsteysee, B 234, Bahnstrecke Bochum–Hagen–Unna oder Wuppertal–Unna. BAB E 73, Ausfahrt Hagen/Nord. Wassersport auf den beiden Seen, beheiztes Freibad, Camping, Tennis. **A:** VA, Ruf 0 23 30/6 11; **G:** Ruhrstau vom Fischstein ca 200 m oberhalb des OT Zillertal, ca. 4 km, 100 bis 800 m breit. **FA:** Hecht, Karpfen, Schleie, Zander, Aal, Weißfische. **FZ:** ganzjährig, unter Beachtung der gesetzl. Schonzeiten. **E:** Reisebüro Kessler, Hauptstr. 10, Ruf 32 36. Öffnungszeiten: Mo.–Fr. von 6–13 Uhr u. 15–18 Uhr. Sa. 6–13 Uhr, So. von 8–12 Uhr. **Geb:** nur T 5 DM. **B:** Sp.Prü., 2 Ruten, Köder nach Erlaubnisschein wählen.

Herne (4690): Stadt zwischen Dortmund und Gelsenkirchen, Eisenbahnknotenpunkt, mehrere Autobahnanschlüsse der A 42 u. A 43, B 51 und B 226; Rhein-Herne-Kanal; umfangreiches Freizeit- und Erholungsangebot, Sol- und Thermalbäder, Hallenwellenbad, Frei- u. Hallenschwimmbäder, Freizeithaus, Sport-Stadien, Reiten, Tennis. **A:** Presse- und Informationsamt der Stadt, Friedrich-Ebert-Platz 2, Ruf 0 23 23/59 24 25; Verkehrspavillon, Amtmann-Winter-Straße 2, Ruf 7 04 57. **G:** Rhein-Herne-Kanal

(Herne), 4 km, ca. 130 m breit. **FA:** Aal, Karpfen, Forelle, Schleie, Zander, Hecht, Weißfische. **FZ:** ganzjährig. **E:** SFV Herne; Ernst Sogemeier, Dortmunder Str. 202, Castrop-Rauxel, Ruf 0 23 05/2 22 21; „Blitzkuhle“, Wanne-Eickel e. V.; Werner Messerschmidt, Eickeler Bruch 106, Herne 2, Ruf 0 23 25/3 26 25; **Geb:** T 2 DM. **B:** O.A., Sp.Prü.; 3 Ruten, alle Köder.

Mühlheim (4330): Großstadt des südwestlichen Ruhrgebietes, ausgedehntes Erholungsgebiet im Ruhrtal. Bahnstrecke Duisburg–Essen, B 1, B 60 und B 223; Autobahnkreuz Duisburg-Kaiserberg (2 km), Personenschiffahrt auf der Ruhr, Rennbahn, Ruhrstadion mit Freibad, 2 Hallenbäder, beheiztes Freibad, 80 km Wald-Reitwege, Jugendherberge. **A:** Stadtverwaltung, Presse- u. Werbeabteilung, VV, Rathaus, Ruf 02 08/45 52 67. **G:** Ruhr, von km 4,3 u. 30,0 bis 21,5 u. 40,0 (Berliner Brücke bis Ruhr-Unterwasser), ausschließlich Ruhrwasserstraße von km 6,0 bis km 9,5 u. 90 sowie Südhafen ca. 2 km. **FA:** Karpfen, Schleie, Hecht, Zander, Aal, Weißfische. Es gelten die gesetzlichen Mindestmaße, ausgenommen: Rotaugen und Rotfedern (18 cm). **FZ:** März bis Oktober. **E:** Interessengemeinschaft der FV Untere Ruhr e. V.; Kaufhof AG, Sport-Abt., Friedrich-Ebert-Str. 35; Angel-Essers, Bahnbogen Nr. 19; Herbert Kalthoff, Wanheimer Str. 18 in Duisburg; Schulz-Hohenstein, Münzstr. 50 in Duisburg; Angel-Kirsch, Wunderstr. 89 in Oberhausen; Haus Salchow, Eller Str. 187 in Düsseldorf; Fritz Krings, Ackerstr. 196 in Düsseldorf. **Geb:** nur T 5 DM. **B:** O.A. mit Fischerprüfung, 2 Ruten mit je einem Haken, alle gesetzl. zulässigen Köder.

Herne 2 – **Wanne-Eickel** (4690): OT von Herne, Industriestadt inmitten des Ruhrgebietes mit Thermal- und Solebad. B 1 und B 226, Bahnknotenpunkt. Wassersport, Hallen- und Freischwimmbad, Tennis. **A:** städt. VA. **G:** Rhein-Herne-Kanal, von Duisburg bis Dortmund, ca. 45 km, 40 m breit. **FA:** Hecht (Schonzeit 1. 1. bis 30. 4.), Zander, Barsch, Aal, Karpfen (35 cm, pro Tag 3 Stück), Schleie (25 cm), Weißfische. **FZ:** ganzjährig. **E:** LFV Westfalen und Lippe e. V.; ASV „Blitzkuhle“ Wanne-Eickel e. V., 1. Vors. Werner Messerschmidt, Eickeler Bruch 106, Ruf 0 23 25/3 26 25; **Geb:** T 2 DM. **B:** O.A., Sp.Prü.; 3 Ruten, alle Köder, Nachtangeln erlaubt. **G:** Dortmund-Ems-Kanal, von km 1,441 bis km 108,000, von Km 109,200 bis km 138,300. **G:** Wesel-Datteln-Kanal, von km 2,100 bis km 60,200; **G:** Datteln-Hamm-Kanal, von km 0,000 bis km 47,100. **G:** Lippe, beidseitig von km 68,15 bis 73,21 und von km 93,5 bis Km 125,5. Südufer von km 84,80 bis 93,50 und von km 125,5 bis 126,0. Nordufer von Km 81,80 bis km 82,40 und von km 85,60 bis 88,20; u. 91,55 bis km 92,42. **B:** wie Rhein-Herne-Kanal.

Sauerland

Arnsberg 1–Neheim-Hüsten (5760): Stadt zwischen Sorpe- und Möhnetalsperre mit waldreicher Umgebung, durch Beleuchtungsindustrie weltbekannt. Bahnstrecke Hagen–Kassel, B 7, B 229 und B 479. BAB-Kreuz Werl oder Ausfahrt Soest. Hallenbad, 2 beheizte Freibäder, Golfplatz mit 9 Löchern, Tennis, Reiten. **A**: VV, Pavillon am Bahnhof, Ruf 0 29 32/ 44 88. **G**: Ruhr, ca. 5 km, 25 m breit. **FA**: Forelle, Äsche, Hecht, Barsch, Aal, Karpfen, Schleie, Döbel, Barbe u. a. Weißfische. **FZ**: 1. 5. bis 30. 9. **E**: Eisenwarengeschäft Beste, Friedrichstr. 8. **Geb**: nur T 10 DM. **B**: O.A.; 2 Ruten, alle Köder. **S**: weitere Angelmöglichkeiten nach Vereinbarung in der Röhr bei Stemel, in der Teichanlage bei Wettmarsen und in der Ruhr von Voßwinkel bis Echthausen.

Attendorn (5952): Stadt in Westfalen (Südsauerland) in waldreicher Umgebung des Ebbegebirges. B 54 und B 55; Bahnstrecke Köln – Olpe – Finnentrop; BAB A 45, Sauerlandlinie, Ausfahrt Meinerzhagen oder Olpe. In der Nähe Bigge- und Listertalsperre und der Stausee Ahausen. Hallenbad, Wassersport, Bootsverleihe. **A:** VA, Rathaus, Ruf 0 27 22/ 40 51. **G:** Stausee Ahausen, ca. 46 ha groß,

6 km lang und bis 600 m breit. **FA:** Äsche, Hecht, Zander, Karpfen, Schleie, Aal, Barsch, Döbel u. a. Weißfische. **FZ:** jede Jahreszeit. **E:** Ruhrtalsperrenverein; Forstverwaltung Biggetalsperre; Kiosk am Ahauser Stausee; OT Biggen, Ruf 5 08 31. **Geb:** T 7 DM, W 20 DM, J 70 DM. **B:** J.Fsch.; Bootsbenutzung verboten. 2 Ruten, als Köderfische nur Fischarten, für die kein Mindestmaß besteht. **G:** Biggetalsperre, ca. 700 ha. Bedingungen siehe „Biggetalsperre".

Biggetalsperre: Stausee von Bigge und Lister (als Vorstaubecken angeschlossen), Fassungsvermögen 140 und 22 Mill. cbm, 17 km lang, bis 2 km breit, Fläche 221,2 km², in waldreicher Umgebung zwischen Attendorn und Olpe, windungsreich mit vielen Buchten; über B 54 und B 55, BAB Lüdenscheid–Wetzlar, Ausfahrt Olpe. Bahnstrecke Siegen - Freudenberg - Olpe - Attendorn - Altena - Dortmund. Bahnhof „Sondern" direkt am Stausee. **FA:** Hecht (bis 28 Pfd.), Zander (12 Pfd.), Seeforelle (bis 16 Pfd.), Seesaibling, Bachforelle (14 Pfd.), Regenbogenforelle, Karpfen (15 Pfd), Schleie, Aal, Barsch (5), Döbel, Brassen u. a. Weißfische. **FZ:** jede Jahreszeit. **E:** ASC „Petri Heil", Lüdenscheid; Angelgerätebedarf H. Hamburger, Kluserstr. 3–5, Ruf 0 23 51/ 2 12 97; Heinz Möller, Sohlbachbrücke 4, 5900 Siegen 21 - Geisweid, Ruf 02 71/ 8 47 87; Angelbedarf Albert Käseberg, Fliederweg 2, 5960 Olpe/Sondern, Ruf 0 27 61/6 15 37. Horst-Elmar Klein, Dammweg, Neu-Listernohl, Ruf 0 27 22/ 74 46; Josef Langenohl, Augustinusplatz 9, Neu-Listernohl, Ruf 0 27 22/71 47; Frau Angela Scherer (Lister- und Lennekraftwerke Olpe), An der Schrötel 4, 5963 Wenden II/Elben, Ruf: 0 27 62/19 80; Fa. Emil Rentrop, Wilhelmstr. 55a, 5970 Plettenberg, Ruf 0 23 91/36 66; Fa. Mourmaux-Köster, Hunswinkel, 5882 Meinerzhagen 2, Ruf: 0 23 58/2 91; Fa. Hommelsheim, Herr Neumann, Geschäftsführer, Hansastr. 5–11, 4600 Dortmund, Ruf 02 31/ 14 27 79; Fa. Angel-Kruse, Schalker Str. 69–71, 4650 Gelsenkirchen, Ruf: 02 09/ 4 29 38; Angel-Kruse, Moritzgasse 3, 4600 Dortmund, Herr Clasen, Geschäftsführer, Ruf 02 31/52 90 73. **Geb:** T 8 DM, W 28 DM, J 100 DM. **B:** J.Fsch.; 2 Ruten, davon 1 Raubfischangel; Köderfische können bei Albert Käseberg gekauft werden. Angeln vom Boot aus nur mit Jahreskarte. **G:** Listerstausee, ca. 7 km lang, Fläche 67,8 km², Fassungsvermögen 22 Mill. cbm. Es gelten die gleichen Hinweise wie bei Biggetalsperre. **E:** dazu: Campingplatz „Gut Kalberschnacke", Gasthof Holthoff, 5962 Kalberschnacke, Ruf 0 27 63/4 64; Frau Lore Zeppenfeld, Meinerzhagen-Windebruch. **Geb:** T 8 DM, 7 T 28 DM, J 100 DM.

Eslohe (5779): Luftkurort im Herzen des Sauerlandes, am Fuße des Naturparks Hemert; Bahnstrecke Finnentrop–Meschede–Freienohl, dort stündl. Anschlüsse bis Eslohe. B 55; Hallenbad, beheiztes Freibad, Reiten, Bundeskegelbahnen, Wassersport (Esmecke-Sportsee und Hennesee). **A:** VV, Ruf 0 29 73/4 42. **G:** Esselbach, ca. 1 km, 4 m breit. **FA:** Bach- und Regenbogenforelle (24 cm, pro Tag 5 Fische). **FZ:** 16. 3. bis 20. 10. **E:** VV Eslohe. **Geb:** T 4 DM, W 12 DM. **B:** Feriengast, 1 Rute, künstliche Köder. **G:** Forellenbach, ca. 1,5 km. **E:** Guts- und Gasthof „Forellenhof Poggel", Bahnhofstr. 21, Ruf 62 71, nach Vereinbarung. **B:** Hausgast, Beuteablieferung. **S:** weitere Angelmöglichkeiten in eigenen Gewässern bietet: Pension Gutshof Altbrod, Eslohe, Ruf 63 94 (kinderfreundlich, Reitstall).

Hückeswagen (5609): Stadt mit 14 500 Einw. im Bergischen Land zwischen Seen und Wäldern mit berühmtem historischen Stadtkern. Bevertalsperre, Neye-, Eschbach-, Wupper-, Dhünn- und Panzertalsperre in näherer Umgebung. Über B 51, B 237 und B 483, BAB E 73, Ausfahrt Remscheid und Schloß Burg/Wermelskirchen. Bahnstation an der Strecke Wuppertal–Gummersbach. An der Bevertalsperre Bade- und Bootsbetrieb, Campingplätze. Freibad, modernes Hallenbad mit Restauration und Kegelbahnen, med. Abt., Sauna, Solarium, Tennis, Wanderwege mit Schutzhütten und Ruhebänken. **A:** VB, Inh. Alfred Graf, Islandstr. 10, Ruf 0 21 92/27 64; Verkehrs- und Kulturamt, Rathaus, Ruf 40 21. **G:** Bevertalsperre,

23,7 Mio. cbm Fassungsvermögen, ca. 7 km Angelstrecke. **FA:** Hecht (55 cm), Karpfen (35 cm), Zander (50 cm), Seeforelle (50 cm), Fangbegrenzung: 2 Stück je Tag und Art. **FZ:** Juni bis September. **E:** Leo Kürten, Hückeswagen, Wefelsen 4, (Hotel Strandcafé Kürten). **Geb:** 1 W 35 DM, 2 W 70 DM, J 150 DM. **B:** O.A., Sp.-Prü.; 2 Friedfisch-Ruten oder 1 Friedfisch- und 1 Raubfischangel. Verboten ist Junghechte und Jungzander als Köderfische zu verwenden. **G:** Wupper, ab Fa. Müller-Wipperfürth bis Fa. Müller & Engels, Hückeswagen, Fuhr; **FA:** Forelle, Karpfen, Schleie, Hecht, Aal. **E:** Gaststätte „Zum Bürgerstübchen", Schmittweg; Gaststätte „Kolpinghaus", Islandstraße. **Geb:** T 10 DM.

Radevormwald (5608): im Oberbergischen Kreis, Ausflugs- und Erholungsort in abwechslungsreicher Landschaft. In der Nähe 3 Talsperren mit Bade- und Segelgelegenheit. B 229 und B 483, BAB E 73, Ausfahrt Remscheid (13 km). Hallenbad, Jugendherberge, Reitbahnen. **A:** VA, Rathaus, Ruf 0 21 95/70 11. **G:** Wupper. **FA:** Bach- und Regenbogenforelle, Karpfen, Schleie, Hecht, Zander, Weißfische. **G:** Uelfestau. **FA:** wie vor. **E:** Bodo Schilkowski, Eisenwarenhandlung, Kaiserstr. 69, Ruf 85 27 oder 87 40.

Die Hennetalsperre (Hennesee)

Hennetalsperre: buchtenreich und von Wald umgeben, 1 km südlich von Meschede/Sauerland; 210 ha groß, 7 km lang, bis 400 m breit und bis 50 m tief. Jeglicher Wassersport. B 55 (7 km entlang am Stausee), B 7, Bahnstrecke Warburg–Arnsberg. **FA:** Hecht (45 cm, 1. 3. bis 31. 5. Schonzeit), Barsch, Aal, Bachforelle, Regenbogenforelle (bis 4 Pfund), Zander (45 cm), Döbel (bis 5 Pfd.), Weißfische. **Geb:** T 6 DM, J 60 DM. **E:** Fa. Emil Rentrop, Wilhelmstr. 55a, 5970 Plettenberg 1, Ruf: 0 23 91/36 66; Fa. Hommelsheim, z. Hd. Herrn Neumann, Geschäftsführer, Hansastraße 5–11, 4600 Dortmund, Ruf: 02 31/14 27 79; Waffengeschäft Bischoff, Zeughausstr. 12; 5778 Meschede, Strojnowski, Bahnhofstr. 22, 576 Neheim-Hüsten; Fa. Angel-Kruse, Moritzstr. 3, 4600 Dortmund; Fa. Angelgeräte Kruse, Schalker Str. 69, 4650 Gelsenkirchen; Gaststätte Kotthoff-Gerwens, 5779 Immenhausen über Meschede; Walter Hoffmann, 5779 Mielinghausen, Zeltplatz Hennesee; Gasth. Stappert, 5779 Enkhausen über Meschede. **B:** 2 Ruten, vom Land und Boot aus; alle Köder. Jugendliche unter 18 Jahren Preisnachlaß für Erlaubnisscheine. **S:** weitere Erlaubnisscheine für Sorpe und Bigge bei gleichen Ausgabestellen.

Meschede-Freienohl (5778): Luftkurort am Südhang des Arnsberger Waldes, umgeben von Hochwald, zwischen Meschede und Arnsberg. Omnibusknotenpunkt, Bahnstrecke Hagen–Kassel, Anfahrt über B 7 und B 55; Hallenbad, Tennis, Reiten, Kurpark. **A:** VV Freienohl, im Amtsgebäude, Ruf 0 29 03/5 91 und 2 50. **G:** Ruhr, ca. 3 km, durchschn. 20 m breit, mehrere Wehre. **FA:** Bachforelle (23 cm), Regenbogenforelle (24 cm), Äsche (28 cm), Aal, Hecht (45 cm), Döbel u. a. Weißfische. **FZ:** 15. 3. bis 20. 10. Übrige Zeit ist Schonzeit. **E:** Stadtverwaltung, Außenstelle im Verwaltungsgebäude Freienohl. **Geb:** T 5 DM, 7 T 14 DM, 14 T 22 DM, M 35 DM, WE 14 DM. **B:** Kur- oder Feriengast; 2 Ruten, künstl. Köder, kein Wurm. **S:** in der Nähe der Hennestausee, siehe dort.

Die Möhnetalsperre (Möhnesee)

Möhnesee (4773): nördlich des Arnsberger Waldes. Bahnstationen Soest, Neheim-Hüsten, Arnsberg. B 229, B 516, BAB A 44, Ausfahrt Soest/Süd. Jeglicher Wassersport, Camping, Wanderwege, Hotels/Ferienwohnungen jeder Klasse, Haus des Gastes, Freizeitpark, Eissporthalle. **A:** VA Möhnesee-Körbecke, Brückenstraße 2, Ruf 0 29 24/4 97. **G:** **Möhnetalsperre:**

Der von Möhne und Heve gespeiste Stausee liegt in einem Dreieck von Soest-Neheim-Hüsten-Meschede, am Nordrande des Arnsberger Waldes und gehört zum Flußgebiet der Ruhr/Sauerland. Er ist 10,37 qkm groß, 10 km lang, 600 m breit und weist 40 km Angelufer auf. Bis 32 m ist er tief. **FA:** Hecht (bis 20 Pfd.), Zander (gut, bis 11 Pfd. nicht selten, bes. Fang ein fast 17pfünder), Barsch (bis 4 Pfd.), Aal (gut, bis 4 Pfd.), Karpfen, Schleie (in Einzelfällen 6 Pfd.), Döbel (6 Pfd.) u. a. Weißfische, wobei besonders starke Rotfedern zu erwähnen sind. Fangbegrenzung: 10 Köderfische; insges. 3 Fische folgender Arten: Hecht, Forelle, Zander, Karpfen, Schleie. **Geb:** T 7 DM, W 20 DM, J 70 DM. Auch Angeln vom Boot mit besonderem Erlaubnisschein möglich. **B:** 2 Ruten, davon eine Raubfischangel, alle Köder. **E:** VA Möhnesee, Brückenstr. 2; Franz Wörmann, Möhnestr. in **Wamel** (OT); ADAC-Campingplatz, Loos, **Körbecke,** Brückenweg; „Mutti Höcker“ **Völlinghausen,** (OT); Angel-Kruse, Schalker Str. 69 in **Gelsenkirchen;** Polizeistation **Soest,** Walburgastr. in Soest; Waffen-Teutenberg, Kämperstr. 22 in **Werl;** Th. Hommelsheim, Hansastr. 5–11 in **Dortmund;** E. Arnemann, Südstraße in **Ahlen;** Haus Wiesmann, Südrandweg, **Möhnesee-Körbekke;** Sporthaus Hasselhorst, Rathausstr. 1, **Lippstadt;** Hannelore Strojnowski, Arnsberger Str. 22, **Neheim-Hüsten;** Ernst Rahlenbeck, Brückstr. 3, **Schwerte;** Emil Rentrop, Wilhelmstr. 55a, **Plettenberg;** Ruhrtalsperrenverein, Forstverwaltung, **Möhnesee-Günne,** Eckeystr. 4. Günne: Dorf am Haarstrang und im Tal der Möhne, wenige hundert Meter unterhalb der Sperrmauer, Bahnstation Soest (Busverbindungen), **Möhnesee-Delecke:** liegt unmittelbar am Stausee, beiderseits der Möhnestraße und der Hauptstraße Soest-Arnsberg; Strandbad mit Campingplatz und Bootsverleih. **Möhnesee-Völlinghausen:** erstreckt sich vom Haarstrang bis auf das Südufer der Möhne, unterhalb des Ortes beginnt der Möhnesee; Bahnstationen Lippstadt, Soest und Neheim-Hüsten; Busverbindungen, Wildpark, Tennis, Grillplätze. **Möhnesee-Stockum:** breitet sich am Haarstrang bis hinunter zum See aus; Busverbindung mit allen umliegenden Orten; Zeltplatz und Camping nur für männl. Jugend; Motorbootverkehr. **Möhnesee-Wamel:** in unmittelbarer Nähe des Stausees an der Haar; Bahnstation direkt am See; Strandbad mit Bootsverleih und Zeltplatz; Bootsverleih Frau Woermann. **Möhnesee-Körbekke:** größter Ort am See mit Sitz der Gemeindeverwaltung, liegt langgestreckt am Haarstrang und am Südufer des Sees; Bahnstation ist Soest (Busverbindung), Strandbad mit Campingplatz und Bootsverleih, ADAC-Campingplatz, Wassersport, Segelschulen, Motorbootverkehr, Jugendherberge, Haus des Gastes, Freizeitpark, Kurpark.

Die Sorpetalsperre (Sorpesee)

Die **Sorpetalsperre,** dieser schöne und fischreiche Stausee, liegt im waldreichen Bergland des Sauerlandes, umgeben vom Naturpark Homert. Er ist 330 ha groß, 8 km lang, bis 700 m breit, mittlere Tiefe 12 m, größte Tiefe über 60 m; B 229, Anfahrt über Neheim-Hüsten und Finnentrop, Busverbindungen. Bahnstrecke Neheim-Hüsten–Sundern oder Menden–Beckum (8 km), Balve (4 km); BAB, Ausfahrt Lüdenscheid (25 km) oder Neheim-Hüsten (8 km). **FA:** sehr gut Bach- und Regenbogenforelle (durchschnittlich 3 Pfd. und schwerer), besondere Fänge: Forellen von 6 bis 8 Pfd., Seeforelle, besonderer Fang 10 und 14 bis 20 Pfund; Bachsaibling, Seesaibling (im Kommen); Hecht (Schonzeit v. 1. 3. bis 30. 4.), 10- bis 20pfünder nicht selten, besonderer Fang: 35 Pfund. Zander (pro Tag 3 Fische, bis 6 Pfd.), Barsch, stark vertreten, bis 4 Pfd.; Aal, bis über 4 Pfd, Karpfen, recht häufig, Höchstgewicht um 20 Pfd. (pro Tag 2 Fische), guter Schleienbestand, bis 4 Pfd. schwer, Döbel (bis 6 Pfd.) u. a. Weißfische. Fangbegrenzung für Köderfische: 10 Fischchen. **FZ:** ganzjährig, unter Beachtung der Sperrgebiete von Anfang September bis Ende Januar. Die Talsperre wird von keinem Berufsfischer mit Stellnetzen befischt. **B:** O.A., Sp.Prü.; 2 Ruten, alle Köder. **E:** LFV Westfalen und Lippe, Brockoffstr. 14, als Pächter des Gewässers; Verwaltungsbüro vom Ruhrtalsperrenverein, Forstverwaltung, Ekkeystraße 4, 4773 Möhnesee-Günne; VB in Langenscheid, Langenscheider Str.; Erwin Ruff, Angelgeräte, Hauptstr. 33; Gasthof Josef Bringschulte, Sorpestr. 56 in Sundern-Langenscheid; Angelbedarf Johann de Koning, Hauptstr. 17 in 5769 Amecke; Gasthof Gutzmann in Bruchhausen. Auch in allen größeren Angelgerätefachgeschäften des Ruhrgebietes erhält man Erlaubnisscheine für den Sorpesee. **Geb:** T 8 DM, W 28 DM, J 100 DM. **S:** in der näheren Umgebung die Biggetalsperre, die Möhne- und Hennetalsperre, die Fließgewässer Ruhr und Lenne (siehe dort).

Schmallenberg-Winkhausen (5948): Luftkurort im Hochsauerlandkreis; Bahnstation Winterberg und Altenhundem. B 236. Hallenbad, Sauna, Solarium, med. Badeabteilung, Massagen, Tennis, Reiten. **A:** Hotel zum Wilzenberg, Ruf 0 29 75/5 11. **G:** Sorpe, von Winkhausen bis Niedersorpe, ca. 2 km, 3 bis 4 m breit. **G:** Forellenteich und **G:** Lenne, ca. 2 km, 4 bis 5 m breit. **FA:** Bach- und Regenbogenforelle (Mindestfanggew. 250 g), Äsche. **FZ:** April bis Oktober. **E:** Familie Deimann, Hotel zum Wilzenberg. **Geb:** keine. **B:** Hausgast, Beuteablieferung, 1 Rute, nur künstl. Köder (Fliege).

Sundern-Amecke (5768): staatl. anerkannter Erholungsort am Südufer des Sorpesees, Bahnstation Sundern, Balve, Arnsberg 1 und Arnsberg 2; Sauerlandautobahn, Ausfahrt Lüdenscheid/Mitte; B 229, B 479. Freizeitanlage, Warmwasserfreibad, Bootsverleih, Segelboote, Campingplatz, Reiten, Urlaub auf dem Bauernhof. **G:** Sorpesee, von Amecke bis Langscheid 8 km, beidseitiges Angelufer, größte Breite 700 m. Alle weiteren Bedingungen, Gebühren und Ausgabestellen für Erlaubnisscheine siehe „Sorpetalsperre". **A:** VV Amecke, Ruf 0 23 93/4 00 oder ab 12 Uhr 2 22.

Warstein (4788): Luftkurort inmitten des Naturparks Arnsberger Wald, des größten zusammenhängenden Waldgebietes Westdeutschlands. B 55 und B 516, Busverbindungen, Bahnstation Soest. Möhne- (4 km), Hennetalsperre (23 km); Freibad Hirschberg, Hallenbad Warstein, Campingplatz, Reiten in Niederbergheim. **A:** FVA, Ruf 0 29 02/24 95. **G:** Möhne, ca. 8 km von Mülheim bis Niederbergheim. Ruf 0 29 25/3 88. **FA:** Forelle, Barsch, Döbel. **Geb:** T 12 DM. **E:** Gasth. Droste, Niederbergheim, Ruf 3 88. **B:** Ferien- oder Kurgast; J.Fsch.

Bergisches Land mit Sieg und Agger

Betzdorf/Sieg (5240): Stadt im Sieg-Westerwald-Gebiet; Bahnstrecken Köln–Siegen–Frankfurt. B 62, BAB A 45, Ausfahrt Siegen; Freibäder und Hallenbad. **A:** städt. VA, Rathaus, Ruf 0 27 41/2 55 51. **G:** Weiher in Elkenroth, ca. 8 ha groß. **FA:** Zander (45 cm), Forelle (25 cm), Aal (45 cm), Karpfen (35 cm), Schleie (25 cm), Weißfische (20 cm). Fangbegrenzung: tägl. 4 Edelfische, davon nur 1 Karpfen, 1 Zander. **FZ:** 15. 3. bis 31. 10. **E:** Rudolf Garbach, Eisenbahnstr. 25, Ruf 2 13 72; Josef Pfeifer, Kirchstr. 15 in Elkenroth; Hermann Beichler, Gaststätte, Haus am Weiher; Eberhard Becher, Wilhelmstr. in Betzdorf. **Geb:** Unterschied zwischen O.A. u. Nichtorganisierten. T 12/15 DM, 3 T 25/30 DM, W 50/60 DM, 2 W 85/95 DM, 3 W 120/130 DM, M 150/160 DM. **B:** J.Fsch., Sp.Prü.; 2 Ruten, alle Köder außer Blinker oder Spinner. **S:** Außerdem Forellenweiher im Imhäusertal-Betzdorf.

Eitorf (5208): Gemeinde an der mittleren Sieg, 83–388 m, 16 000 Einw. Rhein-Sieg-Kreis, Eilzugstation an der Bahnstrecke Köln–Gießen–Frankfurt, Anfahrt über B 8 und B 478, BAB E 5, Ausfahrt Siegburg/Hennef u. Bad Honnef/Linz (20 Min.); Frei- u. Hallenbad, Sport- u. Tennisplätze, Tennishalle, Reiten, Grillplätze. **A:** VA, Markt 1, Ruf 0 22 43/30 41. **G:** Sieg, von

Unkelmühle bis Merten (Brücke), ca. 8,5 km. **G:** toter Nebenarm der Sieg, ca. 2000 qm. **FA:** Hecht, Karpfen, Schleie, Bachforelle, Äsche, Aal, Weißfische. **FZ:** ganzjährig. **E:** ASV „Fischwaid", Geschäftsführer Hagen, Auf der Kante; Café Porsch, Siegstr. 29, beide in Eitorf. **Geb:** nur T 7,50 DM. **B:** Sp.Prü.; 1 Rute mit 1 Haken, alle Köder erlaubt.

Engelskirchen (5250): mit Erholungsgebiet Ründeroth und weiteren, kleineren Ferienorten mit ländlichem Charakter, ca. 18 000 Einw.; Bundesbahn Köln–Olpe und Hagen, Bus- u. Fernbusverbindungen, B 55, BAB A 4, Ausfahrt Kaltenbach; beheizte Freibäder mit Wärmehalle, Freibad Wallefeld, Hallenbad in Ründeroth, Camping. **A:** VA, Rathaus Ründeroth, Ruf 0 22 63/50 11. **G:** Aggerstausee in Engelskirchen-Loope, ca. 2,5 km. **G:** Agger, von Engelskirchen bis Dieringhausen, ca. 12 km, durchschn. 15 m breit. **FA:** Aal, Barbe, Barsch, Forelle, Hecht, Karpfen, Schleie, Zander u. a. Weißfische. **E:** Angelsportfreunde Engelskirchen, nach Vereinbarung, Hotel Karl Lenz, Staader Weg 2, Engelsk.-Loope; Gaststätte Hubertushof, Overather Str. und Schloßgaststätte Ehreshoven, Staader Weg 1, beide in Engelskirchen-Loope. Für Agger: Angelsporterzeugnisse Rudolf Heuser, Hauptstr. in Ründeroth. Angelsportfachgeschäft in Köln; ASV Ründeroth nach Vereinbarung; Gasthaus „Vierlinden", Ründeroth, Oststr. **Geb:** T 5 DM, 2 T 8 DM, W 20 DM, M 40 DM. **B:** J.Fsch., alle Köder.

Erftstadt (5042): Erholungsort bei Köln, B 265 und B 51, Bahnstrecke Köln–Euskirchen; BAB Köln–Bad Neuenahr, Ausfahrt Erftstadt/Mitte. **A:** Stadtverwaltung, Ruf 0 22 35/40 91. **G:** Liblarer See, ca. 50 ha. **FA:** Forelle, Hecht, Barsch, Aal, Karpfen, Schleie, Weißfische. **E:** ASV Liblar, nach Vereinbarung; Weber, Zoo-Angelsport in Liblar; Angelsportgeschäfte in Köln. **Geb:** T 6,50 DM. **B:** Sp.Prü.; 2 Ruten mit je einem Haken, alle Köder.

Gummersbach (5270): mit 76 Ortschaften Verwaltungsmittelpunkt im Oberbergischen Land; Bahnstationen Gummersbach, Dieringhausen und Derschlag. Anfahrt über B 55, 54 und B 256; BAB Lüdenscheid-Siegen, Ausfahrt Germinghausen, Köln–Olpe, Anschluß Gummersbach. 2 Freibäder, Hallenbäder, Tennis, Reiten, Camping. **A:** städt. VA, Provinzialhaus, Ruf 0 22 61/8 71; VB Hindenburgstr., Ruf 60 50 01. **G:** Aggertalsperre. **FA:** Hecht, Barsch, Aal, Forelle, Karpfen, Zander, Weißfische. **E:** ASV Oberberg, Dümmlinghausen, Jahnstr. 12, Ruf 5 28 52; Städt. FVA, Gummersbach 1. **Geb:** 2 T oder WE 20 DM, W 40 DM, 2 W 80 DM. **B:** O.A., J.Fsch.; Gast des örtl. Beherbergungsgewerbes für mindestens 1 W; 2 Ruten, Köder laut Fangvorschrift auf dem Erlaubnisschein.

Leichlingen (5653): Ausflugs- und Erholungsort an der unteren Wupper, zwischen Düsseldorf und Köln, Blütenstadt, Bergische Obstkammer; Bahnstrecke Köln–Wuppertal–Hagen. B 232, B 51; BAB E 73, Ausfahrt Opladen oder E 36 Solingen/Langenfeld. Wassersport, Campingplatz, Zelten, Jugendherberge, Tennis, Reiten. **A:** Stadtverwaltung Leichlingen, VA, Am Büscherhof 1, Ruf 0 21 75/30 41–45; VV, Ruf 30 41. **G:** Talsperre Diepental, 900 m lang, 100 m breit. **FA:** Hecht, Barsch, Forelle, Karpfen, Schleie u. a. Weißfische. **FZ:** 1. 4. bis 31. 10. **E:** Ausflugslokal „Talsperre Diepental", Ernst Halbach, Ruf 0 21 71/3 02 14, 5 km östlich der Stadt, mit Appartements, Ferienhaus, Wochenendsiedlung, Campingplatz, beheiztem Freibad und Bootsverleih. **Geb:** J 175 DM; nur Urlaubskarten nach Vereinbarung. **B:** Feriengast, alle Köder, 2 Ruten. **G:** Wersbachtal, 50 m lang, 30 m breit. **FA:** Forelle, Karpfen, Schleie. **FZ:** ganzjährig. **E:** Hans Claasen, Wersbachtal, 5671 Witzhelden, Ruf 0 21 74/54 72. **Geb:** T 20 DM. **B:** Waidgerechtes Angeln, keine Bootsbenutzung, Blinker nicht erlaubt, 1 Rute.

Leverkusen (5090): 170 000 Einw., moderne Großstadt zwischen Köln und Düsseldorf, mit Bergisch Neukirchen und Opladen. Verkehrsspinne von Straße und Schiene, Busverbindungen. Tennis, Reiten, 5 beheizte Freibäder, 4 Hallenbäder. **A:** Presse- und VA, Rathaus, Ruf 0 21 72/ 3 52 83 16. **G:** 3 Rheinstrecken, mehrere stehende Gewässer, insgesamt ca. 200 Morgen Wasserfläche. **FA:** Salmoniden, Hecht, Zander, Aal, Barsch, Karpfen, Schleie, Weißfische. **FZ:** Mai bis Oktober. **E:** ASV Bayer Leverkusen e. V., Geschäftsstelle Carl-Duisberg-Str. 306 in Leverkusen 1. **Geb:** T 10 DM, alle anderen zeitlich begrenzten Erlaubnisscheine auf Anfrage. **B:** Sp.Prü., 2 Ruten, alle Köder außer Narkotika, keine Bootsbenutzung.

Lohmar (5204): Erholungsort in schöner, waldreicher Lage an der Agger. B 484, BAB E 5, Ausfahrt Siegburg-Troisdorf; Bahnstation Honrath; Tennis, Campingplatz an der Agger. **A:** Gemeindeverwaltung, Rathaus, Ruf 0 22 46/50 91-97. **G:** Agger, ca. 12 km, Angelstrecke von Aggerbrücke Bachermühle bis Aggerbrücke Wahlscheid, ca. 4 km. **FA:** Forelle, Äsche, Hecht, Barsch, Aal, Karpfen, Schleie, Barbe, Döbel u. a. Weißfische. **E:** Kölner ASV e. V. 1921; Hotel Schloß Auel (Tennis, Reiten, Schwimmen) für obige Strekke. ASV Lohmar, Reinhard Paris, Steinacker Str. 22; ASV Overath, Kurt Lück, Josefshöhe 10a in 5063 Overath. **Geb:** keine. **B:** Hausgast, alle Köder.

Marienheide (5277): Luftkurort und Wintersportplatz. In der Nähe die Brucher- u. Lingeseretalsperren. B 256, Bahnstation; Hallenbad, Reiten, Tennis, Camping. **A:** VA, Hauptstr. 48, Ruf 0 22 64/82 19. **G:** Mühlenteich an der Wupper (600–700 qm) in malerischer Lage. **FA:** Regenbogenforelle, Karpfen, Schleie, Aal. **FZ:** ganzjährig. **E:** Kurt Fröhlich, Brucher Str. 21, Ruf 86 53. **Geb:** Abrechnung nach Gewicht: Forelle 12 DM/kg, Karpfen 10 DM/kg. **B:** J.Fsch., 1 Rute, alle Köder; die gesamte Angelausrüstung kann gestellt werden.

Morsbach (5222): staatl. anerkannter Luftkurort im Oberbergischen Kreis zwischen Agger und Sieg. Bahnstationen Wissen, Osberghausen, Gummersbach (Busverbindungen); Anfahrt über B 62 und B 256. BAB A 45 u. A 4, Ausfahrten Freudenberg u. Reichshof-Eckenhagen/ Morsbach. Hallenbad, modernes Freibad, Tennis, Jugendherberge. **A:** VA, Waldbröler Str., Ruf 0 22 94/16 16. **G:** Wisserbach, ca. 2 km lang, bis 10 m breit. **FA:** Bachforelle (25 cm), Äsche (30 cm), Aal (35 cm); tägl. Fangbegrenzung: 6 Fische. **FZ:** 15. 4. bis 20. 10. **E:** Gemeindeverwaltung. **Geb:** T 10 DM, Inhaber von Kurkarten nur 6 DM. **B:** Ferien- oder Kurgast; J.Fsch., 1 Rute, alle Köder.

Siegburg (5200): Stadt mit 37 000 Einw., zwischen Agger, Sieg und Wahnbachtalsperre; BAB E 5, Ausfahrt Bonn/Siegburg und Siegburg/Troisdorf; B 8 u. B 56, Bahnstrecke Köln–Bonn; Hallenbad, beheiztes Freibad, Wassersport, Motor- und Segelflug, Reiten, Tennis. **A:** VA, Rathaus, Nogenter Platz, Ruf 0 22 41/10 23 83. **G:** Sieg, Einmündung des Brölbaches, Angelstrecke: Hennef bis Aggereinmündung, ca. 13 km, Flußbreite 40 m. **FA:** Karpfen, Schleie, Forelle, Aal, Hecht, Weißfische, Wels (Hecht z. Z. Fangverbot), Fangbegrenzung: für Edelfische gelten besondere Bestimmungen. **FZ:** ganzjährig. **E:** Fischschutzverein Siegburg, Geschäftsstelle: Wilhelm Anselment, Kapellenstr. 47a, Ruf 38 19 24; Peter Dresbach, Luisenstr. 142; Gaststätte „Sieglinde“, Weingartsgasse 1, 5202 Hennef/Sieg; Hundesalon Wirtz-Tollas, Frankfurter Str. 22e in Honnef. **Geb:** T 8 DM. **B:** Sp.Prü.; 1 Rute, sämtliche Köderarten.

Waldbröl (5220): ländliche Kleinstadt im Oberbergischen, dem Land der 1000 Täler, waldreiches Mittelgebirge, der „Stadt im Grünen“. BAB Köln–Olpe und Sauerlandlinie; B 256 und B 478. Reitsporteinrichtungen, Sportpark mit Schwimmhalle und Tennisplätzen, Camping. **A:** VB Jürges, Nümbrechter Str. 7, Ruf 0 22 91/ 40 22; Stadtverwaltung, Ruf 20 21. **G:** Angelmöglichkeit für Hausgäste in der Pension: Haus am Mühlenberg, Inhaber Peter Kapp, Vierbuchermühle, Ruf 70 52.

Windeck (5227): Kleinstadt und Erholungsort im Rhein-Sieg-Kreis, mittleres Siegtal. Bahnstationen Herchen, Dattenfeld, Roßbach; von B 256 entlang der Sieg; BAB A 45, Ausfahrt Siegen und A 4,

Ausfahrt Berg-Neustadt. Freibad, Reitanlagen. **A:** VV „Windecker Ländchen" e. V. Ruf 0 22 43/30 96 (Herchen) u. 0 22 92/ 50 51 Rosbach. **G:** Siegfluß von Siegbrükke Au–Herchen, ca. 20 km. **FA:** Bach- u. Regenbogenforelle (25 cm, Schonzeit 20. 10. bis 15. 4.), Hecht (55 cm, 1. 1. bis 30. 4.), Zander (40 cm, 1. 5. bis 30. 6.), Karpfen (35 cm), Aal (40 cm), Äsche (30 cm, 1. 3. bis 30. 4.), Schleie (25 cm), Wels (50 cm), Weißfische. **FZ:** ganzjährig unter Beachtung der Schonzeiten. **E:** ASV Obere Sieg e. V., Ruf 75 09; Fischzuchtverein Siegkreis, Herchen, Ruf 0 22 43/43 03; Gaststätte Abel, in Dattenfeld; Gaststätte Senn, Vereinslokal in Windeck-Dreisel; Gaststätte Willmeroth, Windeck-Mauel; Farben- u. Tapetenhaus Erich Uebel, Windeck-Roßbach; Farben- u. Tapetenhaus Josef Kaesberg, Windeck-Schladern; Hermann Zurheide, Burgstr. 1, Dattenfeld; Gustav Heuser, Windeck-Helpenstell; Karl Kuchhäuser, Windeck-Röcklingen. **Geb:** T 8 DM, M 66 DM. **B:** O.A.; Haus-, Ferienoder Kurgast, 2 Ruten, alle Köder, Bootsverleih: Bürgerverein Dattenfeld u. Herchen.

Wuppertal (5600): Groß- und Industriestadt im Bergischen Land, kultureller und wirtschaftlicher Mittelpunkt mit Verkehrswege-Knotenpunkt; Barmer- und Ronsdorfer Talsperren. Sportanlagen, Reitbahnen und Tennisplätze, 9 Freibäder, 9 Hallenbäder, Jugendherberge. **A:** Informations-Zentrum, Pavillon Döppersberg, Ruf 02 02/5 63 22 70, 5 63 21 80, 5 63 21 85; **G:** Stausee „Wuppertal-Beyenburg", 50 ha groß, von der Sperrmauer bis zur Remlingrader Brücke. **FA:** Hecht (60 cm, Schonzeit 1. 1. bis 30. 9., Fangbegr. pro Tag 1 Fisch), Bachforelle (25 cm, 20. 10. bis 15. 3., 2 St.), Regenbogenforelle (25 cm, 1. 1. bis 15. 4., 2 St.), Karpfen (33 cm, 1 Fisch), Schleie (25 cm, 5 St.), Weißfische, ohne Maß, 15 Stück pro Tag. **E:** Bergischer Fischerei-Verein 1889 e. V. Wuppertal, Bramdelle 25, Ruf 64 46 58; Wuppertaler Kanuclub, am Stausee, W. Bremicker, Normannenstr. 44; Reinhold Weber, Bredde 7, Ruf 55 36 38; Kaufhaus Cramer und Meermann, Wuppertal-Elberfeld; H. Burmester, Friedrich-Engels-Allee 172, Wuppertal 2. **Geb:** nur T 7,50 DM (für Erwachsene), 5 DM für Jugendliche. **B:** Sp.Prü.; 2 Ruten, davon aber nur 1 Raubfischangel, alle Köder, während der Hechtschonzeit aber keine Blinker.

Westerwald

Altenkirchen (5230): Erholungsort im nordwestlichen Westerwald, Bahnstrecke Linz/Rhein–Westerburg; B 8, B 256 und B 414; BAB E 5, Ausfahrt Neuwied/Altenkirchen (23 km); Reiten, Tennis, Camping. **A:** Verbandsgemeindeverwaltung, Ruf 0 26 81/30 41, Rathausstr. 13. **G:** Fischteich in Altenkirchen. **FA:** Karpfen, Forelle, Schleie, Aal. **FZ:** Mai bis September. **E:** Wilhelm Zimmermann, 5231 Almersbach. **Geb:** nach Vereinbarung. **B:** Sp.Prü.; 1 Rute, alle Köder. **G:** Fischteich in Michelbach, sonst wie vor. **E:** Hermann Nösges, Siegtalstr. 202 in 5904 Niederschelden. Gleiche Bedingungen. **G:** Fischteich in Mammelzen. Sonst wie vor. **E:** Egon Staude, Siegener Str. in 5231 Mammelzen. **Geb:** T 15 DM. **G:** Sieg. **FA:** Forelle, Aal, Weißfische. **E:** Fürstl. Hatzfeldtsche Verwaltung in 5248 Wissen-Schönstein. **G:** Wied, die gleichen Bedingungen wie bei Sieg. **Geb:** nach Vereinbarung.

Bad Marienberg (5439): Kneippheilbad und Luftkurort am Fuße Hoher Westerwald. Anfahrt über B 414 oder B 255; BAB A 45, Ausfahrt Haiger-Burbach (20 km). Hallenbad, beheiztes Freibad, Kurpark, Reiten, Tennis. **G:** Fischweiher im Nistertal. **FA:** Forelle. **E:** Kurverwaltung, Ruf 0 26 61/2 31. **Geb:** T 5/10 DM.

Dernbach (5434): am Osthang der Montabaur-Höhe. BAB Dernbacher Dreieck (E 6 u. A 48). **G:** Weiher, ca. 0,8 ha groß. **FA:** Karpfen, Schleie, Hecht, Forelle. **E:** Zoohandlung Häuser, Sauertal 13, 5430 Montabaur, Ruf 0 26 02/44 19. **Geb:** T 10 DM. **G:** eigenes Forellengewässer. **E:** „Country-Hotel", Ruf 0 26 39/3 35. Nach Vereinbarung.

Dreisbach (5439): Sommerfrische von der B 255 und B 414 zu erreichen. **G:** Angelweiher. **FA:** Forelle, Karpfen, Schleie, Weißfische. **Geb:** T 15 DM, halbtags 10 DM. **E:** Kurt Wagner, Wiesenstr. 9, Ruf 0 29 69/62 96.

Elbingen-Mähren (5439): kleine Gemeinde, Sommerfrische. Unweit der Kreuzung B 8 und B 255. Badegelegenheit. **G:** Birkensee, ca. 8 ha groß. **FA:** Karpfen, Forelle, Schleie. **Geb:** T 17 DM. **E:** Haus „Seeblick", Ruf 0 64 35/15 54.

Elsoff-Mittelhofen (5439): von der B 54 zu erreichen. **G:** Teich, ca. 1,8 ha groß. **FA:** Forelle, Karpfen. **Geb:** T 18 DM. **E:** W. Mücke, Hof Krempel, Ruf 0 26 64/5 72.

Freilingen (5419): Erholungsgebiet Westeny. Seenplatte. Freizeitzentrum am Postweiher mit Naturfreibad, Bootsverleih, Campingplatz, über die B 8 zu erreichen. **G:** Postweiher, ca. 12 ha groß, direkt an der Bundesstraße, **FA:** Karpfen, Forelle, Schleie. **E:** Otto Sayn, Weiherstr., 5239 Steinebach-Schmidthahn, Ruf 0 26 62/ 71 48; Hotel „Ludwigshöh", Freilingen, Ruf 0 26 66/2 31; H. Strauch, Campingplatz, Ruf 2 87. **Geb:** T 15 DM, halbtags 10 DM, WE 35 DM, 2 W 55 DM.

Freirachdorf (5419): Erholungsort im Tale des Holzbaches in waldreicher Lage; B 413, BAB E 5, Ausfahrt Dierdorf (9 km), Bahnstrecke Seifen–Limburg, Bahnst. Dierdorf. **A:** Bürgermeisteramt. **G:** 6 Baggerseen, ca. 1,2 ha Waldweiher. Tiefe ca. 7 m. **FA:** Vorwiegend Karpfen, Schleien; sonst Zander u. Weißfische. Ein Weiher ist mit Hechten besetzt. Fangbegrenzung: 3 Friedfische. **FZ:** 1. 4. bis 15. 10. **E:** ASV e. V. Freirachdorf; Ewald Faust, Ruf 0 26 80/81 60; Pension Golfblick, Ruf 3 61. **Geb:** 1 bis 3 T 8 DM, 14 DM, 20 DM; 1 bis 3 W 28, 42 u. 55 DM. J 100 DM. **B:** 2 Ruten, jedoch nur 1 Raubfischangel; alle Köder.

Hachenburg (5238): historische Stadt, Luftkurort im Oberwesterwaldkreis; B 414, BAB E 5, von Dierdorf über B 413 (23 km), Bahnstrecke Altenkirchen–Bad Marienberg. Hallenbad, Kurpark, Reiten, Tennis. **A:** städt. VA, Ruf 0 26 62/63 83. **G:** Forellenbäche. **E:** Fischereiberechtigter, in Einzelfällen nach Vereinbarung.

Hadamar (6253): Tor zum Westerwald; am Nordrand des klimatisch begünstigten Limburger Beckens im südlichen Westerwald. Verkehrsgünstige, trotzdem sehr ruhige Lage, direkt an der B 54; BAB E 5, Ausfahrt Limburg–Lahn (8 km), Bahnstation der Städteschnellverkehrslinie Frankfurt–Limburg–Köln. **A:** Stadtverwaltung, Ruf 0 64 33/20 16. **G:** Elbbach, ca. 4,5 km, südlicher Abschnitt, bis 10 m breit. **FA:** Hecht, Barsch, Aal, Forelle, Karpfen, Schleie, Weißfische. **FZ:** 1. 4. bis 31. 10. Schonzeit für Hecht: 1. 1. bis 31. 5. **E:** SFV Hadamar e. V.; Frau Maria Altmann, Kirchgasse 4 in Hadamar. **Geb:** T 6,50 DM, W 18,50 DM, J 85 DM. **B:** Sp.Prü.; 2 Ruten, davon eine auf Raubfisch erlaubt; alle Köder. Nördlicher Abschnitt im Stadtteil **Oberzeuzheim: G:** Elbbach, ca. 4 km, bis 10 m breit. **FA:** Hecht (50 cm), Barsch, Aal, Forelle (24 cm, pro Tag 2 Fische), Karpfen (35 cm, 1 Fisch), Schleie (25 cm), Barbe (35 cm), Döbel u. a. Weißfische. **E:** Hotel-Pension „Lochmühle", Inh. Anton Güth, Lochmühle, Hadamar, Westerw. 3, Ruf 22 88, nach Vereinbarung. **Geb:** T 8,50 DM, W 25,50 DM, J 85 DM. **B:** wie im südlichen Abschnitt.

Das mittlere Wiedtal: im Zentrum des Naturparks „Rhein-Westerwald"; Bahnstrecke Bonn–Neuwied; B 42, B 256 und B 413; BAB E 5, Ausfahrt Neuwied/Altenkirchen (7 km). **A:** Verbandsgemeindeverwaltung, Neuwieder Str. 28 in Waldbreitbach, Ruf 0 26 38/50 01. **G:** Wied, ca. 12 km, 10 bis 15 m breit, windungsreicher Lauf durch Waldtäler und Wiesen. **FA:** Hecht, Barsch, Aal, Forelle, Schleie, Barbe, Döbel u. a. Weißfische. **FZ:** ganzjährig, mit Ausnahme der Schonzeit vom 20. 4. bis 31. 5. Streckenaufteilung: **Roßbach** (5461): von der Einmündung des Maßbaches bis zur Mündung des Elsbaches bei Lache, ca. 1,4 km. **Geb:** 2 T 10 DM, 3 bis 7 T 18 DM, 8 bis 13 T 30 DM, 14 bis 31 T 50 DM, J 75 DM. **Waldbreitbach** (5451): von der Mündung des Elsbaches bei Lache bis zur Kreuzkapelle bei Hausen, ca. 4,3 km. **Geb:** 2 T 12 DM, 3 bis 7 T 20 DM, 8 bis 13 T 30 DM, 14 bis 31 T 50 DM, J 75 DM. **Hausen/Wied** (5461): von der Kreuzkapelle bei Hausen bis zur Furt oberhalb des Strandbades in Niederbreitbach, ca. 2,1 km. **Geb:** 2 T 10 DM, 3 bis 7 T 20 DM, 8 bis 13 T 30 DM, 14 bis 31 T 50 DM, J 60 DM. **Niederbreitbach** (5451): von der Furt oberhalb des Strandbades bis zur Einmündung des Nonnenbaches, ca. 3,8 km. **Geb:** wie bei Hausen jedoch J 90 DM. **E:** Verbandsgemeindeverwaltung in Waldbreitbach und bei den Ortsbürgermeistern der einzelnen Gemeinden. **B:** J.Fsch.; 1 Rute, alle gesetzlich zugelassenen Köder, Tages-Höchstfangbegrenzung 6 Pfund Fische.

Härtlingen (5439): Erholungsort von der B 255 und B 8, BAB E 5, Ausfahrt Montabaur (12 km) erreichbar. Ferienhäuser und -wohnungen, eigenes Hallenbad. **G:** Weiher. **FA:** Karpfen. **E:** Reiterhof Westert, Christa v. Kleist, Ruf 0 64 35/10 21. **B:** Nur für Hausgäste.

Helferskirchen (5419): Erholungsort, Campingplatz, Reiten, 20 Bungalows; B 8, B 255, BAB E 5, Ausfahrt Dernbacher Dreieck. **G:** Weiher. **FA:** Karpfen, Schleie, Forelle. **Geb:** T 12 DM, J 200 DM. **E:** Feriendorf „Alte Viehweide", Ruf 0 26 26/60 11; **B:** nur für Hausgäste Angelerlaubnis.

Herschbach (5419): Erholungsort an der B 8, BAB E 5, Ausfahrt Montabaur (9 km). Campingplatz, beheiztes Freibad. **A:** Gemeindeverwaltung. **G:** 3 Weiher, je 1,5 ha groß. **FA:** Hecht, Karpfen, Forelle, Schleie, Weißfische. **E:** Franz Dickkopf, Rheinstr. 1, Ruf 0 26 26/2 54. **Geb:** T 7 DM.

Höhr-Grenzhausen (5410): Fremdenverkehrsort direkt an der BAB A 48 Ausfahrt. **G:** Teich. **FA:** Karpfen, Schleie. **E:** Kurhotel, Ruf 0 26 24/30 33. **Geb:** Kostenlos. **B:** nur für Hausgäste.

Koblenz (5400): am Zusammenfluß von Rhein und Mosel. Verkehrsspinne von Straße und Schiene. B 9, B 416, B 49; BAB-Kreuz der A 61 u. A 48, Ausfahrt. Zwischen Mosel, Rhein und Nahe, der nördl. Teil des Hunsrücks. Die Stadt bietet kulturellen und wirtschaftlichen Mittelpunkt und vielerlei Sport- und Hobbyanlagen. **A:** VA am Hauptbahnhof, Ruf 02 61/3 13 04. **G:** Staugewässer, 5500 qm groß, sowie 2 Tongruben (5,5 u. 7,5 ha). **FA:** Forelle, Barsch, Hecht, Aal, Karpfen, Schleie, Weißfische, Fangbegrenzung: 4 Fische. **E:** Angelfreunde Wirges 1955 e. V.; Metzgerei Berthold Wudi, Martin-Luther-Str. in Wirges. Gaststätte zum Bräustübel, Hochstr. **Geb:** T 10 DM. **G:** Mosel. **FA:** Weißfische. **E:** Josef Dommermuth, Lubentiusstr. 32 in Koblenz-Güls. **B:** J.Fsch. **Geb:** T 7,50 DM.

Maroth (5419): im Westerwald, 1 km von B 413 bei Marienhausen; BAB E 5, Ausfahrt Dierdorf (6 km). Campingplatz mit Restauration direkt am Stausee. **A:** Gemeindeverwaltung, Bürgermeister Holl, Ruf 0 26 89/77 61. **G:** Waldstausee, ca. 10 ha groß (gut begehbar). **FA:** Hecht, Aal, Forelle, Karpfen, Schleie, Weißfische (guter Besatz). **Geb:** T 12 DM, J 200 DM. Gruppen-Erlaubnisscheine bei mindestens 10 Teilnehmern T 7,50 DM, nur von der Geschäftsstelle des BSV. **E:** BSV-Geschäftsstelle, Emser Str. 21, 5420 Lahnstein, Ruf 0 26 21/83 14; Seehaus am Campingplatz Maroth, Ruf 0 26 89/3 00; Josef Fink, Ortstr. 5, Ruf 72 20; Günther Ferdinand, Waldstr. 52 in 5431 Horressen, Ruf 0 26 02/39 98; Eduard Born, 5432 Wirges, Ruf 0 26 02/34 73; Bürgermeister Werner Hachenberg, 5419 Harschberg. **B:** J.Fsch.; 1 Rute, bei Besitz des Jahresscheins 2 Ruten. **S:** für Vereine zum Anangeln oder Preisfischen in diesem Gewässer besonders geeignet.

Montabaur (5430): Luftkurort in Rheinland-Pfalz an der B 49, B 255 und BAB E 5, Ausfahrt; Bahnstrecke Limburg–Siershan. Hallenbad, beheiztes Freibad, Reiten, Tennis. **A:** ASV Montabaur e. V., Postfach 84. **G:** 6 ehem. Tongruben, ca. 1 ha Gesamtfläche. **FA:** Forelle, Karpfen, Schleie, Aal, Hecht, Weißfische. Fangbegrenzung: pro Tag 3 Edelfische. **Geb:** T 10 DM.

Neuwied (5450): Stadt am Westrand des Westerwaldes, am Rhein gelegen. BAB A 48, Ausfahrt Koblenz, A 61 Ausfahrt Plaidt, E 5 Dierdorf. **A:** Städt. VA, Kirchstr. 50. **G:** Gewässer der Westerwälder Seenplatte an der B 8 zwischen Frankfurt und Köln, und zwar: Hausweiher, ca. 9,6 ha, **G:** Postweiher, ca. 13 ha, **G:** Hoffmannsweiher, ca. 16,3 ha. **FA:** Hecht, Karpfen, Schleie, Forelle, alle Weißfische. **FZ:** 1. 4. bis 30. 9. **E:** Fürstl. Wiedische Rentkammer, Ruf 0 26 31/2 20 41; Förster Otto Sayn, Weiherstr., 5239 **Steinebach-Schmidthahn,** Ruf 0 26 62/71 48; Campingplatzverwalter Manfred Kopper, Hofgut Schönerlen, 5419 **Steinen,** Ruf 0 26 66/2 07; Fürstl. Wiedische Teichwirtschaft, Schloßstr. 1, Neuwied, Ruf 2 20 41; Vereinslokal am Stausee; Sporthaus Krumholz, Langendorfer Str., Neuwied; ASV Neuwied, Geschäftsführer Kurt Fries, Raiffeisenring 33, Neuwied, Ruf 2 73 59. **Geb:** T 15 DM, halbtags 10 DM, WE 35 DM, 2 W 55 DM. **B:** J.Fsch.; 1 Rute, alle Köder. Grasfische müssen zurückgesetzt werden.

Nordhofen (5418): Post Selters, Fremdenverkehrsort, Anfahrt von B 413 oder B 255, BAB E 5, Ausfahrt Ransbach/Baumbach; Reiten, 1,5 km vom Ort entfernt. **G:** Fischteich. **FA:** Karpfen, Schleie, Forelle, Aal. **E:** Bauernhofpension „Mausmühle", Ruf 0 26 26/4 11. **Geb:** nach Fanggewicht. **B:** nur Hausgäste.

Oberelbert (5431): von der BAB A 3, Ausfahrt Montabaur (10 km), B 49. **G:** Angelteiche. **FA:** Karpfen, Forelle, Schleie, Aal, Weißfische. **Geb:** T 14/19,50 DM. **E:** Peter Blaeser, Ruf 0 26 08/3 63.

Obererbach (5431): an der B 8. **G:** 2 Angelteiche, insges. ca. 3000 qm. **FA:** Forelle, Karpfen, Schleie, Brassen. **FZ:** ganzjährig. **E:** Leo Heinrich, Mittelweg 2, Ruf 0 64 35/17 51 oder Hannappel, Ruf 14 66; samstags u. sonntags ab 6 Uhr Erlaubnisscheine am See erhältlich. **Geb:** T 15 DM. **B:** Sp.Prü.; 1 Rute, Köder: Wurm, Made, Kartoffel, Teig.

Pottum (5439): OT der Verbandsgemeindeverwaltung Westerburg am Wiesensee. B 54 u. B 255. Wassersport, Ferienwohnungen. **A:** Verbandsgemeindeverwaltung Westerburg, Ruf 0 26 63/80 63; Herr Schnitt. **G:** 2 Teiche, 1mal 2100 qm, 1mal 4600 qm. **G:** Wiesensee, ca. 80 ha groß. Hier darf nur an der Staumauer und seitlich je ein Streifen von 10 m befischt werden. **FA:** Schuppen-, Spiegel- und Silberkarpfen (3 bis 9 Pfd.), Schleie (bis 3 Pfd.), Zander (4), Forelle (1 kg), Brachsen (2 kg), Weißfische (ab 15 cm). Mindestmaße und Schonzeiten nach den gesetzl. Bestimmungen für Rheinland-Pfalz. Fangbegrenzung: pro Tag 4 Fische. **FZ:** ganzjährig. **E:** Verbandsgemeindeverwaltung, Neustr. 39/40 in Westerburg. **Geb:** keine Tageskarten. Für Wiesensee und Teiche: J 220 DM; nur für die Teiche: W 40 DM, M 50 DM, J 180 DM. **B:** Sp.Prü.; 2 Ruten gleichzeitig; für die Teiche sind alle gesetzl. Köder zugelassen. Für den Wiesensee nur künstliche Köder.

Puderbach (5419): Verbandsgemeindeverwaltung mit 16 Gemeinden in wellighügeliger, waldreicher Landschaft. BAB E 5, Ausfahrt Neuwied-Altenkirchen; Anfahrt über B 8, 256 u. 413; Camping in Döttesfeld, Steimel; Reiten, Freibäder in Urbach u. Steimel, modernes Hallenbad. **A:** Verbandsgemeindeverwaltung, Hauptstr. 15 bis 19, Ruf 0 26 84/2 35 bis 2 37; **Urbach: G:** Mühlbach zwischen Kirchdorf und Überdorf angestaut, ca. 1,5 ha. **FA:** Forelle, Karpfen, Schleie. **Geb:** T 12 DM, WE 30 DM, W 60 DM, J 250 DM. **E:** Gemeindeverwaltung Urbach, Hauptstr. Ruf 3 96; **Döttesfeld:** Sommerfrische an der Mündung des Holzbaches in die Wied. Bahnstation Seifen (500 m). **A:** Bürgermeisteramt. **G:** Wied und Holzbach, ca. 3 km lang u. 3 bis 7 m breit. **FA:** Hecht, Aal, Forelle, Weißfische. **E:** Hotel „Zum Wildbachtal", Inh. Rolf Bölländer, Ruf 0 26 85/4 08. **Geb:** T 2 DM (für Hausgäste), sonst 10 DM.

Ransbach-Baumbach (5412): Fremdenverkehrsort, beheiztes Freibad. BAB A 5 u. A 48, Ausfahrten. **A:** Keul Haus- und Grundstücksverwaltung GmbH, Peterstorstr. 7 bis 9 in Montabaur, Ruf 0 26 02/

30 80; **G:** Erlenhofsee, ca. 6 ha groß. **FA:** Hecht, Zander, Barsch, Aal, Forelle, Karpfen, Weißfische. **E:** Horst Fröhlich, Hausmeister, Hochhaus I, am Erlenhofsee. **Geb:** T 20 DM, W 50 DM. **B:** Sp.Prü.; eine Handrute.

Rehe (5439): direkt an der B 255, Campingplatz, Ferienwohnungen. **G:** Fischweiher, ca. 2,5 ha groß, oberhalb der Krombachtalsperre. **FA:** Karpfen, Forelle, Schleie, Zander. **Geb:** T 15 DM. **E:** Edgar Hartmann, Bahnhofstr. 12, Ruf 0 26 64/5 74 (samstags u. sonntags auch ab 6 Uhr Erlaubnisscheine am Gewässer.

Seck (5439): Fremdenverkehrsort inmitten des waldreichen Naturschutzgebietes der Holzbachschlucht. B 54 u. B 255. Hallenbad, Reiten, Wassersport, Camping. **A:** Feriendorf „Fohlenwiese", Hofgut Dapprich, Seck. **G:** Secker Weiher, ca. 10 ha groß. **FA:** Karpfen, Schleie, Aal, Forelle, Weißfische. **Geb:** T 15 DM, WE 25 DM. **E:** Campingplatz-Verwalter Dieter Zimmermann, Ruf 0 26 64/85 55.

Staudt (5431): von der BAB E 5, Ausfahrt Montabaur oder Dernbacher Dreieck zur B 255. **G:** Brinkenweiher. **FA:** Aal, Karpfen, Schleie, Barsch u. a. Weißfische. **Geb:** T 10 DM. **E:** Zoohandlung Häusser, Sauertal 13 in Montabaur, Ruf 0 26 02/44 19.

Unna-Stangenrod (5439): Luftkurort, beheiztes Freibad, B 413 u. B 414. **G:** 3 Angelweiher. **FA:** Forelle. **Geb:** nach Fanggewicht. **E:** Otto Müller, Haus am Wald, Ruf 0 26 61/56 51 oder 32 42.

Wahlrod (5231): unweit der Wied, BAB E 5, Ausfahrt Dierdorf; von B 413 auf B 8. Reitmöglichkeiten. **G:** Fischteich. **FA:** Forelle, Schleie, Karpfen, Aal. **E:** Bauernhofpension „Hammermühle", Ruf 0 26 88/4 10. **Geb:** wird nach Fanggewicht berechnet. **B:** nur für Hausgäste.

Waigandshain (5439): Erholungsort im Gebiet der Breitenbachtalsperre, ca. 10 ha groß. BAB A 45, Ausfahrt Herborn/West; B 54, B 255 u. B 414. Wassersport. **G:** Breitenbachtalsperre, 10 ha Wasserfläche. **FA:** Karpfen, Schleie, Forelle. **Geb:** T 15 DM. **E:** Theo Schorn, 5439 Emmerichenhain, Ruf 0 26 64/68 34 (samstags und sonntags Ausgabe direkt am Gewässer). **S:** In Emmerichshain, Ferienhaus Hofer, auf einem 12 000 qm großen, eingezäunten Weihergelände mit ca. 6000 qm Wasserfläche Angelmöglichkeit. **E:** Karl-August Hofer, Auf den Brücken, 5439 Rennerod, Ruf 88 19.

Welschneudorf (5431): Sommerfrische im Naturpark Nassau/Westerwald, zwischen Bad Ems–Nassau–Montabaur; Frei- und Hallenbäder. B 49 u. B 261; BAB A 3, Ausfahrt Montabaur. **G:** Teichanlage, zusammen ca. 7500 qm, auf einem Bauernhof mit Ferienwohnungen „Rückerhof". **FA:** Forelle, Aal, Karpfen, Schleie, Weißfische. **E:** Peter Blaeser, Oberelbert (2 km entfernt), Ruf 0 26 08/3 63, nach Vereinbarung. **Geb:** T 20 DM.

Wirges (5432): Fremdenverkehrsort, B 255, BAB E 5, Ausfahrten Montabaur oder Dernbacher Dreieck. Hallenbad, Freibad, Tennis. **G:** Silber-See, ca. 8 ha (300 m lang, 150 m breit). **G:** Birken-See, ca. 4 ha (150 m lang, 75 m breit). **G:** Forellenteichanlage in 5419 Quirnbach (160 m lang, 40 m breit). **FA:** Hecht (bis 10 kg), Barsch, Karpfen (6 kg), Schleie (2 kg), Weißfische. Fangbegrenzung: tägl. 4 Edelfische. **FZ:** ganzjährig, außer Dezember bis Februar. **E:** Angelfreunde Wirges 1955 e. V., Hochstr. 3a in Wirges. Gasthaus zum Braustübel, Hochstr.; Vors. Eduard Born, Hochstr. 3a, Ruf 0 26 02/34 73; Berthold Wudi, Martin-Luther-Str., Metzgerei in Wirges. **Geb:** T 10 DM, WE 30 DM, W 50 DM, M 120 DM. **B:** 2 Ruten, Köderwahl ohne Einschränkung, Kenntnisse der Fischerei Voraussetzung.

Wölferlingen (5419): Kleiner Sommerfrischenort inmitten der Westerwälder Seenplatte; Bahnstationen sind Langenhahn (5 km) oder Selters (10 km), B 8, B 255; Freibad. **A:** Bürgermeisteramt. **G:** Angelteich, ca. 3500 qm. **FA:** Karpfen (bis 6 Pfd.), Schleie, Forelle (bis 2 kg). **E:** G. Ferdinand, Hauptstr. 52, 5431 Horressen, Ruf 0 26 02/39 98. **Geb:** T 12,50 DM (Ausgabe auch direkt am Kiosk am Gewässer). **B:** 1 Rute, Blinker nicht gestattet.

Lahn und Dill

Bad Ems (5427): Staatsbad und Erholungsort, 12 km oberhalb der Mündung der Lahn in den Rhein, im Naturpark Nassau, im Norden und Süden erheben sich steil aus dem Tal die bewaldeten Höhen von Westerwald und Taunus, Bahnstrecke Koblenz–Gießen; BAB E 5, Ausfahrt Montabaur. Bäderstraße Wiesbaden–Bad, Schwalbach–Bad, Ems–Lahnstein; Wassersport, Golf, Reiten, Tennisplätze, Hallentennis. **A:** Staatl. Kurverwaltung u. VV. **G:** Lahn, innerhalb der Stadtgrenzen, ca. 5 km, 50 bis 80 m breit, oberhalb des Wehres ruhiges, unterhalb schnelles Wasser. **FA:** Hecht bis 5 kg (Mindestmaß 50 cm, Schonzeit 1. 12. bis 30. 6.), Barsch, Aal (40 cm), Forelle (25 cm, 15. 10.–15. 3.), Karpfen u. Schleie (25 cm), Barbe (starke Exemplare, 35 cm, 1. 5.–15. 6.) u. a. Weißfische. **FZ:** ganzj. **E:** FV 1928 e. V., Koblenzer Str. 12, Bad Ems,; Vereinslokal „Wacht am Rhein", Schulstr. 9, Bad Ems; Sporthaus O. Kirsch, Römerstr. 61, Bad Ems. **Geb:** bei Gebrauch 1 Rute: T 6 DM, 2 Ruten T 10 DM, W 25/35 DM, 14 T 40/50 DM, M 50/60 DM, J 80 DM. **B:** Sp.Prü.; 1 bzw. 2 Ruten, alle Köder.

Balduinstein (6251): Ferienort an einer weiten Flußkrümmung des Lahntales, Bahnstrecke Koblenz–Gießen; BAB E 5, Ausfahrt Limburg/Nord oder Diez; B 54 u. B 417 sind Anfahrtstraßen. Wassersport. **A:** Heimat- u. VV, Ruf 0 64 32/86 72. **G:** Lahn, 8 km, 40 bis 50 m breit. **FA:** Hecht, Aal, Barsch, Karpfen, Forelle, Schleie, Barbe, Döbel. **FZ:** 1. 3. bis 31. 10. **E:** SAV e. V. „Schaumburg", Balduinstein, nach Vereinbarung. Helga Buggle, Gasthaus „Zum Bären", Ruf 87 34; Karl Korn, Obergasse, 6251 Diez, 1. Vors. des FV Schaumburg. **Geb:** T 7 DM, W 26 DM. **B:** Sp.Prü.; Haus-, Ferien- oder Kurgast, 2 Ruten, alle Köder, lebende Köder nur während der Hechtfangzeit.

Biedenkopf (3560): Luftkurort zwischen Westerwald und Rothaargebirge, Bahnstrecken Marburg–Dillenburg bzw. Siegen, B 62 und 253; beheiztes Freischwimmbad, Kleingolf, Reiten, Tennis, Hallenschwimmbad. **A:** VA Biedenkopf, Ruf 0 64 61/24 85; Kiosk am Markt. **G:** Lahn, von Grenze Biedenkopf, Stadtteil Wallau, bis Stadtteil Eckelshausen, ca. 7,5 km, etwa 10 m breit. **FA:** vorwiegend Forelle (25 cm, Durschn.-Gewicht 250 g, Schonzeit vom 1. 11. bis 31. 3., pro Tag 2 Forellen), bei den übrigen Fischarten keine Fangbegrenzung, gesetzl. Schonmaß und Schonzeit. **FZ:** Mai–September. **E:** VA der Stadt Biedenkopf, Kiosk am Markt. **Geb:** T 6 DM, W 20 DM, 2 W 35 DM. **B:** O.A., Sp.Prü.; Haus- und Ferien- oder Kurgast; alle Köder, auf einer Strecke von 2 km nur künstl. Köder erlaubt. 1 Rute, Nachtangeln nur auf Aal.

Diez (6252): Felke-Naturheilbad und Erholungsort im romantischen Lahntal, Bahnstrecke Koblenz–Gießen, BAB Köln–Frankfurt, B 417 und B 54. Wassersport, Bootsschleppe, Bootsverleih, Campingplatz an der Lahn, großes Freizeitangebot. **A:** Städt. VA, Ruf 0 64 32/6 01-2 70/ 2 75. **G:** Lahn, von hess. Landesgrenze bis zur Daubachmündung, ca. 8 km. **FA:** Karpfen (bis 13 kg), Hecht (7 kg), Wels (9 kg), Zander (3 kg), Schleie, Aal, Weißfische. **FZ:** übliche Schonzeiten, Hechtfang nur vom 1. 9. bis 31. 12. **E:** Vereinslokal Kölsch, Emser Str. 5, Ruf 26 24; Hermann Zänsler, Emser Str. 17, Ruf 46 39; Fa. Eisen-Diehl, Marktplatz 7, Ruf 25 34; **Geb:** T 6 DM, 2 T 10 DM, W 13 DM, 2 W 22 DM, M 27 DM, 1/4 J 42 DM. Jugendliche bis 18 Jahre 50 % Ermäßigung, auch Schwerbeschädigte mit Ausweis. **B:** 1 Handangel, 1 Grundangel und Ködersenke.

Dutenhofen (6300): OT von Lahn 2, zwischen Wetzlar u. Gießen, BAB A 45, Ausfahrt Wetzlar, B 49 u. B 49a, B 429. **A:** Verband Hess. Sportfischer. **G:** Dutenhofener See, ca. 30 ha groß. **FA:** Aal (Fanglimit 5 Fische), Hecht (2), Zander (2), Forelle (3), Karpfen (3), Coho-Lachs (1), Weißfische. **E:** Fa. Lahn-Waschkies, Gemarkung Dutenhofen; in umliegenden

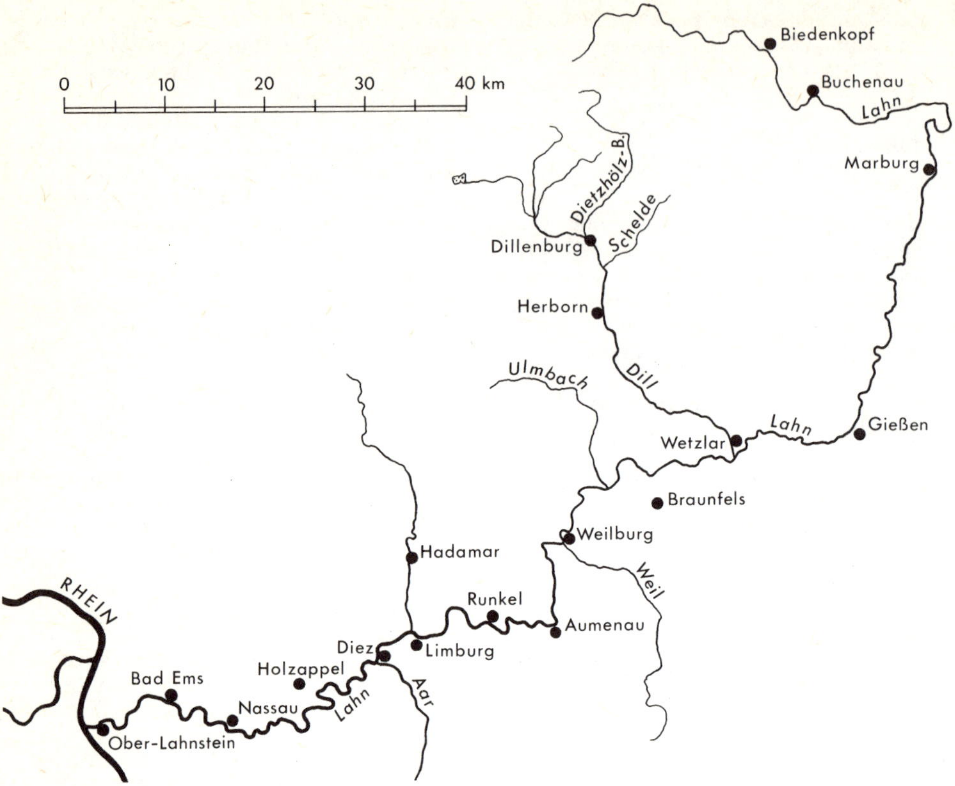

Angelgerätegeschäften. Lageplan der Gewässer wird abgegeben. **Geb:** T 8 DM, W 30 DM, J 200 DM. **B:** Sp.Prü.; 1 Fried- und 1 Raubfischangel gestattet, kein Boots- oder Nachtangeln. **S:** Rückhaltebecken in **Münchholzhausen. FA:** besonders gute Welsfänge. **E:** Fischzüchter Korb, 6300 Lahn-Münchholzhausen.

Lahn-Gießen 1 (6300): Universitätsstadt in Mittelhessen, Eisenbahnknotenpunkt, B 3, B 49, B 457, BAB Frankfurt–Kassel, Ausfahrt (1 km); Hallen-, Strand- und Freibad, Rudern, Reiten, Tennis. **A:** VSA Gießen u. Umgebung e. V., Burggraben 2. **G:** Lahn, von Roth bis Sichtershausen-Friedelhausen, ca. 7 km, durchschn. 20 m breit. **G:** Lahn, von E-Wehr in Gießen bis zum Einlauf des Cleebaches, ehemalige preußische Landesgrenze, ca. 5,5 km, 20 bis 30 m breit. **FA:** Hecht, Barsch, Aal, Forelle, Karpfen, Schleie, Barbe, Döbel u. a. Weißfische. **E:** Verein Sportangler Gießen u. Umgebung e. V., Ruf 06 41/3 50 99. Angelabteilung der Fa. I. B. Häuser, Oswaldsgarten, Ruf 3 10 45; Reinhard Dürr, Angelsportgeschäft, Kroppacher Weg 24, Ruf 7 16 14. **Geb:** T 7 50 DM, W 25 DM, M 50 DM. **B:** Sp.Prü., alle Köder, Drilling nur beim Hechtangeln; 2 Ruten, davon 1 Raubfischangel. Sonderbestimmungen für Fangbegrenzung und Schonzeiten werden bei den Ausgabestellen ausgehändigt.

Lahnstein (5420): Stadt am Mittelrhein, an der Einmündung der Anfahrt über B 9, B 42 u. B 260, BAB A 48, Ausfahrt Koblenz; Bahnstrecke Koblenz–Mainz; modernes Freibad, Tennis, Camping. **A:** AC „ACN Lahnstein e. V“, Emser Str. 21, Ruf 0 26 21/83 14. **G:** Lahn, ca. 6 km (davon 1,5 km fischreiche Mündungsstrecke), ca. 60 m breit. **FA:** Hecht (50 cm), Zander, Wels,

Aal, Barsch u. a. Weißfische. **FZ:** ganzjährig. **E:** Lahnsteiner Angelsportzentrale, Emser Str. 21, Ruf 72 04; Gasthaus Paulus, Emser Str. 32, Ruf 75 77. **Geb:** T 5 DM, M 40 DM, J 100 DM. **B:** J.Fsch., 2 Ruten, alle Köder. **S:** Der AC Lahnstein e. V. 1922 gibt für das Hafengebiet Erlaubnisscheine ab. **Geb:** J 30 DM. **FA:** Barsch, Brasse, Hecht, Karpfen, Schleie, Zander, Weißfische. **E:** Vereinslokal, Gasthaus „Zum Anker“, Lahnstein.

Lahn-Wetzlar 2 (6300): Industriestadt an der Einmündung der Dill in die Lahn; Bahnstrecke Koblenz–Gießen und Köln–Gießen; B 49 u. B 277; BAB A 45 u. A 480, Ausfahrt. Schwimmbad, Tennis, Rudern, Reiten. **A:** VA, Karl-Kellner-Ring 46, Ruf 0 64 41/40 53 38. **G:** Lahn, ca. 28 km, Durchschnittsbreite ca. 20 m. **FA:** Hecht (50 cm, 1 Fisch pro Tag), Karpfen (35 cm), Schleie (25 cm), Forelle (22 cm), Aal (40 cm), sämtliche Weißfische. **FZ:** 1. 4. bis 30. 11., Friedfische ganzjährig, Raubfische 1. 8. bis 31. 12. **E:** ASV Wetzlar e. V., Hans-Sachs-Str. 23, Ruf 3 15 69; Angelsportgeschäft Schönecker/Braun, Kornblumengasse 5; Campingplatz Wetzlar, Dammstr. 2. **Geb:** T (auf Weißfische) 7 DM, für Raubfische T 10 DM, W 30 bzw. 40 DM. **B:** J.Fsch., Sp.Prü.; 2 Ruten, davon evtl. 1 Raubfischangel, alle Köder, außer Blut.

Limburg (6250) und Umgebung: Stadt mit 16 000 Einw. im Nassauischen Land; Eisenbahnknotenpunkt, B 8, B 49, B 54 u. B 417; BAB E 5, Ausfahrten Limburg/ Nord u. Süd (2 km); Hallen- und Freischwimmbad, Tennis, Bootsverleih, Jugendherberge, Camping. **A:** städt. VA, Hospitalstr. 2, Ruf 0 64 31/9 32 21 u. 9 32 22 sowie 61 66. **G:** Lahn, von Oranienstein bis km 70,5, ca. 12 km. **FA:** Hecht, Aal, Barsch, Karpfen, Schleie, Barbe, Döbel u. a. Weißfische. **E:** SAV Limburg, nach Vereinbarung; Sporthaus Franz Maldaner, Grabenstr. 66. **Geb:** T 7 DM, W 20 DM, 14 T 25 DM. **B:** 1 Rute, alle Köder, Nachtangeln auf Aal erlaubt. **S:** weitere Angelmöglichkeiten nach Vereinbarung in den Vereinsgewässern Elbbach, Erbach und einem Fischteich.

Marburg (3550): Universitätsstadt, malerisch am Berghang liegend; Landgrafenschloß, Elisabethkirche (unwahrscheinlich schöner Bau); B 3 u. B 255, BAB A 49, Gießen (28 km); 3 Hallenbäder, Reiten. **A:** Sportfischer-Vereinigung Marburg/Lahn und Umgebung e. V. **G:** Lahn, ca. 9 km, ab Einmündung Ohm in die Lahn bis zur Wehrkrone „Grüner Wehr“ (Stat. II); **G:** Lahn, ca. 8 km, von Grüner Wehr abwärts bis „Ronhäuser Graben“ (oberhalb des Wehres der Nehemühle, Station III); **G:** Ohm, ca. 5 km, Gemarkungsgrenze Betziesdorf-Anzefahr, abwärts bis zur Einmündung in die Lahn (Stat. IV). **FA:** Bach- u. Regenbogenforelle (27 cm, 1. 10. bis 30. 4.), Äsche (35 cm, 1. 1. bis 30. 4.), Hecht (Stat. II bis IV, 50 cm, 1. 1. bis 30. 6.), Karpfen (30 cm), Schleie (25 cm), Aal (40 cm), Weißfische. **Geb:** 2 T 8 DM, W 20 DM, M 48 DM, für je 1 Station. **E:** wie A: und Stawenow, Ketzerbach, Ruf 0 64 21/ 6 82 64. **B:** J.Fsch.; 2 Ruten für Friedfische, Karten mit eingezeichneten Angelstrecken bei den Ausgabestellen. Grundschnüre mit nicht mehr als 20 Einzelhaken (lebender Köderfisch verboten) erlaubt. Keine Bootsbenutzung.

Weilburg (6290): staatlich anerkannter Luftkurort, barocke Residenzstadt mit 11 Stadtteilen, inmitten weiter Wälder. Bahnstrecke Gießen–Koblenz, BAB E 5, Ausfahrt Limburg (20 km), Frankfurt–Dortmund, Ausfahrt Wetzlar. Im Schnittpunkt B 49, B 429, B 456; Reiten, Schwimmen, Wandern, Tennis, Camping. **A:** Amt für Fremdenverkehr und Wirtschaftsförderung, Ruf 0 64 71/20 11. **G:** Lahn, von der Mündung des Iserbaches bei Braunfels Bf. bis Gemarkungsgrenze Steeden/ Dehrn, ca. 48 km. **FA:** Hecht, Barsch, Aal, Karpfen, Schleie, Barbe, Döbel u. a. Weißfische. **FZ:** 1. 4. bis 31. 8. **E:** FSV Oberlahn; beschränkte Kartenausgabe, Gasthof Felsenkeller, Ahauser Weg 4; Gasthof Heyne, Frankfurter Str. 27. **Geb:** T 10 DM. **B:** Sp.Prü., Feriengast; 1 Rute, lebende Köderfische nicht erlaubt, Bootsverleih vorhanden.

Eifel und Ahrtal

Altenahr (5481): 100jähriger Weinbauort mit den Ortsteilen Altenburg, Kreuzberg und Reimerzhoven; inmitten prächtiger Felslandschaft im romantischen Ahrtal; Bahnverbindungen mit Remagen–Bonn–Köln, Düsseldorf. B 257 und 267, BAB E 45, Ausfahrt Meckenheimer Kreuz; Camping, Seilbahn, Jugendherberge. **A:** VV, Ruf 0 26 43/4 48. **G:** Ahr, ca. 7 km, 4–5 m breit. **FA:** Forelle, Äsche, Weißfische. **E:** Central Hotel, Brückenstr. 5, Ruf 2 15; **Geb:** T 17,50 DM. Hotelgäste frei. Hotel Winkler's, Rheinischer Hof, Tunnelstr. 12, Ruf 2 02. **Geb:** T 12 DM. Hotelgäste frei. Hotel zur Post, Brückenstr. 2, Ruf 20 98/ 99. Nur für Hotelgäste frei. Hotel Café Lang, Altenburger Str. 1, Ruf 20 90, Hotelgäste fischen frei. Gasthof „Zum Horn", Altenburg, Kreuzberger Str. 9, Ruf 4 41, nur für Hotelgäste ohne Gebühr.

Bad Aachen (5100): alte Kaiserstadt, Rheuma-Heilbad an den Nordausläufern von Eifel und Ardennen, unmittelbar an der belg. und niederl. Grenze (Dreiländereck); Anfahrt über BAB E 5, B 1, B 57, B 258 u. B 264a; Eisenbahnknotenpunkt mit Grenzverkehr, Europa-Bus: Brüssel–Aachen–Frankfurt. Hallenbäder, beheiztes Freibad, Golf, Tennis, Reiten, Flugsport, Jugendherberge. **A:** Kur- und VA, Ruf 02 41/ 3 34 91 u. 47 23 01. VV, Bahnhofplatz 4, Ruf 3 06 00 u. 2 53 12. **G:** a) Stauanlage, Diepenbenden, b) Stauanlage Kupferbach. **FA:** a) Hecht, Aal, Karpfen, Schleie, Weißfische. b) Hecht, Zander, Forelle, Karpfen, Schleie, Weißfische. **E:** Angelsportgeschäft Requard, Franzstr. 50, **Geb:** T 9 und 10 DM. 2 T 15 DM, W 35 DM. **B:** J.Fsch., 1 Rute.

Bad Münstereifel (5358): Staatlich anerkanntes Kneipp-Heilbad im oberen Erfttal, umgeben von weitreichenden Waldgebieten, 12 km von Euskirchen an der B 51, Kneipp-Sanatorien und Kurheime; Jagdmöglichkeiten, Freizeithallenbad. **A:** u. **E:** Kur- und FVA, Rathaus, Marktstr. 11, Ruf 0 22 53/ 9 93. **G:** Rückhaltestaubecken der Erft, Erft: rund 9 km Flußlänge. **FA:** Forelle, Karpfen, Schleie, Weißfische. **Geb:** T 10 DM. **B:** O.A., Ferien- oder Kurgast; 1 Rute.

Bad Neuenahr – Ahrweiler (5483): Mineralheilbad im Rotweintal der Ahr mit den Stadtteilen Bachem, Ehlingen, Gimmingen, Green, Heimersheim, Heppingen, Kirchdaun, Lohrsdorf, Marienthal, Ramersbach, Waldporzheim. Thermal-Badehaus und Kurbetrieb mit 36 warmen, alkalischen Quellen (Stoffwechsel, Diabetes), Rotweinmetropole, Hallenschwimmbad, 2 beheizte Freibäder, 12 Tennisplätze, Tennishalle, Camping, Jugendherberge, Spielbank mit Roulette, Black Jack, Baccara, elektron. Roulette, Ausflugsfahrten in die Umgebung. Bundesbahn Köln–Koblenz, in Remagen Abzweigung Ahrtalbahn; BAB 61, Krefeld–Ludwigshafen. **A:** Kur- u. VV am Bahnhof, Ruf (0 26 41) 22 78. **G:** Ahr, mit 2 Teilstrecken im Stadtgebiet, ca. 4 km lang, bis 25 m breit. **FA:** Äsche, Forelle, Aal, Döbel, Barbe. Tägl. Fangbegr. 3 Edelfische. **FZ:** 16. 3. bis 14. 10. **E:** Fischereiverband Ahr e. V. Verbandsvorsitzender Wilhelm Gerhard, Ramersbacher Str. 37, Ruf 3 64 63 oder 2 42 27 (Auf den Steinen 17); Josef Gast, Mittelstr. 48, Ruf 2 47 84; Dr. Hermann Wagner, Casinostr. 5, Ruf 2 53 55; Dieter Gies, Schützenbahn 40; Günter Henke, Platanenweg 18, Ruf 3 65 10; Albert Schäfer, Eifelstr. 44; Bracke und Kessler, Sportfischerbedarf, Kreuzstr. 13; Paul Bruch, Campingplatz, Kalvarienbergstr. 1. **Geb:** O.A. je Teilstrecke: T 12 DM, W 20 DM, M 45 DM, S 150 DM, nicht O.A. je Teilstrecke: T 15 DM, W 25 DM, M 60 DM, S 200 DM. **B:** 1 Rute; Köder: künstl. Fliegen, Spinner, Blinker; für Friedfische: Käse, Teig und Köder auf pflanzlicher Basis. Das Wurmfischen ist nur auf Aal, eine Stunde nach Sonnenuntergang bis 1 Uhr in den Monaten Mai bis September erlaubt.

Bettenfeld (5561): Erholungsort in einer einzigartigen Kraterlandschaft, ausgedehnter Hochwald; Anfahrt über B 257, BAB E 1, Ausfahrt Manderscheid. Bahnstrecke Manderscheid–Pantenburg (9 km). **A:** FVV, Ruf 0 65 72/ 46 14. **G:** Mo-

Köln
Rodenkirchen
Brühl
Erft
Rur
Düren
Aachen
BONN
Stausee
Obermaubach
Nideggen
Euskirchen
Rurstausee
Honnef
Rurburg
Urftstausee
Kirchheim
Steinbach-
stausee
Rur
Monschau
Urft
Bad
Münstereifel
Ahrweiler
Bad
Neuenahr
Altenahr
RHEIN
ELGIEN
Ahr
Laacher See
Dahlem
Maria Laach
Jünkerath
Nette-Bach
Koblenz
Mayen
Kyll
Eltz
Prüm
Gerolstein
Pelm
Birresborn
Daun
Ulmener Maar
Schönecken-
Wetteldorf
Gemündener Maar
Mürlen-
bach
Totenmaar
Schalkenmehrener M.
Pommern
Mosel
Densborn
Gillenfeld
Pulvermaar
Cochem
Waxweiler
Meerfelder
Maar
Holzmaar
Ediger
Dasburg
Prüm
Malberg
Mander-
scheid
Senheim
Alf
Neuerburg
Kyllburg
Bad
Bertrich
Merl
Zell
Gemünd
Sinspelt
Wittlich
Lieser
Nims
Bitburg
Mettendf.
Salmrohr
Prümzurlay
Bernkastel-
Kues
Irrel
Kyll
Kordel
Mosel
UXEMBURG
0
10
20
30
40 km
Trier

senberger Maar. **FA:** Karpfen, Schleie. **Geb:** T 5 DM. **E:** alle Gaststätten im Ort.

Bickendorf/Eifel (5521): am Rande des Naturparks Südeifel im Nimstal, unmittelbar an der B 51, Bahnstation Bitburg (Verkehrsknotenpunkt der Straße), (10 km). 4 km vom Stausee Bitburg entfernt. **A:** Ortsbürgermeister Josef Biewer, Schulstr. 4, Ruf 0 65 69/4 54. **G:** Nims, ca. 1,8 km. **FA:** Bach- und Regenbogenforelle, Äsche, Barbe, Döbel, Aal u. a. Weißfische. **FZ:** März bis Oktober. **E:** Ortsbürgermeister. **Geb:** T für Einheimische 8 DM, für Auswärtige 10 DM, für Ausländer 20 DM. W 20, bzw. 30 und 60 DM. M 50 DM, bzw. 70 und 140 DM.

Biersdorf (5521): im reizvollen Prümtal, nahe Bitburg (12 km), im Naturpark Südeifel, am Stausee Bitburg. Bahnstation Bitburg, Busverbindungen, B 50 und B 51, Rittersdorf, Prüm-Bitburg. Freibad, Bootsverleih, Reiten, Tennis, Camping. **A:** Zweckverband Stausee bei der Kreisverwaltung Bitburg-Prüm, Trierer Str. 1, Ruf 0 65 61/ 1 51. **G:** Biersdorfer Stausee der Prüm, 34 ha groß, wunderschöne Lage des Salmonidengewässers. **FA:** Bach- und Regenbogenforelle (bis 6 Pfund). **FZ:** 15. 3. bis 15. 12. **E:** FVA Bitburger Land, Hubert-Priem-Str. 7. 5520 Bitburg; Heinz Passow, Einschiederhof/Hermeskeil. Sporthotel Südeifel, direkt am See mit jeglichem Komfort. Bürgermeisterämter Biersdorf und Wiersdorf; Waffen-Wagner, Simeonstr. 7 in Trier; Sporthaus Winandy, Borenweg 3 in Bitburg; Waffengeschäft Horst Stein, Steinautal in Birkenfeld. **Geb:** T 10 DM, W 40 DM, WE 20 DM, M 100 DM. **B:** nur vom Ufer aus, Flugangel oder Spinnrute; Blinker, Fliege, pflanzl. Köder.

Brühl (5040): Schloß- und Ausflugsstadt zwischen Köln und Bonn im Erholungspark Ville an der B 51, Bahnstrecke Köln–Bonn (Brühl und Kierberg); Tennis, Reiten, Wanderungen, Hallenbad, Freibad (Stadion und Heider Bergsee), Europas größtes Freizeit-Abenteuerparadies „Phantasialand", Camping, am Heider Bergsee. **A:** Informationszentrum, Uhlstr. 2, Ruf 0 22 32/ 7 92 43. **G:** Schluchtsee, ca. 1,9 ha groß, Villenhofer Maar und Pingsdorfer See, ca. 2,87 ha. **E:** AV „Freizeit" e. V. Brühl/ Kiesberg, Herr Lappoehn, Drachenfeldstr. 22; **G:** Unter- und Mittelsee, ersterer ca. 18,65 ha, der andere 5,35 ha groß. **E:** AV Unter- und Mittelsee e. V., Herr Alfred Clahsen, Lohrbergstr. 7; **G:** Bleibtreusee, ca. 55,88 ha groß, SAV Köln e. V., Herr Gerhard Mischling, Maarweg 141, in Köln 41; **G:** Berggeistsee, ca. 23,29 ha, **E:** ASV Brühl und Umgebung e. V., Herr Josef Advena, Schützenstr. 12, und Sport-Vetterle, Kempishofstr. 22, beide in Brühl. Weitere Angelgewässer: Heider Bergsee, ca. 35 ha, Donatusee, 7,82 ha, Lucretiasee 4,33 ha, Obersee mit 3 ha. **Geb:** und **B:** nach Vereinbarung. **FA:** Karpfen, Hecht, Aal, Zander, Barsch, Schleie, Forelle, Weißfische. **G:** Badorfer Weiher, Angelgewässer des ASV Brühl, **Geb:** T 7,50 DM. **B:** Sp.Prü. erwünscht.

Dahlem (5377): mit den Ortsteilen Baasem, Kronenburg Schmidtheim im Naturpark Nordeifel, bis belgische Grenze 14 km, Bahnstation und Schmidtheim. B 51 und B 421; Hallenbad, Jugendherberge, Segelflug- und Verkehrslandeplatz. **A:** Gemeindeverwaltung Schmidtheim, Ruf 0 24 47/ 1 94; Fischereigenossenschaft, Gräfl. Verwaltung, Ruf 2 16. **G:** Kyll. **FA:** Forelle, Äsche, Weißfische. **E:** wie A. **Geb:** T 5 DM. **G:** verschiedene Bachläufe. **FA:** Forelle, Äsche, Döbel; tägl. Fangbegrenzung 5 Fische, außer Döbeln; **E:** Fischereigenossenschaft. **Geb:** T 10 DM. **B:** 1 Rute. **G:** Kyll, ca. 3 km von der „Neuen Brücke" in Kronenburgerhütte bis Landesgrenze Hammerhütte/Stadtkyll. **FA:** Forelle, Äsche, Döbel. **E:** Nikolaus Dederichs, Dahlem-Kronenburg, Neuer Weg 1, Ruf 0 65 57/ 2 83, **Geb:** T 10 DM.

Daun (5568): Kreisstadt in der Eifel, heilklimatischer Kurort, Kneippkuranlagen und Mineralheilbad mit 8 Ortsteilen in der Nähe der 3 Kraterseen. Bahnlinie Gerolstein–Andernach, mit Anschluß an die Strecken Köln–Trier–Saarbrücken und Köln–Koblenz; Kreuzungspunkt der B 257 (Ulmen–Bitburg) und B 421 (deutsch-luxemburgische Grenze – B 49); Freibad am Gemünder Maar, Bootsverleih, Kurzentrum mit großer Schwimmhalle und Warmwasserbewegungsbad, Jugendherberge, Tennis, Reiten, Segelflug. **A:** Städt. Kur- u. VA, Leopoldstr., Ruf 0 65 92/ 25 38. **G:** Gemünder Maar, 7,2 ha groß, bis 28 m tief, von bewaldeten Höhen umgeben. **FA:** Hecht (40 cm, 1. 1. bis 30. 6.), Zander, Barsch, Aal, Forelle (24 cm), Karpfen, Schleie, Weißfische. Fangbegr. tägl. 4 Forellen, 4 Schleien. **FZ:** ganzjährig. **E:** ASV Daun; Hotel Müller, Lieserstr. 17, Ruf 25 06; Maarcafé und Kurverwaltung. **Geb:** T 7,30/8 DM. W 22,50/25 DM. M 36,10/40 DM; **B:** 2 Ruten, alle Köder, Senknetz erlaubt. Kurkarteninhaber zahlen nur die Mindestpreise, Angelgruppen ab 10 Mitglieder erhalten 10 % und ab 20 Mitglieder 20 % Ermäßigung. **G:** Weinfelder Maar (Totenmaar), 16,8 ha groß, bis 51 m tief, **FA:** Hecht (40 cm, schwerster Fisch 16 200 Gramm; siehe „Fisch und Fang" Nr. 1 und 4/75); Zander, Forelle (24 cm), Karpfen, Schleie, Aal, Barsch u. a. Weißfische. Fangbegrenzung: 15 Rotaugen. **FZ:** ganzjährig. **E:** KFV Daun, W. Czuday, Maarstr. 1a, Fischerklause Basten, Maarstr. 2; (außer mittwochs). A. Seßler, Alte Poststr. 39. **Geb:** T 6/12 DM, W 25/40 DM, M 40/80 DM. **B:** Sp.Prü., 2 Ruten, alle Köder; zum Anfüttern nur pflanzliche Produkte. **G:** Schalkenmehrener Maar, 21,6 ha groß, 2 km langer Kratersee. **FA:** Schleie, Karpfen, Hecht, Forelle, Aal und Weißfische, tägl. Fangbegr.: 4 Karpfen, 2 Schleien (insges. 25 Fische). **FZ:** Mai bis Oktober. **E:** ASV Schalkenmehren 1960 e. V.; 1. Vors. Anton Kaster, Zur Sternwarte 3; Hotel Schneider-Schild, Ruf 23 18; Maarschenke Rauen-Krohn; Hotel Arnold Schmitz, Ruf 23 30; Gasthaus Hartmann und Tankstelle Illies. **Geb:** von Land aus: T 6 DM, 2 T 9 DM, W 18 DM, M 40 DM; vom Boot: T 7 DM, 2 T 12 DM, W 25 DM, M 50 DM. **B:** O.A., Sp.Prü., Haus- oder Feriengast; alle gesetzlich erlaubten Köder, 1 Friedfischangel und 1 für Raubfische. **G:** Maubachweiher, des ASV Gerolstein, Auskunft und Erlaubnisscheine über **E:** Richard Umbach, Lavastr. 1, Ruf 21 34 (Bahnhof Daun). **FA:** Forelle (5 Fische), Karpfen (1 Fisch), Schleien und Weißfische unbegrenzt. **Geb:** T 15 DM. **G:** Pulvermaar, ca. 36 ha groß, 2,1 km Uferlänge und 74 m Tiefe. **FA:** Hecht, Forelle, Schleie, Karpfen, Aal, Weißfische. **FZ:** 1. 5. bis 30. 11. **E:** Gasthaus „Zum Pulvermaar" in Gillenfeld, Ruf 0 65 73/2 58. **Geb:** T 6–7 DM, W 21–26 DM, M 45–60 DM. **B:** 2 Ruten, alle Köder, außer chem. Mitteln. **G:** Holzmaar, ca. 14 ha groß, 21 m tief bei 700 m Uferlänge. **FA:** wie im Pulvermaar, dazu Döbel. **FZ:** ganzjährig. **E:** wie Pulvermaar.

Densborn (5531): Krs. Daun, Erholungsort an der forellenreichen Kyll. Von B 410 entlang der Kyll oder von B 257. BAB E 1, Ausfahrt Manderscheid. **A:** u. **E:** Gemeindeverwaltung, Ruf 0 65 94/3 51. **G:** Kyll, ca. 2,5 km lang, 10 bis 15 m breit. Von Kyllbrücke in Densborn bis Banngrenze Usch. **FA:** Forelle, Äsche, Barbe, Döbel. Fangbegr. 4 Forellen oder Äschen. **FZ:** 16. 3. bis 15. 10. **Geb:** 1 T 13 DM, 2 T 21 DM, 3 T 27 DM, W 45 DM, 2 W 81 DM, M 121 DM. **B:** Sp.Prü., Haus-, Ferien- oder Kurgast; 1 Rute. Auf Forelle und Äsche darf nur mit einer Fliege gefischt werden. Auf andere Fische nicht mit lebendem Köder oder Wurm.

Gemünd (5529): Kneippkurort im Gebiet des Naturparks Südeifel am Grenzfluß Our gelegen. B 50 und B 410; Bahnstrecke Neuerburg-Prüm. Wassersport. **A:** städt. VA, 5528 Neuerburg, Ruf 0 65 64/20 17. **G:** Our, Grenzfluß (Niederlande), ca. 3 km. **FA:** Hecht, Barsch, Aal, Forelle, Karpfen, Schleie u. v. Weißfische. **FZ:** ganzjährig. **E:** Gasth. „Zur Mühle", Josef Schares, Gemünd Nr. 17, Ruf 0 24 44/8 21. **Geb:** T 3 DM. **B:** 1 Rute, alle Köder, Nachtangeln auf Aal erlaubt.

Gerolstein (5530): Waldstadt und Luftkurort im oberen Kylltal in der Vulkaneifel und an der Deutschen Weinstraße; Bahnstrecke Köln–Trier–Saarbrücken, B 410 (Mayen-Prüm), BAB E 1. Ausfahrt Mehren/Daun. Heil- und Mineralquellen (Trinkbrunnen), kom. Hallen- und Freibad (beheizt), Reiten, Klettern, Camping, Feriendorf Felsenhof u. v. a. Hobbymöglichkeiten. **A:** VA, Ruf 0 65 91/2 61. **G:** Stausee, **FA:** Forelle, Schleie, Karpfen,

Aal und Rotauge. **E:** Interessengemeinschaft „Stausee Fischer", Geschäftsführer Peter Jäger, Alois-Schneider-Str. 22, Ruf 34 11; **Geb:** T 12,50 DM. **B:** Ausgabe beim Bootswart am Stausee. **G:** Kyll, **FA:** Forelle (bis 5 zu Stück pro Tag), Äsche, Hecht. **E:** Eisenbahn-SV, Hans Güth, Unter den Dolomiten 20, Ruf 34 88. **Geb:** T 20 DM. **B:** Nur Fliege. **G:** Angelteich, ca. 1 ha, **FA:** Forelle, Karpfen, Schleie. **E:** Rheinische Fischzuchtanstalt, Inh. Günther Schumacher, Müllenborner Str., Ruf 35 51. T 17 DM. **G:** Angelweiher, **FA:** Forelle, Karpfen, Schleie. **E:** Alois Cornesse, Müllenborner Str., Hof Schwammert, Ruf 4793. **G:** Stausee u. Oosbach. **A:** FV „Oosbach Müllenborn" **E:** Hans Würtz, Hauptstr. 65, Ruf 33 05. **Geb:** 11,50 DM. **B:** ganzjährig, aber nicht während der Schonzeit. **S:** ASV-Lammersdorf: **G:** Staugewässer von 5000 qm Größe, **FA:** Aal, Forelle, Karpfen, Schleie, Rotaugen. Fangbegrenzung 4 Edelfische, 1 Karpfen plus Rotaugen. **Geb:** T 12,50 DM. **E:** Gasthaus Goschka in 5533 Lammersdorf-Dohm. **B:** nur Gäste des Hauses.

Gerolstein – Müllenborn (5530): anerkannter Erholungsort in ruhiger Lage, inmitten einer waldreichen Landschaft am Westrand der Vulkaneifel. Abzweigung von der B 410 bei Gerolstein. **A:** Ortsvorsteher, Ruf 0 65 91/77 95. Hermann-Josef Wirp, Müllenborner Str. 40. Gewässer und Bedingungen siehe Gerolstein.

Gillenfeld (5569): anerkannter Erholungsort inmitten von Vulkanbergen, Hochwald und Maaren (Kraterseen), Bahnstrecke Wengerohr–Wittlich–Daun–Gerolstein; Eifelautobahn Koblenz/Trier, Ausfahrt Mehren oder Manderscheid/Gillenfeld. B 421. Freibad und Bootsverleih am Pulvermaar, Camping, Bade-, Schwimm-, Ruder- u. Paddelsport, Sauna; Feriendorf am Pulvermaar mit Restaurant, Ruf 0 65 73/7 69. **A:** Ortsgemeinde, Ruf 3 17. **G:** Pulvermaar, ca. 36 ha mit 2,1 km Uferlänge und 74 m Tiefe. **FA:** Hecht, Forelle, Schleie, Karpfen, Aal, Barsch u. a. Weißfische. **FZ:** 1. 5. bis 30. 11. **B:** Fischen vom Boot aus, Bootsverleih, 2 Ruten, keine chem. Mittel verwenden. **G:** Holzmaar, ca. 14 ha, 21 m tief bei 700 m Uferlänge. **FA:** wie im Pulvermaar. **FZ:** 16. 3. bis 15. 10. **E:** Gasthaus „Zum Pulvermaar", Pulvermaarstr. 18, Ruf 2 58;, Hotel „Zur Post", Pulvermaarstr. 8, Ruf 5 33. ASV, Vors. Friedhelm Borns, Schwalbenweg; Restaurant „Feriendorf Pulvermaar". **Geb:** für beide Gewässer: T 7 DM, 2 T12 DM, 3 T 18 DM, W 23 DM, 10 T 30 DM, 2 W 40 DM, 3 W 45 DM, M 60 DM. **B:** keine Bootsbenutzung. **S:** weitere Angelmöglichkeiten siehe unter Daun.

Gondenbrett (5540): Post Prüm, kleine ruhige Sommerfrische direkt an der Schneifel (467 - 697 m), Wintersportgebiet „Schwarzer Mann", waldreiche Umgebung. Anfahrt über B 410 und B 411 (Prüm 4 km), Bahnstrecke Gerolstein–Prüm. **A:** VA der Verbandsgemeinde Prüm, Ruf 0 65 51/5 05. **G:** Stausee, ca. 3 ha großer Waldsee. **FA:** Forelle, Fangbegr. 4 Fische. **E:** Bürgermeisteramt u. VV, Mehlental, Ruf 26 56. **B:** 1 Rute, alle Köder.

Heimbach (5169): anerkannter Luftkurort im Naturpark Nordeifel mit den Ortsteilen Hasenfeld, Hausen, Blens, Hergarten und Vlatten, an der Rurtalsperre bei Schwammenauel. B 56 und B 265, BAB E 5, Ausfahrt Düren; Bahnstrecke Köln–Düren–Heimbach; Bootsverleih, beheiztes Freibad, Tennis, Reiterhof, Märchenwald. **A:** VA, am Großparkplatz, Ruf 0 24 46/1 66; **G:** Rurtalsperre (siehe dort) mit Obersee; **G:** Urft-Talsperre. **E:** Shell-Tankstelle in Hasenfeld; ARAL-Tankstelle in Schwammenauel.

Hellenthal (5374): mit den Ortsteilen Blumenthal, Reifferscheid, Hollerath, Udenbreth und Losheim, Erholungs- und Wintersportgebiet im Naturpark Nordeifel, direkt an der Oleftalsperre; B 265 (bis zur belgischen Grenze 8 km). Bahnstrecke Euskirchen–Schleiden–Hellenthal. Wanderwege zur Oleftalsperre, Waldschwimmbad, Jugendherberge, Reiten, Urlaub auf dem Bauernhofe. Ferienwohnungen. **A:** VA, Rathaus, Ruf 0 24 82/6 55. **G:** Olef, unterhalb der Talsperre bis zur Brücke Oberhausen, an der Kirche. **G:**

Reifferscheiderbach, von der Einmündung in Blumenthal bis zur Brücke in Wiesen. **G:** Platisbach, von der Einmündung Hellenthal bis zur Dreesbachbrükke, ca. 9 km. **FA:** Bach- und Regenbogenforelle (durchschnittlich 200 bis 300 g, besondere Fänge 3 Pfd.), Bachsaiblinge. **FZ:** Mai bis August. **E:** VA, Kölner Str., Ruf 6 55; W. Bell, Kölner Str., Ruf 3 71;, Campingplatz, Ruf 5 00. **Geb:** T 10,50 DM, J 200 DM. **B:** 1 Rute, nur Fliege erlaubt.

Holsthum (5521): waldreicher Erholungsort im Naturpark Südeifel an der Mündung der Enz in die Prüm; Bahnstation Bitburg/Eifel (15 km). Freischwimmbad. **A:** Gemeindeverwaltung, Ruf 0 65 23/4 08. **G:** Prüm, ca. 3 km, durchschn. 10 m breit. **FA:** Bach- und Regenbogenforelle, Äsche, Hecht, Aal, Barbe u. a. Weißfische. **G:** Enz, ca. 2 km. **FA:** Forelle, Äsche. **E:** die jeweiligen Pächter. ASV Südeifel, für 2 km Prüm, Poststelle, Ruf 0 65 68/3 73. Hotel Berscheid, für 3 km Prüm und die Enz. **Geb:** T 8 DM, sonst nach Vereinbarung. **B:** Sp.Prü., 1 Rute.

Irrel (5521): Luftkurort am Zusammenfluß von Nims in die Prüm im deutsch-luxemburgischen Naturpark Südeifel an der E 42/ B 257; beheiztes Freibad mit Liegewiesen im Campingplatz „Nimseck“ Ortsmitte, Ruf 0 65 25/3 14 und Camping „Im Prümtal", Einfahrt Ortsmitte, Ruf 3 15; über 70 km Wanderwege, Wasserfälle der Prüm, Reiten, Segelfliegen. **A:** VV Tourist-Information, Ruf 5 00 oder 2 14. **G:** Prüm, Fangstrecke Wasserfälle der Prüm, von Irrel bis Prümzurlay, ca. 4 km, bis 18 m breit. **G:** Nims, ca. 3 km, 10 m breit, von Irrel bis Niederweis. **FA:** Bach- und Regenbogenforelle, Äsche, vereinzelt Hecht, Aal, Barbe, Döbel u. a. Weißfische. **FZ:** Mai bis Okt. **E:** Hotel Koch-Schilt, Ruf 8 60, nur für die Prüm. Gemeindeverwaltung für die Nims, Ruf 2 11; **Geb:** Hotel Koch-Schilt: (Prüm) T 10 DM, für Hausgäste 7 DM. W 40/25 DM, 2 W 50/30 DM, M 80/40 DM. Gemeindeverwaltung für die Nims: T 10 DM (mit Kurkarte 5 DM), W 30/15 DM, 2 W 40/20 DM, M 50/35 DM. **B:** O.A., Haus- oder Kurgast, 1 Rute, alle Köder.

Jünkerath (Eifel, 5532): anerkannter Erholungsort am Rande der Hocheifel im oberen Kylltal mit waldreicher Umgebung. Bahnstrecke Köln–Trier–Saarbrükken; B 421 (Daun–Stadtkyll), beheiztes Freischwimmbad, modernes Hallenbad, Tennis, Schutzhütte (Grillhütte) am Stausee. **A:** Ortsgemeindeverwaltung, Rathaus, Ruf 0 65 97/6 51; ASV, Ruf 27 37; Verein Erholungsgebiet Oberes Kylltal, 5531 Stadtkyll, Ruf 28 78. **G:** Stausee im Birbachtal, **FA:** Bach- und Regenbogenforelle (25 cm), Weißfische. **FZ:** 16. 3. bis 14. 10. **E:** ASV, Römerwall, Ruf 27 37; Geschäft Gülden, Kölner Straße, Ruf 22 27. Gasthaus Michaelis, Koblenzer Str., Ruf 22 17; Hotel Reifferscheid, Kölner Str. Ruf 22 69; Hotel Jünkerather Hof, Bahnhofstr., Ruf 23 82; **Geb:** T 8,50 DM. **B:** keine Bootsbenutzung, 2 Ruten erlaubt, alle Köder; **G:** Kyll, ca. 6 km, 8 bis 10 m breit. **B:** Fangbeschränkung: tägl. 3 Forellen, 3 Schleien, 2 Karpfen; Rotaugen und Brassen zusammen 12 Fische.

Kordel (5501): an der forellenreichen Kyll in waldreicher Umgebung, zur luxemburgischen Grenze 9 km. B 422; ideale Wanderwege. **A:** Bürgermeisteramt, Ruf 0 65 05/2 44. **G:** Kyll, ca. 8 km, 20 m breit. **FA:** Forelle, Äsche, Hecht, Aal, Barbe, Döbel u. a. Weißfische. **E:** Math. Leininger, Kimmlinger Str. 11, Ruf 80 85; Hotel Raach, Ruf 5 98; **Geb:** T 10 DM, W 25 DM, M 50 DM. **B:** Haus- oder Feriengast; 1 Rute, alle Köder. **S:** weitere Angelmöglichkeit für Hausgäste des Hotel Raach in einem Forellenbach, nach Vereinbarung.

Kyllburg (5524): Luft- und Kneippkurort inmitten der landschaftlich schönsten Gegend des Kylltales und der Kyllburger Waldeifel. Bahnstrecke Köln–Trier–Saarbrücken, Anfahrt BAB E 1, Ausfahrt Wittlich, über B 51 u. B 257 (Bitburg–Daun bis Bitburg 11 km). Kneipp-Sanatorium mit modernen Kneipp-, Kur-, Badeanlagen, finnischer Sauna, Wanderwegnetz über „Deutsche Wildstraße" zu den Maaren der Eifel. Camping. **A:** Verbandsgemeindeverwaltung, Ruf 0 65 63/20 07 bis 20 09. **G:** Kyll, ca. 6 km, zwischen 6 und 10 m breit. **FA:** Bachforelle (28 cm), Regenbogenforelle, Äsche, Hecht, Aal, Weißfische. Tägl. Fangbegrenzung 3 Edelfische. **FZ:** 16. 3. bis 14. 10. **E:** Verbandsgemeindeverwaltung, Marktplatz 8, Ruf 20 07; Stadtbürgermeister Lano; Hotel „Zur Post", Bahnhofstr. 30, Ruf 22 16; Pension Schäfer, Oberkailerstr., Hotel Wehrbusch, Ruf 26 66; **Geb:** für die ersten 3 Tage tägl. 14 DM (einmalig im Jahr), für jeden weitern Tag 9 DM. **B:** Haus-, Ferien- oder Kurgast, 1 Rute, nur Fliege, ausgenommen Grundfischerei auf Weißfische, Käse, Kartoffeln, Weizen.

Kyllburg – **Malberg** (5524): Ferienort in einem bewaldeten Talkessel an der großen Kyllschleife; Bahnstation (1 km). **A:** Verbandsgemeindeverwaltung, (Kurverwaltung), Ruf 0 65 63/20 07, 20 08 u. 20 09. **G:** Kyll, ca. 5 km Flußlänge, 8 bis 10 m breit, von Banngrenze Kyllburg bis Wilsecker. **FA:** Bachforelle (28 cm), Regenbogenforelle, Äsche, Hecht, Aal u. Weißfische, tägl. Fangbegr. 3 Edelfische. **FZ:** 16. 3. bis 14. 10. **E:** Ortsbürgermeister Rodermann, Schloßstr. 54, Malberg, Ruf 23 50; Becker, Johann, Tellstr., Ruf 27 17). **Geb:** für die ersten 3 Tage tägl. 10 DM, jeder weitere Tag 7 DM. **B:** Haus-, Ferien- oder Kurgast; Kunstfliege, ab 16. 6. ist die Grundfischerei auf Weißfische erlaubt. 1 Rute.

Kyllburg – **St. Thomas** (5524): Erholungsort mit 400 Einw. an beiden Ufern der Kyll, inmitten von bewaldeten Bergen gelegen. 4 km bis Kyllburg. B 257 Bitburg–Daun. BAB E 1, Ausfahrt Wittlich. **A:** Kurverwaltung, Ruf 0 65 63/20 07 bis 20 09. **G:** Kyll, ca. 2 km Flußlänge, 8 bis 10 m breit, Banngrenze Zendscheid bis Kyllburg. **FA:** Bachforelle (28 cm), Regenbogenforelle, Äsche, Hecht, Aal und Weißfische; tägl. Fangbeschränkung 3 Edelfische. **FZ:** 16. 3. bis 14. 10. **E:** Ortsbürgermeister Dreis, Kyllweg 2, Ruf 21 33. **Geb:** 1 T 8 DM, jeder weitere Tag bis zu 5 Tagen 6 DM und mehr als 5 Tage für jeden weiteren Tag 5 DM. **B:** Haus-, Ferien- oder Kurgast. 1 Rute, Kunstfliege, ausgenommen Grundfischerei auf Weißfische ab 16. 6., kein Bootsverleih.

Kyllburg – **Usch/Zendscheid** (5524): 200 Einw. zählender, ruhiger Erholungsort im waldreichen Kylltal; Rundwandernetz; Bahnstationen Densborn (3 km) und Kyllburg (8 km). **A:** Verbandsgemeindeverwaltung (Kurverwaltung), Ruf 0 65 63/20 07 bis 20 09. **G:** Kyll, ca. 3 km Flußlänge, 8 bis 10 m breit. Banngrenze Usch bis St. Thomas. **FA:** Bachforelle (28 cm), Regenbogenforelle, Äsche, Hecht, Aal, Weißfische. Tägl. Fangbegrenzung 3 Edelfische. **FZ:** 16. 3 bis 14. 10. **E:** Hotel Trappen, 5524 Zendscheid, Ruf 23 02; Ortsbürgermeister Mader, 5524 Usch. **Geb:** 1 T 10 DM, jeder weitere Tag bis zu 1 W 8 DM. 1 W bis höchstens 1 M 50 DM. J 200 DM. **B:** Haus-, Ferien- oder Kurgast; Kunstfliege; ab 16. 6. ist die Grundfischerei auf Weißfische erlaubt. 1 Rute.

Landscheid-Eifel (5561): im Salmtal, 12 km von Wittlich, B 50, BAB E 1, Ausfahrt Wittlich; Bahnstation Wittlich oder Speicher. Markierte Wanderwege. **A:** Ortsgemeinde, Ruf 0 65 75/42 53. **G:** Salm und Kailbach. **FA:** Forelle, Aal, Weißfische. **E:** Fremdenpension Komes, Maarstr. 1, Ruf 43 44; Eifel-Hotel Lamberty, Landscheid-Niederkail, **Geb:** nach Vereinbarung. **B:** Feriengast.

Manderscheid (5562): heilklimatischer Kurort in wald- und wiesenreicher Umgebung, Bahnstrecke Köln–Trier bis Gerolstein, weiter mit Nebenbahn oder Bus. Eifelautobahn A 48, Ausfahrt Manderscheid (5 km); beheiztes Freibad, hoteleigene Hallenbäder (für jedermann zugänglich), Tennis, Fahrradverleih. **A:** Kurverwaltung, Ruf 0 65 72/7 13. **G:** Lieser, 2 Strecken von je 2 km. **FA:** Bach- und Regenbogenforelle, Aal, Weißfische. **FZ:** 15. 3. bis 15. 10. **E:** Kurverwaltung. **Geb:** T 10 DM, 2 T 16 DM, W 50 DM. **B:** Haus- oder Feriengast, 1 Rute, Fliegen und Blinker (lebende und tote Köder nicht zulässig). **G:** Lieser, ca. 3,4 km, 4 bis 5 m breit; **FA:** Forelle, Aal, Weißfische. **E:** Hotel Müllejans, Ruf 7 66, nach Vereinbarung. **Geb:** T 10 DM, W 50 DM. **B:** Blinker, künstl. Fliege, Ellritze. **S:** weitere Angelmöglichkeiten nach Vereinbarung in eigenen Angelstrecken von Lieser und Zufluß Kl. Kyll; Hotel Zens, Fischer-Heid, Müllejans, Heidsmühle (kostenlose Angelmöglichkeit für Hausgäste).

Monschau (5108): Grenzstadt, Erholungsort in der nordwestl. Eifel am Rande des Hohen Venn im engen Felsental der Rur. Bahnstation Aachen (32 km), Kreuzungspunkt der B 258 und B 399; Hallenbad, Sommer-Bobbahn, Sommerski, Grasski-Verleih im Stadtteil Rohren; Camping. **A:** Tourist-Information, Austr. 5, Ruf 0 24 72/ 33 00; FV Nordeifel e. V., Brunnenstr. 13, 5107 Simmerath-Kesternich, Ruf 0 24 73/ 12 02. **G:** Privatgewässer. **FA:** Forelle. **E:** Perlbacher Mühle, Perlenau, Ruf 22 28, nach Vereinbarung. **G:** Rurtalsperre, Schwammenauel/Eifel (siehe dort).

Mürlenbach (5531): (Eifel), Kr. Daun. Erholungsort an der Kyll in waldreicher Umgebung. Bahnstrecke Gerolstein–Bitburg. BAB E 1, Ausfahrt Daun, B 410 u. 257. **A:** VA 5530 Gerolstein, Ruf 0 65 91/ 2 63; Bürgermeisteramt, Mürlenbach, Ruf 0 65 94/3 43. **G:** Kyll u. Prüm, ca. 1,2 km. **FA:** Forelle, Barbe, Aal, Döbel. **FZ:** März bis Okt. **E:** Hotel Eifeler-Hof, Familie Schlösser, Mürlenbach, Ruf 2 26. **Geb:** T 15 DM, WE 20 DM, Kyll: 2 T 20 DM, jeder weitere Tag 10 DM. **B:** Sp.Prü., Hausgast, Forelle nur auf Fliege, 1 Rute.

Neuerburg (5528): altertümliches Städtchen mit idealen Erholungsmöglichkeiten in ausgeglichenem Mittelgebirgsklima, Mittelpunkt des Naturparks Südeifel, Paradies der Ruhe und Erholung, mit 49 Ortsgemeinden nur 12 000 Einwohner. Zur B 50, B 410 und Landesgrenze Luxemburgs je 9 km; Bahnstrecke Pronsfeld-Neuerburg; med. Bäder und Kneippkuren, beheizte Freibäder, Campingplätze, Ferienwohnungen und Bauernhöfe, Wanderwege durch die Täler der Enz, der Gay, der Our vervollständigen das Ferienparadies der Südeifel. **A:** Verbandsgemeindeverwaltung, Städt. VA, Ruf 0 65 64/20 17; VV, Ruf 24 00; **G: Enz,** ca. 5 km, durchschn. 5 m breit; Grenzgewässer Our und Our-Stausee, ca. 30 km. **FA: Enz:** Forelle, Aal, Barbe u. a. Weißfische. **Our:** Hecht, Forelle, Aal, Weißfische. **FZ:** Enz: 15. 3. bis 15. 10. Our: 26. 6. bis 1. bzw. 24. 3. **E:** Enz: ASV Neuerburg. **Geb:** T 10 DM. **B:** 1 Rute, Blinker, Wurm, Fliege. Our-Stausee: Eigentum des E-Werkes Société Electrique de l'Our (SEO), Luxemburg, Roosevelt Boulevard. **Geb.:** etwa 500 lux. Francs für 1 Jahr geltende Erlaubnisscheine. Gegen Entrichtung von 3 DM werden für die deutsche Uferseite in 5529 Körperich zusätzlich Erlaubnisscheine ausgestellt. Außerdem über Stadtverwaltung Vianden/Lux. im Auftrage der SEO für 150 oder 200 lux. Frs. Fischereischeine für 8 bzw. 14 Tage. Der Stausee, 8 km lang, faßt 6 Mill. cbm. **FZ:** 23. 3. bis 25. 6. Schonzeit! **G:** Our von Keppeshausen bis Affler und Ammeldingen/Our bis Roth a. d. Our. **E:** Uferanlieger (von den Gemeindeämtern zu erfahren) geben formlose Anliegerbescheinigungen z. T. ohne Gebühren ab. Bestätigung durch Verbandsgemeinde Neuerburg oder Außenstelle Körperich erforderlich. **Geb:** 2 DM. **B:** Ferien- oder Kurgast; 1 Rute, erlaubte Köder: Wurm, Blinker, Fliege. **S:** weitere Angelmöglichkeiten in hoteleigenen Gewässern und Pachtgewässern (Gaybach, usw.). Erforderlich: J. Fsch. und Erlaubnisschein des Verpächters.

Neuerburg – Fischbach – **Oberraden** (5529): im deutsch-luxemburgischen Naturpark und waldreichen Radental; Bahnstation Bitburg (22 km), Anfahrt über B 50, Freischwimmbad, Hallenbad in Neuerburg (5 km). **A:** Verbandsgemeindeverwaltung, Ruf 0 65 64/20 17. **G:** Radenbach. **FA:** Forelle, Äsche. **E:** Gasthaus Irsch, im Radental Nr. 6, Ruf 20 03. **B:** nach Vereinbarung.

Oberweis/Eifel (5521): am Rande des deutsch-luxemburgischen Naturparks Südeifel, in waldreicher Umgebung im reizvollen Prümtal; großes Freizeitzentrum mit Campingplatz, Stausee Bitburg (6 km), Freibad, Trimmpfad; B 50, Busstation: Oberweis, Bahnstation: Bitburg (10 km). **A:** Verbandsgemeindeverwaltung, Hubert-Prim.-Str. 7, Ruf 0 65 61/50 31. **G:** Prüm, 2 Angelstrecken (eine nur für Campinggäste) je 1600 m. **FA:** Bach- und Regenbogenforelle, Äsche, Aal, Barbe, Döbel u. a. Weißfische. **FZ:** März bis Okt. **E:** Campingwart Albert Pick, Campingplatz Oberweis. Emil Betzen, Mittelgasse 7; Gasthaus Wirtz, Bitburger Str. 32, Ruf 3 62; Gasthaus Rinnen, Oberweis. **Geb:** T 10 DM (für Einheimische), 12 DM (für Campingplatzbesucher), 15 DM (für Auswärtige), 20 DM (Ausländer). W 30/35/40/60 DM, M 50/70/80/120 DM.

Prüm/Eifel (5540): Luftkurort im Prümtal, am Fuße der Schnee-Eifel, waldreiche Umgebung. Verkehrsknotenpunkt, B 51 und B 410; Bahnstrecke Gerolstein–Prüm. Wintersportzentrum mit Abfahrtspisten, Skilift, beheiztes Freibad, Hallenbad, Reiten, Tennis, Jugendherberge, Camping. **A:** VA, Rathaus, Ruf 0 65 51/5 05 u. 5 06. **G:** a) Stausee Wascheid, b) Stausee Willwerath. **FA:** a) Forelle; b) Forelle, Karpfen, Schleie, Rotauge. **FZ:** ganzjährig. **E:** a) Bürgermeister in Wascheid; b) ASV Prüm. Gasthof Graf in Willwerath. **Geb:** T 12 DM. Fangbegrenzung a) 4 Forellen, b) 4 Edelfische und 12 Rotaugen. **B:** Haus-, Ferien- oder Kurgast, 1 Rute alle Köder.

Rech (5481): Deutschlands Rotweinparadies im Ahrtal, 5 km von Ahrweiler in waldreicher Umgebung. B 9, B 266, B 267; BAB A 61, Ausfahrt Bad Neuenahr, Bahnstrecke Remagen–Adenau. Ausgedehnte Wanderwege, Kellereibesichtigungen. **A:** u. **E:** Gemeindeverwaltung Ruf 0 26 43/20 09; **G:** Ahrfluß, Angelstrekke ca. 1,8 km und bis 20 m breit. **FA:** Forelle, Äsche (Fangbegrenzung: Edelfische je Erlaubnisschein und Tag 1 kg). **FZ:** April bis Okt. **Geb:** T 12 DM, W 60 DM. **B:** J.Fsch., Sp.Prü., 1 Handangel, nur pflanzliche und künstl. Köder.

Rittersdorf/Eifel (5521): am Rande des Naturparks Südeifel im Nimstal gelegen, alte Wasserburg, ca. 3 km von der Kreisstadt Bitburg entfernt; Bahnstation Bitburg, Busverbindungen. In der Nähe des Stausees Bitburg. **A:** Verbandsgemeindeverwaltung, Hubert-Prim-Str. 7, 5520 Bitburg, Ruf 0 65 61/50 31. **G:** Nims, Angelstrecke ca. 1,8 km. **FA:** Bach- und Regenbogenforelle, Aal, Äsche, Barbe, Döbel u. a. Weißfische. **FZ:** März bis Okt. **E:** Theo Müller, Waxweiler Str. 12. **Geb:** T 10 DM (für Einheimische), 13 DM (für Gäste); W für jeden 40 DM. M (entfallen).

Rurstausee Schwammenauel, Fassungsvermögen über 200 Mill. Kubikmeter. 775 ha groß und 50 km Uferlänge, teilt sich in Obersee (Trinkwasserreservoir, Bootsbenutzung verboten); zwischen Einruhr und Rurberg Verbindungsstau von 4 km Länge zur Urfttalsperre (nur vom Nordufer aus zu befischen, von Staumauer bis Hastenbach) (eigene Gebühr, Erlaubnisscheine am Kiosk dieser Strecke. Da es im militärischen Sperrgebiet liegt, Angeln nur samstags von 13 bis 22 Uhr und an Sonn- und Feiertagen von 5 bis 22 Uhr. Untersee: sehr belebt, Bootsverleihstellen in den Anliegerorten. **FA:** Hecht (50 cm, 1. 2. bis 30. 4.; schwerster Fisch 38 Pfd.), Zander (40 cm, 1. 4. bis 30. 6.; 4 bis 8 Pfd.), Karpfen und Schleie (32/22 cm, 1. 4. bis 30. 6.), Aal (3 bis 5 Pfd.), Äsche, Brassen (bis 8 Pfd.) u. a. Weißfische. **FZ:** ganzjährig, Artenschonzeiten beachten. **Geb:** T 6,50 DM, 3 T 12 DM. (Karte gilt für beide Seen. **E:** FV Nordeifel e. V., Kesternich – Brunnenstr. 13, 5107 Simmerath, Ruf 0 24 73/12 02. In Angelgeschäften in Bonn, Düren, Köln und Aachen, in Gaststätten, Kiosken u. z. T. Hotels, die um den See liegen. **B:** eigene Boote dürfen nicht benutzt werden. Bootsverleih in allen Anliegerorten.

Salmtal – Salmrohr (5561): Am Rande der Vordereifel im Salmtal, 6 km bis zur Mosel; B 49, BAB A 1, Ausfahrt Wittlich; Bahnstrecke Koblenz–Trier. **A:** Ortsgemeinde Salmtal, Ruf 0 65 78/2 23. **G:** Salm, ca. 4 km, 3 bis 6 m breit. **FA:** Forelle, Äsche, Aal, Barbe, Döbel. **FZ:** 15. 4. bis 15. 10. **E:** Salm-Hotel, Fred Lamberty, Ruf 71 12. **Geb:** T 10 DM. Pensionsgäste frei. **B:** Haus- oder Feriengast; 2 Ruten, alle Köder.

Schönecken (5541): Erholungsort in landschaftlich schöner Lage, Bahnstation Mürlenbach (12 km) oder Prüm (7 km), Busverbindungen, B 51. Hallenbad, beheiztes Freibad. **A:** VV, Ruf 0 65 53/8 11 u.

22 30. **G:** Nimsbach. **FA:** Bach- u. Regenbogenforelle. **E:** P. Michels, Lindenstr. 25. **Geb:** T 12 DM (Hausgast nach Vereinbarung). **B:** künstl. Fliege.

Sellerich (5541): Der Erholungsort liegt am Süd-Osthang der Schnee-Eifel; Bahnstrecke Gerolstein–Prüm (6 km) – Sellerich. Busverbindungen. **A:** VA 5540 Prüm, Ruf 0 65 51/31 97. **G:** Teich. **FA:** Forelle. **E:** J. Meyer-Kops, Dorfstr. 8, Ruf 25 39. **Geb:** je nach Fangergebnis (1 kg 10 DM).

Sinspelt (5529): im waldreichen Enztal, Naturpark Südeifel an der Ferienstraße zwischen Mosel und Ardennen; B 50 Bitburg (17 km) – Grenze Luxemburg (12 km); Bahnstation Neuerburg (6 km) oder Bitburg. Schwimmbad in Oberweis, Wanderwege. **A:** Verbandsgemeindeverwaltung, 5528 Neuerburg, Ruf 0 65 64/20 17. **G:** Enz, ca. 3 km, 8 m breit. **FA:** Bach- und Regenbogenforelle, Äsche, Döbel. **FZ:** Mitte März bis Mitte Okt. **E:** Hotel Altringer, Ruf 2 96. **Geb:** keine, nur Beglaubigungsgebühr von 2 DM. **B:** Hausgast, Beuteablieferung.

Stadtkyll (5531): verkehrsgünstiger Luftkurort im oberen Kylltal, eingeschlossen von ausgedehnten Laub- und Nadelwäldern. Bahnstation Jünkerath (4 km), Kreuzungspunkt der B 51 (Münstereifel–Prüm) und B 421 (zur deutsch-luxemb. Grenze, B 410). Hallenbad in Jünkerath (4 km), in Dahlem (5 km), beheiztes Freibad, erstklassiger Campingplatz, Stausee im Wirfttal mit Angelsportmöglichkeit, Verkehrslandeplatz mit Segel- und Passagierflug, Wanderwegenetz, Reiten. Ferienwohnungen, Urlaub auf dem Lande, Jugendherberge. **A:** Verein, Erholungsgebiet Oberes Kylltal e. V., Ruf 0 65 97/ 28 78; Kurverwaltung, Hochstr. 10, Kyllberg, Ruf 0 65 63/2 07. **G:** Stausee, ca. 2 ha, im Wirfttal. **FA:** Bach- und Regenbogenforelle (24 cm), Aal, Zander, Karpfen, Schleie, Weißfische. **FZ:** 16. 3. bis 14. 10. **E:** ASV Stadtkyll; Schreibwarengeschäft K. Linden, Prümer Str.; Café D. Doppelfeld, Wirfttal. **Geb:** T 8,50 DM, W 35,50 DM, M 75,50 DM. **B:** Bundesfischereischein, 2 Ruten, alle Köder.

Trier (5500): Bezirkshauptstadt des Regierungsbezirkes mit über 100 000 Einw., älteste Stadt Deutschlands, Bischofssitz, Kultur-, Verkehrs- und Wirtschaftsmittelpunkt des Trierer Landes; Universitätsstadt, Hafenstadt am Moselschiffahrtsweg, Weinbau- und Weinhandelszentrum. Bahnstrecke Saarburg–Trier–Koblenz; B 51, 52, 53, 49, 268 und 422; bis zur luxemburgischen Grenze 10 km. Reiten, Jugendherberge, Camping, Sportzentrum, Weinseminare, Weinlehrpfade (tägl. Kellereibesichtigungen und Weinproben). **A:** Tourist-Information, an der Porta-Nigra, Ruf 06 51/7 54 40. **G:** Mosel, ca. 40 km von Wasserbillig bis Detzem. **FA:** Hecht, Barbe u. a. Weißfische, Makrele. **FZ:** außer 1. 1. bis 15. 6. **E:** Franz Busert, Rottenfelder Str. 7, Ruf 3 11 56; Johann Lieser, Scholasterei 11. **Geb:** T 4,70 DM, M 18,20 DM, J 30,20 DM. **S:** weitere Angelmöglichkeiten in Kyll, Ruwer, Our, Saar, Sauer vermitteln die unter E: genannten Ausgabestellen. Das Angeln innerhalb der Grenzgewässer Sauer, Obermosel und Our ist gebührenfrei. Über Besonderheiten unterrichten die örtlichen Bürgermeister.

Trier – **Ehrang** (5500): kleiner Erholungsort, Stadtteil von Trier (15 km), Verkehrsverbindungen wie Trier. **A:** Tourist-Information, Ruf 06 51/7 54 40. **G:** Kyll, von Kyll-Kraftwerk bis zur Einmündung in die Mosel, ca. 4 km, durchschn. 15 m breit. **FA:** Bach- und Regenbogenforelle, Hecht, Barsch, Aal, Karpfen, Schleie u. a. Weißfische. **E:** ASV „Eifeltor“, Helmut Botzem, Bettenburger Str.; Angelgerätehaus Schäfer, Kyllstr. 52, Ruf 6 62 31; **Geb:** T 8 DM. **S:** weitere Angelmöglichkeiten siehe unter Trier.

Wildenburg, Eifel, über Hellenthal (5374): Ortsteil von Hellenthal im Naturpark Nordeifel, B 258 Blankenheim/Schleiden, B 266 Euskirchen/Schleiden oder B 265 Zülpich/Schleiden. **A:** Forellenzucht M. Attenberger, Ruf 0 24 86/14 69, oder VA, Rathaus, Kölner Str. 64, Ruf 6 55. **G:** Angelpark mit mehreren Teichen von 1700 bis 5000 m². **FA:** Forelle (bis 8 Pfd.), Süßwasserlachs (bis 10 Pfd.), Hecht (bis 15 Pfd.), Saibling, Karpfen, Schleie, Aal. **E:**

Angelpark. **Geb:** T von 5 DM bis 17 DM. **B:** 2 Ruten, alle Köder. **S:** Köder und Leihgeräte vorrätig; tägl. geöffnet; Grillplätze vorhanden. Tägl. neuer Forelleneinsatz. Besondere Attraktion: Für den schwersten Fisch des Jahres, der in dieser Anlage gefangen wird, ist eine 14tägige Angelreise nach Irland ausgesetzt.

Wittlich (5560): 15 000 Einw. zählende Stadt im Liesertal, Bahnstrecke Koblenz–Trier, BAB A 48, B 49 und B 50; Freibad, Hallenbad, Reiten, Tennis, Sporttauchen, Camping. **A:** VA, Rathaus, Neustr. 2, Ruf 0 65 71/50 35. **G:** Lieser, Gemarkung Wittlich, ca. 2,5 km. **FA:** Bachforelle, Barsch, Döbel. **FZ:** 1. 4. bis 30. 9. **E:** Fa. Franz Lütticken, Eisenwaren, Himmeroderstr. 8 (an der Kasse). **Geb:** T 10 DM (Ausgabe zahlenmäßig begrenzt). **B:** 1 Rute, nur Blinker oder Fliege. Pro Tag dürfen nur 4 Fische gefangen werden. **S:** weitere Angelmöglichkeiten in den naheliegenden Eifelmaaren, siehe Meerfeld.

Das Moseltal

Erholung und Angelmöglichkeiten findet man in allen Winzerorten und Sommerfrischen entlang des Flusses; ausgezeichnete Wassersportmöglichkeiten, Zelten und Wasserwandern, zahlreiche Campingplätze.
Verkehr: Hauptstrecke Koblenz – Trier, 115 km; Nebenlinien Wengerohr – Bernkastel – Kues, Pünderich – Traben-Trarbach und Trier – Zerf. B 51 Köln – Prüm – Bitburg – Perl, B 49 Trier – Schweich – Alf – Bullay – Eller – Cochemer Krampen (22 km) – Cochem – Karden – Treis – Koblenz, B 53 Trier – Bernkastel – Kues – Traben. Trarbach – Zeller – Hamm – Bullay – Alf, B 49, B 52 Hermeskeil – Ruver – Trier, B 257 Bonn – Ahrtal – Daun – Trier, B 269 Saarbrücken – Birkenfeld – Bernkastel und B 288 Saarbrücken – Zerf – Trier.
Die Obermosel von Perl bis Trier, rd. 48 km: Grenzfluß zwischen Bundesrepublik und Luxemburg auf einer Länge von ca. 37 km, von Perl bis zur Einmündung der Sauer bei Oberbillig; keine Erlaubnis erforderlich für 1 Handangel; für Grund- und Spinnfischen wird eine besondere Genehmigung benötigt (J 15 DM), erhältlich bei Bez.Reg. Trier, Balduinstr.

Die Mittelmosel zwischen Eifel und Hunsrück mit zahlreichen Schleifen und Bögen, genannt Hamm oder Krampen, z. B. „Zeller-Hamm" und „Cochemer Krampen". **G:** Sauer – Einmündung bis Staustufe Detzem. **E:** Franz Busert, Rottenfeldstr. 7, 5500 Trier; Johann Lieser, Scholasterei 11, 5500 Trier-Pfazel; Albert Skilwies, Bachstr. 8, 5559 **Longuich-**Kirsch; Peter Olinger, Auf den Gruben 7, 5559 **Mehring. G:** Staustufe Detzem bis Staustufe Wintrich: **E:** Johannes Busert, Kettenstr. 36, 5500 **Trier;** Restaurant Kupferkanne, 5559 **Klüsserath;** Hotel Kaiserhof, 5559 **Neumagen-Dhron;** Heinrich Borscheid, Kettergasse 24, 5551 Piesport-Niederemmel; **G:** Staustufe Wintrich bis Staustufe Zeltingen: **E:** Peter Pauly, Zum Niederberg 16, 5551 **Lieser;** Josef Birnfeld, Moselstr. 39, 5551 Lieser; Siegfried Hammes, Schanzstr. 13, 5550 **Bernkastel-Kues; G:** Staustufe Zeltingen bis Staustufe Enkirch: **E:** Josef Müllen, Moselstr. 86, 5563 **Kröv;** Alex Müllen, Robert-Schumann-Str. 3, ebenfalls Kröv; Karl-Heinz Abshagen, Moselstr. 25, 5586 **Reil.** Hotel-Weinhaus Lenz, Hauptstr. 220, 5581 **Pünderich;** Raiffeisenbank in 5581 **Briedel;** Angelsportgeschäft Salzmann, Schloßstr. 4, in 5583 **Zell** (Mosel); Staustufe St. Aldegund, km 78,3: Hotel „Zum Löwen", 5591 **Ediger;** Regolinski-Nikolay, Moselstr. 56a, 5591 **Ellenz-Poltersdorf.**

Die Untermosel bis Koblenz – Einmündung in den Rhein

Brodenbach/Mosel (5401): Erholungsort im Tal der Mosel an der B 49 (Moselweinstraße), B 416 (Koblenz–Cochem); BAB E 48, Ausfahrt Koblenz/Süd; Wassersport,

Campingplatz im Ehrbachtal (1 km). **A:** VV, Ruf 0 26 05/8 11 u. 21 37; KFV Brodenbach. **G:** Pachtgewässer der Berufsfischer, ca. 18 km beidseitig der Mosel (Stauhaltung Lehmen–Müden), Wassertiefe bis 8 m. **FA:** Hecht, Zander, Regenbogenforelle, Aal, Karpfen und Weißfische. **E:** Café Mayer, Moselstr. in Kattenes, Ruf 3 45; Julius Rath, Angelgerätegeschäft, Moselstraße, Ruf 3 98; Barthel Uhrmacher, Fischermeister in Burgen/Mosel, Ruf 8 35; Toni Kröber, Fischermeister, Bergstr. 1 in 5401 Kobern/Mosel, Ruf 0 26 07/46 22; **Geb:** T 4,50 DM, M 18 DM. J 30 DM. Erlaubnisscheine für die Strecke Koblenz bis Grenze Luxemburg J 60 DM.

Cochem a. d. Mosel (5590): Urlaubszentrum mit den vielen Möglichkeiten für Erholung, Hobby und Sport, Wanderwege durch Weinberge. Bahnstrecke Koblenz–Trier, BAB E 48, Ausfahrt Kaisersesch (15 km), B 49 und 259; 4 Campingplätze: Ruf 0 26 71/4 09, 5 27, 75 28 u. 77 62; Sesselbahn zum Pinnerkreuz, Dampfer- und Motorboot-Moselfahrten, Freizeitzentrum mit Wellenbad, beheiztem Freibad, Sauna und Solarium, DJH mit 250 Betten, Ruf 6 33. **A:** Stadtverwaltung, Ruf 2 12, 2 14 und 2 15. **G:** Mosel, ab Staustufe Müden bis Staustufe Fankel, ca. 18 km. **FA:** Aal (Mindestmaß 40 cm), Hecht (45 cm, Schonzeit vom 1. 1. bis 30. 6.), Karpfen (35 cm), Barbe (35 cm, 1. 5. bis 15. 6.), Brachse (15 cm), Schleie (25 cm), Döbel u. a. Weißfische. **E:** Ausgabe ganzjährig: Josef Blenz, Pommern, Fahrstraße 52; vom 1. 5. bis 31. 10. jeden Jahres die Filiale, Moselpromenade 12; AV Cochem, Heinz Hirsch, Briederweg. Angelgerätevertrieb Josef Kenn, Unterbachstr. 8 und Angelgerätegeschäft Hans Müller, Bernstr. 5, beide in Cochem. **Geb:** T 4,90 DM, M 15,10 DM. J 30,10 DM. **B:** Bootsbenutzung untersagt; 2 Ruten und alle Köder erlaubt; vom 1. 1. bis 30. 6. keine lebenden Köderfische. J.Fsch., **S:** für die Mosel gibt es Erlaubnisscheine für die „Gesamtstrecke" für 60 DM im Jahr. An der Gesamtstrecke von Staustufe Fankel (Flußkilometer 59,4) bis Mündung in den Rhein sind folgende Ausgabestellen: **Müden** (5401): weltbekannter Wein- und Ferienort mit über 1000 Einw. an der Bahnstrecke Koblenz–Cochem; B 416, malerisch auf der Sonnenseite der Mosel. Freibad 3 km entfernt, Bundeskegelbahn, Wanderwege. **G:** Unter- und Oberwasser der Staustufe Müden bei Flußkilometer 37, 1. **FA:, Geb:** und **B:** siehe unter Cochem. **E:** Herr Rengel, Vors. des ASV Beilstein (5591); Bäckerei Stenz, 5591 **Senheim;** Pension Clemens, 5591 **Ediger-Eller** ; Gastst. Nelius, 5581 Neef; Heimat- und VV Müden; ASV „Gut Fang", Wolfgang Kalmes, Hauptstr. 97 in Müden. Stauhaltung **Lehmen** (5401): Angelgeräte u. Spielwaren Kinn, Unterbachstr., 5590 Cochem; Angelgeräte und Waffen, Müller, Bernstr., Cochem; Josef Blenz, Kirchstr., 5592 **Klotten;** Aalklause, Josef Blenz, Fahrstr., 5593 Pommern; Campingplatz Mosel-Boating-Center, 5402 **Treis**; Schleuse Müden, B 49, Oswald Barden, 5402 Treis-Karden; KFV Brodenbach, Angelgeräte Julius Rath, Moselstr. 2; Gasthaus Franz Mayer, 5401 **Kattenes.** Stauhaltung Koblenz bei Flußkilometer 2,0: Kiosk Berressem, 5401 Niederfell; Toni Kröber, Marktstr. 16a, 5401 **Kobern**; Fischermeister Herbert Riemer, Schulstr. 15, 5406 **Winningen**; Shell-Tankstelle Josef Dommermuth, Moselstr., 5401 Güls.

Morbach (5552): Luftkurort bei Bernkastel (17 km), am Rande des Idarwaldes an B 269 und 327. **A:** Gemeindeverwaltung. **G:** Fischereibezirk: Morbach–Wenigerath, ca. 8,1 km Angelstrecke; Bäche: Dhronbach, Erbach, Morbach, Wenigeratherbach. FA: Forelle. **E:** nur Gemeindeverwaltung. **Geb:** T 10 DM. **B:** Feriengast; künstl. Fliege; Vermittlung weiterer Angelgewässer durch Gemeindeamt, Ruf 0 65 33/32 49.

Reil (5586): malerischer Marktflecken zwischen Zell und Traben-Trarbach; BAB E 1, Ausfahrt Wittlich; B 53 und B 49. **A:** ASV „Heißer Stein". **G:** Mosel. **FA:** Hecht, Aal, Weißfische. **Geb:** J 30 DM. **E:** Fischermeister Karl-Heinz Abshagen. **B:** 2 Ruten, alle Köder.

Treis – Karden (5402): **Treis** ist Hauptort der Verbandsgemeinde mit Karden und zählt 2200 Einw., eine offene, heitere Landschaft mit 3 Quellen der Erholung: Wein, Wald und Wasser. Der Weinort liegt am rechten Moselufer und ist durch eine Brücke mit dem gegenüberliegenden Karden verbunden. BAB E 48, Ausfahrt Kaifenheim (11 km); Bahnstrecke Koblenz–Trier, Bahnstation Karden/Mosel; B 49 Koblenz–Cochem, Trier oder linkes Moselufer, B 416 Koblenz–Karden. Moselfahrten, Bootshafen, beheiztes Schwimmbad mit 50-m-Becken, Campingplatz direkt am Wasser. **A:** Vereinigte VV im Bereich der Verbandsgemeinde Treis-Karden, Ortsteil Karden, Ruf 0 26 72/5 51 oder 71 21; Bahnhofstr. 70. **G:** Flaumbach, Zufluß der Mosel. **FA:** Forelle, Weißfische. **E:** O. Knaup, Hauptstraße, nach Vereinbarung. **G:** Mosel, Breite 120 bis 150 m, von Lehmen bis Müden Staustufe ca. 20 km lang, von Müden bis Fankel (Staustufe ca. 20 km lang). **FA:** Hecht, Aal, Karpfen, Schleie, Weißfische. **E:** Fischermeister Oswald Barden (Aalräucherei), vor dem Zufahrtsweg zur Schleuse, rechts. **Geb:** für jede Staustufe getrennt: T 4,50 DM, M 18 DM, J 30 DM. Für die Gesamtstrecke J 60 DM. **B:** Sp.Prü., keine Bootsbenutzung, 2 Ruten, alle Köder außer Blinker und lebende Fische, ab Juli. **Karden:** 800 Einw. zählender Weinort am linken Moselufer, Weinberge geben dem Ort das Gepräge. Verkehrsverbindungen siehe unter Treis. Wassersport, Wanderwege (zur Burg Eltz 5 km, Burg Pyrmont 8 km), Lieblingsplatz für Maler, Fotografen und Weinkenner. **A:** wie Treis. **G:** Brohlbach, Zufluß der Mosel. **FA:** Forelle, Weißfische. **E:** Neuer Pächter; im VB zu erfragen. **S:** weitere Angelmöglichkeiten in Mosel und Faulenbach, Beschreibung siehe unter Treis.

Zell – Mosel (5583): 5500 Einw., Weinstädtchen im Gleichklang mit Wein (Zeller Schwarze Katz), Wald und Fluß. BAB E 61, Ausfahrt Rheinböllen; E 5, Wittlich; B 53/49; B 421, B 327. Weinproben – Kellereibesichtigungen, (Weinlese etwa Mitte Okt.), beheiztes, modernes Schwimmbad, Tennis, Wanderwege, Busverbindungen, Schiffsverkehr, Camping (Ruf 4 12 41). **A:** Städt. VA, Rathaus, Ruf 0 65 42/40 33–40 32. **G: Mosel,** die schönsten 25 km der Mosel von Schleuse Enkirch bis Schleuse St. Aldegund. **FA:** Hecht, Barsch, Döbel, Barbe, Brachse, Karpfen, Schleie, Aal, Nase. **E:** Angelsportgeschäft Salzmann, Schloßstr. 4, Ruf 44 18. **Geb:** T 5 DM, M 18,50 DM, J 30,50 DM. **B:** Sp.Prüf.

Hunsrück – Nahe

Bad Kreuznach (6550): Kurbad, Salinenbetriebe am Fuße des Hunsrück; B 41 u. B 48, BAB A 60 u 61, Ausfahrt (10 km). Wassersport, Hallenbad. **A:** Kurverwaltung, Pavillon am Bahnhof, Ruf 06 71/92–1; **G:** Nahe, ca. 8,6 km innerhalb des Stadtbereichs. **FA:** Hecht, Aal, Karpfen, Schleie, Forelle, Barbe u. a. Weißfische. (Hecht gesperrt). **FZ:** ganzjährig. **E:** ASV „Nahe“ 1880 e. V., Schumannstr. 1; Vors. Fr. Uebel; Eisenhandlung Franz Diebold, Mannheimer Str. 177; Angelgeräte-Orschel, Poststr. 13. **Geb:** T 8 DM, W 25 DM, M 50 DM. **B:** O.A., Sp.Prü; 2 Ruten, alle Köder, keine Aalschnüre.

Bad Münster am Stein – Ebernburg (6552): Thermal-Sole-Radon-Bad, bei Bad Kreuznach (5 km), B 48, Bahnstrecke Bingen–Idar-Oberstein. Wassersport. **A:** Kurverwaltung. **G: Nahe** mit 2 Staustufen, ca. 4,5 km Angelstrecke, 30 bis 80 m breit. **FA:** Hecht, Barsch, Aal, Karpfen, Schleie, Barbe, Brassen, starker Döbelbestand u. a. Weißfische. **FZ:** März bis Okt. **E:** ASG Bad Münster a. St. e. V., Kurt Schößler, Verbandsgemeindeverwaltung; ASV Ebernburg. **Geb:** 1 Friedfischrute: W 15 DM, M 40 DM. 2 Ruten für Fried- und Raubfisch: W 20 DM, M 50 DM. **B:** O.A., Sp.Prü.; Kurgast; Benutzung von Booten verboten, 1 oder 2 Ruten, alle Köder. Das Nachtangeln ist erlaubt.

Bingen/Rhein (6530): Tor zum romantischen Mittelrhein, Weinstadt an der Nahemündung (schönster Teil des Rheins), Felsen engen ihn im Binger-Loch gefährlich ein, Burg an Burg (Burg Klopp) über den Weinterrassen, im Fluß der Mäuse-

0 10 20 30 40km
EIFEL
siehe Sonderkarte
LAHN
siehe Sonderkarte
RHEIN
Wied
Neustadt
Hachenburg
Nd.-Breitbach
Datzeroth
Herschbach
Neuwied
Dernbach
Koblenz
Winningen
Kobern
Holzappel
Lahn
Broden-
bach
Moselkern
Pommern
Burgen
Cochem
Mosel
St. Goar
Alf
Bullay
Reil
Merl
Zell
Briedel
Bacherach
Kinheim-
Kindel
Simmern
Traben-Trarbach
Bad Wildstein
Stromberg
Bingen
Mainz
Piesport
Bernkastel-
Kues
Gemünden
Nahe
Longuich
Mehring
Trier
Kirn
Bad Kreuznach
Bad Münster-
Ebernburg
Idar-
Oberstein
Mosel
Kell
Birkenfeld
Nahe
Glan
Worms
Lauter
Merzig
St. Wendel
Frankenthal
Saar
Kaiserslautern
Ludwigshafen
Saarlouis
Speyer
Saarbrücken
Zweibrücken
Pirmasens
Eppenbrunn
FRANKREICH

turm; B 9, B 50, BAB A 61, Ausfahrt. Hallenbad, 2 Freibäder, Sporthalle, Tennis, Bootsverleih, Weinlehrpfad. **A:** Stadtverwaltung, Ruf 0 67 21/1 52 51; Städt. VA, Rheinkai 21, Ruf 1 42 69 oder 1 29 88. **G:** Nahe, rechte Flußseite, ca. 1,7 km lang, 15 bis 30 m breit; Gemarkungsgrenze: Sponsheim - Bingen - Rüdesheim. **FA:** Karpfen, Schleie, Aal, Barsch u. a. Weißfische, einzelne Forellen u. Hechte. **FZ:** Mai bis Oktober. **E:** Verein der SF e. V. Bingen–Rüdesheim, Berlinstr. 8, Bingen. Fa. Hans J. Fleischmann, Angelbedarf Saarlandstr.142, in Bingen-Rüdesheim. **Geb:** T 6 DM, 10 T 30 DM, M 60 DM (für Sonn- und Feiertage werden keine Erlaubnisscheine ausgegeben). **B:** O.A., Sp.Prü., J.Fsch.; 2 Ruten, alle gesetzlich zugelassenen Köder, Hechtfang nur für Vereinsmitglieder. **G:** Nahe, linksseitig, von der Mündung in den Rhein ca. 2 km flußaufwärts. **FA:** Hecht, Karpfen und alle Weißfischarten. **FZ:** günstig Frühjahr und Herbst. **E:** ASV Rhein-Nahe-Eck e. V. Bingerbrück/Rhein; Karl Steinberger, Verbandsgemeindeverwaltung, Bingen-Bingerbrück. Karl Spreitzer, Drususstr., 41, Bingerbrück. **Geb:** T 5 DM, M 20 DM. **B:** J.Fsch., Feriengast; 2 Ruten, alle gesetzlich erlaubten Köder. **G:** Nahe, rechte Flußseite, von Einmündung in den Rhein bis an die Gemarkungsgrenze des Stadtteils Dietersheim, ca. 4 km. Breite ist unterschiedlich zwischen 10–50 m. **FA:** (Hecht 45 cm), Karpfen (35 cm, zwischen 2–6 kg), Schleie (25 cm, selten), Forelle (25 cm), Weißfische. **FZ:** ganzjährig, unter Beachtung der gesetzlichen Schonzeiten. **E:** Angelgeschäft August Kirsch, Rathausstr. 2, Bingen 1; Angelgeschäft Fleischmann, Saarlandstr. 142, Bingen 11. ASV 1924 e. V. Bingen, 1. Vors. Bertha Kühn. **Geb:** T 5,50 DM, W 25 DM. **B:** J.Fsch., 1 Hand- und 1 Grundangel, alle geläufigen Köder, außer Blut.

Fischbach (6580): kleiner Ort zwischen Kirn und Idar-Oberstein im Tal der Nahe. B 41. Post Idar-Oberstein. **A:** Horst Heckmann, Hauptstr. 30. **G:** Fischbach, Hosenbach, Nahe u. 1 Weiher. **FA:** Forelle (2 Edelfische), in 1 km Nahe: Forelle, Döbel u. a. Weißfische. In dem Weiher Forelle und Karpfen. **E:** SAC Fischbach-Nahe e. V., Vors. Theo Gepert, Wingerstr., Ruf 0 67 84/61 75. **Geb:** T 10 DM.

Idar-Oberstein (6580): Stadt im mittleren Nahetal, bewaldete Höhenzüge des Hunsrück umgeben den Ort. B 41; B 422; Camping: Ruf 0 67 81/3 33 84; Deutsches Edelsteinmuseum. **A:** Städt. VA. **G:** Nahe, Fließgewässer ca. 7 km lang. **FA:** Aal, Bach- und Regenbogenforelle, Hecht, Karpfen, Schleie, Weißfische, je Angeltag 2 Forellen, Karpfen, Schleien. **E:** ASV; Werner Galle, Enzweiler 87, Ruf 2 77 38; Fritz Hartmann, ebenfalls Enzweiler, Idar-Oberstein. **Geb:** T 7,50 DM. **B:** 1 Rute.

Kell (5509): Luftkurort im Erholungsgebiet Hochwald zwischen Mosel und Saar, direkt an der Hunsrückhöhenstraße B 407, B 327 oder über Trier B 52. BAB E 1, Ausfahrt Reinsfeld. Bahnstrecke Trier–Hermeskeil; reizvolle Mittelgebirgslage im Zentrum des 500 m² großen Gebietes. Modernes, neuzeitliches Erholungszentrum, Feriendorf mit Stausee, beheiztes Freibad, Bootsverleih, Wanderwegenetz, Segelflüge am Wochenende. **A:** VA, Hochwaldstr. 4, Ruf 0 65 89/8 44 u. 8 41. ASV Kell, Ruf 6 02; **G:** Stausee, ca. 15 ha (Trinkwasserqualität), beim Feriendorf. **FA:** Seeforelle, Bach- und Regenbogenforelle (schwerste 6 Pfd. 130 Gramm), Jap. Goldforelle, Saibling, Karpfen, Schleie, Zander, Aal, Weißfische. Tägl. Fangbegrenzung: 2 Karpfen, 4 Forellen, 4 Schleien. **FZ:** ganzjährig. **E:** ASV Kell; Feriendorf Hochwald, Restaurant „Seeschänke“ am See, Ruf 2 59. **Geb:** T 8 DM, W 35 DM, M 70 DM. Urlaubsgäste mit Kurkarte: T 6 DM, W 30 DM, M 60 DM. **B:** 1 Rute, alle gesetzlichen Köder, vom Boot aus darf nicht gefischt werden. Seitenarm des Sees ist Schongebiet; Nachtangeln nicht erlaubt. **S:** In begrenzter Zahl werden auch Erlaubnisscheine für die Fließgewässer Ruver u. Nebenbäche ausgegeben. Haus Seeblick, Ruf 8 61 bietet Anglerquartiere an.

Kirn (6570): Stadt im mittleren Nahetal am Fuße des Hunsrück, umgeben von bewaldeten Bergen, Bahnstrecke Bad Kreuznach (30 km) – Idar-Oberstein (15 km); B 41; Schwimmbad, Camping, Ruf 0 67 52/22 67; **A:** VA Kirn, Stadtverwaltung. **G:** Nahe. **FA:** Raub- und alle Friedfische. **E:** FSV Kirn e. V. und ASV „Forelle" in Sulzbach. **Geb:** T 7,50 DM (nur für Urlaubsgäste W 35 DM). **B:** J.Fsch., Sp.Prü., Blinker, Wobbler, lebende Köderfische untersagt. **G:** Forellenbach, ca. 1,5 km. **E:** Hans Schiller, Campingplatz, nach Vereinbarung. **Geb:** Wochenkarten zu 30 DM erhalten nur Campingplatzbenutzer. **S:** Weitere Angelmöglichkeit: Hunsrücker Forellenhof (Fam. Weckmüller) in 6571 Reinhartsmühle bei Kirn, Ruf 0 65 44/3 73. **G:** Forellenbach, ca. 5 km und mehrere größere Fischteiche. **FA:** Forelle, Karpfen, Schleie, **Geb:** für Hausgäste ohne Gebühr.

Langenlonsheim/Nahe (6536): Bedeutender Weinort an der unteren Nahe, Bahnstrecke Bingen–Simmer, BAB E 61, Ausfahrt Dorsheim oder Bingen (4 km), B 48 zwischen Bad Kreuznach (10 km) – Bingen (12 km). **A:** Verbandsgemeindeverwaltung, Naheweinstr. 80, Ruf 0 67 04/10 75–10 77, App. 31; **G:** Nahe, ca. 8 km (Gastanglerstrecke 3 km). **FA:** Aal, Hecht, Karpfen, Schleie, Barbe, Brachse, Forelle. (Vom Hechtfang sind Gastangler ausgeschlossen). **FZ:** ganzjährig. **E:** Rich. Fries, Rothenburger Str. 20 und Dieter Roßkopf, Rothenburger Str. 11. **Geb:** T 8 DM, W 20 DM. **B:** Sp.Prü., alle Köder (außer Blinker für Gastangler), 2 Ruten.

Norheim (6551): Altes Weindorf im romatischen Nahetal bei Bad Kreuznach (5 km), an der Nahe-Weinstraße, Bahnstrekke Bad Kreuznach–Sobernheim. **A:** VV; Karl Krämer, Bahnhofstr. 2, Ruf 06 71/3 41 10. **G:** Nahe, ca. 3 km u. 50 m breit. **FA:** Forelle (25 cm), Karpfen (35 cm), Aal (40 cm), Schleie (25 cm), Weißfische (nicht unter 18 cm). **E:** ASV Norheim, e. V.; Erich Hennen, St. Martinstr. **Geb:** ab 8 Tage Mietdauer und den üblichen Voraussetzungen W 10 DM. **B:** O.A., Sp.Prü.; Haus- Ferien- oder Kurgast. Köder: gemäß den Richtlinien des LFV. 2 Ruten.

Rheinböllen (6542): Fremdenverkehrsort am Eingang des Guldenbachtales zwischen Soonwald und Binger Wald, Anreise über Bacharach (14 km) von B 9, Bingen (20 km) auf B 50, Bad Kreuznach oder Simmern. BAB A 61 (Ausfahrt). Wassersport, Freizeit-Hallenbad, Reiten, Camping bei Erbach, Hochwildschutzpark „Hunsrück", 100 ha groß. **A:** Verbandsgemeindeverwaltung Rheinböllen. **G:** Ellerner Weiher an der B 50 ca. 7500 m². **G:** Volkenbacher Waldsee im Hochwildschutzpark „Hunsrück", ca. 5 ha. **FA:** 1. Karpfen, Schleie, Aal, Rotauge, Karausche. 2. Forelle, Schleie, Karpfen, Hecht. **FZ:** ganzjährig. **E:** ASV „Guldenbach" e. V. Rheinböllen; Eintrittskasse Hochwildschutzpark. **Geb:** 1: T 10 DM. 2: T 12 DM. **B:** Sp.Prü. für Ellerner Weiher; 1 Rute, alle gebräuchlichen Köder; Am Volkenbacher Waldsee Bootsverleih.

St. Goar (5401): Stadt am Rande des Hunsrück am Rhein, B 9, Bahnstrecke Koblenz–Bingen; BAB E 61, Ausfahrt Emmelshausen (10 km). **A:** Stadtverwaltung. **G:** Rhein, ca. 7 km. **FA:** Hecht, Zander, Barsch, Aal, Karpfen, Schleie u. v. Weißfische. **E:** Fischermeister Nagelschmidt, Severin, An der Loreley, Ruf 0 67 41/72 89, nach Vereinbarung. **Geb:** T 5 DM, M 19 DM, J 31 DM. **B:** alle Köder erlaubt.

Schillingen (5509): Kleinerer Ort in waldreicher Umgebung in der Nähe von Kill (3 km), B 407; BAB E 1, Ausfahrt Reinsfeld; Bahnstrecke Trier–Kell–Reinsfeld. **A:** Heimat- u. VV. **G:** Stauweiher (sehr gute Wasserqualität) im Freizeitzentrum. **FA:** Bachforelle, Jap. Goldforelle, Saibling, Karpfen, Weißfische. **FZ:** Frühjahr bis Herbst. **E:** Heimat- u. VV; Ruf 0 65 89/3 19. Verkaufskiosk im Freizeitzentrum. **Geb:** T 10 DM. **B:** J.Fsch., vom Boot aus darf nicht gefischt werden; 1 Rute, markiertes Schongebiet beachten. Alle Köder erlaubt.

Simmertal (6571): Ortsgemeinde in der Verbandsgemeinde Kirn/Land; Bahnverbindungen mit Saarbrücken, Bad Kreuznach, Mainz; B 41 und B 421; Sport- und

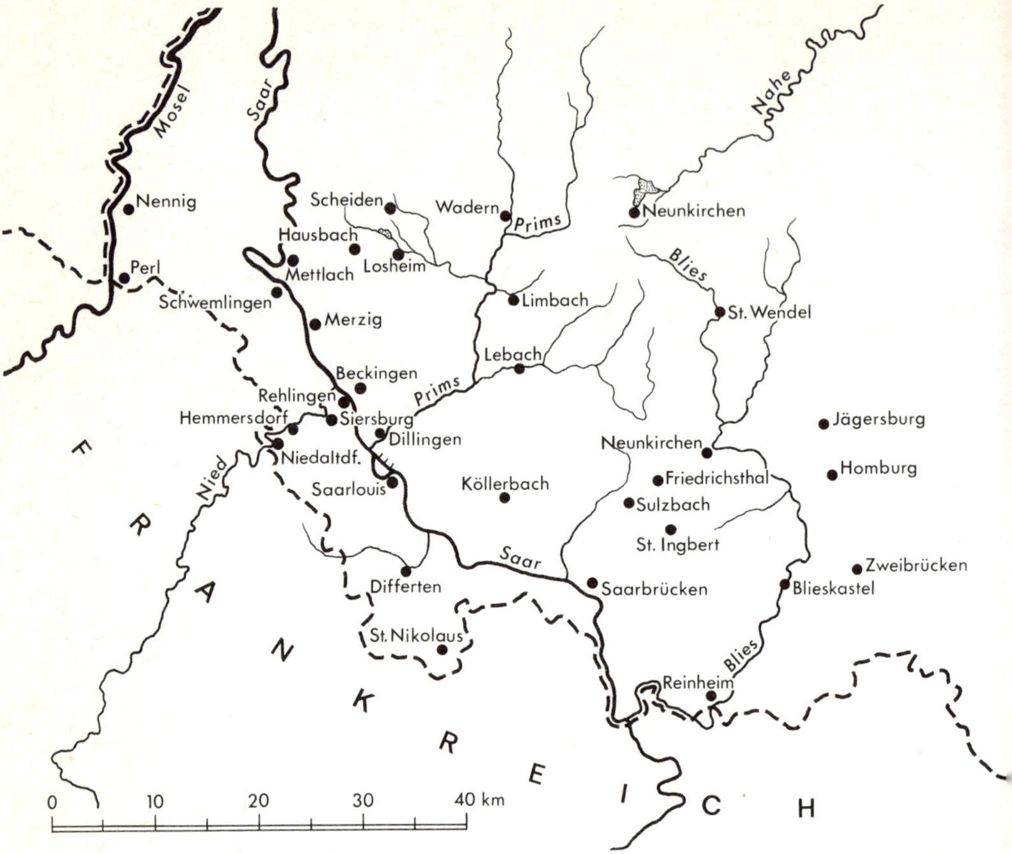

Freizeitplätze, Camping. **A:** FVV „Nahe-Kellenbachtal-Soonwald; Ruf 0 67 54/ 2 44, und ASV e. V. Simmertal. **G:** Nahe und Kellenbach (Simmerbach) von Heinzenberg bis Einmündung Nahe, ca. 6 km. **FA:** Forelle, Raub- und Friedfische. **FZ:** 1. 6. bis 15. 8. **E:** ASV Simmertal und Martinstein. Gasthaus Wald, Ruf 2 62. **Geb:** T 12 DM, W 40 DM. **B:** O.A., Sp.Prü., 1 Rute, alle Köder.

Stromberg (6543): Malerisches Städtchen, eingebettet im Guldenbachtal zwischen Rhein und Nahe; Luftkurort am Soonwald im Hunsrück; B 9 und B 50 Bingen (10 km) – Trier. BAB E 61 (2 km). Beheiztes Höhenfreibad, Wohn- und Freizeitpark „Schindeldorf". **A:** Verbandsgemeindeverwaltung, Rathausstr. 4, Zimmer 10, Ruf 0 67 24/85 41; **G:** Stausee „im Schloßgrund", ca. 7,5 ha, 2 bis 14 m tief. **FA:** Hecht, Karpfen, Schleie, Forelle, Aal, Weißfische; pro Tag 2 Edelfische. **FZ:** März bis Dezember. **E:** wie unter **A:** und ASV „Krott" e. V., zum Eichwald 34, 6531 Seibersbach. Vors. Friedr. Bensheimer. **Geb:** T 8 DM, WE 15 DM, J 135 DM. **B:** J.Fsch., 1 Rute, Feriengast, erlaubte Köder nach Gewässerordnung. Bei J ist der Nachweis als Feriengast nicht erforderlich, es sind auch 2 Ruten erlaubt. **S:** weitere Angelmöglichkeiten: Weiher mit Zu- und Abfluß in den Guldenbach. **FA:** Karpfen, Schleie, Weißfische. **E:** bei Frieder Bensheimer, nach Vereinbarung. **Geb:** T 5 DM, W 20 DM.

Das Saarland

Besseringen (6641): Erholungsort an der B 51, E 42; Bahnstrecke Trier–Saarbrükken. Bis zur franz. Grenze 12 km. **A:** ASV Saarhölzbach, Vors. Neisius. **G:** Weiher im Holzbachtal, umgeben von bewaldeten Hügeln. **Geb:** T 10 DM. **E:** Fritz Gruhlke, Zum Langenberg 8, Ruf 0 68 61/64 41. Vereinslokal „Markgraf".

Homburg (6650): mit 43 000 Einw. im Herzen der Saarpfalz mit waldreicher und schöner Umgebung. Industrie von Weltruf. Eisenbahnknotenpunkt und Schnittpunkt der B 40 und B 423, BAB E 12. Hallenbad, modernes Freibad, Waldstadion, Ausflugsweiher, Campingplätze. **A:** Kultur- und VA, am Rondell, Ruf 0 68 41/ 20 66 u. 10 12 44. **G:** Fischweiher auf der Mastau, ca. 7000 m². **FA:** Forelle, Karpfen, Schleie, (Schonzeiten, Mindestmaße u. Fangbeschränkung auf Erlaubnisschein beachten). **FZ:** 1. 3. bis Nov. **E:** Eugen Böhm, Beeden, Pestalozzistr. 1. **Geb:** T 8 DM. **Homburg-Jägersburg** (6651): Sommerfrische mit Wäldern und Weihern, Wassersport, Zelten, Bootsverleih. **G:** Schloßweiher, ca. 16 000 m². **FA:** Regenbogenforelle (tägl. Fangbegrenzung 3 Fische), Karpfen (30 cm), Schleie (20 cm), Barsch u. a. Weißfische. **FZ:** März bis November. **E:** Walter Schlicher, Am Schloßweiher. **Geb:** T 10 DM. **B:** 2 Ruten möglich, alle Köder.

Lebach (6610): Kleinstadt am Zusammenfluß von Theel, Saubach und Roßbach, Kr. Saarlouis; Bahn: Dillingen, Neunkirchen, Saarbrücken. B 10, B 268 u. B 269. Reiten, Schwimmbad. **A:** VV u. ASV Lebach e. V. **G:** Theel (Bach) und 2 Weiher, 4600 und 6400 m² groß. **FA:** Hecht, Forelle, Döbel, Schleie, Karpfen. **FZ:** ganzjährig. **E:** Clubhaus der ASV, an der Weiheranlage. **Geb:** T 8 DM, J 200 DM. **B:** 2 Ruten, alle Köder erlaubt.

Losheim (6619): Luftkurort in waldreicher Mittelgebirgslage im Erholungsgebiet West-Hochwald, B 268, BAB E 1, Ausfahrt Nonnweiler (24 km). **A:** Gemeindeverwaltung, Rathaus. **G:** Großer Stausee, ca. 1200 m lang, 400 m breit (an der B 268); **G:** Weiher im Heimlingertal. **FA:** Forelle (Schonzeit vom 1. 10. bis 28. 2. bzw. vom 1. 3. bis 30. 4.), Karpfen (30 cm, 16. 4. bis 31. 5.), Schleie (25 cm, 16. 4. bis 31. 5.), Zander 40 cm, (1. 4. bis 15. 5), Hecht (45 cm, 15. 2. bis 30. 4.), Weißfische aller Art dürfen bis zu 1,5 kg mitgenommen werden. **FZ:** günstig: April bis November. **E:** wie **A:** und ASV Losheim, Albert Kreutz, Bachem, Provinzialstr. **Geb:** T 7 DM, für Stausee, 6 DM für Weiher im Heimlingertal. **G:** Weiher an der Waldhölzbacher Straße, ca. 100 m lang, 50 m breit. **Geb:** T 6 DM. **B:** 1 Hand- und 1 Setzstange oder 1 Wurfrute. Das Anfüttern und Fischen mit Maden ist untersagt. Wer den Stausee mit seinen Fanggeräten verläßt, also das Fischen beendet, muß bei Wiederkehr auch am gleichen Tage – einen neuen Erlaubnisschein lösen.

Neunkirchen (6680): Industriestadt im Grünen, Eisenbahnknotenpunkt Saarbrücken–Frankfurt/Main, Verbindungen mit Homburg–Kaiserslautern, Zweibrükken–Pirmasens, Lebach–Trier, Ottweiler–Kusel; B 41 (Saarbrücken, 20 km) bis Ottweiler (8 km), BAB A 6 und A 8 (Autobahnkreuz). Modernes Hallenbad, 4 Freibäder, Camping. **A:** Stadtverwaltung, Rathaus, Oberer Markt, Ruf 0 68 21/2021. **G:** a) Geisheckweiher. **G:** b) Weiher in Wellesweiler, **G:** c) Grüner und Blauer Weiher. **G:** d) Ransbachweiher Wiebelskirchen, ca. 1,5 ha. **G:** e) Blies und Oster (Fließgewässer) Strecke ca. 5 km. **G:** f) Gutsweiher, nach Vereinbarung. **FA:** gut Hecht und Zander, Barsch, Aal, Karpfen, Schleie u. a. Weißfische. d) und e): Karpfen, Schleie, Barsch, Hecht, Forelle und Weißfische. **E:** a) ABU-Shop, Brückenstr. 5; b) Fischerhütte am Weiher; c) ABU-Shop, Brückenstr. 5; d) Fischerhütte am Weiher; e) Zoohaus Bambach, Kuchenbergstr. 49 und Fischerhütte am Weiher. **Geb:** a) bis c) und e): T 10 DM. d) T 10 DM, nur in Begleitung eines Vereinsmitgliedes. **B:** d) und e) je eine Rute erlaubt.

Perl-Nennig (6643): Erholungsort an der Obermosel, Bahnstrecke Koblenz–Trier–

Perl (Grenze), B 407 u. 419, E 42 Grenzübergang Remich (nach Luxemburg). Schwimmbad 1 km entfernt, Camping. **A:** FVV Obermosel. **G:** Altwasser, ca. 12 ha (Fischersportverein), **G:** Kiesgrube, ca. 30 000 m² (ASV). **FA:** alle Weißfische (keine Salmoniden), Fangbegrenzung pro Tag 3 kg, gesetzliche Schonzeiten. **FZ:** Sommer und Spätherbst. **E:** Angelgeräte Hans Biwersi in Nennig; Gastkarten im Vereinslokal Stemper. **Geb:** T 5,50 DM, Zeitscheine auf Vereinbarung. **B:** Zugänglich für jedermann mit und ohne Sp.Prü.; 2 Ruten, alle Köder.

Rehlingen (6639): mit den Ortsteilen Biringen, Eimersdorf, Fremersdorf, Fürweiler, Gerlfangen, Hemmersdorf, Niedaltdorf, Oberesch, Rehlingen und Siersburg. Die Gemeinde liegt unmittelbar an der B 406 (Europastr. 42), Verbindungsstraße Saarbrücken–Luxemburg, direkte Anknüpfung zur B 51, Verbindungsstraße Saarbrücken–Köln. **A:** Bürgermeisteramt u. ASV. **G:** 10 ha Weiheranlagen, **G:** Nied, ca. 1,67 km, Breite ca. 10 bis 20 m (beidseitig befischbar). **FA:** Hecht, Wels, Zander, Aal, Barsch, Karpfen, Schleie, Weißfische. **FZ:** Juni bis Dezember. **E:** Anglerheim an den Weiheranlagen; Gasthaus „Hotel zur Nied", Fremersdorfer Str. 56; Sporthaus „Trewa-Sport International", Wallerfanger Str. **Geb:** T 7,50 DM, W 30 DM, M 50 DM, J 150 DM. **B:** O.A., Haus- oder Feriengast; bis zu 3 Ruten, alle Köder, außer Fleischmaden.

Rehlingen-**Eimersdorf** und **Siersburg, A:** ASV e. V. „Untere Nied" Siersburg u. Gemeindeverwaltung Rehlingen. **G:** Weiheranlage im Ortsteil Eimersdorf. **G:** Nied, im Ortsteil Eimersdorf ca. 3,35 km, Ortsteil Siersburg 6,45 km, Breite ca. 15 bis 25 m (beiderseitig befischbar). **FA:** Aal (35 cm), Barbe (25 cm), Barsch (20 cm), Brachse (25 cm), Forelle (24 cm), Hecht (35 cm), Karpfen (30 cm), Zander (40 cm), Schleie (20 cm), Rotauge/Rotfeder (15 cm). **FZ:** günstig Juni–Okt. **E:** N.Kallenborn, Am Kohlwald 16, Siersburg. **Geb:** T 5,50 DM, W 20,50 DM. **B:** J.Fsch., alle Köder, außer Fleischmaden, 1 Hand- u. 1 Grundrute o. 1 Spinnrute (Fliegenrute).

Rehlingen-**Hemmersdorf**, **A:** ASV e. V. „Mittlere Nied". **G:** Nied, Länge 9,57 km, Breite ca. 5 bis 14 m (beiderseitig befischbar). **FA:** wie unter Eimersdorf, dazu Bachsaibling (24 cm) u. Regenbogenforelle (20 cm). **FZ:** 1. 1. bis 15. 4. und 1. 6. bis 31. 12. = Fangzeit. **E:** Gasthaus Peifer-Bettinger, Lothringer Str. 95. **Geb:** T 5 DM, W 30 DM. **B:** 1 Hand- und 1 Setzstange, alle Köder außer Fleischmaden. J.Fsch.

Rehlingen-**Niedaltdorf, A:** ASV e. V. Niedaltdorf. **G:** Nied, Länge 8,88 km, Breite ca. 5 bis 14 m (beiderseitig befischbar). **FA:** Fried- und Raubfische (gesetzl. Mindestmaße), tägl. Fangbegrenzung bei Forellen: 4 St. **FZ:** ganzjährig unter Beachtung der Artenschonzeiten. **E:** Gasthaus „Zur Tropfsteinhöhle", Neunkircher Straße. **Geb:** T 7 DM, Ferienschein 7 T 28 DM, 14 T 42 DM. **B:** O.A., alle Köder außer Fleischmaden und narkotischen Mitteln. 1 Hand- und 2 Setzruten oder 1 Spinn- und 1 Setzrute.

Saarbrücken (6600): Landeshauptstadt des Saarlandes unmittelbar an der franz. Grenze im waldreichen Tal der Saar; Bahnstrecke Frankfurt – Metz – Paris; Kreuzungspunkt der B 41, B 51, B 268 u. B 406. Hallen- und Freibäder, Wassersport, Reiten, Tennis, Camping. **A:** VV. **G:** Saar, ca. 13 km und 3 Weiher. **FA:** Hecht, Barsch, Aal, Karpfen, Schleie, Weißfische. **E:** ASV Saarbr.; Sportgeschäft Müller-Korn, St. Johannesmarkt. **Geb:** T 8,50 DM. **B:** alle Köder, O.A., Sp.Prü. **G:** Hambacher Weiher (auf franz. Gebiet), **FA:** Raub- und Friedfische, (Zander bis 10 Pfd.). **E:** Vereinskontrolleur ist tägl. am Wasser (Erlaubnisscheine). **Geb:** T 10 Ffrs = 5 DM. **B:** 2 Angelruten.

Saarlouis (6630): Kreisstadt an der windungsreichen mittleren Saar; Bahnstrekke Saarbrücken–Trier, Schnittpunkt der A 8, der B 51, 269, 405 u. 406 (E 42). Hallenbad, 2 Freibäder, Camping, Wassersport, Tennis. **A:** städt. VA, Rathaus, Zimmer 70, Ruf 0 68 31/19 32 63. **G:** Saar-Altarm (mit Resten der alten Festungsmauerwerke), ca. 2,7 km lang. **FA:** Zander (40 cm,

Schonzeit 1. 4. bis 31. 5.), Hecht (55 cm, 15. 2. bis 31. 5.), Karpfen (35 cm), Schleie (25 cm), Aal, Barsch u. a. Weißfische. **FZ:** ganzjährig, allgemeine Schonzeiten vom 16. 4. bis 31. 5. und vom 15. 11. bis 31. 1. (jeder Fischfang verboten). **E:** Ordnungsamt, Rathaus, Zimmer 2, Ruf 19 32 22. **Geb:** T 7 DM, W 20 DM, M 40 DM, J 150 DM. **B:** 2 Handangeln **G:** Fischweiher in Sls.-Fraulautern, ca.1 ha groß. **FA:** Karpfen, Schleie, Hecht, Forelle, Barsch u. a. Weißfische; gesetzliche Mindestmaße, tägl. Fangbegrenzung: 6 Pfd. **E:** Forellenhof, Jahnstraße, Ruf 8 06 86. **Geb:** T 7 DM, Forellen je kg 12 DM. **B:** 2 Ruten, alle Köder, außer Maden. **G:** Fischweiher Sls.–**Lisdorf** (Holzmühle), 0,5 ha groß. **FA:** Karpfen, Schleie, Hecht, Forelle, Weißfische. tägl. Fangbegrenzung: 20 Fische, bzw. 3 kg. **E:** Karten am Fischweiher erhältlich bei Sls.-Lisdorf, Überherrner Landstraße. **Geb:** T 7 DM. **B:** 2 Ruten, alle Köder, außer Fleischmaden oder Lachseier. **G:** Weiher und 3 km Fließgewässer: **Ellbach** in Sls.-**Roden. FA:** Hecht, Barsch, Aal, Karpfen, Schleie u. a. Weißfische. **E:** „Angelfreunde Roden e. V., Gaststätte Schloßhof, nach Vereinbarung. **Geb:** T 5 DM.

St. Ingbert (6670): Erholungsort inmitten einer waldreichen Hügellandschaft; Bahnstrecken Saarbrücken – Kaiserslautern – Ludwigshafen und Saarbrücken – Zweibrücken – Karlsruhe, B 40 (Saarbrücken 10 km, Homburg 18 km), BAB E 12. Beheiztes Freibad, 2 Schwimmhallen, 1 Kneippambulatorium, 2 Saunen, Solarium, Sesselbahn zum Kahlenberg, Wanderwege. **A:** Stadtverwaltung, Kulturamt; VA, **G:** Wombacher Weiher, ca. 150 × 70 m; **G:** Glashütter Weiher, ca. 450 × 130 m; **G:** Griesweiher, ca. 150 × 50 m; **G:** Rückstaubecken Mäusbach, ca. 150 × 50 m; **G:** Rückstaubecken Au, ca. 100 × 50 m; **FA:** Hecht, Zander, Aal, Forelle, Schleie, Karpfen, Barsch, Rotauge. Es gelten die Bedingungen des LFV bzw. die vereinsinternen Fangbegrenzungen. **FZ:** Frühjahr bis Herbst. **E:** ASV St. Ingbert-Rohrbach; Gasthaus Dumont und Fischerhütte, beide am Glashütter Weiher in Rohrbach. **Geb:** T 8 DM. **B:** J.Fsch., alle Köder erlaubt, 1–2 Ruten, keine Bootsbenutzung.

St. Wendel (6690): 28 000 Einw. zählende Stadt im nördlichen Saarland, an der Blies in waldreicher Umgebung; Rhein-Nahe-Bahn; B 41 (Ottweiler 10 km, Nohfelden 15 km), BAB E 62, Ausfahrt Kusel (25 km); Hallenbad, Freibad, Reithalle, Tennis. **A:** städt. VA, Schloßstr. 7, Ruf 0 68 51/30 36; **G:** St. Wendel 1: 2 Weiher, 250 × 30 m; St. Wendel 8 (Stadtteil Niederkirchen): Weiher, ca. 2 ha. **FA:** St.W. 1: Hecht, Zander, Karpfen, Barsch, Schleie, Döbel u. a. Weißfische. Tägl. Fangbegrenzung 3 kg Fische. St.W. 8: Forelle, Karpfen, Schleie, Hecht, Aal, Weißfische. **FZ:** St.W. 1: Juni bis August; St.W. 8: Mai bis August. **E:** St.W. 1: Johann Welter, Bungertstr. 14. St.W. 8: Nur an Samstagen, Sonn- und Feiertagen in der Fischerhütte am Weiher. **Geb:** St.W. 1: T 8 DM (nur für Friedfische, ab 1. April). St.W. 8: T 8 DM, ab 1. 4. **B:** J.Fsch., 2 Ruten, alle gesetzlich erlaubten Köder.

Fischen in den deutsch – luxemburgischen Grenzgewässern. G: Mosel und Sauer. **FA:** Hecht (40 cm, 1. 1. bis 14. 6.), Zander (40 cm), Aal (40 cm), Bach- und Regenbogenforelle (24 cm, 1. 10. bis 14. 6.), Äsche (30 cm), Karpfen (30 cm), Schleie (25 cm), Barbe, Döbel u. a. Weißfische. **FZ:** 15. 6. bis 31. 12. **E:** jeder darf kostenlos und ohne besondere Genehmigung mit einer einfachen Handangel fischen; für das Angeln vom Boot aus und auf Raubfisch (Blinker, Köderfisch) ist ein besonderer Erlaubnisschein erforderlich, der von der „Bezirksregierung Trier“, Balduinstraße 18, ausgestellt wird. **Geb:** J 15 bzw. 33 DM.

Rheinhessen – Pfalz

Annweiler am Trifels (6747): Stadt und Erholungsort im Queichtal in der Südpfalz bei Bad Bergzabern (17 km), Bahnstrecke Landau–Zweibrücken; B 10 und B 48; Schwimmbad, Tennis, Camping. **A:**

Verbandsgemeindeverwaltung, Postfach. **G:** Verschiedene Bäche mit einer Gesamtlänge von 16 km. **FA:** Forelle. **E:** VA in Annweiler. **Geb:** T 5 DM. **B:** O.A., Ferien- oder Kurgast.

Bad Bergzabern (6748): Kneippbad, heilklimatischer Kurort mit Thermalbewegungsbad, an der Deutschen Weinstraße. Bahnstrecke Karlsruhe–Landau–Neustadt, B 38, B 48 und B 427. Ganzjähriger Kurbetrieb, Schwanenweiher mit Bootsverleih, Tennis, Weinproben u. div. Kurveranstaltungen. **A:** ASV Landau, Vors. Hans Wolfahrt, Hindenburgstr. 3a, 6740 Landau/Pfalz. **G:** Panzergraben bei Steinfeld, ca. 2,6 ha (etwa 7 km vom Ort entfernt). **G:** Panzergraben bei Schaidt, ca. 1,8 ha. **FA:** Karpfen, Schleie, Hecht, Aal, Weißfische. **FZ:** 1. 5. bis 31. 10. **E:** Angler Shop Wolfahrt, Hindenburgstr. 3a, Landau, Ruf 0 63 41/69 48; Gasthaus Waldblick in 6749 Steinfeld. **Geb:** T 5 DM, W 15 DM, M 25 DM. **B:** Ferien- oder Kurgast; 2 Ruten. **S:** weitere Angelmöglichkeit: vermittelt Kurverwaltung, Ruf 0 63 43/88 11; z. B. Gewässergraben vom ASV Landau und Umgebung; W. Große, Schlittstr. 1 in Bergzabern. **Geb:** T 5 DM. **B:** Kurgast.

Bobenheim-Roxheim (6712): zwischen Worms (3 km) und Frankenthal (5 km), B 9 und BAB E 12, Ausfahrt Frankthal/ Worms; Bahnstrecke Mainz - Worms - Mannheim. **A:** Gemeindeverwaltung; **G:** a) Silbersee, ca. 90 ha, **E:** Firma Gebr. Willsersinn, Ludwigshafen-Oggersheim; **G:** b) Roxheimer Altrhein, ca. 82 ha, **E:** AC Roxheim 1974. **G:** b) Sportplatzweiher, ca. 4 ha, **E:** wie vor. **G:** c) Fischweiher, ca. 1 ha, **E:** ASV 1956 Bobenheim e. V. **G:** d) Fischweiher, ca. 20 ha, **E:** ASV „Früh auf", Roxheim. **FA:** Fried- u. Raubfische, wie Hecht, Aal, Zander, Barsch, Forelle, Karpfen, Weißfische. (schwerster Zander 22 Pfd.) Tageslimit: 5 kg Fische. **FZ:** 1. 4. bis 31. 10. **Geb:** T 5 DM, W 10 DM, M 15 DM, J 50 DM. **B:** Sp.Prü., J.Fsch., alle Köder, 2 Ruten.

Enkenbach-Alsenborn (6753): Erholungsort am Rande des Pfälzer Waldes, nach Kaiserlautern (10 km), Bahnverbindung, BAB E 12, Ausfahrt Enkenbach/Hochspeyer (1 km). Beheiztes Freischwimmbad. **A:** Verbandsgemeindeverwaltung, Ruf 0 63 03/60 74. **G:** Schwarzweiher, 2 ha. **FA:** Forelle, Karpfen, Schleie, Aal, Weißfische. Fangbegrenzung: 3 Forellen, 1 Karpfen (Mindestmaß 35 cm), 3 Aale oder 3 Pfd. andere Fische. **FZ:** April–Oktober. **E:** Nur samstags/sonntags und an Feiertagen, Angelhütte an den Schwarzweihern. **Geb:** T 10 DM. **B:** 1 Rute, alle Köder. ASV Enkenbach e. V., an Werktagen werden keine Erlaubnisscheine abgegeben

Herxheim b. Landau/Pfalz (6742): 8800 Einw. zählender Ort mit Landwirtschaft und Mittelbetrieben. BAB E 4, Ausfahrt Karlsruhe, von B 9 Speyer–Karlsruhe oder B 10 Speyer–Landau (6 km); Bahnstrecke Landau–Herxheim. **A:** Verbandsgemeindeverwaltung, Obere Hauptstr. 2, Ruf 0 72 76/88 11–88 13. **G:** Panzergraben und Klingbach, ca. 5 km; **G:** Fischteich, ca. 5000 m². **FA:** Schleie, Karpfen, Weißfische. **FZ:** 1. 4. bis 30. 9. **E:** ASV, Herxheim, Alwin Eichenlaub, Luitpoldstr. 47, Ruf 83 31. **Geb:** nach Vereinbarung. **B:** 2 Ruten, übliche Köder.

Hinterweidenthal (6781): kleiner Ort mitten im Pfälzer Wald, Bahnstrecke Zweibrücken–Annweiler, B 10 und B 427. **A:** Ortsgemeindeverwaltung. **G:** a) Wieslauter und Woodbach, ca. 6 km lang, durchschn. 3 m breit. **G:** b) Rohrwoog-Weiher, Größe 6000 m². **FA:** a) Bach- und Regenbogenforelle (bis 1,5 kg), Fangbegrenzung bis 3 Fische, Mindestmaß 24 cm. **FA:** b) Karpfen, Schleie, Hecht und Weißfische. **FZ:** 16. 3. bis 14. 10. **E:** Gasthaus zum Heufelsen; Gemeindeamt bei Bürgermeister Eitel. **Geb:** T 5 DM. **B:** J.Fsch., Haus-, Ferien- oder Kurgast; 1 Rute, Blinker, Wobbler, Fliege.

Jockgrim (6729): kleiner, linksrheinischer Ort, bis Kandel 6 km, B 9 Karlsruhe–Speyer, BAB E 4, Ausfahrt Karlsruhe, Bahnstrecke Karlsruhe - Ludwigshafen. **A:** ASV 1923 Jockgrim e. V., Jahnstr. 12 und Ziegelstr. 22; **G:** Baggersee „Johanniswiesen", ca. 25 ha, und Nebengewässer. **FA:** Karpfen (45 cm, tägl. 1 Fisch),

Schleie (30 cm), Hecht, Zander, Aal, Weißfische. **E:** S. Hellmann, Jahnstr. 12, Ruf 0 72 71/5 19 30; W. Keiber, Ziegelstr. 22, Ruf 5 13 92. **Geb:** T 5 DM, W 20 DM, M 60 DM. **B:** O.A., Sp.Prü., alle Köder, 2 Ruten (kein Ködergarn), Bootsverleih ist geplant.

Kaiserslautern (6750): Großstadt im Zentrum des Pfälzer Waldes; BAB E 12, B 37, B 40 und B 270; Bahnstrecke Pirmasens–Bad Kreuznach oder Homburg - Mannheim. **A:** ASV Kaiserslautern. **G:** Walzweiher, ca. 13 ha bei 1,7 km Länge. Lage: 7 km südwestlich der Großstadt an der B 270, Kaiserslautern–Pirmasens. Zur Beachtung der Fischereigrenzen ist jedem Erlaubnisschein ein Merkblatt beigefügt, es ist unbedingt zu beachten. **FA:** Hecht (50 cm, 1.1. bis 30.4.), Forelle (25 cm, 15.10. bis 15. 3.), Aal, Karpfen (33 cm), Schleie (1. 6. bis 30. 6.) und Weißfische (18 cm), mit Ausnahme von Köderfischen. Erlaubt sind 3 Forellen pro Tag, je 1 Karpfen oder Hecht. **FZ:** unter Beachtung der Schonzeiten ganzjährig. **E:** SFV Kaiserslautern e. V. im Waffenhaus Otto Bennewitz KG, Schneiderstr. 7 bis 9, Ruf 06 31/6 31 32. **Geb:** T 8 DM, J 140 DM. **B:** 2 Ruten, alle Köder. Vor dem 1. 5. darf für den Raubfischfang kein Blinker, Wobbler, Spinner oder Raubfischköder benutzt werden. **G:** 2 Teiche, zus. 1,3 ha. **FA:** Aal, Barsch, Karpfen, Zander, Schleie, Weißfische. Fangbegrenzung: tägl. 1 Karpfen, 2 Schleien, 1 Zander. **Geb:** T 10 DM. **E:** ASV „Früh auf" e. V.; Gasthaus Herrmann; Heinz Bubolz, Schatzmeister, Sonntagsstr. 30.

Landstuhl (6790): anerkannte Stadt der Erholung am Naturpark Pfälzer Wald, Kr. Kaiserslautern; Bahnstrecke Saarbrükken–Kaiserslautern, BAB E 12, Ausfahrten Landstuhl Mitte u. West; B 40 (Homburg, 20 km - Kaiserlautern, 15 km); Freibad. **A:** Verbandsgemeindeverwaltung. **G:** 2 Weiher, „Silbersee" (Baggersee), ca. 7 ha groß, zwischen Landstuhl und Kindsbach, zwischen B 40 und Bahnlinie Saarbrücken–Mannheim. **FA:** Raub- und Friedfische. Hecht (bis 10 kg), Karpfen (9 kg), Wels (7 kg), Zander (3 kg), Aal (2 kg). **FZ:** Februar–September, Eisfischen nicht erlaubt. **E:** Geschäftsstelle, Kaiserstr. 81 (Heinrich Haag), Schreibwarengeschäft Jan Neumann, Hauptstr. 33; Clubhaus am Silbersee. **Geb:** T 10 DM, W 40 DM, 2 W 60 DM, M 90 DM. **B:** 2 Ruten, Sp.Prü., Köder nach der Fischereiordnung.

Lingenfeld (6722): Dorfgemeinde mit 4200 Einw. bei Germersheim (5 km), BAB E 4, Ausfahrt Kronau, B 9, Bahnstrecke Mannheim - Speyer - Karlsruhe. **A:** Gemeindeverwaltung. **G:** Altrhein, Willersinn-Weiher und Schäfer-Weiher. **FA:** Hecht, Zander, Barsch, Aal, Karpfen, Schleie, u. a. Weißfische. **E:** ASV Lingenfeld und ASV Hagenbach, nach Vereinbarung. **Geb:** T 5 DM, M 20 DM.

Nanzdietschweiler (6791): Verbandsgemeindeverwaltung über die BAB E 12, Ausfahrt Landstuhl West auf Anschlußbahn Richtung Trier, Ausfahrt Glan-Münchweiler (2 km), auch über B 423 erreichbar. **A:** Verbandsgemeindeverwaltung. **G:** ca. 7 km Fließgewässer. **FA:** Forelle, (tägl. bis zu 5 Fische), Karpfen, Schleie, Weißfische. **E:** ASV e. V., Werner Holzhauser, Katzenbacherstr. 40. **Geb:** T 10 DM, W 50 DM. **B:** Urlaubsgast.

Rockenhausen (6760): Stadt und Mittelpunkt der Nordpfalz, Bahnstrecke Kaiserslautern–Bad Kreuznach–Bingen; B 48 (Bad Kreuznach, 30 km - Kaiserslautern, 25 km); beheiztes Schwimmbad, Camping. **A:** Verbandsgemeindeverwaltung. **G:** Alsenz, 7 km lange u. 3 bis 4 m breite Bachstrecke. **FA:** Forelle, Aal, Weißfische. **FZ:** 15. 3. bis 15. 10. **E: ASV** Rockenhausen, nach Vereinbarung, Rechner beim Postamt. **Geb:** T 10 DM. **B:** Sp.Prü, alle Köder.

Rülzheim (6729): linksrheinische Verbandsgemeinde an der B 9 (Germersheim, 8 km - Karlsruhe), BAB E 4, Ausfahrt Karlsruhe, Bahnstrecke Karlsruhe–Schifferstadt–Mannheim. **A:** Verbandsgemeinde. **G:** a). Rheinstrom, Strecke Berg, von deutsch-franz. Grenze bis Worms; **G:** b) Altrheingewässer „Gimpelrhein", ca. 3 km; **G:** c) Altrhein „Karlskopf", ca. 3 km;

G: d) Altrhein „Oberer Grund“, ca. 2 km; **G:** e) Michelsbach, ca. 10 km; **G:** f) Hafen Leimersheim, ca. 2 ha; **G:** g) Kiesgruben (ca. 10 Einzelgruben, jeweils bis 20 ha), **G:** h) Kiesgrube Kuhardt, ca. 4 ha; **G:** i) Otterbach und Fischmal, Leimersheim, ca. 15 ha. **FA:** Karpfen, Hecht, Barsch, Zander, Aal, Weißfische. **FZ:** ganzjährig. **E:** zu a) u. b): ASV Rülzheim. zu c) u. i): ASV Leimersheim; zu d) bis f): Verbandsgemeinde Rülzheim; zu g): Besitzer Fa. Pfadt, Robert, Wolf, Eugen und Schaaf, Hermann; zu h): ASV Kuhardt. **Geb:** für die Rheinstrom-Generalkarte: J 120 DM für die Teilstrecken zu erfragen (meist J 18 DM. Für sonstige Gästekarten nach Vereinbarung). **B:** Sp.Prü., wenn nicht Inhaber eines J.Fsch. in den letzten 5 Jahren; 2 Ruten.

Schifferstadt (6707): Industriestadt in der Rheinebene, Bahnstrecken Mannheim-Neustadt und Ludwigshafen-Germersheim; BAB E 61 (2 km), von der B 9 Speyer–Mannheim, 3 km. **A:** Stadtverwaltung, Postfach 70. **G:** Schwanenweiher, ca. 7,2 ha, 500 m lang. **G:** Bahnweiher, ca. 19,85 ha, 800 m lang; **G:** Naherholungsgebiet I, ca. 15,4 ha, 600 m lang; **G:** Naherholungsgebiet II, ca. 11,2 ha, 400 m lang. **FA:** Hecht (40 cm), Zander (40 cm), Karpfen (40 cm), Aal (40 cm), Schleie (24 cm), Forelle (24 cm), Weißfische (15 cm); Fangbegrenzung 10 Pfund pro Tag. **FZ:** ganzjährig, mit Ausnahme der gesetzlichen Schonzeiten. **E:** ASV, nach Vereinbarung. **Geb:** T 5 DM, W 10 DM, M 20 DM. **B:** Sp.Prü., alle Köder, 2 Ruten, davon eine auf Raubfisch.

Ulmet (6799): kleiner Ort im Nordpfälzer Bergland, Bahnstrecke Bad Kreuznach–Kaiserslautern; BAB E 62, Ausfahrt Kusel; B 423, B 420. **A** und **E:** „Angelfreunde“, Ulmet e. V. Bahnhofstr. 4, Edinger, Kurt. **G:** Glan, ca. 4,8 km, durchschn. 6 m breit. **FA:** Bach- u. Regenbogenforelle, Hecht, Barsch, Aal, Wild- und Spiegelkarpfen, Schleie, Weißfische. **Geb:** T 7 DM, 2 W 20 DM, M 35 DM. **B:** O.A., Sp.Prü., Ferien- oder Kurgast; 2 Ruten u. alle Köder erlaubt.

Waldmohr (6797): Stadt an der Bahnstrecke Glan - Münchweiler - Homburg; BAB E 12, B 423. **A:** Sportfischer im PWV e. V., Wolfgang Schreiner, Saarpfalzstr. 25a, Ruf 0 63 73/97 13, oder ASV. **G:** a) Mörschbachtalweiher, ca. 10 000 m² Wasserfläche; **G:** b) Motschweiher, ca. 20 000 m² groß. **FA:** Forelle, Schleie, Karpfen, Weißfische. **FZ:** März bis Oktober. **E:** siehe örtl. Auskunftstelle. **Geb:** T 20 DM. **B:** O.A., Sp.Prü., Haus-, Ferien- oder Kurgast.

Zweibrücken (6660): Stadt am Übergang in das Saarland und nach Lothringen; Bahnstrecke Landau–Karlsruhe, Pirmasens–Kaiserslautern und Homburg–Saarbrücken; B 10 (Pirmasens, 25 km - Homburg, 10 km). **A:** Stadtverwaltung, Amt für Kultur, Verkehr u. Sport, Herzogplatz 5. **G:** Schwarz- und Hornbach, ca. 22 km. **FA:** Bach- und Regenbogenforelle (pro Tag 3 Fische), Hecht, Barsch, Aal, Karpfen, Schleie, Barbe, Döbel u. a. Weißfische. Tägl. Fangbegrenzung 5 Pfd. **FZ:** 1. 6. bis 30. 9. **E:** ASV Zweibrücken e. V.; Fotogeschäft Meyer, An der Alexanderkirche. **Geb:** T 10 DM, W 50 DM. **B:** Sp.Prü., 1 Rute, alle Köder.

Bergstraße - Odenwald

Biblis (6843): Gemeinde im südhessischen Ried an der B 44 (Frankfurt–Mannheim), BAB A 67, Ausfahrten Lorsch oder Gernsheim; Bahnstrecke Groß-Gerau-Worms. **A:** und **E:** Gemeindeverwaltung, Darmstädter Str. 23, Ruf 0 62 45/ 72 01–72 02. **G:** Kiessee (Badesee), Gesamtfläche ca. 400 mal 150 m. **FA:** Hecht (40 cm), Karpfen (40 cm), Schleie (25 cm), Aal, Weißfische. **FZ:** 1. 4. bis 31. 12. **Geb:** T 10 DM, W 20 DM, J 60 DM. **B:** J. Fsch., 2 Ruten, alle Köder, keine Bootsbenutzung, Fangverbot für Grasfische.

Erbach (6120): Kreisstadt und Luftkurort im Naturpark Odenwald; Bahnstrecke Frankfurt - Darmstadt - Stuttgart; B 45. Modernes Quellwasserschwimmbad, Reiten. **A:** Odenwald-Information, Stadtverwaltung, Ruf 0 60 62/30 71. **G:** Mümling, ca. 10 km lange, 5 m breite Strecke von Michelstadt–Stockheim bis Zell–Bad König. **FA:** Forelle (22 cm), Saibling (22 cm), Aal, Döbel. 4 Fische pro Tag. **FZ:** 1. 5. bis 30. 9. **E:** SFV „Petri Heil“, Friedrich Schneider, Marktplatz; Gaststätte „Darmstädter Hof“ Michelstadt–Steinbach; Gaststätte „Nibelungen“, Stockheim. Cafe Orth, Bad König, Ortsteil Zell. **Geb:** T 12 DM. **B:** O. A., 1 Rute, künstl. Köder.

Fränkisch - Crumbach i. Odw. (6101): staatlich anerkannter Erholungsort im Naturpark des Odenwaldkreises; Bahnstation ist Reinheim; B 38 u. B 47, BAB E 4, Ausfahrt Bensheim a. d. Bergstraße. **A:** Gemeindevorstand, Ruf 0 61 64/13 15 u. VA. **G:** 3 Teiche. **FA:** Karpfen, Schleie. **E:** Karl Stehle, Ortsteil Michekbach, „Haus Wasserrose“, Ruf 1634. **B:** für Hausgäste nach Vereinbarung.

Grasellenbach (6149: Kneipp- und Luftkurort auf einer bewaldeten Hochfläche des Odenwaldes (Bergstraße). Bahnstrekke Weinheim–Mörlenbach–Wahlen. BAB E 4, Ausfahrt Weinheim, Lorsch, Hanau oder Aschaffenburg; Schwimmbad, Minigolf. **A:** VV. **G:** Fließgewässer Ulfenbach. **FA:** Forelle. **E:** Kurhotel Siegfriedbrunnen, Hammelacher Str. 7. **Geb:** für Hausgäste frei, nach Vereinbarung. **B:** Haus- u. Feriengast, 1 Rute erlaubt.

Hardheim (6969): Marktflecken und Erholungsort in einem waldreichen Seitental des Mains im Odenwald (Neckar-Odenwaldkreis), Bahnstrecke Walldürn–Hardheim, B 27 (Tauberbischofsheim–Walldürn), BAB E 70, Ausfahrt Tauberbischofsheim. Kleinschwimmhalle. **A:** VA (Bürgermeisteramt). **G:** Erfa, 4–6 m breit. **FA:** Bach- und Regenbogenforelle. **E:** Gasth. „Zur Wohlfahrtsmühle“, Inh. Gärtner, Ruf 0 62 83/3 15 (2 km außerhalb des Ortes), für Hausgäste nach Vereinbarung.

Heppenheim/Bergstraße (6148): romantischer Luftkurort an der weinfrohen Bergstraße zwischen Odenwald und Rhein, zwischen Bensheim und Weinheim. Bahnstrecke Frankfurt–Heidelberg–Basel; B 3 und B 460, BAB E 4, Ausfahrt; Wassersport auf dem Bruchsee, Freibad, Reiten, Motor- und Segelflug. **A:** VB u. Ordnungsamt, Magistrat der Kreisstadt, Ruf 0 62 52/60 51; **G:** Bruchsee, südl. zwischen B 3 und Autobahn. **FA:** Karpfen (40 cm), Schleie (25 cm), Hecht (50 cm) u. v. Weißfische. **FZ:** unter Beachtung der gesetzl. Schonzeiten. **E:** VA u. ASV Heppenheim. **Geb:** nach Vereinbarung. **B:** Kurgast; 1 Rute u. 1 Köderfischsenke, Schonbezirke beachten, Bootsbenutzung nicht erlaubt, Drillinge, Doppelhaken und Systeme, Schwimmbrot und Edelfische als Köder sind verboten. Fangbegrenzung: 1 Karpfen oder 2 Schleien, 1 Hecht oder 2 Zander, andere Fische keine Begrenzung.

Rimbach (6149): Bergstraße, B 38 u. B 460, BAB E 4, Ausfahrt Heppenheim. Wanderwege, beheiztes Freischwimmbad, Reiten, Kegelbahnen. **A:** Gemeindeverwaltung, Ruf 0 62 53/40 01; ASC Rimbach. **G:** mehrere Teiche, zusammen ca. 5 ha, 4 Stauseen u. ca. 4 km Fließstrecke. **FA:** Forelle (durchschn. 400 g), Karpfen (bis 25 Pfd.), Wels, Hecht, Schleie, Aal, Weißfische. **E:** an den Teichen vom 1. 4.–30. 10. nur jeden Sonntag von 6–12 Uhr: Frau Else Schmitt, Waldstraße 60 (Wohnung am Stausee). **Geb:** Startbeitrag 5 DM. Fische nach Gewicht zu bezahlen. An den Stauseen T 10 DM. **B:** 2 Ruten, alle Köder erlaubt.

Neckarland

Besigheim (7122): altes, malerisches Städtchen am Zusammenfluß von Neckar und Enz, Bahnstrecke Stuttgart–Heilbronn–Würzburg, B 27 (Stuttgart–Würzburg), B 27/37 (Stuttgart–Neckartal–Heidelberg), Autobahnanschluß in Mundelsheim (8 km); Neckarschiffahrt, modernes Freischwimmbad, Wassersport, Tennis. **A:** Kultur-Schul-Sportamt. **G:** Neckar, vom Kraftwerk bis zur Markungsgrenze, ca. 2 km, 25 m breit. **FA:** Hecht (55 cm,

Schonzeit v. 1. 2. bis 15. 8.), Barsch, Aal (40 cm), Bach- und Regenbogenforelle (25 cm, 1. 5. bis 30. 6.), Karpfen (30 cm, 1. 5. bis 30. 6.), Brachse, Döbel u. a. Weißfische; tägl. Fangbegrenzung 1 Hecht; an Forellen, Barben, Karpfen, Schleien und Brachsen 2 Fische. **E:** Firma Gerber, Kirchstr.; Tages- und Ferienkarten für den Neckar, für die Enz beschränkte Kartenausgabe. **B:** 2 Ruten.

Eberbach am Neckar (6930): (124–295 m) 15 500 Einw., im Rhein-Neckar-Kreis, Luftkurort mit Heilquellen – Kurbetrieb, an der Burgenstraße und an der Deutschen Ferienstraße Alpen–Ostsee im Naturpark Odenwald–Bergstraße. Bahnstrecken: Saarbrücken - Heidelberg - Würzburg; Saarbrücken - Heidelberg - Stuttgart; Stuttgart - Frankfurt. B 37 (Neckartalstraße) und B 45; beheiztes Schwimmbad, Hallenbad, Mineralschwimmbad, Kurhaus, Trinkkuren, Wanderwege, Wassersport, Kleingolf, Tennis, Camping. **A:** Kultur- und VA im Kurhaus, Ruf 0 62 71/48 99. **G:** Neckar, von km 36,36 bis km 85,88 (Rainbach–Neckarzimmern). **G:** Itterbach, 3,8 km (10 m breit), aufgeteilt in 3 Lose. **FA:** Neckar, Hecht (40 cm), Karpfen (30 cm), Schleie (20 cm), Barbe (35 cm), Döbel, Nase u. a. Weißfische. Im Itterbach: Forelle (pro Tag 5 Fische). **FZ:** Neckar, ganzjährig. Itter: vom 1. 5. bis 30. 9. **E:** SFV Eberbach/ Neckar; Wipfler, Zoohaus, Untere Badstr. 2, Ruf 23 72. **Geb:** Neckar T 5 DM, 2 W 15 DM, M 21 DM. Itter: T 15 DM. **B:** Feriengast, Bootsverleih, Neckar 2 Ruten, alle Köder. Itter: 1 Rute, nur Spinner oder Fliege.

Esslingen am Neckar (7300): Kreisstadt im mittleren Neckarraum mit fast 100 000 Einw.; Bahnstrecke Stuttgart–Ulm; BAB E 11; B 10, Stuttgart (8 km) - Plochingen (5 km). Freibäder, Hallenschwimmbad, Tennis, Minigolf, Reiten, Wanderwege; **A:** Kultur- und Freizeitamt/Stadtinformation, Markplatz 16, Ruf 07 11/35 12 - 4 41/ 6 45. **G:** Neckar, ca. 14 km, 40 m breit. Von Schleuse Deizisau bis Stuttgart-Obertürkheim. **FA:** Hecht (12 kg), Karpfen (9,5 kg), Forelle, Schleie, Aal u. v. Weißfische. 2 Edelfische pro Tag. **FZ:** die Monate mit „r" am Ende. **E:** FV und Fischerheim, Inselstr. 21. **Geb:** T 7 DM, WE 14 DM, W 30 DM, M 75 DM, $^1/_2$ J (Saisonkarte) 160 DM. **B:** Sp.Prü., Bootsverleih geplant, Fischen vom Boot aus nicht erlaubt, alle Köder, 1–2 Ruten.

Gundelsheim (6953): altes Burgenstädtchen an der Schwäbischen Weinstraße, Burgenstraße und deutschen Ferienstraße Alpen-Ostsee, am Neckar bei Bad Wimpfen, Kr. Heilbronn (20 km). Bahnstrecke Heilbronn - Neckarelz - Heidelberg. BAB E 70/E 12 (Heilbronn/Neckarsulm, B 27. Wassersport, Tennis, Wanderwege, Camping. **A:** Bürgermeisteramt, Ruf 0 62 69/3 68. **G:** Neckar, ca. 3 km; **FA:** Hecht, Aal, Barsch, Karpfen, Schleie, Barbe u. a. Weißfische. **E:** SAV nach Vereinbarung. Peter Ostberg, Justinus-Kerner-Str. 25. **Geb:** T 5 DM, W 20 DM. **B:** alle Köder. **S:** weitere Auskünfte: Café Schell und Camping-Platzwart.

Heidelberg (6900): Berühmte Universitätsstadt am Neckar, zwischen dem großen und kleinen Odenwald, Verkehrsknotenpunkt, B 3 und B 37, BAB E 4 (Karlsruhe–Darmstadt), Hallenschwimmbad, beheiztes Freischwimmbad, Tennis, Minigolf, Golf, Reiten, Wanderwege, Camping, Wassersport. **A:** VV Tourist-Information am Hauptbahnhof, Ruf 0 62 21/ 2 13 41. **G:** Neckar und Alt-Neckar (Mannheim - Neckargemünd, Rainbachmündung, ca. 32 km). **FA:** Hecht, Döbel, Karpfen, Schleie, Aal u. a. Weißfische. **Geb:** T 5 DM, W 14 DM, J 31 DM. **G:** Rhein und Ketscher Baggersee, Wagbachmündung von km 395,3 bis bad.-württemberg.-hessische Grenze, auf bad.-württemberg. Seite. **FA:** Hecht, Döbel, Aal, Karpfen, Schleie, Zander, Rotfedern, Rotaugen, Brachsen. **E:** Fa. Seil-Schaaff, Hauptstr. 81. **Geb.** T 7 DM, W 20 DM, J 46 DM.

Mossautal 4 (6121): mit Ortsteil Hüttenthal im Odenwaldkreis, Erholungsort umgeben von bewaldeten Höhen; Bahnstrecke Darmstadt bzw. Frankfurt, Bahnstation ist Erbach. BAB E 4, Ausfahrt Heppenheim (20 km). Beheiztes Freischwimmbad ca. 1 km entfernt. **A:** Gemeindeverwaltung. **G:** Marbach (Forellengewässer) ca. 1 km bei 3 m Breite. **FA:** Forellen. **FZ:** April bis Oktober. **E:** Besitzer Otto Schwöbel, Hüttenthal, Obere Siegfriedstr. 17, Pension „Dorfschänke", Peter Röder, Güttersbacher Str. 37, Ruf 0 60 62/38 78, nach Vereinbarung. **S:** weitere Angelmöglichkeit in einem ca. 7000 m^2 großen Teich auf Forellen. **Geb:** T 5 DM, Urlaubskarte 30 DM. Die gefangenen Fische werden nach Gewicht berechnet.

Neckargemünd (6093): altertümliches,

malerisches Städtchen und Fremdenverkehrsort im unteren Neckartal, umgeben von Bergen des Odenwaldes. Bahnstrekken Würzburg – Heidelberg und Stuttgart – Sinsheim – Heidelberg; B 37, Neckarstraße, Heidelberg–Eberbach (35 km); beheiztes Freischwimmbad, Minigolf, Tennis, Camping (ab Ostern bis Ende September geöffnet; VA gibt Prospekt für Campingfreunde ab). **A:** VA, Hauptstr. 53, Ruf 0 62 23/35 53. **G:** Neckar, Rainbachmündung bis Rhein (Mannheim) und Elsenz, 1,7 km, 10 m breit u. 2 m tief. **FA:** Hecht (40 cm), Karpfen (30 cm), Schleie (20 cm) u. a. Weißfische. **FA:** Hecht (40 cm), Karpfen (30 cm), Schleie (20 cm) u. a. Weißfische. **FZ:** ganzjährig. **E:** SAV und VA; Campingpächter G. Hans, Hermann-Walker-Str. 3. Vom ASV K. Schmitt, Hanfmarkt 19. **Geb:** T 5 DM, W 15 DM. **B:** O.A. Sp.Prü., Feriengast; 2 Ruten, alle Köder, Raubfischfang ab 1. 4.

Nürtingen (7440): am Neckar und am Rande der Schwäbischen Alb; Bahnstrecke Stuttgart–Tübingen, B 313 Metzingen (14 km) – Wendlingen (7 km), BAB E 11; beheiztes Freischwimmbad, Hallenschwimmbad, Tennis, Minigolf, Reiten, Wassersport. **A:** VV und Stadtverwaltung, Ruf 0 70 22/7 52 16. **G:** Neckar, ca. 20 km lang, von Neckarbrücke bis Gemarkung Neckartenzlingen-Mittelstadt. **FA:** Karpfen, Hecht, Schleie, Aal, Forelle, Weißfische. **FZ:** April bis September. **E:** Angler- und FV Nürtingen. Gastkarten: WM Sportgeschäft, Kirchheimer Str./Ekke Neuffenstr., Ruf 3 25 16. Fa. Georg Schenk, Max-Eyth-Str. 50–52, 7812 Kirchheim/Teck, Ruf 0 70 21/65 41. Sportgeschäft Kloske, 7446 Oberboihingen. **Geb:** T 7 DM, W 25 DM. **B:** alle Köder, 2 Ruten erlaubt, **S:** weitere Angelmöglichkeiten von Alfred Seyfried, 1. Vors. des Angler- u. FV, Kreuzstr. 12, 7317 Wendlingen, Ruf 0 70 24/73 53.

Plochingen (7310): Stadt am Zusammenfluß von Neckar und Fils; B 10 (Göppingen, 18 km – Stuttgart, 22 km), BAB E 11, Ausfahrt Wendlingen (6 km); Bahnstrecke Stuttgart – Göppingen. Hallenschwimmbad, Minigolf. **A:** Stadtverwaltung, Ruf 0 71 53/2 10 64; FV Plochingen-Reichenbach e. V. Fischerheim. **G:** Neckar bei Plochingen, ca. 4 km Fließstrecke. Fils für Gastangler gesperrt, zeitweise freigegeben. Dazu das gesamte Hafengebiet. Neckar, beginnend ca. 300 m oberhalb der alten Deizisauer Neckarbrücke, sowie der Markung Wernau flußaufwärts bis zur Firma Wolffer & Göbel (Verwaltungsgebäude). **FA:** Bach- und Regenbogenforelle, Hecht, Aal, Karpfen, Barsch u. a. Weißfische. Fangbegrenzung: 3 Edelfische oder 5 Schleien pro Tag, jedoch nur 1 Hecht. Nachtfischen auf Aal zwischen 1. 5. u. 30. 9. bis 23 Uhr mit Wurmköder erlaubt. **FZ:** April–November. **E:** bewirtschaftetes Fischerheim. In den Sommermonaten am Mittwoch, Freitag, Samstag und Sonntag ganztägig geöffnet. Sporthaus Alfred Hauff, Esslinger Str. 48. 1. Vors. Rolf Leopold, Siegenbergstr. 76, 7313 Reichenbach. **Geb:** Nur T 10 DM. **B:** Bundesfischereischein, 2 Ruten, alle Köder erlaubt. Gesetzl. Schonmaße u. Schonzeiten sind zu beachten.

Rottweil (7210): mittelalterliche Kreisstadt im Neckartal, zwischen Schwarzwald und Schwäbischer Alb am oberen Neckar. Bahnstrecke Stuttgart–Zürich, Freiburg–Stuttgart, Konstanz–Stuttgart, Horb–Tübingen. BAB E 70. B 14, 27 und 462; Hallenbad mit Sauna, beheiztes Freibad, Reiten, Tennis, Minigolf, Wanderwegenetz, Erholungsgebiet Eschachtal. **A:** Städt. Verkehrsbüro, Rathaus, Ruf 07 41/9 42 80. **G:** Neckar, ca. 9,9 km lang. **FA:** Bachforelle, Aal, Regenbogenforelle, div. Weißfische. **FZ:** 1. 5. bis 30. 9. **E:** Anton Striegel, Sprengergasse 4, Ruf 4 09 29. **Geb:** T 5 DM, J 60 DM. **B:** 1 Rute, pro Tag nur 4 Edelfische; alle Köder erlaubt. **G:** Hardhausweiher, nahe der B 27 in schöner Lage, **FA:** Hecht, Karpfen, Schleie, Aal, Weißfische. **Geb:** T 12 DM, J 150 DM. **E:** gleiche Ausgabestelle. **B:** 2 Ruten erlaubt.

Sindelfingen (7032): fast 60 000 Einw. zählende Industriestadt in der Nähe von Stuttgart, am Rande des Schönbuchs, 4 km von Böblingen; B 14 und BAB Stuttgart-Vaihingen. Bahnhof Sindelfingen bzw. Böblingen; Busverbindungen; Freischwimmbad (beheizt), Hallenschwimmbad, Reiten, Minigolf, Wanderungen. **A:** Städt. VA, Ruf 0 70 31/6 64, 3 22 u. 3 25. **G:** Klostersee, ca. 1,4 ha. **FA:** Forelle, Hecht, Karpfen, Schleie, Aal, Weißfische. **E:** ASV Sindelfingen, Geschäftsstelle Hirt, Obere Vorstadt 65, Ruf 8 61 47. **Geb:** T 12 DM. **B:** O.A., Sp.Prü., 1 Rute.

Stuttgart (7000): Landeshauptstadt von Baden-Württemberg, bekannt durch seine schöne Lage zwischen Wäldern, Obstgärten und Weinbergen. Verkehrsknotenpunkt für Straße, Bundesbahn und Luftfahrt. Automobilwerke Mercedes-Benz und Porsche. Alle Annehmlichkeiten in kultureller, sportlicher und wirtschaftlicher Hinsicht. **A:** VA im Hauptbahnhof, Ruf 07 11/29 12 56 u. 57, am Flughafen Ruf 79 15 25. **G:** Neckar, von Wehr Zizishausen bis Straßenbrücke Wernau. Neckar von Staustufe Stuttgart-Hedelfingen bis Staustufe Pleidesheim, ca. 52 km. **FA:** Fried- und Raubfische. **FZ:** ganzjährig, gesetzliche Schonzeiten beachten. **E:** Württembergischer AV e. V., Pischekstr. 38; Vereinsheim Stuttgart-Hofen, Mühlhauser Str. 311 (freitags von 19 bis 21 Uhr); A. Weippert, Nachf., Tübinger Str. 18; El. Maier, Esslinger Str. 42, 7012 Fellbach, während der üblichen Geschäftszeit. **Geb:** T 5 DM, W 20 DM. **B:** O.A., Sp.Prü., alle Köder, 1 Rute.

Sulz am Neckar (7247): Städtchen mit 10 000 Einw., Erholungsort im Nordschwarzwald, Bahnstrecke Stuttgart–Konstanz; B 14 (Horb, 16 km, Rottweil, 31 km [Kreisstadt]), BAB-Ausfahrt. Freischwimmbad, beheiztes Freibad, Tennis, Wanderwege, Reiten, Rudersport auf dem Neckar. **A:** Städt. VA, Rathaus, Ruf 0 74 54/20 28. **G:** Neckar, ca. 6 km bei 8 bis 15 m Breite. **FA:** Bach- und Regenbogenforelle (24 cm), tägl. 5 Fische, Aal, Schleie, Barbe, Döbel. **FZ:** Mai bis September. **E:** FV Sulz, nach Vereinbarung. Fa. Ludwig Stiehle, Marktplatz; Gasthof Sonne-Post, Sonnenstraße. **Geb:** T 10 DM, W 30 DM. **B:** Sp.Prü., Kurkarte der Stadtverwaltung erforderlich; 1 Rute, alle Köder.

Tübingen (7400): Universitätsstadt im Neckarvorland der Schwäbischen Alb, umgeben von den Waldgebieten des Schönbuchs und des Rammert; malerische, romantische Altstadt. Verkehrsknotenpunkt, B 27, B 28 u. B 297; BAB E 11, Ausfahrt Stuttgart Süd/Degerloch; Bahnknotenpunkt. Hallenschwimmbad, beheiztes Freischwimmbad, Tennis, Reiten, Wandern, Camping. **A:** VV, an der Neckarbrücke, Ruf 0 70 71/3 50 11. **G:** Neckar, ca. 3 km, durchschn. 80 m breit. Fließstrecke im Stadtgebiet. Obere Grenze: Hirschauer Straßenbrücke, untere Grenze Brücke der B 27. **FA:** überwiegend Weißfische, Hecht (45 cm), Aal (45 cm), Bach- u. Regenbogenforelle (25 cm, tägl. nur 4 Fische), Karpfen (35 cm), Schleie. **FZ:** ganzjährig. Aalfang vom 1. 5. bis 30. 9. bis 23 Uhr, nur vom Ufer aus. Kein Angeln von den Brücken aus. **E:** VV und KFV. **Geb:** WE 15 DM, W 35 DM. **B:** O.A., Sp.Prü., 1 Rute.

Jagst und Kocher

Crailsheim (7180): an der Jagst, Verkehrsmittelpunkt, wirtschaftlicher und kultureller Schwerpunkt im Osten der baden-württemberg. Region Franken. Schnellzugstation; B 14 u. B 290, E 12; Naturbad, beheiztes Beckenfreibad im Stadtteil Goldbach; Hallenbad, Reiten, Tennis, Minigolf, Segelfliegen. Große Sporthallen und Sportanlagen. **A:** Städt. VA, Rathaus, Ruf 0 79 51/80 41. **G:** Jagst, ca. 12 km, durchschn. 25 m breit. **FA:** Hecht, Forelle, Aal, Karpfen, Schleie, Weißfische. **FZ:** je nach Fischart ganzjährig. **E:** Sporthaus Leiberich, Karlstr. 10. **Geb:** T 10 DM, W 25 DM, M 50 DM. **B:** alle Köder, 2 Ruten, Mehrfachhaken nur für Raubfische. **G:** mehrere Weiher bei 7181 Kreßberg; besetzt mit Karpfen und Schleien, insgesamt 11 ha. **Geb:** T 10 DM, W 30 DM. Fangbegrenzung 3 Fische je Tag. **E:** Gemeindeverwaltung Kreßberg-Waldtann und Marktlustenau. **S:** weitere Auskünfte: ASV Crailsheim e. V., Friedrich-Richter-Str. 14.

Fichtenau (7188): bei Dinkelsbühl, 510 m ü. d. M., fast 5000 Einw.; nach Dinkelsbühl 7 km, Crailsheim 17 km. Von Romantischer Straße B 25 auf Deutsche Ferienstraße (Dinkelsbühl – Ellwangen). Weipertshofener Segelflugplatz 7 km entfernt, Hallenbad, Wandern, Waldsportpfad, Trimm dich auf dem Fahrrad (Fahrradverleih), **A:** Bürgermeisteramt, Ruf 0 79 62/5 11. **G:** Stockweiher, ca. 1,1 ha (im Gemeindebesitz), **G:** Storchenweiher, ca. 2,5 ha. **G:** Hagenbuschweiher, ca. 1,4 ha. Vereinsgewässer und private Seen und Weiher. **FA:** Karpfen, Schleie, Hecht, Forelle, Zander, Aal, Weißfische. **FZ:** ganzjährig, unter Beachtung der gesetzlichen Schonzeiten. **E:** Bürgermeisteramt in Fi.-Wildenstein, Ruf 5 11; Friedrich Pröger, Fi.-Lautenbach, Ruf 22 08. Örtl. ASV. Hier sind auch die Privatgewässer zu erfragen, die befischt werden können. **Geb:** für Gemeindegewässer: T 12 DM, WE 24 DM, W (7 Tage) 48 DM. **B:** O.A., Haus- u. Feriengäste, 2 Ruten, Bootsverleih im Storchenweiher, sonst nur vom Ufer aus, lebende und künstl. Köder.

Weitere Angelmöglichkeiten im Raume Fichtenau: G: Giesrechenweiher u. Bretterweiher, **E:** Jägerhaus Buckenweiler. **G:** Lohweiher, **E:** Richard Knecht, Hahnenmühle. **G:** Moosweiher, Ratzenweiher, **E:** Pension Winter, Fi.-Matzenbach. **G:** Gerweiher, **E:** Müller, Ellenberg Gerhof. **G:** Brunnenweiher, Krummenweiher. **E:** Gaststätte Brunner, Fi.-Neustädtlein und Gaststätte Reinhardt, Fi.-Bernhardsweiler.

Fichtenau – Felsenmühle (7188): von Crailsheim 14 km entfernt, zwischen Lautenbach und Bernhardsweiler liegend. Hallenschwimmbad, Wanderwege. **A:** Gemeindeverwaltung, Ruf 0 79 62/5 11. **G:** Teich, ca. 1 ha. **FA:** Forelle, Karpfen, Schleie, Weißfische. **FZ:** März–Okt. **E:** Otto Fezer, Ruf 22 33. **Geb:** Standgeld pro Tag 5 DM, Fischgewicht bezahlen. **B:** Haus- oder Feriengäste; 2 Ruten erlaubt.

Forchtenberg (7119): mittelalterliches Städtchen und Sommerfrische am Zusammenfluß von Kupfer und Kocher, zwischen Künzelsau – Neuenstadt. B 19 Ingelfingen zur B 27 Neckarsulm, E 70. Bahnstrecke Künzelsau – Forchtenberg. BAB E 70, Ausfahrt Neuenstadt. Camping in Sindringen, Busverbindungen, Wanderwege, Flußschwimmbad. **A:** Bürgermeisteramt, Ruf 0 79 47/22 01. **G:** Kocher, v. Gemarkung Forchtenberg, ca. 4,5 km, 30 m breit; Gemarkung Forchtenberg-Sindringen, ca. 1,6 km = 4,8 ha. **G:** Tiroler Seen, ca. 3 ha bei Stadtteil Schleierhof. **FA:** Hecht, Barsch, Aal, Karpfen, Schleie, Weißfische. **E:** Hohenloher FV Öhringen, nach Vereinbarung. Tiroler Seen: Bürgermeisteramt; für Gemarkung Kocher/Forchtenberg: Karl Sauer, Amtsbote, Untere Gasse; für Gemarkung Kocher/Sindringen: Adolf Daschner. **Geb:** für Tiroler Seen: T 15 DM, W 60 DM, M 120 DM. Kocher Forchtenberg: T 15 DM, W 40 DM, M 75 DM. Für Kocher/Sindringen: T 7 DM. **B:** 2 Ruten, alle Köder.

Gerabronn (7182): Erholungsort auf der Hohenloher Hochebene, 4000 Einwohner; von B 290, Blaufelden, 4 km entfernt. Bahnstrecke Crailsheim – Blaufelden – Gerabronn – Langenburg. Hallenbad, Sauna, Tennis, Segeln, Waldrastplatz, Rundwanderwege. **A:** und **E:** Bürgermeisteramt, Ruf 0 79 52/51 41. **G:** Angelmöglichkeiten für Feriengäste auf Anfrage.

Ingelfingen (7118): Heilquellen-Kurbetrieb, Weinort in Nordwürttemberg; Bahnstrecke Waldenburg–Forchtenberg. 1 km westlich der B 19; BAB E 11, Ausfahrt Kupferzell/Künzelsau. Hallenbad, Kurmittelhaus, Pauschalkuren, Tennis, Minigolf, Badeseen, Walderholungszentrum. **A:** Kurverwaltung, Ruf 0 79 40/40 41. **G:** Kocher, ca. 1 km u. bis 25 m breit. **FA:** Karpfen, Schleie, Aal, Weißfische. **E:** Bürgermeisteramt. **Geb:** T 3 DM, W 10 DM, M 25 DM. **B:** Ferien- oder Kurgast. **S:** weitere Angelmöglichkeiten in der Kocher-Strecke des KFV Künzelsau (s. dort).

Kirchberg/Jagst (7184): altertümliches Städtchen im mittleren Jagsttal; BAB A 6 (Weinsberg–Nürnberg), B 290 von Crailsheim, B 14 v. Ilshofen, Bahnstrecke

Crailsheim–Bad Mergentheim (Wallhausen, 5 km), Crailsheim–Schwäbisch Hall (Eckartshausen, 7 km); Busverbindungen, Flußbad, Minigolf, Walderholungszentrum. **A:** Stadtverwaltung, Ruf 0 79 54/ 3 61. **G:** Jagst, ca. 5 km lange und 20 m breite Fließstrecke, Abschnitt Kirchberg (1,5 km), Kirchberg–Eichenau, ca. 3 km. **FA:** Hecht (50 cm, Fänge bis zu 12 Pfund, pro Tag 2 Fische), Aal (40 cm, bis 3 Pfd.), Karpfen (30 cm, bis 12 Pfd., pro Tag 3 Fische), Schleie (20 cm), Barbe (30 cm, bis 8 Pfd.) u. a. Weißfische. **E:** FV, Ernst Stoll. **Geb:** T 11 DM, W 44 DM. **B:** Feriengast, 2 Ruten, alle Köder, nur vom Ufer aus.

Krautheim/Jagst (7109): romantische Kleinstadt, Erholungsort im mittleren Jagstraum; Abzweigung von der B 19 zur BAB Würzburg–Heilbronn bei Merchingen und Widdern. Idyllische Landschaft mit ertragreichen Fischwassern. Wanderwege, Minigolf, Kneipptretbecken, Camping. **A:** Stadtverwaltung, Ruf 0 62 94/5 71 u. 5 72. **G:** Jagst, ca. 5–7 km, etwa 20 m breit. Noch unbegradigte, wechselnde Fließstrecke. **FA:** Hecht (bis 23 Pfd.), Zander, Barbe, Karpfen, Aal, Schleie u. a. Weißfische. **E:** Bürgermeisteramt; Willy Ahlers, Hintere Gasse 61. **Geb:** T 7 DM, W 25 DM, 2 W 35 DM, M 45 DM, 3 M 65 DM, 6 M 90 DM. **B:** 2 Ruten, alle Köder.

Künzelsau (7118): in landschaftlich schöner Lage im mittleren Kochertal, als Standort für Fahrten und Ausflüge in die Umgebung bestens geeignet. Bahnstrekke Waldenburg–Forchtenberg, B 19 (Schwäbisch Hall–Bad Mergentheim); Flußschwimmbad, Hallenbad, Camping, Reiten, Wanderwege. **A:** Stadtverwaltung, Ruf 0 79 40/20 35. **G:** Kocher, von der Brücke bis zur Badebucht, ca. 500 m, 50 m breit. **FA:** Hecht, Barsch, Aal, Karpfen, Schleie u. a. Weißfische. **E:** KFV Künzelsau; Sporthaus Horlacher, Inh. Helmut Dengler, Hauptstr. 72. **Geb:** T 6 DM, W 15 DM. **B:** Feriengast, Camping, 2 Ruten.

Künzelsau-Kocherstetten (7118): Ortsteil von Künzelsau. Ausflugsort am Kocher, B 19 (4 km), **G:** Kocher, vom Stauwehr Buchenmühle bis ca. 100 m unterhalb der Brücke in Kocherstetten, ca. 1 km Länge und bis 50 m Breite. **FA:** Hecht, Karpfen, Aal, Schleie, Barsch u. a. Weißfische. **E:** KFV Künzelsau e. V., n. Vereinbarung.

Mulfingen-Jagst (7119): ruhige, erholsame Sommerfrische im Burgenland Hohenlohe, 20 km von Bad Mergentheim, 16 km von Künzelsau entfernt. Badeseen, Wanderungen, Waldspielplatz, Zeltplätze. Von der B 19 und B 290 erreichbar. **A:** Bürgermeisteramt, Ruf 0 79 83/4 51. **G:** Stausee, ca. 19 000 m^2 Angelfläche. In einem Seitental gelegen. **FA:** Karpfen (30 cm), Schleie, Forelle (25 cm); **E:** nur Gemeindeverwaltung. **FZ:** 1. 4. bis 30. 9. **Geb:** T 12 DM, J 200 DM. **B:** O.A., Feriengast, freie Köderwahl, Fangbegrenzung. **S:** Urlaub auf dem Bauernhof: Ferienwohnung bei Hermann Renner, Ruf 4 77, Entfernung zum Fischwasser ca. 2 km. Weitere Angelmöglichkeiten in der Jagst.

Neudenau (6956): altertümliches Städtchen im unteren Jagsttal, Krs. Heilbronn, direkt an der Deutschen Ferienstraße Alpen–Ostsee (Möckmühl–Bad Wimpfen). BAB E 70, Ausfahrt Möckmühl; B 27. Bahnstrecke Würzburg–Stuttgart; beheiztes Freischwimmbad. **A:** Bürgermeisteramt, **G:** Jagst u. Schefflenz. **FA:** Hecht, Aal, Forelle, Karpfen, Schleie, Weißfische. **E:** SAV Neudenau; Herlinde Müller, Hauptstraße 47, Ruf 0 62 64/2 32. **Geb:** nach Vereinbarung.

Oedheim (7101): Sommerfrische am Kocher bei Bad Friedrichshall. BAB E 12, Ausfahrt Heilbronn–Neckarsulm oder von E 70, Ausfahrt Neuenstadt. Bahnstrecke Bad Wimpfen–Ohrnberg. Hallenbad. **A:** und **E:** Bürgermeisteramt, Ruf 0 71 36/50 17. „Hirschfeldpark", Ruf 53 53. Im Freizeit- und Erholungszentrum 3 Angelseen, 1 ha, 4 ha und 6 ha Wasserfläche. Ideal für Camping, Schwimmen, Angelsport (125 000 m^2) Wasserfläche. Kinderspielplatz, Reiten, Minigolf, Bootsvermietung, Gaststätte. Einsatz nur von Fischen, die das Mindestmaß überschritten haben. **FA:** Forelle, Aal, Hecht, Karpfen, Schleie, Zander u. Weißfische. **Geb:** T 15 DM. **B:**

alle Köder. **G:** Kocher, ca. 3 km, 2 Wehre, ca. 40 m breite Fließstrecke. **FA:** wie „Hirschfeldpark". **E:** Franz Heil, nach Vereinbarung.

Öhringen (7110): 232 m ü. d. M., 16 000 Einw., an der Burgenstraße und Deutschen Ferienstraße Alpen–Ostsee. Mittelpunkt des Hohenloher Landes. BAB A 6, Ausfahrt. Bahnstrecke Heilbronn – Schwäbisch Hall; beheiztes Freischwimmbad, Hallenbad, Tennis, Golf, Reiten (Reithalle), Wanderwege. **A:** Stadtverwaltung, Hauptamt, Ruf 0 79 41/68-1. **G:** Kocher, ca. 15 m breit. **FA:** Hecht, Barsch, Aal, Forelle, Karpfen, Schleie, Barbe. **E:** Hohenloher FC, nach Vereinbarung. **B:** 1 Rute, alle Köder. **G:** Buchhorner See, ca. 3,5 ha. Campingplatz und Gasthof (nach Pfedelbach, Richtung Heuberg 10 km). **FA:** Karpfen, Schleie, Forelle, Zander, Hecht. **FZ:** ganzjährig. **Geb:** T 12 DM, J 120 DM. **E:** Gasthaus Seeklause, Hilde Leng, Ruf 77 04.

Rot am See (7185): zwischen Bad Mergentheim und Crailsheim, an der B 290 und an gleicher Bahnstrecke; künftige BAB E 12 (Heilbronn–Nürnberg). Freibad, Wanderwege in waldreicher Umgebung mit Vogellehrpfad, Reiten, Segeln, Rudern, Camping. **A:** Bürgermeisteramt, Ruf 0 79 55/20 25. **G:** 4 Rückhaltebecken im Einzugsgebiet der Brettach, einem rechten Nebenfluß der Jagst, und zwar Stau bei Beimbach, ca. 4 ha; Stau bei Rot am See, ca. 1,2 ha. Stau im Blaubachtal bei Bemberg, ca. 3 ha, sowie Stau bei Brettenfeld, ca. 1,5 ha; neu angelegt und seit 1971 fischereilich nutzbar. **FA:** Forelle, Karpfen, Schleie, Zander, Weißfische. **E:** Wasserverband Brettach, Verwaltung Bürgermeisteramt Rot am See; ferner Bürgermeisterämter Amlishagen und Beimbach. **Geb:** W 10 DM. **B:** 2 Ruten, alle Köder; Feriengast.

Schöntal (7109): im Jagsttal, Ausflugsort im Hohenlohekreis. BAB E 70, Ausfahrt Möckmühl, entlang der Jagst, Richtung Dörzbach–Bad Mergentheim. Busverbindungen, Freischwimmbad, Wanderwege. **A u. E:** Bürgermeisteramt, Ruf 0 79 43/20 51–53 (während der Amtsstunden). **G:** Jagst, von der Jagstbrücke in Bieringen abwärts bis Gemarkung Schöntal, ca. 1,2 km, 30 m breit (Fließstrecke). **FA:** Hecht, Karpfen, Aal und Weißfische. **FZ:** ganzjährig. **E:** Richard Reuther, Bieringen, im Auftrage des Hohenloher FV, Künzelsau e. V. **Geb:** T 8 DM, W 30 DM. **B:** Sp.Prü., Haus-Feriengast; 2 Ruten, alle Köder.

Schwäbisch Hall (7170): Große Kreisstadt mit 32 000 Einw., an der deutschen Ferienstraße Alpen–Ostsee, Verkehrsknotenpunkt. B 14 und B 19; 10 Min. von BAB-Ausfahrt E 12. Bahnstrecke Heilbronn–Nürnberg, Stuttgart–Schwäbisch Hall. Waldreiche Umgebung, Freischwimmbad (beheizt), Hallenbad, Tennis, Minigolf, Gartenschach, Rudern, Fliegen, Fahrradverleih, Reiten, Wanderwege, Camping. **A:** Städt. FVA, Ruf 07 91/ 7 51–2 16. **G:** Kocher, ca. 4 km und Steinbachsee, ca. 7 ha. **FA:** Hecht (bis 15 Pfd.), Aal (bis 3 Pfd.), Forelle, Karpfen (bis 20 Pfd.), Schleie, Barbe u. a. Weißfische. Fanglimit: Tagesfang an Edel- oder Gutfischen (alle Salmoniden, Karpfen, Schleie, Zander) darf 3 Stück nicht übersteigen. **FZ:** ganzjährig, unter Beachtung der Schonzeiten. **E:** Fischzuchtverein; städt. FVA. **Geb:** T 12 DM (1 Hecht frei), W 50 DM (3 Hechte frei), M 75 DM (5 Hechte frei). **B:** 1 Rute, alle Köder; Nachtangeln auf Aal vom 1. 6. bis 30. 9. bis 23 Uhr.

Tuttlingen, Ortsteil **Möhringen** (7200): Waldstadt und Erholungsort mit 3800 Einw. zwischen Schwarzwald und Bodensee im oberen Donautal. An der B 14 (Stuttgart–Bodensee; B 311 (Freiburg/ Breisgau–Ulm). BAB E 70, Ausfahrt Geisingen. Bahnstrecke Immendingen (6 km) – Tuttlingen (5 km). Beheiztes Freischwimmbad, Hallenbad (4 km entfernt), Minigolf, Reiten, Tennis, Fahrradverleih. **A:** VA, Ruf 0 74 62/62 17 u. 62 43. **G:** Stauweiher, ca. 150 m mal 200 m. **FA:** Hecht, Forelle, Karpfen, Weißfische. **E:** VA oder durch Herrn Josef Strohm, Bischofszeller Str. 19. **Geb:** T 6 DM, Feriengäste 50 % Ermäßigung. **B:** O.A., Ferien- oder Kurgast.

Waldenburg (7112): Bergstädtchen, Sommerfrische, Luftkurort, 505 m ü. d. M. auf einem Bergvorsprung der Waldenburger Berge gelegen; mittelalterliches Stadtbild; herrliche Aussicht in die Hohenloher Ebene; Bahnlinie Heilbronn–Crailsheim–Nürnberg. Abzweigung der Kochertalbahn. B 19, BAB E 12, Ausfahrt Kupferzell/Neuenstein (Mannheim–Weinsberger Kreuz–Nürnberg). Stadthalle, Kleinschwimmhalle, Kegelbahnen, Campingplatz, Naturfreibad. **A u. E:** Bürgermeisteramt; VA, Ruf 0 79 42/5 64. **G:** Neumühlsee, ca. 5 ha. **FA:** Hecht, Karpfen, Schleie, Forelle, Waller, Aal, Weißfische. **FZ:** Schonzeit für Hecht: 1. 1. bis 30. 6. **E:** Pächter des Höhenrestaurants „Stadt Waldenburg". Lokal des Campingklubs (direkt am See) bei Herrn Breit. **Geb:** T 15 DM, W 50 DM. Verlängerungswoche 20 DM. **B:** Sp.Prü., J.Fsch., alle Köder erlaubt, nur vom Ufer aus mit 2 Handangeln.

Widdern (7109): mittelalterliches Städtchen im Jagsttal, Anfahrt Möckmühl (7,5 km), Dörzbach, Bad Mergentheim, Bahnstrecke Möckmühl–Dörnbach. Autobahnausfahrt Würzburg–Heilbronn. **A:** Bürgermeisteramt. **G:** Jagst, ca. 7 km, durchschnittlich 30 m breit. **FA:** Hecht, Barsch, Aal, Karpfen, Schleie, Barbe, Döbel und Forelle. **E:** Frau Hilde Köhler, Widdern, neben der Kirche und Bürgermeisteramt, Ruf 0 62 98/2 77. **Geb:** T 10 DM, W 25 DM. **B:** alle Köder erlaubt, 2 Ruten.

Obere Donau

Beuron, Ortsteil **Thiergarten** (7792): Erholungs- und Wallfahrtsort, Herzstück des romantischen Donautals zwischen Sigmaringen (23 km) und Tuttlingen (22 km); Donautalbahn Immendingen–Ulm. Minigolf, Boccia, Kneippanlage, Wassertretbecken und Warmbadeanlage, Wanderwege, Rudern, Baden. **A:** Fischereigemeinschaft, Vors. Herr Erich Braun, Ruf 0 75 70/3 92 u. Bürgermeisteramt, Ruf 0 74 66/2 14. **G:** Donau, 5 Parzellen, ca. 1,2 km u. 40–50 m breit. **FA:** Forelle (30 cm), Äsche (35 cm), Hecht, Karpfen, Aal, Schleie, Weißfische. Fangbeschränkung 3 Edelfische je Tag. **FZ:** Mai–September. **E:** Fischwasserpächter Hans Dietz, Tankstelle, Ruf 2 37. Gasthaus Neumühle, Erich Seßler-Stengele, Ruf 0 75 70/2 78, nach Vereinbarung. **Geb:** T 20 DM. **B:** J.Fsch., Kurgast (Mindestaufenthalt 7 Tage), 2 Ruten, alle Köder.

Ortsteil **Hausen im Tal,** Erholungsort im Oberen Donautal, ca. 20 km von Sigmaringen. Es gelten die gleichen Bedingungen wie bei Thiergarten. **A:** Bürgermeisteramt, Hausen, Ruf 0 75 79/5 61.

Inzigkofen (7483): über Sigmaringen (3 km) auf B 313. Bahnstation am Ort und Sigmaringen, Busverbindungen. **A:** Bürgermeisteramt. **G:** Donau, ca. 2,3 km bei 15 m Breite. **FA:** Forelle, Äsche, Hecht, Schleie, Weißfische. **FZ:** April bis September. **E:** Karl Walz, Reischacherstr. 2, Ruf 0 75 83/5 14 49. Erich Neumann, Kirschenweg 5, Ruf 5 13 31. Hans Beller, Obere Weiden 2; Ludwig Stephan, Schulstr. 4, Ruf 5 13 14. **Geb:** T 15 DM. **B:** 1 Rute, alle Köder.

Schwäbischer Wald

Murrhardt (7157): mit den Stadtbezirken Fornsbach u. Kirchenkirnberg. Erholungsort im oberen Murrtal/Schwäbischer Wald; Bahn- u. Autostrecke Stuttgart–Crailsheim–Nürnberg. BAB E 12, Ausfahrt Heilbronn auf B 39, E 70 Mundelsheim. Markierte Wanderwege, beheiztes Freischwimmbad, Park, Tennis, Minigolf, Reiten, Campingplatz Waldsee, FKK-Erholungszentrum (5 ha groß). **A:** Städt. VA, Rathaus, Marktplatz, Ruf 0 71 92/80 91. **G:** Obere Murr, 5 km lang und Waldsee (angestaut) in Fornsbach, ca. 5 ha groß. **FA:** Karpfen, Schleie, Forelle; Fangbegrenzung 3–4 Fische. **FZ:** 1. 5. bis 30. 9. **E:** Campingplatz Waldsee, Ruf 64 36 und Gasthaus zum Stern, Hauptstraße, Ruf 52 03. **Geb:** T 15 DM. **B:**

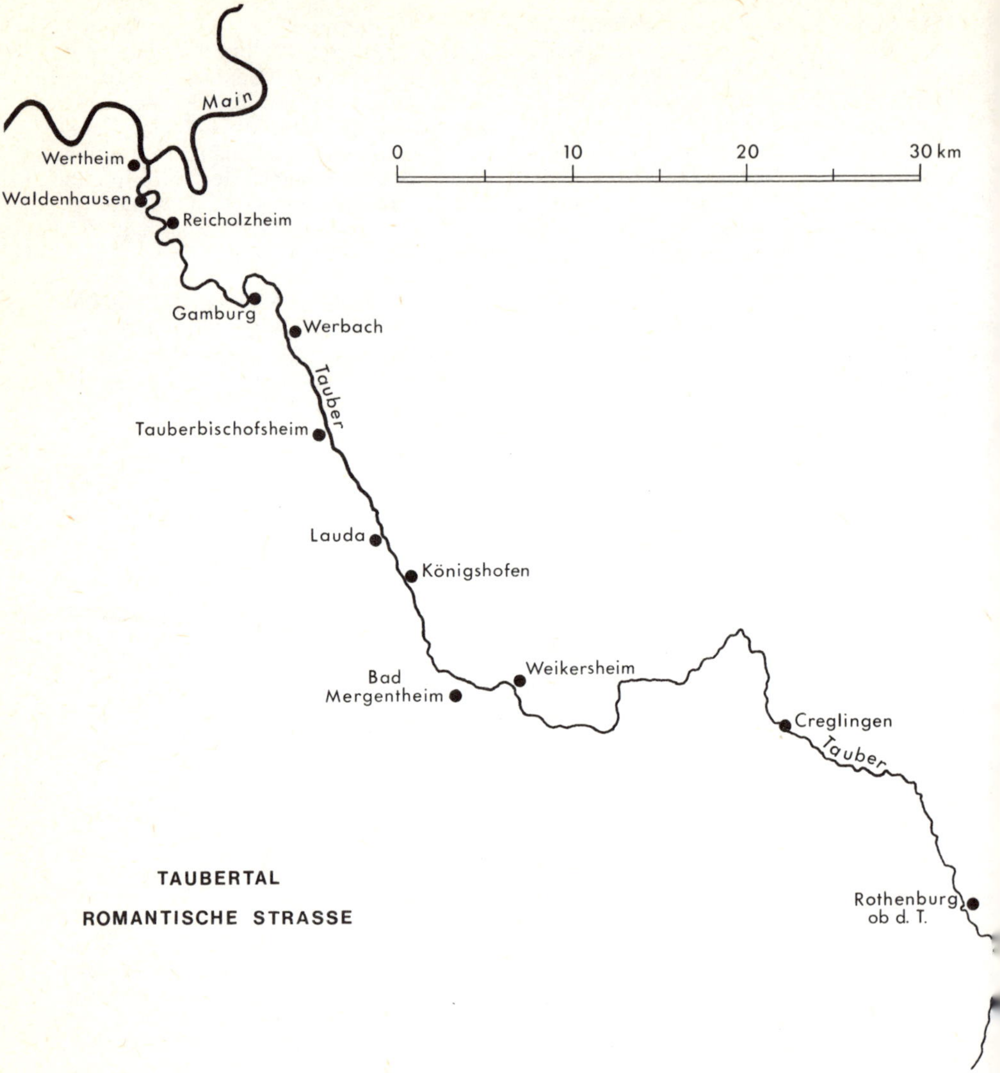

J.Fsch., Bootsverleih, Blinker nicht erlaubt (Fliege, Spinner), 1 Rute. **S:** Auf Forellen in der Sportfischerei Heil in Fornsbach, Beilsbach 8. Auch Vermittlung zu privaten Fischereiberechtigten.

Schorndorf (7060): im Remstal, Baden-Württemberg, Bahnstrecke Stuttgart–Aalen–Nördlingen; B 29 u. BAB E 11, Ausfahrt Wendlingen; Freischwimmbad, Hallenbad, Tennis, Reiten, Wanderwege. **A:** Bürgermeisteramt, Ruf 0 71 81/ 60 23 73; **G:** Rems, von Gemarkung Urbach/Schorndorf bis Grunbach, ca. 10 km. **FA:** Bach- und Regenbogenforelle, Aal, Karpfen, Schleie, Weißfische. **E:** SAV Schorndorf/Rems; Messerschmied Vollmer, Angelgeräte, Kirchgasse 25, Ruf 29 08. **Geb:** T 8 DM. **B:** J.Fsch., 2 Ruten. **G:** Haugsee (Baggersee) nur sonn- u.

samstags zu befischen. **Geb:** T 10 DM. **E:** auch bei Messerschmied.

Welzheim (7063): Luftkurort, 8400 Einw., an der idyllischen Straße im südlichen Schwäbischen Wald; Abzweigung von der B 29 bei Schorndorf, BAB Stuttgart–Heilbronn, Ausfahrt Mundelsheim; Bahnhof, Busverbindungen. Badeseen, Tennis, Reiten, Minigolf, Freischach, Boccia, Waldsportpfad, Segeln. **A:** Städt. VA, Ruf 0 71 82/5 81. **G:** Ebnisee, ca. 10 ha; Sägmühlteich, ca. 25 ha; Stausee Aichstrut, ca. 4 ha (nur für Kurgäste). **FA:** Forelle, Karpfen, Hecht, Aal, Schleie, Weißfische. Fangbegrenzung auf Erlaubnisschein beachten. **FZ:** 1. 4. bis 30. 11. **E:** Hotel Hirsch, Ebni, Ruf 0 71 84/8 11; SFV Welzheim e. V. H. Seiz, Ruf 0 71 82/2 20. **Geb:** T 11 DM, Halb-T 7 DM, W 55 DM. **B:** Haus-; Ferien- oder Kurgast; am Ebnisee Bootsverleih; alle Köder, je Karte 1 Rute, nicht mehr als drei.

Taubertal

Bad Mergentheim (6990): Heilbad an der „Romantischen Straße" im Taubertal; Bahnhof beim Ort, Busverbindungen, B 19 und B 290, BAB E 70, Ausfahrt Tauberbischofsheim; Freibad, Freizeit- und Badepark „Solymar", Tennis, Golf, Wanderwege, Reiten, Camping. **A:** städt. Kultur- und VA, Ruf 0 79 31/5 71; **G:** Tauber von der Brücke der B 19 Igersheim bis an das Wehr in Edelfingen, ca. 6 km, durchschn. 8 m breit. **FA:** Aal, Karpfen (30 cm, 1. 5. bis 30. 6.), Schleie (25 cm, 1. 5. bis 30. 6.), Forelle (23 cm, 1. 10. bis 31. 3.), Hecht (50 cm, 1. 2. bis 31. 8.), Weißfische. **FZ:** ganzjährig. Fangbegrenzung pro Tag: 3 Edelfische, pro Tag 1 Hecht, jährlich 3 Stück. **G:** Hollenbacher See, ca. 3,7 ha (12 km entfernt). **FA:** Karpfen, Schleie. **FZ:** ganzjährig. **E:** FV Bad Mergentheim; Willi Hofmann, Kirchstr. 39, Neunkirchen, Ruf 25 49; Restestube Ernst Waibel, Mühlwehrstr. 6. **Geb:** T 15 DM, W 70 DM, M 130 DM. **B:** 2 Ruten, alle Köder, keine Bootsbenutzg.

Creglingen (6993): im Herrgottsländle, beliebtes und vielbesuchtes Ferien- und Ausflugsgebiet an der „Romantischen Straße". Bahnhof, Busverbindungen. Riemenschneideraltar, beheiztes Freibad, Hotel-Hallenschwimmbad, Tennis, Reiten, Minigolf, Jagen, Segelfliegen, Sauna, Camping, Flußfreibad. **A:** Städt. VA, Ruf 0 79 33/6 31 u. 32, nach Dienstschluß 5 88. **G:** Tauber, Teilstrecke im Ortsteil Archshofen; Münstersee, ca. 2,5 ha. Stausee, Blumweiler See, ca. 1 ha. **FA:** Forelle, Karpfen, Schleie, Aal, Weißfische. Fangbegrenzung tägl. 2 Fische, außer Weißfischen. **FZ:** Salmoniden ab 1. 4. frei. Schonzeit vom 1. 5. bis 30. 6. für Karpfen und Schleie. **E:** wie A; **Geb:** WE 15 DM, W 40 DM. Erlaubnisscheine werden nur an Feriengäste ausgegeben. **B:** O.A., Feriengast; nur vom Ufer aus, Köderfische verboten, auf Forelle 1 Rute.

Gamburg (6977): an der Tauber und „Romantischen Straße", schönes Dorf in waldreicher Umgebung. BAB E 70, Ausfahrt Tauberbischofsheim, B 27 oder E 5, Wertheim. **A:** Ortsverwaltung, Ruf 0 93 48/2 43. **G:** Tauber, Los 4 bis 6. **FA:** Hecht, Karpfen, Aal, Schleie, Zander, Weißfische. **FZ:** Mai–Oktober. **E:** die 3 Pächter: Wilhelm Eckert, Posthalter, Ruf 2 37; Alois Lang, Dorfmühle, Ruf 2 34; Josef Heinrich in Gamburg und Herbert Kranz in Niklashausen, nach Vereinbarung. **Geb:** T 10 DM., W ca. 30 DM. **B:** 2 Ruten. **S:** Auch im Gasthof „Tauberperle" sind Tageskarten für versch. Gewässer zu haben. Urlaub auf dem Bauernhof: Hans Joachim Strecker, Ruf 2 24.

Rothenburg ob der Tauber (8803): weltberühmte ehemalige Freie Reichsstadt, mauerbewehrt; Inbegriff der mittelalterlichen deutschen Stadt. Alljährlich im Sommer „Der Meistertrunk", „Hans-Sachs-Spiele". Im Taubertal an der „Romantischen Straße" und „Burgenstraße", B 25; BAB Würzburg–Randersacker; Bahnstrecke Würzburg–Augsburg. Wassersport, Tennis, Reitsport, Waldschwimmbad, Hallenbad, Camping. **A:** FVA, Marktplatz 1, Ruf 0 98 61/8 66. **G:** Tauber, Neusitzersee, Glonsbach. **FA:** Forelle,

Karpfen, Aal, Schleie, Weißfische. **E:** FV, Galgengasse 23, Fa. Keitel; Hotel Markusturm, Rödergasse 1, Ruf 23 70, und Hotel „Reichsküchenmeister", Kirchplatz 8, Ruf 34 06. **Geb:** nach Vereinbarung, meist keine. **B:** Hausgast, Beuteablieferung.

Tauberbischofsheim (6972): Kreisstadt des Main-Tauber-Kreises im „Madonnenländchen" an der B 27 und B 290 (Romantische Straße). BAB E 70 Würzburg–Heilbronn. Bahnstrecke Frankfurt–Wertheim – Lauda – Bad Mergentheim – Ulm. Campingplatz „Forelle" zwischen Reicholzheim und Waldenhausen; Hallenschwimmbad, Freibad, Tennis, Reiten, Wanderwege. **A:** Bürgermeisteramt, Ruf 0 93 41/50 41. **G:** Tauber, ca. 48 km, 6 bis 12 m breit mit wechselnder Tiefe, eingeteilt in 21 Lose. **FA:** Bach- und Regenbogenforelle, Hecht (50 cm, 15. 2.–15. 5.), Karpfen (30 cm, 1. 5.–30. 6.), Forelle (24 cm, 1. 10. bis 31. 3.), Zander (40 cm, 1. 4. bis 31. 5.), Schleie, Aal, Weißfische. Fangbeschränkung: 3 Forellen, 2 Karpfen, 5 Schleien, 1 Hecht, alle anderen Fischarten frei. **FZ:** ganzjährig. **E:** ASV e. V. von Fluß-km 21 650 bis 32 000. Von km 32 000 bis 34 600 Karl-Friedr. Eckert; Hubert Sutor; Theo Scheuermann; Alfred König und Erich Kremer, alle Tbheim. Weitere Auskünfte beim Bürgermeisteramt. **Geb:** T 7 bis 12 DM. W 25 bis 40 DM. **B:** 2 Ruten, alle Köder. **S:** Angelgeräte und Tageskarten bei Fa. Conrad, Hauptstraße 18, Ruf 24 00; Vorsitzender des ASV Tbheim, Oskar Knötig, Ruf 33 27.

Werbach (6977): Herrliche Gebirgslage im Welzbachtal und mündet in das Taubertal. Mit viel Wald umgeben. Anfahrt siehe unter Tauberbischofsheim, da nur 6 km entfernt. **A:** u. **E:** Else März, Forellenhof, Wenkheimer Str. **G:** Forellengewässer. **Geb:** T 10 DM. Wohnmöglichkeit mit Bad und Kochgelegenheit, Fernsehen. ÜF 12 DM. Freibad und Hallenbad in Tauberbischofsheim, Reiten, Angelkarten für die Tauber in Tbheim.

Nordbaden

Ketsch am Rhein (6834): Über 10 000 Einwohner, 110 m ü. d. M., liegt unmittelbar am Rhein, umgeben von den bekannten Städten Mannheim, Ludwigshafen, Heidelberg, Schwetzingen und Speyer. BAB E 12, Ausfahrten Schwetzingen/Hockenheim oder Speyer. B 36 u. B 9. Bahnstation Schwetzingen (4 km). Hallen-, Frei- und Wellenbad, Wanderwege, Naturschutzgebiet Ketscher Rheininsel, Tennisplätze. **A:** Bürgermeisteramt, Ruf 0 62 02/66 61. **G:** Baggersee, ca. 12 ha groß, 450 m lang, 250 m breit, am Ufer 4 bis 6 m tief, größte Tiefe ca. 20 m, reines Angelgewässer. **FA:** Aal (40 cm), Hecht (40 cm), Karpfen (30 cm), Schleie (25 cm), Zander (40 cm), Regenbogenforelle (24 cm) und Weißfische (15 cm); Fangbegrenzung: höchstens 5 Forellen, 5 Karpfen, 5 Schleien oder 5 Zander pro Angler und Tag. **FZ:** 1. 4. bis 31. 10. **E:** ASV 1928 e. V., Am Anglersee, Fischerheim und Seehotel. Sporthaus Baro und Sporthaus Faulhaber. **Geb:** T 10 DM, W 40 DM. **B:** 2 Ruten, alle Köder (Ködersenke und Boot nicht erlaubt), Nachtangeln vom 1. 4. bis 31. 10. bis 23 Uhr mit 1 Rute. Gewässer ist in der ersten, völlig im August liegenden Woche gesperrt. **G:** Rhein, von Flußkm 395,3 bis zur baden-württembergisch-hessischen Bundesgrenze auf Baden-Württembergischer Seite mit Altwässern und Baggerseen (Verbandsgewässer). **FA:** wie vor, ferner Barbe (30 cm), jedoch keine Forellen. **B:** 2 Ruten, alle Köder, der Gastfischer muß Wohnung mehr als 50 km von Ketsch haben. **E:** Badischer SFV e. V., Am Schwalbennest 7, 6800 Mannheim 81, Ruf 06 21/87 21 84. **Geb:** für nichtorganisierte Angler T 6 DM, J 40 DM.

Wörth am Rhein (6729): direkt am Rhein, an der B 10, BAB Heidelberg – Karlsruhe (Ausfahrt) – Baden-Baden; gleiche Bahnstrecke. **A:** SF- u. Fischzuchtverein Wörth/Rhein e. V., Jahnplatz 4, Geschäftsstelle, Bienwaldsiedlung, Geschäftsführer Hans Kauter, Ruf 06 34 22/66 62. **G:** Kiesgrube „Kiefer-Rathjens" 36 ha; **G:** Kiesgrube „Ritterheck", Teil des

Landeshafens Wörth, 26 ha; **G:** Kiesgrube „Gemeinde Loch", 1 ha; **G:** Altrhein „Hörnel-Altrhein", ca. 2,5 km lang. **FA:** Hecht, Zander, Aal, Barsch, Karpfen, Schleie, Weißfische. **FZ:** ab Monat Mai. **E:** wie A: und Angelbedarf Schell, Zügelstr. 18 (nur T- bzw. WE-Karten). **Geb:** T 5 DM, WE 10 DM, J 80 DM (ohne Gewässer „Ritterheck"). **B:** J.Fsch., je 1 Rute für Raubfisch oder Friedfisch; alle Köder, Bootsangelei nicht erlaubt.

Schwarzwald

Hochschwarzwald: Der Hochschwarzwald bietet dem Petri-Jünger viele Möglichkeiten. Die zahlreichen Bergbäche sind mit Forellen gut besetzt. Gute Angelmöglichkeiten gibt es aber auch in den Hochschwarzwälder Seen: dem Schluchsee, dem Titisee, dem Windgfällweiher oder dem Feldsee. Im Schluchsee werden insbesondere auch Felchen gefangen. Die Fischereikarten sind ohne bürokratische Hemmnisse bei den jeweiligen Gemeinden erhältlich. Gute Angelmöglichkeiten gibt es vor allem gerade im Bereich der Gemeinden: Bernau, Birkendorf, Bonndorf, Bräunlingen, Breitnau, Dittishausen, Grafenhausen, Kirchzarten, Lenzkirch, Löffingen, Münstertal, St. Blasien, Titisee-Neustadt, Schluchsee und Feldberg. Weitere Auskünfte erteilt die Verkehrsgemeinschaft Hochschwarzwald, Goethestr. 7, 7820 Titisee-Neustadt, Ruf 0 76 51/50 41.

Achern (7590): Städtchen am Fuße der Hornisgrinde (1116 m), der höchsten Erhebung des nördlichen Schwarzwaldes, im mittelbadischen Ostgebiet; an der B 3 zwischen Offenburg und Baden-Baden, BAB E 4/E 11; Bahnstation; Busverbindungen, Tennis, Reiten, modernes Schwimmbad, Kleingolf, Boccia, Segeln, Camping. **A:** VA, Ruf 0 78 41/20 55-57; **G:** Achernsee, ca. 10 ha, vom Ort 3,5 km entfernt. **FA:** Hecht, Karpfen, Weißfische. **E:** beim Platzwart des anliegenden Campingplatzes. **Geb:** T 15 DM. **S:** weitere Angelmöglichkeiten bestehen nach Vereinbarung in der Acher, Rench und anderen Bächen; für Autofahrer: Grand-Hotel in Bad Niederbronn/Elsaß, 40 km von der Autobahn Basel–Frankfurt bietet Jagd und Fischerei.

Altensteig (7272): eine der reizvollsten Kleinstädte Baden-Württembergs im nördlichen Schwarzwald-Nagoldtal. Bahnstation ist Nagold (15 km), Strecke Pforzheim–Horb; B 28, Schwarzwald–Bäderstraße. Modernes Schwimmbad im Walddorf, im Wald gelegenes beheiztes Freibad; Wassersportmöglichkeiten auf Stausee, Reiten, Tennis, Camping. **A:** Städt. VA, Rosenstr. 28, Ruf 0 74 53/80 11. **G:** Nagold, ca. 1,2 km, Angelmöglichkeit nur für Camping-Gäste auf einer Teilstrecke von ca. 300 m (kleines Staugewässer). **G:** Zinsbach, ca. 3 km. **G:** Nagold-Talsperre, Vorstaubecken 87 000 m^2, Hauptsperre 376 000 m^2. **FA:** Bach- und Regenbogenforelle (24 cm); Fangbegr. 4 bzw. 5 Stück pro Tag. **FZ:** 1. 4. bis 30. 9. **E:** Für Vereinsgewässer in Altensteig: Hartmann, für Stausee Erzgrube: Forstamt Altensteig. **Geb:** nur in Verbindung mit einer Kurkarte T 15 DM. Für Erzgrube gibt es Tages- und Wochenkarten. **B:** 1 Rute, Fliege oder Blinker.

Bad Dürrheim (7737): Europas höchstgelegenes Solbad (700 m ü. d. M.), Bahnhof Villingen (10 km), Schwenningen (6 km), B 27 u. B 33; BAB E 70; Busverbindungen, beheiztes Freibad, Hallenschwimmbad, Mineralschwimmbad, Kurmittelhaus, Tennis, Minigolf, Boccia, Reiten, Wanderwege. **A:** Kur- und Bäder GmbH, Kurverwaltung, Wandelhalle, Ruf 0 77 26/ 6 41. **G:** Salinensee, ca. 300 m lang, 70 m breit. **FA:** Karpfen (40 cm, bis 12 Pfd., Fanglimit 2 Fische), Schleie (25 cm), Zander (bis 4 Pfd.), Forelle (25 cm). **FZ:** 1. 4. bis 30. 9. **E:** ASV, Bauschengasse 11a, Ruf 76 50. **Geb:** nur T 10 DM. **B:** Sp.Prü., Kurgast, 1 Rute nur auf Friedfische.

Bad Liebenzell (7263): Luftkurort und Heilbad im Schwarzwald, am Eingang des Nagoldtales. BAB E 11, Ausfahrt Pforzheim West, nach Calw 7 km B 463.

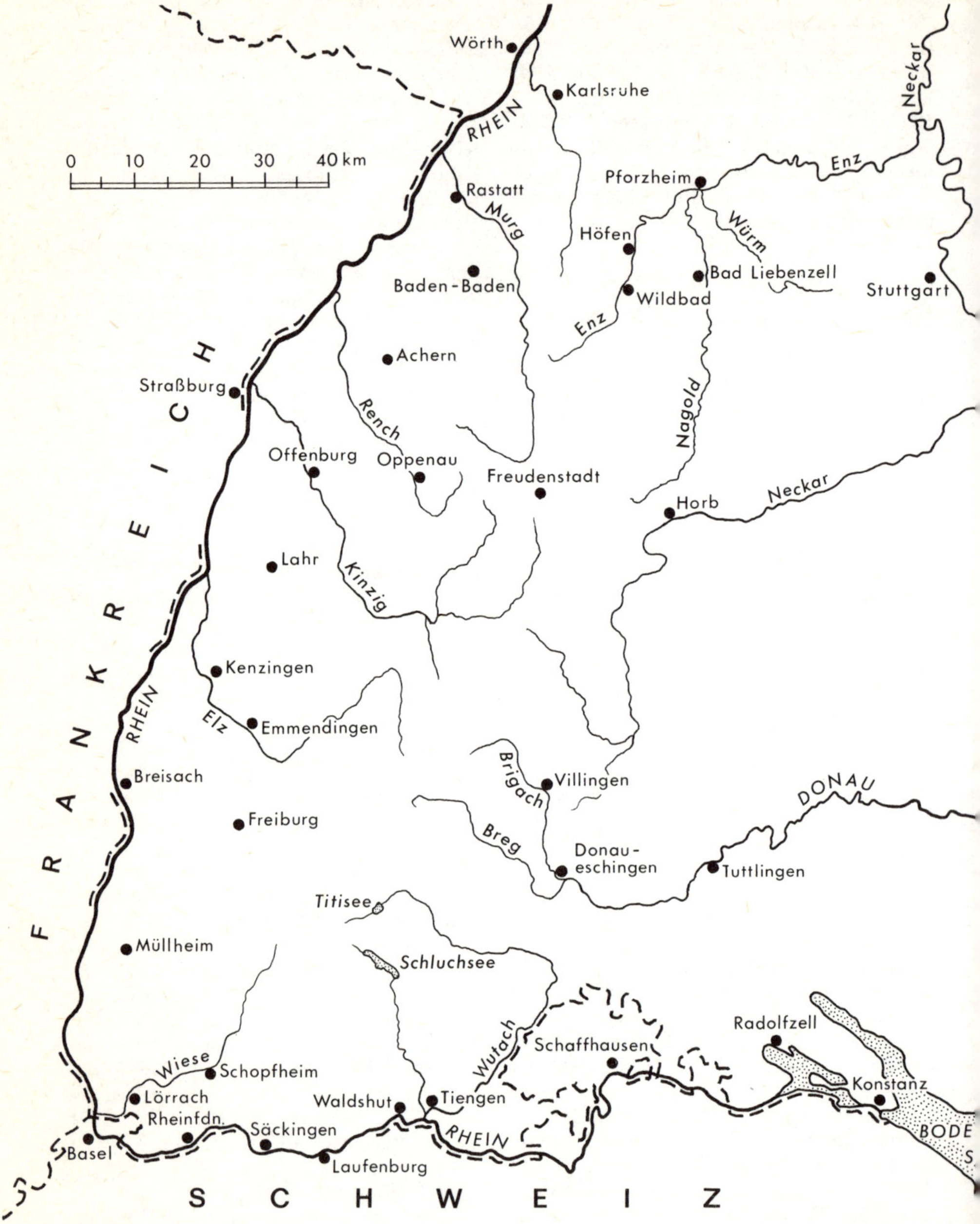
0 10 20 30 40 km
Wörth
Karlsruhe
RHEIN
Neckar
Enz
Pforzheim
Rastatt
Murg
Würm
Höfen
Baden-Baden
Bad Liebenzell
Stuttgart
Wildbad
Enz
Achern
Straßburg
FRANKREICH
Rench
Nagold
Offenburg
Oppenau
Freudenstadt
Horb
Neckar
Lahr
Kinzig
Kenzingen
RHEIN
Elz
Emmendingen
Brigach
Villingen
Breisach
DONAU
Freiburg
Breg
Donau-
eschingen
Tuttlingen
Titisee
Müllheim
Schluchsee
Radolfzell
Schaffhausen
Wutach
Wiese
Schopfheim
Konstanz
Lörrach
Waldshut
Tiengen
Rheinfdn.
Säckingen
BODE
Basel
RHEIN
Laufenburg
SCHWEIZ

Busverbindungen. Beheiztes Freibad, Thermalbad, Golf, Minigolf, Tennis, Camping. **A:** Kurverwaltung, Ruf 0 70 52/ 20 15. **G:** Nagold I: ca. 3,8 km Länge, 10 bis 15 m breit, von Monbach-Brücke flußabwärts bis Brücke Dennjächt. Nagold II: ca. 1,5 km Länge, bis 15 m breit; liegt im Zentrum des Ortes. Von Einlauf Längenbach beim Kronen-Hotel, flußaufwärts bis Einlauf Kollbach beim Mineralbrunnenbetrieb. **FA:** Forelle (tägl. bis 3 Stück), Aal, Barbe u. a. Weißfische. **FZ:** 1. 5. bis 30. 9. **E:** Frau Klaiss, Wilhelmstr. 13, in 7267 Unterreichenbach-Dennjächt; Herr Heine, Paracelsusbad (privat: Hindenburgstr. 32). **Geb:** bei gültiger Kurkarte T 13 DM, W 50 DM (begrenzte Ausgabe). Andere Gäste nur für Nagold I: T 14 DM. **B:** 1 Fliegenrute für Salmoniden, Aufenthaltsdauer am Ort mindestens 14 Tage. Im Fischwasser I darf ab 1. 7. mit Wurm und Köderfisch auf Aal bis 24 Uhr und im Fischwasser II nur mit der Fliege gefischt werden.

Bad Rippoldsau-Schapbach (7624): Heilbad am Fuße des Kniebis, Krs. Freudenstadt. Bahnhof Freudenstadt (14 km), Wolfach (16 km), Busverbindungen. BAB-Ausfahrt Appenweiher von E 4/11 auf B 28. Beheiztes Freibad, Hallenbad, Wanderwege, Boccia, Camping. **A:** Bürgermeisteramt; Kurverwaltung, Ruf 0 74 40/ 2 62. **G:** Reichenbach und Zuflüsse, ca. 4 km. **FA:** Forelle. **E:** Hotel Klösterle Hof, Ruf 2 15. **Geb:** keine. **B:** Hausgast, Beuteablieferung. An Hausgäste: die Gasthäuser „Vor Seebach“, Ruf 2 16; „Holzwälder Höhe“, Ruf 2 10. **Geb:** nach Vereinbarung, Beute bis 4 Stück gehört dem Fischer. **G:** Wolfach, ca. 2 km, 9 bis 12 m breit. **FA:** Forelle (23 cm), **FZ:** 1. 5. bis 30. 9. **E:** Gasthaus zum Ochsen, Helmut Armbruster, Ruf 0 78 39/2 23. **Geb:** keine. **B:** Hausgast, lebende Beuteablieferung, künstl. Köder. **G:** Wolf, ca. 3 km. **FA:** Forelle. **FZ:** 1. 5. bis 30. 9. **E:** Gasthaus-Pension „Zum Adler“, Ernst Armbruster, Ruf 2 15, nach Vereinbarung. **B:** Hausgast, Beuteablieferung, künstl. Köder. **S:** Tageskarten für alle Gewässer bei der Kurverwaltung. Paul Neumaier, Ruf 2 50, eigenes Fischwasser.

Baden-Baden (7570): internationales Kurbad, Gartenstadt im nördlichen Schwarzwald, im Oostal und an den Westhängen zur Rheinebene, zwischen Wäldern und Weinbergen; an der Schwarzwald-Hochstraße und Badischen Weinstraße. BAB-Ausfahrt E 4/E 11; B 500; Bahnstrecke Karlsruhe–Offenburg. Frei-Schwimmbäder, beheiztes Freibad, Hallenschwimmbad, Thermalschwimmbad, Kurhaus, Tennis, Golf, Minigolf, Wanderwege, Reiten, Segeln, Spielbank. **A:** Bäder- und Kurverwaltung, Tourist-Information, Augustaplatz 8, Ruf 0 72 21/27 52 00-02. **G:** 2 Baggerseen, je ca. 25 ha groß. **G:** Rheinstrom in einer Länge von 28 km plus der dazugehörigen Altwässer. **G:** ein Stausee, ca. 25 ha, Schwarzenbachstufe. Es werden Gewässer-Lagekarten ausgegeben. **FA:** alle Süßwasserfischarten. Fangbegrenzung, Schonzeiten und Mindestmaße auf Erlaubnisschein beachten. **FZ:** ganzjährig. **E:** Anglergeschäft I. Reiss, Baden-Baden-Oos, Sinzheimer Str. 25. **Geb:** für O.A. T 5 DM, für nicht O.A. T 6 DM, W 35/ 30 DM, M 50/60 DM, J 100/120 DM. **B:** J.Fsch., 2 Ruten mit je einem Haken; alle Köder erlaubt, kein Bootsverleih. **S:** Forellenfischen Privat, durch Pelzhaus Kunert, Sofienstraße. Karten sind dort auch erhältlich.

Badenweiler (7847): Staatl. anerkanntes Heilbad (450 m ü. d. M.), im äußersten SW Deutschlands, nahe dem Dreiländereck. Bahnhof ist Müllheim (8 km), Busverbindung; BAB E 4, Ausfahrt Müllheim; B 378 u. B 3 (13 km); Thermal-Bewegungsbad im Freien und in der Halle, Freibäder, Kurmittelhaus, Trinkkuren, Tennis, 9-Löcher-Golfplatz (10 km entfernt), Reiten, Segelfliegen. **A:** Kurverwaltung, Ruf 0 76 32/50 78; **G:** Klemmbach, Gebirgsgewässer im Sirnitztal, ca. 8 km, teilweise 4 m breit. **FA:** Bach- und Regenbogenforelle, Fangbegr. 5 Fische. **FZ:** 1. 4. bis 30. 9. **E:** Fischwasserpächter, Auskunft über Kurverwaltung. **Geb:** T 25 DM. **B:** alle Köder.

Baiersbronn – Schönmünzach – Schwarzenberg (7292): Kneipp- und Luftkurort im Murgtal, dem nördl. Schwarzwald an der Einmündung der vom Wildsee kommenden Schönmünz in die Murg; umgeben von ausgedehnten Tannenwäldern; Kr. Freudenstadt. BAB E 4, Ausfahrt Rastatt; B 462 (Forbach-Freudenstadt). Bahnstrecke Freudenstadt–Rastatt. Schwarzenbach-Talsperre (8 km), Kleingolf, Freibad „In den Auen", Boccia. **A** u. **E:** Kurverwaltung, Ruf 0 74 47/4 35. **G:** Schönmünz, Abfluß des Wildsees, ca. 4,5 km bis 10 m breit, schnellströmender Gebirgsbach mit glasklarem Wasser, seicht, steiniges Flußbett, Ufer bewachsen; gehört zu den besten Forellengewässern des Schwarzwaldes. **FA:** Bachforelle (24 cm), Einzelfänge bis zu einem Pfund und mehr. **G:** Murg, ca. 2 km, Strecke bis 30 m breit. **FA:** Bach- und Regenbogenforelle (27 cm), Durchschnittsgew. 300 g; Äsche (30 cm). **E:** Kurhotel Post, Schönmünz, Ruf 10 11, Besitzer Fritz Hagenmeyer (Kneippkuren im Haus). **Geb:** für die Schönmünz: kostenlos für Hausgäste; Murg: T 15 DM. **B:** Haus- oder Kurgast, nur künstl. Fliege, tägl. 3 Fische. **S:** weitere Angelmöglichkeiten in der Umgebung: Schwarzenbach-Talsperre, Nagold, Langenbach und Obere Murg.

Baiersbronn–Huzenbach (7292): Ortsteil des Erholungsortes im oberen Murgtal an der Schwarzwaldtälerstraße. Bahnverbindungen mit Rastatt und Freudenstadt (7 km), BAB E 4/E 11, ab Rastatt auf B 462 (40 km) oder Achern. Schwimmbad, Camping. **A:** Kurverwaltung, Baiersbronn, Ruf 0 74 42/25 70 oder Kurverwaltung, Nebenstelle Huzenbach, Ruf 0 74 47/3 68. **G:** Murg, ca. 2 km, Seebach, ca. 2,5 km lang. **FA:** Forelle, Äsche; bis 3 Stück am Tage. **FZ:** 1. 4. bis 30. 9. **E:** Nebenstelle Huzenbach. **Geb:** T 10 DM, W 40 DM. **B:** Feriengäste mit Bundesfischereiausweis. 1 Rute, Fliege, Blinker.

Baiersbronn-Klosterreichenbach (7292): Ortsteil, Luftkurort im oberen Murgtal in der Nähe von Freudenstadt (10 km). B 462; beheiztes Freischwimmbad. **A:** Ortschaftsverwaltung, Ruf 0 74 42/23 65. **G:** Murg, ca. 4 km, 5–10 m breit. **FA:** Forelle (25 cm), tägl. Fangbegrenzung 4 Fische. **FZ:** 1. 4. bis 30. 9. **E:** Bürgermeisteramt; Hotel „Sonne-Post", Klostergasthof, Besitzer S. Feischle, Ruf 22 77 (50 Betten, davon 12 Zimmer mit Bad, 6 Zimmer mit Dusche). **Geb:** T 7,50 DM, W 30 DM, M 75 DM. **B:** Kurgast; 1 Rute, künstl. und natürliche Köder (Spinner, Fliege, Wurm).

Bernau (7821): Hochschwarzwald, Kr. Waldshut; staatl. anerkannter Luftkurort und Wintersportplatz; ruhiges, offenes Hochtal (930–1415 m) mit alpinem Charakter, Feldberggebiet. Verbindung zur B 317 (Todtnau–Schönau), Bahnstation Seebrugg (28 km, Busverbindungen); Freischwimmbäder in den Nachbargemeinden St. Blasien und Häusern-Höchenschwand; 2 beheizte Hallenbäder (Hotel-Hallenschwimmbäder); Kurhaus, Kurpark, ca. 180 km markierte Wanderwege, Winter-Camping. **A** u. **E:** Bürgermeisteramt und Kurverwaltung, Ruf 0 76 75/3 16. **G:** Fischbach, vom Sägebrückle bis zum Ursprung, ca. 1 km lang und 1–2 m breit. **G:** Rönischbächle, von der Gaß-Brücke bis zum Ursprung, ca. 4,8 km lang und 1 bis 3 m breit. **FA:** Gebirgsforelle (22 cm), ca. 170 bis 200 g; Fangbegrenzung 5 Fische. **FZ:** 1. 5. bis 30. 9. **Geb:** T 10 DM, mit Kurpaß T 5 DM. **B:** Ferien- oder Kurgast; 1 Rute, alle Köder, keine Blinker, Angelzeit von 7 bis 19 Uhr.

Betzweiler-Wälde (7291): Erholungsort im Heimbachtal; bis Freudenstadt 14 km, Bahnhöfe Loßburg und Alpirsbach, Busverbindungen zwischen B 14 u. B 294. BAB E 70, Ausfahrt Sulz. Reiten, Reithalle, Boccia, Minigolf, Wanderwege. **A** u. **E:** Kurverwaltung, Ruf 0 74 55/6 17. **G:** Heimbach, Angelstrecke für Gäste ca. 0,5 km. **FA:** Bachforelle (24 cm), 3 Stück pro Tag. **FZ:** 1. 4. bis 30. 9. **Geb:** T 10 DM. **B:** Der Angler muß 1 Kurkarte für mindestens 14 Tage besitzen. 1 Rute erlaubt.

Breisach am Rhein (7814): Breisgau/Hochschwarzwald, am Kaiserstuhl; Bahnstrecke Freiburg (26 km) – Breisach. BAB E 4, Ausfahrt Bad Krozingen oder Riegel von der E 4. Grenzstadt. Hallen- und Freischwimmbad, Tennis, Reiten, Wanderwege, internationales „Europapokal"-Wettfischen. **A:** VA, Bürgermeisteramt, Liegenschaftsamt, Ruf 0 76 67/5 77. **G:** Rhein, ca. 16 km und einige Altwasser. **FA:** Forelle, Aal, Hecht, Barsch, Karpfen, Schleie u. Weißfische. **FZ:** ganzjährig. **E:** Stadtverwaltung für alle Gewässerarten. **B:** 2 Ruten, alle Köder (außer Blinker im Altwasser), Aalfang nur mit 1 Handangel.

Calw-Hirsau (7260): Erholungsort im Nagoldtal, BAB E 70, Ausfahrt Gärtringen (20 km), B 295, B 296 u. B 463; Bahnstrekke Nagold–Pforzheim oder Stuttgart. Hallenbad, Tennis, Reiten, Wanderwege, Rudern, Camping. **A:** Bürgermeisteramt, Ruf 0 70 51/7 51; BFV Nagoldtal e. V., Bahnhofstr. 46. **G:** Nagold, ca. 25 km, jedoch nur Abschnitte von 1 km für Gastangler, Breite ca. 15 bis 20 m. **FA:** Regenbogen- und Bachforelle (25 cm), 5 Stück Fangbegrenzung. **FZ:** 1. 5. bis 30. 9. **E:** Angler-Shop, Schimpf, Bahnhofstr. 35, Ruf 22 86. **Geb:** T 10 DM. **B:** Sp.Prü., z. T. künstl. Köder, z. T. alle Köder. 1 Rute.

Emmendingen (7830): Große Kreisstadt an der Elz im Breisgau, Tor zum Schwarzwald und Kaiserstuhl, B 3 (Lahr–Freiburg), gleiche Bahnstrecke; BAB E 4, Ausfahrt Nimburg (6 km), Schwimmbad, Camping in Wasser, Tennis, Reiten. **A:** Städt. Kultur- und Verkehrsamt, Ruf 0 76 41/4 52,3 26, Rathaus, Marktplatz 1. **G:** Elz, fließt durch den Ort. **FA:** Forelle, Äsche, Döbel, Barbe, Aal. **E:** ASV Emmendingen e. V. **Geb:** T 10 DM. Ausgabe: Zoohaus Ziller, Angelabteilung, Freiburger Str. 4/6, Ruf 75 15. **G:** Elz, Anschlußpächter: ASV in Wasser (Ortsteil von Emmendingen) nach Vereinbarung. **FA:** Forelle, Äsche. **FZ:** 1. 5. bis 30. 9. **Geb:** T 5 DM. **E:** Erich Reinacher, Elzmattenstr. 29 in Wasser. **G:** Baggersee, an der Autobahn. **FA:** Hecht, Barsch, Aal, Karpfen, Schleie und Weißfische. **E:** ASV in Teningen (Nachbarort). **Geb:** T 7,50 DM, M 30 DM; Jungangler zahlen die Hälfte. Ausgabestelle ist ebenfalls Zoohaus Ziller. **S:** Bei der „Fischerzunft" Weisweil (19 km von Emmendingen) sind T 5 DM, für mehrere Rheinlose erhältlich.

Friedenweiler (7829): ruhiger Kneipp-Kurort in der Nähe des Titisee-Feldberg-Gebietes, Kr. Breisgau/Hochschwarzwald; Bahnstation ist Neustadt (6 km, Busverbindung), an der Höllentalbahn Freiburg–Donaueschingen, Abzweigung von der B 31; beheiztes Freischwimmbad inmitten des Klostersees, Bootsverleih, Tennis, Minigolf, Trimm-Dich-Pfad. **A** u. **E:** Kurverwaltung, Ruf 0 76 51/50 34. **G:** Klostersee, ca. 8600 qm. **G:** Klosterbach, ca. 5 km. **FA:** Bach- und Regenbogenforelle (22 bzw. 24 cm), tägl. Fangbegrenzung 5 Fische. **FZ:** 1. 4. bis 30. 9. **Geb:** T 10 DM. **B:** Haus-, Ferien- oder Kurgast mit J.Fsch.; nur künstl. Köder.

Haiterbach-Oberschwandorf (7274): Erholungsort im Waldachtal zwischen Waldach und Steinach. Nagold, 10 km, Bahnstation. BAB E 70, Ausfahrt Horb zur B 32. B 8, B 28, B 463. Hallenschwimmbad, Minigolf, Ferienhäuser. **A:** Bürgermeisteramt Haiterbach, Geschäftsstelle Oberschwandorf. **G:** Waldach, innerhalb der Gemarkungsgrenze, ca. 2,5 km, durchschn. 5 m breit. **FA:** Bachforelle, tägl. Fangbegr. 5 Fische. **E:** durch Vermittlung des VV; beschränkte Kartenausgabe. **Geb:** T 10 DM. **B:** weitere Angelmöglichkeiten in der Nagold.

Höfen an der Enz (7545): Luftkurort bei Wildbad, Kr. Calw, an der B 294, Schwarzwald-Bäderstraße, 20 km südlich der BAB E 11, Ausfahrt Pforzheim West; Bahnstrecke Pforzheim-Wildbad. Beheiztes Freischwimmbad mit Wassermassage-Zentrum und Wärme-Liegehalle, Minigolf, Reiten, Wanderwege, Camping. **A:** VV, Ruf 0 70 86/2 22 u. 2 02. **G:** Enz, von Stadtgrenze Wildbad bis Eyachbrücke, ca. 8 km. **FA:** Bach- und Regenbogenforelle (26 cm), tägl. Fangbegr. 5 Fische. **FZ:** 1. 5. bis 30. 9. **E:** VV, Wildbader Str. 1 im Rathaus. **Geb:** T 17 DM. **B:** nur an Kur- und Feriengäste mit Mindestaufenthalt von 3 Tagen; nur mit 1 Fliegenrute, künstl. Fliege ohne jeden Zusatzköder.

Kenzingen (7832): Städtchen und Erholungsort zwischen den Schwarzwaldvorbergen, Rhein und Kaiserstuhl an der B 3. BAB E 4, Ausfahrt Riegel, 5 km; Bahnstrecke Freiburg–Offenburg, Busverbindungen, Tennishalle, Reiten, Wanderwege. **A:** Bürgermeisteramt. **G:** Elz, von der Hecklinger Brücke (B 3) bis E-Werk, ca. 3 km, durchschn. 25 m breit. **FA:** Hecht, Karpfen, Zander, Weißfische. **FZ:** ganzjährig. **E:** ASV e.V., Schwalbenstr. 4; Josef Vetter, Langestr. **Geb:** T 7 DM, W 35 DM. **B:** 1 Rute, alle Köder erlaubt. **G:** Baggersee Schneider, Baggersee Nachtallmend, Baggersee Meurer, Haide sind unter gleichen Bedingungen zu befischen.

Laufenburg (7887): altertümliches Städtchen am Hochrhein, hier Rheinbrücke zur Schweiz; Bahnstrecke Säckingen–Waldshut (Konstanz–Basel), B 34. Freischwimmbad, Wanderwege, Reiten, Segelflug. **A:** Städt. VA, Ruf 0 77 63/70 25; SAV e. V. Laufenburg-Murg, Hauensteiner Str. 5. **G:** Rhein, von Rheinbrücke Laufenburg bis Rothausgraben in Murg, Länge ca. 6 km, durchschnittl. Breite 100 m. **FA:** Hecht (45 cm, 1. 3. bis 30. 4.), Zander (40 cm, 1. 4. bis 30. 5.), Bach- und Regenbogenforelle (28 cm, 1. 10. bis 31. 1.), Äsche (30 cm, 1. 2. bis 30. 4.), Karpfen (30 cm), Schleie, Aal u. v. Weißfische. **FZ:** ganzjährig. **E:** Staatl. Liegenschaftsamt, Scheffelstr. 3, Säckingen, Ruf 0 77 61/ 24 11. SAV, Hauensteiner Str. 5, 1. Vors. Klaus Dehne, Laufenburg, Ruf 0 77 63/ 59 72. **Geb:** T 5 DM, W 10 DM, M 20 DM (beim Liegenschaftsamt in Säckingen). **B:** O.A., Feriengast, alle Köder, 1 Rute. **S:** Weitere Angelmöglichkeiten in der Rheinstrecke: Rheinbrücke Laufenburg bis Waldshut durch Stadtverwaltung Laufenburg.

Löffingen-Dittishausen (7827): am Osthang des südlichen Schwarzwaldes, umgeben von Tannenwäldern und Wiesen, Luftkurort, 850 m ü. d. M.; Bahnstation Löffingen (3 km); Abzweigung von der B 31 (Grüne Straße) bei Löffingen. Hallenbad, beheiztes Schwimmbad, Sauna, Solarium, med. Bäder, Wassersport im 4 km entfernten Kirnbergsee (Stausee bei Unterbränd), Ferien-Appartements. **A:** VV Dittishausen, Ruf 0 76 54/5 05. **G:** Gauchach, Gebirgsbach, ca. 2,8 km lang und 1 bis 4 m breit. **FA:** Bachforelle (22 cm), vereinzelt auch Regenbogenforelle; Fangbegr. tägl. bis 5 Fische. **FZ:** 1. 5. bis 10. 10. **E:** VB im Rathaus und Kurverwaltung. **Geb:** für Kurgäste T 7 DM, sonst 9 DM. **B:** Sp.Prü., Haus-, Ferien- oder Kurgast; 1 Rute, als Köder Wurm, Blinker und Fliege erlaubt. **G:** Wutach, gebildet aus Gutach und Haslach, fließt bei Tiengen in den Hochrhein. **E:** in Tiengen, Kurverwaltung und örtl. FV, der auch eine Rheinstrecke befischen läßt.

Lörrach (7850): Kreis- und Grenzstadt an der „Dreiländerecke" am Ausgang des Wiesentales und an den Ausläufern des südl. Schwarzwaldes; BAB E 4, Ausfahrt; B 316 und B 317; Hallenschwimmbad, beheiztes Freibad, Tennis, Wanderwege, Reiten, Camping; beliebter Ausgangspunkt für Reisen in die Schweiz. **A:** Reisebüro u. Bürgermeisteramt, Ruf 0 76 21/ 15–1. **G:** Wiese (Fluß), von der Landesgrenze zur Schweiz bis zur Gemeindegrenze Haagen, 6 km; davon 5,2 km für das Fliegenfischen reserviert; ca. 800 m des Unterlaufs für alle Fangmethoden freigegeben. **FA:** Bach- und Regenbogenforelle (26 cm), vereinzelt Äsche und Saibling, Döbel. **FZ:** 1. 5. bis 30. 9. Dienstage und Donnerstage sind Schontage (ausgenommen alle Feiertage). **E:** AV Dreiländereck e. V. Grabenstr. 1, Fahrrad- und Angelbedarfsgeschäft Ammermann. **Geb:** T 20 DM, Vorbestellung bei Ammermann, da tägl. nur 2 Erlaubnisscheine ausgegeben werden. **B:** 1 Rute.

Loßburg (7298): Luftkurort am Ostrande des nördl. Schwarzwaldes im Oberen Kinzigtal; B 294 und B 500. Modernes Hallenbad, Fest- und Sporthalle, beheiztes Freischwimmbad, Sauna, Solarium, Reiten, Tennis, Wandern, umfangreiches „Aktiv im Urlaub"-Programm. **A:** Kurverwaltung, Hauptstr. 35, Ruf 0 74 46/ 21 56. **G:** Angelsee, ca. 1 ha, im Ortsteil Wittendorf (4 km entfernt). **FA:** fangreife Forellen und Karpfen, laufend Neubesatz. **FZ:** 1. 4. bis 30. 9. **E:** Kurverwaltung; Gasthof Sonnenrain, Ruf 21 72 und 14 32; Ortschaftsverwaltung Wittendorf, Ruf 13 57. **Geb:** T 12 DM. **B:** Ferien- oder Kurgast, Kurkarte, J.Fsch., alle Köder erlaubt, 1 Rute, Fangbegrenzung. **S:** Eigenes, befischbares Forellengewässer bietet an: Hans Link, Ruf 6 87. Hermann Eisele, Buchenbrunnen 28, Ruf 0 74 44/24 16.

Mönchweiler (7733): staatl. anerk. Erholungsort im mittleren Schwarzwald. Bahnstation (5 km), Busverbindung, B 33; BAB E 70, Ausfahrt Villingen/Schwenningen. Beheiztes Freibad. **A:** Bürgermeisteramt, Ruf 0 77 21/5 50 44–45. **G:** Mönchsee, ca. 7 ha groß; **FA:** Hecht, Zander, Barsch, Karpfen, Schleie, Aal, diverse Weißfische. **E:** VA, Herdstraße 6. **Geb:** nach Vereinbarung. **B:** nur an Urlauber, die in Mönchweiler wohnen; 1 Rute, alle Köder, außer Blinker.

Neuenbürg (7540): malerische Kleinstadt im Nordschwarzwald, umgeben von waldreichen Bergen. Erholungsort zwischen Pforzheim, Wildbad und Bad Herrenalb an der B 294 und der Enz. BAB E 11, Ausfahrt Pforzheim West (10 km). Bahnhof, Busverbindungen, beheiztes Freibad, Kurpark, Tennis, Reitschule, 140 km Wanderwegenetz. **A:** Städt. VA, Ruf 0 70 82/30 01. **G:** Enz, Blinkerstrecke ca. 2,5 km, reine Fliegenstrecke ca. 1 km. 15 bis 25 m breit, Watmöglichkeit. **FA:** Forelle und Äsche; Fangbegrenzung 5 Fische. **FZ:** 1. 4. bis 30. 9. **E:** Herr Naas, Rathaus, Zimmer 10, Ruf 30 01. **Geb:** T 15 DM bei mindestens 3 Tage Aufenthalt, sonst 20 DM. **B:** Fliege oder Blinker.

Notschrei (7801): Waldhotel am Notschrei, Süd-Hochschwarzwald (1120 m ü. d. M.) auf der Paßhöhe zwischen Schauinsland und Feldberg, an Verbindungsstraße Freiburg–Kirchzarten–Todtnau (B 317 u. B 31). Bahnstrecke Titisee–Feldberg - Schluchsee. Hallenschwimmbad, Wanderwege, Sauna, Fitneßzentrum, Stützpunkt „Wandern ohne Gepäck". **A u. E:** Waldhotel am Notschrei, Ruf 0 76 02/2 19 u. 2 20. **G:** Langenbach, ca. 12 km Fließstrecke, 1 bis 6 m breit. **FA:** Bachforelle, Bachsaibling. **FZ:** 1. 4. bis 30. 9. **Geb:** kostenlos für Hausgäste.

Oberharmersbach (7611): Luftkurort im mittleren Schwarzwald, Ortenaukreis; Verbindungsstraße von B 28 (Oppenau), B 33 Zell–Biberach; BAB E 4, Ausfahrt Offenburg. Bahnstrecke Biberach–Oberharmersbach. Kurpark, beheiztes Freibad, Minigolf, Reiten, Wanderwegenetz. **A:** VV, Ruf 0 78 37/2 77. **G:** Harmersbach, ca. 5 km, 2 bis 5 m breit. **FA:** Forelle. **E:** Gasth. Stube (40 Betten), Ruf 2 07; Hotel „Bären", Fam. Kuber (70 Betten), Ruf 1 47; Hotel Pension „Schwarzwald Idyll" (35 Betten), Ruf 2 42; Gasth. „Hubertus", Ruf 8 31, alle nach Vereinbarung. **Geb:** nach Absprache. **B:** Hausgast, Beuteablieferung, Köder ist freigestellt.

Oberwolfach (7620): Erholungsort inmitten großer Wälder im Wolftal/Ortenaukreis, B 294, nördlich von Wolfach; Bahnhof (6 km), Freibad, Wanderwege. **A:** Bürgermeisteramt, Ruf 0 78 34/2 33 u. 93 12. **G:** Wolf, von Gemarkungsgrenze Wolfach/Oberwolfach bis Gemarkungsgrenze Oberwolfach/Bad Rippoldsau-Schappach, ca. 12 km, durchschn. 15 m breit. Außerdem einige kleine Nebenflüsse. **FA:** Bach- und Regenbogenforelle (24 cm), Aal, Barbe, Döbel. **FZ:** 1. 4. bis 30. 9. **E:** Gasthäuser „Linde", Bes. Ernst Heitzmann, Ruf 3 86; „Posthörnle", Bes. Johannes Rauber, Ruf 5 46; „Drei König", Bes. Alfred Echle, Ruf 3 94; „Schützen", Bes. Hans Haas, Ruf 3 49; „Walkenstein", Bes. Richard Bonath, Ruf 3 95; „Hirschen", Bes. Eberhard Junghanns, Ruf 3 66. Über weitere Fischwasser verfügen: Dieter Hund, Allmendstr. 25; Severin Dieterle, Wolfsbergstr. 10; Günter Morgner, Rathausstr. 1, und Ernst Echle, Rankach 81. **Geb:** keine. **B:** Hausgast; Beuteablieferung.

Oppenau – Ibach – Löcherberg (7603): Luftkurorte im Renchtal zwischen Freudenstadt und Kehl/Straßburg, am Fuße des Kniebis an der B 28; Bahnstrecke Appenweier–Bad Griesbach. BAB E 4, Ausfahrt Appenweier. Schwimmbad, Freizeitmöglichkeiten. **A:** Ortsverwaltung, Ruf 0 78 04/20 83. Kur- und Verkehrsgemeinschaft e. V., Ruf 20 43. **G:** a) Rench, ca. 2 km, durchschn. 4 m breit; b) Rench, ca. 2 km, durchschn. 3 m breit; c) Maisach, ca. 2 km, durchschn. 3 m breit.

FA: zu a) bis c) Bachforelle (24 cm). **FZ:** 1. 4. bis 30. 9. **E:** zu a) Gasth. Pflug, Löcherberg, nach Vereinbarung, Ruf 6 07; zu b) Gasth. „Finken", Stadtteil Ibach, nach Vereinbarung, Ruf 20 32; zu c) Bürgermeisteramt, Rathaus, Ruf 20 83. **Geb:** nach Vereinbarung bei a) u. b). c) T 5 DM, W 30 DM. **B:** a) und b) Hausgast; c) Kurgast in Oppenau. a) bis c) künstl. Köder; a) Beuteablieferung.

Rastatt (7550): Kreisstadt und Erholungsort mit über 40 000 Einw. am Eingang zum Murgtal, 3 km bis zum Rheinufer, Grenzübergang Frankreich, an der Schwarzwaldstraße, der B 3, B 36 und B 462; BAB E 4 (2 km). Bahnstrecken Basel–Frankfurt und Freudenstadt, Hallenbad, Freibad, Tennis, Reiten, Wanderungen, Segeln. **A:** Stadtverwaltung, Ruf 0 72 22/38 52 05. **G:** des ASV Rastatt e. V.: Fließgewässer Rhein, ca. 29 km. **G:** Murg, ca. 24 km. **G:** Baggerseen und Altwasser des Rheins, ca. 88 ha. **FA:** Hecht, Zander (bis 10 kg in den Baggerseen), Barsch, Karpfen, Aal, Schleie, Weißfische. **FZ:** beste von April bis Oktober. **E:** für Rhein- und Murglose und Schwarzenbachstausee: Staatliches Liegenschaftsamt Karlsruhe, Blumenstr. 20; ASV Rastatt; Fischereifachgeschäft Maria Wohlgenannt, Friedrich-Ebert-Str. 16, in Rastatt; Zoo- und Angelcenter, Wilhelmstr. 17, Rheinstetten (Mörsch); Manfred Farner, Blumenstr. 13, Au a. Rhein. **Geb:** für O.A.: T 5 DM, W 25 DM, M 50 DM, für nicht O.A.: T 6 DM, W 30 DM, M 60 DM. **B:** J.Fsch., 2 Ruten, freie Köderwahl, kein Bootsverleih. **G:** des ASV **Plittersdorf** e. V.: Fließgewässer des Rheins, ca. 2 km, **G:** Altwasser des Rheins, ca. 35 ha, **G:** Baggerseen, ca. 8 ha. **FA:** Hecht, Zander, Karpfen, Schleie, Forelle, Aal u. v. Weißfische. Fangbegrenzung: 5 Edelfische pro Tag. **E:** Ortsverwaltung Plittersdorf; Günter Früh, Philipp-Trunk-Str. 9, Rastatt-Plittersdorf. **Geb:** T 12,50 DM, W 20 DM (nur für Urlauber), Jugendliche unter 18 Jahren benötigen keinen Erlaubnisschein. **B:** J.Fsch., 2 Ruten, davon nur 1 auf Raubfischfang, Fischen vom Boot nicht erlaubt, Köder: nicht erlaubt sind Blinker, Spinner, Wobbler oder ähnliche, künstliche Köder. **G:** des ASV **Wintersdorf** e. V.: Fließgewässer des Rheins, ca. 29 km. **G:** Baggerseen, ca. 33 ha. **FA:** Hecht, Zander, Barsch, Karpfen, Aal, Schleie, Weißfische. Fangbeschränkung. 3 Edelfische pro Tag. **E:** ASV Wintersdorf e. V., Salmstr. 6, Rastatt-Wintersdorf; **Geb:** T 10 DM, W 30 DM. Erlaubnisscheine können nur im Abstand von 4 Wochen gelöst werden. **B:** J.Fsch., 2 Ruten, davon eine auf Raubfisch, alle Köder erlaubt.

Säckingen (7880): Stadt mit 15 000 Einwohnern am Hochrhein, zwischen Südschwarzwald und Grenzübergang in die Schweiz. B 34 und Bahnstrecke Grenzach–Waldshut. Beheiztes Freischwimmbad, 3 Thermalschwimmbäder, Kurhaus, Tennis, Reiten. **A:** Kurverwaltung, Ruf 0 77 61/5 13 16 u. 5 13 17. **G:** Rhein, ca. 7 km, Los-Nr. 14; Bergsee, ca. 7,5 ha, in der Säckinger Waldlandschaft. **FA:** Hecht, Zander, Barsch, Forelle, Aal, Äsche, Barbe, Karpfen, Schleie und Weißfische. **E:** für den Bergsee: FV Säckingen und Sport-Shop Weißenberger, Steinbrückstr. Für den Rhein: Liegenschaftsamt, Scheffelstraße. **Geb:** Bergsee: M 40 DM. Rhein: T 4 DM, W 8 DM, M 15 DM. **B:** Bootsverleih am Bergsee; alle Köder und 1 Rute erlaubt.

Schluchsee (7826): heilklimatischer Kurort am größten Schwarzwaldsee (950 bis 1300 m ü. d. M.) mit den Ortsteilen Blasiwald, Faulenfürst, Fischbach, Seebrugg, Schönenbach im Kreis Breisgau-Hochschwarzwald. B 500; Wassersport, Segelschule, Hallen- und Freibäder, Reiten, beihilfefähige Kuren, Camping. **A:** Kurverwaltung, Ruf 0 76 56/3 01.
G: Schluchsee, größtes Gewässer des Schwarzwaldes in waldreicher Lage, 520 ha groß, 8 km lang, zwischen 1½ bis 2 km breit, durchschnittlich 30 m tief, größte Tiefe ca. 60 m. Ruhige Buchten, Zu- und Abflüsse, sehr nahrungsreich, schwankender Wasserstand, durch Elektrizitätsgewinnung tägl. Wasserstandsschwankungen bis zu einem Meter. Kaum Pflanzenbewuchs, keine Berufsfischerei; gute Fangplätze u. a. an der Staumauer bei Blasiwald, Kaiserbucht zwischen Aha

und Campingplatz „Wolfsgrund“, erfolgversprechende Angelmethoden überwiegend vom Boot aus, beim Spinnen und Schleppen im Freiwasser. **FA:** Hecht (60 cm, bis 25 Pfd., schwerster 36 Pfd.; 15. 10. bis 31. 5.), Zander (schwerstes Exemplar 27 Pfd., 15. 11. bis 31. 5.), Seeforelle vereinzelt, Bach- und Regenbogenforelle (30 cm, 1. 10. bis 15. 5.), Barsch recht häufig; Aal und Rutte (Angelzeit bis 23 Uhr), Schleie, Döbel, Felche u. v. Weißfische. **E:** Kurverwaltung, im Hause des Gastes, Ruf 3 01. Bei allen Stellen, die Boote vermieten (nur Tageskarten). **Geb:** T 6 DM, W 21 DM, M 41 DM. Jugendliche unter 14 Jahren 50 % Ermäßigung. **B:** 2 Ruten, davon eine Raubfischangel vom Ufer und Boot aus; vom 16. 11. bis 15. 5. dürfen keine Blinker, lebende oder tote Köderfische verwendet werden. Bootsverleih: je Tag ca. 10 DM. Alfred Schlachter, im Wolfsgrund, Ruf 5 12; E. Albiez, Strandbad, Ruf 3 25; Enderle, Seebrugg, Staumauer, Ruf 4 19. **S:** Angelgeräte und Köder bei Egon Härtenstein, Ruf 2 81; weitere Angelmöglichkeiten im Titisee und Windgfällweiher (s. dort). Beratung: Angelkameradschaft Schluchsee e. V., 1. Vors. Malermeister Brun, Kirchsteige. **G:** eigene Forellenteiche vom Parkhotel Glöcklehof, Hinterhäuser. **FA:** Forelle. **Geb:** 5 DM je gefangenen Fisch. **B:** Haus- oder Feriengast. Läßt man sich den Fisch in der Küche zubereiten, so zahlt man 10 DM je Forelle.

Schönau (7869): Luftkurort im oberen Wiesental in einem Talkessel-Dreieck Feldberg, Schauinsland, Belchen, Kr. Lörrach, Bahnhof Freiburg (35 km), Busverbindungen oder Bahnhof Zell (12 km), Schopfheim–Lörrach–Säckingen. B 3 17 (Schopfheim–Todtnau). Beheiztes Freibad, Haus des Gastes, Tennis, Reiten, Camping. **A:** Kur- u. VV, Ruf 0 76 73/4 08. **G:** Wiese, von der Einmündung des Wiedener Baches bis zur Einmündung des Künabaches, ca. 4 km, durchschn. 15 m breit. **FA:** Forelle (27 cm), tägl. Fangbegr. 3 Fische. **FZ:** 1. 4. bis 30. 9. **E:** Kurverwaltung. **Geb:** T 20 DM, 3 T 40 DM, 7 T 60 DM. **B:** Kurgast, der mindestens 3 Tage am Ort wohnt. Für die Monate April, Mai und September gibt es für 80 DM ein 14-Tage-Sonderangebot. Nur künstliche Köder. **S:** weitere Angelmöglichkeiten in mehreren Hotel-Gewässern, z. B. Herr Pflüger, Ochsenwirt in Steinen, Erlaubnisscheine für Hausgäste. Auch im Tal der „Kleinen Wiese“, einem Nebenfluß der Wiese, besteht an mehreren Strecken von Pensionen, ebenfalls Angelmöglichkeit für Hausgäste.

Schönwald (7741): staatlich anerkannter heilklimatischer Kurort bei Triberg (Bahnstation) 8 km. B 500 (Triberg–Furtwangen; Hallenschwimmbad, beheiztes Freibad, Reiten, Tennis, Ferienwohnungen, Kurpark, Wanderwege. **A:** Kurverwaltung, Ruf 0 77 22/40 46 u. 40 47. **G:** Gutach, 2 Teilstrecken von ca. 1,3 km. **FA:** Bach- und Regenbogenforelle (24 cm). **FZ:** 1. 4. bis 30. 9. **E:** Kurverwaltung. **Geb:** T 8 DM. **B:** Kurgast; Blinker, künstl. Fliege; bei Naturködern nur Hakengröße 2 erlaubt.

Schopfheim (7860): alte Markgrafenstadt im mittleren Wiesental, Kr. Lörrach (15 km), B 317 (Todtnau–Lörrach), Bahnstrecke Lörrach–Zell; BAB E 4, Ausfahrt Lörrach; Allwetterbad mit Solarium, Tennis, Reiten, Wanderwege. **A:** VB, Scheffelstr. 3, Ruf 0 76 22/90 22. **G:** Große Wiese, ca. 4 km und 8 bis 10 m breit. **FA:** Forelle (25 cm), 4 Fische sind frei, Mehrfang muß abgegeben werden. **E:** Franz Müller, Hotel Krone, Hauptstraße 39, Ruf 30 64; und VB, Scheffelstr. 3. **Geb:** T 15 DM. **B:** 1 Rute, nur Fliege und Blinker zugelassen.

Ortsteil **Gersbach** (7860): Erholungsort mit Prädikat, 800–1000 m ü. d. M., Sonnenterrasse des südlichen Schwarzwaldes. Bahnstation: Schopfheim, Postbuslinie nach Gersbach. Abzweigung von B 317 am nördl. Ende des Stadtbezirkes in die L 147. Reiten, Wandern. **A:** VV, Ruf 0 76 20/2 27; und Ortschaftsverwaltung (gleiche Ruf-Nr.). **G:** Rothmoosbach, Fetzenbach, Sägmoosbach und Neusägebach. Gesamtlänge des Fischwassers ca. 8,5 km. **FA:** Forelle (22 cm), tägl. Fangbegr. 5 Fische. **E:** Städt. VB, Scheffelstr. 3, Schopfheim, Ruf 0 76 22/90 22 u. Ortsverwaltung Gersbach. **Geb:** T 20 DM, für Feriengäste mit Gästekarte 15 DM. Für letztere gibt es den Wochenfischereischein für 7 aufeinanderfolgende Tage für 70 DM. **B:** 1 Rute, alle Köder.

Schuttern (7631): Erholungsort in der Oberrheinischen Tiefebene, nahe der Grenze vom Elsaß. BAB E 4 u. E 11, von Ausfahrt Offenburg auf B 3 in Richtung Süden bis Friesenheim (2 km bis zum Angelgewässer, Verkehrsknotenpunkt von B 3, B 36 u. B 415. BAB-Ausfahrt Lahr, dann auf B 3 nördlich bis Friesenheim (Badische Weinstraße). Bahnstrekke Freiburg–Offenburg. Am See Campingplatz. **A:** Gemeindeverwaltung. **G:** Baggersee, ca. 10 ha groß u. über 25 m tief. **FA:** Hecht, Karpfen, Zander, Schleie, Forelle, Aal, Weißfische. **E:** FV oder Gewässerwart (direkt am See). **Geb:** T 7 DM, W 20 DM. **B:** Nachtangeln auf Aal bis 23 Uhr.

Schutterwald (7601): in der Nähe von Offenburg (5 km), BAB E 4, Ausfahrt Offenburg über L 98 und L 98a erreichbar. **A:** Bürgermeisteramt, Ruf 07 81/20 31 u. 20 32. **G:** Baggersee, ca. 26 ha, **FA:** Hecht, Zander, Karpfen, Barsch, Aal, Schleie u. a. Weißfische. **E:** ASV Schutterwald nach Vereinbarung. Josef Junker, Hansjakobstr. 18. **Geb:** T 10 DM, W 30 DM, M 50 DM. **B:** O.A., Sp.Prü., 2 Ruten, kein Bootsverleih.

Seebach (7591): anerkannter Erholungsort im oberen Achertal des nördl. Schwarzwaldes, Ortenaukreis. Bahnstation ist Ottenhöfen. Von B 500 Verbindungsstraße zur B 3. **A:** FVA, Ruf 0 78 42/ 24 69. **G:** Forellenbach. **FA:** nur Bachforelle. **E:** Gemeindeamt. **Geb:** T 10 DM, W 40 DM, für Kurkarten-Inhaber.

Seewald-Besenfeld (7291): zwischen Freudenstadt und Wildbad, Luftkurort auf einer großen Hochfläche zwischen Murg, Enz und Nagold. Bahnhof Freudenstadt (18 km), Busverbindungen, B 294. Reiten in Halle und Gelände, Minigolf, Hallenschwimmbad, Wanderwege, Rudern, Segeln, Tennis. **A:** Kurverwaltung, Ruf 0 74 47/10 07. **G:** Nagold, von Besenfeld bis Erzgrube, ca. 8 km. In Erzgrube Nagoldtalsperre, ca. 5 ha Wasserfläche, 3 km langer Stausee. **FA:** Forelle. **FZ:** 1. 4. bis 30. 9. **E:** Forstamt Altensteig, oder Schwarzwald-Hotel „Oberwiesenhof", nach Vereinbarung; Haus Melber, Erzgrube. **Geb:** T 15 DM, W 40 DM, M 75 DM. **B:** Haus-, Ferien- oder Kurgast; Blinker, 1 Rute, kein Bootsverleih.

Simonswald (7809): mit den Ortsteilen Obersimonswald und Wildgutach, wird allgemein als das schönste Tal des Schwarzwaldes gerühmt. BAB E 4, Ausfahrt Freiburg Nord; B 294 (Gutach–Furtwangen oder B 500 ab Furtwangen–Gutach. Wanderwege, beheiztes Freischwimmbad, Heimat- und Gästeabende, Kurkonzerte, beste Gastronomie und Fremdenzimmer. **A:** VV, Ruf 0 76 83/2 55. **G:** gemeindeeigene Fischwasser: Wildbach, ca. 4 km lang, 3 m breit. **FA:** nur Forelle (28 cm), tägl. Fangbegr. 3 Fische. **FZ:** 1. 4. bis 30. 9. **E:** VA und Bürgermeisteramt im Rathaus. **Geb:** T 10 DM, W 50 DM. **B:** Kurkarte, J.Fsch., 2 Ruten, Köder nach Vereinbarung.

Tennenbronn (7741): staatlich anerkannter Luftkurort am Eingang ins Bernecktal, im weiten Tal der Schiltach zwischen St. Georgen, Verbindungsstraße nach B 462 Schramberg. Bahnstrecke Villingen–St. Georgen (10 km) oder Schiltach–Schramberg (9 km). Beheiztes Terrassenfreibad, Reiten, Freilandschach, Wanderwege. **A:** u. **E:** VV und Gemeindeverwaltung, Ruf 0 77 29/2 02 u. 3 16. **G:** Schiltach, ca. 5 km lang, bis 4 m breit. **FA:** Forelle (27 cm), tägl. 3 Fische. **FZ:** 1. 4. bis 30. 9. **Geb:** T 10 DM, W nach Vereinbarung. **B:** Ferien- oder Kurgast, J.Fsch., Köder beliebig, 1 Rute.

Titisee (7820): Luftkurort am gleichnamigen See im Feldberggebiet. Kr. Breisach–Hochschwarzwald. 3000 Einwohner, B 31, B 317, bis Neustadt 5 km, Busverbindungen. BAB E 4, Ausfahrt Freiburg Süd. 2 beheizte Freischwimmbäder, Hallenschwimmbad, Tennis, Wanderwege, jeder Wassersport. **A:** Kurverwaltung, Ruf

0 76 51/83 09 oder 83 46. **G:** Titisee, Länge 1,910 km, Breite 760 m, Tiefe 40 m; **FA:** Hecht (60 cm), sonst Mindestmaß und Schonzeiten für Baden-Württemberg; Forelle, Aal, Barsch, Schleie, Döbel, Zander, Felchen u. v. Weißfische. **Geb:** T 6 DM, W 18 DM, J 75 DM. **B:** Bundesfischereischein, Haus- und Feriengast, Bootsverleih, 2 Ruten u. alle Köder erlaubt. **S:** Ersatz-Bundesfischereischeine sind in der Kurverwaltung gegen Vorlage eines abgelaufenen Scheines erhältlich, und zwar für Deutsche (1 M) 4 DM, Ausländer (4 DM), Belgien und Niederlande 14 DM.

Ortsteil **Neustadt** (7820): Kneippkurort mit 9000 Einwohnern, Bahnstation der Höllentalbahn, Verkehrsverbindungen und sonstige Hinweise wie bei Titisee. **A:** Kurverwaltung, Ruf 56 66 oder 73 21. **G:** Fluß Gutach, ca. 5 km lang, durchschn. 8 m breit. Der Fluß kommt aus dem Titisee und ist ein ausgesprochenes Forellengewässer und gut besetzt. **FA:** Forelle (28 cm), tägl. Fangbegr. 4 Fische. **E:** Kurverwaltung. **Geb:** T 10 DM. **B:** 1 Rute, Fliegenrute ist Pflicht; Fliege und Blinker. **S:** Eigenes Fischwasser bei Hubert Kleiser in Schwärzenbach, Ruf 59 56.

Todtmoos (7867): 800 bis 1200 m ü. d. M., heilklimatischer Kurort mit 2000 Einwohnern, in sonnigem Hochtal des Schwarzwaldes, Kr. Waldshut; Bahnstation Freiburg/Breisg. (50 km), Busverbindungen; beheiztes Freibad, Kurpark, Bäder, Massagen, Kneippkuren, Tennis, Wanderwege. **A:** u. **E:** Kur- und VA, Ruf 0 76 74/5 13 u. 5 34. **G:** Rüttebach, Privatfischwasser ca. 3 km lang, 3–5 m breit. **FA:** Bach- und Regenbogenforelle (22 cm), **FZ:** 1. 4. bis 30. 9. **Geb:** T 15 DM. **B:** Ferien- und Kurgast, künstliche Köder erlaubt. 1 Rute.

Triberg (7740): heilklimatischer Jahreskurort mit den Ortsteilen Nußbach und Gremmelsbach im Schwarzwald, 650 bis 1000 m ü. d. M., 7000 Einwohner; an der Schwarzwaldbahn und an der B 33, B 500 im Tal der Gutach und ihren Zuflüssen. Bahnhof der Strecke Villingen-Hausach. Busverbindungen; beheiztes Freischwimmbad, Kurhaus, Tennis, 220 km Wanderwegenetz, Rudern im Bergsee (Stadtweiher). **A** u. **E:** Städt. Kurverwaltung, Luisenstr., Ruf 0 77 22/8 12 30 u. 8 12 31. **G:** Forellenbäche: Nußbach, Prisenbach, Wasserfallgebiet, Hintertalbach, Vordertalbach, ca. 5 km lang. **FA:** hauptsächlich Forelle (24 cm), Fangbegrenzung: 4 Fische pro Tag. **Geb:** T 10 DM. **B:** Kurgast, Bundesfischereischein.

Waldkirch im Breisgau (7808): Kneippkurort im Elztal, Kr. Emmendingen, B 294 (Freiburg–Elzach); Bahnhof Waldkirch, Busverbindungen. BAB E 4, Ausfahrt Freiburg Nord. Kurmittelhaus mit Bewegungsbad, beheiztes Freischwimmbad, Tennis, Wanderwege, Camping. **A:** Städt. Kur- und VA, Ruf 0 76 81/70 61. **G:** Stadtrainsee, ca. 100 m lang, 50 m breit. **FA:** Karpfen (35 cm), Schleie (25 cm), Forelle, Barsch, Zander, Weißfische. **Geb:** T 10 DM, W 30 DM. **B:** Ferien- oder Kurgast; 1 Rute, alle Köder. **G:** Elz, ca. 2 km; **FA:** Forelle (28 cm), Döbel. **Geb:** nur T 10 DM. **E:** Städt. VA. **B:** nur Fliege, 1 Rute, Kur- oder Feriengast.

Waldshut-Tiengen (7890): 340–700 m ü. d. M., 22 000 Einw., Kreisstadt am Hochrhein, an der Schweizer Grenze. Ausgangspunkt für Fahrten in die Schweiz, zum Bodensee und in den Schwarzwald. B 34; Bahnhof, Strecke Basel-Schaffhausen. Flußschwimmbad, Hallenbad, Wassersport, Wildgehege, Trimmpfad, Tennis, Segelfliegen, Camping. **A:** Städt. VA, Ruf 0 77 51/3439. **G:** Rhein, ca. 18 km von Küssaberg-Rheinheim bis Laufenburg (nur deutsche Uferseite) durchschnittlich 100–200 m breit. In dieser Strecke liegen 11 Flußkraftwerke mit 13 Stauhaltungen; die Strecke ist in 19 Lose aufgeteilt. **FA:** 16 Fischarten kommen vor, darunter Forelle (28 cm, 1. 10. bis 31. 1.), Äsche (30 cm, 1. 2. bis 30. 4.), Hecht (40 cm, 1. 2. bis 15. 4.), schwere Weißfische. **FZ:** ganzjährig, es sind aber die aufgedruckten Schonzeiten zu beachten, die in den einzelnen Losen recht verschieden sind. **Geb:** T 5 DM, W 11 DM, M 21 DM. **E:** Rathaus Waldshut, Rathaus Tiengen, Rathaus Küssaberg-Kadelburg. **B:** O.A., Sp.Prü., J.Fsch., 2 Ruten, davon 1 für Friedfische, die andere auf Raubfisch. Es darf nicht vom Boot aus gefischt werden. **G:** Wutach, ca. 4 km von Lauchringen-Lauffenmühle bis Mündung. **FA:** gleichbleibend wie Rhein. **FZ:** Ausnahme die Bach- und Regenbogenforelle (24 cm, 1. 10. bis 31. 3.). **Geb:** T 8 DM, W 25 DM. **B:** sonst gleiche Bedingungen wie Rheinfischerei. **S:** Die Gemeinde- u. VÄ von Waldshut, Tiengen, Küssaberg, Hohentengen und das Liegenschaftsamt in Säckingen, ASV Laufenburg, ASV Rheinfelden, ASV Grenzach, ASV Dreiländereck Lörrach, ASV Tiengen, ASV Lauchringen geben weitere Auskünfte und befristete Erlaubnisscheine aus.

Wehr (7867): Erholungsort am Ausgang des Wehrtales nahe der schweizerischen Grenze, Kr. Waldshut; Bahnstrecke Karlsruhe–Basel, Wiesentalbahn über Lörrach–Schopfheim, B 518, BAB E 4, Ausfahrt Lörrach; Hallenbad, Freibad, Tennis, Segelfliegen (6 km). **A:** ASV oder VV, Hauptstr. 31, Ruf 0 77 62/94 79. **G:** Wehra, von Wehrasäge Meier Todtmoos-Au bis Wehr, ca. 6,5 km, 8 bis 10 m breit. **FA:** Bachforelle (22 cm), tägl. Fangbegrenzung 7 Fische. **FZ:** 1. 4. bis 30. 9. **E:** Fischzuchtmeister Wolfgang Meier, Wehr, Frankenweg 6; und VV. **Geb:** T 15 DM, W 60 DM. **B:** Haus-, Ferien- oder Kurgast; 1 Rute, Wurm und alle künstl. Köder.

Weisenbach (7566): (200–250 m ü. d. M.), 3000 Einwohner, Erholungsort im mittleren, romantischen Murgtal, Kr. Rastatt. Bahnstrecke Freudenstadt–Rastatt. B 462 (Freudenstadt–Gernsbach), BAB E 4, Ausfahrt Rastatt. Freischwimmbad, Waldsportpfad; **A** u. **E:** VA, Ruf 0 72 24/10 37 u. 10 38. **G:** Gaisbach, ca. 1 km, und Latschigbach, ca. 3,5 km. **FA:** Forelle (24 cm), Schonzeit 1. 10. bis 31. 3., Fangbegr. tägl. 2 Stück. **Geb:** T 5 DM. **B:** Feriengast, 1 Rute.

Wildbad (7547): mit Ortsteil Calmbach, anerkannter Luftkurort beim Zusammenfluß der Großen und Kleinen Enz. Bahnstrecke Pforzheim–Wildbad, BAB E 11, Ausfahrt Pforzheim West; B 294 und B 296. Hallenbad, beheiztes Freischwimmbad, Thermalbäder, Kurhaus, Tennis, Hallentennis, Minigolf, Reiten, Camping. **A:** VA, Ruf 0 70 81/23 89. **G:** Große Enz, von Ortsende Wildbad bis zur südl. Gemarkungsgrenze Höfen (Eyachbach), ca. 8 km. **FA:** Bach- und Regenbogenforelle (28 cm), tägl. 5 Fische. **FZ:** 1. 5. bis 30. 9. **E:** VA. **Geb:** T 17 DM. **G:** Kleine Enz, ca. 3 km langer Abschnitt zwischen Calmbacher Waldfreibad und Einmündung in die Große Enz als „Jedermannstrecke“ nur für Kur- und Feriengäste, durchschnittl. 3,5 m breit und ca. 40 cm tief. **FA:** Regenbogen- und Bachforelle, tägl. 5 Fische erlaubt. **FZ:** 1. 4. bis 30. 9. **E:** Forsthaus Fischau 42, Ruf 22 35. **Geb:** T 15 DM, W 60 DM. **B:** J.Fsch., Kur- oder Feriengast, Trocken- oder Naßfliege.

Winden im Elztal (7809): mit Ortsteilen Ober- und Niederwinden (320 bis 1080 m), 2500 Einwohner, Urlaubsort im südl. Schwarzwald an der B 294 bei Elzach. Bahnstrecke Freiburg–Elzach; Busverbindungen, Wanderwege, Fahrradverleih. **A:** Bürgermeisteramt, Ruf 0 76 82/3 86. **G:** Kleiner Teich, oberhalb des Ortes. **FA:** Regenbogenforelle, Karpfen, Blei, Döbel, Aal. **FZ:** tägl. von 9 bis 19 Uhr, außer montags. **E:** über zuständigen ASV und dessen Vereinsmitglieder. **Geb:** T 10 DM. **B:** 1 Rute, Blinker- und Spinnverbot; Fangbegr. 4 Forellen oder 1 Karpfen und 2 Forellen, andere Fische zählen wie Forellen. **G: Elz,** auf Gemarkung Oberwinden, Länge ca. 1,8 km. **FA:** Forelle, tägl. Fangbegr. 3 Stück (25 cm). **E:** Nur für Feriengäste beim Bürgermeisteramt. **Geb:** T 8 DM. **B:** Nur mit der Fliege.

Wolfach (7620): mit den Ortsteilen Kinzigtal und Kirnbach (300 bis 700 m), 6000 Einw., Luftkurort im mittleren Schwarzwald im Kinzigtal, an der Mündung der Wolf in die Kinzig; Bahnstrecke Offenburg–Hausach–Freudenstadt; BAB E 4, Ausfahrt Lahr, auf B 415 zur B 33/294; Busverbindungen, beheiztes Freibad, Kureinrichtungen, Tennis, Wanderwege, Ferienzeltplatz, Camping, med. Bäder- und Massageabteilung, Mineraltrinkbrunnen. **A:** Städt. Kur- u. VA, Ruf 0 78 34/2 11 u. 2 12; **G:** Kinzig, ca. 1,5 km.

FA: Forelle (bis zu 5 Stück), Barbe u. a. Weißfische ohne Begrenzung. **FZ:** 1. 5. bis 30. 9. **E:** Bürgermeisteramt Zi. 2 im Rathaus; Gasth. Krone, Kirnbach. **Geb:** T keine, W 10,50 DM. **B:** Kurgast; 1 Rute, J.Fsch., Kurkarte.

Zell im Wiesental (7863): (445 bis 1100 m) 5000 Einw., Sommerfrische im Zeller Bergland des südl. Schwarzwaldes. Kr. Lörrach. B 317 (Schopfheim–Schönau), Bahnhof der Strecke Basel oder Säckingen–Schopfheim–Zell; Busverbindung; beheiztes Freibad, Tennis, Wanderwege, Camping. **A:** VV, Ruf 0 76 25/6 33. **G:** Wiese, ca. 8 km, durchschn. 20 m breit. **FA:** Bachforelle (26 cm), Regenbogenforelle (28 cm), tägl. Fangbegrenzung 5 Fische. **FZ:** 1. 4. bis 30. 9. **E:** Fa. Getränke Krükkels, Riedicher Str. 92 in Atzenbach, nach Vereinbarung. Edgar Ruch, Bundesstr. 75, Zell-Atzenbach, Stadtverwaltung in Zell. **Geb:** T 25 DM, W 125 DM. **B:** O.A., Sp.Prü., nur Flugangeln mit künstl. Fliege, 1 Rute.

Der Bodensee und seine Umgebung

Bodensee: Voralpensee, zweitgrößter See Westeuropas, 375 m ü. d. M., 539 km² groß, bis 252 m tief, Deutschland 120 km, Österreich 25 und die Schweiz 69 km Uferlänge. Auf Grund seiner natürlichen Struktur unterscheidet man zwischen Ober-, Überlinger und Untersee; jeglicher Wassersport, Bootsverleih, Camping. **FA:** alle Fried- und Raubfische sowie Salmoniden, besondere Fänge Seeforelle über 30 Pfund, Hecht und Karpfen 20 bis 30 Pfund; kapitale Fänge sind jedoch selten; ohne Hilfe der einheimischen und gewässerkundigen Angler wird der Gastfischer kaum zufriedenstellende Erfolge haben; wichtigster Fisch ist der Barsch, ferner Aalquappe (Rutte) sowie Aal. Angelmöglichkeiten in allen Orten am See. **S:** siehe „So fängt man am Bodensee", Verlag Paul Parey, Hamburg und Berlin. **FZ:** April–September. **E:** Alle Gemeinde- und Bürgermeisterämter geben Erlaubnisscheine ab. Hier erhalten Sie auch Auskünfte über besondere örtliche Fangmethoden auf bestimmte Fische. **Geb:** verschieden: M 3 bis 10 DM vom Ufer aus, 3 bis 20 DM vom Boot aus. J vom Ufer aus 5 bis 40 DM, vom Boot aus: 5 bis 50 DM. **B:** J.Fsch., 2 Ruten und 1 Hegene mit höchstens 3 Haken, alle Köder erlaubt; Boote nach Vereinbarung, besser aber von einem einheimischen Angler mieten.

Gebiet Untersee (Gnadensee); **Allensbach** (7753): Kr. Konstanz, Luftkurort mit 5500 Einwohnern an der B 33 zwischen Radolfzell–Konstanz (auch Bahnstrecke), auf dem Bodanrück zwischen Überlinger See und Untersee. Busverbindung, Freischwimmbad, jeglicher Wassersport, Camping. **A:** Bürgermeisteramt, VB, Ruf 0 75 33/63 40. **G:** Gnadensee, ca. 160 ha groß. Nördlich: die Linie von der Einmündung des Mühlbachs bei Markelfingen bis zur Wiesenhörnlihütte (Halbinsel Mettnau). Südl. Grenze, von der mittleren Spitze Insel Reichenau (Genslehorn) bis zur Mettnau-Spitze. **Geb:** M 12,50 DM. **B:** nur für Gäste u. Einwohner der Gemeinden Reichenau, Allensbach und Markelfingen; Gnadensee-Erlaubnisschein beim Bürgermeisteramt.

Langenargen (7994): Erholungsort mit Ortsteil Waldeck am Bodensee. Bahnstrecke Friedrichshafen–Lindau, Anfahrt auf Oberschwäbischen Barockstraße B 31/E 121. Naturstrandbad, Hallenbad, jeglicher Wassersport, Tennis, Kurpark. **A:** u. **E:** Kurverwaltung, Ruf: 0 75 43/20 21. **G:** Argen, ca. 5 km. **FA:** Hecht, Barsch, Aal, Forelle, Äsche, Karpfen, Barbe, Schleie u. Weißfische. **FZ:** 1. 4. bis 30. 9. **Geb:** T 8 DM, W 35 DM. **B:** Feriengast, 1 Rute. Bootsverleih. **S:** 15 km Bodenseeufer; siehe unter Bodensee.

Radolfzell-Mettnau (7760): gepflegter Kneipp-Kurort mit Ortsteilen Mettnau u. Markelfingen am Westende des Bodensees (Untersee) mit schönen Parkanlagen, Seepromenade, schattigen Uferwegen, drei See- und Strandbädern, Wassersport, Segelschule, Hallenbad, Tennis, Reiten,

Kurmittelhaus mit Bewegungsbad (26 °C), Sauna, Solarium, Camping. Eisenbahnknotenpunkt; B 33 u. B 34. **A:** Kurverwaltung und VA, Postfach 1340, Ruf 0 77 32/ 38 00 (im Bahnhof). **G:** Radolfzeller Ach, flußaufwärts das sogenannte Fürtle, 100 m abwärts der Straßenbrücke Moos-Bohlingen; flußabwärts: die Straßenbrücke Moos-Radolfzell. **B:** für alle Interessenten werden Erlaubnisscheine ausgegeben. **G:** Zeller See, nördlich: die Linie von der mittleren Spitze Insel Reichenau (Genslehorn) bis Mettnau-Spitze. **B:** für Einwohner und Feriengäste aus den deutschen Unterseegemeinden: Allensbach, Markelfingen, Radolfzell, Moos, Iznang, Gundholzen, Gaienhofen, Hemmenhofen, Wangen, Önningen. **G:** Rhein, rheinaufwärts, etwa 200 m westl. der Stelle, an der sich der Rhein in die Winter- und Sommerfahrrinne teilt (gekennzeichnet). Rheinabwärts: die Linie von der unteren Ecke der Umfassungsmauer der Fabrik Oberstaad (deutscherseits) bis zur Einmündung des Plattenbachs (schweizerseits). **B:** Einwohner und Feriengäste der Unterseegemeinden. **G:** Gnadensee, siehe unter Allensbach (Gebiet Untersee). **G:** Markelfinger Winkel, die Linie von der Einmündung des Mühlbaches bei Markelfingen bis zur Wiesenhörnlihütte (Halbinsel Mettnau). **B:** Einwohner und Feriengäste der Unterseegemeinden. Zusätzlich schriftliche Genehmigung des Staatlichen Liegenschaftsamtes, bzw. der Pächter (Ausgabe stark beschränkt). **E:** für alle aufgeführten Gewässer: Amt für öffentliche Ordnung, Bismarckstraße 1. **Geb:** Sportfischereikarte 8,50 DM, Monatsfischereikarte (gültig 30 Tage) 10,50 DM. Allgemeine Bedingungen: Haus-, Ferien- oder Kurgast; Bootsverleih Flunck, an der Seepromenade. Fang von Köderfischen erlaubt. Maschenweite bis 14 mm; **FA:** und **FZ:** sind dem Merkblatt zu entnehmen, das dem Erlaubnisschein beiliegt.

Steißlingen (7705): in der Nähe des Bodensees, am Rande der Singener Niederung, bei Singen/Hohentwiel. BAB E 70, Ausfahrt Singen, Aach–Volkertshausen–Steißlingen; B 34 von Stockach und Orsingen. Bahnhof Singen (Busverbindungen), Hallenbad (7 km), Freibad, Reiten, Kinderbetreuung. **A:** VV, Ruf 0 77 38/4 27. **G:** Steißlinger See, 12 ha großer Natursee, bis 25 m tief. **FA:** Hecht, Seeforelle, Forelle, Karpfen, Schleie, Wels (bis 150 cm), Zander und Weißfische aller Arten. **E:** SFV Schwenningen, VV; Café Sättele, Beurener Str., Ruf 3 38; A. Vogt, Singener Str. 19. **Geb:** T 12 DM. **B:** Fangbeschränkungen, Schonzeiten und Mindestmaße sind dem Erlaubnisschein zu entnehmen. Alle Köder erlaubt. **S:** weitere Auskünfte erteilt: Herbert Hicke, Leibnitzstr. 49, 7220 Schwenningen.

Überlingen (7770): Kneippheilbad am Bodensee, an der Sonnenseite des fjordartigen Überlinger Sees; mittelalterliches Stadtbild, Befestigungsanlagen, Parkanlagen direkt am See. Bahnhof, Busverbindungen; großes Hobby-Angebot wie Reiten, Wassersport, Camping. B 31, E 121. **A:** Städt. Kurverwaltung, Landungsplatz 7, Ruf 0 75 51/6 36 10. **G:** Andelshofer Weiher, 37 ha, vom Ort 3 km östl. der Stadt, Ortsausfahrt Owinger Str., Richtung Pfullendorf; guter Besatz. **FA:** Hecht (18 Pfd.), Aal, Barsch, Karpfen (20 Pfd.), Zander (8 Pfd.), Schleie (4 Pfd.), versch. Weißfische; tägl. Fangbegr. 3 Karpfen oder Schleien; 2 Hechte oder Zander. **E:** SAV Überlingen; Haushaltswaren-Handlung König, an der Hofstatt, Angelgeräte, Köderbeschaffung, Fachberatung, Ruf 6 34 78; Friseurmeister Ernst Bär, Friedhofstr. 11, Ruf 6 27 05. **Geb:** T 12 DM, Kurgäste u. O.A. 10 DM, W (7 Tage) 45 DM, mit Kurkarte 40 DM. **B:** alle Köder, nur vom Ufer aus. J.Fsch., 1 Spinnangel oder 2 Grundruten. **G:** Bodensee: siehe dort! **E:** Fremdenmeldestelle, An der Hofstatt, Zi. 22 von 8 bis 23 Uhr.

Uhldingen-Mühlhofen (7772): Erholungsort am Bodensee; Anfahrt über B 31; Strandbad, Bootsverleih, Freilichtmuseum, Pfahlbauten, viele Freizeit- und Sporteinrichtungen. **A:** Bürgermeisteramt, Ruf 0 75 56/65 22-24. **G:** Seefelder Aach, ca. 4 km; Bodensee. **FA:** Hecht, Zander, Barsch, Aal, Karpfen, Schleie, versch. Weißfische. **E:** Verkehrsamt. **G:**

Seefelder Aach T 10 DM, W 30 DM. Bodensee: M 10 DM vom Ufer aus; 20 DM bei Bootsbenutzung. **B:** Ferien- oder Kurgast; alle Köder. Näheres über Bodensee siehe dort.

Schwaben – zwischen Lech und Iller, Donau und österreichischer Grenze

Gewässer: Attlesee, Bannwaldsee, Grüntensee, Hopfensee, Niedersonthofener See, Schmuttersee, Weißensee, Bibel, Donau, Günz, Gutnach, Hasel, Iller, Kammel, Kirnach, Lech, Mindel, Roth, Schmutter, Wertach, Zusam

Aitrang (8955): ruhiger Erholungsort im Voralpengebiet Ostallgäu, Bahnstrecke München–Lindau; E 7 Ausfahrt Kempten, E 61 Kaufbeuren, B 12 u. B 16; Freimoorbad, Camping. **A:** FVV, Ruf 0 83 43/ 2 18 u. 2 63. **G:** Kirnach, ca. 6 km. **FA:** Bach- und Regenbogenforelle (tägl. bis zu 6 Fische). **FZ:** 1. 5. bis 30. 9. **Geb:** T 8 DM. **B:** künstl. Fliege. **G:** Elbsee, ca. 3 ha. **FA:** Hecht, Karpfen, Schleie, Weißfische. **FZ:** 1. 5. bis 31. 10. **Geb:** T 5 DM, 10 T 25 DM. **E:** VV, nach Vereinbarung. **B:** Feriengast Mindestaufenthalt 1 Woche; alle Köder.

Alterschrofen-Schwangau (8958): Gemeinde am Forggensee bei Füssen. Ostallgäu, Land der Schlösser, Berge und Seen. In der Nähe die Königsschlösser, der Forggensee, der Bannwaldsee, Hopfensee, Schwansee, Alpsee. Wanderwege, Bergsteigerpfade, Wassersportmöglichkeiten, Tennis, Reiten. **A:** und **E:** Hotel-Pension „Waldmann", Inh. Familie Heim, Parkstr. 5, Ruf 0 83 62/84 26. **G:** Hopferauer Aache, ca. 10 km bei 4 m Breite. Wiesenbach. **FA:** Bachforelle, Aal, Döbel, Brachse. **Geb:** als Hausgast gebührenfrei. **B:** Fliege und Spinner auf Forelle. Köderfisch erlaubt. Wurm auf die anderen Fischarten. Ruten unbegrenzt. Erlaubnisscheine nur an Hotelgäste. **S:** Angelbedingungen für den Forggensee usw. siehe dort.

Altusried (8966): anerkannter Erholungsort im Allgäuer Voralpenland; BAB von E 11 auf E 7 (Ulm) vor Kempten Ausfahrt Dietmannsried. B 12 oder B 19 bis Kempten; Bundesbahn: Ulm–Memmingen–„Dietmannsried"–Kempten. Hallenbad, großes Freibad, Bootsverleih, Reiten, Wanderwegenetz, Trim-Dich-Pfad, Tennisplätze, Sauna mit Massageinstitut, Kegelbahnen, Folklore, Kinderfeste. **A:** VA Altusried, Ruf 0 83 73/70 21. **G:** Iller, von Biberswang (Obere Grenze) bis Stauwerk Sack (Angeln auch vom Boot aus, mit Ausnahme der Strecken Stauwehr–-Unterwasser–Wasserei bis Bootsanlegestelle Kreuzer und Stauwehr Unterwasser–Fluhmühle bis Bootsanlegestelle Gasthaus Au. Von der Aubrücke und in der Rohrach darf nicht gefischt werden; insgesamt ca. 20 km bei 40 m Breite. **FA:** Regenbogenforelle (30 cm), Äsche (vom 1. 1. bis 15. 5.) darf in der Strecke Wasserei bis Stauwerk Legau nicht gefischt werden; Hecht, Fangzeit ganzjährig, Barsch, Barbe, Huchen, Schleie und andere Weißfische. Tägl. Fangbeschr. 5 Edelfische, davon nicht mehr als 2 Äschen. **FZ:** Mai bis August; für Monat September keine Erlaubnisscheine. Oktober/November nur Monatskarten. **E:** FV Neugablonz e. V.; H. Rudolph, Oberbeuren, Holderbrunnenweg 2; Kurverwaltung in Altusried u. Grönenbach. **Geb:** T 15 DM, W 60 DM, M 100 DM. **B:** Sp.Prü., Feriengast, 2 Handangeln mit je einem Haken, Köder beliebig. Wurmfischen ab 1. 12. bis 15. 4. nicht erlaubt. Informationsblatt für alle Fischer in der Iller wird mit dem Erlaubnisschein ausgegeben.

Augsburg (8900): einstige Weltstadt des Mittelalters an der Romantischen Straße, an der Mündung der Wertach in den Lech; wichtiger Verkehrsknotenpunkt an der BAB E 11, B 2, B 10, B 17, B 300. Alle kulturellen Einrichtungen, wie Freilichtbühne, Oper, Flugsport, Tennis, Reiten, Freibäder, Hallenbäder. **A:** VV Augsburg, Ruf 08 21/51 13 76 u. 3 32 31. FV Augsburg, Stadionstr. 5; Geschäftsstelle, Ruf

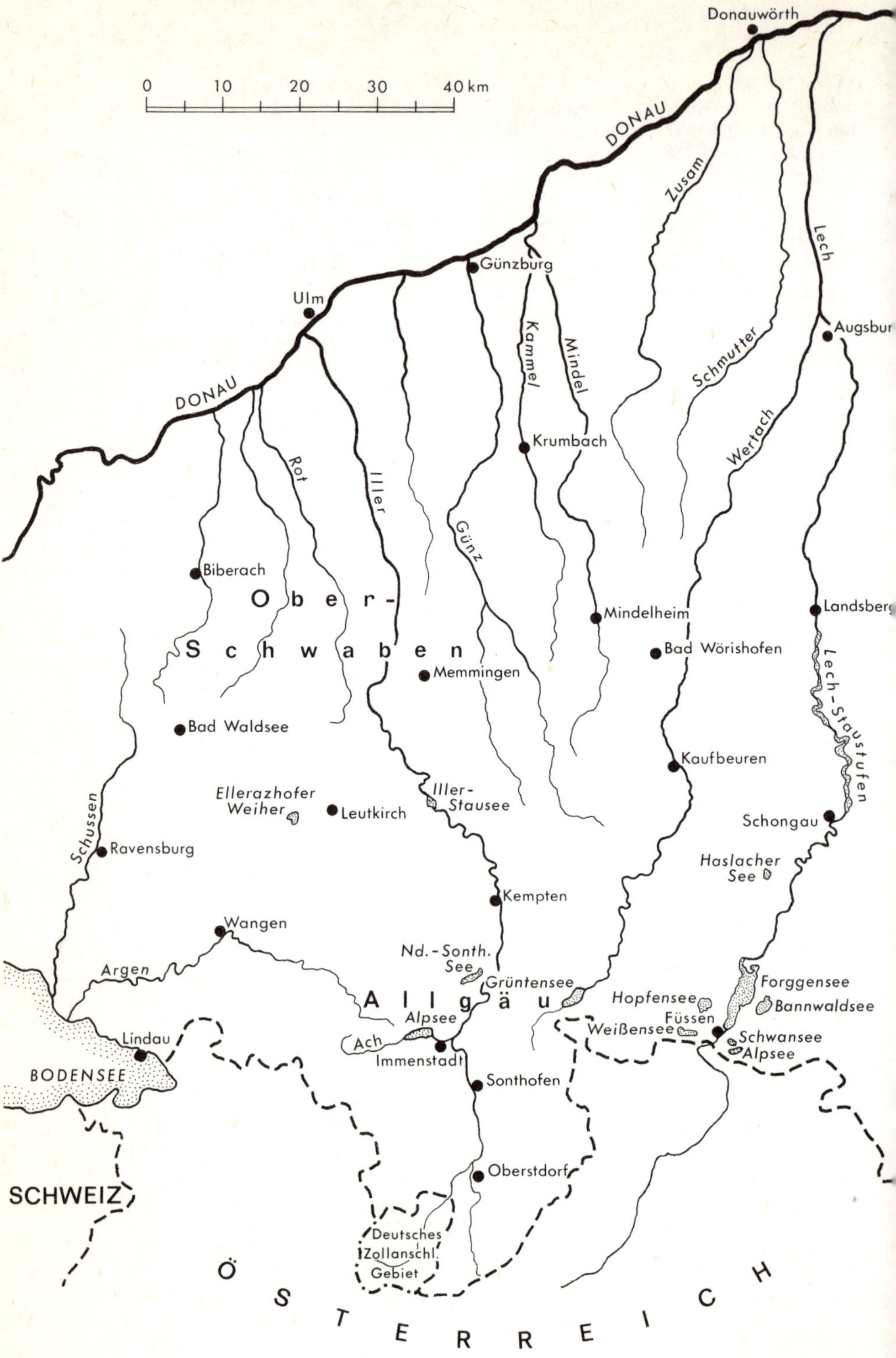
0 10 20 30 40 km
Donauwörth
DONAU
Zusam
Lech
Günzburg
Ulm
Kammel
Mindel
Schmutter
Augsburg
DONAU
Rot
Iller
Wertach
Krumbach
Günz
Biberach
Ober-
Schwaben
Mindelheim
Landsberg
Bad Wörishofen
Lech-Staustufen
Memmingen
Bad Waldsee
Kaufbeuren
Ellerazhofer Weiher
Iller-Stausee
Leutkirch
Schussen
Ravensburg
Schongau
Haslacher See
Kempten
Wangen
Nd.-Sonth. See
Argen
Grüntensee
Forggensee
Hopfensee
Bannwaldsee
Allgäu
Alpsee
Füssen
Weißensee
Schwansee
Alpsee
Lindau
Ach
Immenstadt
BODENSEE
Sonthofen
Oberstdorf
SCHWEIZ
Deutsches Zollanschl. Gebiet
ÖSTERREICH

3 33 62. **G:** Autobahnsee an der Autobahnausfahrt Augsburg Ost, ca. 11 ha groß; Schmutter, Fließgewässer, ca. 3,5 km bei Westendorf an der B 2. **FA:** für beide Gewässer: Karpfen, Schleie, Hecht, Zander, Aal, sämtliche Weißfischarten. Zusam: Fließstrecke, ca. 3,5 km in Heißesheim bei Mertingen, an der B 2. Lech: bei Königsbrunn an der B 17, ca. 5,5 km Fließgewässer mit angrenzendem Stau, ca. 160 ha. **FA:** Bach- und Regenbogenforelle, Äsche, Huchen, Zander, Karpfen. Günz: Fließstrecke ca. 3,5 km in Deisenhausen bei Krumbach. In einem Strekkenteil Fliegenfischerei auf Äsche. Kammel: Fließgewässer, ca. 3,5 km bei Billenhausen/Krumbach. **FA:** Bach- und Regenbogenforelle. Wertach: bei Siebnach, ca. 3,5 km Fließgewässer bei Schwabmünchen. Wertach: bei Großaitingen, 7 km Fließgewässer. **FA:** Forellen, im Staubereich auch Karpfen, Hecht, Schleie, alle Weißfischarten. Kirnach: bei Bissenhofen/Allg. (Kaufbeuren) ca. 4 km Fließgewässer mit angrenzendem Stau. **FA:** reines Forellengewässer. Mindel: bei Hasberg/Mindelheim, ca. 3,5 km Fließgewässer mit angrenzendem Stau. **FA:** Forelle und Äsche. **E:** FV Augsburg, siehe A: Ausgabe Di. bis Fr. von 16–19 Uhr. Fischerei-Fachgeschäft Fritz, Hirblinger Str. 4, Ruf 46 15 35, Fischerei-Fachgeschäft Günther, Annastr. 32, Ruf 51 11 61. **Geb:** Nur Tageskarten. Kirnach T 16 DM, alle anderen Gewässer T 12 DM. **S:** Weitere Angelgewässer siehe unter FV Haunstetten.

Bad Wörishofen (8939): durch die von Pfarrer Kneipp erbauten Wasserkuranstalten weltberühmter Heilorte, bes. für Herz-, Nerven- und Kreislaufstörungen im bayerisch. Schwaben. Heilgymnastische Institute; Autobahn Ulm–Augsburg E 11, Ausfahrt Günzburg zur B 16, Ausfahrt Augsburg zur B 17; Bundesbahn Buchloe–Memmingen. Wandern, Bergsteigen, Tier- und Wildgehege, Reitsport, Wassersport, Tennis. **A:** Kurdirektion, Postfach 380, Ruf 0 82 47/50 01. **G:** Wertach in den Gemeinden Irsingen-Wiedergeltingen von km 50 015 bis km 51 600. In dieser Strecke liegt ein Stausee mit einer Größe von 35 ha. Die Fließstrecke ist 40 m breit. **FA:** Hecht, Zander, Aal, Karpfen, Schleie, Weißfische. Es gelten die für Bayern festgesetzten Schonmaße und Schonzeiten. Pro Tag dürfen 2 Hechte oder 2 Zander, von den anderen Sorten zusätzlich bis zu 5 Stück gefischt werden. Der Fang von Rotaugen ist unbegrenzt. **FZ:** 1. 5. bis 31. 10. **E:** Kurverwaltung. **Geb:** T 8 DM, W 30 DM, M 70 DM. **B:** O.A., Sp.Prü., alle gängigen Köder, 1 Friedfisch- und 1 Raubfischangel. Kein Bootsverleih, private Boote sind erlaubt.

Buchenberg (8961): anerkannter Erholungsort im Allgäuer Alpenvorland, nahe Kempten. B 12 Richtung Isny. **A:** VV Lindauer Str., Ruf 0 83 78/2 31. **G:** Mühlenbach, ca. 4 km, durchschn. 2 m breit. **FA:** Forelle, Fänge bis über 2 Pfd. Pro Tag dürfen bis zu 5 Fische gefangen werden. **E:** Hotel Pension „Jagdhaus Schwarzer Bock“, Ruf 4 72, nach Vereinbarung. **Geb:** Hausgäste frei, gegen Erlaubnisschein, Beuteablieferung. Nur künstliche Köder.

Burgau (8872): Markgrafenstadt in Bayerisch-Schwaben zwischen Augsburg und Ulm. BAB E 11, B 10. Hallenschwimmbad, Freibad, Tennis, Campingplatz am See, Wanderungen durch die Mindelauen. **A:** Stadtverwaltung, Rathaus, Ruf 0 82 22/10 21–10 23. **G:** Autobahnsee, 350 m lang, 170 m breit. **FA:** Hecht, Zander, Karpfen, Schleie, Aal, Weißfische. **FZ:** 1. 5. bis 30. 9. **E:** Kiosk am Autobahnsee; Fam. Anton Anhofer, Maria-Theresia-Straße 15. **Geb:** T 10 DM. **B:** Staatl. Fischereischein; 2 Ruten. Keine Bootsbenutzung.

Donauwörth (8850): Kreisstadt des neuen Großkreises Donau-Ries an der Einmündung der Wörnitz in die Donau; Eisenbahn- und Straßenknotenpunkt. Autobahn Stuttgart–Augsburg, Ausfahrt Augsburg West. Mittelalterliches Stadtbild, modernes beheiztes Freibad. **A:** City-Reise- u. Verkehrsbüro, Reichsstraße, Tanzhaus, Ruf 09 06/10 01. **G:** Donau, Wörnitz, Zusam, Schmutter, Kessel, Egelseebach mit insges. ca. 40 km. Hinzu kommen noch einige Baggerseen. **FA:** Wels, Hecht, Zander, Barsch, Aal, Karpfen, Rapfen, Schleie, Döbel und andere Weißfische. **E:** für den SFV Donauwörth: Fa. Waffen-Krieger (auch Angelgeräte), Donauwörth, Bäckerstr. 6; Firma Eisenwaren-Burger (Angelgeräte), Kapellstr. 21. Für das Fischereikonsortium Donauwörth (Berufsfischer) Franz Härpfer, Metzgermeister, Donauwörth, Hindenburgstraße 28. **Geb:** T von 5 DM bis 8 DM; andere Karten nach Vereinbarung. **B:** O.A., Sp.Prü., alle Köder erlaubt, keine Boote, 1 Rute.

Forggensee: 1670 ha großer Stausee des Lechs (Staustufe I) erstreckt sich in einer Länge von ca. 12 km zwischen Füssen und Roßhaupten. Er ist bis 3 km breit und ist 3 bis 30 m tief. Vollstau meist erst ab Mitte Juni. Mit dem Absenken wird ab 10. 10. begonnen. **FA:** Huchen, vereinzelt; Hecht (38 Pfd.), Zander (13 Pfd.), Karpfen (35 Pfd.), Äsche, Forelle, Aal, Weißfische. Gute Hechtstellen: Brunner Bucht. Im Mündungsgebiet der Füssener Ache starke Barsche und Aale. **FZ:** 1. 5. bis 31. 12. **E:** und **A:** KFV e. V. Füssen; Hermann Niggl, Kurverwaltung, hinterer Eingang, Augsburger-Tor-Platz 1, Ruf 0 83 62/66 00. Fa. Maldoner, Steingaden, Ruf 0 88 62/ 2 94; VV Prem, Ruf 83 50; Franz Fichtl, Uhrengeschäft, Füssener Str. 2 in Lechbruck, Ruf 85 13; Angel- und Zoobedarf Miether, Christophstr. 12, Schongau, Ruf 0 88 61/72 70, nur Tageskarten. Ferd. Griesmann, Schuhgeschäft, Schwangau; in Füssen: Sport-Haupt, Reichenstr. 16; Sport-Settele, Bahnhofstr. 6; Sport-Spikker, Reichenstr. 37; in Brunnen am Campingplatz, in Roßhaupten, Gasthof Schwägele. **Geb:** T 9 DM (mit Füssener Ache), Urlaubskarte 1. Woche 35 DM, jede weitere Woche 15 DM. J 180 DM. Wochenkarten nach dem 1. 9. nur gegen Vorbestellung bei Herrn Niggl. **B:** 1 Friedfisch- und 1 Raubfischangel. Alle Köder erlaubt. Bootsverleih: auch bei Herrn Niggl, 1/2 Tag 5 DM, ganzer Tag 10 DM. Nachterlaubnis nur für die Achen. **S:** weitere Informationen siehe unter Füssen.

Füssen (8958): 800 m ü. NN im Ost-Allgäu, im Land der Seen, Wiesen, Berge, Wälder und Königsschlösser. Kneipp- und Höhenluftkurort. Bergwandern, Wassersport, Tennis, Sommer-Eislauf (ab Juli), Hallenbad, Schlösserbesichtigungen und kulturelle Veranstaltungen, Campingplätze. Endpunkt der Romantischen Straße B 17, B 16 und B 310. Grenzübergang nach Österreich. Bundesbahn: Kaufbeuren–Marktoberdorf–Füssen. **A:** KFV Füssen e. V., Postfach 1472. Herr Niggl, Kurverwaltung. **G:** Forggensee (siehe dort), **Bannwaldsee,** 227 ha groß, an der B 17 mit Campingplätzen. **FA:** Hecht, Karpfen, Aal, Zander, Renke, Weißfische. **FZ:** Beginn Ende Mai. **E:** F. Griesmann, Schwangau. Nur Tageskarten 15 DM, tägl. beschränkte Anzahl. **B:** nur vom Ufer aus. **G:** Alpsee, bei Hohenschwangau. **FA:** Hecht, Forelle, Saibling. **A:** und **E:** Büro Wittelsbacher Ausgleichsfonds in Hohenschwangau. **Geb:** nur T 35 DM. **B:** nur vom Ufer aus und nur mit Spinner oder Fliege. **G:** Alatsee, Forellensee. **A:** und **E:** Herr Niggl, Kurverwaltung, Füssen. **FA:** Forelle, Hecht, tägl. 3 Forellen. Hecht hat weder Schonzeit noch Mindestmaß. **Geb:** T 15 DM. **B:** 1 Rute, nur mit Fliege oder Spinner. **G:** Lech, Strecke und Bedingungen durch Stadtkämmerei Füssen. **Geb:** T 12 DM (beschränkte Ausgabe), W 70 DM (nur auf Vorbestellung). **B:** 1 Rute. Beratung durch: Ernst Putz, Sportwart des KFV Füssen, Sonnenweg 1, 8959 Schwangau/Alterschrofen. **G:** Mühlberger Ache/ Schwangau. **A:** und **E:** Herr Weiß, Rathaus, Schwangau. Fließstrecke von Auslauf Bannwaldsee-Brücke bis Einlauf Pöllat. **FA:** Hecht, Forelle, Karpfen, Aal.

Füssen-Bad Faulenbach (8958): südlichste deutsche Grenzstadt, Endpunkt der Romantischen Straße. Kneippkurort, Mineral- und Moorbad, Luftkurort, Wintersport, am Forggensee gelegen. Autobahn Stuttgart–München, Ausfahrt Ulm, Augsburg oder München. Bahnstrecke Augsburg–Kaufbeuren–Füssen. B 17, 310 und nach Reutte (15 km) die österr. B 189; jegl. Wassersport, Wandern, Bergsteigen, Motorbootverkehr, Freibäder, Segel-Jachtschule, Tennis, Alpensegelflug, Bergbahnen. **A:** Kurverwaltung; Hermann Niggl,

Ruf 0 83 62/66 00. **G**: Faulenbacher Seen: Alatsee, Obersee, Gipsweiher. **FA:** Hecht, Karpfen, Schleie, Aal, Forelle. **FZ:** ab 15. 4. Hecht erst ab 1. 5. **E:** wie Forggensee. **Geb:** T 9 DM. **B:** alle Köder, nur vom Ufer aus zu befischen, 1 Friedfisch-, 1 Raubfischrute. **G:** Oberer Lech. **FA:** Forelle, Äsche. **E:** begrenzte Kartenausgabe bei der Stadtkämmerei Füssen, Rathaus. **Geb:** T 9 DM, W 45 DM. **B:** J.Fsch., künstl. Köder. **S:** An Hausgäste vermittelt Herr Ernst Putz, Haus Hubertus, Alterschrofen weitere Angelgewässer: Bannwaldsee, Schmuttersee, Lech (Österr.), Weißensee, Hopfensee, Heiterwanger/Plansee (Tirol), Vilsalpsee sowie div. private Salmonidengewässer.

Grönenbach (8944): Kneippkurort im Allgäuer Alpenvorland; BAB E 7 Ausfahrt Grönenbach (Strecke Ulm–Oberstdorf) zwischen Memmingen und Kempten. Bundesbahn-Station fast aller Eilzüge. „Haus des Gastes", Leseräume, Kursaal, 2 Kuranlagen, 3 hauseig. Hallenschwimmbäder, 1 Naturfreibad, Bootsverleih, Minigolf, Spiel- und Liegewiesen, 4 Tennisplätze, darunter ein Hartplatz, 34 km mark. Wanderwege, Fahrradverleih, Kutschfahrten, Reitmöglichkeiten, mark. Reitwege, Kegelbahnen. **A:** Kurverwaltung, Ruf 0 83 34/2 28 u. 2 86. **G:** Iller (Anfahrt ca. 4 km), von Biberswang bis Legau, ca. 10 km Angelstrecke (Stauwerk Sack). **FA:** Huchen, Äsche, Bach- und Regenbogenforelle, Hecht, Karpfen, Schleie u. a. Weißfische. **E:** Kurverwaltung. **Geb:** T 15 DM, W 60 DM, M 100 DM. **B:** Kurgast, 2 Ruten, Köder beliebig, Bootsbenutzung (teilweise). Fangbestimmungen des FV Neugablonz beachten.

Günzburg (8870): malerisches Städtchen in Nordschwaben, Bahnstrecke München–Ulm–Stuttgart; B 10 u. B 16, BAB E 11, Ausfahrt. Wald- und Freibad, Wassersport, Tennis. **A:** Städt. VA. **G:** Donau von km 25,3 bis 31,0. **FA:** Hecht, Zander, Karpfen, Schleie, Aal u. Weißfische. **E:** Anton Lacher, Kappenzipfel 26; FV Stadt und Land e. V. über Briefmarken-Hdlg. Sixtl, Schlachthausstr. 60. **B:** O.A., nach Vereinbarung.

Haunstetten (8900): OT von Augsburg 21 (7 km), Verkehrsknotenpunkt auf Straße und Schiene, BAB E 11, B 17 (Romantische Straße), B 2, B 10, B 300; 3 km westl. vom Lech. Freizeitgestaltung siehe unter Augsburg. **A:** VV Augsburg, Ruf 08 21/51 13 76 u. 3 32 31. **G:** 2 Fließgewässer, zus. ca. 8 km lang. **G:** 3 Kiesweiher. **FA:** Hecht, Karpfen, Schleie, Zander, Weißfische. Fangbegr. 3 Edelfische pro Tag. **Geb:** T 5 DM bis 12 DM. **E:** FV Haunstetten e. V., Stadionstr. 1 in 8900 Augsburg 21. **S:** weitere Angelgewässer und deren Bedingungen siehe unter Augsburg.

Hindelang-Bad Oberdorf (8973): Heilklimatischer Kurort, Kneippkurort, Schwefel- und Moorbad im Ostrachtal/Oberallgäu mit Vorderhindelang, Hinterstein, Oberjoch und Unterjoch; Bahnstation Sonthofen (8 km), 3 Freibäder (ein beheiztes), 6 allgemein zugängliche Hotelhallenbäder, Tennis, Kleingolf, Sesselbahnen, 80 km Wanderwege, Bergsport und Kletterkurse, Camping. **A:** Kurverwaltung, Marktstr. 9, Ruf 0 83 24/4 77. **G:** Ostrach u. Kanal. **FA:** Forelle (28 cm). **E:** FV Hindelang u. Herr Dornacher, Bad Oberdorfer Str. 7, Ruf 3 13. **B:** Kurgast, Kurkarte u. J.Fsch. **Geb:** W 75 DM. **S:** Gesamtstrecke ca. 10 km. Fliege u. Spinner, 1 Rute.

Hopfen am See (8959): „Allgäuer Riviera", Kneipp- und Luftkurort in landschaftlich hervorragender Lage am Hopfensee, 5 km nordwestlich von Füssen. Bahnstrecke Kaufbeuren–Füssen. B 16. Wanderwege (gute Wegekarte), Schwimmen (Hallenbad), Segeln, Reiten, Tennis (Frei- und Hallenplätze), Fahrradverleih, Haus des Gastes, Campingplatz. **A:** u. **E:** VA, Uferstr. 21, Ruf 0 83 62/74 58; Karl Sprenger, Uferstr. 9, Ruf 71 12. **G:** Hopfensee, ca. 220 ha, maximale Tiefe 14 m, sonst flaches Gewässer mit Gelegegürtel. **FA:** starke Hechte (50 cm, 15. 2. bis 30. 4.), Zander (50 cm, 15. 2. bis 30. 4.), Barsch, Aal, Karpfen, Schleie, Weißfische. **FZ:** ab 1. 5. **Geb:** vom Ufer aus: T 7 DM, W 35 DM, vom Boot: T 10 DM, W 40 DM. **B:** alle Köder, je Erlaubnisschein 1 Rute; J.Fsch. Bootsverleih: Rolf Selbach, Uferstr., gegenüber dem VA, Ruf 71 64.

Immenstadt im Allgäu (8970): anerkannter Erholungsort im Oberallgäu, Ausgangspunkt für Touren und Wanderungen mit dem Luftkurort Bühl am Alpsee und den Erholungsorten Stein, Akams, Diepholz, Eckarts, Rauhenzell. BAB E 7, Ausfahrt Kempten; von B 19 zur B 308. Bahnstation. Ozon-Hallenbad, beheiztes Schwimmbad am Kleinen Alpsee, Sport- und Freizeitzentrum, Tennisfreiplätze u. Tennishalle, Segelschule am Großen Alpsee. **A:** VA, Marienplatz 3, Ruf 0 83 23/ 63 71; VA, Bühl am Alpsee, Ruf 89 96. **G:** Großer Alpsee, 247 ha groß, ca. 3 km lang, 1 km breit, Tiefe bis zu 24 m. **FA:** Hecht (50 cm), Karpfen (30 cm), Schleie (30 cm), Seeforelle (60 cm, Schonzeit vom 1. 10. bis 30. 11.), Bachforelle (60 cm, 15. 9. bis 30. 11.). Zander (50 cm), Regenbogenforelle (30 cm), Weißfische. **FZ:** 2. 5. bis 30. 9. **E:** beide VÄ. **Geb:** Nur T 9,50 DM. **B:** Ferien- oder Kurgast; J.Fsch., ohne Bootsbenutzung, 2 Ruten erlaubt; Köderfische nur aus dem Alpsee verwenden. Fangbeschränkung: Forelle und Zander pro Tag nicht mehr als 3 Fische. Abgelaufener Erlaubnisschein ist an den FV Stadtfischer, Immenstadt e. V., Montfortstr. 7, zurückzugeben.

Landsberg a. Lech (8910): eine Stadt der Erholung, unmittelbar am Lech und an der Romantischen Straße, die vom Main bis zu den Alpen führt. B 12 München – Ammersee – Landsberg – Allgäu – Schweiz; oder Augsburg – Landsberg – Schongau – (Kirche Wies) – Füssen, bzw. Oberammergau (B 17). Bahnstrecke Augsburg – Kaufering – Landsberg – Schongau. Schnellzugstation an der Strecke München – Lindau – Schweiz. BAB E 11, Ausfahrt Augsburg. Mehrere Omnibuslinien reizen zu Tagesausflügen zu den Königsschlössern, Füssen mit dem Forggensee, Oberammergau, Ettal u. a.; Sport-, Jugend- und Erholungszentrum, mehrere Schwimmbäder, Wellenbad, Boots- und Segelpartien, Wildpark und viele kleine Badeseen. **A:** Städt. VA, Hauptplatz 1, Altes Rathaus, Ruf 0 81 91/ 12 82 46. **G:** Lechstaustufe 14 bis Oberwasser Stufe 15. **FA:** Forelle, Hecht, Huchen, Aal, Zander, Barsch, Karpfen u. Weißfische. Tagesstrecke 3 Salmoniden, Schonmaß für Huchen 80 cm, Forelle 35 cm, Äsche 35 cm. Die Regenbogenforelle erreicht Spitzengewichte. **FZ:** Mai bis September. **E:** Angelzubehör Kerler, Georg-Hellmair-Platz 169, Ruf 26 09. Hier erhalten Sie auch erschöpfende Auskunft über Gewässer und Angelmethoden. **Geb:** W 50 DM. **B:** kein Bootsverleih; sämtliche Köder, außer lebendem Köderfisch und Steinkrebs. 1 Rute. Erlaubnisscheine werden nur an Angler ausgegeben, die ab 60 km von Landsberg entfernt wohnen und mindestens eine Woche Urlaub in der näheren Umgebung verbringen. O.A., Sp.Prü. **S:** weitere Angelmöglichkeiten, siehe Forggensee. **G:** Mühl- und Hofweiher (Welden) ca. 18 km entfernt. **FA:** Hecht, Zander, Forelle, Karpfen, Schleie, Weißfische. **E:** Esso-Tankstelle, Epp, Breslauer Str., Ruf 20 90. **Geb:** Saisongästekarte 12 DM. **B:** O.A. **G:** Oberhauser Weiher, ca. 17 km von Landsberg. **FA:** Hecht, Zander, Karpfen, Schleie, Weißfische. **E:** Angelgeschäft Kerler, wie vorstehend. **Geb:** T 10 DM. **S:** Angeln im Lech: Urlaubsangebot für 1 Woche mit ÜF, einschl. Angelwochenkarte, private Unterbringung für 120 DM. Jede weitere Person 70 DM. **A:** u. **E:** VA, Rathaus, Ruf 12 82 46 oder 12 92 34. Zusätzlich geben die Gemeinden Apfeldorf und Kinsau Angelwochenkarten für den Lech aus.

Lauingen (Donau) (8882): ehemalige herzogliche, altertümliche Stadt an der Donau, Bahnstrecke Neuoffingen–Donauwörth (30 km), B 16; Wassersport, Flußfreibad, Reiten, Tennis, Wintersport. **A:** Städt. VA, Herzog-Georg-Str. 17, Ruf 0 90 72/40 91. **G:** Donau, Altwässer und Kiesweiher; Donau von Flußkm 43,2 bis 47,8, Altwässer und städt. Kiesweiher, rechts der Gundremminger Straße, ca. 8,5 ha, Zwergbach ca. 3 km. **FA:** Bach- und Regenbogenforelle, Hecht, Barbe, Aal, Brachse, Nase, Aitel, Karpfen, Schleie, Barsch, Rotaugen (vereinzelt: Äsche, Orfe, Schied, Nerfling). **FZ:** März bis November. **E:** Aral-Tankstelle Leo Meissl, Ludwigstraße. FV Lauingen. **Geb:** T 8 DM, W 25 DM, M 50 DM (nur für die Zeit vom 1. 3. bis 1. 10.). **B:** Sp.Prü., keine

Boote verwenden, alle Köder erlaubt, 2 Ruten.

Lechbruck (8923): Erholungsort im Ostallgäu; Bahnverbindung mit Kaufbeuren, Busverbindungen in die sehenswerte Umgebung; von der B 16 (Roßhaupten) und B 17 (Steingaden) leicht erreichbar. Wassersport, Freibäder, Bootsverleih, Minigolf, Camping. **A:** VV, Flößerstr. 1, Ruf 0 88 62/85 21 u. 82 24. **G:** Oberer Lechsee (Lechstaustufe III) ca. 135 ha bei Lechbruck und Steingaden/Urspring. **FA:** Hecht, Forelle, Zander, Barsch, Karpfen, Äsche, Aal, Huchen, Schleie, Weißfische. **FZ:** 1. 5. bis 31. 10. **E:** Gemeinde Lechbruck, Rathaus; Fa. Angelbedarf Maldoner, Steingaden, Ruf 0 88 62/2 94, VV Prem, Ruf 83 50; Herbert Söll, Dammstr. 12, Peiting, Ruf 0 88 61/64 46; Angel- und Zoobedarf Miether, Christophstr. 12, Schongau, Ruf 72 70. **Geb:** nur W 40 DM. **B:** Fischen nur vom Ufer aus mit Kunstköder; Feriengast, 1 Rute. **G:** Rottachweiher und Schwanbach-Lechbruck. **FA:** Forelle, Karpfen, Hecht, Schleie, Weißfische. **Geb:** T 10 DM. **B:** Gemeinde Lechbruck. **B:** Tagesfang auf 2 Fische beschränkt. **G:** Forggensee (Lechstaustufe I) ca. 8 km von Lechbruck entfernt. **E:** u. **Geb:** siehe unter Forggensee. **E:** Uhrengeschäft Fichtl, Füssener Str. 2, Lechbruck, Ruf 85 13. Hier werden auch T 10 DM für den ca. 4 km entfernten **G:** Schmuttersee bei Sameister, Gemeinde Roßhaupten, ausgegeben (siehe dort). **E:** Seeinhaber Hummel in Sameister, Ruf 0 83 67/4 47.

Marktoberdorf (8952): Kleinstadt und waldreicher Erholungsort im Ostallgäu. BAB E 7 bis Kempten, B 16 u. B 472. Bahnstrecke Kaufbeuren–Füssen. Hallen- und Freischwimmbad, Reiten, Tennis, Minigolf. **A:** VV u. Stadtverwaltung, Ruf 0 83 42/3 06, 3 07 u. 3 09. **G:** Wertach, ca. 3 km, 10–15 m breite u. 3 m tiefe Angelstrecke. **FA:** Bach- und Regenbogenforelle, Äsche, Huchen, div. Weißfische. **G:** Neuweiher, ab 15. 5. befischbar, ca. 20 km Anfahrt vom Ort. **FA:** Bach- und Regenbogenforelle, Karpfen, Schleie. **E:** FV Marktoberdorf. **Geb:** T 10 DM, W nach Vereinbarung ca. 50 DM. **G:** Bischofssee, nach Vereinbarung. **E:** Hermann Blochum (Gasthof Hirsch), Ruf 23 42, Anton Vohla, Xaver-Martin-Str. 19, Ruf 57 53.

Martinszell (8961): ruhiger Erholungsort im Oberallgäu, Bahnstrecke München–Kempten–Lindau, Bahnstation; von BAB E 7 auf B 19. Wassersport, Tennis, Bootsverleih, Kleingolf, Camping. **A:** VV Martinszell, Ruf 0 83 79/3 34. **G:** Niedersonthofener See. Bedingungen siehe Niedersonthofen.

Memmingen (8940): ehemals Freie Reichsstadt, umgeben von der alten Stadtmauer und vielen Toren und Türmen, idyllischer Marktplatz, Verkehrsknotenpunkt; B 18, B 300, B 312 u. BAB A 7. Hallenbad, beheiztes Freibad, Reitschule. **A:** städt. VA, Ruf 0 83 31/1 91. **G:** Iller, zwischen Pleß und Heimertingen. **FA:** Hecht, Forelle, Schleie, überwiegend Barbe und Nase, Äsche, Rutte, Weißfische. **E:** Fischermeister Karl Rogg, 8941 Pleß/Iller, Ruf 0 83 35/2 67. **Geb:** T 10 DM, W 40 DM, M 100 DM.

Nesselwang (8964): Luftkurort und Wintersportplatz im Ostallgäu an der Wertach gelegen. B 309 (Kempten 25 km, bis Füssen 20 km); in Wertach beheiztes Freischwimmbad, Tennis, Reiten, Kleingolf, Wassersport, Gästehaus Korner, Hallenbad mit Solarium; Camping in Haslach und bei Fischerhütte am Grüntensee. **A:** VA, Hauptstr. 18, Rathaus, Ruf 0 83 61/7 50. **G:** Attlesee, Grüntensee (angestaute Wertach). **FA:** Attlesee: Hecht, Karpfen, Schleie, Barsch, Grüntensee: Salmonidengewässer; Forelle (30 cm, ab 16. 9. Schonzeit für Bachforelle, Fanggew. bis 10 Pfd.), Barsch bis 2 Pfd., Äsche (über 50 cm, bis 15. 5. Schonzeit), Huchen, Rotaugen, Döbel (bis 6 Pfd.). Auch Karpfen und Schleie. **FZ:** 1. 5. bis 30. 9., günstig, nach beendeter Schneeschmelze. **E:** VA nach Vereinbarung für den Attlesee. Grüntensee: Fischerhütte am See (Fischermeister Willy Berg). **Geb:** Attlesee: T 7,50 DM, W 52,50 DM. Grüntensee: T 15 DM (mit Kurkarte 10 DM), W 55 DM. 2 W 65 DM. Jugendl. bis 18 Jahre T 8 DM. **B:** Sp.Prü.; Bootsverleih nur am Grüntensee. Alle

Köder erlaubt, 2 Ruten am Attlesee, 1 Rute am Grüntensee. **S:** Angelurlaub im Hotel „Berg-Café", Ruf 2 23, eine Woche Vollpension, einschl. 4 Tageskarten ab 358 DM.

Niedersonthofen-Waltenhofen 2 (8963): Sommer- und Winterferienort im Oberallgäu. BAB E 7, Ausfahrt Kempten-Waltenhofen, B 19. Wandern, Bergsteigen, Wassersport, Bootsverleih. **A:** VV Niedersonthofen, Ruf 0 83 79/70 37. **G:** Niedersonthofener See, Größe 1,35 qkm u. 1,3 km lang. Bis 21 m tief. **FA:** Forelle, Karpfen, Hecht, Schleie, Aal, Wels, Weißfische. **FZ:** 15. 5. bis 15. 10. **E:** VV Martinszell, Ruf 0 83 79/3 34; Fr. Anny Seltmann, Am Ort Nr. 31, Ruf 3 39; VA Erholungsgebiet Niedersonthofer See, Rathaus, 89 63 Waltenhofen 1, Ruf 0 83 03/8 22. **Geb:** T 11 DM, W 44 DM. **B:** Feriengast, Sp.Prü., 2 Ruten, alle Köder, aber keine Köderfische aus fremden Gewässern.

Oberreitnau (8990): Ortsteil der Stadt Lindau (Bodensee). **A:** VA, Bodenseestr. 13, Ruf 0 83 82/68 83. **G:** Aspachweiher, 2 ha groß, 200 m lang, ca. 120 m breit. **FA:** Hecht, Barsch, Karpfen, Schleie, Aal u. a. Weißfische. **FZ:** saisonbedingt. **E:** VA, Bodenseestr. 13. **Geb:** T 8 DM, W 28 DM, 2 W 45 DM. **B:** J.Fsch.; 2 Ruten, alle Köder, keine Bootsbenutzung.

Oberstdorf (8980): mit den Ortsteilen Tiefenbach, Reichenbach, Rubi, Schöllang u. Kornau. Bedeutender heilklimatischer Kurort, Kneippkurort u. Wintersportplatz. BAB E 7, B 19. Bahnverbindung ca. 18 km von Immenstadt. 3 Bergbahnen, 190 km Wanderwege, Hallen-Brandungsbad, Kur- und Kongreßzentrum, 30 Hotel-Hallenbäder, Freibad und Bootsverleih am Freibergsee, Alpin-Schulen, Golf, Minigolf, Tennis, Reiten, Wald- und Moorlehrpfade, Tier- u. Wildgehege. **A:** Kurverwaltung u. VA, Marktplatz 7, Ruf 0 83 22/10 14–16. Flüsse zur Iller: **G:** Breitach, ca. 7 km, Trettach, ca. 8 km/Christlesee, Stillach, ca. 10 km; **FA:** Bach- und Regenbogenforelle. **Geb:** für alle Gewässer: 3 T 70 DM. W 120 DM. **FZ:** 1. 5. bis 15. 9.; Fangbeschränkung 5 Salmoniden oder 1 Großfisch über 10 Pfd. **G:** Freibergsee, **FA:** starke Hechte, ferner Karpfen, Schleie, Aal, Weißfische. **FZ:** 1. 6. bis 15. 9. **Geb:** 3 T 40 DM. **E:** Zeitungskiosk Spengler, Nebelhornstr. 11, Ruf 22 35. **B:** Sp.Prü., Ferien- oder Kurgast, Bootsverleih, Spinner, Blinker; Breitach: nur künstl. Fliege, alle anderen Köder verboten. 1 Angelrute.

Rain am Lech (8852): 1000jährige Stadt an der Mündung des Lechs in die Donau. B 2 bis Donauwörth, dann 10 km auf B 16 Richtung Ingolstadt. Bahnstrecke Neuoffingen–Ingolstadt. Wassersport, Freibad. **A:** Stadtverwaltung, Ruf 0 90 02/20 31. **G:** Lech mit Nebenarmen und Altwassern, ca. 17 km. **FA:** Äsche, Forelle, vereinzelt Huchen, Hecht, Aal, Karpfen, Schleie, Weißfische. **FZ:** ganzjährig. **E:** Fischereigenossenschaft Unterer Lech, nach Vereinbarung. **Geb:** T 5 DM, W 20 DM, J 100 DM. **B:** alle Köder.

Schongau (8920): 700jährige, oberbayer. Bergstadt am Lech im Voralpengebiet. Idealer Ausgangspunkt für Ausflüge ins Werdenfelser Land und Allgäu. Die Königsschlösser Linderhof, Neuschwanstein, der Passionsspielort Oberammergau und Garmisch-Partenkirchen sind leicht erreichbar. BAB E 6, Ausfahrt Starnberg oder Seeshaupt über Weilheim zur B 472, B 17 (Romantische Straße) oder B 23 Garmisch–Schongau. Bahn: Augsburg – Schongau – Weilheim – München. Märchenwald mit Wildgehege, 45 km mark. Wanderwege, Radwanderwege, Bergsteigen, Reitsport, Wassersport, Tennis, beheiztes Freischwimmbad, Hallenbad. **A:** VV, Bahnhofstraße, Ruf 0 88 61/72 16. **G:** Oberer Lechsee (Lechstaustufe III) bei Lechbruck und Steingaden/Urspring (Näheres siehe Lechbruck). Haslacher See, zwischen Burggen u. Bernbeuren. **A: u. E:** Gemeindeverwaltung Bernbeuren, Ruf 0 88 60/2 10. **FA:** Karpfen, Schleie, Aal, Hecht, Grasfisch, Bach- u. Regenbogenforelle, Zander, Weißfische. **Geb:** T 10 DM. **B:** 1 Handangel. **G:** Soiersee, siehe unter Bayersoien; **G:** Schmuttersee bei Sameister, Gemeinde Roßhaupten, ca. 24 ha groß bis 3,5 m tief, teils bewaldete, meist sehr flache Moor- oder

Kiesufer. **A: u. E:** Seeinhaber Georg Hummel in Sameister, Ruf 0 83 67/4 47; Angel- und Zoobedarf Wolfg. Miether, Christophstr. 12, Ruf 0 88 61/72 70. Sport-Haupt, Füssen (morgens ab 8.30 Uhr). **FA:** Karpfen, Schleie, Forelle, Zander, Aal. **Geb:** T 10 DM. **B:** Bootsverleih bei Hummel T 10 DM. Fangbeschr. 2 Fische je Art und Tag. 2 Angelruten erlaubt. (1 Friedfisch- und 1 Raubfischrute). **G:** Dienhauser Weiher (zwischen Schwabsoien u. Dienhausen), von B 17 über Denklingen. **A: u. E:** Johann Dadatschek, Schongauer Str. 14 in Schwabsoien, Ruf 0 88 68/3 66; Metzgerei Horst Hüttner, Haus Nr. 67, Denklingen, Ruf 0 82 43/7 10; Fa. Angel- u. Zoobedarf Miether, Christophstr. 12, Schongau, Ruf 0 88 61/72 70. **FA:** Karpfen, Hecht, Schleie. **Geb:** T 10 DM. **B:** Nur 1 Handangel erlaubt. **G:** Deutensee, 9 km südlich von Peiting (B 17). **FA:** Hecht, Regenbogenforelle, Karpfen, Aal, Schleie, Weißfische. **A: u. E:** Landwirt Huber, direkt am See, Ruf 0 88 62/61 73. **Geb:** T 10 DM. **B:** nur 1 Handangel erlaubt. **G:** Schönach bei Hohenfurch **A: u. E:** Moritz Fichtl, Haus Nr. 11/4, Hohenfurch. **Geb:** T 7 DM. **B:** nur an Feriengäste, die mindestens 8 Tage in Hohenfurch wohnen.

Schwangau-Hohenschwangau (89 59): Luftkurort mit den Ortsteilen Alterschrofen, Horn, Waltenhofen und Brunnen. Am Fuße der Königsschlösser Neuschwanstein und Hohenschwangau im Ostallgäu. Schwimmbad am Alpsee, Freischwimmbäder am Forggensee, Bannwaldsee und Schwansee; beheiztes Freibad mit Sport- und Erholungseinrichtungen, Hallenbäder mit Sauna, Wassersport, Bootsverleih, Camping, Minigolf. 2 km von Füssen an der B 17 und über Verkehrsknotenpunkt Füssen auf Straße und Bahn gut erreichbar. **A:** VA Schwangau, Rathaus, Münchner Str. 2, Ruf 0 83 62/85 11 u. 85 12. **G:** Bannwaldsee, ca. 225 ha (dort auch Campingplätze). **FA:** Hecht, Zander, Karpfen, Renke, Aal, Weißfische. **Geb:** nur T 15 DM. **FZ:** Ende Mai. **B:** nur vom Ufer aus; tägl. Ausgabenbeschränkung. **A: u. E:** für Bannwald- und Forggensee: Schuhgeschäft F. Griesmann, Mitteldorf 28, Schwangau, Ruf 83 01. **G:** Mühlberger Ache, Ausfluß Bannwaldsee-Brücke bis Einfluß Pöllat. **FA:** Hecht, Karpfen, Schleie, Forelle, Aal, Weißfisch. Tageskarten beschränkt. **E:** Herr R. Weiß, Rathaus, Schwangau. **G:** Alpsee/Hohenschwangau, **A: u. E:** Büro Wittelsbacher Ausgleichsfonds, Alpseestr. 24, Hohenschwangau. **FA:** Hecht, Forelle, Saibling. **Geb:** nur T ca. 35 DM. **B:** nur vom Ufer aus, nur mit Spinner. **G** Faulenbacher Seen/Füssen, **A: u. E:** H. Niggl, Kurverwaltung, Rückgebäude, Füssen. Alle Angelgeschäfte. **FA:** Hecht, Karpfen, Schleie, Aal, Forelle. **Geb:** T 9 DM. **FZ:** ab 15. 4. Friedfische, Hecht ab 1. 5.; **B:** nur vom Ufer aus. Erlaubnisscheine sind meistens ab 1. 9. nicht mehr erhältlich. **S:** Weißensee, Hopfensee, Schmuttersee, Lech, Trauchgauer Ach und Halblech, leicht zu erreichende Gewässer. **A: u. E:** Ernst Putz, Sonnenweg 1, Schwangau-Alterschrofen. F. Griesmann, Mitteldorf 28, Schwangau. **G:** Füssener Achen, **FZ:** ab 16. 4.

Trauchgau (8959): Gemeinde Halblech, Luftkurort zwischen Ach und Halblech im Ostallgäu. Von Füssen aus mit der Bundesbahn oder durch Bus zu erreichen. B 17; BAB E 11, Ausfahrt Augsburg. **A:** VA, Ruf 0 83 68/8 90. **G:** Trauchgauer Ach, ca. 7 km; **G:** Halblech, ca. 3 km; **FA:** Bach- u. Regenbogenforelle (30 cm), Äsche (35 cm), Bachsaibling (20 cm), Weißfische; tägl. Fangbegrenzung 3 Salmoniden. **FZ:** 1. 5. bis 15. 9. **E:** FV Trauchgau-Buching, Hans Heinzinger, Ruf 2 43. ARAL-Tankstelle, Steingadener Str. 7. **Geb:** T 15 DM. Gästekarte Ostallgäu 10 DM. **B:** Sp.Prü., künstl. Köder, nur vom Ufer aus. **S:** Für den Illasbergsee, Erlaubnisscheine durch Herrn Heinzinger.

Ulm (7900) und Neu-Ulm: Städte an Donau, Iller und Blau. Verkehrsknotenpunkt an der Grenze zwischen Oberschwaben und Bayern; BAB E 11, Ausfahrt Ulm/West; B 10, 311, 30 u. 19. Ulmer Münster mit dem höchsten Kirchturm der Erde; malerisches, mittelalterliches Fischerviertel. Wassersport, Freibad, Camping. **A:** Städt. VA; Gastst. Fischerheim, Am Sandhaken 25; Gastst. Kastbrücke, Laupheimer Str. 1; **G:** Donau, von Donaustetten bis zum Fischerstein Herbelhölzle, einschl. des Ober- u. Unterkanals beim Kraftwerk Wiblingen. Ausgenommen die 600 m lange „Kleine Donau" im Stadtgebiet Neu-Ulm, Länge ca. 12 km. **G:** Rechtsseitiges Altwasser unterhalb der Gögglinger Donaubrücke. **G:** Der Landgraben im Ried Donautal von der Gemarkung Einsingen bis zur Einmündung in die Donau. **G:** Altes Donaubett zwischen der Brücke beim Kraftwerk Wiblingen und der B 30. **G:** Untere Iller von Flußkilometer 1,4 bis Donaueinmündung. **G:** der gesamte Lichternsee, ca. 15 ha groß; **G:** Baggersee beim Fischerheim, ca. 1,45 ha groß; **G:** Baggersee am Eulesweg in Neu-Ulm, ca. 11 ha groß. **FA:** Hecht (1. 1. bis 30. 4., 50 cm), Huchen (15. 1. bis 15. 6., 70 cm), Bach- u. Regenbogenforelle, Bachsaibling (1. 10. bis 31. 3., 28 cm), Waller (1. 1. bis 30. 4., 50 cm), Zander (15. 3. bis 30. 5., 45 cm); Weißfische. Karpfen (35 cm), Schleie (28 cm). **FZ:** für Salmoniden vom 1. 4. bis 30. 9.; in stehenden Gewässern vom 1. 2. bis 31. 12. **E:** Fischerheim, H. Jovanovic, Am Sandhaken 25, Ruf 07 31/3 11 89; Waffen-Honold, Hafengasse 7, Ruf 6 24 08 u. 6 24 15; Gasthaus Kastbrücke, Frau Glöckler, Laupheimer Str. 1, Ruf 4 21 92; Laumayer, Anton, Eisenwaren, Hirschstr. 10, Ruf 6 11 71; Angelgeräte-Center, Fischergasse 34, Ruf 6 58 92; Sport-Sohn, H. Erben, Ruf 7 80 96. **Geb:** T 8 DM, 14-Tage-Karte 37,50 DM, W 28 DM, M 45,50 DM, J 330 DM. **B:** J. Fsch., Sportfischerpaß; kein Bootsverleih, ab 16. 5. j. J. alle Köder; ab 1. 5. j. J. 1 Rute für Raubfisch, 1 Rute für Friedfisch.

Weißensee (8959): Erholungsort im Ostallgäu, in der Nähe von Füssen (5 km), Grenzübergang nach Reutte/Tirol. Gelegenheit zu ausgedehnten Wanderungen (rund um den See), Königsschlösser, Lechfall; Wassersport, Freibad am ganzen See, Bootsverleih, Hallenbad, Familienferiendorf. Bahnstrecken Marktoberdorf–Füssen oder Pfronten, Busverbindungen; an B 310 (Deutsche Alpenstraße). **A:** VV, Ruf 0 83 62/65 00; **G:** Weißensee, mit einer Tiefe bis zu 38 m, verschilftem Ostufer, aber westl. Steilufern, eingerahmt von dem mächtigen Alpenpanorama. **FA:** Hecht (schwerster Fang 42 Pfd.), Zander (über 10 Pfd.), Aal, Schleie, Karpfen (über 30 Pfd.), Seeforelle (selten), Renke (Brotfisch der Berufsfischer), Forelle, Barsch, Brachse (bis 12 Pfd.) u. a. Weißfische. **E:** Gasthaus Böck, Ruf 73 81; hier Urlaubsquartier (im Pensionspreis ist Erlaubnisschein- und Bootsgebühr enthalten), **FZ:** 1. 5. bis 30. 9. **Geb:** T 7,50 DM, Leihgebühr für Boot sonst 15 DM pro Tag. **B:** bis zu 2 Ruten, J.Fsch., Schleppen und lebender Köderfisch erlaubt. **S:** weitere Angelmöglichkeiten in der Nähe: Forggensee, Grüntensee, Hopfensee, Bannwaldsee, Lech (siehe jeweils dort).

Wertach (8965): Luftkurort und Wintersportplatz im Oberallgäu; Bahnstrecke Kempten–Pfronten; B 310. Wassersport, Wandern, Wald- und Moorlehrpfade, Badesee, Bootsverleih, Freischwimmbad, Minigolf, Camping. **A:** VA, Ruf 0 83 65/2 66. **G:** Grüntensee, ca. 134 ha. **FA:** Bach- und Regenbogenforelle, Äsche, Zander, Barsch, Karpfen. Fangbegrenzung vier Edelfische. **E:** Fischereigilde „Grüntensee" in Wertach. Weitere Ausgabestellen und Bedingungen siehe unter Nesselwang.

Nördlich vom Bodensee, zwischen Donau, Iller und Stockacher Aach

Gewässer: Bodensee mit Überlinger See, Obersee, Zeller See und Untersee, Alpsee, Aach, Ablach, Argen, Dürnach, Kanzach, Ostrach, Riß, Rot, Rotach, Rottum, Schussen, Schwarzach, Stehem, Weihung

Altheim-Heiligkreuztal (7940): ruhiges Dorf, 6 km von Riedlingen entfernt. B 312 und B 311. **A:** Bürgermeisteramt. **G:** Biberach von Gemarkung Andelfingen bis Riedlingen, ca. 4 km, bis 5 m breit. **FA:** Forelle, Barbe, Döbel. **E:** FV Altheim e.

V., Kirsch, Lerchenweg 22. **G:** 2 Weiher im Dorf mit 1 ha Wasserfläche. **FA:** Forelle, Barbe, Döbel. **E:** FV Heiligkreuztal, Walter Bucher.

Bad Waldsee (7967): Kleinstadt, Moorheilbad, Kneippkurort zwischen 2 Seen; Bahnstrecke Aulendorf–Leutkirch; an der B 30. Wassersport, beheiztes Freibad, Hallenschwimmbad, Rudern, Golf, Minigolf, Tennis. **A:** Städt. Kurverwaltung, Ruf 0 75 24/1 02 15. **G:** Stadtsee, ca. 17 ha. **FA:** Hecht, Wels, Barsch, Karpfen, Aal, Schleie, Forelle u. v. Weißfische. **E:** FV, nach Vereinbarung; Blumengeschäft Springmann, Hauptstr. **Geb:** T 12 DM, W 40 DM. **B:** Kurgast, alle Köder.

Heidenheim a. d. Brenz (7920): das Ostalbzentrum zwischen Wald und Heide; Bahnstrecke Ulm – Heidenheim – Aalen – Crailsheim; B 19 und 466; Freizeitpark Schloß Hellenstein, Museum, Naturtheater, Wildparks, Kinderspielplätze, Hallenbäder, darunter das Hallenfreizeitbad „Aquarena" mit 50 mal 21-m-Becken. Minigolf, Reiten, Tennis, beheiztes Waldfreibad. **A:** VV Stadt und Kreis Heidenheim, Schnaitheimer Str. 6, Ruf 0 73 21/2 10 70, und Wendel Haas, Wieselweg 15, Ruf 4 34 64. **G:** Brenz von Nordgrenze WCM (Hechtgraben) Heidenheim – Brücke Schnaitheim an der B 19, ca. 3 km bei 20 m Breite. **FA:** Bach- und Regenbogenforelle (30 cm), Aal, Karpfen (35 cm), Hecht (40 cm) u. v. Weißfische. Tägl. Fangbegrenzung 2 Forellen, 1 Äsche, 1 Karpfen. **FZ:** 1. 5. bis 30. 9., tägl. bis 23 Uhr. **E:** Herr Haas. **Geb:** T 12 DM. W 50 DM für 7 Tage. **B:** Sp.Prü., kein Bootsverleih, 1 Rute. Der ASV Heidenheim gibt eine Gewässerbefischungskarte heraus, aus der Köderwahl und Verbotsstrecken ersichtlich sind.

Illmensee (7799): inmitten der ursprünglichen Voralpenlandschaft, eingebettet zwischen Wiesen, Wäldern und schützenden Höhenzügen. Von B 12 München auf B 18 (Landsberg–Memmingen, Wangen, dann auf B 32 bis Ravensburg. Von Ulm auf B 30 bis Ravensburg. 12 km von Pfullendorf, 25 km vom Bodensee, 25 km von Ravensburg entfernt. **G:** Illmensee, ca. 72 ha, bis zu 16 m tief; teilweise mit breitem Schilfgürtel umgeben, Ufer sumpfig und mit Bäumen und Buschwerk bewachsen. Trotzdem gute Angelplätze. **FA:** Hecht (50 cm, Schonzeit bis 30. 4.), Karpfen (30 cm, keine Schonz.), Zander (40 cm, bis 31. 5.), Wels (90 cm, bis 30. 6.), Schleie (25 cm, keine Schonz.), Aal, Forelle (30 cm, bis 30. 4.), verschiedene Weißfische, überwiegend Brachsen. **FZ:** vom 1. 12. bis 30. 4. gibt es keine Fangerlaubnis. **A:** Bürgermeisteramt, Ruf 0 75 58/2 08. **E:** FV Illmensee, Herr Jäger, Rathaus. Angelgeschäft Grießhaber; Friedrich Adolf, Birkhofstr. 9. **Geb:** (vom Ufer aus) T 10 DM, W 30 DM, M 70 DM; für Urlauber in der Gemeinde: T 5 DM, W 20 DM, M 50 DM. (vom Boot aus): W 60 DM, M 140 DM; für Urlauber W 40 DM, M 100 DM. **B:** eigenes Boot erlaubt. Bootsverleih, 2 Ruten, alle Köder, außer untermaßigen Raubfischarten. **G:** Ruschweiler See, ca. 20 ha, bis 15 m tief. **A: u. E:** SFV Kr. Reutlingen e. V. Erwin Walter, Engestr. 6, 7414 Lichtenstein.

Kißlegg (7964): Luftkurort im württembergischen Allgäu; BAB E 7, Ausfahrt Memmingen; B 18 und B 465. Bahnstrekke Lindau–Memmingen. Strandbad u. beheiztes Schwimmbecken, Bootsverleih. **A:** VA und Bürgermeisteramt, Schloßstr. 5, Ruf 0 75 63/80 61. **G:** Obersee, ca. 27 ha. **FA:** Wels, Hecht, Karpfen, Schleie, Weißfische. **E:** Forstamtmann Maul, Gebrazhofer Str. (Forsthaus); SFG Holzmühle-Immenried e. V. Lothar Schweizer, Hochbergstr. 52, 7980 Ravensburg. **Geb:** T 15 DM. **B:** O.A., Ferien- oder Hausgast; 2 Ruten erlaubt, alle Köder.

Kreßbronn (7993): anerkannter Erholungsort (6600 Einw.) im Bodenseekreis mit den Ortsteilen Betznau, Gattnau, Gohren, Retterschen, Tunau. Bodensee-Uferort zwischen Lindau und Friedrichshafen, B 31/E 121, südl. Ende der B 467. Bahnhof, Busverbindungen, Hallenbad, Freibad, Kurpark, Tennis, fast allen Wassersport, Camping. **A:** VA, Ruf 0 75 43/67 21 u. ASV Kreßbronn e. V., 1. Vors. Horst Schneider, Säntisweg 28, Ruf 74 88. **G:** Degersee, ca. 32 ha groß. **FA:** Hecht (50 cm), Forelle (30 cm), Schleie (25 cm), Karpfen (35 cm), Aal, Weißfische. Fangbegrenzung: tägl. insgesamt vier Edelfische, 2 Hechte, 2 Forellen, 2 Zander oder 2 Schleien und 2 Karpfen. **FZ:** Juli bis Oktober. **E:** Fam. Walter Matulla, Hörbolzmühle 53a, Ruf 0 83 82/2 31 54; Frau Anna Weckerle, 79 92 Wettis, Ruf 0 75 43/88 91 (evtl. auch Zimmer bei Voranmeldung zu haben). **Geb.:** T 15 DM (bzw. 17 DM, Rükkerstattung von 2 DM gegen Abgabe der Fangliste). **B:** O.A., Bootsverleih gegen Gebühr, alle Köder, 2 Ruten.

Laupheim (7958): Gartenstadt in Oberschwaben zwischen Ulm (25 km) und Biberach a. d. Riß; Bahnstrecke Ulm–Friedrichshafen, B 30. Parkbad, Segelfliegen, Reiten. **A:** Bürgermeisteramt, **G:** Rottum, 2,5 km lange Angelstrecke. **FA:** Karpfen, Forelle, überwiegend aber Weißfische. **G:** ca. 4 ha großer Baggersee, **FA:** Karpfen, Zander, Hecht, Aal, Weißfische. **FZ:** 1. 4. bis 30. 9. **E:** Zimmer 6 im Bürgermeisteramt. **Geb:** T 10 DM, W 30 DM. **B:** Sp.Prü., 1 Rute, alle Köder, kein Bootsverleih.

Leutkirch (7910): Große Kreisstadt im Allgäu. BAB E 7 bis Memmingen, B 18 und B 465. Bahnstrecke Memmingen–Aulendorf und Leutkirch–Isny; Freibäder. **A: u. E:** Bürgermeisteramt. **G:** Stadtweiher, ca. 17 ha, in Stadtnähe. **FA:** Hecht, Karpfen, Schleie, Weißfische; tägl. Fangbegrenzung 2 Karpfen und 2 Hechte. **FZ:** 15. 4. bis 31. 10., **Geb:** W 30 DM. **B:** Sp.Prü., Feriengast; 1 Rute, alle Köder, es darf nur vom Ufer aus gefischt werden.

Oberstaufen (8974): mit Steibis, Thalkirchdorf, Aach. Heilklimatischer Kurort im Oberallgäu. Wintersportplatz, Schrothkurort; Bahnstrecke München–Lindau, B 308; Kabinenseilbahn, Minigolf, Tennis, Reiten, Wandern und Bergsteigen. **A:** Kurverwaltung, Schloßstraße 8, Ruf 0 83 86/4 66. **G:** Jugetbach, Tronsberger Bach und Großer Alpsee. **FA:** In den Bächen Bachforellen, im See: Hecht, Karpfen, Schleie, Zander u. Weißfische. **E:** für die Bäche: Ossi Weiß, Hotel Montfort; für den See: nur für die Gäste des Ortsteils Thalkirchdorf, die Kurverwaltung. Außerdem in der Kurverwaltung, Schloßstr. 8, Tageskarten für den Baggersee Blaichach. **Geb:** Bäche T 15 DM, See T 8 DM. **B:** J.Fsch.

Ravensburg (7980): Große Kreisstadt, wirtschaftlicher und kultureller Mittelpunkt Oberschwabens. Nähe Bodensee und Alpen; Bahnstrecke Ulm–Friedrichshafen; Schnittpunkt B 30 u. B 32 an der Oberschwäbischen Barockstraße. Freischwimmbad, Hallenschwimmbad, Tennis, Reiten, Ferien auf dem Bauernhofe, Jugendherberge, Fahrradverleih, Minigolf, 2 Trimm-dich-Pfade, Wanderstrekken. **A:** VA, am Marienplatz, Ruf 07 51/8 23 24/3 26. **G:** Lausheimer Weiher, ca. 14 ha groß, 7 km von Ostrach, 10 km von Pfullendorf. **FA:** Forelle, Aal, Karpfen, Schleie, Hecht, Grasfische, Weißfische. **E:** KFV Ravensburg, Grüner-Turm-Str. 23; Besitzer Herr Dreher in Magenbuch; Café Kohler, Lausheim; Fa. Knödler, Fa. Marschall, alle Ravensburg; Fa. Grimm, Weingarten. **G:** Metzisweiler Weiher, ca. 36 ha groß. **FA:** Forelle, Aal, Karpfen, Schleie. **E:** wie Lausheimer Weiher. **G:** Stockweiher, ca. 12 ha groß. **FA:** Hecht, Karpfen, Schleie, Aal, Barsch. **E:** nur noch an Kurgäste der Gemeinde Wolfegg, Bürgermeisteramt. **FZ:** ab 1. 5. für alle Weiher. **Geb:** an allen Weihern: je T 20 DM, J 250 DM. **B:** an allen Weihern je 2 Ruten mit je einem Haken. J.Fsch., Mindestmaße und Schonzeiten auf Erlaubnisschein beachten.

Rechtenstein (7931): zwischen Ehingen und Riedlingen an der B 311. Über den Donauufern das Prämonstratenserkloster. **A:** Gemeindeverwaltung. **G:** Donau, ca. 5 km, 50 m breit 2–3 m tief (unterschiedlich: träge oder schnellfließend); vom Einlauf Braunsel bis 200 m oberhalb der Straßenbrücke Obermarchtal. **FA:** Hecht (bis 22 Pfd.), Regenbogenforelle (bis 2 kg), Wels, Karpfen, Aal (bis 2 kg), Äsche (bis 60 cm), Barbe recht zahlreich, überhaupt alle Weißfische. Fangbegrenzung: 3 Edelfische pro Tag. **Geb:** T 15 DM, WE 25 DM, W 50 DM. **E:** ASV Reutlingen; Fa. Waffen-Ritter, Lederstr. 21 in Reutlingen. Gasthof „Zur Brücke“ in Rechtenstein. **B:** Sp.Prü.; 1 Rute. Mitbringen von Köderfischen untersagt, nur Verwendung solcher aus Fischzuchtanstalt Dattenhausen (4 km).

Riedlingen (7940): malerische Stadt in Südwürttemberg, Bahnverbindungen mit Ulm und Freiburg–Sigmaringen; B 32. Reiten, Segelfliegen, Lehrschwimmbekken. **A: und E:** Bürgermeisteramt, Peter Hammer, Donaustr. 5. **G:** Donau, ca. 5 km, 15 m breit. **FA:** Forelle, Hecht, Barbe u. a. Weißfische. Fangbegrenzung tägl. 3 Forellen oder 3 Äschen. **FZ:** 1. 5. bis 30. 8. **Geb:** T 15 DM, W 60 DM. **B:** O.A., Sp.Prü., 1 Rute.

Scheer (7486): kleines Städtchen an der Donau, Bahnstrecke Ulm–Sigmaringen, B 32, B 313, nach Sigmaringen 10 km; Rudern, Baden. **A: und E:** Bürgermeisteramt. **G:** Donau, ca. 3 km, durchschn. 30 m breit. **FA:** Forelle (28 cm), Hecht, Barsch, Aal u. Weißfische. Tägl. Fangbegrenzung 2 Edelfische. **FZ:** 1. 3. bis 31. 12. **Geb:** T 5 DM. **B:** Sp.Prü., Feriengast; 1 Rute, alle Köder, Nachtangeln auf Aal.

Scheidegg (8999): mit Scheffau, Kneipp- und Luftkurort im Westallgäu, in der Nähe von Lindau a. B., zwischen Hochgebirge und Bodensee im Dreiländereck Deutschland/Österreich/Schweiz; an der Deutschen Alpenstraße B 308; Bahnstrecke Kempten–Lindau, Station Röthenbach. Wandern und Bergsteigen, Freibad, Hallenbad. **A:** u. **E:** Kurverwaltung, Rathausplatz, Ruf: 0 83 81/14 51. **G:** Waldsee, Lindenberg 500 mal 200 m. **FA:** Hecht, Karpfen, Schleie, Weißfische; pro Tag nicht mehr als 3 Edelfische, Weißfischfang unbegrenzt. **Geb:** T 10 DM, W 25 DM. **B:** Sp.Prü., 1 Rute, Befischungs-Sonderauflagen im Erlaubnisschein beachten. Feriengast.

Vogt (7981): Das Tor zum Allgäu, Sommerfrische zwischen Ravensburg und Wangen; Landschaftsschutzgebiet, unweit der Oberschwäbischen Barockstraße. B 32, Bahnstation ist Wolfegg. Ozonhallenbad mit Sauna und Solarium, Rundwanderwege, 2 Wanderparkplätze, Trimm-dich-Park. **A:** Bürgermeisteramt, Ruf 0 75 29/8 11. **G:** Holzmühleweiher, ca. 33 ha groß, Ostufer gut begehbar. **FA:** Hecht (bis 30 Pfd.), Karpfen (bis 20 Pfd.), Forelle (vereinzelt bis 6 Pfd.), Schleie. **E:** Fischerhaus Immenried; L. Schweitzer, Hochbergstr. 52, 7980 Ravensburg, Ruf 07 51/9 17 53. Franz Müller, Haus Nr. 108, in Kißlegg-Immenried. FV Holzmühle e. V., Rathaus. **Geb:** T 15 DM. **B:** vom Verein aus können Leihboote benutzt werden; ganzjährig gesperrt sind Wels und Zander. Tote und lebende Köderfische, 2 Ruten sind erlaubt.

Oberbayern (ostwärts vom Lech, westlich der Isar) zwischen Lech – Donau und Isar

Gewässer: Ammersee, Bannwaldsee, Eibsee, Forggensee, Kochelsee, Pilsensee, Soier See, Staffelsee, Starnberger See, Sylvenstein-Stausee, Walchensee, Wörthsee
Aach, Ammer, Amper, Glonn, Ilm, Isar, Lech, Loisach, Moosach, Paar, Windach, Würm

Ammersee: nach dem Chiemsee und Starnberger See das drittgrößte Gewässer Bayerns mit 48 km², 16 km lang, 3 bis 6 km breit und bis 83 m tief, durchschnittliche Tiefe 38 m; sein Flachwassergürtel (bis 10 m) nimmt rund 23 % der Gesamtfläche ein; Ufer weniger verbaut als die des Starnberger Sees, aber dichter von Wald umsäumt, schilfreich bei Eching-Stegen, im Herrschinger Winkel und am Südufer (Fischener Winkel), hier auch fortschreitende Verlandung. Zur Wasserstandsregulierung ist in Stegen ein Wehr erbaut worden. Die südliche Seegrenze verläuft zwischen der ehemaligen Gasthofgrenze Fischen in Richtung neue Ammer-Einmündung. Fischereiliche Sperrgebiete befinden sich am Einlauf des Weinbaches in Dießen, in der alten Am-

Oberbayern, zwischen Lech, Donau und Isar

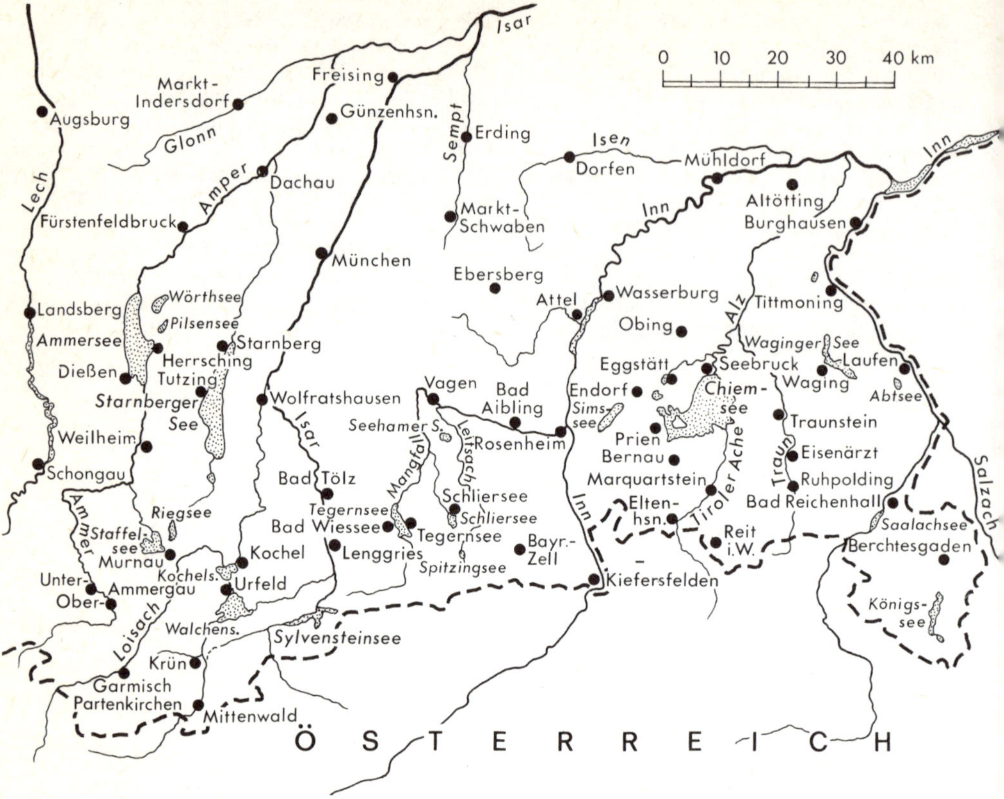

mer, im Fischener Winkel (neuer Ammerlauf, abgeschlossener Teil) und am nördlichen Ufer bei Stegen. **FA:** Brotfisch der Berufsfischer ist die Renke, Hecht bis 35 Pfund, zufriedenstellender Bestand; Zanderfänge überwiegen in den letzten Jahren bei weitem den Hechtfang (bis 15 Pfund). Erfolgreich ist nur das Schleppen vom Boot aus. Aal (gut), Rapfen, besonders im Obersee (Fänge bis 14 Pfund). In den letzten Jahren bedeutende Zunahme des Karpfens, verstärkter Einsatz, Mindestmaß 35 cm; Bleie (Brachsen) sehr großwüchsig. See- und Regenbogenforelle sind versuchsweise eingesetzt worden. Schleie, vorwiegend im südlichen Teil des Gewässers (Obersee). **FZ:** 1. Mai bis 15. August von 6–21 Uhr und vom 16. August bis 15. Oktober von 7–19 Uhr. Für Hecht, Zander, Rapfen Juli bis August die beste Fangzeit, jedoch stark behindert durch Segelsport. **E:** Fischereigenossenschaft Ammersee; Kartenausgabe durch die Fischermeister in den einzelnen anliegenden Gemeinden (s. dort). **Geb:** T u. WE 10 DM, M 30 DM. Rentner: J 40 DM, Jugendliche: J 30 DM. **B:** J. Fsch., Bootsverleihe bei fast allen Berufsfischern; alle Köder erlaubt, 2 Handruten mit einfachem Haken, oder eine Schlepp-, Spinn- oder Stellfischangel mit einer zusätzlichen Handrute (aber nur mit einem Haken).

Breitbrunn (8081): Erholungsort in waldreicher Umgebung mit schönem Strand am Ostufer des Ammersees; Bahnstation ist Herrsching (8 km, Busverbindung); B 12 ab Inning, B 2 und BAB E 61, Ausfahrt Etterschlag-Inning. **A:** Gemeindeverwaltung, Breitbrunn am Ammersee, Ruf 0 81 52/12 95. **G:** Ammersee (siehe dort).

E: Fischermeister Josef Perchtold, Ruf 0 81 52/63 24.

Dießen (8918): Bade- und Luftkurort am Südwestufer des Ammersees, Bahnstation der Bahnstrecke Augsburg-Dießen-Weilheim; Uferstraße zwischen Greifenberg (15 km) und B 2 (Pähl-Hirschberg, 10 km); jeglicher Wassersport, Strandbäder, modernes Hallenbad, Bootsverleihe, Segelschule Heinrich Seidl (von Mai bis Okt.), Tennis, Campingplätze. **A:** Gemeindliches Verkehrs- und Reisebüro, Ruf 0 88 07/2 33. **G:** Ammersee (siehe dort). **E:** Fischermeister Josef Schwarz, Mühlstr. 21, Ruf 78 77; Fischermeister Josef Rauch, Mühlstr. 38, Ruf 71 67.

Fischen a. Ammersee (8121): Post Pähl, kleiner ländlicher Erholungsort an der Südspitze des Ammersees; Badestrand, jeglicher Wassersport, Segelschule. Bahnstationen: Dießen (6 km), Herrsching (8 km), Weilheim (10 km), Busverbindungen. B 2 ab unterer Hirschberg (Pähl). **G:** Ammersee, siehe dort. **FA:** Aal, Hecht, Zander, Barsch, Schied, Nerfling, Karpfen, Schlei, Brachse u. a. Weißfische. **FZ:** ganzjährig unter Beachtung der Artenschonzeiten. **E:** Ammerseegenossenschaft; alle Berufsfischer des Ammersees; Stumbaum, Anton, Seepromenade 8, Ruf 0 81 52/13 75; Pechtold, Josef, Breitbrunn und die Fischermeister in Dießen. **Geb:** W 10 DM, M 30 DM. Rentner J 40 DM, Jugendliche J 30 DM. **B:** J.Fsch., alle Köder, 2 Handangeln oder 1 Schlepp-, Spinn- oder Stellfischangel mit einer zusätzlichen Handrute mit nur einem Haken.

Inning – Stegen (8084): Sommerfrische am Ausfluß des Ammersees (Amper), Einmündung der Windach in den Ammersee. Bahnstation ist Steinebach am Wörthsee, Strecke München-Herrsching. B 12 zwischen München (35 km), Landsberg (22 km), Abzweigung der B 471 nach Fürstenfeldbruck (15 km). Freibadestrand in Stegen, jeglicher Wassersport. **A:** VV, Landsberger Str. 4, Ruf 0 81 43/ 6 23. **G:** Ammersee, siehe dort.

Rieden – Riederau (8919): beide Orte liegen am Westufer des Ammersees, der hier flachen, sandigen Strand aufweist. Bahnstation der Strecke Augsburg-Weilheim, Straße zwischen Greifenberg (12 km), Dießen (4 km); Freibad bei St. Alban (2,5 km südlich), Bootsverleih, Segelkurse, Reiten, Jachtklub, Campingplätze. **A:** VV Utting, Ruf 0 88 06/75 16. **G:** Ammersee, siehe dort. **E:** Fischermeister Jakob Metzger, Rogisterstr. 5, Ruf 0 88 06/77 04.

Schondorf (8919): Alte Fischersiedlung und Luftkurort am Westufer des Ammersees, inmitten einer weiträumigen Erholungslandschaft. Bahnstation der Strecke Augsburg-Weilheim. BAB E 61 (B 12), Ausfahrt Eching. Strandbad, Warmfreibad in Greifenberg (2,5 km), Hallenbad in Dießen (12 km), Bootsverleih: Anton Schwarz, Fischermeister, Seestr. 11, Ruf 2 15; Fischermeister Gastl, am Dampfersteg; **A:** VB, Rathausplatz 1, Ruf 0 81 92/ 2 26. **E:** Fischermeister Georg Ernst, An der Point 2, Ruf 2 19, (verleiht auch Boote). **G:** Ammersee, siehe dort.

Utting (8919): Luftkurort mit 2 900 Einw. am Westufer des Ammersees; ländliche Gemeinde, ruhige Sommerfrische. Bahnstrecke Augsburg–Weilheim; B 12/E 61 München Landsberg oder B 2 München – Hirschberg – Pähl – Dießen. Strandbad, Bootsverleih, Segelschule (auch Tageskurse), Minigolf, Reiten, Tennis, Campingplatz direkt am See. **A:** VV, Ammersee-Lech, Von-Kühlmann-Str. 15, 8910 Landsberg, Ruf 0 81 91/12 92 34; Fischermeister Willi Ernst und Nikolaus Marx, beide in Utting, Ruf 0 88 06/76 61; **G:** Ammersee, (siehe dort). **Geb:** W 10 DM, (vom Ufer aus: Rentner J 40 DM, Jugendliche J 20 DM). In der Nähe Windach und Windach-Stausee (7 km). **B:** Ruderboote T 10 DM bis 15 DM, W 60 DM. Ausreichend Parkplätze, gute Lage für Ausflüge in die Alpen oder zum Besuch des Klosters Andechs (Bayer. Brotzeit).

Bad Heilbrunn (8173): zwischen Wäldern, direkt an der B 472. BAB E 6, Ausfahrt Iffeldorf/Penzberg, von dort zur B 472 Richtung Bichl-Bad Tölz. **A:** VV, Ruf

0 80 46/2 53. **G:** Stallauer Weiher, ca. 20 ha groß und bis 6 m tief. **FA:** Hecht, Forelle, Karpfen, Schleie, Weißfische. **Geb:** T 8,50 DM, W 32 DM. **E:** Gasthof Wiesweber, direkt am See, Ruf 4 53. Übernachtungsmöglichkeit. **S:** Über den 1. Vors. Herrn Kreig FV 8191 Königsdorf sind noch weitere, interessante Angelgewässer zu erfragen.

Bayersoien (8111): 812 m ü. d. M.; anerkannter Luftkurort am Fuße des Ammergebirges, abseits des Durchgangsverkehrs, 150 km markierte Wanderwege, ruhig gelegener See mit kleinem Naturpark; Bahnstation Saulgrub (4 km), Strecke Murnau-Oberammergau, B 23. Während der Saison jede Woche Heimatabend, Bauerntheater und Kurkonzerte. Kurhaus, Moorbäder, alle medizinischen Bäder, Massagen aller Art, Bestrahlungen u. a. m. Minigolfplatz, 170 km Wanderwege. **A:** VA, Ruf 0 88 45/18 90 oder Gemeindeverwaltung, Ruf 18 54. **G:** Soier See, ca. 20 ha groß, durchschnittlich 3 m tief. Natursee im Landschaftsschutzgebiet. Moorhaltiges Wasser. **FA:** Hecht, Karpfen, Schleie, Zander, Aal, Weißfische. Vereinzelt große Forellen. **FZ:** 1. 5. bis 15. 10. **E:** Fischermeister Peter Lindner, „Fischerhäusl", direkt am See u. Gemeindeverwaltung. **Geb:** T 9 DM, für Gäste der Gemeinde T 7 DM. W 32 DM, bzw. 27 DM. **B:** 2 Angelruten erlaubt. Freie Köderwahl, keine Fangbegrenzung. Leihboote T 8 DM. **S:** weitere nahegelegene Angelgewässer: Forggensee bei Füssen, Lech, Schwaigsee, Schmuttersee, Deutensee, Haslacher See und Dienhauser Weiher.

Bernbeuren (8921): nördlich des Forggensees, in der Nähe der Lechstaustufen. Von B 17 (Romantische Straße), B 16 und B 472 zu erreichen. **A: u. E:** Gemeindeverwaltung, Ruf 0 88 60/2 10; **G:** Haslacher See, zwischen Burggen und Bernbeuren. **FA:** Karpfen, Schleie, Aal, Hecht, Grasfisch, Marmorkarpfen, Bach- und Regenbogenforelle, Zander. **Geb:** T 10 DM. **B:** J.Fsch., 1 Rute erlaubt.

Dienhausen (8911): von der „Romantischen Straße", B 17 weiter über Denklingen. In der Nähe die Lechstaustufen. **A:** Gemeindeverwaltung Denklingen. **G:** Dienhauser Weiher, zwischen Schwabsoien und Dienhausen. **FA:** Karpfen, Hecht, Schleie. **E:** Johann Dadatschek, Schongauer Str. 14, Schwabsoien, Ruf 0 88 68/3 66; Metzgerei Horst Hüttner, Haus Nr. 67 in Denklingen, Ruf 0 82 43/ 7 10; Firma Angel- und Zoobedarf Miether, Christophstr. 12, Schongau, Ruf 0 88 61/72 70. **Geb:** T 10 DM. **B:** J.Fsch., 1 Handangel erlaubt.

Garmisch-Partenkirchen (8100): olympischer, internationaler heilklimatischer Kurort am Zusammenfluß von Loisach und Partnach in einem weiten Talkessel, beherrscht vom mächtigen Gebirgszug des Wettersteingebirges mit der Zugspitze: Bahnstrecke München bzw. Augsburg-Mittenwald-Innsbruck, Linie nach Reutte (Tirol-Kempten), Allgäu; B 2 München-Olympiastraße (E 6) – Murnau (25 km) – Mittenwald (18 km), B 23 nach Oberammergau (20 km), B 24 nach Griesen (15 km); jegliche Unterhaltung, Zugspitzbahn, Seilbahnen, Hallen- und Freibäder, Bootsverleihe am Rießer-, Bade- und Eibsee, Golf, Kleingolf, Tennis, Reiten, Camping. **A:** Kurverwaltung. Schnitzschulstraße 19, Ruf 0 88 21/ 5 30 93. **G:** Loisach, ca. 8,5 km und Partnach, ca. 9 km herrliches Wildwasser. **FA:** Bach- u. Regenbogenforelle (26 km), vereinzelt Äsche (35 cm); tägl. Fangbegrenzung 6 Fische oder insgesamt 3 Pfund. **E:** Koppelfischerei, Ludwigstr. 85, Ruf 29 55; „Paulaner Thomasbräu", Frau Margot Brand, Ludwigstr. 85; Klein, Günter, Obergrainau, Friseursalon, Oberer Dorfplatz 3, Ruf 89 29; Johannes Händel, Baderseeweg 2, Untergrainau, Ruf 85 84; weitere Auskunft durch Kurdirektion oder VA am Bahnhof. **Geb:** Loisach T 13 DM, W 60 DM; Partnach T 11 DM, W nach Vereinbarung. **B:** Kurgast; nur künstl. Köder. **S:** nach Vereinbarung im **Geroldsee**, Rießersee (ca. 4 ha), 3 km südlich des Ortes. T 12 DM, W 50 DM. Auch am **Eibsee** Angelmöglichkeiten: T 8 DM bei einer Rute, W 30 DM, M 50 DM.

Geretsried (8192): im Voralpengebiet an

der Isar, Bahnstrecke München (40 km) – Wolfratshausen (7 km), Busverbindung; B 11 München-Wolfratshausen-Bichl-Kochel-Walchensee; BAB E 6, Ausfahrt Wolfratshausen. Campingplatz mit nahegelegener Badegelegenheit, Sportflugplatz. **A:** VV und SFV Geretsried e. V., Ruf 0 81 71/6 10 47; **G:** Bibisee (Baggersee in landschaftlich schöner Gegend bei Königsdorf-Wiesen). **FA:** Forelle, Zander, Karpfen, Schleie und Weißfische. **E:** wie **A:** und Spielwaren-Hobbyhaus, D. Stirmer, Sudetenstr. und Gasthaus am Bibisee. **Geb:** T 10 DM, W 40 DM, M 70 DM. **B:** O.A., Sp.Prü., keine lebenden Köder, 1 Rute. Fangbeschränkung: 1 Hecht oder Zander, 2 Forellen (Salmoniden), 1 Aal, 2 Barsche, 2 Karpfen, 2 Schleien, Weißfische frei.

Grainau (8104): Luftkurort am Fuße der Zugspitze; von Garmisch aus 6 km, B 24; Zugspitze- und Alpspitzbahnen, Hallenbad u. beheiztes Freibad (26 °C). **A:** VA, Ruf 0 88 21/8 12 81. **G:** Eibsee: 973 m ü. NN, 175 ha groß. **FA:** Hecht (50 cm), Forelle (26 cm), Schleie (30 cm), Karpfen (35 cm), Renken, Brachsen, Barsch u. a. Weißfische. **FZ:** 16. 4 bis 30. 9. **E:** Klein, Friseursalon, Oberer Dorfplatz 3, Ruf 89 29. Gästehaus Rosi; Johannes Händel, Baderseeweg 2, Ruf 85 84. **Geb:** T 12 DM, W 50 DM. **B:** 1 Rute; Fischen mit Wurm ist nicht erlaubt; Boote vorhanden; Eisfischen nicht erlaubt. **G:** Loisach mit Hannersbach: ca. 10 km Angelstrecke. **FA:** Forelle. **FZ:** 16. 4. bis 30. 9. **E:** Ausgabestellen wie vorgenannt. **Geb:** T 13 DM, W 60 DM.

Ingolstadt (8070): altertümliche Stadt an der Donau, Bahnknotenpunkt der Strekken Ulm–Ingolstadt, Augsburg–Regensburg, München–Nürnberg; BAB E 6; B 13 und B 16a; **A:** städt. VA, Schrannenstr. 1, Ruf 08 41/30 54 17. Viele Hobbymöglichkeiten. **G:** Donau, ca. 18 km. **FA:** div. Fried- und Raubfische. **G:** Auwaldsee, ca. 13 ha, in unmittelbarer Nähe der BAB. Bootsverleih und Badegelegenheiten. **FA:** Hecht, Zander, Aal, Karpfen, Schleie, Weißfische. **E:** KFV Ingolstadt e. V., nach Vereinbarung. Geschäftsstelle, Griesbadgasse 6 und einschlägiger Fachhandel. **Geb:** Donau: T 7 DM, J 100 DM. Auwaldsee: T 7 DM, W 20 DM, M 40 DM. **G:** Sandrach, ca. 11 km Fließgewässer, **G:** Mailinger Bach, ca. 6 km Fließgewässer. Kuttenreichweiher Mailing, 25 Tagwerk Wasserfläche. **G:** Zaunersee Ochsenschütt, ca. 27 Tagwerk Wasserfläche; **G:** Irgertsheimer Seen, gesamt 160 Tagwerk. **G:** Meiersee Großmehring, ca. 130 Tagwerk. **G:** Angergraben Pichl, ca. 3,5 Tagwerk und **G:** Kempesee Seehof, ca. 50 Tagwerk Wasserfläche. **FA:** Hecht (50 cm), Zander, Aal, Karpfen (35 cm), Schleie (27 cm), (von jeder Fischart 2 Stück pro Tag), Bachforelle, Äsche, Nase, Nerfling, Aitel, Barsch u. Köderfische. Gesetzliche Schonzeiten und Schonmaße beachten. **FZ:** Frühjahr bis Herbst. **E:** Sportfischerzentrale, Friedrich-Ebert-Str. 41; Fischereibedarf Steinkrug, Münchnerstr. 45; Michael Kost, Münchnerstr. 57; Gaststätte „Am Auwald", Am Auwaldsee 2; Josef Schmidl, Dörflerstr. 10; Dienstag von 18–20 Uhr, Geschäftsstelle, Schrannenstr. 3, B II. **Geb:** T 5 DM, W 25 DM, 2 W 45 DM, M 80 DM. **B:** J.Fsch., alle Köder erlaubt, 2 Ruten. Aalfang vom 1. 5. bis 30. 9. bis 24 Uhr.

Jachenau (8171): Erholungsort in der Nähe des Walchensees (800 m), viele Wanderwege in waldreicher Gegend. Wassersport am Walchensee (4 km); über Kesselbergstraße zum Kochelsee. **A:** FVV, Ruf 0 80 43/3 68. **G:** Walchensee: 16 km², 7 km lang, bis 5 km breit u. mit 192 m tiefster deutscher Alpensee. **E:** Kremsreiter, Mühle, Haus Nr. 7½, Ruf 3 83. Alle weiteren Bedingungen siehe unter „Walchensee".

Kochel am See (8113): alpiner Luftkurort im Herzen Oberbayerns (610 m ü. d. M.) am Nordostufer des fast 6 km² großen Kochelsees mit einem der schönsten Freizeitzentren, dem sog. „trimini". B 11 und BAB E 6, Ausfahrt Murnau-Kochel (8 km); Bahnstrecke München–Starnberg–Penzberg–Kochel. In der Nähe der Walchensee, der über die Kesselbergstraße zu erreichen ist. Sesselbahn zum Herzogstand (1731 m). **A:** VA, Kalmbachstr. 9, Ruf 0 88 51/3 38. **G:** Kochelsee (siehe dort). **S:** Loisachauslauf: Salmonidenstrecke mit dem sog. Rohrsee, einem Teil des Kochelsees, ca. 3 km und dem Loisachkanal mit ca. 2 km Angelstrecke. **FA:** Bach- und Regenbogenforelle, Äsche, Hecht, Barbe, Huchen, Weißfische. **FZ:** Mai bis Oktober. Merkblatt der Ausgabestellen gibt über die Bedingungen Auskunft. **E:** Fischermeister Georg Kremhiller, Kirchenweg 1. **Geb:** 2 W 75 DM (nur in den Monaten Juli/August), M 100 DM. **B:** J.Fsch., Sp.Prü., 1 Rute, nur vom Ufer aus. Ausführliche Einzelheiten sind dem Buch „Die 100 besten Angelplätze für Salmoniden in Europa“, Verlag Paul Parey, Hamburg, zu entnehmen.

Der Kochelsee: 5,95 km² großer Gebirgssee, 6 km lang, über 4 km breit und bis 65 m tief. Der See wird von der Loisach durchflossen. Der Frischwasserzulauf vom Walchensee (Kraftwerk) wirkt sich sehr günstig aus. **FA:** Hecht (60 cm), Bach- und Regenbogenforelle (30 cm), Seeforelle (60 cm), Karpfen (35 cm), Äsche (35 cm), Schleie (28 cm), Zander (55 cm), Renke (30 cm), Barsch u. a. Weißfische. Erheblich vermehrt hat sich im Laufe der letzten Jahre der Seesaibling (500 bis 700 Gramm schwer). Fangbegrenzung: täglich 3 Hechte, 3 Karpfen, 4 Renken, 4 Äschen oder je 3 Forellenarten. **FZ:** 1. 5. bis 30. 9. **E:** Fischereigenossenschaft Kochelsee; Fischermeister Anton Schretter, Seestr. 4 in Schlehdorf; Georg Kremhiller, Kirchenweg 1, Kochel. **Geb:** W 35 DM, 2 W 40 DM, 3 W 45 DM, M 50 DM. **B:** J.Fsch., 2 Ruten, auch Bootsbenutzung erlaubt, aber kein Schleppen oder Blinkern. Köder: Wurm und Fliege. Tageskarten gibt es nur für die „Blinkerstrecke“, vom Altersheim Seehof bis zum Felsenkeller (Motorbootsteg). **Geb:** T 16 DM. **B:** 1 Rute.

Krün (8101): staatl. anerkannter Erholungsort, zwischen Garmisch-Partenkirchen und Mittenwald, gehört zu den beliebtesten Ferienorten Oberbayerns, in landschaftlich besonders schöner Lage zwischen Karwendel und Wetterstein. BAB E 6 München-Ohlstadt-Garmisch, B 2 oder B 11. Bahnlinie München-Weilheim-Garmisch-Klais-Mittenwald. Grubsee, Barm- u. Geroldsee bieten Badegelegenheit. Für die angelnden Gäste wurde einer der schönstgelegenen u. abwasserfreien Gebirgsseen von der Gemeinde gepachtet. **A:** VA, Schöttlkarspitzstr. 15, Ruf 0 88 25/2 04; **G:** Grubsee, ca. 400 m lang, und 80 m breit. **FA:** Hecht (50 cm), Karpfen (35 cm), Schleie (30 cm), Zander (50 cm); Fangbegrenzung: tägl. 3 Fische. **FZ:** April bis Mitte Oktober. **E:** VA, Krün; Alpengasthof Barmsee, Ruf 2 30. **Geb:** T 8 DM, mit Orts-Gästekarte, sonst 9 DM bei Gebrauch von nur 1 Rute. 2 Ruten Aufpreis: 5 DM. **B:** J.Fsch., Sp.Prü.; Köder jeder Art erlaubt, 1 bzw. 2 Ruten. **S:** Walchensee (siehe dort). Isarstausee: **E:** Fa. Randelszhofer, Ludwigstr. in Garmisch. **Geb:** T 15 DM. **B:** O.A.; 1 Rute.

Neuburg a. d. Donau (8858): an der nördlichen Grenze des Donaumooses, Erholungsort an der Bahnstrecke Ingolstadt (20 km) – Ulm; B 16 und BAB E 6, Ausfahrt Ingolstadt. Wassersport, Freibad. **A:** städt. VB, Rathaus, Karlsplatz A 12, Ruf 0 84 31/20 10. **G:** Donau, von Flußkm 97,4 bis 101,0, Breite ca. 100 m, Stauseeteil ca. 800 m. **G:** Donaurinne, ca. 5 km, Breite ca. 8 m. **G:** linker Entwässerungsgraben u. Altwasser, ca. 6 km. **G:** Kleine Paar, ca. 7 km, 5 m breit. **G:** Donau, von km 102,6 bis 117,6 mit Stausee Bittenbrunn (Breite ca. 200 m). Altwasser. **G:** Baggersee Zauner, ca. 20 ha. **G:** Baggersee I u. II Niederforst-Weichering, Naherholungsanlagen (gesamt ca. 70 ha). **FA:** Karpfen (35 cm, 4 bis 5 Pfd.), größter Fang 28 Pfund. Schleie (28 cm), Aal (50 cm), Hecht (50 cm, 4 Pfd., bis zu 20 Pfd.), Forelle, Äsche, Wels (80 cm, größter bisheriger Fang 36 Pfund), Zander (50 cm, 14 Pfd.), Weißfische. **FZ:** ganzjährig (gesetzliche und vereinsinterne Schonzeiten beachten). **E:** A. Schweigert, Mazillisstr. 149, Ruf 0 84 31/80 13; R. Kleblein, Neues Feuerwehrhaus; Fa. Neukauf, Sport, Ingolstädter Str. 38 ½, Ruf 18 44, alle Neuburg. J. Fritz, Finkenweg 32, 8900 Augsburg; X. Seeger, Reschreiterstr. 43/I, 8 München 45, Ruf 0 89/3 13 65 58. **Geb:** T 10 DM, WE 15 DM, W 40 DM. **B:** J.Fsch., Sp.Prü. erwünscht; 1 Rute, künstl. oder lebende Köder erlaubt, aber keine Köderfische, die einem gesetzl. oder vereinsinternen Schonmaß unterliegen. Keine Bootsbenutzung.

Oberammergau (8103): anerkannter Luftkurort und weltbekanntes Passionsspieldorf im Hochtal der Ammer; berühmt durch die Holzschnitzkunst und die „Lüftlmalerei". BAB E 6, Ausfahrt Ohlstadt, auf B 23 Richtung Schongau. Hallenbad, beheiztes Freibad, Reiten, Tennis, Bergwandern. **A:** VA, Dorfstr. 9, Ruf 0 88 22/41 21. **G:** Ammer, ca. 20 km Angelstrecke, etwa 8 m breit. **FA:** Bachforelle, Bachsaibling, Durchschnittsgewichte. **FZ:** 1. 3. bis 30. 9. **E:** Frau Maria Schwarz, Ettaler Str. in Oberammergau. **Geb:** nach Vereinbarung. **B:** J.Fsch., O.A., Ferien- oder Kurgast, 1 Rute, Köder: Fliege oder Spinner. Fangbegrenzung: 4 Fische pro Tag. **S:** weitere Angelmöglichkeiten in Bayersoien (Soiersee) siehe dort.

Pilsensee, ca. 200 ha groß, Nachbargewässer des Wörthsee, von B 12 und E 61 über Weßling bis Steinebach-Seefeld in südlicher Richtung (Herrsching, 4 km). Die Bahnstation Seefeld liegt am See. Der 16 bis 20 m tiefe See bietet Wassersport mit Benutzung von eigenen Booten, Segelhafen, Windsurferschule, Bootsverleih, Gasthaus und Café in der Nähe. **A:** und **E:** SFV Pilsensee e. V., Hechendorf, Ruf 0 81 52/7 89 09. **FA:** Hecht (50 cm, 15. 2. bis 15. 5.), Zander (50 cm, 15. 3. bis 30. 4.), Bachforelle (26 cm, 1. 10. bis 28. 2.), Regenbogenforelle (26 cm, 15. 12. bis 15. 4.), Seeforelle (60 cm, 1. 10 bis 31. 12), Saibling (20 cm, 1. 10. bis 28. 2.), Karpfen (35 cm), Schleie (30 cm), Waller (80 cm), Aal, Nerfling, Renkenarten (28 cm, 15. 10. bis 31. 12.) **FZ:** 1. 1. bis 31. 12. **E:** wie A: und Kassenhaus am Campingplatz – Anmeldung. **Geb:** T 10 DM, W 50 DM, M 100 DM, zuzüglich 1 DM Schreibgebühren. **B:** J.Fsch., 2 Hand- oder Schleppangeln mit je 1 Köder, alle Köder außer lebendem Köderfisch; Fangbegrenzung: 3 Karpfen; 3 Hechte je Tag. Nachtangeln auf Aal vom 1. 6. bis 15. 10. bis 24 Uhr erlaubt.

Riegsee: 175 ha groß, bis 20 m tief, im südl. Teil größte Tiefe nur 10 m. Der Hochmoorsee ist von München aus ca. 50 km entfernt über die B 2 bis Murnau oder die BAB E 6, Ausfahrt Iffeldorf über Antdorf, Habach, Egling nach Neu-Egling. Dauernd im Blickfeld die Bergkulisse der Alpenkette. **A:** Arthur von Poschinger, Neu-Egling; VV, Murnau, Ruf 0 88 41/ 14 74. **FA:** Hecht (bis 40 Pfd.), Karpfen (bis 20 kg), Aal (4 kg), Schleie (bis 3 kg), Brachse (dominiert), Weißfische. Mindestmaß und Schonzeiten laut Fischereischein. **FZ:** 1. 5. bis 15. 8. von 4.30 bis 21 Uhr; ab 16. 8. bis 30. 9. von 5.30 Uhr bis 19.30 Uhr. **E:** nur aus dem Karten-Automaten der ca. 200 m vom Schloß entfernt an einem Bootshaus aufgestellt ist. Der Automat ist mit 5-DM-, 2-DM- u. 1-DM-Stücken zu bedienen. **Geb:** nur T 9 DM. **B:** J.Fsch.; Bootsverleih (40 Boote stehen bereit) Gebühr auch über Karten-Automat einzahlbar, für den halben Tag 9 DM. Auch eigene Boote sind gebührenpflichtig. Köder beliebig, jedoch keinen lebenden Köderfisch. Rutenanzahl: je gelöste Karte 1 Rute, keine Legangel. Aalfang bis 23 Uhr. **S:** Unterkunft bei Fam. Westner, ganz in Ufernähe zu empfehlen. Auch Bootsverleih Veith, am Ort. In der Gemeinde Froschhausen günstige Unterkunft im Gasthof Utzschneider (ca. 30 Betten), Ruf 0 88 41/12 53. Bootsverleih bei Fischermeister Hertel, Froschhausen (etwa 30 Boote), Ruf 18 66. Von hier gewähltem Urlaubsquartier günstiger Ausgangspunkt zum Besuch von Staffel- und Kochelsee (siehe dort).

Staffelsee: südlich vom Ammer- und Starnberger See bei Murnau im Werdenfelser Land gelegen, umgeben von bewaldeten Hügeln und flachem Wiesenland. 7,65 km^2 groß, bis 35 m tief, durchschn. 10 m, buchtenreich, moorhaltiges Wasser, von der Ach durchflossen, die später in die Ammer mündet; landschaftlich besonders reizvoll durch seine 7 Inseln (privat); größte und schönste Insel ist Wörth (37 ha); nahe bei Seehausen die Insel Buchau mit modernem Campingplatz; östlich davon das kleine, schmale „Gradeneiland" hinter Wörth liegen die Inseln „Große und Kleine Birke"; die kleinste „St. Jakob", zwischen Wörth und der

Halbinsel Burg und im nördlichen Seeteil die Insel Muhl-Wörth. **FA:** Hecht (sehr gut, bis über 26 Pfd.), Zander (bis 10 kg), kapitale Karpfen, zufriedenstellend Aal und Barsch. Schleie, Weißfische. Auch die Forelle kommt in letzter Zeit häufiger an den Haken. **FZ:** 1. 5. bis 30. 9. **E:** Frl. Probst, Anna, Seehausen 20a, Ruf 0 88 41/ 10 80. **Geb:** 8 T 30 DM, M 70 DM, Saison 220 DM, für die Schlepp- oder Wurfangel. 8 T 15 DM, M 35 DM, Saison 100 DM für die Wurmangel. Auf alle Karten 1 DM Ausstellungsgebühr. **B:** Sp.Prü.; Haus-, Ferien- oder Kurgast; 1 Rute, für die Raubfischangelei nur künstl. Köder (Blinker), Bootsverleih in der Murnauer Bucht und in Seehausen. **S:** weitere Angelmöglichkeiten siehe „Riegsee".

Murnau (8110): Luftkurort im Voralpenland, Garnisonstadt, zwischen Staffelsee, Rieg- und Froschhauser See; Bahnstation an der Strecke München–Weilheim–Murnau–Garmisch–Innsbruck. Ab Murnau Nebenbahn nach Oberammergau. B 2 zwischen Weilheim (20 km) und Oberau (16 km). Hallenbad im Kurhotel, Strandbad, Bootsverleih, Tennis, Camping auf der Halbinsel Burg. **A:** VA, Burggraben 4, Ruf 0 88 41/14 74 und 14 78. Angelmöglichkeiten siehe Staffelsee, Riegsee.

Seehausen (8110): am Staffelsee, ruhiges Fischerdorf mit Fremdenzimmervermietung, direkt am See; Bahnstation Murnau (1 km), Busverbindung, B 2, BAB E 6, Ausfahrt. Camping auf der Insel Buchau, großes Strandbad, Bootsverleih beim „Fischerstüberl" und am Südufer beim Staffelsee-Hotel. **A:** VV, Seehausen, Johannisstr. 20b, Ruf 0 88 41/96 29. Angelmöglichkeiten siehe Staffelsee. **S:** 2 Bootsverleihe der Fischereigenossenschaft (100 Ruderboote, 10 Elektroboote, 5 Tretboote). FKK-Gelände im Halbinselbereich am Westufer des Sees (Anfahrt bis Gaststätte Mayr am See, von da ab für Pkw gesperrt; Anmarsch rund eine Stunde).

Uffing (8114): Sommerfrische am Staffelsee, Bahnstrecke München–Weilheim–Uffing–Murnau–Garmisch. B 2 (6 km), 8 km unbebautes Ufer, 2 Strandbäder, Wassersport, Bootsverleih, Strandbad Steigenberg (bis zu 3000 Personen). Campingplatz. **A:** VV Uffing, Ruf 0 88 46/ 8 32. **G:** Staffelsee (siehe dort).

Starnberger See: bekanntes Gewässer für Spezialisten auf kapitale Fische, auch Würmsee genannt, 57 km^2 groß, 20 km lang, 2 bis 5 km breit, bis über 120 m tief, durchschn. Tiefe ca. 50 m, sein Flachwassergürtel nimmt rund 15 % der Gesamtfläche ein. Z. T. bewaldete Ufer, jeglicher Wassersport, Schiffsverbindungen zwischen den wichtigsten Uferorten. Anfahrt über B 2 oder BAB E 6, Ausfahrt. **A:** FVB, Maximilianstr. 24, Ruf 0 81 51/1 24 55. **FA:** Hecht (Fänge bis über 15 kg, besondere Fänge: 36, 38 u. 42pfünder), Zander (bes. Fänge: 22, 24 und 26 Pfd.), zunehmendes Vorkommen der Regenbogen- und Seeforelle und der schwed. Seesaiblinge. Karpfen (bis 30 Pfd., der Besatz wird stark gefördert); Wels (bes. Fang: 48 Pfd.), Schleie, Weißfische (sehr zahlreich). **FZ:** vom Ufer ganzjährig, vom Boot ab 1. 5. bis 31. 12. Die besten Erfolge auf Raubfische (Forelle/Saibling, Hecht/Zander) verspricht das Schleppen in den Monaten Mai und Juni in 30 bis 50 m Tiefe. Hechtfänge erstrecken sich bis Ende Dezember. **E:** Fischereigenossenschaft Würmsee; Erlaubnisscheine bei allen Fischermeistern in den anliegenden Gemeinden; Wenzel, Starnberg; Kugelmüller, Feldafing; Lettner, Tutzing; Hubl, Bernried; Lidl, Seeshaupt; Math, Ammerland; Schuster, Allmannshausen; Andrä in Berg. **Geb:** T 8 DM, W 22,40 DM, M 44,80 DM, 3 M 67,20 DM, 6 M 100,80 DM; ermäßigte Gebühren für Jugendliche, Erwerbslose, Rentner u. alle Personen über 65 Jahre: M 25,20 DM, 3 M 42 DM, 6 M 67,20 DM. Die Gebühren enthalten 12 % Mehrwertsteuer. **B:** 2 Ruten, aber nur 1 zum Schleppen; alle Köder erlaubt, auch Köderfischsenke. Bootsverleih in allen größeren Uferorten. **S:** s. a. „So fängt man am Starnberger See", Verlag Paul Parey. Beraten werden Sie durch Reiner J. Bouterwek, Barbaraweg 5 in 8132 Tutzing.

Ambach, Holzhausen, St. Heinrich

(8194): am Starnberger See liegend; Erholungsgebiet am teilweise dicht bewaldeten Südufer mit flachem, sandigem Strand, mit Schiffs- und Tanzrundfahrten; Bahnstation ist Starnberg oder Wolfratshausen. Busverbindungen, B 11 und BAB E 6, Ausfahrt Wolfratshausen oder Starnberg, von der B 2 ab Percha 17 km. **A:** Gemeindeverwaltung, Ruf 0 81 77/2 15. **G:** Starnberger See. **E:** Fischermeister Hirn. **B:** siehe Starnberger See.

Ammerland – Münsing (8193): ruhige Sommerfrische in waldreicher Lage am Ostufer des Starnberger Sees mit dem 2 km entfernten Münsing; Bahnstation ist Wolfratshausen (8 km, Busverbindung), B 2 ab Percha (14 km), Uferstraße Richtung Seehaupt. Strandbäder, Baden (auch im kleinen Buchsee (2 km von Münsing), Bootsverleih, Camping. **A:** VV, Ruf 0 81 77/85 31. **E:** Fischermeister Sebald, Math, Nördliche Seestr. 22. **B:** siehe Starnberger See.

Berg am Starnberger See (8131): mit Aufkirchen, Leoni und Kempfenhausen am Ostufer; Bahnstation Starnberg (6 km Busverbindung), Straßen zwischen Percha (B 2) – Münsing (8 km) von BAB E 6. **A:** Gemeindeamt, Ruf 0 81 51/52 67. **E:** Fischermeister S. Andrä, Berg; Fischermeister J. Schuster in Allmannshausen. **B:** siehe Starnberger See.

Bernried (8131): ruhige, ländliche Sommerfrische an dem hier etwa 3 km breiten See; Bahnstation der Strecke München–Tutzing–Seeshaupt (6 km), S-Bahn-Anschluß; westliche Uferstraße Starnberg–Seeshaupt, BAB E 6, Ausfahrt Seeshaupt. Hallenbad, Rudern, Baden. **A:** Bürgermeisteramt, Ruf 0 81 58/62 15. **E:** Waltraud Hubl, Fischermeister, An der Mühle 1, Bernried. **B:** siehe Starnberger See.

Feldafing (8133): Villenort und Sommerfrische am Westufer mit der vorgelagerten Roseninsel, S-Bahnstation (S 6) Mchn-Tutzing, von B 2 (2 km), oder westliche Uferstraße Starnberg–Feldafing–Seeshaupt. BAB E 6, Ausfahrt Starnberg; Strandbad, Segeln, Bootsverleih, internationaler Golfplatz. **A:** Gemeindeverwaltung, Ruf 0 81 57/2 28 u. 81 95. **E:** Max Kugelmüller, Fischermeister, Possenhofener Straße 33. **B:** siehe Starnberger See.

Seeshaupt (8124): Sommerfrische am Südufer des Starnberger Sees mit waldreicher Landschaft und den Osterseen. Bahnstation der Strecke Mchn–Kochel, Verbindungsstraße von B 2 (Abzweigung Weilheim (15 km) zur B 11 (bei Königsdorf, 15 km); BAB E 6, Ausfahrt Seeshaupt (4 km). Strandbad, Bootsverleih, Tennis, Camping. **A:** FVV, St.-Heinricher-Str. 80, Ruf 0 88 01/7 40. **E:** Fischermeister Lorenz Lidl, Hauptstr. 10, Ruf 12 58. **B:** siehe Starnberger See.

Starnberg (8130): Kreisstadt, beliebter Urlaubsort am gleichnamigen See, Ausgangspunkt der staatl. Seeschiffahrt, Bahnstation, Strecke Mchn–Garmisch, bzw. Kochel, S-Bahn-Anschluß, BAB E 6, Ausfahrt. B 2 (Mchn–Starnberg–Garmisch). Städt. Strandbad, Undosa-Bad, Rudern und Segeln, Bootsverleih, Reiten, Tennis. Ausflugmöglichkeit zu den Königsschlössern und Alpen. **A:** VB, Maximilianstr. 24, Ruf 0 81 51/1 24 55. **E:** Wenzel, El., Hauptstr. 9, Eingang Ludwigstr. und Seepromenade, Bootshaus 3. **B:** siehe Starnberger See.

Der Walchensee: 16,4 km^2 großer, ehemaliger Gletschersee, ca 7 km lang, bis 5 km breit, 198 m tief (Kirchelgrund), mittlere Tiefe ca. 50 m. Hochgebirgsgewässer mit vorwiegend felsig verblockten Steilufern; Hauptzufluß Obernach bei Einsiedl im Süden; bis auf die Ortschaften Urfeld im Norden und Walchensee im SW unbebaute Ufer. Eingeschlossen liegt der See von Herzogstand u. Jochberg, von Griesberg, Rotwand und Heimgarten, vom Fischberg und im Süden von Altlachberg und Hochkopf. **FA:** Saibling (30 cm), Seeforelle (60 cm), Renke (Brotfisch der Berufsfischer), Aalrutte (bis 8 Pfd), vereinzelt Bach- und Regenbogenforelle, Hecht (wird kurz gehalten, trotzdem sind Kapitale möglich), Weißfische. Die Seeforelle ist Renommierfisch und bringt Gewichte bis über 20 kg, vor allem in den Monaten des zeitigen Frühjahrs. Die Zahl der Sportfischer am Walchensee ist vor allem in den Monaten März bis Mai von Jahr zu Jahr sprunghaft gestiegen, die vielgepriesene „kanadische Fischereinsamkeit" dieses Gewässers gehört weitgehend der Vergangenheit an. Es finden zur Zeit Überlegungen hinsichtlich einer monatlichen Begrenzung der Erlaubnisscheine statt. Hauptfangplätze sind im Frühjahr der Bereich der Einsiedl- und der Walchenseebucht mit der Halbinsel Zwergern im Süden, ab Juni dagegen die Nordseite des Sees mit Urfelder- und Sachenbacher Bucht, Niedernacher Bucht und der Umkreis der Insel Sassau, die nicht betreten werden darf. **E:** Fischereigenossenschaft Walchensee; Fischermeister Josef Rieger, Ruf 0 88 58/2 37; Frau Maria Reiter, Ruf 2 12, beide Walchensee; in Urfeld: Feinkostgeschäft Asenstorfer, Ruf 0 88 51/3 63. **Geb:** T 10 DM, W 30 DM. **B:** J.Fsch., Fangsaison vom 1.3. (vom Boot aus erst ab 1. 4.) bis einschl. 1. Sonntag im Oktober. Fangbegrenzung: Saibling und Renke pro Tag 5 Fische, andere Fische unbegrenzt. 2 Hand- oder Schleppangeln. Leihboote gibt es ausreichend: Hotel Schwaigerhof, Ruf 0 88 58/2 32; Angelgeschäft Engelbrecht; Fischermeister Rieger; Gaststätte Edeltraut (alle in Walchensee), Bootsverleih Asenstorfer Feinkostgeschäft in Urfeld.

Walchensee (8111): Luftkurort mit den Orten Walchensee, Urfeld und Einsiedl; Bahnstation ist Kochel (15 km, Busverbindung); BAB E 6, Ausfahrt Kochel; B 11 München bis Urfeld 73 km. Wassersport, Schwimmbad, Freibadegelegenheit, Bootsverleihe, Tennis, Bergbahn zum Herzogstand, umfangreiches Wanderwegenetz. **A:** VV für das Walchenseegebiet, Ringstr. 1, Ruf 0 88 58/7 14. **S:** Unterkunft und Treffpunkt der Angler: Hotel zum Schwaigerhof; Gästehof „Seehof", Ruf 2 22; Pension Karwendelblick, Ruf 0 88 51/4 10; Gasthaus Edeltraut, Ruf 0 88 58/2 62; Campingplatz am Südufer auf der Halbinsel Zwergern.

Wallgau (8101): Erholungsort in der Nähe von Garmisch-Partenkirchen, im Isarkessel an den nördlichen Ausläufern des Karwendelgebirges im Werdenfelser Land. Bahnstrecke Mchn–Garmisch–Klais–Mittenwald. B 2 oder B 11 ab München, BAB E 6, Ausfahrt Ohlstadt; (Tennis, Reiten, Baden und Rudern im Grubsee, Bootsverleih). **A:** VA, Ruf 0 88 25/4 72. **G:** Walchensee (siehe dort), Grubsee (siehe Krün), **E:** VA Wallgau und Krün; Fa. Randelszhofer, Ludwigstr. in 8100 Garmisch-Partenkirchen.

Weilheim (8120): im Voralpenland zwischen Ammer-, Starnberger-, Staffel- und Riegsee; Bahnknotenpunkt: München – Weilheim – Garmisch; Weilheim – Dießen – Augsburg; Weilheim – Schongau. Omnibusverkehr nach Füssen (über Wieskirche und Hohenschwangau (Königsschlösser) nach Schongau, Lechbruck, Landsberg, Herrsching (Kloster Andechs), Bad Tölz, Seeshaupt (Starnberger See). BAB München-Garmisch, Ausfahrt Starnberg, Seeshaupt oder Penzberg. B 2 (Olympiastraße); Hallenbad, Wassersport, Reiten, Tennis, Freibad am Dietlhofer See. **A:** VV, Am Marienplatz, Ruf 08 81/23 17. ASV Pfaffenwinkel e. V., 1. Vors. Bernhard Küstner, Giesingerstr. 10, Weilheim. **G:** Ammer, von Flußkm 9,3 (Pähler Brücke) bis 13,4 (mark. Stelle beidseitig, 300 m vor Mündung in den Ammersee), durchschnittliche Breite 25 m. **FA:** Huchen, Äsche, Bach- und Regenbogenforelle, Aal, Barbe, Nerfling, seltener Karpfen, Schied, Aitel u. a. Weißfische. **FZ:** ganzjährig unter Beachtung der Artenschonzeiten. **Geb:** nur T 15 DM. **E:** Autohaus Sartory, Pütrichstr. 30, Weilheim; Werner Anklam, Vorderfischen (1 km bis zum Gewässer); Johann Würz, Ehrwalderstr. 21 (Süd-Medica-Haus) in München 70. **B:** O.A., alle Köder; zwischen Pähler- und Fischener Brücke darf nicht mit Wurm gefischt werden (Fliegenstrekke), 1 Rute. **G:** Altwasser I der Ammer bei Unterhausen (OT von Weilheim), links der Ammer, ca. 2 km Angelstrecke, vom Einlauf des Ochsenbaches bis Mündung in die Ammer. **FA:** Karpfen, Schleie, Hecht, Weißfische. Fangbegrenzung: tägl. 2 Karpfen (32 cm), 2 Schleien (25 cm), 2 Hechte (Schonzeit vom 15. 2. bis 31. 5.).

FZ: ganzjährig. **E:** wie Ammer mit Ausnahme von Ausgabestelle Anklam. **Geb:** nur T 10 DM. **B:** O.A., 1 Rute, alle Köder, keine Paternosterangel, keine Bootsbenutzung. **G:** Deixlfurter See (bei Obertraubing), zwischen Starnberg und Weilheim; Anfahrt über B 2 (Olympiastr.), ca. 20 ha groß, bis zu 3 m tief. **FA:** Karpfen (bis 25 Pfd., Mindestmaß 32 cm, tägl. 2 Fische), Schleie (25 cm, 2 Fische), Hecht (50 cm, Schonzeit 15. 2. bis 31. 5., tägl. 2 Fische), Aal, Brachse, versch. Weißfische. **FZ:** ganzjährig. **E:** wie bei Ammer, dazu ehem. Shell-Tankstelle Gabler, an der Olympiastraße in Traubing. **Geb:** nur T 15 DM. **B:** O.A., 1 Rute, alle Köder außer Paternosterangel, keine Bootsbenutzung. Angelgrenzen beachten. **G:** Haarsee, 6 km östlich von Weilheim Richtung Seeshaupt. Natursee. **FA:** Karpfen, Schleie, Hecht, Aal, Weißfische. **E:** Hotel und Forsthaus am Haarsee (Rüd. Frhr. v. Hirschberg), Ruf 22 31; Landschafts-Naturschutzgebiet; nur an Hausgäste, nach Vereinbarung. **Geb:** T 6 DM, W 25 DM (täglich werden nur 3 Erlaubnisscheine ausgegeben).

Wildsteig (8121): ländliche Sommerfrische im Pfaffenwinkel, am Nordrande des Ammerberglandes. Bahnverbindung Murnau-Saulgrub (13 km), B 17, B 23. Verbindungsstraße zwischen Echelsbacher Brücke (3 km) und Steingaden (6 km). Gute Busverbindungen. Ausflugsmöglichkeiten: Forggensee (20 km), Bayersoyen (Soier See), Lechstaustufen bei Urspring (12 km), Oberammergau, Ettal, Königsschlösser, Kirche Wies, Garmisch, Zugspitze. **A:** VV, Ruf 0 88 67/4 09 oder 0 88 62/5 92; **G:** Schwaigsee, ca. 8 ha groß. **FA:** Bach- und Regenbogenforelle (28 cm), Aal, Karpfen, Hecht, Schleie, Fangbegrenzung 4 Fische pro Tag. **FZ:** Mai bis Oktober. **E:** VB u. Gemeindeverwaltung, Ruf 0 88 67/2 93; Firma Angel- und Zoobedarf Miether, Christophstr. 12, Schongau, Ruf 0 88 61/72 70. **Geb:** T 10 DM, W 45 DM. **B:** Sp.Prü.; 1 Rute, alle Köder, keine Bootsbenutzung. **S:** Soier See, Forggensee, die Lechstaustufen, Staffel- und Riegsee in der Nähe mit guten Angelmöglichkeiten.

Wörthsee, zwischen Nordspitze Ammersee und Starnberger See gelegen. Der 5 km lange und 2 bis 3 km breite See ist bis 40 m tief. Bahnstrecke München–Steinebach (jetzt Gemeinde Wörthsee) direkt am See bis Herrsching. B 12, Abfahrt von Etterschlag bis Steinebach (3 km). Die Angelbedingungen, Ausgabestellen und Gebühren sind die gleichen wie beim Pilsensee (siehe dort), jedoch gibt es keine Fangbegrenzung. **S:** weitere Auskünfte SFV Pilsensee e. V., Seestr. 34 in 8031 Hechendorf, Ruf 0 81 52/7 89 09.

Oberbayern (ostwärts der Isar bis Grenze) zwischen Isar und Inn

Gewässer: Schliersee, Spitzingsee, Tegernsee, Glonn, Inn, Isar, Isen, Leizach, Mangfall, Mittl. Isarkanal, Rott, Sempt, Vils

Ampfing (8261): 5 km westlich von Mühldorf an der Isen. Bahnstrecke München–Mühldorf; B 12. **A:** und **E:** Matheis, Bartl, Mühlenweg 6 in Ampfing. **G:** Isen, unverfälschter kleiner Fluß mit vielen Windungen. **FA:** Karpfen, Hecht, Schleie, Aal, Zander, Barbe, Nase u. a. Weißfische. **Geb:** T 8 DM. **B:** J.Fsch., 2 Ruten, alle Köder, jedoch ist Blinkern und als Stellfisch der lebende Köderfisch verboten.

Bayrischzell (8163): anerkannter Luftkurort an der Deutschen Alpenstraße, zwischen dem Mangfallgebirge, dem Brümstein und dem Wendelstein; beheiztes Alpenfreibad, Tennis, Reiten, Wandern, Bergsteigen. **A:** Kuramt, Kirchplatz 7, Ruf 0 80 23/6 48. **G:** Leizach. **FA:** Bach- und Regenbogenforelle, Saibling. **E:** Erlaubnis nach Vereinbarung: Ernst Hörmannsdorfer, Haus Sollacher, Schlierseestr. 20 in Bayrischzell-Osterhofen, Ruf 5 58.

Dorfen (8250): Stadt an der Isen, Deutsche Ferienstraße Alpen-Ostsee (B 15).

Bahnstrecke Mchn–Mühldorf. **A:** Bezirksfischereiverein Dorfen und Umgebung e. V., Gartenstr. 32, Ruf 0 80 81/5 29. **G:** Thenner-See, ca. 57 ha. **FA:** Hecht (45 cm, 1. 1. bis 30. 6. gesperrt, Fangbegrenzung: (2 Stück), Karpfen (35 cm, 2 St.), Zander, Waller, Aal, Schleie (28 cm), Weißfische vom Schwarzbarsch bis zur Rotfeder. **FZ:** 1. 5. bis Oktober. **E:** Lothar Schmid, Sporthaus, Haagerstr. 1; Pforte Postermöber Himolla, Landshuter Str. in 8252 Taufkirchen/Vils; Elektrogeschäft Georg Reitmeier, Frauenstr. 19 in 8059 Langenpreising; Forsthuber, Martin, Zur Römerschanze 4 in 8059 Wartenberg. **Geb:** T 12 DM, Jungfischer 7 DM. **B:** J.Fsch., 1 Rute, Köderfische nur aus diesem See, Schlauchboot zugelassen, Schleppangeln aber verboten. Zwillings- und Drillingshaken nicht erwünscht.

Erding (8058): zwischen München und Landshut, je 36 km entfernt, an der fischreichen Sempt. B 388, Bahnstrecke Mchn–Markt Schwaben–Erding; Freibad. **A:** FVV, Landshuter Str. 1, Ruf 0 81 22/16 05. **G:** Isar-Kanal, ca. 18 km, 60 m breit. **G:** Kronthaler Weiher, ca. 10 ha groß; **G:** Eichenkofener Weiher, ca. 8 ha; **G:** Heilig-Geist-Weiher, 5 ha. **FA:** Hecht, Zander, Forelle, Karpfen (35 cm), Schleie, Weißfische. Tägl. Fangbegrenzung: 3 Forellen, 2 Karpfen, einen Hecht oder einen Zander. **FZ:** 1. 5. bis 31. 8. **E:** BFV Erding, Sportgeschäft Peter Steidl, Landshuter Str. 15, Ruf 22 38. **Geb:** T 7,50 DM. **B:** O.A., Sp.Prü.; 1 Rute, im Isarkanal 2 Ruten, alle Köder, Nachtangeln erlaubt.

Günzenhausen (8019): ländlicher Ort, nördlich von München-Eching (4 km), BAB E 6, Ausfahrt Eching. B 13. **A:** und **E:** Fischzucht Anton Nadler, Anlage zwischen Günzenhausen und Neufahrn. **G:** Moosach und Mauka, Wiesenbäche, ca. 3 km Gesamtstrecke, fast 2 m tief und bis 4 m breit. **FA:** Bach- und Regenbogenforelle, seltener Bachsaibling, Hecht und Karpfen. Fangbegrenzung: 4 Forellen. **Geb:** T 20 DM. **B:** J.Fsch., 1 Rute, keine Vorschrift für Köderwahl.

Markt Schwaben (8015): ca. 8000 Einw., Eisenbahnknotenpunkt Erding-Mühldorf, von München auf B 12 über Anzing. Der Ort beherbergt zwei in ganz Bayern bekannte, z. T. hochmodern eingerichtete, fast am Ursprung der Sempt gelegene Fischereizuchtbetriebe. **A:** Anglergilde „Sempt" e. V. Markt Schwaben, 1. Vors. Rainer Lauterbach, Poing, Wittelsbacher Str. 13. Geschäftsstelle: W. Lehmann, Loderergasse 30, Ruf 0 81 21/38 03. **G:** 3 Baggerweiher, ca. 8 ha Gesamtgröße, 4 bis 6 m tief. Lage der Gewässer dicht beieinander; zu erreichen über Neufinsing in Richtung Eicherloh (ca. 7 km). **FA:** Karpfen (35 cm), Hecht (50 cm), Schleie (26 cm), Zander, Forelle, Aal. Pro Tag dürfen nur 4 Fische gefangen werden, davon 1 Hecht und 2 Zander. **FZ:** 1. Fangtag 20. 5. **Geb:** nur T 10 DM. **E:** Im Rathaus beim Hausmeister Albert Zebisch; am Fischwasser, Fischereiaufseher Karl Haselbeck. **B:** O.A., J.Fsch.; 2 Ruten erlaubt, Blinker verboten. Köderfische dürfen nur aus den 3 Baggerseen verwendet werden.

Der **Schliersee:** 2,2 qkm groß, fast 3 km lang und bis 1,5 km breit, größte Tiefe 37 m, durchschn. 25 m tief; nur wenige kleine Zuflüsse, viele kalte Grundquellen. Gemischter Fischbestand. **FA:** Seeforelle (bis 17 Pfd.), Hecht (bis 15 kg), Zander (guter Bestand, bis 9 kg), Aal (bis 5 Pfd., steigende Entwicklung), Bodenrenke (bis 6 Pfd.), Schleie (bis 8 Pfd.), Hauptfisch Karpfen (bis 25 Pfd.), Weißfische. **FZ:** 16. 4. bis 15. 11., Fangbegrenzung: pro Tag 3 Forellen/Saiblinge, 3 Schleien/Karpfen, 2 Hechte, 1 Zander, 5 Aale. **E:** Fischermeister Josef Schrädler, Rotmaurergasse 2, Ruf 0 80 26/60 71; Angelgerätegeschäft Toni Huber, Bayrischzeller Str. 1 in Neuhaus am See, Ruf 7 11 48; Hans Hechenberger, Angelgeräte, Miesbach, Ruf 0 80 25/23 55; FV Schliersee e. V., 1. Vors. Alfons Schöber, Am Antritt 25, Schliersee, Ruf 3 49; BFV Miesbach-Tegernsee e. V., 1. Vors. Rudolf Sollinger, Schlierseer Str. 34 in 8164 Hausham, Ruf 8 30. **Geb:** T 10 DM, W 28 DM, M 50 DM. Jugendliche in Begleitung eines volljährigen Erlaubnisscheininhabers, nach Vereinbarung. **B:** O.A., Sp.Prü.; 2 Ruten, alle Köder, Nachtangeln verboten, Aalfang jedoch bis 23 Uhr. Bootsbenutzung erlaubt. Boote bei Therese Stöger in Neuhaus am See; Max Schaub, Tegernseer Weg 2, Ruf 67 47; Hotel Schlierseer Hof, Seestr. 21, Mayr Sepp, Dekan-Obermayer-Weg, Ruf 2 40.

Schliersee (8162): Sommerfrische und moderner Höhenluftkurort am Nordufer des Sees mit den Gemeinden Fischhausen, Neuhaus und Spitzingsee. Ruhige, idyllische Lage, inmitten ausgedehnter Bergwälder (Herrgottsmalerwinkel). Bahnstationen Schliersee und Fischhausen-Neuhaus. B 307, Deutsche Alpen-Straße. Kabinen- und Sesselbahnen, Sixtus-Kurbad mit med. Badekuren, Kneippanwendungen u. a., Kurpark direkt am See, Parkstrandbad, Tennis, Baden, Segeln, Rudern, Bootsverleih Riedl, Inh. M. Schaub, Campingplätze „Alpenblick", rechts an der Straße nach Neuhaus und „Lido Breitenbach", links der Straße nach Breitenbach beim Strandbad am Seeufer. **A:** Kurverwaltung, Bahnhofplatz 1, Ruf 0 80 26/3 56.

Spitzingsee (8161): kleines Gebirgs- und Feriendorf bei Schliersee; BAB E 11, Ausfahrt Irschenberg auf 472 u. B 307, zur Spitzingstraße. **G:** Spitzingsee, ca. 25 ha großes Berggewässer, bis 16 m tief. **FA:** Hecht, Seeforelle, Aal, Schleie, Weißfische. **E:** Gustl Glück im Ort, Fischermeister. **Geb:** T 10 DM, J 120 DM. **B:** J.Fsch., 2 Ruten, alle Köder, Bootsverleih. Gelegenheit zum Baden; Sesselbahnen, Camping am See.

Der **Tegernsee:** 8,9 qkm groß, 6,5 km lang, 2 km breit und bis 70 m tief, in landschaftlicher, sehr schöner Lage; Zufluß ist die Weissach, Rottach und der Mühlbach, Abfluß die Mangfall. Keine Abwässer mehr, da die Ringkanalisation gebaut wurde, moderne Strandbäder, reger Wassersport, regelmäßiger Motorbootverkehr zwischen den einzelnen Uferorten. Der See ist klar und sehr buchtenreich. **FA:** Regenbogen- und Bachforelle, Seeforelle (starke Exemplare, Überraschungsfisch), Seesaibling (sehr gute Fangmöglichkeiten, beste Plätze in der Bucht von Rottach-Egern, am gegenüberliegenden Ufer und in der Nähe des Prasserbades zwischen Egern und Bad Wiessee [Egerer Bucht und Ringsee]; ausführliche Hinweise enthält das Buch „So fängt man Seesaiblinge" von H. Wendland, Verlag Paul Parey, Hamburg). Aalrutte, Hecht, vereinzelt bis 15 kg; Karpfen, bis über 20 Pfd., Aal, Schleie, Edelkrebse, Weißfische. Renke, der Brotfisch der Berufsfischer ist in sehr starken Exemplaren (bekannt 7,5 Pfd.) vorhanden, jedoch schwer zu befischen. **FZ:** 16. 4. bis 15. 10. **E:** Fischermeister Ludwig Keller, Mühlgasse 16, Tegernsee, Ruf 0 80 22/47 55. **Geb:** T 10 DM, WE 20 DM, W 25 DM, jede weitere Woche 5 DM. **B:** Sp.Prü., J.Fsch.; 2 Ruten oder eine Wurfangel, Schleppen untersagt, Boot muß verankert werden. Bootsverleih: sehr zahlreich, 1 Std. etwa 4 DM. Für Benutzung am ganzen Tage Pauschalvereinbarung.

Tegernsee (8180): Höhenluftkurort am Ostufer des gleichnamigen Sees auf einem Landvorsprung zu beiden Seiten des Alpbaches. Endstation der Bahnstrecke Mchn-Tegernsee; BAB E 11, Ausfahrt Holzkirchen, B 318, ab Gmund B 317 bis Rottach-Egern. Bus-Ring-Verkehr mit allen Uferorten; Hallenbad, Kurmittelhaus, Sauna, Strandbäder, Bootsverleih, Golf, Tennis, Reiten, Segelhafen, Camping. **A:** Kuramt, Rathaus, Ruf 0 80 22/47 81. FVA, Ruf 73 50. **G:** Tegernsee (Bedingungen siehe dort). **G:** Alpbach und Schwärzenbach. **FA:** Bachforelle. **FZ:** 15. 4. bis 30. 10. **E:** ebenfalls bei Fischermeister Keller. **Geb:** 1. W 20 DM, jede weitere W 5 DM. **B:** J.Fsch., sonstige Auskünfte bei Herrn Keller.

Bad Wiessee (8132): Jod-Schwefelbad am Westufer des Tegernsees BAB E 11, Ausfahrt Holzkirchen, B 318, Bahnstation Gmund (6 km, Busanschluß); Reiten, Tennis, Golf, Wandern, Wasser- und Bergsport, Hallenbad, Camping, Spielbank. **A:** Kuramt, Adrian-Stoop-Str. 20, Ruf 0 80 22/8 20 51–53. **G:** Tegernsee, Angelbedingungen siehe dort.

Gmund (8184): Luftkurort am Nordufer

des Sees mit waldreicher Umgebung an der Mangfall; BAB E 11, Ausfahrt Holzkirchen, B 318, Ausgangspunkt der B 307 nach Rottach-Egern und zum Grenzübergang Achenpaß. Schwimmbäder, Segelschule, Rudern, Camping. **A:** Gemeindeamt u. VA, Ruf 0 80 22/73 50. **G:** Tegernsee, siehe dort. **E:** Fischermeister Ludwig Keller, Mühlgasse 16, Tegernsee.

Oberbayern (Chiemseegebiet) zwischen Inn und Salzach

Gewässer: Abtsdorfer See, Ameranger See, Chiemsee, Hintersee, Hofstätter See, Königssee, Pelhamer See, Obinger See, Saalachsee, Simssee, Tachinger See, Waginger See
Achen, Berchtesgadener Ache, Inn, Saalach, Salzach, Tiroler Ache, Traun

Altenmarkt a. d. Alz (8226): Erholungsort am Zusammenfluß von Traun und Alz im Chiemgau, Naturschutzgebiet des schönen Alztales. Bahnstrecke Mühldorf–Traunstein, B 299 und B 304; BAB E 11, Ausfahrt Siegsdorf/Traunstein. **A:** VV, Hauptstr. 56, Ruf 0 86 21/72 61. **G:** Traun, Teilstrecken auf den letzten 2 km vor dem Zusammenfluß mit der Alz, insgesamt ca. 1,4 km, 10 bis 30 m breit. **FA:** Forelle, Äsche, Barbe u. a. Weißfische. Tägl. Fangbegrenzung: 6 Fische. **FZ:** 1. 5. bis 15. 12. **E:** Dr. Ludwig Dietl, 8226 Baumburg 29, Post Altenmarkt/Alz, Ruf 32 41. **Geb:** Nur Tageskarten in beschränkter Anzahl: 20 DM. **B:** Fliege oder Spinner.

Amerang (8201): Erholungsort inmitten einer romantischen Moorlandschaft am Rande der nördlichen Seenplatte des Chiemgaus. Bahnbusstation: Strecke Endorf–Obing. BAB E 11, Ausfahrt Bernau/Prien. B 304 von Wasserburg aus. **A:** Gemeindeverwaltung, Wasserburger Str. 11, Ruf 0 80 75/2 30. **G:** Achen, später Murn, Ameranger Seesteg (beim Auslauf aus dem Ameranger See) bis Gemeindegrenze, ca. 2,5 km lang, 4 m breit. **FA:** Hecht, Forelle, Aal, Aitel u. a. Weißfische. **E:** Schloß Amerang, Krafft Frhr. v. Crailsheim, Forst- u. Gutsverwaltung, Ruf 2 04; Bürozeiten von 8 bis 11.30 u. 13 bis 17 Uhr. **Geb:** nur T 9 DM. **B:** J.Fsch.; 1 Rute, alle Köder.

Bad Füssing (8399): Schwefel-Thermalbad im Inntal mit heißen (56 °C), schwefelhaltigen Mineralquellen, in der Nähe des Salzkammergutes, an der österr. Grenze. Ganzjähriger Kurbetrieb. B 12, Bahnbus Mchn–Füssing (Fahrtdauer ca. 2,5 Stunden). Kurpark mit daran anschließendem Wald, Tennisplätze, Reiten, beheiztes Freibad, Camping (Ruf 0 85 37/3 56), Wanderwege. **A:** VA und Kurverwaltung, Ruf 0 85 31/24 07 und 24 08. **G:** Inn, von Flußkm 34,4 bis 48,1 und mehrere Altwasser. **FA:** Forelle, Äsche, Huchen und alle Weißfische. In den Altwassern: Karpfen, Schleie, Weißfische. **E:** Frau Erna Brenzinger, Haus am Wald, Irching; Grenzpolizei Egglfing; Café Riermeier, Pocking. Für Privatgewässer vermittelt Frau Huber in Egglfing. **Geb:** T 7 bis 10 DM, W 25 bis 35 DM, M 60 DM. **B:** J.Fsch., O.A., Sp.Prü.; Ferien- oder Kurgast. 2 Ruten und alle Köder, teilweise Fangbegrenzung.

Bad Reichenhall (8230): bayerisches Staatsbad, bekannt für seine Erfolge in der Behandlung der Atmungsorgane. Geschützte Lage im Tal der Saalach zwischen Predigtstuhl und Hochstaufen; modernste Kureinrichtungen. Bahnstrekke München (165 km) – Rosenheim (95 km) – Chiemsee (70 km) – Traunstein (44 km) – Freilassing (14 km). BAB E 11, Ausfahrt; B 305 (Deutsche Alpenstraße); B 306 (Deutsche Ferienstraße Alpen–Ostsee); B 20 (Freilassing–Berchtesgaden); Predigtstuhlbahn, Wandern und Bergsteigen, Wassersport, Tennis, Hallen- und Freibad, Bayer. Spielbank: Roulette, Spielautomaten. **A:** Kur- u. VA, Hauptbahnhof, Nebenbau, Ruf 0 86 51/14 67. **G:** Saalach, Oberlauf von Landesgrenze Melleck, Österreich, Saalachsee und Unterlauf bis Bichlbruck, ca. 25 km, durchschn. 35 m breit. **FA:** Bach- u. Regenbogenforelle (30 cm, bis 4 Pfd.), Äsche (35 cm, bis 1 kg), vereinzelt Bachsaibling (30 cm); tägl. Fangbegrenzung: 4 Fische. **FZ:** 1. 5. bis 15. 9. **E:** BFV Saalachtal e. V., Bad Reichenhall, Karl-Weiß-Str. 4a; Sport Mühlböck, Ludwigstr. 20, Ruf 24 40. **Geb:** T 15 DM. **B:** O.A., Sp.Prü. oder Kurgast; 1 Rute, Fliege (Wasserkugel verboten), Blinker, tote Mühlkoppe am System. **S:** gehört zu den besten Salmonidengewässern Deutschlands; echten, waidgerechten Gastfischern persönlich sehr zu empfehlen.

Berchtesgadener Land (8240): internationaler, heilklimatischer Kurort mit den Gemeinden Berchtesgaden, Schönau am Königssee, Marktschellenberg und Ramsau-Hintersee; Bahnstrecke Mchn–Salzburg; Deutsche Alpenstraße Berchtesgaden – Garmisch-Partenkirchen – Lindau; BAB E 11, Ausfahrt Siegsdorf (Alpenstraße) B 305 und Bad Reichenhall, Ausfahrt B 20. Busverbindungen in alle Richtungen; Obersalzbergbahn, Hallenbad, 2 Freibäder (Aschauer Weiher und Schornbad), Tennis, Reiten, Reitschule, Golf, Camping. Das Berchtesgadener Land, umrahmt von den Gebirgsmassiven Watzmann, Hoher Göll, Hochkalter, Untersberg, Lattengebirge und Reiteralpe, gegliedert durch die vier Täler der Ramsauer-, Königsseer-, Bischofswieser- und Berchtesgadener Ache, sowie den zwischen steilen Felswänden eingeschlossenen Königs-, Ober- und Hintersee, gehört zu den eindrucksvollsten und beliebtesten Urlaubszielen Deutschlands. **A:** Kurdirektion, Königsseer Str. 2, Ruf 0 86 52/43 11; SFV e. V. Berchtesgaden/Königssee, Berchtesgaden, Postfach 3 64.

Berchtesgaden – **Böcklweiher:** ca. 1,5 ha groß. **FA:** Hecht, Zander, Karpfen, Schleie, Weißfische. **E:** Café Böcklweiher (a. Gewässer), Berchtesgaden-Strub. **Geb:** T 15 DM. **B:** Sp.Prü., 2 Ruten, alle Köder. **S:** Sportangler-Club Petri, Hans Bachmaier, Schloßplatz 5 in Berchtesgaden.

Berchtesgaden – **Hintersee:** bei Ramsau, 14 km von Berchtesgaden in herrlicher Lage zwischen dem Hochkalter im Süden und der Reiteralpe im Westen. BAB E 11, Ausfahrt Innzell/Ruhpolding, von dort zur Deutschen Alpenstraße, weiter über Schneizlreuth-Unterjettenberg bis zur Paßhöhe Schwarzbachwacht zum Hintersee. 19,473 ha groß, buchtenreich, flache, krautige Uferpartien wechseln mit steinigen Tiefen ab; Zu- und Abfluß. **G:** Hintersee ohne Zuflüsse und Nebenbäche. **G:** Ramsauer Ache ab Hintersee bis Brücke Oberwirt/Ramsau. **FA:** Bach- und Regenbogenforelle, See- und Bachsaibling, Aalrutte, Äsche (schwach besetzt). Ramsauer Ache: Bach- und Regenbogenforelle, Bachsaibling. **FZ:** 17. 4. bis 30. 9. **E:** Hotel Gamsbock, Hintersee, Ruf 0 86 57/2 79 und 4 39; Kurverwaltung Ramsau, Ruf 2 15; Sport-Roberto, Angelgeräteabteilung, Schönau am Königssee, Ruf 0 86 52/ 32 18. **Geb:** T 20 DM, W 85 DM, (5 Fischtage innerhalb 7 aufeinanderfolgenden Tagen). **B:** J.Fsch., nur eine Spinn- oder Fliegenrute, Köder: Blinker, Wobbler, Spinner oder Spinnfliege mit höchstens 2 Drillingen. Toter Köderfisch (Elritze oder Mühlkoppe) am System mit Bleikopf ohne Zusatzblei und höchstens 2 Drillingen. 1 Streamer oder bis zu 3 künstl. Trocken- oder Naßfliegen ohne zusätzliche Beschwerung. Boote werden von den Hotels am Hintersee verliehen. Verboten ist das Fischen mit Tiroler Hölzl-System, Posen, Schwimmer, Wasserkugel, lebende Stellfischchen, Würmern. **S:** beste Fangerfolge mit toter Elritze am kleinen Hakensystem und das Fischen mit der Fliege. Fischgründe: entlang dem felsigen Nordufer und vor dem Hotel „Gamsbock“

Berchtesgaden – **Königsseer Ache:** ein sowohl landschaftlich als auch fischereilich herrliches Salmonidengewässer, ca. 4 km Angelstrecke von unterhalb Wehr Königssee bis Schwöbbrücke, unterhalb vom Café Waldstein. Das Fischen in den Nebenbächen und Zuflüssen ist untersagt. **FA:** Bach- und Regenbogenforelle, Bachsaibling, Äsche (schwach besetzt). Gute Durchschnittsgewichte, besondere

Fänge in den Achen Regenbogenforellen bis 2,5 kg. **E:** Sport-Roberto, Angelgeräteabteilung, Schönau am Königssee, Ruf 0 86 52/32 18. **FZ:** 1. 5. bis 30. 9. **Geb:** T 20 DM, W 85 DM (für 5 Fischtage innerhalb 7 aufeinanderfolgenden Tagen). **B:** Nur eine Spinn- oder Fliegenrute, Köder: Blinker, Wobbler, Spinner oder Spinnfliege mit höchstens 2 Drillingen. 1 Streamer oder bis zu 3 künstl. Trocken- oder Naßfliegen ohne zusätzliche Beschwerung. Fangbegrenzung pro Tag: 4 Fische. Diese Angelstrecke wird als **„Obere Strecke“** bezeichnet.

Die **„Mittlere Strecke“,** Fliegenstrecke genannt, beginnt unterhalb Wehr, Salzbergwerk und endet oberhalb Wehr Gartenau (Unterau, Abzw. Bundesstraße-Roßfeld/Oberau). **FA:** Bach- und Regenbogenforelle, Bachsaibling, Äsche (wird gut besetzt). Fangbegrenzung: pro Angeltag 4 Fische. **FZ:** 1. 5. bis 30. 9. **E:** für sämtliche Vereinsgewässer: Sport-Roberto, Angelabteilung, Schönau am Königssee, Ruf 0 86 52/32 18. **Geb:** T 20 DM, W 85 DM (für 5 Fischtage innerhalb 7 aufeinanderfolgenden Tagen für das jeweilige Gewässer.) **B:** Nur bis zu 3 künstl. Trocken- oder Naßfliegen ohne zusätzliche Beschwerung. Keine Streamer, Spinnfliegen oder ähnliches erlaubt. 1 Fliegenrute in Verbindung mit Fliegenschnur und Fliegenrolle.

Die **„Untere Strecke“**, Schellenberger Ache, Teilstück der Königsseer Ache, Länge ca. 5,5 km von unterhalb Wehr Gartenau (Unterau, Abzw. Bundesstraße Roßfeld/Oberau) bis oberhalb Wehr Marktschellenberg (Brücke Bundesstr. nach Salzburg). **FA:** Bach- und Regenbogenforelle, Bachsaibling Äsche (wird gut besetzt). **FZ:** 1. 5. bis 30. 9. **E:** VA, Marktschellenberg, Ruf 0 86 50/3 52; Sport-Roberto in Schönau am Königssee. **B:** nur eine Spinn- oder Fliegenrute, Köder wie bei „Obere Strecke“. Fangbegrenzung: 4 Fische pro Tag.

Burghausen (8263): Alte Herzogstadt an der Salzach, dem Grenzfluß zwischen Bayern und Österreich mit Deutschlands längster Burganlage. Bahnstrecke München-Mühldorf-Burghausen, B 20 (Landshut 70 km)-Freilassing (42 km); Strandbad am Wöhrsee, Reiterhof, Trimm-Dich-Strecke, 50-m-Hallenbad, Freibad, Bootsverleih. **A:** Städt. VA, Rathaus, Ruf 0 86 77/24 35 oder 20 51. **G:** Salzach, auf bayer. Seite, 47,8 km mit Altwässern, auf österr. Seite 12 km mit Altwässern, Breite bis 100 m. **G:** Inn, 16 km beidseitig mit großen Altwässern von km 84,4 bis 69,8, Breite bis 250 m. **FA:** alle Fischarten. Fangbegrenzung: tägl. 8 Salmoniden, 3 Hechte, 1 Waller, 1 Huchen, 3 Karpfen, alles andere frei. Mindestmaße: Inn gesetzlich, Salzach: Huchen 65 cm, Äsche 33 cm, Barbe 35 cm. **FZ:** ganzjährig, Flüsse bis 30. 4. gesperrt. **E:** Hans Miller, Niedernweg 37, Ruf 42 46; Angelsportgeschäft Scheitl, Hermann-Hiller Str.-4, Ruf 23 20; Gemeinde Marktl-Inn, Tittmoning Sportgeschäft Koppenwallner, Stadtplatz; Sportgeschäft Schellmoser, Laufen. **Geb:** T 7 DM, W 20 DM, M 35 DM. **B:** O.A., Haus- oder Feriengast; 2 Ruten, alle Köder, außer Tiroler Hölzl.

Der **Chiemsee,** mit 80 km² größtes bayerisches Gewässer, auch das „Bayerische Meer“ genannt, größte Tiefe 73 m, durchschnittliche Tiefe 25 m. Zuflüsse: Prien (teilweise durch den Mühlkanal bei Harras), Tiroler Ache mit oft trübem Wasser, die Irschener Ache und zahlreiche andere Bäche; Abfluß: Alz bei Seebruck, windungsreicher Lauf, mündet zwischen Neuötting und Marktl in den Inn. Man teilt den See in das westliche kleine Bekken, den sog. Inselsee mit Herren-, Frauen- und Krautinsel und das große östliche Becken, den sog. Weitsee. Der Inselsee hat eine unterschiedliche Struktur: südlich der Herreninsel eine Plateaufläche (20 m) und eine ostwestlich verlaufende tiefere Rinne; anschließend daran der bis über 40 m tiefe „Ruttengraben“ in nordsüdl. Richtung; zwischen dem Schafwaschener Winkel (7 m) mit starker Beeinflussung durch den unterschiedlichen Wasserzufluß der Prien und dem übrigen Seeteil befindet sich der sog. Ringgang; nördlich der Herreninsel liegen der Kailbacher Winkel (zwischen 20–28 m tief) und der kleine, verschmutzte Mühln-Winkel. Der „Weitsee“ wird gegliedert durch die westliche, mittlere (tiefste Stelle mit 73 m) und östliche (bis 70 m tief) Rinne; dazwischen findet man verschiedene Erhebungen, wie z. B. den „Langen Berg“ (28 m) sowie Plateauflächen in der Chieminger Bucht und im Nordteil, die durchschnittlich 20 m tief sind. Der gesamte See besitzt einen ausgedehnten Flachwassergürtel, der etwa bis zu einer Tiefe von 10–15 m reicht. Dem ganzen Ostufer – von Seebruck über Chieming bis zur Einmündung der Tiroler Ache – ist eine etwa 600 m breite Geröllbank vorgelagert und kaum Schilfbewuchs vorhanden. Neben Verschlammungen bei Chieming und besonders im Südteil (Hirschauer Bucht) findet man sonst überall kiesigen und sandigen Boden sowie reichlich Schilfbestand und Unterwasserpflanzen am Südufer, vom Irschener Winkel bis nördlich von Gstadt und um die Herreninsel. **FA:** zufriedenstellender Bestand an Hecht, der durch starken Besatz sehr gefördert wird; Zander (50 cm) bis über 20 Pfund wurde um 1900 erstmals eingesetzt, gutes Fanggebiet im Ostteil bei Grabenstätt und Chieming; reichlich Barsch; Rapfen, wenig bekannt gewordene Fänge, da es sich bei ihm um einen Fisch für Spezialisten handelt; ähnlich ist es bei der schwer zu erbeutenden Seeforelle. 1969 wurden u. a. Fänge von 16- und 22pfündern registriert; Karpfen und Schleie fängt man besonders im westlichen Teil des Sees (Inselsee); diverse Weißfischarten; Einbürgerungsversuche Seesaibling und Forellenbarsch sind leider gescheitert. **FZ:** Saison vom 1. Mai bis 31. Oktober. Vom 1. 5.–15. 8. von 4.30 bis 21 Uhr und vom 16. 8.–31. 10. von 5.30–18 Uhr. **E:** Fischereigenossenschaft Chiemsee, vertreten durch den Fischerei-Obmann Josef Lex, Frauenchiemsee, Ruf: 0 80 54/76 05; VV Prien, Rathausstr. 11, Haus des Gastes, Ruf 0 80 51/43 68; VV Seebruck, Ruf 0 86 67/3 04; Kirchmeier, Wolfgang in Chieming; Stephan, Helmut in Grabenstätt und Stefan Ebner in Feldwies. **Geb:** Uferkarte für 2 T 7 DM, M 17 DM, Saison 32 DM, (davon jeweils 2 DM Schreibgebühren). Schlepp- oder Wurfangelkarten: T 10 DM, W 27 DM, M 52 DM, Saison 122 DM. Preisermäßigung für Schwerkriegsbeschädigte 50 %; für Jugendliche mit dem Jugendfischereischein auch 50 %. **B:** J.Fsch.; 2 Ruten, alle Köder, lebend oder tot.

Bergen/Hochfelln (8221): kleiner Ort, südöstlich vom Chiemsee, am Fuße der Chiemgauer Berge (Hochfelln) gelegen. Durch eine Bergbahn erschlossen. Bahnstrecke Rosenheim–Traunstein; BAB E 11, Ausfahrt Bergen, weiter Richtung Grassau. Wanderwege, Bademöglichkeiten. **A:** Inga und Henry Drewes, Gut Klaus-Forellenhof, Staudacher Str. 120, Ruf 0 86 41/35 66. Urlaubs- und Übernachtungsmöglichkeiten. **G:** 2 Altarme der Tiroler Ache, je 3 ha; 2 Kiesgruben, 2 und 3 ha groß, bis 6 m tief; 6 Wiesenweiher von 0,5 bis 3 ha groß; 1 Naturweiher 0,5 ha (direkt am Chiemsee); Taubenweiher, ca. 6 ha; ein Hochgebirgssee und eine Bucht des Chiemsees, ca. 5 ha (nur vom Boot aus befischbar). **FA:** Hecht, Zander, Barsch, Aal, Karpfen, Schleie, Brachse u. a. Weißfische. **FZ:** nach Vereinbarung. **E:** Angelsportbund Chiemsee e. V.; **Geb:** T 7 DM, W 20 DM, 2 W 26 DM, 3 W 36 DM, M 41 DM für alle Gewässer. **B:** J.Fsch., 2 Ruten, alle Köder.

Bernau am Chiemsee (8214): anerkannter Luftkurort, der zwischen dem Südufer des Chiemsees und den Nordhängen der Alpen (Kampenwand) liegt und alle Möglichkeiten des Wassersports und des Bergsteigens zur Wahl stellt. Bahnstrecke und BAB E 11 München–Salzburg, B 305 nach Berchtesgaden; Strandbad in Felden, Hallenbad mit Sauna, Campingplätze, Überfahrt zu Herren- und Fraueninsel. **A:** Kur- und VA, Ruf 0 80 51/72 18. **G:** Chiemsee, siehe dort.

Chieming (8224): Erholungs- und Badeort, direkt am Ostufer des Chiemsees mit ca. 6 km langem Badestrand; Bahnstation ist Traunstein. (10 km); BAB E 11, Ausfahrt Grabenstätt (10 km südlich); Badeanstalt, Freibadegelände, öffentl. Ozon-Hallenbad (10 mal 25 m) mit Sauna und Solarium, Bootsverleih, Camping am Ort, in Stöttham und Unterhochstätt. **A:** VV, Rathaus, Hauptstr. 20, Ruf 0 86 64/2 45. **E:** Isidor Kirchmeier, Markstatt 10 in Chieming, Ruf 2 31. **G:** Chiemsee. **B:** Alles Wesentliche über die Angelmöglichkeiten siehe unter Chiemsee.

Gemeinde **Chiemsee** (8211): Post Frauenchiemsee, umfaßt die drei Inseln des Chiemsees; Bahnstation in Prien; Anlegestellen der Chiemsee-Schiffahrt, BAB E 11, Ausfahrt Bernau (16 km) über Prien (10 km), Campingplätze in den Uferorten Arlaching, Chieming, Felden (beim Rasthaus), Feldwies-Übersee, Mühlenbucht/ Ost (beim Strandbad), Prien, Unterhöchstätt, Gstadt. **A:** VA Frauenchiemsee. **E:** Fischerei – Obmann Josef Lex, Frauenchiemsee, Ruf 0 80 54/6 03; Insel Herrenchiemsee: 300 ha groß, beherrscht vom prächtigen Schloß Herrenchiemsee, Strandbad, Bootsverleih. Insel Frauenchiemsee: 9 ha groß, mit schönem altem Fischerdorf, Strandbad, Bootsverleih. Krautinsel: DKV-Zeltlagerplatz, sonst unbewohnt. **B:** siehe Chiemsee.

Grassau (8217): Luftkurort 7 km südlich des Chiemsees im Tal der Tiroler Ache; Bahnstation Übersee, der Bahnstrecke München–Salzburg; BAB E 11, Ausfahrt Bernau. **A:** VA, Kirchplatz 3, Ruf 0 86 41/ 23 40. **G:** Chiemsee (12 km), Tiroler Achen und Globalgewässer mit 7 Baggerweihern und 2 Altwassern. Bedingungen siehe unter „Chiemsee und Übersee-Feldwies."

Gstadt am Chiemsee (8211): Fremdenverkehrsgemeinde am Nordwestufer des Chiemsees mit 8 km langem Freibadestrand, kürzeste Überfahrt zur Fraueninsel. Bahnstation Rimsting (6 km) oder Prien (8 km). Busverbindungen. BAB E 11, Ausfahrt Bernau, weiter auf Straße Prien–Seebruck (8 km); Bootsverleih, Segelschule Gollenshausen. **A:** Gemeindeamt, Ruf 0 80 54/3 39 u. 4 42. **G:** Chiemsee, siehe dort.

Prien (8210): Luft- und Kneippkurort am Westufer im hügeligen Vorgelände der Chiemgauer Berge. Erholung auf königlich bayrisch. Bahnstrecke München–Salzburg, BAB E 11, Ausfahrt Frasdorf (8 km) oder Bernau (6 km); Deutsche Alpenstraße; Wassersportzentrum, Chiemsee-Jachtschule des Deutschen Hochseesportverbandes „Hansa", Harrasser Str. 71, und Privatsegelschule V. Will, Osternacher Str. 104, mit Bootsverleih, modernes Strandbad mit beheiztem Freischwimmbecken, andere Badeplätze auch mit Bootsverleih; Golf, Tennis, Camingplätze, Ferienwohnungen, Urlaub auf dem Bauernhof. **A:** Kur- und VA, Rathausstr. 11, Ruf 0 80 51/43 68. **G:** Chiemsee, alle weiteren Informationen siehe dort. **E:** Fischermeister Dieter Ihm, Renkenweg 6, Ruf 13 80. (Nur Ufer-Erlaubnisscheine). Erlaubnisscheine zum Schleppen bei Fischerei-Obmann Josef Lex, Frauenchiemsee.

Rimsting (8211): ländliche Sommerfrische und Luftkurort an der Aiterbacher oder Schafwaschener Bucht, am westlichen Hochufer des Chiemsees. Bahnstrecke München–Salzburg, BAB E 11, Ausfahrten Bernau oder Frasdorf, weiter auf Straße Prien (3 km) – Endorf (5 km); Strandbad, Hallenschwimmbad, Freibadeplätze am Langbürgner und Stettner See, Bootsverleih, Tennis. **A:** VA, Schulstr. 4, Ruf 0 80 51/44 61. **E:** Chiemsee, Bedingungen siehe dort. **E:** Fischermeister Schaber, Harras 145 in Prien. **G:** Langbürgner See. **E:** H. Unterreitmeier, Sporthaus, 8207 Endorf.

Schleching (8211): Luftkurort im oberen Tal der Ache, nahe der Landesgrenze, ruhiges, lieblich liegendes Tal, eingerahmt von Kampenwand, Geiselstein und Breitenstein. Historisches Streichenkirchlein aus dem 14. Jahrhundert. Bahnstrecke München–Salzburg, Station Übersee, von hier Busverbindung. BAB E 11, Ausfahrten Bernau oder Übersee. Haus des Gastes, Tennis, Schwimmbad, Sommer- und Wintercampingplatz, Sessel- u. Schlepplift, Wanderwege, Kajak auf der Tiroler Ache, Kajakverleih. **A:** VV, Ruf 0 86 49/ 2 20. **G:** Taubensee, Bergsee in 1138 m Höhe, **G:** Ache, Kartenkontingent stark eingeschränkt; verschiedene Altwasser und Baggerseen in der Umgebung (hierfür Globalkarte). **FA:** Hecht, Aal, Karpfen, Schleie, Forelle, Huchen, Rutte, versch. Weißfische. Fangbegrenzung für Ache: tägl. 3 Salmoniden, Globalgewässer: 2 Karpfen, 8 Schleien. **FZ:** Mai bis Oktober. **E:** VA, Ruf 2 20; Karl Ehnle, Feldwieser Str. 54 in 8212 Übersee. **Geb:** nach Vereinbarung. **B:** O.A., Sp. Prü., J. Fsch.; Tiroler Ache: 1 Rute, nur künstl. Köder; Globalgewässer: 2 Ruten, alle Köder.

Seebruck (8221): Luftkurort und Sommerfrische am Abfluß des Chiemsees, (Alz), Bahnstation Prien oder Traunstein, Straßenkreuzung Obing (11 km) – Traunstein (16 km) und Rimsting (16 km) – Stein (11 km); Schöner Badestrand, Bootsverleih, Reiten, großer Jachthafen, Segelschule. **A:** VA, der Gemeinde, Postfach 60, Ruf 0 86 67/3 07. **G:** Chiemsee, alles über Besatz, Ausgabestellen der Erlaubnisscheine, Gebühren und besondere Bedingungen: siehe Chiemsee. **G:** Alz, begrenzte Ausgabe. **FA:** Hecht, Aal, Schied, Döbel, Äsche. Keine Fangbegrenzung, keine Beuteablieferung. **E:** Franz Mayer, Hotel Wassermann und Heinrich Kirchmeier, Traunsteiner Str. 2, beide Seebruck. **B:** Sp.Prü.; 1 Rute.

Übersee – Feldwies (8212): Luftkurort in zentraler Lage zwischen Chiemsee und Alpen, unmittelbar am Südufer, Bahnstation ist Übersee, an der Strecke München–Salzburg; BAB E 11, Ausfahrt Feldwies; größtes Strandbad am See, 3 km langer Naturstrand (abgegrenztes FKK-Gelände), Wassersport, Camping, Tennis, Reiten. **A:** FVA, Feldwieser Str. 27, Ruf 0 86 42/2 95; Karl Ehnle, Angelgeräte, Feldwieser Str. 54 in Übersee. **G:** Chiemsee: alles über Besatz, Ausgabestellen für die Erlaubnisscheine, Gebühren und besondere Bedingungen, siehe unter Chiemsee. **G:** Globalgewässer: 6 Baggerweiher und 3 Altwasser. **FA:** Hecht (50 cm), Aal, Karpfen (35 cm), Schleie (26 cm), Weißfische. Tägl. Fangbegrenzung: 2 Karpfen, 3 Schleien. **FZ:** Chiemsee: 1. 5. bis 31. 10. Globalgewässer: 1. 3. bis 15. 10. **E:** Chiemsee, Globalgewässer, sowie Tiroler Ache: Karl Ehnle, Feldwieser Str. 54. **Geb:** Tiroler Ache: T 25 DM. Global-Gewässer: T 9 DM, W 25 DM, 3 W 42 DM. 4 W 52 DM. **B:** Sp.Prü., O.A. J.Fsch.; Tiroler Ache: 1 Rute, nur künstl. Köder. Globalgewässer: 2 Ruten, keine Köderbeschränkung.

Unterwössen – Oberwössen (8211): Luftkurorte im Tal der Tiroler Ache, nebelfrei und von hohen Bergen umgeben. Der schön gelegene Wössener See lädt zum Baden und Rudern ein. D-Zug-Station. BAB E 11, Ausfahrten Bernau, Übersee-Feldwies und Grabenstätt. Rundflüge mit Segelflugzeugen der Deutschen Alpensegelflugschule, Tennis, Reitmöglichkeiten. **A:** VA am Rathaus, Ruf 0 86 41/82 05. **G:** Chiemsee, Tiroler Ache, Globalgewässer (6 Baggerweiher u. 3 Altwasser), siehe Übersee-Feldwies u. Chiemsee.

Eggstätt (8201): staatl. anerkannter Erholungsort und Sommerfrische im Mittelpunkt der Oberbayerischen Seenplatte, nordwestlich des Chiemsees (5 km), am idyllischen, von Wäldern umgebenen Hartsee. Bahnstation ist Endorf (9 km), BAB E 11, Ausfahrt Bernau; Tagesausflüge in die Berge, herrliche Wanderwege, idealer Familienurlaub, Wassersport, Badestrand, Tennis. **A:** FVV, Ruf 0 80 56/3 22 oder 4 47. **G:** Hartsee, ca. 87 ha groß. **G:** Wöhrachen. Angelberechtigung mit Uferschein: im Hartsee vom Ausfluß aus dem Kaut-See bis Einfluß in den Hartsee und in der Wöhrachen vom Ausfluß aus dem Hartsee bis zur Wöhrmühle. Mit Ufer- und Kahnschein: im Hartsee, in der Achen vom Auslauf aus dem Kaut-See bis zum Einfluß in den Hartsee, und in der Wöhrachen vom Ausfluß aus dem Hartsee bis zur Wöhrmühle. Schleppangelschein: im Hartsee, in der Achen vom Ausfluß aus dem Kaut-See bis zum Einfluß in den Hartsee, und in der Wöhrachen vom Ausfluß aus dem Hartsee bis zur Wöhrmühle. **FA:** Hecht (50 cm), Wels (besonderer Fang 64 Pfd.), Zander, Barsch, Aal, Karpfen, Schleie, Weißfische. **FZ:** 1. 4. bis 31. 10. **E:** Gemeindeamt; Frau Luise Schmid, Obingerstr. 9, Ruf 5 48; **Geb:** Ufer-Scheine: T 6 DM, W 18

DM, M 30 DM. Ufer-Kahn-Erlaubnisscheine: T 8 DM, W 25 DM, M 40 DM. **B:** J.Fsch.; keine lebenden Köder, außer Wurm; 2 Ruten; Boote vorhanden. **G:** Pelhamer See: Privatgewässer mit gutem Fischbesatz. **FA:** Waller, Hecht, Karpfen, Aal. **E:** Ursula Luber, Buchenringstr. 12 in Eggstätt (Unterkunftsmöglichkeit). Gut geeignet für Wanderer und Naturfreund.

Endorf (8207): Luftkurort (525 m) zwischen Chiem- und Simssee; Bahnstrecke München–Salzburg, BAB E 11, Ausfahrten Rosenheim, Frasdorf oder Bernau. Naheliegende Seen, Schwimmbad, Wanderwege, Reit- und Tennisanlagen; **A:** Kurverwaltung, VV, Rathaus, Ruf 0 80 53/4 22. **G:** Simssee, 3 km von Endorf, ca. 320 ha große zu beangelnde Fläche (Gesamtfläche ca. 620 ha), Länge der Angelstrecke ca. 4 km. **FA:** Hecht (55 cm), Zander, Aal, Karpfen, Schleie, Weißfische. **FZ:** 1. 5. bis 15. 10. **E:** Waldgasthof Liebl, direkt am See; Sporthaus Ankirchner in Rosenheim; Fischermeister Kloo in Baierbach. **Geb:** T 10 DM, 14 T 30 DM, M 50 DM, Saison 140 DM. **B:** Sp.Prü., 2 Ruten, Schleppen verboten, Boote im Waldgasthof Liebl oder im Strandbad Ecking, alle Köder, außer lebenden Köderfischen. **G:** Langbürgner See, ca. 102 ha groß, (der See ist Naturschutzgebiet). **FA:** Hecht, Zander, Aal, Waller, Barsch, Renke, Karpfen, Schleie, Brachse und sonstige Weißfische. **E:** Sporthaus, Wasserburger Str. 1, Ruf 5 61. **Geb:** nur vom Ufer aus: T 6 DM, W 28 DM, M 40 DM vom Ufer, aber mit Bootsbenutzung: T 8 DM, W 30 DM, M 55 DM. **B:** Sp.Prü.; 2 Ruten, Schleppen verboten, alle Köder, außer lebenden Fischen. Leihboote (Dreisitzer) Benutzungsgebühr halbtags (Trennzeit 12 Uhr) 5 DM. Schlüsselausgabe bei Fam. Hartl in Schlicht, am Nordufer des Sees. **S:** weitere Angelmöglichkeiten am 5 km entfernt liegenden Chiemsee (siehe dort).

Fridolfing (8229): Aufstrebender Fremdenverkehrsort im oberbayerischen Voralpenland, nahe der österreichischen Grenze zwischen Burghausen und Laufen, BAB E 11, Ausfahrt Traunstein, B 20. Wanderungen durch eine reizvolle Hügellandschaft, Tennis, Reiten, Badegelegenheit im örtlichen Baggersee und den umliegenden Seen (Waginger, Leitgeringer und Abtsdorfer See), nur 8 bis 15 km entfernt. **G:** örtlicher Baggersee, ca. 26 000 m^2 groß; **G:** Salzach, ca. 47 m, **G:** Altwasser. **FA:** Forelle, Hecht, Zander, Aal, Bachsaibling, Äsche, Karpfen, Schleie, Weißfische. **E:** VV, Flachsweg 1, Ruf 0 86 84/2 26. **Geb:** T 8 bzw. 7 DM. **B:** Feriengast, O.A., J.Fsch.; Sp.Prü., 1 bzw. 2 Ruten, Fangbegr. täglich 5 Fische.

Kiefersfelden (8205): Luftkurort im bayerischen Inntal, am Fuße des Kaisergebirges, nahe der Tiroler Grenze; Bahnstrekke Mchn–Kufstein; B 15 von Rosenheim (35 km); BAB E 11, von Dreieck-Inntal auf E 86. Tennis, Wandern, Bergsteigen, Wassersport im Hechtsee/Tirol (Badeanstalt, Bootsverleih), Kieferer See, Kreuth-See und Hödenauer See ganz in der Nähe. **A:** VA, Rathausplatz 3, Ruf 0 80 33/84 90. **G:** Inn, Grenzfluß zwischen Bayern und Tirol, ca. 15 km linke Flußseite, Flußbreite ca. 120 m. **G:** Kieferer See, Baggersee, ca. 350 m lang und 80 m breit. **FA:** Inn: Äsche, Regenbogen- und Bachforelle, Weißfische. Kieferer See: Karpfen, Weißfische. **FZ:** Inn: beste Fangzeit Mai bis Mitte Juni, September und Oktober. Kieferer See: Mitte Mai bis Mitte September. **E:** VA, Rathausplatz 3, Sporthaus Gruber, Alte Rathausstr. 21; Hans Weinmann, Kufsteiner Str. 9 in Oberaudorf. **Geb:** Inn: Nur T 12 DM, (nur für die Monate Mai, September und Oktober), T 6 DM, (nur für die Monate Juni, Juli, August, November, Dezember), übrige Monate keine Erlaubnisscheine. Kieferer See: T 10 DM, W 45 DM. (Wochenkarte darf nicht unterbrochen werden). **B:** J.Fsch.; unter 14 Jahren keine Angelerlaubnis, von 14–16 Jahren nur in Begleitung eines erw. Fischers; 1 Rute, alle Köder, Drilling am Kieferer See verboten, keine Bootsbenutzung.

Kirchanschöring – Lampoding (8229): einen sehr preiswerten Angel-Urlaub bietet der staatl. anerkannte Erholungsort am Waginger See; wärmster See Oberbayerns. B 20 von Laufen, BAB E 11 von Traunstein. Wanderwege in ruhiger, waldreicher Umgebung, Kneippanlage, Bootsverleih. Im Umkreis liegen Salzburg (25 km), Berchtesgaden, Bad Reichenhall, das Salzkammergut, Burghausen und der Chiemsee. Ferienwohnungen. **A:** FVV, Laufener Str. 8, Ruf 0 86 85/ 2 35, nach Dienstschluß 4 70. **G:** Waginger See, Bedingungen siehe dort. **G:** Salzach, Grenzfluß, ca. 30 km lange Angelstrecke die bis 70 m breit ist. **A:** VV Lampoding. **FA:** fast alle Fischarten. **FZ:** ganzjährig, unter Beachtung der jeweiligen Schonzeiten. Gesetzliche Mindestmaße. **E:** VV beider Gemeinden; Fischermeister Daiss, Gut Horn; Herr Wagner, Strandbad 8221 Kühnhausen; Fischermeister von 8221 Tenhausen; für die Salzach Helmut Bauer in Kirchanschöring. **Geb:** T 6 DM, W 15 DM in der Zeit von Mai bis Oktober. **B:** Sp.Prü., Haus- oder Feriengast, alle Köder, Rutenanzahl laut Erlaubnisschein.

Laufen (8229): Grenzort zu Österreich, im schönen Rupertiwinkel, das Tor ins schöne Salzburger und Berchtesgadener Land, an der Salzach. Von BAB E 11, Ausfahrt Piding (24 km), auf B 20 Richtung Burghausen. Wassersport, Strandbäder, Tennis, Camping, großes Freizeitgelände am Abtsdorfer See mit vielen Sport- und Spieleinrichtungen. **A:** FVV Laufen-Leobendorf, Ruf 0 86 82/8 10. **G:** Abtsdorfer See, ca. 83 ha groß, 4 km von der Stadt entfernt. **FA:** Waller, Zander, Hecht, Karpfen, Aal u. v. Weißfische. **FZ:** günstig Juni und September. **E:** Schreibwarengeschäft Pfößs, Marienplatz, Laufen; Hotel Seebad, Abtssee. **Geb:** T 10 DM, W 50 DM. **B:** J.Fsch.; 1 Handangel, alle Köder, Bootsverleih. Gutes Raubfischgewässer, Schleppen aber nicht erlaubt. **G:** Salzach, siehe bei Burghausen, Erlaubnisscheine bei gleicher Ausgabestelle.

Oberaudorf (8203): Luftkurort im Inntal, 10 km nördlich von Kufstein, Bahnstrekke Mchn–Rosenheim–Kufstein; von BAB E 11 beim Inntaldreieck auf E 86 bis Grenzort Kufstein. Hallen- und Freibad, Strandbad Luegsteinsee, Bootsverleih, Tennis, Camping. **A:** VA, Ruf 0 80 33/4 74. **G:** Inn, von der Landesgrenze (Zollamt an der Bundesstraße) bis zur alten Innfähre bei Fischbach (ca. 10 km). **FA:** Forelle, Äsche, Huchen, Barbe, Döbel u. a. Weißfische. **E:** Eisenwarengeschäft Astner, Kufsteiner Str. **Geb:** in den Monaten Juni-Juli und August T 6 DM; ab September bis Dezember T 12 DM. **G:** Kieferer See in Kiefersfelden, unterhalb des BAB-Zollamtes und Innstrecke wie vorstehend. **Geb:** 1. 6. bis 31. 12. T 10 DM, W 45 DM. **B:** Sp.Prü., O.A.; für Köderwahl keine Vorschrift, 1 Rute; sämtliche Bachzuflüsse dürfen nur unmittelbar am Mündungsgebiet befischt werden. Fangbegrenzung: 3 Salmoniden pro Tag. Zander gesperrt, Karpfen: 1 Stück ab 35 cm pro Tag. Ein Merkblatt des SpFV wird beim Kauf des Erlaubnisscheins abgegeben.

Obing (8201): ländliche Sommerfrische nördlich der Eggstätter Seenplatte, inmitten von Wäldern, Hochmooren und Badeseen. Bahnstrecke Mchn–Rosenheim–Endorf–Obing; B 304, BAB E 11, Ausfahrt Bernau. Wasser- und Reitsport, **A:** Gemeindeverwaltung, Ruf 0 86 24/22 34. **G:** Obinger See, s. d.

Obinger See: ca. 32 ha groß, größtenteils von einem breiten Schilfgürtel umgeben, Ufer überwiegend morastig, einige Angelstege, Angeln am besten vom Boot aus. **A:** Gemeindeverwaltung. **FA:** Hecht (bis 10 Pfd.), Zander, sehr gut (bis 18 Pfd.), Wels (bis 20 kg), Barsch, Aal, starke Karpfen, Schleie (sehr gut), Weißfische. **FZ:** 1. 4. bis 30. 11. **E:** Gästehaus Ortnerhof, A. Wurmannstätter, Seestr. 2 in 8201 Pfaffing, Ruf 0 86 24/22 23; eigene Boote, für Hausgäste nach Vereinbarung. **Geb:** T 10 DM, W 50 DM. **B:** 2 Ruten, Sp.Prü., J.Fsch.; alle Köder. **S:** Näheres auch über „Sportfischer-Vereinigung Waginger See e. V." als Pächter (Anschrift: Hermann Brugger, Schriftführer, Innstr. 12, 8260 Mühldorf). Weitere Angelmöglichkeit bietet der nahegelegene **Griessee. FA:** Waller, Hecht, Zander, Aal, Karpfen, Schleie, Weißfische. **E:** Pension Griessee in herrlicher Waldlage, Ruf 22 80.

Ruhpolding (8222): Luftkurort und bedeutende Fremdenverkehrsgemeinde im Talkessel der Weißen Traun, zwischen Hochfelln und Rauschberg. Bahnverbindung; Anfahrt von Traunstein (18 km) bis zur Deutschen Alpenstraße (B 305), BAB E 11, Ausfahrt Siegsdorf; Wellenhallenbad, Freibad und weitere Bademöglichkeiten in den Gebirgsgewässern Löden-, Mitter- und Weitsee; Großkabinenseilbahn zum Rauschberg, Sessellifte zum Unterberg und zur Steinberg-Alm, Tennis, Märchenpark, Campingplatz Ortnerhof, Reiterhof Ruhpolding. **A:** Kurverwaltung, Hauptstr. 60, Ruf 0 86 63/12 28. **G:** Steinbach, ca. 3 km, **G:** Traun, ca. 10 km, **G:** Froschsee. **FA:** Forelle. **E:** Hotel „Zur Post", Hauptstr. 35, Ruf 10 35; Ruhpoldinger Hof, Hauptstr. 30, Ruf 12 12; Steinberg-Alm 1, Ruf 17 20; Georg Eisenberger, St. Valentin 12, Ruf 18 59. Bedingungen und Geb: nach Vereinbarung.

Stephanskirchen – Baierbach – Simssee (8201): Diese gern besuchten Ferienorte liegen abseits vom lärmenden Strom des Reiseverkehrs, jedoch günstig erreichbar. Inmitten einer reizvollen Landschaft liegt der Simssee mit seinen verträumten Ufern zu Füßen der Alpenkette, der Chiemgauer und der Inntaler Berge. Bahnstation ist Stephanskirchen. B 15 u. BAB E 11, Ausfahrt Rosenheim. Wassersport, Wanderwege, Bergwandern, Badestrände, Bootsverleih. **A:** VB, Bahnhof, Ruf 0 80 36/6 15. **G:** Simssee, ca. 620 ha, Angelfläche ca. 320 ha, durchschn. Tiefe 20 m; befischt werden darf nur die südliche Hälfte des Sees. **FA:** Aal, Hecht (bis 33 Pfd.), Zander (bis 17 Pfd.), Karpfen (bis 28 Pfd.), Wels (bis 105 Pfd.), Schleie, Barsch, Seeforelle, Weißfische. Fangbegrenzung 3 Edelfische pro Tag. Beste Fangplätze: Bacheinmündungen auf der Ostseite. **FZ:** 1. 5. bis 15. 10. **E:** Waldgasthof Liebl in Simssee; Fischermeister Kloo in Baierbach; alle anderen Erlaubnisscheine bei M. Wurzer, Simssee, Ruf 83 41. **Geb:** T 10 DM, 14 T 30 DM, M 50 DM, Saison 140 DM. **B:** Sp.Prü.; 2 Ruten, lebende und tote Köderfische erlaubt; Fischereigrenze laut Plan beachten, Schleppfischen verboten. Leihboote: Josef Kloo, Edlingerstr. 58 in Baierbach; M. Wurzer, Waldgasthof Simssee; Josef Summerer, Edlingerstr. 57 in Baierbach.

Traunstein (8220): im Voralpenland des Chiemgaues, inmitten der waldreichen Ausläufer der Nordalpen; Bahnstrecke Mchn–Salzburg, BAB E 11, Ausfahrt Siegsdorf/Traunstein, B 304 (Wasserburg 58 km, bis Freilassing 30 km); Deutsche Ferienstraße Alpen–Ostsee. Schwimmbad, Tennis, Wassersport. **A:** Städt. VA, Bahnhofstr. 16a, Ruf 08 61/6 52 73. **G:** Traun, vom Viadukt bis zum Mühltalwehr, flußabwärts. **FA:** Regenbogen- und Bachforelle. **FZ:** 1. 5. bis 30. 9. **E:** Fa. Wilhelm Schlager, Taubenmarkt 5, Ruf 48 97; Fa. Roman Winkler, Ludwigstr. 2, Ruf 42 79. **G:** Traun, flußaufwärts bis zum Wehr (Zusammenfluß der Weißen- und Roten Traun). **FA:** und **FZ:** wie vor. **E:** Besitzer L. Schwaiger, Hotel Traunsteiner Hof. **Geb:** für Hotelgäste frei. **B:** J.Fsch.; 1 Rute, nur künstl. Köder. Hausgast mit 5 und mehr Urlaubstagen. **S:** weitere Angelmöglichkeiten im Chiemsee und Waginger See. Näheres siehe dort.

Waging am See (8221): Luftkurort am gleichnamigen See, BAB E 11, Ausfahrt Siegsdorf/Traunstein (17 km), vielseitiger Wassersport, Kneippanlagen, Tennis, Reiten, Camping. **A:** FVV Waginger See, Wilhelm-Scharnow-Str. 20, Ruf 0 86 81/3 13. **G:** Waginger See, siehe dort.

Waginger See: einer der wärmsten Seen Oberbayerns, 12 km lang und bis zu 2 km breit. **FA:** Hecht u. Zander (50 cm), Zander erfreul. Vorkommen, jedoch weg. Köderfischverbot schwer zu überlisten. Karpfen, Schleie, Aal, Brachse, Wels u. Weißfische. **FZ:** 1. 5.–30. 11. **E:** Fischerei M. Kneidl, Bootsverleih, Tettenhausen, Ruf 2 49. **Geb:** Friedfischangel: T 6 DM, 3 T 11 DM, W 22 DM, M 50 DM, Saison 110 DM. **Geb:** Spinnfischen: T 11 DM, 3 T 22 DM, W 44 DM, M 100 DM. O.A. erhalten auf die vorgenannten Gebühren 10 % Ermäßigung. **B:** J.Fsch.; Blinker und Wobbler nur über 5,5 cm Länge; 2 Ruten, alle Köder, außer Köderfischen. **S:** Fischereibedarf Wiedemann, Seestr., Ruf 2 30.

Niederbayern (südlich der Donau)

Landshut (8300): bayerische Herzogstadt an der Isar mit vielen Sehenswürdigkeiten geschichtlicher Vergangenheit. Aufführungsort der „Landshuter Hochzeit 1475", dem größten historischen Festspiel Deutschlands. BAB Mchn–Nürnberg, Ausfahrt Hallertau über Mainburg; B 11, B 15 und B 299; Bahnverbindungen mit München, Hof, Passau. Flugsport (Rundflüge), Badeanstalten, Schwimmbad mit Wellenbecken, Reitsport, Tennis. **A:** VV, Altstadt 79, Residenz, Ruf 08 71/34 84. ASV Landshut e. V., Brucknerstr. 20. **G:** Isar mit Stauseen Altheim, Niederaichbach, Gummering, Georg-Costa-Weiher in Gummeringerau und Markus-Rüb-Weiher in Niederviehbach. **FA:** Aal (40 cm), Bachforelle (26 cm), Barbe (40 cm), Hecht (45 cm), Karpfen (30 cm), Zander (45 cm), tägl. Fanglimit: Hechte und Zander zusammen bis 3 Stück, Gesamtgewicht 12 Pfd. Salmoniden 3 Fische im Gesamtgew. bis 7 Pfd.; **FZ:** ganzjährig, unter Beachtung der gesetzlichen Mindestmaße und Schonzeiten. **E:** Im Auftrag des ASV nachstehende Stellen: Gasthaus „Zur Insel", Badstr. 16; Fa. Anderl Landesberger, Papiererstr. 6; Fa. Sport-Strasser, Altstadt 102; Frau Gretl Schanzer, am Buchberg 6 in Niederaichbach; Pension Pongratz in Hinterkreuth; Frau Ammer, Bundesbahn-Haltepunkt in Ergolding/Süd; Familie Eckart in Gummeringerau. **Geb:** nur T 7 DM, pro Staustufe für Nichtmitglieder. Tageskarten für sämtliche Gewässerstrecken können gleichzeitig nebeneinander gelöst werden. **B:** O.A., Sp.Prü., J.Fsch.; Mitgliedskarte seiner Vereinszugehörigkeit. Kein Bootsverleih, alle Köder, die gesetzlich zugelassen sind, 2 Ruten, jedoch nur 1 für den Raubfischfang. Richtlinien des ASV Landshut beachten.

Langenbach (8051): an der Isar, 9 km nordöstlich von Freising. B 11 Freising–Landshut (25 km), BAB E 6, Ausfahrt Eching oder Freising. Bahnstrecke Mchn–Freising–Landshut. **A:** und **E:** Fischwasserbesitzer Max Daimer, Gasthof in Langenbach. **G:** Isar, Nasenbach und Moosach. Windungsreiche Gewässer, dazu einige hundert Meter den altwasserartigen Sempt-Flutkanal. **FA:** Barbe, Nase, Döbel (starkes Vorkommen), Brachse, Rotfeder u. Rotauge, Karpfen, vereinzelt auch Forelle und Äsche. Im Kanal: Hecht, Karpfen, Brachse u. a. Weißfische. **FZ:** ganzjährig, unter Beachtung der gesetzlichen Schonzeiten und Mindestmaße. **Geb:** T 10 DM. **B:** J.Fsch.; lebender Köderfisch verboten, sonst alle Köder erlaubt.

Pfarrkirchen (8340): im Rottal, zwischen Donau und Inn. Bahnstrecke München–Mühldorf–Passau, B 388; beheiztes Freibad, Rudern, Flugplatz für Segel- und Motorflug, Tennis- und Reitsport, Golfplatz, Camping, Windsurfing. **A:** FVV, Ruf 0 85 61/64 22. **G:** Stausee bei Postmünster, ca. 60 ha groß, etwa 2 km westl. von Pfarrkirchen. Außerdem ein Gewässer des KFV Pfarrkirchen e. V. für die Vils bei Mettenhausen, ca. 3 km Fließgewässer. Entfernung ca. 25 km. **FA:** Hecht (50 cm, Schonzeit vom 1. 1. bis 30. 6., pro Tag 1 Fisch), Zander (50 cm, 1. 1. bis 30. 6., 1 Fisch), Aal, Karpfen (40 cm 2 Stück), Schleie (30 cm), Barbe u. a. Weißfische. (Hecht bis 3 Pfd. absolute Schonung, Karpfenfang sehr gut). **E:** KFV Pfarrkirchen; Sporthaus Jungwirth, Passauer Str.; Kiosk am Stausee (Minigolfplatz). **Geb:** T 6 DM, W 17 DM. Bootskarten: T 7,50 DM, W 25,50 DM. **B:** J.Fsch.; Bootsverleih, aber kein Schleppangeln, 2 Ruten, für Raubfische jedoch nur 1 Rute erlaubt, alle Köder.

Pocking (8398): Stadt im Bäderdreieck, Bad Füssing, Rottal–Terme Birnbach und Dreiquellenbad Griesbach im Rottal. B 12 Passau–München; Tennisplätze, Tennishallen, Squash-Halle, Naturfreibad, Hallenbad, Reitschule, Kunsteisbahnen. **A:** Stadtverwaltung, Rathaus, Simbacher Str. 16, Ruf 0 85 31/40 91. **G:** Rott, Inn, von Würding bis Simbach; Baggerseen von je 50 ha. **FA:** Hecht, Zander, Barsch, Aal, Karpfen, Schleie, Weißfische. **E:** SFV

Pocking e. V., nach Vereinbarung; Café Riermeier, Simbacher Str. 13 in Pocking. **Geb:** T 10 DM, W 30 DM, M 60 DM. **B:** O.A., Sp.Prü., J.Fsch.; 2 Ruten, alle Köder, kein Bootsverleih.

Ruhstorf a. d. Rott (8399): Großgemeinde südlich der Donau in abwechslungsreicher Landschaft zwischen Donau und Inn, Landkreis Passau; B 12 und B 388, Bahnstrecke Passau–Mühldorf–München; reichliche Ausflugsmöglichkeiten, Freizeit-Zentrum mit „Niederbayern-Festhalle", Hallenbad, Sauna, Solarium, Freibad, Tennis, Schießsportzentrum. **A:** FVV, Am Schulplatz 8, Ruf 0 85 31/40 18. **G:** Rott, in Länge von mehreren km; Altwasser, div. Baggerseen (derzeit werden mehrere wegen Bundesstraßen- und BAB-Bau vergrößert oder entstehen neu). **FA:** fast alle Fischarten. **E:** VV und Vermittlung durch die Quartiergeber. **Geb:** nach Vereinbarung. **B:** J.Fsch., Haus- oder Feriengast; 2 Ruten, Bootsbenutzung verboten, alle gängigen Köder erlaubt.

Simbach am Inn (8346): Landkreis Rottal/Inn, Grenzstadt am Inn, gegenüber dem österreichischen Braunau; schöne Lage am Fuße des 550 m hohen Schellenbergs. B 12; Bahnstrecke München–Mühldorf–Simbach; Reit- und Flugsport, Freischwimmbad. **A:** Stadtverwaltung, Innstr. 14, Ruf 0 85 71/20 52 oder 20 53; ASV Simbach, Münchner Str. 45, Ruf 23 24. **G:** Inn, von Flußkilometer 58,3 bis 34,4 mit Staustufen insges. 24 km und einige Altwasser. **FA:** Regenbogenforelle, Aal, Hecht (Schonzeit vom 1. 1. bis 31. 5., Fangbegrenzung: 3 Fische pro Tag), Zander (1. 1. bis 31. 5., 3 Fische), Wels, Karpfen, Schleie, alle Weißfischarten. **FZ:** günstig von Mai bis Oktober. **E:** Heinz Leck, Münchner Str. 45, Simbach; Therese Bogner, Thalhamerweg 8, Simbach; Anna Hautz, Simbacher Str. 36, 8399 Ering a. Inn. **Geb:** T 7 DM, W 30 DM, M 60 DM. **B:** J.Fsch., O.A., Sp.Prü.; Haus- oder Feriengast, 2 Ruten, alle normalerlaubten Köder (keine Bootsbenutzung).

Vilsbiburg (8313): Altes Städtchen im oberen Vilstal, netter Urlaubsort im anmutigen, altbayer. Hügelland. B 299 u. B 388. Freischwimmbad, Reitmöglichkeiten, neue Tennisplätze mit Tennishalle u. Klubräumen, Rundflüge, Kegelbahnen. **A:** Stadtverwaltung; KFV Vilsbiburg, 1. Vors. Otto Reithmaier, Bgmstr.-Brandl-Str. 9, Ruf 0 87 41/65 23. **G:** Vils, ca. 22 km Flußwasser (Anglerparadies). **FA:** Hecht und Zander (45 cm, Schonzeit vom 1. 1. bis 31. 7.), Karpfen (32 cm), Aal (40 cm), Schleie und Brachse (30 cm), Weißfische. Fangbegrenzung: 1 Hecht u. 1 Zander, oder 2 Karpfen, Friedfische 7 Stück. **E:** KFV Vilsbiburg; Zoogeschäft Hans Ekker, Kirchstr. 2, Ruf 74 44. **G:** T 10 DM, W 50 DM, M 100 DM, (für Nichtmitglieder des KFV). **B:** J.Fsch., Sp.Prü.; 2 Ruten, alle Köder erlaubt, in der Zeit vom 1. 1. mit 31. 7. sind Wobbler, Spinner, Blinker, lebende oder tote Köderfische, Fischfetzen oder ähnliches verboten.

Raum Passau – Vilshofen (Niederbayern)

Büchlberg (8391): Urlaubs- und Erholungsort am Goldenen Steig, an den Ausläufern des Bayerischen Waldes. Bahnstation ist Kalteneck, B 12; Reiten, Tennis, beheiztes Freibad. **A:** Gemeindeverwaltung, Ruf 0 85 05/13 38. **G:** Erlau-Stausee im Ortsbereich, ca. 1 km lang, durchschnittlich 50 m breit, in ruhiger Lage. **FA:** Hecht, Aal, Zander, Karpfen, Schleie, Forelle, Weißfische. **E:** VA, Rathaus. **Geb:** T 7,50 DM. **B:** Sp.Prü.; 1 Rute, Fangbegrenzung und Schonzeiten beachten.

Eging (8359): staatlich anerkannter Erholungsort am Eingang des Dreiburgenlandes, waldreiche Umgebung. A 3. Wassersport am Badesee, Hallenbad, Tennis, Wandern, Campingplatz. **A:** Marktgemeindeverwaltung, Prof.-Reiter-Str. 2, Ruf 0 85 44/6 17 u. 6 18. **G:** Rohrbachsee, Staugewässer, ca. 15 ha Wasserfläche, 1,5 km lang bis 200 m breit. **FA:** Regenbogenforelle, Bachforelle, Karpfen, Schleie,

Fangbegr: pro Tag 3 Fische. **FZ:** 1. 5. bis 15. 12. **E:** Marktgemeindeverwaltung; **Geb:** T 15 DM, W 50 DM. **B:** J.Fsch., Sp.Prü; 1 Rute, alle Köder, Bootsverleih, aber kein Angeln vom Boot aus.

Fürstenstein (8359): Erholungsort im Dreiburgenland, Wahrzeichen die Burg, nordwestl. von Passau. B 85, Bahnstrecke Deggendorf–Passau. Freibad, Wanderungen. **A:** Gemeindeverwaltung, Ruf 0 85 04/3 43. **G:** Kollnbergmühlweiher, ca. 300 m lang, bis 250 m breit. **G:** Rohrbachstausee (siehe Eging). **G:** Dreiburgensee (Rothauersee), ca. 600 m lang, 300 m breit, 4 km entfernt. **G:** Donau bei Vilshofen. **FA:** Hecht, Zander, Wels, Barsch, Aal, Forelle, Karpfen, Rapfen, Schleie, Döbel, Barbe u. a. Weißfische. **E:** Josef Wax, Kollnbergmühle 1, nach Vereinbarung; VA Eging; FV Dreiburgenland, 8391 Tittling; Hotel „Dreiburgensee"; Fischermeister Wagner, Fischerzeile in Vilshofen. **Geb:** T 7,50 bis 15 DM, W 35 DM bis 50 DM., nach Vereinbarung. **B:** Ferien- oder Kurgast, J.Fsch., Sp.Prü.;

Geißamühle (8390 Passau 26, Gaißa 10): ruhige Lage in wald- und wiesenreicher Landschaft, in der Nähe Passau (10 km), Omnibusverbindung; Bahnstrecken Landshut – Passau, Straubing – Passau. B 12, B 85, B 8 u. B 388. Waldwanderungen, Schwimmgelegenheit. **A:** u. **E:** Herbert und Therese König, Pension Gaißamühle, Ruf 08 51/63 91. **G:** Gaißa, eigenes Fischwasser, (ca. 5 km), mündet in die Donau; auf 2 km Wehrstau, 20 bis 50 m breit, 3 bis 7 m tief, restliche 3 km 10 bis 15 m breit und bis 2 m tief. **FA:** Hecht,

Karpfen, Döbel, Waller, Zander, Schleie, Weißfische. Im Oberlauf auch Forelle. **Geb:** nach Vereinbarung. **B:** Hausgast, J.Fsch., 2 Ruten, alle Köder, Bootsverleih.

Griesbach/Rottal (8399): Luftkurort mit Thermalbad in landschaftlich abwechslungsreicher Umgebung. Von B 388 ca. 5 km. Hallenbad, Freibad, 5 Tennisplätze (auch Unterricht), Reiterhof Freudenstein, Ruf 0 85 32/4 78, Reiterhof Wanker, 25 Pferde, Reitbahn, Reithalle, Springplatz. **A:** VA, Ruf 84 41. **G:** Rott, ca. 5 km entfernt. **FA:** Hecht, Karpfen, Zander, Schleie Weißfische. **E:** Gasthof „Zur Mühle", Fam. Josef Rieger in Bayerbach, Ruf 3 03, 1 km lange Fischstrecke. **B:** nur für Hausgäste. Im Ortsteil Reutern Forellen-Fischwasser der Fam. Straubinger, Ruf 82 14, Privatpension „Zur Oberen Mühle". **B:** Ferien- oder Kurgast. **S:** weitere Angelmöglichkeiten über Pension F. Hölzl, Bayerbach 2, Ruf 2 66 und J. Neumayer, Brauerei, Passauer Str. 12, Ruf 2 06.

Hals, ein Ortsteil von Passau (8390): ruhiger Erholungsort im romantischen Ilztal, ohne Durchgangsverkehr; zum Zentrum 1 km; Bahnstrecken Landshut–Passau, Straubing–Passau, B 12, B 85. Omnibusverbindungen, Freibäder an der Ilz, Wanderwege entlang des Flusses, modernes Schwimmbad, Camping. **A:** FVV Passau e. V., Nibelungenhalle, Ruf 08 51/5 14 08. **G:** Ilz, vom Grafenbründl bis Fischhaus, Mündung in die Donau mit 2 Stauseen; bei Hals ca. 1 km lang und Oberilzmühle, ca. 5 km lang, 40 bis 50 m breit, an den Stauen bis 200 m breit, wechselnde Tiefe zwischen 1 bis 14 Metern. Windungsreicher Lauf, abwechselnd ruhige und starke Strömung, Wehr im Ort, überwiegend gerölliges Flußbett; insgesamt ca. 13 km Angelstrecke. **FA:** Aal, Aalrutte, Äsche, Bachforelle, Regenbogenforelle, Hecht, Karpfen (bis 10 kg), Zander, Wels, Döbel, Nerfling, Barbe, Barsch, Nase, Brachse. Fangbegrenzung: Salmoniden, Hecht oder Zander, insgesamt 3 Fische pro Tag. **E:** Kurt Schneider, Stromlänge 40, Ruf 3 16 16. **Geb:** T 10 DM, 1. W 40 DM, 2. W 55 DM, 3. W 70 DM, M 80 DM. **B:** J.Fsch., 1 Rute; in der Salmonidenstrecke, von Oberilzmühle bis 100 m unterhalb der Triftsperre (durch Hinweisschilder gekennzeichnet) ist nur das Fischen mit Blinker, Spinnfisch und künstl. Fliege erlaubt. In der übrigen Strecke freie Köderwahl. Das Aalangeln ist bis 24 Uhr erlaubt. **S:** Für Beratung: Fischereiinnung Hals, Geschäftsstelle, Große Messergasse 14 in 8390 Passau und Pension-Restaurant „Zur Triftsperre", F. u. A. Ortmeier, Ruf 5 11 62.

Hauzenberg (8395): mit Ortsteil Germannsdorf, anerkannter Erholungsort nordöstlich von Passau (20 km), westl. des Staffelberges in waldreicher Landschaft. B 388, BAB A 3, Ausfahrt Passau. Zum Freudensee 1 km, dort Ruderbootverleih, Wassersport, Strandbäder, Hallenbad, 4 Tennisplätze, Reitsport. **A:** FVV, Ruf 0 85 86/26 91 u. 14 43. **G:** Furtweiher. **FA:** Karpfen, Salmoniden. **E:** Josef Wandl, Germannsdorf. **G:** Freudensee, ca. 7,3 ha groß, 600 m lang und 100 m breit. **FA:** Karpfen, Schleie, Bach- und Regenbogenforelle, Weißfische. **FZ:** 1. 4. bis 31. 10. **E:** Gasthof, Café und Pension A. Stemplinger, Freudensee 34, Ruf 12 28. (direkt neben dem See). **B:** Hausgast, O.A., Beuteablieferung, keine Gebühren, Bootsbenutzung und Nachtangeln erlaubt, freie Rutenanzahl, alle Köder erlaubt.

Hofkirchen (8359): ruhige ländliche Ortschaft an den Randbergen des südl. Bayerischen Waldes im Tal der Ohe, BAB A 3, Ausfahrt Garham, von B 8 ab Vilshofen, Richtung Deggendorf. Hallenbad in Vilshofen (7 km), beheiztes Freibad, Campingplatz, Dampferfahrten auf der Donau (Ausflug nach Wien). **A:** VA, Ruf 0 85 45/ 2 13. **G:** Donau, ca. 9 km Angelstrecke, 3 Altwasser der Donau, Schöllnacher Ohe. **FA:** Hecht, Zander, Waller, Schleie, Forelle, Aal, Weißfische. **E:** Ludwig Bruckmeier, Vilshofener Str. 27, Ruf 4 79; Peter Hartl, Donaugelände; Gemeindeverwaltung, Rathausstr. 1. **Geb:** T 8 DM, W 28 DM, M 60 DM. **B:** O.A., Sp.Prü., Haus- oder Feriengast; alle Köder. **S:** weitere

Angelmöglichkeiten in verschiedenen Forellengewässern, die im VA zu erfragen sind. Fischwasser und Unterkunftsmöglichkeiten bei J. Reischer, Vilshofener Str. 2, Ruf 2 82.

Hutthurm (8391): ruhiger Ferienort, 15 km nördlich von Passau im waldreichen Ilztal. Ausflugsmöglichkeiten in den Bayer. Wald und nach Österreich. Bahnstation Kalteneck; von B 12 und B 85 erreichbar. **A:** Marktgemeinde, Marktplatz 2, Ruf 0 85 05/8 33 u. 8 34. **G:** Ilz, ca. 8 km; Stausee Erlau. **FA:** Hecht, Forelle, Karpfen, Aal, Weißfische. **E:** Albert Draxinger, Marktstr. 32, nach Vereinbarung; Wilhelm Pouget, Alte Str. 5 in Kalteneck (8391). Gasthof Graf, Passauer Str. 1, Ruf 12 33; Pension Christina, Otto Loher, Aumühle, Ruf 14 43; Gasthof Biebl, Passauer Str. 2, Hutthurm-Prag, Ruf 13 00. **Geb:** T 8 DM. **B:** 2 Ruten, alle Köder erlaubt.

Ortenburg (8359): Marktgemeinde südöstlich von Vilshofen (Bahnstation), von B 8 Vilshofen, Richtung Griesbach im Rottal. Hallenbad, beheiztes Freibad, Tennis, Reithalle (16 Pferde), Schloß Ortenburg mit Wildpark. **A:** Marktgemeinde, Marktplatz 11, Ruf 0 85 42/6 08 u. 73 21. **G:** Stausee Hacklmühle, ca. 7 ha. **G:** Wolfach, ca. 3 km lang und 3 bis 4 m breit. **G:** Königbach, ca. 2 km lang, durchschnittlich 1,50 m breit. **FA:** Im Stausee: Bach- und Regenbogenforelle, Schleie, Karpfen. **FZ:** 15. 4. bis 30. 9. Fangbegrenzung: 3 Fische pro Tag. **Geb:** T 10 DM in der Wolfach: **FA:** Hecht, Aal, Forelle, Karpfen, Schleie, Weißfische. **FZ:** ganzjährig, unter Beachtung der gesetzlichen Schonzeiten. **Geb:** T 5 DM; im Königbach: **FA:** Bachforelle. **FZ:** gesetzliche Schonzeit. **Geb:** T 5 DM. **B:** Sp.Prü., Haus- oder Feriengast; 1 Rute, alle Köder erlaubt.

Passau und Umgebung (8390): uralte Bischofsresidenz und Nibelungenstadt am Zusammenfluß von Donau, Inn und Ilz im unteren Bayerischen Wald (Dreiflüssestadt). Donau-Personenschiffahrt nach Wien und Budapest. Bahnstrecken – Nürnberg – Regensburg – Passau – Linz – Wien und München – Landshut – Plattling – Passau; B 12, B 8 und B 85; Wassersport, beheizte und unbeheizte Schwimmbäder, Hallenbad, Schwimmunterricht im Gesundheitszentrum Frikkinger, Wandern, Bergsteigen, Tennis, Reitsport, Campingplatz. **A:** FVV, Passau, Nibelungenhalle, Ruf 08 51/5 14 08. **G:** des BFV Passau und Umgebung e. V., Innstraße 92, Ruf 5 24 07. **G:** Donau, vom Kachletkraftwerk bis Gaißamündung. **G:** Inn, von Innsteg bis Vornbach (deutsches Ufer), Innsteg bis Wernstein (österreichisches Ufer). **G:** Ilz, vom Grafenbründl bis zur Mündung in die Donau. **FA:** Aal, Aalrutte, Äsche, Bach- und Regenbogenforelle, Barbe, Barsch, Brachse, Döbel, Hecht, Huchen, Nase, Karpfen, Nerfling, Schied, Schleie, Wels, Zander. **FZ:** ganzjährig, unter Beachtung der jeweiligen Schonzeit. **E:** Geschäftsstelle des BFV; Hans Vogel, Ruf 42 94; Zoo – Lang, Wittgasse, Ruf 72 38; Georg Schlögl, Gaissa. **Geb:** T 10 DM, W 30 DM, M 50 DM. **B:** Bei Inn und Donau sind 2 Angelruten und alle Köder erlaubt; Ilz: 1 Rute, alle Köder. **G:** Wehrhausener Baggersee, Gemeinde Ruhstorf. **E:** gleiche Ausgabestellen. **Geb:** T 10 DM. **B:** 1 Rute, alle Köder erlaubt. Schonmaß für Hecht 50 cm. Sonst gelten die amtlichen Schonzeiten und Mindestmaße. **G:** Erlau, Teil II: von Kittlmühle bis zum Wehr oberhalb der Papiermühle. **E:** gleiche Ausgabestellen. **Geb:** T 30 DM. **G:** des Vereins der Hl. Geist-Stift-Fischer: **G:** Donau, vom Ort bis Kachletkraftwerk. **FA:** wie G: des BFV, jedoch ohne Huchen und Äsche. **E:** Fischereigeräte F. u. R. Zellner, Passau, Ort 19, Ruf 26 06. **Geb:** T 17 DM, W 28 DM, M 50 DM. **B:** 1 Rute, nur Friedfische. **G:** des Vereins der Unteren Donau: vom Ort bis Jochenstein (Landesgrenze). **FA:** wie bei BFV, jedoch ohne Huchen und Äsche. **E:** Fischereigeräte F. u. R. Zellner. **Geb:** T 10 DM, W 25 DM, M 40 DM. **B:** nur Friedfische, 1 Angelrute.

Thurmansbang (8391): anerkannter Erholungsort inmitten des Dreiburgenlandes (Englburg, Saldenburg, Fürstenstein) umgeben von 4 Badeseen. B 85. Hallenbad, Tennis, Wassersport und Bootsverleih. **A:** VA, Ruf 0 85 04/2 42. **G:** Dreiburgensee, ca. 9 ha groß. **FA:** Karpfen, Schleie, Regenbogenforelle, Weißfische. **FZ:** 15. 4. bis 15. 10. **E:** Pension Jenckel, Schadham 17, Ruf 0 85 44/7 95; Seehof Tauer, Dreiburgensee, Ruf 7 60, nur für Hotelgäste. **Geb:** T 7,50 DM, W 35 DM. **B:** 1 Rute, nur vom Ufer aus. **G:** Rohrbachstausee, ca. 15 ha groß, 1,5 km lang, bis 200 m breit. **FA:** Bach- und Regenbogenforelle, Schleie, Karpfen, Fangbegr.: 3 Fische. **E:** Gemeindeverwaltung in Eging, Ruf 0 85 44/2 31. **Geb:** T 15 DM, W 50 DM. **B:** J.Fsch., Sp.Prü.; 1 Rute, alle Köder, Bootsverleih, aber kein Angeln vom Boot aus. **G:** Ilz. **FA:** Forelle. **FZ:** 15. 4. bis 30. 9. **E:** VV Tittling, Ruf 0 85 04/88 44.

Tittling (8391): alter Marktflecken im Dreiburgenland an der Bayer. Ostmarkstraße mit Ausflugsmöglichkeiten in die Dreiflüssestadt Passau und zum nahen Nationalpark. B 85; Hallenschwimmbad, Freibad, Reitschule, Bootsverleih, Tennis. **A:** VA, im Grafenschlößl, Ruf 0 85 04/ 88 44. **G:** Dreiburgensee, ca. 9 ha groß. **FA:, Geb:** und **B:** siehe bei **Thurmansbang. S:** FV Dreiburgenland e. V. Tittling, Marktplatz 18, Werner Kubitschek; Hans Berndl in 8391 Hörmannsdorf, vermitteln Angelmöglichkeiten.

Vilshofen (8358): alte Stadt an der Einmündung der Vils in die Donau, am Südrande des Bayer. Waldes. B 8, BAB A 3. Hallenbad mit med. Bädern, Solarium, Solebecken, beheiztes Freibad, Wassersport, Tennis, Segeln, Segelfliegen. **A:** städt. VA, Ruf 0 85 41/84 22; Amtl. Reisebüro, Ruf 84 20. **G:** Donau, von Hofkirchen bis Besensandbach, ca. 16 km, beidseitig. Altwasser, südlich vom Ort. **FA:** Hecht, Waller, Zander (bis 15 Pfd.), Barsch, Aal, Rapfen (bis 15 Pfd.), Karpfen, Rutte, Schleie, Barbe (bis 10 Pfd.), Döbel u. a. Weißfische. Schonzeit für Raubfische: 16. 2. bis 1. 5. **E:** Fischermeister Max Wagner, Fischerzeile 6, Ruf 4 15. **Geb:** T 6 DM, W 25 DM, M 60 DM. **B:** 2 Ruten, alle Köder, nur vom Ufer aus erlaubt. **S:** für die Wolfach, ca. 5 km Angelstrecke mit Regenbogenforelle, Aal, Karpfen, Schleie, Barbe, Döbel, gibt der BFV Vilshofen Gastkarten aus. Auch für die Vils und die Donau von Sandbach bis ca. 2 km vor Passau sind Erlaubnisscheine bei G. Bauer, 8391 Gaishofen, zu bekommen.

Waldkirchen (8392): bedeutender Fremdenverkehrsort mit modernem Bäderzentrum im unteren Bayerischen Wald, am sog. „Goldenen Steig", in der Nähe des Nationalparks. B 12 (7 km). Hallenbad, beheiztes Freibad, Solebad, Reitschule mit Halle, Golf, Stausee Erlauzwiesel, Bootsverleih im Ferienpark Jägerwiese, Tennis. **A:** FVA, Hauzenberger Str. 1, Ruf 0 85 81/6 65. **G:** Stausee Erlauzwiesel, 7,8 ha groß, 3 km vom Ort entfernt. **FA:** Forelle, Schleie, Karpfen (30 cm), Grasfisch (ganzjährige Schonzeit), Fangbegrenzung: pro Tag insgesamt 3 Fische. **E:** FVA, Hauzenberger Str. 1; Ferienpark Jägerwiesen, Hausverwaltung in Waldkirchen-Erlauzwiesel; FV Waldkirchen e. V., Vors. Franz Wolf, Frischeckerstr. 5. **Geb:** T 10 DM, Jungfischer 50 %. **B:** Sp.Prü., J. Fsch.; 1 Flug- oder Grundangel, Köder: Wurm und Made verboten; kein Angeln vom Boot aus.

Bayerischer Wald

Bogen (8443): alter Wallfahrtsort an der Donau, südl. Pforte zum Bayer. Wald. B 20 und B 8. Hallenbad, beh. Freibad, Wandern, Bergsteigen, Tennis. **A:** Stadtverwaltung, Stadtplatz 31, Ruf 0 94 22/16 61 u. 16 62. **G:** Bogenbach, von Straßenbrükke Hunderdorf bis Mündung in die Donau. **D:** Roithofweiher bei Parkstetten, **G:** Liebl-Weiher bei Parkstetten. **G:** Wallner-Weiher Welchenberg, Hüttenweiher in Waltersdorf (vereinseigen). **FA:** Hecht, Zander, Forelle, Karpfen, Schleie, Weißfische. **E:** BFV Bogen, Vors. Ernst Zeuner, Sparkasse Bogen; Hans Kroiß, Bahnhofstr. 31; Gasthaus „Heuwischer Hof", Stadtplatz 39, ebenfalls in Bogen. **Geb:** T 8 DM, W 35 DM, 2 W 50 DM, 3 W 65 DM, M 80 DM. **B:** Sp.Prü 1 Friedfischangel, alle Friedfischköder erlaubt.

Deggendorf (8360): Auf der Sonnenseite des Bayer. Waldes (305–1114 m), Bahnstrecke Plattling–Eisenstein; B 11, A 3 u. A 92; jeglicher Wassersport, Wandern, überdachte Eissporthalle, Reitsport, Tennis, Hallenbad, Freibad, Flugsport. **A:** FVA, Schlachthausgasse 10, Ruf 09 91/ 40 21. **G:** Donau, von Kleinschwarzach-Seebach, ca. 18 km. **FA:** Waller, Hecht, Zander, Karpfen, Aal, Schleie, Barsch, Schied, Barbe, Nerfling, Döbel, Brachse, Weißfische. **E:** Frau Klara Kamm, Hengersberger Str. 11, Ruf 74 91. **Geb:** Tages- und Wochenkarten für Urlauber vom 15. 4. bis 15. 9., soweit die genehmigten Erlaubnisscheine reichen: T 6 DM, W 18 DM, M 35 DM. **B:** J.Fsch., für Friedfische 2, für Raubfische 1 Rute, Köder: für Raubfische ab 7 cm, sonst jeder Köder erlaubt; Fischen vom Boot aus nicht erlaubt. **S:** Zentralhotel in Deggendorf bietet Wochenend- und Wochen-Pauschalen an, pro Tag einen Erlaubnisschein, der Donau, Isar, Stausee oder Wildwasser beinhaltet. **A:** Zentralhotel, Östl. Stadtgraben 30, Ruf 60 11; Hans Wühr, Bahnhofstr. 63; Fa. Hans Hänsel, Bahnhofstr.

Gotteszell (8371): ruhiger, waldumgebener Ferienort nördlich von Deggendorf; Bahnstrecke Landshut–Bayerisch–Eisenstein, Regentalbahn; Badegelegenheit, Wanderungen. **A:** Gemeindeverwaltung, Ruf 0 99 29/13 46; **G:** Bäche, ca. 5 bis 6 km. **FA:** Bachforelle. **E:** Gasthaus, Pension, Metzgerei, Albert Hacker, Bahnhof, Ruf 12 12, nach Vereinbarung. **Geb:** keine. **B:** Hausgast, nur künstl. Köder. **S:** weitere Angelmöglichkeit: Hackerbräu, Gotteszell 31, Ruf 13 37, eigenes Forellengewässer.

Grafenau (8352): Ferienort in waldreicher Landschaft am Nationalpark Bayer. Wald; Bahnstrecke Landshut–Bayr.-Eisenstein. Hallenbad, beheiztes Freibad, Kunsteisbahn. **A:** KFV Grafenau e. V.; städt. VA, Rathaus, Ruf 0 85 52/20 85. **G:** Stausee, Großannschlag, ca. 300 mal 100 m groß. **G:** Ilz, Dissensteinmühle, ca. 2,7 km. **G:** Kurparksee, ca. 200 mal 50 m groß. **FA:** Forelle, Karpfen, Fangbegr. 3 Edelfische pro Tag. **E:** Schuhgeschäft Hirmer, Stadtplatz 6, Ruf 12 14. **Geb:** T 8 DM, W 40 DM. **B:** Sp.Prü., 1 Rute, Köderwahl frei.

Mitterfels (8446): anerkannter Luftkurort im Donauwaldgau, 15 km nördlich von Straubing; beheiztes Freibad, Reitmöglichkeit. B 20. **A:** VA, Weiherfeldring 7, Ruf 0 99 61/62 15. **G:** Menach, Angelstrekke von unterhalb der Neumühle bis Gemeindegrenze Mitterfels/Oberalteich, ca. 4 km, durchschnittlich 3 m breit. **FA:** Bachforelle. **E:** VA Mitterfels. **Geb:** T 4 DM, W 17 DM, Saison 55 DM. **B:** Sp.Prü., 1 Rute.

St. Oswald/Riedlhütte (8351): Am Nationalpark Bayer. Wald, waldreiche, klimatisch günstige Höhenlage (700 bis 1000 m) mit 8 kleineren Ortsteilen. B 85 Amberg–Regen–Eppenschlag, von dort über Spiegelau nach St. Oswald. Bleikristallwerk, Hallenbad, 2 beheizte Freibäder in der Nähe, Wellenbad. **A:** VA, Ruf 0 85 52/7 50. **G:** Stausee Großarmschlag. **FA:** Forelle, Karpfen. **G:** Ilz, ca. 2,7 km bei Dießenstein. **FA:** Bachforelle, Fangbegrenzung: 3 Edelfische pro Tag. **E:** Schuhgeschäft Hirmer, Stadtplatz, 8352 Grafenau; KFV. **Geb:** T 8 DM. Für die Seen im Erholungszentrum W 40 DM. **B:** J.Fsch., 1 Rute, übliche Köder, keine Bootsbenutzung. **S:** weitere Angelmöglichkeit: Gasthof Braumandl, Reichenbergstr. 427, Ruf 0 85 53/ 3 48 (eigenes Fischwasser); Klosterstuben, Haus Nr. 113, Ruf 4 03, eigenes Fischwasser; Vermittlung von Privatunterkünften.

Straubing (8440): Altbayer. Herzogstadt an der Donau, wichtiger Eingangsort zum Bayer. Wald, wirtschaftlicher Mittelpunkt des Gäubodens (Kornkammer); Verkehrsknotenpunkt im Straßennetz, B 8, B 20, A 92; Bahnstrecke Regensburg–Passau. Hallenbad, beheiztes Freibad, Wassersport, Reit- und Tennissport, Segelflüge, Tierpark mit ca. 1000 Tieren. **A:** städt. VA, Rathaus, Ruf 0 94 21/9 33 07. **G:** neue Donau. **FA:** alle Fried- und Raubfische. **FZ:** ganzjährig, unter Beachtung der Artenschonzeiten. **E:** BFV Straubing; Peter Mittermeier, Hasenweg 6. **Geb:** T 5 bis 8 DM, WE 10 DM, W 30 DM.

Winzer (8351): Ferienort im Kreis Deggendorf (18 km), Übergang von der Donauebene zu den Vorbergen des Bayer. Waldes; Der an der Donau liegende Marktflecken ist von der BAB A 3, Ausfahrt Hengersberg (Strecke Deggendorf–Passau gut zu erreichen (5 km). Wassersport, Camping. **A:** Gemeindeverwaltung, Ruf 0 99 01/4 34. **G:** Donau, von Flußkm 2259,8 bis 2271,5; außerdem einige Altwasser der Donau. **FA:** Wels, Hecht, Zander, Barsch, Aal, Rapfen, Karpfen, Schleie, Aitel, Barbe u. a. Weißfische. **FZ:** ganzjährig unter Beachtung der Artenschonzeiten. **E:** Josef Knapp, Winzer, Fischerstr. 2, und anliegende Fischereiberechtigte. (Ruf 3 29). **Geb:** T 7 DM, W 26 DM, M 50 DM. **B:** J.Fsch., 2 Ruten, alle Köder.

Wörth – Donau (8404): kleines Städtchen mit Burg- und Schloßanlage, stromabwärts von Regensburg mit Ausflugsmöglichkeiten nach Regensburg und zur „Walhalla“ bei Donaustauf. Von E 3 und B 8 erreichbar, Bahnstation der Strecke Regensburg–Straubing. Wassersport, Hallen- und Freischwimmbad, Rundwanderwege in die Wälder des Bayer. Waldes, Freizeitakademie. **A:** VA, Rathausplatz 1, Ruf 0 94 82/2 28. **G:** 1. Donau bei Pfatter. **FA:** alle Fried- und Raubfische. **FZ:** ganzjährig unter Beachtung der gesetzlichen Schonzeiten und Mindestmaße. Keine Fangbeschränkung. **E:** Werner Mundt, Haidauer Str. 20. **Geb:** T 5 DM. **B:** J.Fsch., Blinker erlaubt, 1 Rute mit lebendem Köderfisch für Raubfischangelei. **G:** 2. Weiher in Weihern, ca. 2,5 ha groß. **FA:** Hecht (60 cm, ab 1. 9. frei), Zander (60 cm, ab 1. 9.), Karpfen (35 cm), Fangbegrenzung: 1 Raubfisch und 2 Karpfen. **FZ:** wie bei 1. **E:** Angelfreunde Wörth, Günther Grillmayer, Hochberg 31 in Wörth; VA, Rathausplatz 1. **Geb:** T 7 DM, W 35 DM. **B:** J.Fsch., 2 Ruten. **G:** 3. Gschwellbach, ca. 8 km, durchschn. 1,8 m breit. **FA:** Bachforelle (26 cm), gesetzliche Schonzeit. Fangbegr. pro Tag 2 Fische. **E:** wie bei G: 2. **G:** 4. Dreiecksee, 100 m breit, ca. 250 m lang. **FA:** wie bei 2., zuzüglich alle Donau-Weißfische. **E:** und **Geb:** wie bei 2. **G:** 5. Stausee bei Rettenbach, 3 km lang, 200 m breit. **FA:** Hecht, Karpfen, Aal, Weißfische. **E:** Lebensmittelgeschäft Stangl in Rettenbach. **Geb:** T 9 DM. **B:** J.-Fsch., 2 Ruten. **S:** weitere Angelmöglichkeit, Gasthof Butz, Kirchplatz 3, Ruf 2 46, eigene Fischweiher.

Der Regen

Bayer. Eisenstein (8371): Idealer Luftkurort (724 m) am Fuße des Großen Arber (1452 m) im Herzen des Bayer. Waldes, direkt an der Grenze zur CSSR. Naturschutzgebiet, Bergseen, Hochmoore. Von B 85 Cham-Regen, weiter auf B 11 in Richtung Grenze. Bundesbahn Deggendorf–Regen–Grenzstation. Med. Bäder, Massagen, Sauna (Ruf 4 95), Reiten, Tennis, Arberwellenbad (Ruf 5 54), Ozonhallenbad, beheiztes Freibad, Sesselbahn zum Arber. Bergsteigen, Bootsverleih an den Arberseen. **A:** VA, Schulbergstr. Ruf 0 99 25/2 27. **G:** Großer Arbersee. **FA:** Salmoniden. **FZ:** 20. 5 bis 20. 9. **E:** Gaststätte Arberseehaus. **Geb:** T 10 DM. **B:** beschränkte Ausgabe von Erlaubnisscheinen. **G:** Großer Regen, 10 km entfernt, Richtung Zwiesel. **FA:** Forelle. **E:** Erich Zitzelsberger (Café Arber), Ruf 3 48.

Blaibach – Pulling 12 (8491): Erholungsort am Zusammenfluß vom Schwarzen und Weißen Regen bei Pulling. Von Straßenspinne Cham auf B 85 (Cham–Regen) bis Abzweigung Miltach, dann nach Blaibach-Kötzting. Bahnstrecke Viechtach–Cham, Bahnstation ist Blaibach. Tennissport, Reiten, beheiztes Freibad, Teilnahme an Jagd- und Pirschgängen. **A:** VA Blaibach, Ruf 0 99 41/83 21. **G:** Regen und Schwarzer Regen, von der Brücke in Kreuzbach bis zum Kraftwerk in Ahrain, ca. 4 km, 50 bis 80 m breit. **G:** Blaibacher See (Stausee), ca. 70 ha, etwa 3,5 km lang, bis 300 m breit. **FA:** Hecht (55 cm, 1 St.), Barsch, Aal, Rapfen, Karpfen, Schleie, Barbe, Döbel u. a. Weißfische. Fangbegrenzung: tägl. 1 Hecht oder 3 Schleien/ Karpfen insgesamt oder 5 Aale/2 Barben oder Weißfische nur zum Eigenverbrauch. **FZ:** Mai bis Oktober. **E:** Fischermeister Ignaz Höcherl, Privatpension, Pulling 12, Ruf 81 61. **Geb:** T 8 DM, W 30 DM, jede weitere Woche 15 DM. **B:** J.-Fsch., 2 Ruten, davon 1 für Raubfischangelei, Anfüttern, Blinkern und Schleppen (ziehen mit totem Köderfisch) in Fluß und Stausee verboten. Auch der Drilling ist beim Fischen auf Karpfen und Schleie untersagt.

Cham (8490):Bayr. Wald; Verkehrsmittelpunkt, schön gelegener Erholungsort am Ufer des Regenflusses. B 20, B 22 u. B 85. Hallenbad, Flußschwimmbad, Tennis- und Reitsportanlagen, Urlaub auf dem Bauernhof, Campingplatz. **A:** FVA, Rosenstr. 1, (neben dem Rathaus), Ruf 0 99 71/19 46. **G:** Regenfluß, ca. 5 km. **FA:** Wels, Hecht, Zander, Karpfen, Barbe, Schleie, Aal, alle Weißfischarten. **E:** Pfeffer, Hans, Klosterstraße; Sport- und Angelbedarf Josef Urban, Ludwigstr. 9, Ruf 14 78. **Geb:** T 10 DM, W 40 DM. **G:** Baggerseen bei der Kläranlage. **FA:** Hecht, Zander, Karpfen, Silber- und Graskarpfen, Forelle, Schleie, alle Weißfischarten. **E:** SAB e. V. Cham, Marktplatz 10, Ruf 22 34; Josef Ruß, Untere Regenstr. 8, Ruf 99 79. **Geb:** T 12 DM, W 50 DM. **B:** Sp.Prü., Feriengäste, kein Angeln vom Boot aus. **S:** 15 km entfernt liegt das Familien-Feriendorf Sattelbogen, B 20 (Straubing–Cham), Angeln in 5 Fischteichen.

Chamerau (8491): mit 1650 Einw., ruhiger Ferienort beiderseits des Regens im Naturpark Oberer Bayer. Wald. Anreise über Schnittpunkt Cham auf B 16, B 22 oder B 85. Haus des Gastes mit Kegelbahnen, Baden (Wärmehalle, Sauna). **A:** FVV Chamerau, Ruf 0 99 44/7 61; Gemeindeverwaltung, Ruf 5 50. **G:** Regen, ca. 7 km, flußaufwärts von Chamerau bis Miltach, bei ca. 60 m Breite und gut begehbaren Ufern. **FA:** Hecht (bis 31 Pfd.), Karpfen (10 bis 12 Pfd.), Zander, Aal, Rapfen, Schleie (gut im Gewicht und Vorkommen), Wels, Weißfische. Fang eines Kapitalen durchaus möglich. **E:** Fischwasserbesitzer Max Cerweny, Regenstr. 24, Ruf 3 48 (Pension und Café am Regen). **Geb:** nach Vereinbarung. **B:** J.Fsch., 2 Ruten, Köderwahl zu erfragen, Aalangeln bis 24 Uhr. Räuchern der Fische nach Rücksprache.

Grafenwiesen (8491): Umrahmt von den Bergen Hoher Bogen und Kaitersberg, im windgeschützten Tal des Weißen Regen mit seiner wohltuenden Ruhe, seinen Wäldern und Auen. B 85 u. B 20; modernes, beheiztes Freibad, Reithalle, Reitlehrer. **A:** FVA, Rathaus, Ruf 0 99 41/16 97 u. 14 50. **G:** 2 gemeindeeigene Fischteiche ca. 400 m² groß. **FA:** Forelle, Äsche, Schleie, Barbe, Karpfen, Döbel, Rotfeder. **FZ:** Mai bis Okt. Fangbegrenzung: 2 Forellen täglich, alle anderen Fische ohne Einschränkung. **E:** VA Grafenwiesen. **Geb:** T 5 DM, W 20 DM, M 50 DM. **B:** J.Fsch., Ferien- oder Kurgast, 1 Rute alle Köder. **S:** weitere Angelmöglichkeiten in der Chamb bei Arnschwang, im Blaibacher See, im Weißen Regen ab Kötzting flußabwärts; nur für Pkw-Fahrer geeignet.

Hohenwarth (8491): Bayer. Wald; ruhiger Ferienort im Tal des Weißen Regens, zwischen Kaitersberg und Hoher Bogen. Von B 85 Richtung Kötzting–Lam; Bahnstrekke Miltach–Kötzting–Lam. Hallenbad, Paddelsee, Reitschule (8 Pferde), Reithalle und Reitbahn, Ferienzentrum, Tennissport, Campingplatz. **A:** VA, im Rathaus, Ruf 0 99 46/2 29 u. 2 85. **G:** Campingweiher, ca. 250 m lang, 50 m breit. **G:** Gemeindeweiher, ca. 100 m lang, 40 m breit; **G:** Weißer Regen, ca. 2,5 km Angelstrecke bis 5 m breit. **FA:** Karpfen, Schleie, Forelle, Aitel. **FZ:** ganzjährig unter Beachtung der gesetzlichen Schonzeiten und Mindestmaße. **E:** Gemeindeverwaltung. Campingplatz Berger; Gasthof Aschenbrenner Schmidt, Lamer Str. im OT Simpering. **Geb:** T von 5 bis 12 DM. **B:** Sp.Prü., 1 Rute, Köder: Maden, Blinker, Brot, Mais.

Kötzting (8493): Kr. Cham/Opf., Erholungsort im Talwinkel des Schwarzen und Weißen Regen in wald- und bergreicher Landschaft. Bahnstrecke Nürnberg–Schwandorf–Cham; Autoanfahrt über B 85; Hallenbad, Sauna, Kneippanlage, Fluß-Freibad, Tennis, über 150 km Wanderwege, Camping, Urlaub auf den Bauernhöfen. **A:** städt. VA, Ruf 0 99 41/89 21. **G:** Weißer Regen, von Kötzting bis zur Mündung in den Schwarzen Regen, ca. 5 km. **FA:** Bach- und Regenbogenforelle, Äsche, Aitel, Barbe, Nase, Rutte. **E:** VA, Altes Rathaus; Frau Fanny Höcherl, Am Regen, Sägmühle in Kötzting. **Geb:** Auf Anfrage beim Besitzer. **B:** aus Merkblatt der Ausgabestellen für Erlaubnisscheine ersichtlich. **G:** Schwarzer Regen mit Blaibacher See und Teilstrecke Regen, ca. 10 km. **FA:** Hecht, Karpfen, Schleie, Schied, Brachse, Barbe, Rutte, Aal, Nase, Rotauge, Barsch. **E:** VA und Ignaz Höcherl in 8491 Pulling. Gebühren und Bedingungen bei Erwerb des Erlaubnisscheins auf Vereinbarung. **G:** Höllenstein-See. **FA:** wie bei Blaibacher See. **E:** VA, Kraftwerk Höllenstein, Post Wettzell, Herr Probst. **G:** 2 Forellenteiche bei Kötzting. **FA:** Regenbogenforelle. **E:** VA und Hans Lugauer, Gehstorf/Kötzting. **Geb:** Fangergebnis nach Gewicht bezahlen.

Marienthal (8413): Post Regenstauf im Landschaftsschutz - Naturschutzgebiet vorderer Bayer. Wald; ruhige, waldreiche Landschaft, B 15 (Regensburg–Schwandorf), Regenstauf - Nittenau - Roding–Cham; Baden, Rudern, 80 km markierte Wanderwege, eigenes Fischwasser direkt vor dem Haus. **A:** Max Wittmann, Pension und Gasthaus, Ruf 0 94 36/3 45. **G:** Regen-Fluß von Marienthal/Rainstein bis Hirschling/Brücke, ca. 5 km, Flußbreite 80 bis 100 m. **FA:** Waller (100 cm, schwerster Fang 68 Pfd.), Hecht und Zander (60 cm), Aal, Karpfen, Weißfische. **FZ:** ganzjährig, unter Beachtung der Artenschonzeiten. **E:** Max Wittmann, Marienthal 3 bis 6. **Geb:** T 6 DM, 10 T 30 DM. **B:** Haus- oder Feriengast, J.Fsch., 2 Ruten, alle Köder, Boot kann geliehen werden.

Nittenau (8415): Städtchen im Regental in der Nähe der Klöster Reichenbach u. Walderbach; Omnibusverbindungen von Regensburg, Schwandorf, Cham. Von B 15, B 16, B 85 auf L 2150 direkt bis Nittenau. Beheiztes Freibad mit Campingplatz, Wandern, Waldlehrpfad, Tiergehege, Waldmuseum, Fischereimuseum, Haus des Gastes, Reitsport, Tennis. **A:** VA, Ruf 0 94 36/6 76 u. 6 77. **G:** Regen, ca. 15 km langes Fischwasser von Tiefenbach bis Marienthal, durchschnittlich 70 m breit. **FA:** Wels (Mindestmaß 100 cm, besonderer Fang: 2,04 m, 114 Pfd.), Hecht (55 cm, Schonzeit 15. 2. bis 1. 5.), Zander (50 cm, 15. 3. bis 30. 4.), Karpfen (35 cm), Bach- und Regenbogenforelle (26 cm), Weißfische. **FZ:** ganzjährig unter Beachtung der Artenschonzeiten. **E:** VA Nittenau oder die jeweiligen Vermieter. Mit eigenem Fischwasser: Brauerei-Gasthof Jakob, Hauptstr. 10, Ruf 2 24 (6 km eigenes Fischwasser im Regen); Hotel L. Pirzer, Ruf 3 45; Anglerunterkunft Hotel-Pension Helgert, Fischbacher Str. 47, Ruf 8 02; Anglerpension Marienthal, Max Wittmann, Ruf 3 45. **Geb:** T 7 DM, W 28 DM. **B:** J.Fsch., 2 Ruten, davon 1 Raubfischangel, alle Köder erlaubt, Bootsverleih. **S:** Urlaub in Bauernhof-Pensionen mit Angelgelegenheit: Rupert Denk, **Tiefenbach 4** (siehe dort); Andreas Eger, **Obermainsbach;** Johann Schuierer, **Untermainsbach,** Ruf 5 09; Georg Wankerl, **Treidling 1,** Ruf 8 32.

Regen (8370): Erholungsort am Fluß gleichen Namens, in der Nähe das Naturschutzgebiet des „Pfahl". Bahnstrecke München–Plattling–Regen–Bayer. Eisenstein. B 11 und B 85; Hallenbad, beheiztes Freibad, Wassersport, Bootsverleih, 2 Reithallen. **A:** VA, Ruf 0 99 21/10 61 und 29 29. **G:** Schwarzer Regen, ca. 5 km, schönste und beste Strecke im sogenannten „Waldfrieden". **G:** Regener Stausee, 1,5 km vom Ort entfernt. **FA:** Hecht (50 cm), Huchen (70 cm), Forelle (30 cm), Äsche (35 cm), Aal, Karpfen, Schleie, Weißfische. **FZ:** ganzjährig unter Beachtung der Artenschonzeiten. **E:** FV Regen, 1. Vors. Jos. Fischer, Kaufmann und Bäkkermeister; Tankstelle Huber, Ruselstr.; Friseurgeschäft Lorenz, Am Sand; Angelsportgeschäft Pauli, Franz Xaver, Heilig-Geist-Gasse 1a (an der Ludwigsbrücke); Kaufhaus Karl-Heinz Stern, Stadtplatz 17. **Geb:** T 7 bis 10 DM, 3 T 18 bis 20 DM, W 35,50 DM bis 40,50 DM. **B:** J.Fsch., Sp.Prü., Feriengast; 1 Rute, alle Köder, keine Bootsbenutzung.

Roding (8495): Erholungsort im Naturpark Vorderer Bayer. Wald am Regen; B 16 und B 85; Hallenbad, beheiztes Freibad, Reithalle mit Reitschulen, Tennisplätze, Tontaubenschießstand, Sportpfad. **A:** Stadtverwaltung/VA, Ruf 0 94 61/90 66. **G:** 1. Regen, ca. 60 m breit, Kellermeier-Wasser, ca. 4 km. **G:** 2. Regen, Dicherlinger-Wasser, ca. 7 km flußabwärts, 4 km in sehr ruhiger Lage. **G:** 3. Kammerweiher, ca. 20 ha, (Waldsee). **FA:** Waller (100 cm), Hecht (55 cm), Aal, Barbe, Nase, Aitel, Karpfen, Schleie, Brachse. **FZ:** ganzjährig, günstige Fangzeit Mai bis November. **E:** FV Roding, für **G:** Nr. 2 und 3.; Kellermeier, Roman, Schorndorfer Str.; Rudi Straßburger, Angelgeräte, An der Brücke; FVV. **Geb:** für **G: 1.** T 8 DM, W 35 DM, M 60 DM.; für **G: 2.** T 8 DM, W 30 DM, M 60 DM.; für **G: 3.** Nur WE 15 DM, von Mai bis Oktober. Tägl. Fangbeschränkung: 2 Karpfen, 3 Schleien, 1 Hecht. **B:** O.A., Sp.Prü., J.Fsch., 2 Ruten, alle natürlichen Köder, Spinnfischen verboten.

Reichenbach – Tiefenbach 4 (8411): kleine Gemeinde bei Nittenau (5 km) unweit von Roding; B 15, B 16 u. B 85. Bade- und Zeltgelegenheit; **A:** und **E:** Rupert Denk, Tiefenbach 4, Ruf 0 94 64/3 68; Bauernhof, Ferienhaus, Fremdenzimmer. **G:** Regen, vom Wehr in Tiefenbach flußabwärts bis Bacheinlauf bei Treidling, Länge ca. 1 km und 80 m breit. **FA:** Wels (100 cm), Aal (50 cm), Hecht (55 cm), Zander (50 cm), Karpfen, Schleie, Weißfische. Fangbegrenzung: pro Tag 1 Edelfisch. **FZ:** günstig Mai bis Oktober. **Geb:** T 5 DM, W 25 DM, 2 W 40 DM, 3 W 50 DM. **B:** J.Fsch., 2 Ruten, alle Köder, Angeln nur vom Ufer aus, Nachtangeln bis 22 Uhr.

Untertraubenbach (8491): OT von Cham, direkt am Regen, an der B 85 Cham-Roding. Tennis, Tennisunterricht, Segelflugmöglichkeiten, Reiterhof mit Unterricht, Geländeritte und Kutschfahrten, bekanntes Vogel-Naturschutzgebiet, Hallenbad, Freischwimmbad. **A:** VA Cham, Ruf 0 99 71/19 46. **G:** Regen, ca. 6 km Teilstrecke und durchschn. 55 m breit, uriges Naturgewässer mit Überraschungsfischen. Angelstrecke von Laichstätt bis Brücke in Pösing und 1 Altwasser von ca. 2 km Länge, das Verbindung mit dem Regen hat. **FA:** Wels (100 cm, besonderer Fang: 72 Pfd.), Hecht (55 cm, Schonzeit 15. 2. bis 15. 4., bis 24 Pfd.), Karpfen (35 cm), Weißfische. **Geb:** T 5 DM. **B:** J.Fsch., 2 Ruten, davon 1 für Raubfisch erlaubt, freie Köderwahl; pro Tag nur 1 Edelfisch erlaubt, Nachtangeln bis 22 Uhr. **S:** Anglerunterkunft, eigene Angelstrecke, Garten, Liegewiese, Parkplätze bei Pension Mühlbauer, Ruf 0 94 61/13 25.

Viechtach (8374): an der Bayer. Ostmarkstraße (B 85) gelegener Luftkurort und Wintererholungsort am Schwarzen Regen in der Nähe des Naturschutzgebietes „Großer Pfahl" und des Höllensteinsees; 3 Hallenbäder, beheiztes Freibad mit Freizeitanlage, Kneipp-Durchschreitebecken, Tennis, Reithalle, Reitbahn, 3 Campingplätze. **A:** Städt. VA, Rathaus, Ruf 0 99 42/16 61 u. 16 22. **G:** Schwarzer Regen ab Rugenmühlbrücke Viechtach (obere Fischwassergrenze) bis Staumauer Höllensteinkraftwerk, ca. 7,5 km, durchschn. 40 m breit. **FA:** Hecht (60 cm, Schonzeit 1. 1. bis 31. 5.), Bachforelle (28 cm, 1. 9. bis 30. 4.), Regenbogenforelle (28 cm, 1. 12. bis 30. 4.), Karpfen (40 cm), Schleie (28 cm), Weißfische. **FZ:** ganzjährig. Fangbegrenzung: pro Tag 2 Edelfische, andere Fische insgesamt 10 Stück. **E:** Stadtverwaltung, Zi. 13, im Rathaus, Ruf 16 22; Mages, Hans, Ludwig-Thoma-Straße 4, Ruf 14 02; Graßl, Alois, Mönchsstraße (Sparkasse), Ruf 4 43; Saller, Max, Angelfachgeschäft, Linprunstr. 14, Ruf 14 79; Blüml, Karl, BP-Tankstelle, Schmidstr., Ruf 10 22. **Geb:** T 6 DM, 7 T 25 DM, 14 T 40 DM. **B:** J.Fsch., Sp.Prü., 1 Raub- und 1 Friedfischangel, Blinkern, Schleppen, Fischen mit Stellfisch oder Wobbler ist nur in der Zeit vom 1. 6. bis 31. 12. erlaubt. BFV Viechtach bietet auch noch andere Angelmöglichkeiten.

Walderbach (8411): ruhiger Ferienort im Vorderen Bayer. Wald, am Ufer des Regens; bis Cham 32 km, bis Regensburg 45 km; Bahnstationen: Neubäu (8 km), Roding (10 km), zwischen B 16 und B 85. **A:**

Gemeindeverwaltung, Ruf 0 94 64/2 39. **G:** Regenfluß, ca. 2,5 km von Walderbach bis Kirchrohrbach. **FA:** Hecht, Wels, Zander, Barsch, Karpfen, Schleie, Aal, Weißfische. **E:** Michael Rückerl, Walderbach Nr. 5, Ruf 2 52; Gasthaus Zierer, Nr. 27, Ruf 2 60; FV Regensburg. **Geb:** T 8 DM, W 40 DM. **B:** Sp.Prü., J.Fsch., Spinnfischen erst ab 1. 9.

Oberpfalz mit Naab und Zuflüssen

Auerbach (8572): Kleinstadt am Rande des Naturparks Veldensteiner Forst, BAB E 6, Ausfahrt Grafenwöhr (11 km), B 85. Hallenbad, Naturschwimmbad, Reitschule, Tennis. **A:** Stadtverwaltung, Ruf 0 96 43/3 45 u. 3 03. **G:** Eschenbacher Weiher, ca. 21 Tagwerk groß. **G:** Stadtweiher, ca. 10 Tagwerk (das sind 34 000 m²). **FA:** Hecht (55 cm, 1 Fisch pro Tag), Karpfen (38 cm, 2 Fische), Zander (55 cm, 1 Fisch), Forelle (26 cm, 2 Fische), Aal (50 cm, 3 Fische), Schleie (24 cm, 3 Fische), Weißfische (keine Fangbeschränkung). **FZ:** April bis Oktober. **E:** AV Auerbach i. d. Opf., Vermittler Georg Küffner, Michelfelder Str. **Geb:** T 10 DM. **B:** J.-Fsch., 2 Ruten, alle Friedfischköder, für Raubfische Köder mit System, jede Größe, sonst 15 cm Mindestgröße.

Bärnau (8591): kleines Städtchen am Südrande des Stiftlandes, Weltzentrum der „Knopfindustrie". Von der B 15 ab Pilmersreuth oder Tirschenreuth (12 km). Hallenbad, Freibad. **A:** VV, Ruf 0 96 35/3 29 oder Stadtverwaltung, Ruf 2 01. **G:** Plößberger Weiher ca. 14 ha groß (ca. 10 km entfernt). **G:** Liebensteinstausee, ca. 80 ha (nur 5 km entfernt). **FA:** Hecht, Karpfen, Schleie, Weißfische. **E:** Stadtverwaltung. **Geb:** und **B:** nach Vereinbarung.

Beratzhausen (8411): Erholungsort im Felsental der Schwarzen Laaber. BAB E 5, Ausfahrt Laaber, B 8, Bahnstrecke Regensburg–Nürnberg. Freibad, Reiten, Tennis. **A:** VV, Ruf 0 94 93/7 48. **G:** Schwarze Laaber. **FA:** Forelle, Äsche, Aal, Hecht, Karpfen, Schleie, Weißfische. **FZ:** Mai bis Oktober. **E:** Johann Seitz, Pension Friesenmühle (1,5 km außerhalb des Ortes), Ruf 7 35, nach Vereinbarung. **B:** Hausgast.

Bodenwöhr (8465): Der Ferienort ist Mittelpunkt eines sehr waldreichen Seen- und Weihergebietes. Bahnstrecke Nürnberg-Furth i. W., B 85 (Schwandorf 17 km); Wassersport, Waldlehrpfade, Freibad, Bootsverleih am Hammersee. **A:** FVV Bodenwöhr, Ruf 0 94 34/3 42; BHS-Abwicklungsstelle, Rathausplatz 6. **G:** Hammersee, ca. 64 ha groß. **FA:** Hecht, Aal, Zander, Barsch, Karpfen, Schleie, Weißfische. **E:** BHS-Abwicklungsstelle. **Geb:** T 7 DM, W 32 DM, M 75 DM. **B:** J.Fsch., 2 Ruten, auf Raubfisch eine davon, alle Köder erlaubt, Bootsverleih und Bootsbenutzung zum Angeln. **S:** Gasthaus Hautmann, Sandmühlweg 6, Ruf 13 39, eigenes Fischwasser.

Burglengenfeld (8412): Historische Stadt an der Naab zwischen Regensburg und Schwandorf. B 15, A 93 und A 3, Ausfahrt Nittendorf oder Regensburg. Hallenbad, Freibad, Jagd- und Pirschgänge, Tennisplätze. **G:** Naab. **FA:** Waller (bis zu einem Zentner), Karpfen, Aal, Hecht, Schleie, alle Weißfischarten. **A:** Stadtverwaltung, 0 94 71/13 42. **E:** BFV Burglengenfeld e. V., nach Vereinbarung.

Erbendorf (8481): Erholungsort am Naturpark Steinwald im südlichen Fichtelgebirge. Beginn der Ostmarkstraße. B 22 (Weiden-Bayreuth), B 299 (Amberg–Grenze zur CSSR). Modernes Freibad, Tennis, Wandern, Bergsteigen. **A:** VA, Ruf 0 96 82/2 28 u. 6 10. **G:** Fichtelnaab, ca. 1,5 km. **FA:** Aal, Forelle, Hecht, Äsche, Barsch, Barbe, Döbel u. a. Weißfische. **E:** Stadtverwaltung Erbendorf. **Geb:** nach Vereinbarung. **B:** J.Fsch., 1 Rute.

Eschlkam (8491): kleiner Erholungsort im Grenzerwald zwischen Bayern und Böhmen. Im Nahbereich „Hoher Bogen" findet man beheizte Freibäder, Hallenbäder, Kegelbahnen, Reitmöglichkeiten, vielseitige Wander- und Ausflugsziele. Privatwohnungen und Ferien auf dem Bauernhof. Nächste Bahnstation ist Furth im Wald. Anfahrt über B 20 und 85. **A:** VA, Markt Eschlkam, Ruf 0 99 48/2 63. **G:** Freibach, ca. 3 km, 2,5 bis 4 m breit. **FA:** Hecht, Aal, Forelle, Karpfen, Döbel u. a. Weißfische. **Geb:** T 5 DM, W 20 DM. **B:** J.Fsch., 2 Ruten, alle Köder und Nachtangeln erlaubt. **S:** weitere Angelmöglichkeiten bieten private Fischwasserbesitzer im Ort und 2 km von Eschlkam entfernt.

Eslarn (8481): ruhiger, waldreicher Ferienort im östl. Oberpfälzer Wald in einer Senke des Loisbachtales, nahe der Landesgrenze zur CSSR. Bahnstrecke Weiden–Neustadt–Vohenstrauß–Eslarn. B 14 und B 22. Naturbad. **A:** VA Markt Eslarn, Ruf 0 96 53/2 73. **G:** Loisbach, ca. 4 km lange u. 1 bis 2 m breite Angelstrecke. **FA:** Forelle, Schleie, Weißfische. Fangbegrenzung: tägl. 4 Fische. **FZ:** ganzjährig unter Beachtung der Artenschonzeiten. **Geb:** T 7 DM, W 20 DM. **B:** J.Fsch., Feriengast. **S:** weitere Angelmöglichkeiten in der oberen Pfreimd, 4 km entfernt, Gasthof Forster, Marktplatz 7, Ruf 2 62; Gasthof A. Merter, Bahnhofstr. 12, Ruf 4 71; Gasthof G. Hierold, Singerstr. 2, Ruf 2 27, bieten ebenfalls eigene Angelgewässer an.

Friedenfels (8591): am Südhange des Steinwaldes, dadurch besonders windgeschützt und für Herz- und Kreislaufkranke empfehlenswert. Von Tirschenreuth auf der B 229 bis Reuth (18 km), dann 7 km bis Friedenfels. Freibad mit Wassererwärmungsanlage bis 24 Grad, weiträumige Liegewiesen. **A:** VA, Ruf 0 96 83/2 55 u. 239. **G:** Wiesauer Waldseen. Das VA vermittelt Angelmöglichkeiten in näherer Umgebung.

Furth im Wald (8492): verkehrsgünstig gelegenes Grenzstädtchen in waldreicher Landschaft, Grenzübergang zur CSSR (3,5 km). Bahnstrecke Nürnberg–Schwandorf–Cham. B 20. Hallenbad, Freibad, Pirschgänge, Pferdeverleih, Tennis, Wandern und Bergsteigen, Camping. **A:** VA, Lorenz-Zierl-Str. 3, Ruf 0 99 73/4 13. **G:** Chamb, ca. 20 km, 6 bis 10 m breit. **FA:** Hecht (50 cm, pro Tag 1 Fisch), Karpfen (35 cm), Regenbogenforelle (pro Tag 2 Fische), Schleie (25 cm), Aal, Weißfische. **E:** SAB Furth i. W.; auch das VA; Sporthaus Schromm, Pfarrstraße; Textilhaus Würz, Bahnhofstraße. **Geb:** T 6 DM, 1. Woche 20 DM, jede weitere W 10 DM. **B:** Sp.Prü., 2 Ruten, alle Köder.

Immenreuth (8581): am Südrande des Fichtelgebirges, nahe dem Steinwald mit einer Vielzahl von Seen. Bahnstrecke Nürnberg-Hof. BAB E 6, Ausfahrt Bayreuth-Nord. Wanderwege, beheiztes Freibad, Asphalt-Stockschießen, Camping, Berglift, Sportplatz. **A:** Gemeindeverwaltung, Ruf 0 96 42/12 41. **G:** Weiher, nicht besonders groß. **FA:** Karpfen, Schleie. Fangbegrenzung: tägl. 2 Fische. **E:** Gasthaus „Zur Schmiede", Herr Fenzl (eigenes Fischwasser) und beim Bademeister im Ferienzentrum. **Geb:** T 5 DM. **B:** Sp.Prü., J.Fsch., 1 Rute, alle Köder, die sich für Friedfische eignen. **S:** weitere Angelmöglichkeit u. Unterkunft: Gasthaus „Zur alten Schmiede", Bahnhofstr. 2, Ruf 5 41, Fischweiher mit angrenzendem Sommerhaus.

Kallmünz (8411): die Perle des Naabtales am Zusammenfluß von Naab und Vils in der Oberpfalz. B 8 und B 15, BAB E 5, Ausfahrt Beratzhausen. Bahnstation Maxhütte-Haidhof. Freibad, Wassersport, Bootsverleih, Camping. **A:** Verwaltungsgemeinschaft Kallmünz, Ruf 0 94 73/2 35. **G:** Vils, von Mündung Naab bis Gemeindegrenze Fraidendorf, ca. 2 km. **FA:** Hecht, Aal, Forelle, Karpfen, Weißfische; tägl. Fangbegrenzung: 5 Fische. Fische über 10 kg sind bei Georg Brey abzuliefern. **FZ:** ganzjährig, unter Beachtung der Artenschonzeiten. **E:** FV Kallmünz e. V., Jakob Bruckschlegel, Alte Regensburger Str. 19; Frau Bleier, Gessendorf; Georg Brey, Inselweg 16, Kallmünz; Sebastian Weigert, Vilsgasse 44, Kallmünz; A. Dressel, Treidendorf; Gasthaus „Rote Amsel" G. Habla, Vilsgasse 46, Ruf 2 93 (eigenes

Fischwasser). **Geb:** T 9 DM, W 40 DM, 2 W 70 DM, M 100 DM. **B:** J.Fsch., 2 Ruten, alle Köder; Nachtangeln auf Aal bis 23 Uhr. **G:** Naab, ca. 3 km, durchschnittlich 40 m breit. **FA:** Wels, Zander, Hecht, Barsch, Aal, Karpfen, Schleie, Weißfische. **E:** wie bei Vils.

Mitterteich (8596): in einer teichreichen Senke zwischen Oberpfälzer Wald, Steinwald und Fichtelgebirge. Porzellan- und Glaswarenindustrie. 12 km nördlich von Tirschenreuth. Anreise von Westen über B 299, Nord-Süd-Achse über 303. B 15 bis Grenze zur CSSR (12 km). Hallenbad, beheiztes Freibad, Tennis. **A:** Stadtverwaltung, Ruf 0 96 33/2 62 oder 5 05. **G:** zahlreiche Gewässer in der Umgebung, die sich bis Wiesau und Tirschenreuth erstrecken. (siehe dort).

Moosbach (8481): Marktflecken südöstlich von Weiden, an der Pfreimd, inmitten bewaldeten Berglandes gelegen. Bahnstation ist Weiden/Opf., Anfahrt über B 14. Ozon-Hallenbad, Reit- und Tennissport. **A:** VA, Markt Moosbach, Ruf 0 96 56/2 26. **G:** Pfreimd, ca. 2 km lange und bis zu 10 m breite Angelstrecke (1 km entfernt). **FA:** Hecht, Barsch, Karpfen, Aal, Schleie, Weißfische. **E:** VA, Rathaus. **Geb:** T 7 DM, W 30 DM, 2 W 40 DM, jede weitere W 10 DM. **B:** J.Fsch., alle Köder außer Blinker; 1 Rute.

Neualbenreuth (8591): direkt an der Grenze zur CSSR, von der B 15 (Tirschenreuth), 13 km Richtung Grenze. **A:** FVV, Ruf 0 96 38/2 59; Marktgemeinde, Ruf 2 60. **G:** rund um Waldsassen und Tirschenreuth. **E:** Forellenzuchtanstalt Georg Becker, Ruf 3 07.

Neubäu (8461): Kr. Cham, im Naturpark des Vorderen Bayer. Waldes an der B 85 (Roding-Schwandorf). **A:** und **E:** Herr Spiessl, Ruf 0 94 69/2 30. **G:** Mühlweiher, ca. 10 ha groß, 6 bis 8 m tief. **FA:** Karpfen (bis 5 kg), Hecht (bis 8 kg), Schleie, Barsch u. a. Weißfische. **B:** J.Fsch., 1 Rute, ein Fisch darf behalten werden, die anderen müssen dem Eigentümer des Gewässers abgeliefert werden.

Neumarkt/Opf. (8430): schön gelegene Stadt in einem weiten Talkessel des Oberpfälzer Jura. Juratäler der Sulz, Altmühl und Lauterbach, Laaber. BAB E 5, Ausfahrt. B 8 und B 299, Bahnstrecke Nürnberg (35 km) – Regensburg (65 km). Hallenbad, Freibad, 6 Tennisplätze, Jagdmöglichkeiten im Staatl. Forst, Camping. **A:** Stadtverwaltung, Rathaus, Ruf 0 91 81/50 21. **G:** Ludwig-Donau-Main-Kanal, Länge ca. 20 km, Breite 15 m. **FA:** Hecht (Fangzeit vom 1. 8. bis 31. 12), Barsch, Aal, Karpfen (Fangzeit vom 1. 1. bis 30. 9.), Schleie, Weißfische. Fangbegrenzung auf dem Erlaubnisschein beachten. **E:** FV Neumarkt, Gerhard Klingel, Triftstr. 7 in Neumarkt-Holzheim. Hans Breindl, für FV, Westl. Bernfurter Str. 27. **Geb:** T 7 DM, W 30 DM. **B:** O.A., Sp.Prü.; 2 Ruten, alle Köder.

Neunburg vorm Wald (8462): historisches Städtchen im romantischen Schwarzachtal, Erholungsort inmitten einer herrlichen Wald- und Berglandschaft. Berg, Wald und Wasser bestimmen das Gesicht der Landschaft. Die Schwarzach mit ihren Nebenflüssen, Bäche, viele Weiher und der Eixendorfer See formen stille und unberührte Täler. BAB Nürnberg-Amberg-Schwarzenfeld-Neunburg v. W; BAB München–Regensburg–Nittenau–Neunburg v. W. Ostmarkstraße-Oberviechtach-Rötz-Neunburg v. W.; Hallenbad, Freibad (modern und beheizt), Freizeitzentrum in unmittelbarer Nähe der Stadtmitte, Tennis, Segeln, Windsurfen und Bootsfahren auf dem Eixendorfer See. **A:** Stadtverwaltung, Ruf 0 96 72/8 11 oder 8 37. **G:** Eixendorfer See, ca. 180 ha groß, 6,2 km Seeufer, inmitten von Wald und Wiesen. **G:** Schwarzach, (Flußstrekke) ca. 8 km im schönen, romantischen Murnthal. **FA:** Hecht, Karpfen, Schleie, Forelle, Aal, Rutte, Barsch, Zander, Brachse, Aitel u. a. Weißfische. **FZ:** ganzjährig, Artenschonzeiten beachten. **E:** FV e. V. Neunburg v. W., Ruf 6 81; Stadtverwaltung; die Stadtverwaltung in Rötz, Ruf 0 99 76/2 26; weitere Ausgabestellen in den rundum liegenden Gemeindeämtern. **Geb:** für beide Gewässer T 5 DM, W 20 DM, M 40 DM. **B:** J.Fsch., Sp.Prü.; 2

Ruten, alle Köder, Angeln vom Boot verboten. **S:** weitere Angelmöglichkeiten: Waldpension J. Reger, Warmthal 8, Ruf 8 48; Pension A. Maderer, Ufertal 2, Ruf 5 17, Pension K. Pietsch, Neumurnthal 59½, Ruf 6 58, alle geben Erlaubnisscheine für eigenes Fischwasser aus.

Neustadt a. d. Donau (8425): Kleinzentrum zwischen Kelheim und Ingolstadt, Bahnstrecke Regensburg–Ingolstadt. BAB E 6, Ausfahrt Ingolstadt, B 16 und Deutsche Ferienstraße Alpen–Ostsee B 299; Hallenbad, Freibad, Reitsport, Camping. **A:** Stadtverwaltung, VA, Ruf 0 94 45/2 63. **G:** Donau, ca. 15 km. **G:** Abens und Baggerseen. **FA:** Hecht, Karpfen, Schleie, Zander, Barbe, Aal, Bachforelle u. v. Weißfischarten. **FZ:** ganzjährig, unter Beachtung der Artenschonzeiten. **E:** Hermann Schrödl, Fronfischergasse 2; KFV Kelheim, Ausgabestelle Rathaus. Gasthaus „Zum alten Wirt", 8425 Bad Gögging. **Geb:** T 6 DM, W 25 DM, M 75 DM. **B:** J.Fsch., bis zu 2 Ruten, alle Köder, keine Bootsbenutzung.

Pfreimd (8473): Im Tal der Naab sowie der Pfreimd liegt der Erholungsort im Oberpfälzer Wald. Bahnstrecke Regensburg–Hof; B 15 (Weiden–Regensburg), BAB A 93, Ausfahrt. Wanderwege in waldreicher Landschaft, Flußbad mit Liegewiese, beheiztes Freibad, Jagd- und Pirschgänge, Tennis. **A:** Stadtverwaltung, Ref. FVA, Ruf 0 96 06/2 07. **G:** Naab und Pfreimd, ca. 5 km, 20 bis 60 m breit. **G:** Kiesgrube und Eichelbach. **FA:** Zander (55 cm, Schonzeit 15. 3. bis 30. 4.), Hecht (55 cm, 1. 1. bis 31. 5.), Karpfen (35 cm), Aal, (40 cm), Schleie (28 cm), Barbe (38 cm, 1. 5. bis 15. 6.), Weißfische (25 cm). **FZ:** ganzjährig, unter Beachtung der Artenschonzeiten. **E:** FVA, Stadtverwaltung; Vinzenz Kohl in Pfreimd. **Geb:** T 10 DM, W 30 DM, 2 W 40 DM, M 50 DM. **B:** J.Fsch., Feriengast, 1 Rute auf Raubfische oder 2 Ruten auf Friedfische; Aalangeln bis Mitternacht. **S:** eigenes Fischwasser: Gasthof „Weißes Rößl", Leuchtenberger Str. 7, Ruf 2 09.

Pielenhofen (8411): westl. von Regensburg, BAB E 5, Ausfahrt Niddendorf, B 8. **A:** Gemeindeverwaltung, Ruf 0 94 09/3 37. **G:** Naab, 2,5 km, 40 bis 50 m breit. **FA:** Wels (100 cm), Hecht (60 cm), Karpfen (40 cm), alle Friedfische (gesetzliche Schonzeiten und Mindestmaße); beste Fangzeit von April bis Oktober. **E:** Tages- und Wochen-Erlaubnisscheine in beschränkter Anzahl. Gaststätte Queck, Naabstr. 2; Campingplatz Distelhausen. **Geb:** T 6 DM, W 25 DM. **B:** O.A., Sp.Prü., Hausgast; nur mit 1 Rute auf Friedfische, alle Köder außer Köderfisch und künstl. Köder.

Plößberg (8591): Erholungsort zwischen Weiden und Tirschenreuth, ca. 4 km auf der B 15 bis Pilmansreuth, von dort 5 km bis Plößberg. 1 km östlich vom Ort der ca. 14 ha „Große Weiher" mit Waldstrandbad, Bootsverleih, Campingmöglichkeit. **A:** VA, Ruf 0 96 36/2 44. **G:** Großer Weiher Plößberg, ca. 14 ha. **FA:** Karpfen, Schleie, Forelle, Zander, Hecht, Weißfische. Fangbegrenzung: 3 Fische. **FZ:** günstig Mai bis Oktober. **E:** Marktverwaltung; Lothar Kölling, Campingwart. **Geb:** T 7 DM. **B:** J.Fsch., 1 Rute, Köder: alle, außer lebenden Köderfischen. **G:** Stausee Liebenstein, ca. 80 ha groß. **FA:** wie vorher. Fangbegrenzung: 10 Fische. **E:** FVA Tirschenreuth; Johann Maurer, Marktplatz 36, 8593 Tirschenreuth; Georg Maurer, Am Klettnersturm, Tirschenreuth. **Geb:** T 10 DM. **B:** J.Fsch., 2 Ruten. **G:** Beidler-Weiher, ca. 2,14 ha. **FA:** wie vorher. Fangbegrenzung: 3 Fische. **E:** Interessengemeinschaft Beidler-Weiher; Herr Kulzer. **Geb:** T 12 DM. **B:** 1 Rute. **S:** eigene Weiher: Gasthof „Zur Post", Wildenau, im Dorf 7, Ruf 2 64; Gasthof „Zum Schwarzen Adler" Hauptstr. 11, Ruf 2 08; Gasthof „Zur Post", J. Lindner, Marktplatz 3, Ruf 2 25.

Reuth, bei Erbendorf (8481): ländliche Sommerfrische zwischen dem Naturschutzgebiet Waldnaabtal-Steinwald in waldreicher Landschaft. B 299 (Erbendorf (5 km) – Tirschenreuth. Tennisplätze, Freibäder, Reitsport, Wandern in reizvoller, unberührter Landschaft. **A:** Gemeindeverwaltung, Ruf 0 96 81/13 85. **G:** Bekkenweiher, Seidlersreuther Weiher. **FA:**

Karpfen, Schleie, Hecht, Aal, Forelle, Weißfische. Fangbegrenzung pro Tag: 2 Karpfen, 3 Schleien, 1 Hecht, 2 Salmoniden, andere Fischarten unbegrenzt. **Geb:** T 10 DM, W 30 DM, M 60 DM. **E:** Fa. Erlacher in Wiesau, Hauptstr. 32; Café Kohr in Erbendorf; Friseursalon Hanig in Falkenberg; Fam. Senft in Schweinmühle (Campingplatz); VA in Friedenfels, Ruf 0 96 83/2 55; Max Wächter in Letten; Campingwart am Badeweiher in Thumsenreuth; Bäckerei Reichenberger, Premenreuth. **B:** J.Fsch., 2 Ruten (davon nur 1 Rute auf Raubfische).

Rieden (8451): „Unteres Vilstal" Ferienzentrum; südlich von Amberg, im Vilstal an der Grenze des Großlandschaftsschutzgebietes Hirschwald. BAB E 12, Ausfahrt Amberg, von B 15 und B 85 erreichbar. Bahnstation Amberg, Rieden. Beheiztes Freibad, markierte Wanderwege, Jagd- und Pirschgänge, Campingplatz. **A:** VV Unteres Vilstal, Herr Fleischmann, Ruf 0 96 24/5 48. **G:** Vils, ca. 10 km, etwa 20 m breit. **FA:** Forelle, Hecht, Barsch, Schleie, Weißfische; Fanglimit pro Tag je 2 Fische, Aal 4 St. **FZ:** ganzjährig. **E:** VHV, Rieden, Höhenweg 4; Freibad Rieden, bei Adolf Fleischmann. **Geb:** T 6 DM, W 20 DM, M 40 DM. **B:** J.Fsch., 2 Ruten, alle Köder. Jungfischer dürfen nur mit 1 Rute auf Friedfische angeln. **S:** Angelmöglichkeit in eigenem Fischwasser: Pension zur Schmiede, Michelsbergstr.12, Ruf 8 18.

Rimbach (8491): im Naturpark des Bayer. Waldes, staatl. anerk. Erholungsort. Anfahrt über B 20 und B 85. Hallenbad, beheiztes Waldschwimmbad mit Wärmehallen; Sauna, Solarium, 2 Bundeskegelbahnen; Urlaub auf dem Bauernhof. **A:** VV, Ruf 0 99 41/89 31 oder 15 01. **G:** Fluß Chamb, ca. 10 km Angelstrecke, Anfahrt ca. 6 km. **FA:** Forelle, Schleie, Barbe, Karpfen, Barsch, Aal, Hecht seltener, Rotauge und Rotfeder. **Geb:** T 5 DM, W 25 DM. **E:** FVA in Rimbach. **B:** auf Erlaubnisschein einsehen.

Rötz (8463): Ferienort am Fuße des Schwarzwihrberges mit Ruine im romantischen Schwarzachtal, 3 km östlich des Stausees Eixendorf. B 22. Hallenbad. **A:** Stadtverwaltung, Ruf 0 99 76/2 26. **G:** Schwarzach, ca. 2 km, 8 m breit. **FA:** Hecht, Barsch, Aal, Karpfen, Schleie, Weißfische. **E:** Pension Waldheim, Wutzschleife bei Rötz (2 km in ruhiger Waldlage), Ruf 2 75, (auch Jagdgelegenheit). **Geb:** nach Vereinbarung. **B:** Hausgast, Beuteablieferung, 2 Ruten, alle Köder. **S:** weitere Angelmöglichkeit in eigenem Gewässer von „Alte Taverne", Grasserdorf 1, Ruf 2 13.

Schmidmühlen (8456): im Herzen des Oberpfälzer Jura; Mittelgebirge mit Felspartien und weitgeschwungenen Höhen, die bis zu fast 700 m ansteigen, waldreiches Gebiet mit den Tälern von Vils und Lauterbach. BAB A 93, Ausfahrt Schwandorf, B 15 und B 85. Tennis, Jagd, Wanderwege, Golfplatz mit 9 Löchern, beheiztes Freibad. **A.:** Marktgemeinde, Ruf 0 94 74/2 75 oder 4 79. **G:** Vils, ca. 5 km befischbar, 15 bis 18 m breit. **FA:** Hecht, Schleie, Barsch, Aal, Weißfische, z. T. auch Regenbogenforelle. **Geb:** W 23 DM, M 45 DM. **G:** Naab, ca. 14 km vom Ort mündet die Vils in die Naab (bei Kallmünz), hier kapitale Waller möglich. **FA:** Hecht, Zander, Karpfen, Schleie, Weißfische. **Geb:** T 8 DM. **G:** Lauterach, ca. 4 km gut begehbare Ufer, 10 bis 15 m breite und ½ bis 3 m tiefe Angelstrecke. **FA:** Bach- und Regenbogenforelle, Beuteablieferung, jedoch 2 Fische für Eigenbedarf. **Geb:** W 15 DM. **B:** Haus- und Feriengast, J.Fsch., 1 Rute, Fliegenfischen in der Lauterach. **E:** Gasthaus „Zur Post", Johann Rubenbauer, Poststr. 77, Ruf 2 46; (mit eigenem Fischwasser). „Regensburger Hof", B. Schmid, Hauptstr. 21, Ruf 2 45 (eigenes Fischwasser); Gasthof Ludwig Kellermeier, Emhof Nr. 28, Ruf 3 58, eigenes Fischwasser und Jagdmöglichkeit; Richard Steinbauer, Kallmünzer Str. 315, Ruf 3 43, eigenes Angelgewässer.

Schwandorf (8460): Wirtschafts- und Verkehrszentrum im Herzen der Oberpfalz, an der Naab; BAB A 93, Ausfahrt, B 15 und B 85; Wassersport, beheiztes Freibad,

Tennis, Flugsport. **A:** Stadtverwaltung, Ruf 0 94 31/80 21. **G:** Naab, von Schwandorf bis Stadtteil Klardorf-Stegen, ca. 15 km Länge und 80 bis 120 m Breite. **FA:** Aal, Barbe, Brachse, Frauenfisch, Hecht, Waller, Nase, Nerfling, Zander, Karpfen, Schleie. Mindestmaße und Schonzeiten sind den Erlaubnisscheinen zu entnehmen; Fangbeschränkung pro Tag 10 Fische, davon 2 Raubfische und 2 Karpfen. **FZ:** März bis Oktober. **E:** Georg Scheidler, Klosterstraße 5, Schwandorf. **Geb:** T 10 DM, 3 T 25 DM, W 40 DM, M 90 DM. **B:** Sp.Prü., Feriengast, 2 Ruten, alle Köder, es darf nur vom Ufer aus gefischt werden. Raubfischfang vom 16. 5. bis 31. 12. **S:** weitere Vereinsstrecken in der Schwarzach bei **Altendorf** und **Willhof**, ca. 6 km. **Geb:** und **B:** wie bei der Naab. Erlaubnisscheine in Altendorf.

Schwarzenfeld (8472): der reizvolle, ländliche Marktflecken liegt im Herzen der altbayerischen Oberpfalz. Bahnstrecke Regensburg–Hof. BAB 93, Ausfahrt, B 15 oder B 85. Hallenbad, Freibad, Reit- und Tennissport, moderne Sportanlagen, Rollschuhbahn, Tanzbar. **A:** VV, Irrenloherdamm 22, Ruf 0 94 35/3 88; Verwaltungsgemeinschaft, Rathaus, Ruf 2 14 oder 4 28. **G:** Naab, ca. 2 km Angelstrecke, Breite. ca. 80 m. **FA:** Hecht (55 cm, Schonzeit 1. 12 bis 30. 4.), Zander (55 cm, 1. 12. bis 30. 4.), der Fang von Raubfischen ist auf 2 Stück pro Tag begrenzt. Karpfen (38 cm, guter Besatz), Barbe (38 cm), Aal (45 cm, sehr häufig), Schleie (28 cm), versch. Weißfische. **FZ:** 1. 5. bis 1. 12. **E:** Ernst Paa, Friseurgeschäft, Deiselkühner Weg 13, Ruf 19 74. **Geb.:** T 7 DM, W 35 DM. **B:** O.A., Sp.Prü.; 2 Ruten mit je einem Vorfach; keine lebenden Köderfische.

Tännesberg (8481): anerkannter Erholungsort an der Bayer. Ostmarkstraße (B 22), im Bereich des Oberpfälzer Waldes. Hanglage mit ausgedehnten Nadelwäldern, nahe der Trausnitz- und Pfreimdtalsperre. Bahnstrecke Weiden–Schwandorf–Viechtach (Bahnhof 10 km). Freibad, Jagd- und Pirschgänge. **A:** u. **E:** VA, Ruf 0 96 55/2 22. **G:** Stausee bei Trausnitz, vom Ödmühlwehr bis zur Staumauer; Pfreimd und Naab. **FA:** Bach- und Regenbogenforelle (Schonzeit 1. 10. bis 30. 4.), Hecht und Zander (1. 1. bis 30. 4.), Äsche (1. 3. bis 1. 5.), Karpfen, Schleie, Nerfling, Nase, Aal u. v. Weißfische. **Geb:** T 10 DM, W 60 DM. **B:** J.Fsch., Nachtangeln auf Aal bis 24 Uhr mit 2 Ruten erlaubt. Kein Bootsverleih.

Teublitz (8411): Kleinstadt in der Oberpfalz bei Burglengenfeld (4 km), B 15, Bahnstrecke Regensburg–Schwandorf, Maxhütte-Haidhof. **A:** Stadtverwaltung, **G:** Naab, ca. 6 km, 50 bis 80 m breit; **G:** 6 Baggerseen mit einer Gesamtfläche von rd. 50 ha. **FA:** Waller, Hecht, Zander, Aal, Karpfen, Schleie, Weißfische. **FZ:** ganzjährig, unter Beachtung der Artenschonzeiten, Raubfische erst ab 16. 5. **E:** Gasthaus Hans Rauch, Regensburger Straße 53 in Teublitz 1. SFV Teublitz. **Geb:** T werden nicht ausgegeben. WE (Fr. Sa. So.) 30 DM, W 60 DM, M 120 DM. **B:** O.A., J.Fsch., 2 Ruten, alle Köder, Fangbegrenzung: je 2 Fische von Hecht, Zander, Waller, Karpfen oder Schleie; Nasen 5, Aale 4 Stück pro Tag. Kein Bootsverleih.

Tirschenreuth (8593): 85 000 Einw., liegt in der nördlichsten Ecke Bayerns in einem wald- und seenreichen Gebiet im Oberpfälzer Wald. Wirtschaftlicher und kultureller Mittelpunkt des Stiftlands. Bahnstrecke Wiesau–Tirschenreuth–Bärnau von Hauptstrecke Regensburg–Hof. BAB München–Hof. B 15 u. B 299, Staatsstraße 2167, Falkenberg–Tirschenreuth–Mähring. Reitsport, Tennis nach Vereinbarung, beheiztes, modernes Freibad mit 10-m-Sprungturm und Wettkampfbekken. **A:** SAV Stiftland e. V., 1. Vors. Günter Hühn, Maximilianplatz 9, Ruf 0 96 31/13 89; Stadtverwaltung, Ruf 29 61. **G:** Stausee Liebenstein, 4 stehende Gewässer und verschiedene Bachstrecken von Waldnaab und Wondreb. **FA:** Karpfen (34 cm, 1 Fisch), Schleie (23 cm, 4 Fische), Aal, Hecht (45 cm, 1 Fisch), Forelle (3 Stück), Zander, Weißfische. **E:** Sporthaus Georg Maurer, Unnaplatz, Ruf 15 48; Johann Maurer, Eisenwarenhandlung, Maximilianplatz 36, Ruf 22 21. **Geb:** T 7 DM, W 30 DM, 2 W 40 DM, 3 W 50 DM, M 60

DM. **B:** J.Fsch., 1 Rute, freie Köderwahl, Angeln nur vom Ufer aus. **S:** Zu den Erlaubnisscheinen gibt der SAV Stiftland eine sehr gute Gewässerkarte aus.

Vilseck (8453): altertümliches Städtchen in typisch oberpfälzer Weiherlandschaft. B 14 und B 85; beheiztes Freibad, Tennis, Jagd- und Pirschgänge. **A:** Stadtverwaltung, Ruf 0 96 62/2 62. **G:** Vils, ca. 15 km. **FA:** Hecht, Barsch, Aal, Schleie, Karpfen, Rotauge, Rotfeder, Barbe, Brachse, Nase. **FZ:** 16. 4. bis 31. 12. **E:** Herbert Hammer, Brauerei, Vorstadt 1, Ruf 2 57; Willi Bücherl, Froschau 16 in Vilseck. **Geb:** T 5 DM, **B:** Sp.Prü., J.Fsch., 1 Rute, alle Köder. Kein Angeln vom Boot aus. Es gelten die gesetzlich festgelegten Schonzeiten und Mindestmaße. **S:** mit eigenem Fischwasser: Gasthof zum Südlager, Sorghof 1, Ruf 2 84.

Vohburg (8075): Kleinstadt an der Donau, östlich von Ingolstadt (10 km); BAB E 6, Ausfahrt Ingolstadt/Nord, B 16a. Wassersport. **A:** VA; **A:** und **E:** SFC 1966 e .V. Vohburg, 1. Vors. Joseph Pflügl, Austr. 13, Ruf 0 84 57/10 63. Josef Auberer, Tulpenstr. 2. **G:** Irschinger Weiher, ca. 4 ha groß. **FA:** Forelle (28 cm), Hecht, Zander, Barsch, Aal, Karpfen (36 cm), Schleie (27 cm), Weißfische. Tägl. Fangbeschränkung: 2 Karpfen oder 1 Karpfen und 2 Forellen oder sonstige Fische (Weißfische unbeschränkt). **Geb:** T 10 DM, W 30 DM. **B:** Sp.Prü., J.Fsch., 2 Ruten auf Friedfische, oder 1 auf Raub- und 1 auf Friedfischfang. Angeln nur vom Ufer aus. **S:** weitere Vereinsgewässer: Stadtweiher II, Stadtweiher I, Ilmendorfer Weiher, Rokkoldinger Weiher I und II, Grieshamer See sowie Ilm I von Hartacker bis Eisenbahnbrücke aufwärts und Ilmstrecke II von Oberwöhr bis Münchsmünster. Erlaubnis in Einzelfällen nach Vereinbarung. **S:** Birkenheide Weiher, **FA:** Forelle, Hecht, Barsch, Aal, Karpfen, Schleie, Weißfische. **E:** Waldgaststätte H. Mayer, Vohburg-Birkenheide, nach Vereinbarung.

Waidhaus (8481): Ferienort inmitten großer Nadelwälder, östlich von Weiden an der B 14 (Nürnberg–Prag); hier auch bedeutender Grenzübergang zur CSSR. Nach Vohenstrauß 14 km; Bahnstrecke Neustadt a. d. Waldnaab–Eslarn. **A:** Gemeindeverwaltung, Ruf 0 96 52/2 08. **G:** Rehlingbach von Ströbl bis Staatsgut Pfrentsch, ca. 3 km und 2 bis 3 m breit; **G:** Pfreimd, von Landesgrenze bis Bodenmühle bei Pfrentsch, ca. 8 km, 2 bis 10 m breit. **G:** Pfreimd von Burgtreswitz bis Altentreswitz, ca. 3 km, 5 bis 15 m breit. **FA:** Karpfen, Hecht, Forelle, Weißfische, (keine Massenfänge). **FZ:** Frühjahr bis Spätherbst. **E:** KFV Vohenstrauß, Johann Sommer, In der Au 38. **Geb:** T 7 DM, WE 14 DM, W 30 DM, 2 W 40 DM, 3 W 50 DM, M 60 DM. **B:** J.Fsch., Haus- oder Feriengast, 1 Rute mit nur einem Vorfach. Teig, Regen- und Tauwürmer sind erlaubt. **S:** weitere Angelmöglichkeiten bei: B. Fuchs, Bahnhofstr. 14, Ruf 2 68; G. Wagner, Ober-Ströbl, Nr. 1, Ruf 4 30 (Freischwimmbad u. Fischwasser); Hotel „Alte Post“, nach Vereinbarung. **B:** Nur für Hausgäste.

Waldsassen (8595): nahe der bayer.-tschech. Grenze (5 km) im weiten Wondrebtal zwischen Fichtelgebirge, Steinwald und Oberpfälzer Wald an der B 299. B 15 ab Mitterteich. Großartige, barocke Basilika, sehenswerte Klosterbibliothek, Dreifaltigkeitskirche Kappel; in der Nähe Konnersreuth, Hallenbad, Tennis, Freibad mit 50-m-Becken. **A:** Städt. VA, Rathaus, Ruf 0 96 32/8 11. **G:** in verschiedenen Gewässern des SAV „Stiftland“, Sitz Tirschenreuth (siehe dort). **E:** Lotto-Toto-Annahmestelle, Horst Meingast, Steinerstr. 2; **Geb:** T 7 DM, W 30 DM, jede weitere W 10 DM. **S:** weitere Angelmöglichkeit: Gasthof Schreyer, Münchenreuth 16, Ruf 5 76.

Weiden (8480): Wirtschaftsmittelpunkt der nördlichen Oberpfalz im Tal der Naab; B 15, B 22 u. B 470. Hallen-, Fluß- und beheiztes Waldbad, Wandern und Bergsteigen, Reiten, zwei Tennisanlagen, Flugsport; Jagdmöglichkeit. **A:** Städt. VA, Rathaus, Ruf 09 61/50 51. **G:** Fichtelnaab, ca. 6 km, bei Windisch-Eschenbach; **G:** Rechenweiher, ca. 3,5 ha groß, bei Premenreuth, Nähe Windisch-Eschenbach. **FA:** Äsche, Forelle, Karpfen, Schleie, Aal, Weißfische. **FZ:** ganzjährig, unter Beachtung der Artenschonzeiten; Fangbegrenzung: pro Tag 2 Hechte, 3 Äschen oder Forellen, 10 Pfd. Weißfische. **E:** Angelgeräte Arno Benz, Karl-Heilmann-Block 12, Ruf 2 27 80; H. Senft, 8481 Schweinmühle bei Windisch-Eschenbach (Campingplatz); SAB Weiden e. V. **Geb:** T 7 DM, W 25 DM, M 50 DM. **B:** O.A. Feriengast, 1 Rute, alle Köder, Angeln nur vom Ufer aus, Nachtangeln bis 24 Uhr erlaubt. **S:** weitere Angelmöglichkeit: Hotel Post, G. Linsmeier, Bahnhofstr. 23, Ruf 4 47 18. Hölltaler Hof, Oberhöll Nr. 2, Ruf 4 29 01.

Wiesau (8591): im „Naturpark Steinwald", 15 km von Tirschenreuth entfernt, umgeben von der „Wiesauer Teichplatte", stille Waldseen und die Waldnaab. B 299, Abfahrt Schönhaid. **A:** FVA, Kreuzbergweg 5, Ruf 0 96 34/12 24 oder 12 00. **G:** Wiesauer Waldseen, Seidlersreuther Weiher und Waldnaab, insgesamt über 25 km Fließgewässer. **FA:** Forelle, Karpfen, Schleie, Hecht, Aal, Weißfische. **FZ:** ganzjährig unter Beachtung der Artenschonzeiten. **Geb:** T 7 DM, W 30 DM, M 60 DM. **E:** Sportgeschäft J. M. Erlacher, Hauptstr. 32. Beschränkte Ausgabe von Erlaubnisscheinen.

Altmühl-Tal

Abensberg (8423): altertümliches Städtchen am Donaunebenflüßchen Abens, am Nordrande des niederbayerischen Hopfenlandes „Holledau". B 16 (Regensburg-Ingolstadt), B 299 und B 301; BAB 90. Hallenbad, Freibad, Wassersport, Tennis. **A:** Stadtverwaltung, Stadtplatz 1, Ruf 0 94 43/4 21. **G:** Abens, kleiner Wiesenfluß von Aumühle, oberhalb Abensberg bis zur Mühle in Deisenhofen, und anliegende Altwasser. **FA:** Hecht, Karpfen, Schleie, Aal, Weißfische. **E:** KFV Kelheim, Dr. Karl Limmer, Münchner Str. 13 in Abensberg; Max Listl, Ulrichstr. 8, Abensberg, Ruf 62 82. **Geb:** T 7 DM, W 30 DM, M 75 DM. **B:** O.A., J.Fsch., Sp.Prü.; 2 Ruten (für Raubfische 1 Rute), alle Köder erlaubt. Die vereinsinternen Bestimmungen über Schonzeiten und Mindestmaße sind zu beachten.

Beilngries (8432): anerkannter Erholungsort an der Einmündung der Sulz in die Altmühl im Naturpark Altmühltal. Deutsche Ferienstraße Alpen–Ostsee B 299; BAB E 6, Ausfahrt „Altmühltal-Kinding" (10 km), Denkendorf (13 km). Wanderwege zu bewaldeten Höhen, Hallenbad mit Sauna, beheiztes Freibad, 3 Tennisplätze, Flugplatz, Reiten, Camping. **A:** Touristik-Verband, Hauptstr. 14, Ruf 0 84 61/84 35 oder 2 14. **G:** Altmühl, ca. 3,2 km lang, 30 m breit; **G:** Sulz, 2 km Angelstrecke, ca. 5 m breit. **G:** Kanal, 8 m breit und 3,3 km Angelstrecke; **FA:** Hecht (50 cm, Fangbegrenzung: 2 Fische), Forelle (28 cm, 3 Fische), Karpfen (35 cm, 2 Stück), Schleie (28 cm, 4 St.), Barbe (38 cm), Aal (40 cm) und v. a. Weißfische. Für Mindestmaße und Schonzeiten gelten die gesetzlichen Bestimmungen. **FZ:** Frühjahr bis einschl. Herbst. **E:** SFV Beilngries e. V.; Frau Ilse Perras, Föhrenweg, Ruf 5 73; Städt. Schwimmbad, Ruf 2 77. **Geb:** T 8 DM, W 25 DM, 2 W 40 DM, 3 W 50 DM, M 60 DM. **B:** J.Fsch., Sp.Prü., 2 Ruten, lebende Köder verboten, vom 1. 5. bis 31. 10. darf der Aalfang in der Altmühl bis 24 Uhr ausgeübt werden.

Dietfurt (8435): Erholungsort im Naturpark Altmühltal, die „Siebentälerstadt" genannt. Bahnstrecke Neumarkt/Opf.–Beilngries; Anfahrt über B 8, BAB E 6, Ausfahrt Altmühltal; BAB E 5, Ausfahrt Dietfurt. Modernes Freibad. **A:** Städt. VB, Ruf 0 84 64/2 40 oder 4 90. **G:** Altmühl von Dietfurt bis Wehr bei Meihern, ca. 6,5 km, bis 12 m breit; 5 Altwasser. **FA:** Hecht (50 cm), Zander, Barsch, Forelle, Rapfen, Karpfen (35 cm), Schleie (27 cm), Barbe, Döbel, gelegentlich auch Waller, Weißfische. **FZ:** ganzjährig, unter Beachtung der Artenschonzeiten, Hecht ab 1. 5. **E:** AV Dietfurt; Gasthof Niedermeier, Hauptstr. 25, Ruf 3 21. **Geb:** T 6 DM, W 20 DM, WE 10 DM, M 40 DM. **B:** J.Fsch., Sp.Prü.; 2 Ruten, alle Köder, Nachtangeln bis 24 Uhr, Spinnfischen in den Altwassern verboten. **S:** weitere Angelmöglichkeiten in einem 10 000 m² großen Fischteich im Laabertal, besetzt mit Edelfischen. **Geb:** T 8 DM.

Essing (8421): Luftkurort im unteren Altmühlteich zwischen Kelheim und Riedenburg. Überragt von der Burgruine Randeck, Bahnstrecke Regensburg–Ingolstadt, Bahnhof Kelheim. Ab B 299 und B 16, BAB E 5. Wassersport, Besichtigung der Tropfsteinhöhle, Burgturmbesteigung, 2 Campingplätze. **A:** Gemeindeverwaltung, Ruf 0 94 47/3 63; FV Essing e. V., Ruf 3 65. **G:** Altmühl von Kanalhafen Kelheim bis Schleuse 5, ca. 14 km u. 30 m breit; **G:** Gillabauerweiher in Abensberg; **G:** Irnsinger Baggersee, ca. 12 ha groß. **G:** Mauerner Baggersee, ca. 4 ha. **FA:** Hecht (50 cm), Zander (50 cm), Barsch, Aal, Rapfen, Karpfen, Schleie, Barbe, Döbel u. a. Weißfische. **E:** Rathaus in Essing. **Geb:** Altmühl: T 7 DM, W 30 DM, 2 W 50 DM, M 75 DM. Für die Gillakarte nur J 50 DM. **B:** Schonmaße und Schonzeiten auf Erlaubnisschein beachten. J.Fsch., 2 Ruten, auf Raubfisch nur 1 Rute, Edelfische als Köderfisch verboten. **S:** Erlaubnisscheine für Abens, Donau und Altmühl siehe auch bei Kelheim und Abensberg.

Greding (8547): anerkannter Erholungsort im Naturpark des Altmühltals und der Schwarzach, mittelalterliches Städtchen mit 20 Türmen und 3 Tortürmen. BAB E 6, Ausfahrt. Bahnstrecke Nürnberg–Roth–Greding. Hallenbad, Flugsport, Camping. **A:** FVV, Rathaus, Ruf 0 84 63/2 33; SFV Greding e. V., Ruf 3 53. **G:** Schwarzach, ca. 2 km Angelstrecke, 10 m Breite, 1,5 m Tiefe. **FA:** Karpfen, Aal, Hecht, Schleie, Barsch u. a. Weißfische. Gesetzliche Mindestmaße und Schonzeiten. Fangbeschränkung: pro Tag 3 Karpfen, Hechte, Schleien und Aale. **FZ:** Mai bis September. **E:** Gasthof „Gredinger Berg", Ruf 2 57; Walter Hurka, Berchinger Str. 10, Ruf 8 15; Ottokar Wagner, Eichendorffstr. 14, Ruf 3 53. **Geb:** T 5 DM. **B:** J.Fsch., Sp.Prü.; 2 Ruten, alle Köder. Befahren der Wiesen und sonstigen Nutzflächen verboten.

Gunzenhausen (8820): Stadt an der oberen Altmühl im fränkischen Jura, Bahnstrecken Würzburg–München und Nürnberg–Nördlingen–Donauwörth; BAB E 12, Ausfahrt Ansbach oder Schwabach, B 13 und B 466. Beheiztes Freibad, Hallenbad mit Sauna und Solarium, Tennis, Segelfliegen, Reitsport. **A:** Stadtverwaltung, Rathaus, Ruf 0 98 31/6 11. **G:** Altmühl, Angelstrecken bei Gunzenhausen, Wald, Aha, Windsfeld, Unterasbach und Gundelsheim mit 5 herrlichen Altwassern, insgesamt ca. 20 km. **FA:** Hecht, Karpfen, Schleie, Aal, Rutte, Weißfische. **E:** FV Gunzenhausen e. V.; Gasthaus „Altmühlbrücke", Fritz Meyer, Oettinger Str. 6, Ruf 26 36. **Geb:** T 10 DM, W 50 DM, 2 W 75 DM, 3 W 105 DM, M 125 DM. (W und M nur für O.A.). **B:** 2 Ruten, J.Fsch. gesetzliche Mindestmaße und Schonzeiten. **S:** Beim FV Gunzenhausen liegt ein Verzeichnis aus, wo alle im Umkreis des Ortes liegende Angelgewässer genannt werden, so sind allein 18 Bauernhöfe mit 18 eigenen Fischwassern aufgeführt. **G:** Schnackenweiher, ca. 50 000 m² groß. **FA:** Waller, Karpfen (bis 25 Pfd.), Schleie, Aal (bis 2 kg), Hecht (bis 10 kg), Zander, Weißfische. **Geb:** T 10 DM, W 40 DM, 2 W 75 DM. **E:** Werner Vogel, Marktplatz 48, Ruf 85 47. **B:** J.Fsch., 2 Ruten.

Inching (8831): Post Walting, kleiner Ferienort im Altmühltal an der Deutschen Ferienstraße Alpen–Ostsee; BAB E 6, Ausfahrt Denkendorf. **A:** und **E:** Gasthof Georg Adlkofer, Ruf 0 84 26/2 49. **G:** Altmühl, oberhalb des Stauwehres, ca. 4 km lange Strecke, inbegriffen sind 4 Altwasser. **FA:** Hecht, Schleie, Aal, Weißfische. **Geb:** nach Vereinbarung. **B:** J.Fsch., Hausgast, bei Übernachtung und Vollpension in eigener Gastwirtschaft. Neubau, der im Herbst 1978 fertiggestellt wurde. **S:** weitere Angelmöglichkeit bei Michael Bauer, Dorfstr. 2 in 8831 Walting-Rieshofen, Ruf 2 17.

Kelheim (8420): alte Wittelsbacher Stadt an der Mündung der Altmühl in die Donau, am Eingang ins Altmühltal. BAB E 5, Ausfahrt Regensburg, B 16 (Regensburg-Abensberg), Bahnstrecke Ingolstadt–Kelheim–Regensburg. Wassersport, beheiztes Freibad, Hallenbad, Segelfliegen, Reit- und Tennissport. Sehenswert: Befreiungshalle, Tropfsteinhöhle, Flammende Donau (allj. am 1. Samstag im Juli). **A:** Stadtverwaltung, Ruf 0 94 41/30 12. **G:** Donau, beginnend von der Ottilienkapelle bei Eining gegenüber dem Roten Berg (ca. 50 m unterhalb der Starkstromleitung) bis zu Dorf Staubing. Im Müllarm der Gemeinde Hienheim, in der Abens (Eininger Haltung) von der Ottilienkapelle bei Eining bis zur Einmündung der Abens in die Donau; Mauerner Baggersee und Irnsinger Baggersee. Angelstrecke ca. 43 km und 100 m Breite. **FA:** Hecht, Wels, Zander, Barsch, Aal, Rutte, Karpfen, Schleie, Barbe u. a. Weißfische. **FZ:** ganzjährig, unter Beachtung der Artenschonzeiten. **Geb:** T 7 DM, W 30 DM, M 60 DM. **E:** Donaufischereigenossenschaft, 1. Vors. Josef Steibl, Fischergasse 21, Ruf 32 01. **B:** 1 Handangel, 1 Köderfischangel; nur vom Ufer aus; Nachtangeln auf Aal und Rutte bis 24 Uhr. **G:** Altmühl, einschließlich Altwasser von Pilhausen (Kastlhof-Schleuse 5), einschließlich Kanalarm bis Donaueinmündung, Mauerner Baggersee und Irnsinger Baggersee. **FA:** wie Donau, Gebühren und Bedingungen wie bei Donau. **G:** Abens, von Aumühle oberhalb von Abensberg bis zur Mühle in Deisenhofen, einschließlich der Altwasser. Ferner von der Deisenhofener Mühle bis zur Mühle in Bad Gögging und im Altwasser bei Deisenhofen und Gögging (unterm Fischerhäusl) und Neustädter Haltung, von der Mühle in Bad Gögging bis zur Feldbachmühle. Von der Ottilienkapelle bei Eining bis zur Einmündung der Abens in die Donau; dazu Mauerner Baggersee und Irnsinger Baggersee. **B:** alle Bedingungen die gleichen wie für vorstehende Gewässer. **E:** KFV e. V. Kelheim; Karl Kral, Buchhandlung, Donaustr. 25, Ruf 2 46; Dr. Carl Limmer, Handelsschulinh., Münchner Str. 13 in Abensberg, Ruf 0 94 43/68 96; Sebastian Ringelstetter, Tröpfenau 11, in Neustadt/Do., Ruf 0 94 45/2 63; Gemeindeverwaltung Essing, Rathaus, Ruf 0 94 47/3 63.

Kinding (8831): Sommerfrische am Zusammenfluß von Altmühl, Anlauter und Schwarzach. BAB E 6, Ausfahrt Altmühltal. Wassersport. **A:** und **E:** Marktgemeindeverwaltung Kinding, Ruf 0 84 67/2 24; FVV Enkering; Gasthaus Zimmermann, Unteremmendorf; Campingplatz Kratzmühle; Gasthof Heid, Pfraundorf; Bootshaus am See. **G:** Schwarzach, Anlauter, Mühlbach, Altmühl, ca. 5 km Angelstrekke; Badesee Kratzmühle, ca. 15 ha groß. **FA:** Hecht und Zander (50 cm, Schonzeit vom 15. 2. bis 15. 7.), Karpfen, Schleie, Weißfische. Fangbegrenzung: tägl. je 2 der genannten Fischarten, Weißfische unterliegen keinem Fanglimit. **Geb:** Mühlbach und Schwarzach: T 5 DM, W 25 DM; für Badesee T 7 DM; für Altmühl W 35 DM. (nur in beschränktem Maße vorrätig), Kurgäste im Gemeindebereich vorrangig. **B:** O.A., Sp.Prü., Haus-, Ferien- oder Kurgast; J.Fsch., 2 Ruten, alle Köder. Vereinsbestimmungen über Schonzeiten und Mindestmaße (auf Erlaubnisschein) beachten. Verwendung der Schluckangel auf Raubfische ist verboten, auf Karpfen darf nicht mit Drillingen gefischt werden.

Pappenheim (8834): malerisches Städtchen und Luftkurort inmitten prächtiger Laub- und Nadelwälder, zwischen Treuchtlingen (6 km) und Eichstätt (35 km), an der Deutschen Ferienstraße zwischen B 2 und B 13; Bahnstrecke Nürnberg – Treuchtlingen – Ingolstadt – München; BAB E 6, Ausfahrt Altmühltal. Flußbad, Camping. Sehenswürdigkeiten: Burgruine, 2 Schlösser, Augustiner Kloster. **A:** FVV, Deisinger Str. 14, Ruf 0 91 43/2 66. **G:** Altmühl, ca. 1,2 km, 8 bis 15 m breit, 1 bis 2 m tief, langsam fließend. Grenze flußaufwärts: vom E-Werk bis zum eisernen Steg; flußabwärts von der Schlesienbrücke (Baum mit Rundbank) bis zum hölzernen Steg beim Sportplatz. Im Sommer stark verkrautet. **FA:** Hecht (frei ab 1. 9.), Karpfen, Schleie, Waller, Schwarzbarsch, Aal, Weißfische. **FZ:** ganzjährig unter Beachtung der Artenschonzeiten und Mindestmaße. **E:** KFV Pappenheim e. V.; Friseur Edel, Deisinger Str. 28, Ruf 3 34; Ludwig

Wurm, Mälzerei, Beckstr. 9, Ruf 3 44. **Geb:** W 30 DM (7 Tage). **B:** J.Fsch., O.A., Sp.Prü.; 2 Ruten auf Friedfisch, 1 Rute davon auf Hecht; freie Köderwahl. **S:** Pauschalangebot des FVV Pappenheim: Übernachtung mit Frühstück, Angelkarte für 1 Woche und tägl. 1 Stunde Tennis für 7 Tage ab 93 DM. (Ruf 2 66).

Riedenburg (8422): anerkannter Luftkurort und Dreiburgenstädtchen mit der Rosenburg und den Ruinen Rabenstein und Tachenstein, malerisch gelegen an der Einmündung des Schambachtales ins Altmühltal. Anfahrt über B 16 und B 299, BAB E 6, Ausfahrt Denkendorf. Wassersport, Hallenbad, Freibäder in der Umgebung, Bootsverleih, Camping, Tennisplätze. **A:** Stadtverwaltung, FVA, Ruf 0 94 42/4 01 u. 8 19. **G:** Altmühl von der Schleuse 5 bis Schleuse 11 und 11 Altwasser. Der Fluß ist auf 16,5 km beidseitig (dazwischen einige Sperrzonen) befischbar, 20 bis 30 m breit und 1,5 bis 3 m tief. Die Strecke wird von 6 Wehren und Schleusen unterbrochen. **FA:** Hecht (50 cm), Karpfen (35 cm), Schleie (28 cm), Aal (50 cm), Barbe, Zander u. v. Weißfische. Fangbeschränkung: pro Tag 2 Hechte, 3 Karpfen, 4 Schleien. Fischen auf Hecht erst ab 1. 5. **E:** entlang der Strecke: Riedenburg: Jura-Hotel, Kelheimer Str. 4, Ruf 6 45; Hotel Schwan, Marktplatz 5, Ruf 12 72; Pension Donauer, St.-Martin-Str. 33, Ruf 4 01; Prunn: Gasthof Lehner, Ruf 17 34; Nußhausen: Gasthof zum Schloß-Trattner; Oberhofen: Gasthof Mayer; Obereggersberg: Gasthof Maier; Untereggersberg: Gasthof Pflieger. Der Altmühl-FV e. V. Riedenburg gibt für alle Angelgewässer eine sehr gute Gewässerkarte aus (erhältlich bei den Ausgabestellen). **Geb:** T 5 DM, W 20 DM. **B:** J.Fsch., 2 Ruten, Fischen vom Boot aus verboten, Aalangeln bis 24 Uhr.

Solnhofen (8831): Fremdenverkehrsort im mittleren Altmühltal, von B 2 oder B 13 auf Deutsche Alpen-Ostsee-Ferienstraße, zwischen Ingolstadt und Treuchtlingen, (an gleicher Bahnstrecke). **A:** Gemeindeverwaltung, Ruf 0 91 45/2 50. **G:** Altmühl im Gemeindebereich ca. 2 km, 20 m breit. **FA:** Hecht (bis 8 kg), Karpfen (bis 10 kg), Aal, Schleie, Barsch. Hechtfang ab 1. 9. pro Woche ein Fisch. **E:** Gasthof „Adler“, Bes. O. Scheurer, Pappenheimer Str. 5. **Geb:** T 8 DM, W 30 DM. **B:** O.A., Sp.Prü., J.Fsch.; Hausgast, 2 Ruten, wenn Hecht frei, sämtliche Köder erlaubt. Bedingungen des KFV Treuchtlingen/Weißenburg sind zu beachten.

Weltenburg (8421): am Durchbruch der Donau durch das Juragebirge, felsige, waldreiche Umgebung mit besonders sehenswerten Objekten (Asamkirche, griech. Tempel auf dem Michelsberg, Befreiungshalle). Bahnstrecke Ingolstadt – Kelheim (5 km) – Regensburg; B 16. Fischreichste Gegend der Donau. **A:** Stadtverwaltung Kelheim, Ruf 0 94 41/ 30 12; Donaufischereigenossenschaft Kelheim, 1. Vors. Josef Steibl, Fischergasse 21, Ruf 32 01; **G:** Donau von Naab-Mündung bei Mariaort in die Donau (westl. Stadtgrenze von Regensburg) bis nach Irnsing, ca. 3 km unterhalb von Neustadt/ Do. insgesamt 43 km. **G:** Altmühl, ca. 3 km von Mündung in die Donau bei Kelheimwinzer bis nach Kelheim aufwärts. **G:** Abens, ca. 500 m ab Eining, flußabwärts. **G:** Kels, ca. 500 m flußaufwärts ab Mündung in die Donau, 8 bis 10 m breit, 1 m tief, linksseitig zwischen Irnsing und Hienheim. **FA:** In vorgenannten Gewässern kommen fast alle Fischarten vor. **FZ:** ganzjährig, unter Beachtung der Artenschonzeiten. **E:** wie A: **Geb:** T 7 DM, W 25 DM, M 75 DM. **B:** J.Fsch., 2 Ruten, alle Köder, kein Angeln vom Boot aus. **S:** günstige Unterkunft: Gasthof-Pension „Zum Klösterl“, 8420 Kelheim, Ruf 75 17; Campingplatz Stausacker (linksseitig der Donau) gegenüber Weltenburg; Gasthof Haderfleck, 4 km oberhalb Stausacker, gute Campingmöglichkeit.

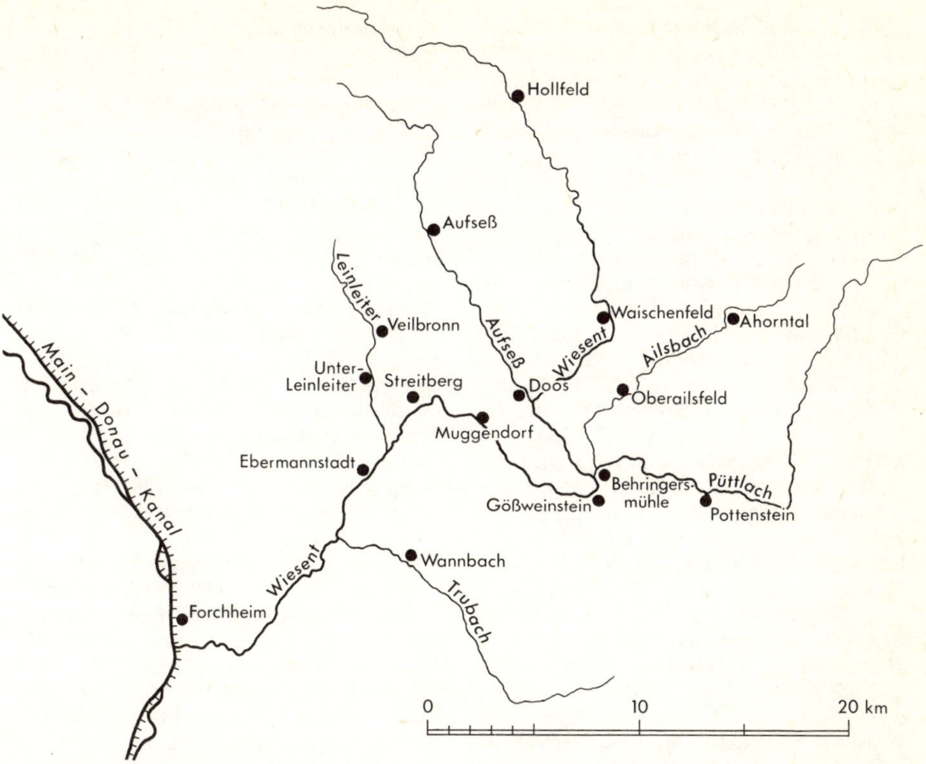

Fränkische Schweiz

Arhorntal – Kirchahorn (8581): ruhige Sommerfrische bei Behringersmühle (5 km), BAB E 6, Ausfahrt Trockau (8 km), Für Anreise B 22, B 470 und B 2; **A:** Gemeindeverwaltung, Ruf 0 92 02/2 00. **G:** Ailsbach, ca. 3 km Angelstrecke. **FA:** Forelle, Barsch u. a. Weißfische. **E:** Erich Gerstacker, Kirchahorn 24. **Geb:** T 10 DM, WE 15 DM, 7 T 50 DM, 14 T 80 DM. **B:** J.Fsch., Hausgast, 1 Rute.

Doos (8551): kleiner Erholungsort am Zusammenfluß von Aufseß und Wiesent, von der B 470 aus erreichbar. **A:** und **E:** Gasthof Heinlein, Ruf 0 91 96/2 66 und 4 28. **G:** Wiesent, ca. 2 km Angelstrecke, durchschnittlich 15 m breit. **FA:** Forelle (26 cm), Äsche (26 cm). **FZ:** günstig: Forelle Mai/Juni, Äsche: Sept./Okt. **Geb:** T 15 DM (für Pensionsgäste frei). **B:** J.Fsch., Sp.Prü., Hausgast; 1 Rute, künstl. Fliege, lebende Beuteablieferung.

Ebermannstadt-Gasseldorf (8553): im unteren Wiesenttal, am Zusammenfluß von Leinleiter und Wiesent liegt der Erholungsort direkt an der B 470. **A:** Städt. VA, Rathaus, Ruf 0 91 94/81 28. **G:** Leinleiterzufluß in die Wiesent, ca. 4 km lang, 3–5 m breit. **FA:** Forelle und Äsche (ab 30 cm), bei Äsche ist Sondergenehmigung durch die Bezirksverwaltung erforderlich. **FZ:** günstig von April bis Juni. **E:** Gasth.-Pens. „Zur Fränkischen Schweiz" in Gasseldorf, Ruf 2 34. **Geb:** keine, da nur für Hausgäste. **B:** J.Fsch., Haus- oder Kurgast; 1 Rute, als Köder nur Fliege. **G:** Wiesent, **FA:** Bachforelle, Äsche. **E:** Städt. VA. **Geb:** T 10 DM. **B:** J.Fsch., 1 Rute. **S:** weitere Angelmöglichkeit bietet: Gasthof-Pension Bieger, Rothenbühl 3, Ruf 5 34 (eigenes Fischwasser).

Gößweinstein-Behringersmühle (8551): die beiden Nachbar-Luftkurorte im Ferienzentrum Fränkische Schweiz, liegen am Zusammenfluß von Wiesent, Ailsbach und Püttlach in einem breiten Talkessel. BAB E 5, Ausfahrt Höchstadt/Ost oder E 6, Ausfahrt Pegnitz. B 470; Bahnstationen. Beheiztes Höhenfreibad mit Wärmehalle und Sauna, Kutschfahrten, Wanderungen. **A:** Ferienzentrum Fränkische Schweiz, VA Gößweinstein, Ruf 0 92 42/4 56 und VA Behringersmühle, Ruf 8 40. **G:** Püttlach, Angelstrecke durch Schilder markiert ca. 1,5 km lang und 4 bis 5 m breit. **FA:** Forelle (28 cm), Äsche (36 cm), Fangbegrenzung: höchstens 3 Fische. **FZ:** 15. 4. bis 15. 10. **E:** beide VÄ. **Geb:** T 10 DM. **B:** J.Fsch., Sp.Prü., Feriengast, 1 Rute, (Fliegenrute mit künstl. Fliege). **S:** Ferienpauschalangebot: 7 T ab 139,40 DM inkl. Unterkunft, Verpflegung, 3 Angelkarten, 3 Badekarten für beheiztes Höhenbad, Besuch einer Tropfsteinhöhle und Rundfahrt durch die Fränkische Schweiz. Besitzer der Schottermühle in Wiesenttal ist Eigentümer einer 2,5 km langen, bis zu 20 m breiten und stellenweise bis zu 12 m tiefen Angelstrecke der **Wiesent.** Wer nicht an Wohnkultur gewöhnt ist, findet hier ein ideales Salmonidengewässer. **FA:** Bach- und Regenbogenforelle. **Geb:** keine, da Beuteablieferung. **B:** Pensionsgast, J.Fsch., 1 Rute, Fliege oder Blinker.

Pottenstein (8573): Luftkurort in wald- und felsenreicher Lage. Bahnstation ist Behringersmühle (6 km), Verbindungen zur B 2 und B 470, BAB E 6, Ausfahrt Pegnitz. Freischwimmbad mit Sprungturm bis 10 m, Kurzentrum, Campingplatz. **A:** Städt. VB, Ruf 0 92 43/2 17–2 19. **G:** Püttlach, ca. 3 km. **FA:** Bachforelle (26 cm). **FZ:** 1. 5. bis 30. 9. **E:** Hans Malter, Am Kurzentrum 3, Ruf 2 90. **Geb:** T 10 DM. **B:** J.Fsch., Sp.Prü., künstl. Köder. **G:** Schöngrundsee, **FA:** Forelle. **E:** FV Pottenstein. **Geb:** 9 bis 11 DM. (auch bei Esso-Tankstelle Wächter, Forchheimer Str. 3.) **G:** Püttlach, ca. 3 km. **FA:** Bachforelle. **E:** Stadtverwaltung Pottenstein. **Geb:** T 10 DM. **B:** Sp.Prü., Kurgast, 1 Rute, künstl. Fliege.

Waischenfeld (8551): Kleinstadt und Luftkurort am Nordrand der Fränkischen Schweiz, in herrlicher Landschaft, das bewaldete, von schroffen Felsen markierte Tal wird von der Wiesent beherrscht; Bahnstationen: Bayreuth und Ebermannstadt, Busverbindung. BAB E 6, Ausfahrten Bayreuth oder Trockau. **A:** Städt. VA, Ruf 0 92 02/2 10. **G:** Wiesent mit Nebenflüssen, ca. 5 km reines Salmonidengewässer, ca. 15 m breit. **FA:** Bach- und Regenbogenforelle, Äsche (30 cm), zwischen 300 Gramm bis 2,5 kg. **FZ:** 1. 3. bis Ende 30. 9. **E:** Gastkarten werden durch das Städt. VA. vermittelt. **Geb:** T 15 DM (sonst nach Vereinbarung). **B:** Sp.Prü., Haus-, Ferien- oder Kurgast; 1 Rute, als Köder: Fliege. **S:** Gasthof „Post", Inh. Hermann Schrüfer, Nr. 108, Ruf 2 75; Gasthof „Doos", Inh. Erich Heinlein, Ruf 0 91 96/2 66 u. 4 28; Gasthof, Pension-Café „Pulvermühle", Inh. Kaspar Bezold, Waischenfeld 35, Ruf 0 92 02/4 14; Gasthof „Rotes Roß", Inh. Rosa Krauß, Nr. 109, Ruf 4 01; Pension „Hammermühle", Inh. Marianne Plank, Nr. 36, Ruf 2 52; **Geb:** keine. **B:** Hausgast, Beuteablieferung; künstl. Köder (Fliege). In Hollfeld Sitz der Fa. Bavaria, Deutschlands bekanntester Fliegenhersteller (Frau Bischoff).

Wiesenttal – Muggendorf – Streitberg (8551): Staatlich anerkannte Luftkurorte in der Fränkischen Schweiz, an den Ufern der Wiesent, umgehen von felsgekrönten Jurabergen. Bahnstationen Muggendorf oder Streitberg; BAB E 6, Ausfahrt Pegnitz. 2 Freibäder, Wald-Wanderwege, Urlaub auf dem Bauernhof. **A:** Markt Wiesenttal, Ruf 0 91 96/3 35. **G:** Wiesent, ca. 5 km, durchschnittlich 10 m breit. **FA:** Forelle, Äsche, Weißfische. **E:** Hotel Eberhard, Bayreuther Str. 2, **Muggendorf**, Ruf 2 30, eigene 2,5 km lange Strecke. **Geb:** Keine. **B:** J.Fsch., Hausgast; Beuteablieferung, als Köder nur Fliege. **E:** Haus „Mariandl", **Streitberg**, Ruf 2 84. **Geb:** keine. **B:** Hausgast. A. Wunder, Wörth, direkt über das VA. **Geb:** T 10 DM. **G:** Wiesent, ca. 2,5 km, durchschnittlich 15 m breit. **FA:** Bach- und Regenbogenforelle, Äsche. **E:** Hans Gebhardt, Streitberg, Nr. 78. **Geb:** T 10 DM. **B:**

für Hausgäste kostenlos, Beuteablieferung, tägl. Fangbegrenzung 5 Fische; künstl. Köder. **G:** Wiesent, ca. 500 m. **FA:** Bach- und Regenbogenforelle, Äsche. **E:** Hotel „Schwarzer Adler“. **Geb:** keine. **B:** Hausgast, Beuteablieferung, künstl. Köder. **S:** Gasthaus **Schottersmühle** . **G:** Wiesent, ca. 2,5 km, 15 bis 20 m breite Angelstrecke von Gasthof bis kurz vor Doos (stellenweise bis 12 m tief). **FA:** Bach- und Regenbogenforelle. **B:** Hausgast, Beuteablieferung, keine Gebühren, 1 Rute, Fliege oder Blinker.

Frankenland

Abenberg (8541): malerisches Frankenstädtchen in landschaftlich idyllischer, ruhiger Lage, am Fuße der Rangau-Burg. BAB E 12, Ausfahrt Schwabach, weiter auf B 466. Bahnstation Schwabach oder Roth, Busverbindungen. Tennis, Flugsport, Burghotel mit Schwimmbad. **A:** Stadtverwaltung, Rathaus, Ruf 0 91 78/ 2 04. **G:** Karpfen- und Forellenteiche. **E:** Raststätte „Kaiserhof“, Windsbacher Str. 32 (nur nach Vereinbarung). **B:** Hausgast. **G:** Rednitz, ca. 11 km lange und bis 12 m breite Angelstrecke; am Reichelsdorfer Keller. **FA:** Forelle, Karpfen, Aal, Hecht, Weißfische, seltener der Waller. **FZ:** Mai bis September. **E:** FV Schwabach; Willy Zeitler, Friedrichstr. 2a; Sportangelcenter Schwabach, Inh. Manfred Seitz, Königsplatz 4; **Geb:** T 7 DM. **B:** Sp.Prü., alle Köder erlaubt, 2 Ruten. **G:** Stadelweiher bei Abenberg, 3 ha groß. **FA:** Karpfen, Hecht, Schleie, Forelle, Weißfische. **FZ:** Mai bis September. **E:** SAV Stirn u. Umgebung. e V.; Robert Hausmann, Am Kloster 1; Michael Kahn, 8835 Stirn. **Geb:** T 10 DM. **B:** J.Fsch., Sp.Prü., 2 Ruten, alle Köder.

Adelsdorf (8551): in reizvoller Waldlandschaft, einem mit vielen kleinen Seen einladendem Erholungsgebiet. BAB E 5, Ausfahrt Höchstadt/Ost, dann 4 km auf der B 470. Reit- und Wassersport. **A:** Gemeindeverwaltung. Hauptstr. 23, Ruf 0 91 95/9 21. FV Adelsdorf e. V. **G:** Hofsee, ca. 100 000 m^2 groß. **FA:** Karpfen, Schleie, Hecht, Zander, Regenbogenforelle, Weißfische. **E:** SFV Adelsdorf und Aisch; Gasthof „Drei Kronen“, Adelsdorf; Gasthaus Weidner in Aisch. **Geb:** T 10 DM, W 40 DM, M 100 DM. **G:** Aisch. **FA:** Karpfen, Schleie, Hecht, Zander, Forelle, Weißfische. **Geb:** T 8 DM. **E:** Gasthof Heumann, Aischer Hauptstr. 11; Gemeindeverwaltung. **B:** Sonderbestimmungen auf Erlaubnisschein beachten.

Dinkelsbühl (8804): mittelalterliche Stadt im Frankenland, eingebettet in einer reizvollen Landschaft, an der Romantischen Straße und der Ferienstraße Alpen–Ostsee. BAB A 6, Ausfahrt Ansbach/West. Bahnstation. Hallenbad, Flußbad, Reit- und Tennissport. **A:** Tourist-Information, VA, Marktplatz, Ruf 0 98 51/33 13. **G:** Auweiher, ca. 3 ha groß (bei Wörth); **G:** Ratzenweiher, 2 ha groß, bei Matzenbach; **G:** Gaugenweiher, ca. 4 ha, bei Wörth. **FA:** Karpfen, Forelle, Schleie. **E:** Fam. Rettenmeier, Gaugenmühle, Ruf 0 79 64/5 47. **G:** Gerweiher, ca. 2 ha, bei Gerhof. **FA:** Karpfen, Schleie, Hecht, Zander, Forelle. **E:** Fam. Müller, Gerhof bei Unterdeufstetten, Ruf 0 79 62/24 70. **G:** Mutschachweiher, ca. 1,5 ha, Richtung Bechhofen. **FA:** wie vor. **E:** Waldgaststätte Mutschach, Ruf 0 98 51/29 72. **G:** Felsenweiher, ca. 1 ha. Bei Bernharsweiler. **FA:** Karpfen, Schleie, Forelle. **E:** Felsenmühle, Otto Fezer, Ruf 0 79 62/22 33; Wörnitz, ca. 20 km. **FA:** Karpfen, Schleie, Barsch, Aal, Hecht. **E:** Fa. Boisai, Textilwaren, Weinmarkt 16, Ruf 0 98 51/4 79; Fa. Reulein, Segringer Str. 43, Ruf 22 16. SFV Dinkelsbühl. **Geb:** T 15 DM, W 50 DM. **B:** J.Fsch. **S:** weitere Angelgewässer vermittelt das städt. VA.

Erlangen (8520): Universitätsstadt, Mittelpunkt für Handel- und Industrie in Mittelfranken. BAB A 3 und A 73, B 4; Hallen- und Freibäder, Wasser-, Reit- und Tennissport, Rollschuhbahn. **A:** Amt für Wirtschafts- und Verkehrsförderung, Rathausplatz 1, Ruf 0 91 31/2 50 74. **G:** Alterlanger See; **G:** Regnitz, ca. 6 km; Europa-Kanal; **G:** Dechsendorfer Weiher, ca. 40 ha. **FA:** Aal, Regenbogenforelle, Karpfen,

Schleie, Zander, Hecht, Weißfische. Fangbeschränkung: wöchentlich 2 Karpfen, Hechte, Zander; 3 Schleien oder Salmoniden. **FZ:** nur außerhalb der Badesaison. **E:** Stadt Erlangen - Sportamt, Fahrstraße 18. **Geb:** T 10 DM, W 35 DM. **B:** J.Fsch., 2 Ruten, für Raubfische jedoch nur 1 Rute, Köder laut J.Fsch.

Feuchtwangen (8805): Anerkannter Erholungsort an der „Romantischen Straße“, B 25 und B 14; Bahnstation ist Feuchtwangen; BAB Frankfurt–Nürnberg, Ausfahrt Würzburg-Randersacker. Alljährlich Kreuzgangfestspiele von Juni bis August, Naturfreibad, Freizeitanlage, Hallenbad, Sauna, Kegeln, Reiten, Tennis. **A:** VB, Marktplatz, Ruf 0 98 52/8 43. **G:** Sulzach, ca. 2 km lang, etwa 6 m breit. **FA:** Barsch, Aal, Karpfen, Schleie, Weißfische. **E:** Sportgeschäft K. Bräunlein, Ruf 23 58 (am Marktplatz); FV; **FA:** Barsch, Aal, Karpfen, Schleie, Weißfische. **FZ:** 1. 4. bis 31. 8. **E:** Sportgeschäft K. Bräunlein, am Marktplatz, Ruf 23 58; FV Feuchtwangen e. V. durch Vermittlung des VA. **Geb:** T 10 DM. Jungfischer in Begleitung T 5 DM. **B:** O.A., Sp.Prü., J.Fsch., Haus- und Feriengast; 2 Ruten, sämtliche für Friedfische zugelassenen Köder.

Höchstadt a. d. Aisch (8552): romantisches, altes Städtchen im Aischgrund an der B 470; BAB E 5, 2 Ausfahrten. Bahnstrecke Forchheim–Höchstadt. Hallenbad, beheiztes Wellenfreibad, Reit- und Tennissport, Wandern und Bergsteigen, Eiskunstlaufbahn. **A:** Stadtverwaltung, Schloßberg Nr. 9, Ruf 0 91 93/9 21. **G:** Aisch, vom Wehr der Stadtmühle flußaufwärts bis zum Wehr der Greienmühle, ca. 2,5 km, durchschn. 10 m breit. **FA:** Hecht, Zander, Barsch, Aal, Karpfen, Schleie, Döbel u. a. Weißfische. **E:** FV Nürnberg e. V., nach Vereinbarung. **G:** Aisch, von der Stadtmühle flußabwärts bis zum Wehr der Gremsdorfer Mühle, ca. 3 km, etwa 10 m breit. **FA:** wie vor. zusätzlich Barbe und Forelle. **FZ:** März–Oktober. **E:** ASV Höchstadt/Aisch e. V., nach Vereinbarung. **Geb:** T 8 DM. **B:** Sp.Prü., J.Fsch., 2 Ruten, alle Köder; vereinseigene Schonzeiten und Mindestmaße beachten.

Neustadt a. d. Aisch (8530): Verkehrsmittelpunkt im Aischgrund zwischen Frankenhöhe und Steigerwald; Bahnstrecke Köln–Würzburg–Nürnberg–Passau. BAB E 5, Ausfahrt Frauenaurach (27 km) oder Höchstadt/Ost, B 8 und B 470; Hallenbad, modernes, beheiztes Freibad, Reit- u. Flugsport, Tennis, Besuch der Markgrafenhalle. **A:** Stadtverwaltung, Marktplatz 5, Ruf 0 91 61/6 51 u. 36 51. **G:** Aisch, 4 Angelstrecken mit insgesamt 18 km, ca. 15 m breit. **FA:** Barsch, Aal, Karpfen (32 cm, bis 15 Pfd.), Schleie, Weißfische. **E:** FV Neustadt/Aisch e. V., Hans Auerochs, Kirchplatz 4; Margarete Müller, 8531 Dachsbach; Ernst Holzberger, Bamberger Str. 52; Georg Pflaumer, Würzburger Str. 18; Tankstelle Hümmer in 8531 Uehlfeld. **Geb:** T 7 DM, W 25 DM, M 50 DM, sonst nur nach Vereinbarung. **B:** J.Fsch., Sp.Prü., 2 Ruten; Köder: Wurm, Maden, Kartoffeln und Teig. **S:** Außerdem bietet das FVA 18 attraktive Urlaubs-Angelmöglichkeiten an.

Ochsenfurt (8703): reizvolle Stadt an der Südspitze des Maindreiecks, an der B 13; BAB E 5, Ausfahrt Randersacker. Bahnstrecke Würzburg–Ansbach. Wassersport, beheiztes Freibad, Jagd- und Pirschgänge, Tennis, Camping, Wanderlehrpfade. **A:** Stadtverwaltung, Ruf 0 93 31/6 88 u. 89. **G:** Main, von Winterhausen bis Marktsteft, ca. 16 km. **FA:** Hecht, Aal, Zander, Barsch, Karpfen, Schleie, alle Weißfische. **FZ:** ganzjährig unter Beachtung der Artenschonzeiten. **E:** Fischerinnung, Ochsenfurt nach Vereinbarung; Georg Grünsfelder, Kellereistr. 4. **S:** Erlaubnisscheine für die Tauber bei H. Walther, Ruf 32 46.

Oettingen (8867): Fürstenstadt an der Wörnitz in der Nähe von Nördlingen (15 km), von der Romantischen Straße, B 25 und der „Deutschen Ferienstraße“ erreichbar. Bahnstrecke Donauwörth – Nördlingen – Gunzenhausen – Pleinfeld; Flußbadeanstalt, Bootsverleih. **A:** VV; SFVg Oettingen, 1. Vors. Kurt Bork, Zwinger 16, Ruf 0 90 82/23 79. **G:** Wörnitz, ca. 10,9 km, etwa 30 m breit. **FA:** Hecht, Waller, Zander, Aal, Karpfen, Schleie,

Brachse, Barbe, Barsch u. a. Weißfische. Fangbegrenzung: pro Tag 3 Fische je Sorte. **FZ:** ab 1. 5. **E:** wie unter A: und Rainer Bauer, Mühlstr. 51. **Geb:** T 10 DM, die Wochenkarten werden nur begrenzt ausgegeben. **B:** O.A., Sp.Prü., J.Fsch., 2 Handangeln, alle Köder, Blinkern verboten. Köderfische dürfen nicht mitgebracht werden. **S:** Urlaubs-Arrangement „Petri Heil"; 2 Wochen Vollpension in Hotels und Gasth., einschl. 7 Tageskarten für die Wörnitz, Preisvereinbarung. Weitere Angelmöglichkeiten in der anschließenden Strecke von Auhausen bis Munningen, ca. 12 km. Auch der Fischereiverein Gunzenhausen bietet Angelmöglichkeiten in seinem Vereinsgewässer der Wörnitz bei Oettingen an. Ruf 0 98 31/ 26 36.

Sand a. Main (8729): Erholungsort, nördlich am Steigerwald, Bahnstrecke Bamberg–Schweinfurt (Zeil/Main, 2,5 km), B 26; Baden, Rudern, Segeln, Camping. **A:** Gemeindeverwaltung, Ruf 0 95 24/2 12; Pension Rebhan, Zeiler Str. 11, Ruf 4 52. **G:** Baggersee, ca. 50 ha; verschiedene Altwasser, ca. 10 ha. **FA:** Hecht (50 cm), Zander (50 cm), Barsch, Aal, Karpfen (34 cm), Schleie (26 cm), Weißfische. Gras- und Marmorkarpfen (50 cm). **FZ:** ganzjährig; Raubfischangeln im Altwasser erst ab 1. 9. im Baggersee vom 1. 5. bis 14. 2. Fangbegrenzung: tägl. von Zander, Hecht und Schleie nicht mehr als insges. 5 Fische, wovon nur 2 Stück Spiegel-, Schuppen- oder Graskarpfen sein dürfen. **E:** Adolf Pecht, Fischerweg 2; Walter Sauer, Friseurgeschäft, Ecke Fischerweg/Sandgasse, hier können auch Köderfische käuflich erworben werden. Pension Rebhan, Zeiler Str. 11. **Geb:** Normalkarte und „Angeln vom Boot aus": T 8 DM/9,50 DM, 2 T 15/17,25 DM, 3 T 20/23 DM, W 30/34,50 DM, M 60/70,50 DM. Schwerbeschädigte haben Preisnachlaß. **B:** J.Fsch., 2 Ruten, alle Köder; Senken, Anfüttern und Angeln vom Boot aus nur im Baggersee. Zelten und Campen nur auf dem gemeindlichen Campingplatz erlaubt.

Schwabach (8540): ein gern besuchtes Ausflugsgebiet im Zentrum des fränkischen Tabakanbaues mit modernen Sportanlagen und ausgedehnten Park- und Grünflächen. BAB E 12, Ausfahrt Schwabach, B 466 und B 2; Tennis, Reit- und Flugsport. **A:** Stadtverwaltung, Königsplatz 1, Ruf 0 91 22/8 60 und 8 61. **G:** Rednitz, fischreicher Fluß, 11 km lang, 15 m breit. **FA:** Hecht, Aal, Barbe, Karpfen, Weißfische. **FZ:** 1. 5. bis 1. 10. **E:** FV Schwabach, Friedrichstr., Sportangelcenter, Drogerie Manfred Seitz, Königsplatz 4. **Geb:** T 10 DM. **B:** O.A., Sp.Prü., J.Fsch.; erlaubte Köder: Wurm, Teig und Blinker, 2 Ruten. Köderfische bei Manfred Seitz jederzeit vorrätig.

Veitshöchheim (8702): Ausflugsort in idyllischer Lage an der B 27. Ab Würzburg (7 km) Verkehrsknotenpunkt auf Straße und Schiene. Rokoko-Schloßpark, Campingplätze bei Zellingen und Karlstadt. **A:** Gemeindeverwaltung, Kirchstr. 31, Ruf 09 31 /9 10 51. **G:** Main, von Veitshöchheim (Flußkm 245,4) bis Harrbach (Flußkm 217,8). **FA:** Hecht, Aal, Karpfen, Schleie, Zander, Forelle (an Bacheinmündungen), Weißfische. **FZ:** ganzjährig, unter Beachtung der Artenschonzeiten. **E:** FVd Unterfranken e. V., Handgasse 8 in Würzburg; Ruf 5 10 65; Fa. Peter Vogel, Inh. G. Röhrig, Angelgeräte, Karmelitenstr. 1 in Würzburg. W. Blume, Wolfstalstr. 30. **Geb:** T 8,50 DM, M 20 DM. **B:** J.Fsch., Sp.Prü.; 2 Ruten, alle Köder.

Velden (8564): beliebter Erholungsort im wildromatischen Pegnitztal, Naturpark Fränkische Schweiz-Veldensteiner Forst. BAB E 6, Ausfahrt Hormersdorf; Bahnstrecke Nürnberg–Bayreuth; Jagd- und Pirschgänge, Wanderwegenetz. **A:** VV, Marktplatz, Ruf 0 91 52/71 95. **G:** Pegnitz, von Neuensorg (Wehr) bis Dauth Mühle (Wehr), ca. 1,7 km, 10 bis 30 m breit. **FA:** Forelle (28 cm, Schonzeit 1. 10. bis 28. 2.), Äsche (35 cm, 1. 3. bis 30. 4.), tägl. Fanglimit 2 Fische. **E:** Gemeindeverwaltung. **Geb:** T 10 DM. **B:** J.Fsch., Feriengast (Mindestaufenthalt 1 Woche); 1 Rute, Fischen nur mit der künstl. Fliege.

Volkach (8712): Luftkurort im Landschaftsschutzgebiet, inmitten von weinbewachsenen Uferhöhen. BAB E 5, Ausfahrt Kitzingen. Sehenswert: Halburg, Vogelsburg, Wallfahrtskirche „Maria im Weingarten". Wassersport, Bootsverleih, Tennis, Camping. **A:** Stadtverwaltung, Rathaus, Ruf 0 93 81/5 57; FVA, Ruf 12 23. **G:** Main, von Kraftwerk Atsheim bis Sommerach-Gerlachshausen. **FA:** Hecht (ab 1. 9.), Zander, Regenbogenforelle, Barbe, Schleie, Karpfen, Weißfische. Fangbeschränkung: pro Tag von Hecht und Karpfen 2 Fische. **E:** Edmund Wagenhäuser in Volkach-Astheim. **Geb:** T 8 DM. **B:** J.Fsch., 2 Ruten.

Würzburg (8700): Hauptstadt des Regierungsbezirks Unterfranken, Bischofssitz und Universitätsstadt; bedeutender Verkehrsknotenpunkt und Fremdenverkehrsort. BAB E 5 und E 70, B 8, 13, 19 und 27; Wassersport, Frei- und Hallenbäder, Reit-, Tennis- und Flugsport. **A:** FVA Falkenhaus, Pavillon vor dem Hauptbahnhof, Ruf 09 31/5 22 77. **G:** Main, von Winterhausen bis Veitshöchheim, ca. 24 km. **FA:** Hecht, Karpfen, Zander, Schleie, Barsch, Aal, Döbel u. a. Weißfische. **FZ:** ganzjährig. **E:** Fischerzunft Würzburg, nach Vereinbarung. FVd Unterfranken e. V. **G:** Main, von Veitshöchheim (siehe dort) bis Harrbach, ca. 30 km. **FA:** wie vor. **E:** Angelgeräte Zierlein, Kaiserstr. 16 in Würzburg. **B:** J.Fsch., alle Köder erlaubt, 2 Ruten, vom Boot aus ist das Angeln verboten. **G:** Teichanlage „Schwabensee", 8702 Langenberg-Geiselwind-Steigerwald, ca. 10 000 m² Wasserfläche, 600 m Uferlänge, zwischen 60 cm bis 1,5 m Wassertiefe (Quellwasserzulauf). **FA:** Karpfen, Schleie, Forelle, Grasfisch, weißer Armur, Barsch, Zander, Hecht, Waller, Weißfische. **E:** Zierlein, Spezialgeschäft für Sportfischerei, Kaiserstr. 16, Ruf 5 16 84. **Geb:** im Vorverkauf T 15 DM, an der Teichanlage 25 DM. **B:** J.Fsch., O.A., Sp.Prü., 1 Rute, alle Köder erlaubt. **G:** Angelsport-Teichanlage der Fischereivereinigung Ufr. e. V., gelegen in Wiesenbronn „Dinkelmühle", Steigerwald-Rehweiler-Zellingen bei Würzburg, ca. 6 ha groß. **FA:** Regenbogenforelle, Karpfen, Schleie, Hecht, Zander, Grasfisch, Waller, Aal, Weißfische. (fast ausschließlich fangfähige Fische, Forelle bis 5 kg, Waller bis 13 kg). **FZ:** ganzjährig. **E:** Geschäftsstelle der Fischereivereinigung Ufr. e. V., Kaiserstr. 16, Ruf 5 16 84. **Geb:** nur J 220 DM. **B:** O.A., Sp.Prü., J.Fsch.; 1 Rute, alle Köder.

Zirndorf (8502): malerische Stadt vor den Toren Nürnbergs i. Bibertgrund, Kneippkurort, Spielwarenmetropole. Verkehrsmäßig an den Verkehrsknotenpunkt Nürnberg angeschlossen. Hallenbad, Freibad, Reitsport. **A:** Stadtverwaltung, Ruf 09 11/6 00 21–27. **G:** Bibert, ca. 5 km, 10 m breit. **FA:** Aal, Hecht, Barsch, Forelle, Karpfen, Schleie, Weißfische. **E:** 1. FV Zirndorf e V., nach Vereinbarung. **Geb:** T 10 DM. **B:** J.Fsch., O.A., Sp.Prü.; alle Köder.

Spessart

Alzenau (8755): Erholungsort im Vorspessart, Bahnstrecke Kahl-Schöllkrippen, Anfahrt über B 8 und BAB A 45; Hallenbad, Waldschwimmbad, Strandbad, Tennis, Reiten. **A:** Stadtverwaltung, Ruf 0 60 23/10 91. **G:** Meerhofsee, ca. 14 ha großer Baggersee, 1 km außerhalb der Stadt. **FA:** Regenbogenforelle, Karpfen, Schleie, Barsch, Hecht, Zander, Aal u. v. Weißfische. Fangbegrenzung: tägl. je 3 Forellen und Schleien sowie je 1 Karpfen und Zander. Bei den übrigen Fischarten keine Begrenzung. **FZ:** ab 1. Mai. **E:** ASV Alzenau, Erich Stapf, Neu-Isenburger Str. 2. **Geb:** T 10 DM. **B:** J.Fsch., 2 Ruten, alle Köder, Fischen nur vom Ufer aus.

Aschaffenburg (8750): Hauptstadt des Spessarts, an den Ausläufern desselben. BAB E 5, Ausfahrt; B 8, B 26, B 469; Wassersport, Reiten, Tennis, Camping. **A:** VA, Rathaus, Ruf 0 60 21/3 02 30. **G:** Main, von Flußkm 66,0 bis 102,0. **FA:** Hecht, Zander, Barsch, Waller (bis 25 kg), Aal, Karpfen, Schleie, Weißfische. **FZ:** ganzjährig, unter Beachtung der Artenschonzeiten. **E:** Fischerzunft Aschaffenburg, Zunftmeister Heinrich Glaab, Fischergasse 25, Ruf 2 30 40. **Geb:** T bei Verwendung von 1 Rute 6 DM, mit 2 Ruten 8,50 DM; W 12/16 DM, M 18/24 DM. **B:** J.Fsch., O.A., Sp.Prü.; bis zu 2 Ruten, alle Köder erlaubt.

Bad Brückenau (8788): staatl. Kur- und Heilbad mit 3 Heilquellen; zwischen Rhön und Spessart an der B 27 und BAB E 70, Ausfahrt Bad Brückenau/Volkers. Hallenbad, beheiztes Freibad, Tennis. **A:** Städt. Kurverwaltung und FVA, Rathaus, Ruf 0 97 41/7 21; SFV Bad Brückenau e. V. **G:** Sinn, ca. 7 km vom Staatsbad Brükkenau bis Gemarkungsgrenze Eckarts, ca. 2 bis 3 m breit und zwischen 40 cm bis 1 m tief (Gumpen). 2 weitere Teilstrecken der Sinn von Dittenbrunner Brücke (unterhalb Jossa) bis Eisenbahn-Viadukt und von hier bis Wehr bei Obersinn, 6 bis 8 m breite Angelstrecke, z. T. bis 2 m tief. **FA:** Äsche (35 cm), Bach- und Regenbogenforelle (26 cm), Fangbeschränkung: 3 Salmoniden pro Tag. **E:** Stadtverwaltung Brückenau; Kurverwaltung; Albin Schäfer, Ludwigstr.; Angelgerätegeschäft Lothar Dinkel in Offenbach und Gasthof Eck, Obersinn. **Geb:** T 17 DM. **B:** J.Fsch., 1 Rute, alle künstl. Köder, Blinker und Spinner. Wasserkugel und Tiroler Hölzl sind verboten.

Bad Orb (6482): Heilbad im Spessart, von der B 40 und B 276 erreichbar. **A:** Kurverwaltung, Ruf 0 60 52/20 02. **G:** 2 Stauseen im Haseltal von je 1,3 ha, rundum begehbar. **FA:** Forelle (26 cm, Schonzeit 1. 11. bis 31. 3.), Karpfen (35 cm), Schleie (26 cm), Weißfische. Fangbegrenzung: pro Tag 2, pro Woche 6 Forellen; Karpfen: einen pro Tag, höchstens 3 pro Woche; 2 Schleien pro Tag. **E:** ASV Bad Orb e. V.; Kurverwaltung; Vereinslokal Café Waldmühle, Am Klingental. **Geb:** T 12 DM, W 50 DM, M 120 DM. **B:** J.Fsch., 2 Ruten, alle Köder erlaubt.

Dorfprozelten (6981): am Main im Südspessart, an der Nibelungenstr. zwischen Miltenberg und Wertheim, A 3, Ausfahrt Wertheim. Wälder, Wiesen und Wasser bieten Ruhe und Erholung, 20 km ideale Wanderwege, Passagierdampfer im Linienverkehr Miltenberg-Wertheim. **A:** VV, Ruf 0 93 92/72 94. **G:** Main, rechtes Ufer von Tränkweg Collenburg, Flußkm 139 bis Faulbach-Haslocher Gemarkungsgrenze bei km 149,370 mit Ausnahme von Stadtprozeltener Bannwasser! linkes Ufer von Fähre Dorfprozelten, Flußkm 140,740 bis Boxtaler Einladung, km 142,180. **FA:** Hecht, Zander, Barsch, Schleie, Karpfen, Forelle u. v. Weißfische. **FZ:** ganzjährig unter Beachtung der Schonzeiten für Gutfische. **E:** FV Dorfprozelten e. V., Otmar Seus, Bahnstraße; Herbert Brand, 1. Vors., Ringstr. 2. **Geb:** T 5 DM, W und WE möglich, nach Vereinbarung, M 20 DM, Hj. 30 DM, J 50 DM. **B:** J.Fsch., Sp.Prü., 2 Handangeln, alle Köder erlaubt, Köderfischsenke verboten.

Ebrach (8602): anerkannter Erholungsort im Naturpark Steigerwald. Anfahrt über B 22 (Bamberg, 35 km – Würzburg, 45 km), BAB E 5 Ausfahrt Geiselwind (12 km). Warmwasserfreibad, Wanderwege. **A:** VA, Ruf 0 95 53/2 17. **G:** Steinach, Gaststrecke ca. 3 km, 2 m breit. **FA:** Forelle (durchschnittlich 250 Gramm). **FZ:** 1. 5. bis 30. 9. **E:** Ludwig Lahner, Shell-Tankstelle in Burgwindheim; Michael Mader, Bamberger Str. 3, nach Vereinbarung. **Geb:** T 10 DM. **B:** J.Fsch., 1 Rute, alle Köder erlaubt.

Eltmann (8729): altertümliches Städtchen und Erholungsort im Maintal, nördliches Eingangstor zum Steigerwald. Bahnstation ist Ebelsbach-Eltmann, Anfahrt über B 26, BAB Frankfurt–Nürnberg, Ausfahrt Geiselwind; Würzburg-Fulda, Ausfahrt Werneck. Wassersport, Bootsverleih, beheizt. modernes Freibad. **A:** Stadtverwaltung, Ruf 0 95 22/2 12. **G:** Main, ca. 17 km. **G:** Baggersee in Feilsbach, ca. 14 ha. **FA:** Hecht, Barsch, Karpfen, Aal, Schleie, Barbe u. a. Weißfische, seltener Forelle und Zander. **FZ:** 1. 4. bis 30. 9. **E:** Fischer- und Anglerverein e. V. Eltmann. **Geb:** Main: T 8,50 DM, M 20 DM. Baggersee: 14 T 30 DM, M 50 DM. **B:** J.Fsch., Sp.Prü., Feriengast; 2 Ruten, alle Köder.

Freudenberg a. M. (6982): (127–451 m),

3950 Einw., ruhiger, am Main gelegener Erholungsort, zwischen Spessart und Odenwald im Main-Tauber-Kreis. Bahnstrecke Wertheim-Miltenberg. Busverkehr. BAB – Ausfahrt Wertheim (32 km). Freibad, Tennis, Wanderwege, Wassersport. **A:** Stadtverwaltung, Ruf 0 93 75/ 2 24 u. 3 88. **G:** Main, von Flußkm 130,6 bis 136,4 (Angelstrecke des ASV Freudenberg.) **G:** Main, ca. 1,750 km (Angelstrecke des ASV Boxtal). **G:** Main, ca. 6 km (Angelstrecke des Schiffer- und Fischerverein Freudenberg). **FA:** Hecht (40 cm, Schonzeit 1. 2. bis 15. 4.), Barsch, Aal, Karpfen (30 cm, 1. 5. bis 30. 6.), Schleie (20 cm), Forelle, Barbe u. a. Weißfische. **FZ:** ganzjährig, unter Beachtung der Artenschonzeiten. **E:** Vereinslokal, Gasthaus „Goldenes Faß"; Stadtverwaltung; Heinz Eigel, Hauptstr. 89; Gasthof „Zur Rose" in Freudenberg; Anton Brimmer, Kirchenstr. Boxtal. **Geb:** bei ASV Freudenberg und Schiffer- u. Fischerverein: T 4 DM, 2 T 6,50 DM, 3 T 8 DM, 1 W 15 DM, 14 T 20 DM, M 28 DM, J 50 DM. **Geb:** ASV Boxtal: T 6 DM, M 25 DM. **B:** J.Fsch., Sp.Prü., 2 Ruten, alle Köder erlaubt, Nachtangeln auf Aal vom 1. 5. bis 30. 9. mit 1 Rute bis 23 Uhr.

Kahl am Main (8756): in landschaftlich schöner Lage, inmitten der großen **Kahler Seenplatte** im Vorspessartgebiet, umgeben von großen Waldungen. Anfahrt über B 8 und BAB – Ausfahrt Aschaffenburg/West. Wassersport in mehreren Baggerseen, Bootsverleih, Camping, Tennis. **A:** Gemeindeverwaltung, Rathaus, Ruf 0 61 88/25 00, 20 11–20 13. **G:** „Freigericht-See", ca. 37 ha. **G:** „Freigericht-West", ca. 35 ha groß; **G:** „Emma/Süd", ca. 25 ha; **G:** „Emma/Nord", ca. 15 ha; **G:** See „Nachtweide", ca. 10 ha groß, zwischen Hörstein und Kahl. **FA:** Hecht, Zander, Barsch, Karpfen, Aal, Schleie, Forelle, Weißfische. Fangbeschränkung: pro Tag 3 Edelfische. **FZ:** 1. 5. bis 31. 12. **E:** ASV von 1937 e. V. **Großauheim;** ASV Kahl, Paul Englert; Interessengemeinschaft der SA Offenbach am Main. **Geb:** T 10 DM. **B:** J.Fsch., Sp.Prü., 2 Ruten, alle Köder. **S:** weitere Angelmöglichkeiten im Main bei Seligenstadt durch Fischermeister Burkard. Schloß-See, ca. 15 ha groß, im Schloßpark Emmerichshofen und an einem See (Blockhaus am Badesee) mit mehreren Angelgewässern; auch für Angler mit Familien gut geeignet. Vermittlung: Seenverwaltung **Emmerichshofen** bei Kahl, Ruf 13 13; der ASV Hörstein e. V. vermittelt durch G. Stegen und Eugen Schmitt, Hörstein, weitere Angelgewässer.

Klingenberg am Main (8763): mit seinen Stadtteilen Röllfeld und Trennfurt, Erholungsort zwischen Spessart und Odenwald, bekannter Weinort (Winzerfest Mitte August); BAB Frankfurt–Nürnberg, Ausfahrten Wertheim oder Stockstadt; B 469. Wassersport, Camping, Tennis, Wandern, Bergsteigen. **A:** städt. VB, Ruf 0 93 72/30 61. **G:** Main, von Freudenberg bis Großwallstadt, ca. 28 km. **FA:** Bachforelle, Hecht, Zander, Aal, Schleie, Karpfen, Weißfische. **FZ:** April bis Oktober. **E:** beim Vorstand des Fischer- und Schifferverein Klingenberg, Leo Arnold, Johannesweg 1, Ruf 24 93; Rudolf Ebert, Mainstr. 12. **Geb:** T 6 DM, W 15 DM,14 T 20 DM, M 30 DM. **B:** J.Fsch., 2 Ruten, alle Köder.

Lohr am Main (8770): Erholungsort am Osthang des Spessart mit ländlichen Ortsteilen. Einmündung von Lohr und Rechtenbach in den Main. B 26 u. B 276 (Deutsche Ferienstraße Alpen-Ostsee), BAB E 5, Ausfahrten Hösbach oder Marktheidenfeld; E 70, Ausfahrt Hammelburg. Hallenbad, beheiztes Freibad, Reit- und Tennissport, Jagen und Pirschgänge, Wandern und Bergsteigen. **A:** städt. VA, Rathaus, Ruf 0 93 52/10 01 u. 90 11. **G:** Main, vom Flußkm 191,6 bis 210,4 (von Gemünden bis Erlach/Neustadt). **FA:** Hecht (50 cm), Zander (50 cm), Karpfen (25 cm), Schleie (20 cm), Aal (40 cm), Barbe (38 cm), Weißfische aller Arten. **FZ:** ganzjährig, unter Beachtung der Artenschonzeiten. **E:** Monika Höfling, Schlesierstr. 16; Gisela Volkert, Rodenbacher Str. 43. **Geb:** 1. Rute T 7 DM, 2. Rute 4 DM, W 25/13 DM. M 37/22 DM. **B:** J.Fsch., Sp.Prü., Köderwahl nach den gesetzlichen Bestimmungen. **S:** weitere

Auskunft: Fischerzunft Lohr a. Main e. V., Alfred Höfling, Schlesierstr. 16 in Lohr.

Marktheidenfeld (8772): altes fränkisches Städtchen am Main. B 8, BAB E 5, Ausfahrt (5 km); Tennis, Wassersport, Camping. **A:** FVV, Rathaus, Ruf 0 93 91/10 07. **G:** Main, von Bahnwärterhaus Türauf (Flußkm 180,6) bis Bettingberg Tunnel (Flußkm 168,2) mit Ausnahme des Klosterwassers von km 172,5 bis 176,3. **FA:** Hecht, Karpfen, Schleie, Aal, Weißfische. **FZ:** ganzjährig. **E:** Fischer- und Schifferzunft, Georg Ludwig, Obere Gasse 10 in Marktheidenfeld. **Geb:** T 7 DM, W 15 DM, M 25 DM. **B:** J.Fsch., 2 Ruten, alle Köder. **G:** Main, von Flußkm 172,5 bis 176,3 (Klosterwasser). **FA:** wie vor. **E:** Fischereiaufseher Rudolf Bauer, Schifferstr. 13 in 8771 Lengfurt. **Geb:** T 8,50 DM, M 20 DM, **B:** J.Fsch., 2 Ruten, alle Köder.

Miltenberg (8760): romantisches Städtchen in schöner Lage zwischen Odenwald und Spessart bei der Einmündung des Mudbaches in den Main. B 469, BAB E 5, Ausfahrt Stockstadt oder Wertheim. Wassersport, Reiten, Camping. **A:** städt. VB, Engelplatz, Ruf 0 93 71/30 25. **G:** Main, von Obernburg bis Hasloch, ca. 40 km. **FA:** Hecht, Zander, Barsch, Karpfen, Aal, Schleie, Weißfische. **E:** Fischer- und Schifferverein Miltenberg; Rudolf Krämer, Hauptstr. 2 34 und Städt. VA. **Geb:** T 6 DM, 14 T 20 DM, M 28 DM. **B:** J.Fsch., 2 Ruten, alle Köder.

Obernburg a. Main (8753): zwischen Spessart und Odenwald an der B 469, BAB E 5, Ausfahrt Stockstadt (20 km), B 426. Bahnstrecke Aschaffenburg–Miltenberg. **A:** Stadtverwaltung, Stadtkasse, Ruf 0 60 22/91 34; VA. **G:** Main, ca. 6,5 km, etwa 70 m breit. **FA:** Hecht, Karpfen, Zander, Barsch, Aal, Schleie, Weißfische. **FZ:** ganzjährig. **E:** Stadtkasse Obernburg, Römerstr. 64; an Wochenenden und Feiertagen: Josef Kern, Brennerweg 7, und Roman Giegerich, Johannes, Obernburger Str. 10. **Geb:** T 3 DM, M 6 DM, J 50 DM (letztere für 2 Ruten). **B:** J.Fsch., alle Köder, keine Bootsbenutzung.

Rieneck (8781): Ausflugsort und Sommerfrische in waldreicher Umgebung des Spessarts, prächtige Lage im Tal der Sinn, gepflegtes Ortsbild. BAB E 70, Ausfahrt Hammelburg (27 km), von B 26 Gemünden (7 km). Bahnstrecke Würzburg–Bad Brückenau. Reitsport, Wandern, Bergsteigen, Tier- und Wildgehege. **A:** VA, Otmar Wiesenfelder, Hauptstr. 73, Ruf 0 93 54/7 00. **G:** Rienecker-See, ca. 4,8 ha groß. **FA:** Hecht, Wels, Barsch, Aal, Karpfen, Forelle, Schleie, Weißfische. **FZ:** 1. 4. bis 30. 9. **E:** Ausgabe der Erlaubnisscheine direkt am Gewässer durch Fischereiaufseher Schwab. **Geb:** T 15 DM. Es werden auch W und M ausgegeben (nach Vereinbarung). **B:** J.-Fsch., 2 Ruten erlaubt, alle Köder. **S:** Gästehaus „Gut Dürnhof“ Ruf 6 41, Schwimmbad, eigene Pferde, Angelmöglichkeit auf Raub- und Friedfische im nahegelegenen Weiher.

Seligenstadt (6453): am Main, zwischen Main und BAB E 5, Ausfahrt Aschaffenburg (9 km), B 8. **A:** ASV Mainfisch 1928 e. V., 1. Vors. Josef Ostheimer, am Hasenpfad 13. **G:** 4 stehende Gewässer, ca. 130 000 m^2 groß. **FA:** alle Fischarten außer Wels, Hecht bis 30 Pfd., Karpfen bis 25 Pfd., Zander bis 15. Pfd. Fangbegrenzung: 2 Edelfische. **E:** Anglerheim am Harressee. **Geb:** WE 8 DM, W 40 DM, M 120 DM. **B:** J.Fsch., 2 Ruten, alle Köder außer Blut, Jugendliche bis 16 Jahre: 1 Rute, halber Preis; Nachtangeln nicht erlaubt.

Wächtersbach (6480): zwischen Spessart und Vogelsberg an der B 40, B 276, in der Nähe Bad Soden (9 km) und Bad Orb (6 km), A 66. **A:** ASV Waldensberg, Sitz Wächtersbach. **G:** 4 Teiche, unterschiedlicher Größe. **FA:** Forelle, Karpfen, Schleie, Zander, Weißfische. **E:** 1. Vors. des ASV Waldensberg e. V. in Wächtersbach. **Geb:** nach Vereinbarung.

Wertheim am Main (6980): (141–321 m ü. M.) 20 500 Einw., historische Frankenstadt an der Mündung der Tauber in den Main mit 15 Stadtteilen. BAB E 5, Ausfahrt Wertheim, E 70, Ausfahrt Tauberbischofsheim; an der Nibelungenstraße und Romantischen Straße. Bahn- und Busverbindungen zu den umliegenden Gemeinden und nach Würzburg. Wanderkarte „Unteres Taubertal“ mit 34 markierten Wanderwegen von 230 km Gesamtlänge; Schiffsfahrten auf dem Main, Bootsverleih, beheiztes Freibad, Tennis- und Reitsport, 6 Campingplätze. **A:** Städt. VA, Rathausgasse 10, Ruf 0 93 42/30 11. **G:** Main, ca. 18 km, durchschnittlich 80 m breit; **G:** Tauber, ca. 2,6 km bei 20 m Breite. Main, bayerische Seite von Flußkm 149,37 bis 168,30 (von unterhalb W.-Grünenwört bis oberhalb der Autobahnbrükke W.-Bettingen; badische Seite: von Flußkm 148,84 bis 168,30. Bei Main, badische Seite noch dabei: **G:** Tauber, vom Flußkm 0,00 bis 1,60 von der Mündung bis zum Taubersportplatz in Wertheim. **FA:** Forelle, Hecht, Zander, Barsch, Karpfen, Aal, Schleie, Barbe, Döbel u. a. Weißfische. **FZ:** ganzjährig, unter Beachtung der Artenschonzeiten. **E:** Fischer- und Schiffergenossenschaft Wertheim e. V., 1. Vors. Walter Herz, Maingasse 22, Ruf 66 35 oder 17 31 (privat); Fa. Hans Beck, Angelsportgeschäft, Marktplatz 17, Ruf 63 01 oder 32 00 (privat). **Geb:** T 6 DM, W 15 DM, M 30 DM. **B:** J.Fsch., 2 Ruten, alle Köder. **G:** Tauber, Los 1/1 u. 1a, von Flußkm 1,60 bis 2,60 vom Taubersportplatz Wertheim bis 250 m oberhalb des Hohen Wehrs, Flußbreite ca. 20 m. **E:** SFV Wertheim e. V., 1. Vors. Willi Krichbaum, Sportfischerheim, Untere Leberklinge in Wertheim. Erlaubnisscheine auch bei Fa. Hans Beck. **Geb:** T 12 DM.

Wertheim - **Bettingen** (6980): (150 m ü. M), 600 Einw., 9 km vom Stadtkern, am Main gelegen. Wasserskilauf, Tennis, 2 Campingplätze, Verkehrsverbindungen und weitere Freizeitmöglichkeiten: siehe Wertheim und Mondfeld.

Wertheim - **Grünenwört** (6980): (140 m ü. M.), 560 Einw. 7 km vom Stadtkern, am Main gelegen. Verkehrsverbindungen, Freizeit- und Angelmöglichkeiten siehe Wertheim und Mondfeld.

Wertheim - **Mondfeld** (6980): anerkannter Erholungsort mit 720 Einw., 12 km vom Stadkern; Campingplatz, Fähre über den Main nach Stadtprozelten (Henneburg). Verkehrsverbindungen, Freizeitmöglichkeiten siehe bei Wertheim. **A:** Städt. VA, Rathaus, Ruf 0 93 42/30 12 30. **G:** Main, badische Seite von Flußkm 142,18 bis 148,84 von der Boxtaler Einladung bis unterhalb von Wertheim-Grünenwört; durchschnittlich 80 m breit. **FA:** wie in der Mainstrecke von Wertheim. **FZ:** ganzjährig. **E:** SFV Mondfeld, 1. Vors. Albert Haas, Nibelungenstr. 25, Ruf 09 31/ 6 00 12 50. **Geb:** T 6 DM, M 25 DM. **B:** J.Fsch., 2 Ruten, alle Köder, Nachtangeln auf Aal bis 23 Uhr.

Wertheim - **Reicholzheim** (6980): 1560 Einw., 7 km vom Stadtkern, anerkannter Erholungsort im waldreichen Taubertal, Bahnstation Reicholzheim und Bronnbach der Strecke Lauda–Wertheim–Miltenberg–Frankfurt, Busverbindungen. BAB E 5, Ausfahrt Wertheim (15 km). Campingplatz, kleines Hallenbad. **A:** siehe Wertheim. **G:** Tauber, von Flußkm 5,35 bis 7,55 vom Wehr an der Teilbacher Mühle bis 200 m unterhalb Sauerstoffwerk Reicholzheim, Flußbreite ca. 20 m. **E:** Karl Speier Campingplatz „Forelle“, Ruf 0 93 42/61 51. **Geb:** T 10 DM, für Camper T 8 DM. **G:** Tauber, Los 3/2 von Flußkm 7,55 bis 9,75 von 200 m unterhalb Sauerstoffwerk bis 370 m unterhalb der Bronnbacher Brücke. **E:** Valentin Baumann und Alois Friedlein, Geißbergstr. 2, Ruf 10 16. **Geb:** T 10 DM, W 45 DM. **G:** Tauber, Los 3 a, Flußkm 9,75 bis 12,30 von 370 m unterhalb der Bronnbacher Brücke bis 1200 m oberhalb der Eisenbahnbrücke Bronnbach. **E:** Fürstliches Sekretariat, Rathausgasse 5, 6983 Kreuzwertheim, Ruf 65 05. **Geb:** T 15 DM, W 60 DM. **FA:** für alle Strecken: Forelle, Hecht, Karpfen, Schleie, Aal, Weißfische. **FZ:** ganzjährig, Artenschonzeiten beachten. **B:** J.Fsch., 2 Ruten und alle Köder erlaubt.

Wertheim - **Waldenhausen** (6980): 400 Einw., 4 km vom Stadtkern, im Taubertal gelegen. Verkehrsverbindungen siehe bei Wertheim. **G:** Tauber, Los ½ von Flußkm. 2,60 bis 3,75 von 250 m oberhalb des Hohen Wehrs bis zur Brücke Wertheim-Waldenhausen, bis 25 km breit. **E:** Bernhard Trautz, Mühlwörthweg 2, Ruf 42 48 **G:** Los 2 von Flußkm. 3,75 bis 5,35 von der Brücke Wertheim–Waldenhausen bis Wehr Teilbacher Mühle. **FA:** Alle Fische, besonders Forellen. **FZ:** ganzjährig. **E:** ASV Waldenhausen, Rolf Ditscheid, Teilbacher Mühle, Ruf 64 65 oder 41 90. **Geb:** T 10 DM, W 50 DM. **B:** J.Fsch., 2 Ruten und alle Köder erlaubt.

Rhön und Haßberge

Aura (8731): an der Fränkischen Saale, Ausläufer der südlichen Rhön. BAB E 70, Ausfahrt Hammelburg (8 km), oder Bad Kissingen (8 km). B 287. **A:** Gemeindeverwaltung, Ruf 0 97 04/2 22. **G:** Fränkische Saale, ca. 3 km Angelstrecke. **FA:** Hecht, Barsch, Aal, Karpfen, Schleie, vereinzelt Forelle, Barbe u. a. Weißfische. **E:** Ernst Frank, Hauptstr. 2; Alfons Scheit, Würzburger Weg 66. **Geb:** nach Vereinbarung. **B:** J.Fsch.

Bad Bocklet (8733): Bayer. Staatsbad (stärkste Stahlquelle Deutschlands) an der Fränkischen Saale, anmutig in Wiesen- u. Waldlandschaft eingebettet. Von B 286, 287, B 19 und BAB E 70, Ausfahrt Hammelburg (7 km) zu erreichen. Bahnstrecke Schweinfurt – Bad Kissingen, Bahnstation (8 km), Busverbindung. Jagd- und Pirschgänge. **A:** Kur- und FVV Bad Bocklet, von-Hutten-Str. 20, Ruf 0 97 08/2 58. **G:** Fränkische Saale, ca. 5 km Angelstrecke. **FA:** Forelle, Aal, Barbe, Döbel, Karpfen, Schleie, Hecht, Weißfische. **FZ:** ganzjährig, unter Beachtung der Artenschonzeiten. **E:** Ludwig Kunzmann, Haus Elisabeth, An der Promenade 5, Ruf 7 00. **Geb:** T ca. 10 DM, Hausgäste frei. **B:** J.Fsch., Sp.Prü., Haus-, Ferien- oder Kurgast; 2 Ruten, Köder: sämtliche nach der Fischereiordnung erlaubten Köderarten.

Bad Kissingen (8730): Bayerisches Staatsbad an der Fränkischen Saale, am Südostrand der Rhön, Bahnstrecken von Schweinfurt und Gemünden. B 286 und B 287, BAB E 70, Ausfahrt Bad Kissingen; Hallenbad, beheiztes Terrassenschwimmbad, Golf, Reiten, Tennis, Wandern, Bergsteigen, Flugsport, Jagdmöglichkeiten, Spielbank. **A:** Staatl. Kurverwaltung, Kurgastzentrum, Ruf 09 71/30 44. **G:** Fränkische Saale, von der Klosterbrücke im Stadtteil Hausen bis zur Alten Brücke in Euerdorf; ca. 15 km Länge, 12 m Breite. **FA:** Forelle (28 cm, Schonzeit 1. 10. bis 28. 2.), Regenbogenforelle (28 cm, 15. 12. bis 15. 4.), Äsche (35 cm), 1. 3. bis 30. 4.), Hecht (55 cm, 15. 2. bis 31. 7.), Zander (50 cm, 15. 2. bis 31. 7.) Karpfen (30 cm), Aal, Schleie, Weißfische. Fangbegrenzung: tägl. nicht mehr als 3 Fische insgesamt. **E:** Ordnungsamt der Stadtverwaltung. Ruf 30 01. **Geb:** 2 W 30 DM, 4 W 60 DM. **B:** J.Fsch., 1 Rute mit nur einem Haken, alle Köder.

Bad Neustadt an der Saale (8740): Heilbad an der Fränkischen Saale, am Eingangstor zur bayer. Rhön. BAB E 70, Ausfahrt Bad Brückenau (40 km) oder Hammelburg (36 km); B 19 und B 279. Sole-Hallenwellenbad, Hallen- und Freibadanlagen, Flugsport, Reit- und Tennissport. **A:** Stadtverwaltung, Rathaus, Ruf 0 97 71/7 06; Kurverwaltung, Kurhausstr., Ruf 7 74. **G:** Fränkische Saale. **FA:** Hecht, Forelle, Karpfen, Schleie, Aal, Weißfische. **E:** F. Zimmermann, Am Wasserturm 3; H. Benringer, Marktplatz 23; Stadtverwaltung. **Geb:** T 10 DM, W 40 DM. **B:** J.Fsch., Ferien- oder Kurgast.

Bischofsheim a. d. Rhön (8743): altertümliches Städtchen und Erholungsort an der Bahnstrecke von Bad Neustadt/Saale und an der B 279. BAB E 70, Ausfahrt Fulda/Süd; Hallenbad, modernes Schwimmbad, Haus des Gastes, Reitsport, Camping. **A:** VV, Rathausplatz, Ruf 0 97 72/2 55. **G:** Brend, ca. 4 km Angelstrecke, 2 bis 4 m breit, von Frankenheim bis Unterweißenbrunn. **G:** Rothsee, ca. 1 ha. **G:** Brend, im Bereich der Gemarkung Unterweißenbrunn, ca. 6 km. **FA:** Bach- und Regenbogenforelle, im Rothsee auch Karpfen und Schleie. **FZ:** Brend: 1. 5. bis 30. 9. **E:** Brend (4-km-Strecke) und Rothsee: ASV Bischofsheim/Rhön und für 6-km Strecke: Hotel „Adler“, Ruf 3 20, nur für Hausgäste. **Geb:** keine. Rothsee und 4-km-Strecke T 10 DM. **B:** J.Fsch., 1 Rute; bei 6-km-Strecke, Beuteablieferung, als Köder nur Fliege und Spinner. **S:** 6 km vom Ort liegt in der Hochrhön das Jagdschloß Holzberg, Ruf 2 07, eigener Forellenbach.

Burgwallbach (8741): kleine Ortschaft am Fuße der Rhön. B 279 (Fulda–Bischofsheim–Bad Neustadt/Saale), B 19. **A:** und **E:** Gemeindeverwaltung. **G:** in Ortsnähe ein ca. 2 ha großer See. **FA:** Regenbogenforelle, Saibling, Seeforelle, Karpfen, Weißfische. Fangbegrenzung: 3 Edelfische. **Geb:** T 10 DM

Ebern (8603): Mittelalterliche Kleinstadt, Fremdenverkehrsort in einem Seitental des Mains in den waldreichen Haßbergen. Von Bamberg–Breitengüßbach auf B 279 bis Ebern. Hallenbad, beheiztes Freibad, Tennis, Flugsport, Wanderwege. **A:** Stadtverwaltung, Marktplatz 55, Ruf 0 95 31/7 46. **G:** Baunach, ca. 5 km lange und 6 m breite Angelstrecke; **G:** Itz, ca. 2,5 km lange und 20 m breite Strecke. **FA:** Hecht, Aal, Forelle, Karpfen, Schleie, Weißfische. **E:** AV Ebern e. V., G. Heim, Bahnhofgaststätte in Ebern. **Geb:** T 7 DM, W 25 DM. **B:** J.Fsch., 2 Ruten, alle Köder.

Elfershausen (8731): beliebter Ausflugsort im Tal der Fränkischen Saale. BAB: E 70, Ausfahrt Hammelburg (3 km), B 287; Bahnstrecke Hammelburg–Bad Kissingen; Wassersport, Reiten, Wandern, Bergsteigen. **A:** Gemeindeamt, Saalestr. 17. Eduard Geisel, Domstraße 12 in Elfershausen; Verein der Sportfischer. **G:** Fränkische Saale, von Flußkm 38,230 bis 39,865 und 39,865 bis 42,485. **FA:** Hecht, Barsch, Aal, Forelle, Karpfen, Schleie, Barbe u. a. Weißfische. Fangbegrenzung: tägl. 3 Forellen oder 2 Karpfen und 1 Hecht, sonstige Fische ohne Begrenzung. **E:** in Elfershausen: Gästehaus und Hotel Ulrich; Gaststätte Alfred Neeb; Gasthaus Leopold Neeb. **Geb:** T 7 DM, W 35 DM. **B:** J.Fsch., 2 Ruten, alle Köder.

Gemünden am Main (8780): fränkisches Städtchen im Maintal, am Zusammenfluß von Main, Fränkischer Saale und Sinn in waldreicher, erholsamer Landschaft. Verkehrsknotenpunkt, BAB E 70, Ausfahrt Hammelburg, B 26; Bahnstrecke Würzburg–Fulda. Wassersport, modernes und beheiztes Schwimmbad, Camping, Jagen und Pirschgänge. **A:** Stadtverwaltung und VV, Rathaus, Ruf 0 93 51/30 37. **G:** Main, von Flußkm 207,5 bis 219,5 bei einer Breite von 80 bis 100 m. **G:** Fränkische Saale von km 0,0 bis 3,0 ca. 40 m breit; **G:** Sinn, ca. 2 km und etwa 20 m breit. **FA:** Forelle, Hecht, Zander, Barsch, Aal, Karpfen, Schleie, Barbe u. a. Weißfische. **E:** Fischerzunft Gemünden, Obermeister u. 1. Zunftvors. Josef Roth; Josef Schmachtenberger, Fischergasse 2, Ruf 35 94; Siegfried Roth, Karlstadter Str. 55. **Geb:** für Main und Saale T 6 DM, 3 T 15 DM, 14 T 20 DM, M 25 DM, 3 M 40 DM. Jugendliche zwischen 12 bis 16 Jahren bezahlen die Hälfte der jeweils festgelegten Gebühren. **B:** J.Fsch., 2 Ruten, alle Köder.

Gemünden-**Schönau** (8780): Stadtteil von Gemünden; Verkehrsverbindungen und Auskünfte siehe bei Gemünden. **G:** Fränkische Saale, von Flußkm 3,0 bis 4,5 bis 50 m breit. **E:** Paul Legedza, Schönau, Nr. 32, Ruf 33 82; durch Vermittlung: Gasthaus „Zum Alten Forsthaus“, Schönau, Ruf 34 02. **Geb:** T 6 DM, sonst nach Vereinbarung. **B:** Sp.Prü., J.Fsch., 1 Rute, alle Köder.

Gersfeld/Rhön (6412): Kneipp- und Luftkurort im Naturpark der Hessischen Rhön; Wintersportplatz. BAB E 70, Ausfahrt Fulda/Süd; B 279 u. 284. **A:** städt. Kurverwaltung, Ruf 0 66 54/4 75 u. 4 76. **G:** 2 Angelteiche, zus. 4 ha Wasserfläche. **FA:** Bach- und Regenbogenforelle, Saibling, Zander, kapitale Hechte, Wels, Karpfen, Grasfisch, Schleie. **FZ:** 1. 3. bis 30. 11., tägl. von 7 bis 18 Uhr. **E:** Fischzucht „Rhönforelle“, Gersfeld, Ruf 2 77. **Geb:** T 2 DM. Die gefangenen Fische werden verrechnet. **B:** J.Fsch., O.A., Sp.Prü., Feriengast; nicht mehr als 3 Ruten, alle Köder erlaubt. Rutenverleih, Angelzubehör und

Köder sind hier erhältlich. **G:** Fulda, ca. 3 km Bachstrecke. **FA:** Bach- und Regenbogenforelle. **FZ:** 1. 4. bis 1. 10. **E:** Helmut Hilfenhaus, Rhönweg Nr. 1, Gersfeld-Altenfeld, Ruf 0 66 56/7 07. **Geb:** ½ T 15 DM, (bis 7 Forellen), T 25 DM (bis 14 Forellen). **B:** J.Fsch., O.A., Haus- oder Feriengast. 1 Rute, Köder: Fliege, Wurm, Blinker. **G:** Angelteich, 6600 m² groß. **FA:** Bach- und Regenbogenforelle, Barsch, Karpfen, Schleie, Weißfische (alle fangfähig). **FZ:** 1. 4. bis 15. 10. **E:** im Eingangsgebäude des Wildparks, Ruf 6 80. **Geb:** Erlaubnis wird mit dem Kauf einer Eintrittskarte für den Wildpark erteilt. Dazu 20 DM Pfand, die mit dem Fangergebnis verrechnet werden. **B:** J.Fsch., O.A., Haus- oder Feriengast; 2 Ruten, alle Köder. (Verwaltung des Hochwildschutzparks, Ruf 6 80). **G:** Fulda mit Nebenbächen, Angelstrecke ca. 3 km, etwa 2 bis 2,5 m breit. **G:** Angelteich 80 mal 40 m. **FA:** Bach- und Regenbogenforelle. Mindestmaß 28 cm. **E:** Forellenhof Altenfeld. **Geb:** Bach: T 10 DM. Teich: Berechnung der Beutefische. **B:** J.Fsch. Sp.Prü., Haus-, Ferien- und Kurgäste; 2 Ruten, Köder: Fliege, Spinner und Blinker am Bach; keine Beschränkung am Teich.

Haßfurt (8728): Stadt mit altertümlichem Gepräge am rechten Mainufer zwischen Steigerwald und Haßbergen. B 26, Bahnstrecke zwischen Schweinfurt und Bamberg. Wassersport, Reit- und Tennissport, Camping. **A:** Stadtverwaltung, Marktplatz 1, Ruf 0 95 21/2 41 u. 2 42. **G:** Main, ca. 30 km, 10 ha Baggerseen, **G:** Nassach, ca. 15 km Angelstrecke. **FA:** Forelle, Karpfen, Aal, Schleie, Barsch u. a. Weißfische. **E:** Hegefischereigenossenschaft Nassach, G. Bald, Talstr. 15 in Haßfurt-Sylbach; SAV e.V. Haßfurt, bei der Volksbank. **Geb:** T 10 DM, W 25 DM, M 50 DM. **B:** J.Fsch., 2 Ruten, alle Köder. **G:** Main, von Roßstadt bis Mainfähre Untertheres, ca. 27 km, alle Baggerseen, auch Horhäuser-See. **FA:** Karpfen (bis 25 kg), Hecht (kap. Gewichte), Zander, Schleie, Aal, Döbel, Brachse u. a. Weißfische. **E:** Fischerzunft Haßfurt, O. Müller, Hofheimerstr. 40 in Haßfurt. **Geb:** T 8,50 DM, M 20 DM. **B:** J.Fsch., 2 Ruten, alle Köder.

Morlesau (8783): Sommerfrische, idyllisches und typisches Bauerndorf in einem der schönsten Winkel des Saaletales, abseits vom Durchgangsverkehr. BAB E 70, Ausfahrt Hammelburg (10 km); Segelfliegen, Motorrundflüge, Tennis in Hammelburg, hauseigener Swimmingpool. **A:** Inge Spath, Hotel-Pension, Restaurant Nöth, Ruf 0 93 57/4 79. **G:** Fränkische Saale. **FA:** Hecht, Barsch, Aal, Karpfen, Schleie, Döbel u. a. Weißfische. **E:** wie **A:** und Siegfried Schaub, Diebach; Egon Volkert, Roßmühle (2,5 km entfernt). **Geb:** im Pauschalpreis für 1 Woche Urlaub im Hotel Spath sind die Gebühren für 4 Tageskarten enthalten, sonst T 5 bis 6 DM, oder besondere Vereinbarung mit den o. a. Fischwasserbesitzern. **B:** J.Fsch., Haus-, Ferien- oder Kurgast; 2 Ruten, Köder: Wurm, Teig, Maden, Stellfisch.

Obereisenheim (8711): Weinort am Beginn der Mainschleife. B 19, BAB E 5, Ausfahrt Wiesentheid oder BAB E 70, Kürnach. Wassersport. **A:** Gemeindeverwaltung, Ruf 0 93 86/2 19. **G:** Baggersee, ca. 3,5 ha groß. **FA:** Hecht, Zander, Schleie, Karpfen (bis 10 kg), Weißfische. **FZ:** 1. 5. und Raubfische ab 1. 10. **E:** AV Obereisenheim e. V., Heinz Heimbach, Wölfleinstr. **Geb:** T 10 DM, W 25 DM. **B:** J.Fsch., Sp.Prü., Feriengast.

Ostheim vor der Rhön (8745): malerische Kleinstadt am Fuße der Hohen Rhön, an der B 285, BAB E 70, Ausfahrt Fulda Süd. Hallenbad, Tennis, Segel- und Motorflug, Wandern und Bergsteigen. **A:** FVV, Stadtverwaltung, Ruf 0 97 52/5 66. **G:** Streu, Zufluß der Fränkischen Saale, ca. 3 km. **G:** Eisteich, ca. 1500 m². **FA:** Forelle, Äsche, Aal, Karpfen, Schleie. **E:** Stadtverwaltung. **Geb:** T 10 DM, W 40 DM. **B:** J.Fsch., Sp.Prü.; Feriengast.

Schlüsselfeld (8602): Kleinstadt mit mittelalterlichem Stadtkern im Herzen des Steigerwaldes. BAB E 5, Ausfahrt B 22. Freibad, Waldlehrpfade, Wandern, Bergsteigen. **A:** Stadtverwaltung, Marktplatz 25, Ruf 0 95 52/3 66. **G:** Ebrach. **FA:** Karpfen, Forelle, Barsch u. a. Weißfische. **E:**

FV Schlüsselfeld e. V., H. Herbst, Thüngbacher Weg 11. **Geb:** nach Vereinbarung.

Schweinfurt (8720): wirtschaftliches, sportliches und kulturelles Zentrum in Franken zwischen Rhön und Steigerwald, von reben- und waldbewachsenen Höhen umgeben. Bahnknotenpunkt, Autobahnen Frankfurt–Nürnberg und Kassel–Würzburg. B 19, 26 u. 286. Wassersport, Hallenbad- und Freibad, Reitschule, Kunsteisbahn, Jugendherberge, Sportstadion. Camping. **A:** Städt. VA u. VV e. V., Rathaus, Ruf 0 97 21/51-4 97/4 98. **G:** Main, ca. 32 km; **G:** Baggersee „Schweinfurter Kreuz", ca. 20 ha. **FA:** Forelle (30 cm), Hecht (50 cm), Zander (50 cm), Karpfen (35 cm), Schleie (25 cm), Aal, Weißfische. Fangbegrenzung: tägl. 2 Raubfische oder 2 Friedfische. **E:** Fischerzunft, L. Blum, Unterer Marienbach 3. Für den Baggersee: SAK Schweinfurt, Hermann-Barthel-Str. 23; Bekleidungshaus „Hosen-Bubi", Schultesstr. **Geb:** T 10,50 DM, für Gebrauch 1 Rute. **B:** J.Fsch., 1 Rute, alle Köder. Main: von Untertheres bis Wipfeld, von Flußkm 348,4 bis 316,2. **FA:** Hecht (45 cm), Zander (50 cm), Aal, Karpfen (25 cm), Schleie (25 cm), Weißfische. **E:** wie unter Baggersee angegeben. **Geb:** T 8,50 DM, M 20 DM, J 81 DM. **B:** J.Fsch., Sp.Prü.; 2 Ruten; in der Zeit vom 1. 1. bis 15. 8. sind Blinker aller Art, sowie lebender Köderfisch verboten.

Ellertshäuser Stausee, 14 km nordöstlich von Schweinfurt, ca. 33 ha groß, zwischen Fuchsstadt und Ebertshausen, an den Ausläufern der Haßberge. Anfahrt am günstigsten über **Schweinfurt. FA:** Bach- und Regenbogenforelle, Hecht, Karpfen, Zander, Schleie, Saibling (seltener), Weißer Amur, Weißfische. **E:** FVd. Unterfranken, Würzburg. Fischereiaufseher Müller, Fuchsstadt Nr. 20 **Geb:** für Gastfischer T 13 DM, 14 T 31 DM, M 52 DM. **B:** J.Fsch., 1 Handangel, nur vom Ufer aus, welches gut begehbar ist. **S:** unterhalb der Staumauer ein Campingplatz, in der Nähe ein Café.

Tretzendorf (8602): Sommerfrische im nördlichen Steigerwald, umgeben von ausgedehnten Waldungen. Von B 26 Steigerwald Höhenstraße 6 km; Freibad, Reitsport, Tier- und Wildgehege. **A:** Hedy Schaaf, Gästehaus und Pension, Ruf 0 95 22/4 85. **G:** Aurach, ca. 12 km Angelstrecke, durchschnittlich 2 m breit. Dazu 2 kleinere Zuflüsse und mehrere Teiche, die jährlich wechseln, in einer ca. 40 ha großen Fischzuchtanlage. **FA:** Forelle, Aal, Karpfen, Schleie. **E:** Fischzuchtmeister Willy Schaaf, Gästehaus. **Geb:** T 5 DM. **B:** J.Fsch., Hausgast, Beuteablieferung; Angeln auch vom Boot aus.

Oberes Maintal – Frankenwald – Fichtelgebirge

Bad Berneck (8582): idyllisches Städtchen am Westrande des Fichtelgebirges, bekannter Luftkurort, moderner Kurbetrieb; Bahnverbindung bis Neuenmarkt-Wirsbach, von hier aus Busverbindung. B 303, BAB E 6, Ausfahrt (5 km). Hallenbad, Freibad, Tennis. **A:** Städt. Kurverwaltung, Bahnhofstr. 77, Ruf 0 92 73/61 26. **G:** Ölschnitzfluß, ca. 2,5 km, bis 10 m breit; von oberhalb des Wehres beim Kurhotel bis zur Stadtgrenze bei der Einmündung des Heinersreuther Baches, hinter der Pension Waldlust. **FA:** Bach- und Regenbogenforelle (26 cm), Äsche (35 cm). **FZ:** Regenbogenforelle vom 16. 4. bis 14. 12., Bachforelle vom 1. 3. bis 30. 9. und Äsche vom 1. 5. bis 28. 2., tägl. Fangbegrenzung: 5 Fische. **E:** Stadtverwaltung, Bahnhofstr. 77, Zimmer 5. **Geb:** T 5 DM, W 25 DM. **B:** J.Fsch., Kurgast; mindestens 2wöchiger Aufenthalt; 1 Rute, nur künstl. Fliege.

Bad Steben (8675): Bayer. Staatsbad (Herz-, Kreislauf-, Rheuma- und Frauenleiden) auf der welligen Hochfläche des Frankenwaldes. BAB E 6, Ausfahrt Berg/Bad Steben, B 173, Bahnstrecke Hof–Bad Steben, Busanschlüsse in alle Richtungen; Flugplatz Hof–Pirk (25 km). Moderne Kureinrichtungen, Tennis, Frei-

und Hallenschwimmbad, markiertes Wanderwegenetz, Wintersport. **A:** Staatl. Kurverwaltung, Badstr. 31, Ruf 0 92 88/ 4 31 oder 82 83. **G:** Unterer Seifenteich, ca. 3,5 ha; **G:** Wilde Rodach, von Bischofsmühle bis Schübelhammer, ca. 6,5 km Angelstrecke. **G:** Teiche an der Krötenmühle, **G:** Muschwitz, ca. 6 km. **G:** Tettau und Langenau bei Tettau, ca. 16 km. **FA:** Bach- und Regenbogenforelle, Hecht, Karpfen, Schleie, Waller, Aal, Weißfische. **FZ:** 1. 3. bis 31. 12. **E:** Willi Vogler, Wiesenweg 13, 8671 Geroldsgrün; Erich Klier, Sudetenstr. 12, Bad Steben; Manfred Fehn, Hauptstr. 62 in Schwarzenbach/ Wald; Albert Vogler, Badstr. 28, Staatl. Kurhotel, Bad Steben. **Geb:** T 8 bis 10 DM, W 35 DM, M 70 DM. **B:** J.Fsch., O.A., Kur- oder Hausgast; 1 bis 2 Ruten, alle Köder. **G:** des FV „Obere Saale" e. V.: Quellitzstausee bei Tauperlitz, **G:** Sinkteich bei Bad Steben, **G:** Saale bei Oberkotzau, vom Einfluß des Porschnitzbaches flußabwärts bis zur Fallmeisterei (ausgenommen ist der Mühlgraben), **G:** Saale bei Blechschmidtenhammer und Kemlas vom Einlauf des Zottelbaches oberhalb Kemlas bis zum Einfluß der Selbitz. **FA:** Hecht (50 cm), Zander (50 cm), Karpfen (35 cm), Schleie (25 cm), Weißfische ohne gesetzliches Schonmaß (20 cm). Fangbegrenzung: tägl. 4 Edelfische, davon jedoch nur 2 Karpfen und 2 Forellen. **Geb:** T 10 DM, W 35 DM, M 70 DM. **B:** J.Fsch., 2 Ruten, alle Köder.

Gefrees (8586): freundliche Kleinstadt in waldreicher Umgebung am Nordwestrand des Fichtelgebirges. BAB E 6, dortselbst Ausfahrt; B 2. Hallenbad, Freibad, Jagen und Pirschgänge, Tennis, Wandern. **A:** und **E:** Stadtverwaltung, Ruf 0 92 54/2 22. **G:** Kornbach, ca. 500 m, **FA:** Bachforelle. **G:** Hammerweiher (180 mal 35 m), **FA:** Bach- und Regenbogenforelle, Hecht, Karpfen, Schleie, Aal, Brachse. Fangbeschränkung: 1 Karpfen und 2 weitere Fische. **E:** Gasthof-Pension „Forellenhof", Gut Knopfhammer bei Gefrees, Ruf 3 36; H. Wolfrum, Cremitzer Str. 11 (1. Vors. des ASV Gefrees). Geb: T 10, W 40 DM, für Hausgäste gebührenfr. Angeln, Nachtangeln auf Aal nach Vereinbarung.

Kronach (8640): Kreisstadt mit spätmittelalterlichem Stadtkern, umgeben von einem vollständig erhaltenen Mauerring, überragt von der Festung Rosenberg. BAB E 6, Ausfahrt Kulmbach; B 85, 303 und 173. Bahnstrecke München–Berlin. Hallenbad, Freibad, Reit- und Tennissport, Jagen und Pirschgänge, Flugsport. **A:** Städt. VA, Marktplatz 5, Ruf 0 92 61/ 9 72 17. **G:** Haßlach, vom Einfluß der Kronach flußabwärts bis zum Einfluß in die Rodach. **G:** Rodach, vom Zusammenfluß Haßlach/Rodach (Südbrücke) flußabwärts bis zur Zollmühle, ca. 2 km, unterschiedliche Breite 8 bis 50 m. **G:** Marineweiher, ca. 50 mal 60 m. **FA:** Bach- und Regenbogenforelle (26 cm), Hecht (45 cm), Aal, Karpfen (35 cm), Schleie (25 cm), Weißfische. Tägl. Fanglimit: 6 Salmoniden, 2 Karpfen, 3 Schleien. **FZ:** 1. 5. bis 30. 9. **E:** Städt. VA; Gasthaus Kaiserhof, Friesener Str. 1. **Geb:** T 10 DM, W 40 DM (7 Tage). **B:** O.A., J.Fsch., Sp.Prü.; 1 Rute, alle Köder.

Kulmbach (8650): am Zusammenfluß des Weißen und Roten Mains, weltberühmt durch seine Biere; BAB Ausfahrten von E 6 und A 70, B 85 u. B 289; Bahnstrecke Hof–Bamberg. Hallenbad, Freibad, Golf, Tennis- und Reitsport, Camping. **A:** Städt. VA, Rathaus, Ruf 0 92 21/8 02 und 2 16. **G:** Roter Main, von Mühlwehr Unterzettlitz bis Ende Zusammenfluß Schloß Steinenhausen. **G:** Weißer Main, von Mühlwehr Melkendorf bis Schloß Steinenhausen. **G:** Vereinigter Main von Schloß Steinenhausen bis Einfluß des Grabens Gemarkung Schwarzach. **G:** Baggersee Waldau, ca. 7 ha. **G:** Baggersee Unterauhof, ca. 3 ha. **G:** Baggersee Oberauhof, ca. 7 ha. **FA:** Karpfen, Schleie, Barbe, Hecht, Zander, Forelle, Weißfische. Fangbegrenzung: täglich 2 Schleien (28 cm), 2 Karpfen, (35 cm), Weißfische unbegrenzt. **FZ:** ganzjährig, unter Beachtung der Schonzeiten und Mindestmaße der einzelnen Fischarten. **E:** Karl Moser, Langgasse 5; Artur Popp, Fröbelstr. (Autohaus); Gaststätte Edelherbklause, Bayreuther Str.; Pension Fohlenhof bei Waldau; Tankstelle Riegel, Melkendorf. **Geb:** T 8 DM, W für Baggerseen 45 DM, W für

Fließgewässer 40 DM **B:** J.Fsch., O.A., Sp.Prü.; 1 Handangel, alle Köder. **S:** weitere Auskünfte: BFV Kulmbach, Breslauer Str. 6, 1. Vors. Hans Lehnert.

Lichtenfels (8620): altes Frankenstädtchen im Maintal, umgeben von den Höhen des Jura. B 173 und B 289; Freibad, Bootsverleih, Tennis- und Reitsport. **A:** Städt. VA, Marktplatz 1, Ruf 0 95 71/6 35. **G:** Main, von Rothwind bis Altenkunstadt, ca. 12,5 km. **G:** Main bei Ebensfeld, ca. 2,5 km. **G:** Angersee und Ostsee in Oberau bei Staffelstein, ca. 13 ha. **G:** Rohrbacher See bei Lichtenfels, ca. 4 ha. **G:** Baggersee bei Mainklein und Maineck, ca. 13 ha. **FA:** Hecht, Karpfen, Schleie, Zander, Forelle, Aal, Weißfische. **FZ:** 1. 4. bis 30. 11. **E:** Sporthaus Weidmann, Goethestr. 17 in Staffelstein; Sporthaus Böttner, Coburger Str., Lichtenfels; Schreinerei Spindler, Mainklein, am Baggersee. **Geb:** T 10 DM, W 30 DM, M 50 DM. Jugend zahlt die Hälfte. **B:** J.Fsch., Sp.Prü.; 2 Ruten, alle Köder, auf Raubfische aber erst ab 1. 6. **S:** Angelgewässer des Angler-Club-Lichtenfels-Staffelstein u. Umgebung e. V. 1921, 1. Vors. Dieter Krappmann, 8621 Seehof, Nr. 8, Ruf 85 45. BFV, Schützenstr. 2, Lichtenfels, Anneliese Birger, Ruf 23 54.

Marktleuthen (8671): Kleinstadt und Ferienort im Naturpark Fichtelgebirge, am Oberlauf der Eger in waldreicher Umgebung. B 15 und B 2, BAB E 6, Ausfahrt Gefrees (30 km), **A:** VA und Stadtverwaltung, Marktplatz 3, Ruf 0 92 85/3 47. **G:** Teilstrecke der Eger, ca. 500 m, etwa 10 bis 15 m breit. **FA:** Hecht, Regenbogenforelle, Karpfen, Schleie, Aal, Weißfische; tägl. 3 Fische. **Geb:** T 8 DM, W 40 DM. **B:** J.Fsch., Feriengast; 1 Rute. **S:** weitere Angelmöglichkeit in Eger und Teichen durch SFV Marktleuthen.

Marktschorgast (8581): Sommerfrische an der Grenze zwischen Fichtelgebirge und Frankenwald, in der Nähe Kulmbach (19 km), B 289, BAB E 6, Ausfahrt; Bahnstrecke Hof–Bamberg. Freibad. **A:** VV und Marktgemeinde, Marktplatz 17, Ruf 0 92 27/2 02. **G:** Stöckleinsweiher, ca. 0,65 ha groß **FA:** Forelle, Karpfen, Weißfische, tägl. Fangbegrenzung: 1 Karpfen oder 2 Forellen. **E:** Gemeindeverwaltung. **Geb:** T 6 DM. **B:** J.Fsch., 1 Rute, nur künstl. Köder.

Staffelstein (8623): altes fränkisches Landstädtchen am Fuße des Staffelberges. BAB E 6, A 70, Ausfahrt Kulmbach, B 173. Hallenbad, Freibad, Reitsport. **A:** FVV Obermain, Bamberger Str. 5, Ruf 0 95 73/2 00. **G:** Main, ca. 7 km Angelstrekke, **G:** Riedsee, ca. 13 000 m² groß, **G:** Mittelsee, ca. 15 000 m², **G:** Badesee, ca. 11 000 m², **G:** Angersee, ca. 5000 m² und Westsee mit 10 000 m². **FA:** Hecht, Zander, Barsch, Aal, Forelle, Karpfen, Schleie und div. Weißfischarten. **E:** VA Obermain, für den SAC Staffelstein und Umgebung; W. Holland, Reuntstraße, Staffelstein. **Geb:** T 10 DM, W 30 DM, M 50 DM. **B:** J.Fsch., Sp.Prü., 2 Ruten, alle Köder, Nachtangeln bis 24 Uhr. **S:** siehe weitere Angelgewässer bei Lichtenfels.

Steinwiesen (8645): Anerkannter Erholungsort im Naturpark Frankenwald in waldreicher Umgebung, an der Frankenwald Hochstraße. In der Nähe des Ködelstausee. B 85 und B 173, Bahnstrecke Kronach–Nordhalben. Hallenbad, Freibad, Wandern und Bergsteigen. **A:** VA, Kirchstr. 4, Ruf 0 92 62/4 24. **G:** Rodach, von der Nurner Straßenbrücke flußabwärts bis zur Erlenbrücke, ca. 3,5 km und 6 bis 10 m breit. **FA:** Bach- und Regenbogenforelle (26 cm), Aal, Weißfische. Fangbegrenzung: tägl. 6 Salmoniden. **FZ:** 1. 5. bis 30. 9. **E:** Marktgemeinde Steinwiesen. **Geb:** T 15 DM. **B:** J.Fsch., O.A., Sp.Prü.; 1 Rute, alle waidgerechten Köder.

Tröstau (8591): direkt an der B 303, umgeben von bewaldeten Bergketten. BAB E 6, Ausfahrt Berneck (32 km); Bahnstation Marktredwitz (12 km); Waldbad, Reiten, Rundflüge im Segelsport. **A:** FVV Tröstau-Leupoldsdorf, Hauptstr. 9, Ruf 0 92 32/22 16. **G:** Petersweiher, ca. 3 ha. **G:** Strudelweiher, ca. 1 ha. **FA:** Hecht, Forelle, Karpfen, Schleie. **E:** Helmut König, „Schloßgasthof“, Ruf 23 25; Hans-Peter Bauer, Hotel-Bergcafé, Kemnather Str.

22/24, Ruf 28 42. **Geb:** T 10 DM. **B:** J.Fsch., Haus- oder Feriengast, 1 Rute, Beuteablieferung.

Waldau (8481): Ferienort in Oberfranken. A 70, Ausfahrt Kulmbach/Bayreuth, B 85, Bahnstrecke Bayreuth–Kulmbach. **A:** und **E:** Café Fuchs, Restaurant-Pension, Waldau Nr. 30, Ruf 0 92 03/3 18. **G:** Baggersee, ca. 7 ha groß. **FA:** Hecht, Aal, Forelle, Karpfen, Schleie, Weißfische. **Geb:** T 8 DM, M 45 DM. **B:** J.Fsch., 1 Rute, alle Köder erlaubt, Nachtangeln nach Vereinbarung.

Register

Aach 180, 183
Aalbeek 34
Aasee 97
Aas-See 29
Abbehausen-Sieltief 71
Abenberg 229
Abens 219, 223, 224, 225, 226
Abensberg 223
Ablach 180
Abtsdorfer See 196, 202, 203
Ache 196, 200
Acher 157
Achern 157
— See 157
Achmer 99
Adderhausen 18
Adelsdorf 229
Affoldern 87, 88
— See 87, 88
Afte 94
Agger 111, 112
— Talsperre 112
Aha 224
Ahaus 92
Ahausener Aa 92
— Stausee 107
Ahlden/Aller 43
Ahlen 110
Ahorntal-Kirchahorn 227
Ahr 123, 130
Ahrtal 123
Ahrweiler 123
Aichstrut 155
Ailsbach 227
Aisch 229, 230
Aitrang 171
Aland 49
Alatsee 174
Albersdorf 23, 26
Albertsdorf 33
Alfeld 50
Alheim 81
— Heinebach 81
Allensbach 169
Aller 43, 44, 45, 46, 47, 48, 49
— Kanal 45
Alme 94
Alpbach 195
Alpsee 174, 179, 180
Alsenborn 142
Alsenz 142
Alsfeld 89
Alster 42
Altarm Grill 90
— Kellerseck 90
— Praunheim 90
Alte Jeetzel 44
Alte Leine 43
Alte Mole 33
Altenahr 122
Altenau 59
Altendorf 221
Altenkirchen 114
Altenmarkt/Alz 196
Altensteig 157
Alterlanger See 229
Alterschrofen-Schwangau 171
Alte Schwalm 85
Alte Sorge 23
Alte Süderelbe 42, 63
Altfunnixsiel 66
Alt Garge 43
Alt-Harlingersiel-Tief 71
Altheim 180, 205
— Stausee 205
Altmühl 222, 223, 224, 225
Altrhein 101, 102, 143, 157
Altusried 171
Alz 201
Alzenau 232
Ambach 190
Amecke 111
Amelinghausen 43
Amerang 196
— See 196
Ammer 183, 188, 192
— Altwasser 192
Ammerland-Münsing 191
Ammersee 183, 184, 185
Amper 183
Ampfing 193
Amtsgraben 92
Andelshofer Weiher 170
Andreasteich 60
Angersee 242
Anlauter 225
Annweiler 141
Antreff 85
Aper Tief 66
Archshofen 155
Argen 169, 180
Arlau 21
Arnis 28
Arnsberg 107
— Neheim Hüsten 107
Arolsen 87, 88
— Helsen 87
— Landau 87
— Mengeringhausen 87
Aschaffenburg 232
Aschau 46
Ascheberg 35
Ascheffel 29
Aspachweiher 178
Assenheim 92
Attendorn 107
Attlesee 171, 177
Au 31
Aue 65, 67, 70
Auerbach 216
Augsburg 171
Augstfelde 37
Aukrug 27
Aura 237
Aurach 240
Aurich 64
Außenalster 42
Autobahnsee 173
Auwaldsee 187
Auweiher 229
Axbach 98

Bad Aachen 122
Bad Bergzabern 142

Bad Berneck 240
Bad Bocklet 237
Bad Brückenau 233
Bad Dürrheim 157
Bad Ems 119
Baden-Baden 159
Badenweiler 159
Badesee 100
Bad Essen 92
Bad Faulenbach 174
Bad Füssing 196
Bad Gandersheim 53
Bad Harzburg 54
Bad Heilbrunn 185
Bad Karlshafen 75
Bad Kissingen 237
Bad Kreuznach 134
Bad Lauterberg 55
Bad Liebenzell 157
Bad Marienberg 114
Bad Mergentheim 155
Bad Münster a. St. 134
Bad Münstereifel 122
Bad Neuenahr-Ahrweiler 122
— Heimersheim 122
Bad Neustadt/Saale 237
Bad Oberdorf 175
Bad Oeynhausen 76, 92
Bad Oldesloe 40
Bad Orb 233
Badorfer Weiher 124
Bad Pyrmont 93
Bad Reichenhall 196
Bad Rippoldsau-Schappach 159
Bad Salzschlirf 82
Bad Salzuflen 93
Bad Segeberg 39
Bad Soden-Allendorf 79
— Salmünster 89
Bad Steben 240
Bad Waldsee 181
Bad Wiessee 195
Bad Wildungen 85
— Bergfreiheit 85
— Mandern 85
— Wega 85
Bad Wörishofen 173
Bärenbrucher Teich 54
Bärnau 216
Bahnweiher 144
Baierbach 204
Baiersbronn 159
— Huzenbach 160
— Klosterreichenbach 160
— Schönmünzach-Schwarzenberg 159
Baldeneysee 106
Balduinstein 119
Balkhaus-Tief 74
Balksee 64
Bannesdorf 33
Bannwaldsee 171, 174, 179, 183
Barbarasee 105
Bardowick 43
Barmer Talsperre 114
Barnstorf 64
Barßeler Tief 67
Baumbach 117
Baunach 238
Bayer. Eisenstein 212
Bayersoien 178, 186
Bayrischzell 193
Bebra 82
Beckenweiher 219
Bederkesa 60
— See 60
Beeke 63
Bega 93, 96
Behler See 38
Behrensdorf 31
Behringersmühle 228
Beidler Weiher 219
Beilngries 223
— Kanal 223
Beimbach 152
Beiseförth 82
— See 82
Bensersiel 18
Benser Tief 67
Bentumer Sieltief 74
Beratzhausen 216
Berchtesgaden 197
— Ache 196
— Böcklweiher 197
— Hintersee 197
— Königssee 197
— Königsseer Ache 197
— Schellenberger Ache 198
Berg a. Starnb. See 191
Bergen 43
Bergen/Hochfelln 199
Bergenhusen 23
Bergfreiheit 85
Berggeistsee 124
Bergkamen 93
Bergsee 164
Berlin/West 40
Bernau/Chiemsee 199
Bernau/Schwarzw. 160
Bernbeuren 186
Bernkastel-Kues-Wehlen 132
Bernried 191
Besenfeld-Seewald 166
Besigheim 145
Besseringen 139
Bettenfeld 122
Betzdorf/Sieg 111
Betzweiler/Wälde 160
Beuron 153
Bevensen-Medingen 43
Bevertalsperre 108, 109
Biberach 180
Bibert 232
Bibisee 187
Biblis 144
Bickendorf 124
Biedenkopf 119
Bielefeld 93
Bienenbüttel 43
Bieringen 152
Biersdorf 124
— Stausee 124
Biggetalsperre 108
Bingen/Rh. 134
Birkendorf 157
Birkensee 115, 118
Bischofsee 36, 177
Bischofsheim/Rhön 237
Bissendorf 93
— Wissingen 93
Bissingsheim 105
Bistensee 30
Blaibach-Pulling 212
— Stausee 212
Blauer See 105
Blauer Weiher 139
Bleckede 43
Bleibtreu-See 124
Blies 139
Blumweiler See 155
Blunk 39
Blunker See 39
Bobenheim-Roxheim 142
Bodenfelde 75

— Wahmbeck 75
Bodensee 169, 180
Bodenteich 43
Bodenwerder 76
— Rühle 76
Bodenwöhr 216
Böcklweiher 197
Böhme 45
Börnster See 94
Boffzen 76
Bogen 210
Bogenbach 210
Boknis/Schlei 28
Bollingstedter Au 21
Bongsieler Kanal 20
Bonndorf 157
Bordesholm 31
Borgdorf 31
Borgdorfer See 31
Borkum 19
Borlefzer See 95
Borsflether Wisch 27
Bosau 29, 35
Bossee 30
Bottschlotter See 20
Bräunlingen 157
Brahmsee 31
Brake 65
Bramau 26
Braunschweig 50
Brautsee 28
Bredstedt 20
Breiholz 23
Breisach/Rh. 160
Breitach 178
Breitbrunn 184
Breitenbach
— Talsperre 118
Breitnau 157
Bremen 61
Bremenhaven 61
Bremervörde 61
Brempter See 103
Brend 237
Brenz 181
Brettach 152
Breyeller See 103
Briedel 132
Brille 24
Bringhausen-Hemfurth 88
Brinkenweiher 118
Brodenbach 132
Bröck 24
Brohlbach 134
Bruchsee 145
Brühl 124
Brunnenweiher 150
Brunsbüttel 26
Buchenberg 173
Buchholz 46, 49
Buchhorner See 152
Büchlberg 206
Büdelsdorf 26
Bühner Bach 100
Bülkauer Kanal 64
Bünzau 27
Büren 94
Büsum 18, 25
— Spülkanal 25
Büttler Kanal 25, 26
Büttel - Kudenseer Kanal 25
Bukenerau 23
Bunderhee 74
Buntenbock 55
Burg/Dithm. 25, 26
Burg/Fehm. 17, 32
Burgau 173
Burger Au 25
Burghausen 198, 201
Burglengenfeld 216
Burgstaaken 17
Burgwallbach 238
Buschfelder Sieltief 74
Butjadinger Sielacht 71
— Zuwässerungs-Kanal 71

Calberlah 47
Calmbach 168
Calw-Hirsau 160
Cappeler Teich 85
Cappenberger See 96
Carolinensiel-Harlesiel 18, 66
Celle 44
Cham 213
Chamb 213, 217, 220
Chamerau 213
Chieming 199
Chiemsee 196, 200, 201, 202
Christiansholm 22, 23
Christle See 178
Clausthal-Zellerfeld 55
— Buntenbock 55
Cochem-Cond 133
Crailsheim 149
Creglingen 155
Crumbach 145
Cuxhaven 18

Dahlem 124
Damnatz/Elbe 44
Dannenberg 44
Datteln-Hamm-Kanal 93, 96, 107
Daun 124
Dechsendorfer Weiher 229
Degersee 181
Deggendorf 211
Dehringhausen 89
Deixlfurter See 193
Delecke 110
Delve 23
Densborn 125
Dernbach 114
Dersau 37
Detern-Stickhausen 66
Detmold 94
Detzem 132
Deutensee 179
Dhron 133
Dhünn-Talsperre 108
Diana-See 41
Diekhusen-Fahrstedt 26
Dieksee 38
Diemel 75, 86
Diemelsee 86
Diemelstadt-Wrexen 86
Dienhausen 186
Dienhauser Weiher 179, 186
Diepenbenden 122
Diepental-Talsperre 112
Diepholz 66
Dierkhausen 46
Dießen/Ammersee 185
Dietfurt 223
Diez 119
Dill 119
Dinkel 95
Dinkelmühle 232
Dinkelsbühl 229
Dittishausen 157, 162
Ditzum 72
— Sieltief 74
Dobrock 64
Dörenburg 99
Dörentrup 94, 96
Dörpen 66

Döttesfeld 117
Doktorsee 78
Dollart 72
Domsee 39
Donatusee 124
Donau 153, 171, 174, 176, 180, 183, 188, 209, 210, 212, 219, 225, 226
Donauwörth 173
Doos 227
Dorfen 193
Dorfprozelten 233
Dorn 92
Dornumsieler Tief 67
Dortmund 110
— Ems-Kanal 66, 71, 96, 97, 100, 107
Dorum 62
Dove-Gose-Elbe 42, 63
Dreiburgensee 207, 209
Dreiecksee 212
Dreisbach 115
Drepte 62
Driefelder Esch 74
Drohn 132
Duderstadt 57
Dülmen 94
Dümmer 70
Dümmerlohhausen 70
Dümmerrandkanal 70
Dümmersee 70
Düren 100
Dürnach 180
Düsseldorf und Umgebung 104
Düte 100
Duisburg 105
Dutenhofen 119

Eberbach 146
Ebermannstadt-Gasseldorf 227
Ebern 238
Ebernburg 134
Ebnisee 155
Ebrach 233, 239
Ebstorf 44
Echem 44
Echemer See 44
Eckernförde 17
Eckteich 60
Eder 88
— Wabern 88
Edersee 88, 89
— Rehbach 88
Edertal-Affoldern 88
Edewecht 66
Ediger-Eller 133
Effelder Waldsee 103, 104
Efze 85
Eger 242
Eggebek 21
Eggelseebach 173
Eggstätt 201
Eggstedt 25
— Eggstedter Moor 25
Eging 206
Ehrang 131
Eibsee 183, 187
Eichelbach 219
Eichenkofener Weiher 194
Eider 22, 23
Eifel 122, 132
— Reifferscheid 126
— Wildenburg 131
Einbeck 50
Einfeld 31
— See 31
Eitorf/Sieg 111
Eixendorfer See 218
Elbach 115
Elbe 39, 40, 42, 43, 44, 46, 49
— Lübeck-Kanal 39
— Seitenkanal 44
Elbingen-Mähren 115
Elbsee 171
Elfertshausen 238
Elkenroth 111
Ellbach 141
Ellenz-Poltersdorf 132
Ellernteich 72
Ellerner Weiher 137
Ellerthäuser Stausee 240
Elmbach 91
Elmshorn 27
Else 95
Elsfleth 67
Elsoff-Mittelhofen 115
Elten 100
Eltmann 233
Elz 161, 167, 168
Emma Süd und Nord 234
Emmendingen 161
Emmer 93, 96, 98
Emmerich 100
— Elten 100
Emmerichshofen 234
Ems 68, 69, 70, 71, 72, 93, 94, 98
— Jade-Kanal 67, 74
Emsdetten 94
Endorf 202
Engelskirchen 112
Engern 78
Enkenbach 142
— Alsenborn 142
Enkirch 132
Entermainsbach 214
Enz 127, 129, 131, 161, 163
Epe 100
Erbach 133, 144
Erbendorf 216
Erding 194
Erfa 145
Erfde 23
Erft 102, 121
Erftstadt 112
Erlangen 229
Erlau 209
Erlaustausee 206, 210
Erlenhofsee 118
Erlensee 73
— Stapelmoor 73
Eschbach Talsperre 108
Eschede 45
Eschenbacher Weiher 214
Eschlkam 216
Eschwege 79
Esens-Benser-Siel 18, 67
Esenshammer Sieltief 71
Eslarn 217
Eslohe 108
Esse 87
Esselbach 108
Essen 106
Essing 224
Eßlingen 147
Eulenspiegeler Teich 54
Eutin 38
— Sielbeck 38
Eversen 43

Fallingbostel 44
Fankelstaustufe 133
Faulenbacher Seen 134, 175, 179
Fehmarn 32
Feldafing 191
Feldmarksee 98

Feldsee 157
Felsenmühle 150
Felsenweiher 229
Ferkesbruch 103
Fetzenbach 165
Feuchtwangen 230
Fichtelnaab 216
Fichtenau 150
— Felsenmühle 150
— Lautenbach 150
— Wildenstein 150
Fils 148
Fintau 45
Fintel 45
Fischbach/Bernau 160
Fischbach/Nahe 136
Fischen/Ammersee 185
Fischen in den Luxemb. Gewässern 141
Fischmal 144
Flaumbach 134
Fleete 26
Flensburg 27, 28
Flöte 100
Flügge, Leuchtturm 33
Flüggen Hofsee 48
Forchtenberg 150
Forggensee 171, 174, 176, 176, 179, 183, 193
Fornsbach 153
Fränkisch-Crumbach 145
Fränkische Saale 237, 238, 239
Frankenberg 88
Frankfurt/Main 90
Fraueninsel/Chiemsee 199
Fraulautern 141
Freda 77
Freden 50
Freibach 217
Freibergsee 178
Freienohl 109
Freigericht-Seen 234
Freilingen 115
Freirachdorf 115
Fresendelf 22
Freudenberg/Main 233, 234
Freudenberg/Münsterland 95
Freudensee 208
Fridolfing 202
Friedberg 90
Friedeburg 67
— Tief 74
Friedenfels 217
Friedenweiler 161
Friedrichsau 21
Friedrichshöfer Au 25
Friedrichskoog 25
Friedrichsort 29
Friedrichstadt/Eider 22
Friesoythe 67
— Kanal 67
Froschsee 204
Fürstenberg/Weser 76
Fürstenstein 207
Füssen 174
— Füssener Achen 179
— Bad Faulenbach 174
Fuhlensee 29
Fulda 80, 82, 84, 239
Fuldatal 81
— Wahnhausen 82
Furth i. W. 217
Furthweiher 208

Gaisbach 168
Gaißa 207
Gaißamühle 207
Gamburg 154
Gamsbach Weiher 95
Gande 54
Garding 24
Garmisch Partenk. 186
Gasseldorf 227
Gaubach 162
Gaugenweiher 229
Gedern 90
— See 90
Geeste 61
— Elbe-Kanal 60
Gefrees 241
Geisheckweiher 139
Geldern 105
Gellershausen 88
Gelsenkirchen 110
Gemeindeloch 157
Gemünd 125
Gemünden/Main 238
— Schönau 238
Gemünder Maar 125
Georgsfehnkanal 66
Gerabronn 150
Geretsried 186
Geroldsee 186
Gerolstein 125, 126
— Müllenborn 126
Gersbach 165
Gersfeld/Rhön 238
Gerweiher 150, 229
Gewässer der Niedersächs.-Westfäl. Anglervereinigung 99, 100
Gieboldehausen 57
Giekauer Moor 31
Gieselau-Kanal 23
— Schleuse 23
Gieselwerder 77
Giesrechenweiher 150
Gifhorn 45
Gillabauer Weiher 224
Gillenfeld 126
Gimpelrhein 143
Gipsweiher 175
Gladbacher Bruch 103
Glan 144
Glashütter-Weiher 141
Glonn 183, 193
Glonsbach 155
Glücksburg/Ostsee 28
Glückstadt 27
Gmund 195
Gnadensee 169
Gößweinstein-Behringersmühle 228
Goldenstedt 68
Gondelweiher 104
Gondenbrett 126
Goslar 57
Gotteszell 211
Grafenau 211
Grafenhausen 157
Grafenwiesen 213
Grainau 187
Granetalsperre 56, 58
Grap 27
Grasellenbach 145
Grassau 200
Grebendorf 79
Greding 224
Greene 54
Gremsmühlen 38
Grenzhausen 116
Griesbach/Rottal 208
Grieshamer See 222
Griessee 203
Griesweiher 141
Griethausen 101

Grill-Altwasser 90
Grönenbach 175
Gronau 50
Großarmschlag 211
— Stausee 211
Großauheim 234
Große Aue 53
Große Brake 26
Große Enz 168
Großenbrode 18
Großenkneten-Huntlosen 68
Große Plöner See 29, 35
Großer Alpsee 176, 182
Großer Arbersee 212
Großer Binnensee 31
Großer Eutiner See 38
Großer Kranicher Teich 58
Großer Küchensee 39
Großer Langsee 29
Großer Malchsee 41
Großer Plößberg-Weiher 219
Großer Pönitzer See 34
Großer Recker Teich 100
Großer Regen 212
Großer Schierensee 30
Großer Segeberger See 37
Großer Stausee-Losheim 139
Großer Wittsee 103
Großes Meer 65
Große Vils 206
Großer Wannsee 40
Große Weiher 216
Große Wettern 27
Große Wiese 165
Groß Hesebeck 43
Groß Soltborger Sieltief 74
Großvollstedt 31
Groß Wittensee 30
Grubsee 187, 192
Grüner Weiher 139
Grüntensee 171, 177, 180
Grunewald Seenkette 40
Gschwellbach 212
Gstadt 200
Günne 110
Günz 171
Günzburg 175
Günzenhausen 194
Gummering 205
Gummersbach 112
Gundelsheim 147, 224
Gunzenhausen 224
Gutach 165
Gut Kletkamp 31
Gut Mühlenfeld 31
Gutnach 171
Gut Stovern 72
Gut Warringholz 23

Haaler Au 23
Haarsee 193
Habessee 105
Habighorst-Höfer 45
Hache 64
Hachenburg 115
Hacklmühle Stausee 209
Hadamar 115
— Oberzeuzheim 115
Haddebyer Noor 28
Hadendorfer See 99
Haddorf 72
Hadelner Kanal 63
Härtlingen 116
Haffkrug-Scharbeutz 18, 34
Hage 68
— Tief 68
Hagen 62
Hagenbuschweiler 150
Hahle 57
Hahnenklee 58
Hahner Bäke 72
Hainhausen 91
Halblech 179
Halensee 41
Halligen 21
Hals 208
Hambacher Weiher 140
Hamburg 38, 41, 44
Hamdorf 22
Hamme 63
Hammersee 216
Hammerweiher 241
Hanau-Kl. Auheim 90
Hanerau-Hademarschen 26
Hankensbüttel 46
Hannover 51
Hann.-Münden 80
Hanstedt 46
Hardau 47
— Stausee 47
Hardenbacher Teich 54
Hardhausweiher 148
Hardheim 145
Haren/Ems 68
Harkenbleck 52
Harle 66, 69
Harlesiel 18
Harmersbach 163
Harpstedt 68
Harrislee 28
Hartsee 201
Harzangelkarte 55, 58
Hase 69, 74, 91, 99
Hasel 171
Haseltal Stausee 233
Haselünne 68
Hasenbacher Teich 54
Haslach 162
Haslacher See 178, 186
Haßfurt 239
Haßlach 241
Hatger Baggersee 72
Hattingen/Ruhr 106
Haugsee 154
Haunstetten 175
Hausen 116
Hausen/Tal 153
Hauzenberg 208
Havel 40
Hedelfingen 149
Hedwigenkoog-Kanal 25
Heek 95
Heide/Holst. 24
Heidelberg 147
Heidenheim/Brenz 181
Heider Bergsee 124
Heikendorf 17
Heiligenhafen 17, 32
Heiligenkreuztal 180
Heiligen See 41
Heilig-Geist-Weiher 194
Heimbach 126, 160
Heimlingertal 139
Heinebach 81
Heiterbach-Ober-Schwandorf 161
Heiterwanger/Plansee 175
Helgoland 18
Helferskirchen 116
Hellenthal 126
Helmarshausen 75
Helmscher Bach 25
Helsen 87

Hemfurth-Edersee 88
Hemmelsdorf 34
— See 34
Hemslingen 46
Henne Talsperre 109
Hennstedt 23
Heppenheim 145
Herbstein 90
Herdecke 106
Herford 95
Herleshausen 80
— Wommen 80
Hermannsburg 46
Hermsdorfer Fließ 41
Herne 106
Herren-Graben 95
Herreninsel 198
Herringhausen 100
Herrsching 183
Herschbach 116
Herthasee 41
Herxheim 142
Herzberg 58
Herzhausen 88
Hess. Oldendorf 76
Hiddenhausen 95
Hilchenbach 95
Hildesheim 52
Hillgroven 25
Hiltruper See 97
Hindelang 175
— Bad Oberdorf 175
Hinsbecker Bruch 103
Hintersee 196, 197
Hintertalbach 167
Hinterweidenthal 142
Hirsau 161
Hirschbornteiche 89
Hittbergen 48
— Seen 47
Hitzacker 46
Hochschwarzwald 157
Hodenhagen 46
Hoechstadt/Aisch 230
Höfen 161
Höftsee 38
Höhr-Grenzhausen 116
Höllensteinsee 214
Hörnel/Altrh. 157
Hörnum 18
Hörsten 100
Hösseringen-Suderburg 47
Höxter 76
— Stahle 77
Hof Augstfelde 37
Hoffmannsweiher 117
Hofgeismar 86
Hofkirchen 208
Hofsee 229
Hofstätter See 196
Hofweiher 176
Hohe Hase 100
Hohendeicher See 42
Hohenforster Forellensee 102
Hohenschwangau 179
Hohenwarth 213
Hohenzollern-Kanal 41
Hohner Rinne 23
Hohwacht 32
Hollage 99
Hollenbacher See 155
Hollingstedt 21
Hollmarksee 27
Holstenau 25
Holsthum 127
Holthuser Tief 74
Holzbach 117
Holzhausen/Starnberg 190, 191
Holzmühle Weiher 183
Homberg 85
Homburg 139
Hooksiel 18
Hopfen am See 175
Hopfensee 171, 175, 179
Hopferauer Ache 171
Horloff 91, 92
Hornbach 144
Hubertussee 41
Hude 69
Hückelhoven 101
Hücker-Moor-See 94
Hückeswagen 108
Hüttenweiher 210
Hundekehlesee 41
Hunte 65, 66, 68, 70, 92, 100
Huntlosen 68
Husum 21
Hutthurm 209
Huzenbach 160

Ibach 163
Idar-Oberstein 136
Ihlsee 39
Illasbergsee 179
Iller 171, 175, 177, 180
Illmensee 181
Ilm 183, 222
Ilmenau 43, 47, 49
— Kanal 49
Ilmendorfer Weiher 222
Ilz 208, 209, 211
Immenreuth 217
Immenstadt 176
Inching 224
Ingelfingen 150
Ingolstadt 187
Inheiden 92
Inn 193, 196, 198, 202, 203, 206
Innerste 52, 57
— Talsperre 56, 58
Inning-Stegen 185
Inzigkofen 153
Irgertsheimer Seen 187
Irrel 127
Irnsinger Bagger-See 224, 225
Irschinger Weiher 222
Isar 183, 188, 193, 205
— Kanal 193
Ise 45, 47
Isen 193
Isenbüttel 47
Isenhagener See 46
Itter 86
Itterbach 147
Itzehoe 26, 27

Jachenau 187
Jade 73, 74
Jadebusen 72
Jägersburg 139
Jagel 29
Jagst 149, 150, 151, 152, 153
Jastorf 48
Jeetzel 44, 46, 47, 49
— Kanal 44
Jestädt 79
Jever 69
Jockgrim 142
Johann-Friedricher-Teich 54
Johanniswiesen 142
Jossa 89
Jübek 21
Jülich 101

Jümme 66
Jünkerath 127
Jues-See 58
Jugetbach 182

Kälberweide 103
Kahl/Main 234
Kahler Seenplatte 234
Kaiserslautern 143
Kaiser-Wilhelm-Koog 26
Kajedeich 62
Kalberschnacke 108
Kalletal 95
Kallmünz 217
Kammel 171
Kanalstrecken in Nordrh.-Westf. 100
Kanzach 180
Kappeln/Schlei 17, 28
Kappers Kölke 98
Karden 133, 134
Karlshafen 75
Karlskopf 143
Kassel 82
Kattenes 133
Kattenstieg 25
Keitlinghausen 97
Keitum 19
Kelheim 224, 225, 226
Kell 136
Kellenbach 138
Kellerseck 90
Kellersee 38
Kellinghusen 26
Kels 226
Kempesee 187
Kenzingen 161
Kermisdahl 102
Kessel 173
Ketsch/Rh. 147, 156
Kettwiger Stausee 102
Kieferer See 202
Kiefer-Rathjens 156
Kiefersfelden 202
Kiel 17, 26, 29, 30, 40
Kiessee 144
Kinding 225
Kinzig 91, 168
Kirchahorn 227
Kirchanschöring-Lampoding 202
Kirchberg/Jagst 150
Kirchsee 35
Kirchzarten 157
Kirn 136, 137
Kirnach 171
Kirschsee 35
Kißlegg 181
Klein Auheim 90
Kleine Enz 168
Kleine Paar 188
Kleine Weser 61
Kleine Wiese 165
Kleiner Küchensee 39
Kleiner Plöner See 37
Kleiner Pönitzer See 34
Kleiner Recker Teich 100
Klein Netterden 100
Klein Rönnau 39
Kleinsoltfeld 27
Klein Vollstedt 30
Klein Waabs 29
Kleinwittensee 30
Klemmbach 159
Kletkamp 31
Kleve 23, 101
Klingbach 142
Klingenberg 234
Klosterbach 161
Klostersee 149, 161
Klosterreichenbach 160
Klotten 133
Klüsserath 132
Klüthsee 39
Kluse-Steinbild 69
Knesebeck 47
Kniphauser Sielacht 74
Kobern 133
Koblenz 116, 132
Kochel am See 187
Kochelsee 183, 188, 189
Kocher 149, 150, 151, 152
Königbach 209
Königssee 41, 196
Königsseer Ache 197
Königstein 91
Körbecke 110
Kötzting 213, 214
Kollnbergmühlweiher 207
Korbach 89
Kordel 127
Kornbach 241
Kossau 31
Kratzmühle 225
Krautheim/Jagst 151
Krempe 27
Kremper Au 27
Kreßberg 149
Kreßbronn 181
Krieckenbecker Seen 103
Kröv 132
Kronach 241
Kronthaler Weiher 194
Krückau 27
Krün 188
Krumme Lanke 41
Krummenweiher 150
Kruppsee 105
Kuden 26
— See 25, 26
Küchensee 39
Künzelsau 151
— Kocherstetten 151
Küstenkanal 70
Kuhardt 144
Kulmbach 241, 242
Kupferbach 122
Kurparksee 211
Kuttelbacher See 58
Kuttenreichweiher 187
Kyll 124, 125, 126, 127, 128, 129, 131
Kyllburg 127
— Malberg 128
— St. Thomas 128
— Usch/Zendscheid 128

Laboe 17
Lahe 67
— Ableiter 67
Lahn-Gießen 1 120
Lahn 119, 120, 121
Lahnstein 120
Lampoding 202
Landau 87, 142
Landsberg/Lech 176
Landscheid 128
Landshut 205
Landstuhl 143
Landwehrkanal 41
Langbürgner See 200, 202
Langenargen 169
Langenbach 160, 163
Langenlonsheim 137
Langenscheid 111
Langensee 38
Langer Teich 54
Langniß 30
Langstedt 21

Langwedel 31
Lanker See 35
Lathen 70
Laubach 91
Lauenbrück 47
Lauenburg 40, 44
Lauenthal 58
Laufen 203
Laufenburg 162
Lauingen 176
Laupheim 182
Lausheimer Weiher 182
Lautenbach 150
Lauterbach 220
Lebach 139
Lech 171, 174, 175, 176, 177, 178, 179, 183
Lechbruck 177
Lechterke 100
Leck 21
Lecker Au 21
Leda 66, 67, 70
Leer 70
Leher Querwegfleet 26
Lehmen 133
Leichlingen 112
Leimersheim 144
Leine 50, 52, 54
Leinetal 50
Leinleiter 227
Leitgeringer See 202
Leizach 193
Lembruch 70
Lemgo 96
Lempe 87
Lengder Teiche 57
Lengener Meer 74
Lenne 111
Lenzkirch 157
Leuchtturm Flügge/ Krumm, Steert 33
Leutkirch 182
Leverkusen 112
Liblarer See 112
Lichtenbroich 105
Lichtenfels 242
Lichternsee 180
Liebl-Weiher 210
Liebenstein Stausee 216, 219, 221
Liene-Kanal 67
Lieser 128, 131, 132
Limburg 121
Lindaufeld 28
Lingenfeld 143
Lippe 31, 32, 93, 96, 104, 107
— Schleusengew. 31
— Seitenkanal 104
Lippstadt 110
Lisdorf 141
Listertalsperre 107
Löcherberg 163
Löffingen 157
— Dittishausen 162
Löhne 96
Lörrach 161
Lohmar 113
Lohne 66, 70
Lohr/Main 234, 235
Lohweiher 150
Loisach 183, 186
Loisbach 217
Longuich 132
Lopau 43
Loshausen 85
Losheim 139
Loßburg 162
Ludwig-Donau-Main-Kanal 218
Lübbecke 96
Lübeck 18, 34, 40
— Travemünde 18
Lüchow 47
— Kanal 47
Lüdenscheid 110, 111
Lügde 96
Lüneburg 43, 47
Lünen/Lippe 96
Lütjenburg 31
Lütjenwestedt 23
Lüttauer See 39
Luhe 49, 50
Lunden 24
Lune 61
Lyskjär See 28

Maasholm 17
Mäusbach-Rückstaubekken 141
Mailinger Bach 187
Main 230, 231, 232, 233, 234, 235, 236, 238, 239, 242
Malberg 128
Malente-Gremsmühlen 38
Malgarten 99
Mammelzen 114
Mammutsee 100
Mandern 85
Manderscheid 128
Manngfall 194
Marbach 147
Marburg 121
Marienheide 113
Marienleuchte 33
Marienthal 214
Marineweiher 241
Marka 67
Markelfinger Winkel 170
Markelsdorfer Huk 32
Marktheidenfeld 235
Marktleuthen 242
Marktoberdorf 177
Marktschorgast 242
Markt Schwaben 194
Marne 26
Maroth 116
Martinszell 177
Mastau 139
Mauerner Baggerseen 224, 225
Mauka 194
Meerhofsee 232
Mehring 132
Meiersee 187
Meinerzhagen 108
Meinhard-Schwebda 80
Meiße 46
Meldorf 25
Melsungen 83
Memmingen 177
Menach 211
Meppen 71
Meschede-Freienohl 109
Mettnau 169
Metzisweiler Weiher 182
Michelsbach 114, 144
Miele 25
Miltenberg 235
Mindel 171
Minden 75, 77, 78
Mittelhofen 115
Mittellandkanal 45, 92, 96, 98, 99
Mittelmosel 132
Mittelsee 124
Mitterteich 218
Mittlere Treene 21

Mittlerer Grumbacher Teich 54
Mittlerer Isarkanal 193
Mittlerer Pfauenteich 54
Mittlerer Zechenteich 54
Mittleres Wiedtal 115
Möhne-See 109, 110
— Delecke 110
— Günne 110
— Körbecke 110
— Stockum 110
— Talsperre 109
— Völlinghausen 110
— Wamel 110
Möhringen 152
Mölln 39
Möllner Seen 39
Mönchengladbach-Rheydt 102
Mönchneversdorf 38
Mönchsee 163
Mönchweiler 163
Moers 102
Mörschbachtal Weiher 144
Molen Puttgarden 33
Mondfeld 236
Monschau 129
Montabaur 116
Moorbach 73
Mooriemer Kanal 67
Moosach 183, 194, 205
Moosbach 218
Moosweiher 150
Morbach 133
Morlesau 239
Morsbach/Sieg 113
Morsum 19
— Kuhle 19
Mosel 116, 131, 133, 134, 141
Moseltal 132
Mosenberger Maar 123, 124
Mossautal 147
Motschweiher 144
Müden 48, 133
Müden/Örtze 48
Mühbrook 31
Mühlbach 117, 225
Mühlberger Ache 174, 179
Mühlenau 32
Mühlenbach 173
Mühlenburger Teich 98
Mühlenfeld 31
Mühlhofen 170
Mühlweiher 176
Mülheim 107
Mümling 145
Münden 75
Münsing 191
Münster 97
— See 155
Münsterdorf 27
Mürlenbach 129
Muggendorf-Streitberg 228
Mulfingen/Jagst 151
Munster 48
Murg 160
Murn 196
Murnau 189, 190
Murrhardt 153
Muschwitz 241
Mutschach-Weiher 229

Naab 216, 218, 219, 221
Nachtweide 234
Nagold 157, 158, 161, 166
— Sperre 157
Nanzdietschweiler 143
Nasenbach 205
Nassach 239
Neckar 145, 147, 148, 149
Neckargemünd 147
Neetze 44, 47
Neheim-Hüsten 109
Nehms 39
Nehmser See 39
Nennig 139, 140
Nesselwang 177
Nette 52, 100, 103
Nettebruch 103
Netteseen 102
Nettetal 102
Neualbenreuth 218
Neubäu 218
Neuburg/Do. 188
Neudenau 151
Neudorf 32
Neuenburg 163
Neuenburg/Zetel 74
Neuenfelder Kanal 67
Neuenkirchen 97
Neuerburg 129
— Fischbach 129
— Oberraden 129
Neue Schwalm 85
Neue Sorge 22
Neufunnixsiel 69
Neuharlinger Siel 18, 71
— Sieltief 67, 70
Neuköllner Schiffahrtskanal 41
Neumagen/Dhron 132
Neumarkt 218
Neumühlsee 153
Neumünster 31
Neunburg v. W. 218
Neunkirchen 139
Neu-Schulenburg 59
Neusägebach 165
Neusitzer See 155
Neuss 103
— Hafenbecken 103
Neustadt 18, 34
Neustadt/Aisch 230
Neustadt/Do. 219
Neustadt a. Rbg. 52
Neustadt/Schwarzw. 167
Neuweiher 177
Neuwied 117
— Stausee 117
Neye-Talsperre 108
Niebüll 19
Nied 140
Niedaltdorf 140
Niederaichbach 205
Niederaula 83
Niederbreitbach 116
Niederelbe 27
Niederkirchen 141
Niederkleveez 38
Niederkrüchten 103
Niedersonthofen-Waltenhofen 178
— Niedersonthofener See 171, 178
Niederurff 86
Niederwerbe 88, 89
Niehuuser See 28
Nienburg/Weser 52
Niendorf 18
Nims 124, 127, 130
Nistertal 114
Nittenau 214
Nölkensee 95
Nössekuhle 19
Nonnenbach 100

Norddeich 18
Norden 18
Nordenham 71
Norderbootfahrt 24
Norder Hake 29
Nordermiele 25
Norderney 18
Nordgeorgsfehn-Kanal 66
Nordhastedt 24
Nordhofen 117
Nordholz 62
Nord-Ostsee-Kanal 26, 29
Nordsee 18
Norheim 137
Northeim 53
Nortorf 31
Notschrei 163
Nürtingen 148
Nußbach 167
Nußhausen 226

Oberammergau 189
Oberaudorf 203
Oberauhof-Baggersee 241
Oberaula 84
Obereggersberg 226
Obereisenheim 239
Oberelbert 117
Obere Murg 160
Obere Murr 153
Obere Oste 61
Obere Pfreimd 217
Obererbach 117
Oberer Eschenbacher Teich 54
Oberer Floß-Teich 54
Oberer Grumbacher Teich 54
Oberer Grund 144
Oberer Hüttenweiher 95
Oberer Lech 175
— Lechsee 177
Oberer Nassenwieser Teich 54
Oberer Pfauenteich 54
Oberer Spiegeltaler Teich 54
Oberer Zechenteich 54
Obere Saale 241
Oberer Soeste 67
Oberharmersbach 163
Oberharzer Teiche 55
Oberhauser Weiher 176
Oberhavel 40
Oberhofen 226
Obermainsbach 214
Obermannteich 98
Obermaubach
— Stausee 100
Obermosel 132
Obernburg/Main 235
Oberndorf/Oste 62
Oberraden 129
Oberreitnau 178
Oberschwandorf 161
Obersee/Brühl 124
Obersee/Füssen 175, 180, 181
Oberstaufen 182
Oberstdorf 178
Oberurff 86
Oberweis 129
Oberweser 61, 77
— Gieselwerder 77
— Oedelsheim 77, 78
Oberwössen 201
Oberwolfach 163
Oberzeuzheim 115
Obing 203
Obinger See 196, 203
Ochsenfurt 230
Ochtum 61
Oder 55, 58
— Stausee 55
Oedelsheim 77, 78
Oedheim 151
Öhringen 152
Ölde 97
Ölschnitz 240
Örtze 43, 46, 48
Oettingen 230
Offenbach 91
Offendorf 34
Offlumer See 97
Ohe 67
— Ableiter 67
Ohm 121
Oker 52, 57, 59
Okertalsperre 55, 56, 58
Oldenburg/Holst. 32
Oldenburg/Luhe 43
Oldenburg i. O. 71
Oldendorf/Örtze-Hermannsburg 48
Olef 126
Olfen 97
Olpe 107
Oosbach 126
Ophovener Seenplatte 104
Oppenau 163, 164
— Ibach 163
— Löcherberg 163
Organisierte Hochsee-Fangfahrten 17, 18, 19, 34
Ortenburg 209
Orth 17
Orther Rhede 33
Osnabrück 99
Oste 42, 62, 63, 64
— See 64
Osten/Oste 62
Oster 139
Osterbergsee 54
Osterholz-Scharmbeck 63
Osterteich 84
Ostheim v. d. Rhön 239
Ostrach 175, 180, 182
Ostrohe 24
Ostsee 17
Our 125, 129, 131
— Stausee 129
Ovenstädt 93
Overhaken 63
Owschlag 29
— Au 22
— See 30

Paar 183
Pahlen 23
Panzergraben 142
Panzer Talsperre 108
Papenburg 71, 72
Pappenheim 225
Partnach 186
Passau u. Umgebung 206, 209
Pegnitz 231
Pelhamer See 196, 202
Pelzerhaken 34
Perl 132
Perl-Nenning 139, 140
Petershagen 77, 78
Petersweiher 242
Pfarrkirchen 205
Pfreimd 218, 219, 222
Pielenhofen 219
Pilsensee 183, 189, 193
Pingsdorfer See 124

Pixhaier Teich 54
Plansee 175
Platisbach 127
Pleidesheim 149
Plettenberg 108, 110
Plittersdorf 164
Plochingen 148
Plön 37
Plößberg 219
— Weiher 216, 219
Plötzensee 41
Pocking 202, 206
Pöhler See 92
Poelvennsee 103
Pönitz am See 34
Pönitzer See 34
Pötenitzer Wiek 34
Pogum-Ditzum 72
Poltersdorf 131
Pommern 132
Porta Westfalica 77
Postmünster 205
— Stausee 205
Postsee 35
Postweiher 115, 117
Pottenstein 228
Pottum 117
Praunheim (Altarm) 90
Preetz 35
Prien 200
Prinzenteich 54
Priorteich 60
Prisenbach 167
Prüm 127, 129, 130
Prunn 226
Puderbach 117
Pünderich 132
Püttlach 228
Pulling 212
Pulvermaar 125, 126
Puttgarden/Fehmarn 33

Quakenbrück 100
Quellensee 103
Querbeek 34

Radde 71
Radenbach 129
Radevormwald 109
Radolfzell 169
— Mettnau 169
Rain am Lech 178
Rainbachmündung 147, 148
Raisdorf 17, 35
Ramsauer Ache 197
Ransbach-Baumbach 117
Ransbach-Weiher 139
Rantrumer Wehle 24
Rantumer Becken 19
Rastatt 164
— Plittersdorf 164
— Wintersdorf 164
Rastede 72
Ratekau 34
Ratheim 101
Ratzeburg 39
Ratzeburger See 39
Ratzenweiher 150, 229
Raumbergteich 89
Ravensburg 182
Rech 130
Rechenweiher 222
Rechtenstein 182
Recker Teiche 100
Rednitz 229, 230
Regen 212, 213, 214, 215, 216
Regener Stausee 214
Regnitz 229
Rehbach 87
Rehe 118
Rehlingbach 222
Rehlingen 140
— Eimersdorf 140
— Hemmersdorf 140
— Niedaltdorf 140
— Siersburg 140
Reichelsheim 92
Reichenbach-Tiefenbach 215
Reifferscheidebach 127
Reil 132, 133
Reinhardshagen 78
Rems 154
Rench 157, 163
Rendsburg 22, 26
Rensinger See 26, 27
Rethem/Aller 48
Rettenbach 212
— Stausee 212
Rettin 34
Reuth b. Erbendorf 219
Rhede 97
Rheider-Au 21
Rhein 100, 101, 102, 103, 104, 105, 113, 137, 143, 144, 147, 156, 157, 159, 160, 161, 164, 167, 170
Rheinböllen 137
Rheinhausen 105
Rhein-Herne-Kanal 100, 106, 107
Rheydt 102
Rhume 53, 57
Riedbach 91
Rieden/Ammersee 185
Rieden, Unteres Vilstal 220
Riedenburg 226
Riederau 185
Riedlingen 183
Riedsee 242
Riegsee 189, 190, 193
Rieneck 235
— See 235
Rießersee 186
Rieste 99
Rimbach 145, 220
Rimsting 200
Ringschlot 25
Rinteln 78
Riß 180
Ritterheck 156
Rittersdorf 130
Rockenhausen 143
Rockoldinger Weiher 222
Rodach 241, 242
Rodau 48
Roding 215
Röhr 107
Rönischbächle 160
Röseteich 60
Rötz 220
Rohrbachsee 206, 207, 210
Rohrbacher See 242
Rohrsee 188
Rohrwoog Weiher 142
Roithofweiher 210
Rollshausen 59
Ronsdorfer Talsperre 114
Rosenfelder See 35
Rosensee 35
Roßbach 115
Rot 180
Rotach 180
Rot am See 152
Rotenburg/Wümme 48
Roter Main 241
Roth 171

Rothenburg/Tauber 155
Rothmoosbach 165
Rothsee 237
Rott 193, 205, 206
Rottachweiher 177
Rottum 180, 182
Rottweil 148
Roxheim 142
— Altrhein 142
Rüder See 28
Rühle 76
Rülzheim 143
Ründeroth 112
Rüttebach 167
Ruhpolding 204
Ruhr 99, 102, 106, 107, 109
Ruhrstau 106
Ruhstorf/Rott 206
Rur 101, 104
Rurberg 130
Rurich 101
Rurstausee 130
Ruschwede 45
Ruschweiler See 181
Ruwer 131, 136

Saalach 196,
— See 196, 197
Saale 241
Saar 131, 140
Saarbrücken 140
Saarlouis 140
— Fraulautern 141
— Lisdorf 141
— Roden 141
Sababurg 87
Sachsenhagen 98
Sachsenhausen 88, 89
Säckingen 164
Sägmoosbach 165
Sägmühlteich 155
Sagter Tief 67
Salinensee 157
Salm 128, 130
Salmtal-Salmrohr 130
Salmünster 89
Salzach 196, 198, 202, 203
Salzbergen 72
Salzgitter 53
— See 53
Salzgraben 50
Salzhausen 48
Sand am Main 230
Sande 30
Sandrach 187
St. Blasien 157
St. Goar 137
St. Heinrich 190
St. Ingbert 141
St. Michaelisdonn 26
St. Oswald-Riedlhütte 211
St. Thomas 128
St. Wendel 141
— Niederkirchen 141
Sareitz, Försterei 48
Sarzbüttel 24, 25
Sassenberg 98
Sauer 131, 132
Schäferweiher 143
Schafstedt/Dithm. 26
Schaidt 142
Schalkenmehren 125
— Mehrener Maar 125
Schalker Teich 54
Schanze 72
Schapbach 159
Scharbeutz 34
Scharnebeck 44
Scheer 183
Scheeßel 49
Schefflenz 151
Scheggerott 28
Scheidegg 183
Schellenberger Ache 198
Schierensee 30, 38
Schierhorn 46
Schifferstadt 144
Schillingen 137
Schiltach 166
Schlachtensee 41
Schladen 59
— Kiesteich 59
Schlamersdorf 39
Schleching 200
Schlei 28
Schleswig 28
— Holstein 19, 21
Schliersee 193, 194, 195
Schlitz 82, 84
Schluchsee 157, 164
Schluchtsee 124
Schlüchtern 91
Schluensee 37
Schlüsselburg 77
Schlüsselfeld 239
Schmalsee 39
Schmallenberg-Winkhausen 111
Schmidmühlen 220
Schmidthahn 117
Schmutter 171, 173
— See 171, 175, 177, 178, 179
Schnackenburg 49
Schnackenweiher 224
Schöhsee 37
Schönau 165
Schönecken 130
Schöngrundsee 228
Schönmünz 160
Schönmünzach 159
Schöntal 152
— Bieringen 152
Schönwald 165
Schönwalde 38
Schondorf 185
Schongau 178
Schopfheim 165
— Gersbach 165
Schorndorf Remstal 154
Schotten 91
Schottersmühle 229
Schrötenbacher Teich 54
Schrolik-See 103
Schülpersiel-Kanal 25
Schüttorf 72
Schulsee 39
Schussen 180
Schuttern 166
Schutterwald 166
Schwabach 231
Schwabensee 232
Schwabstedt 21
Schwäbisch-Hall 152
Schwärzenbach 195
Schwaigsee 186
Schwalm 85, 89, 103
Schwammenauel 130
Schwandorf und Umg. 220
Schwanbach 177
Schwanenwehl 24
Schwanenweiher 144
Schwangau-Brunnen 171, 179
— Hohenschwangau 179
Schwansee 171
Schwarmstedt 49
Schwarzach 180, 218, 220, 224, 225

Schwarzbach 105, 144
Schwarze Laaber 216
Schwarzenbacher Teich 54
Schwarzenbach-Talsperre 159, 160
Schwarzenberg 159
Schwarzenfeld 221
Schwarzer Regen 212, 214, 215
Schwarzweiher 142
Schwebda 80
Schweindorf 73
Schweinfurt 240
— Kreuz 240
Schwentine 29, 35
Schwienau 44
Sechs-Seen-Platte 105
Seck 118
— Weiher 118
Seebach 160, 166
— Besenfeld 166
Seeburg 59
Seeburger See 59
Seedorf 31
Seefelder Ach 171
Seehausen
— Staffelsee 190
Seesen 59
Seeshaupt 191
Seewald 166
— Besenfeld 166
Sehlendorf 32
Sehlendorfer See 32
Seidlersreuther Weiher 219, 223
Selbach 89
Seligenstadt 235
Selk 28, 29
Selker Mühlenteich 28, 29
Selker Noor 29
Sellerich 131
Sempt 196, 205
Senheim 133
Sieg 111, 112, 113, 114
Siegburg 113
Sielbek 38
Siersburg 140
Sievers Teich 55
Silbersee 118, 142, 143
Simbach 206
Simmertal 137
Simonswald 166
Simssee 196, 202, 204,
Sindelfingen 148
Sinkteich 241
Sinn 233, 236
Sinspelt 131
Sörup 28
Sösetalsperre 57
Soest 110
Soeste 67
Soholmer Au 20
Soier See 176, 183, 188, 193
Solnhofen 226
Sommerkoog 25
Sorge 23
Sorpe 111
— Talsperre 110
Spandau 40, 41
— Schiffahrtskanal 41
Spenge 98
Spiekaer-Wasserlöse 62
Spiekerberg 26
Spitzingsee 193, 195
Spoykanal 102
Spree 40
Staatl. Liegenschaftsamt Karlsruhe 164
Staberhuk 33
Stadtkyll 131
Stadtrainsee 167
Stadtsee 39, 181
Stadtweger Teich 54
Stadtweiher Leutkirch 182
Staffelsee 183, 189, 192
Staffelstein 242
Stahle 77
Stallauer Weiher 186
Stangenmoor 32
Stangenrod 118
Stapelholm 23
Stapelmoorer Sieltief 74
Starnberg 191
Starnberger See 183, 190, 191
Staudt 118
Stedinger Kanal 69
Stegen 185
Stehem 180
Steinach 233
Steinbach 204
Steinbachsee 152
Steinbild/Ems 69
Steinebach-Schmidthahn 117
Steinen 117
Steinfeld 28, 142
Steinheim 98
Steinhuder Meer 52
Steinwiesen 242
Steißlingen 170
Steißlinger See 170
Stemshorn 70
Stephanskirchen 204
— Baierbach 204
— Simssee 204
Stettner See 200
Stever 97
Steyerberg 53
Stickhausen 66
Stiftlandgewässer 222
Stillach 178
Stockacher Ach 180
Stockum 110
Stockweiher 150, 182
Stöckleinsweiher 242
Stölpchensee 41
Stör 26, 27
Stolpe 38
Stolper See 38
Storchenweiher 150
Strande 17
Straubing 211
Streitberg 228
Streu 239
Strohhauser Sieltief 71
Stromberg 138
Strudelweiher 242
Strukkamp
— Albertsdorf 33
Stuttgart 149
Suderburg 47
Südensee 28
Süderau 25
Süderbrarup 28
Süderbootfahrt 24
Süderelbe 42
Süderende 19
Süderfahrenstedt 29
Süderhastedt 25, 26
Süderholm 24
Südermarsch 21
Südermiele 25
Süderstapel 23
Südgeorgsfehn-Kanal 66
Süsel 34
Sulz 223
Sulz/Neckar 149

Sulzach 230
Sumpfteich 54
Sundern-Amecke 111
Syke 64
Sylt 18, 19
Sylvenstein-Stausee 183

Tachinger See 196
Tännesberg 221
Tankumsee 47
Taschensee 34
Taubensee 200
Taubenweiher 199
Tauber 155, 156, 236
Tauberbischofsheim 156
Tegeler Fließ 40
Tegeler See 40
Tegernsee 192, 193, 195
Telgte 98
Teltow-Kanal 41
Tennenbronn 166
Tettau 241
Teublitz 221
Theel 139
Thennersee 194
Thiergarten 153
Thülsfelder Talsperre 67, 73
Thurmansbang 209
Tiebensee 25
Tiefe Hase 100
Tiefenbach 214, 215
Tiefe Wild 101
Tielen 23
Tiengen 167
Timmdorf 38
Timmendorfer Strand 18, 34
Tiroler Ache 196, 198, 201
Tiroler Seen 150
Tirschenreuth 221
Tistra-See 90
Titisee 157, 166
— Neustadt 167
Tittling 210
Todenbüttel 23
Todendorf 31
Todtmoos 167
Tönning 18, 24
Tonbergsee 73
Totenmaar 125
Trais 92
Trammer See 37
Trauchgau 179
Trauchgauer Ach 179
Traun 196, 204
Traunstein 204
Trausnitz Stausee 221
Trave 34
Travemünde 34
Treene 21, 28
Treia 21
Treidling 214
Treis 133
— Karden 133
Trendelburg 87
Trentsee 37, 38
Trettach 178
Tretzendorf 240
Triberg 167
Trier 131, 132
— Ehrang 131
Tröstau 242
Tronsberger Bach 182
Tübingen 149
Tuttlingen-Möhringen 152

Überlingen/Bodensee 170
Überlinger See 180
Übersee-Feldwies 201
Uelfe-Stausee 109
Uelzen 44
Uffing 190
Uhldingen Mühlhofen 170
Uklei-See 29, 38
Ulfenbach 145
Ulm/Neu-Ulm 179
Ulmet 144
Unna-Stangenrod 118
Unterasbach 224
Unterauhof-Baggersee 241
Unterbacher See 105
Untere Havel 40
Untereider 24
Untere Iller 180
Untere Luhe 49
Untere Oste 61
Unterer Eschenbacher Teich 54
Unterer Floßteich 54
Unterer Höllteich 60
Unterer Pfauenteich 54
Unterer Seifenteich 241
Unterer Spiegeltaler Teich 54
Untere Ruhr 105
Untere Treene 21
Untermosel 132
Untersee 124
Untersee-Gnadensee 169, 180
Untertraubenbach 215
Unterweser 61
Unterwössen-Oberwössen 201
Urbach 117
Urff 86
Urft-Talsperre 126
Usch-Zendscheid 128
Utting 185

Vahrer See 61
Varel-Dangast 73
Varenholz 95
Vechta 73
Vechte 72
Veitshöchheim 231
Velden 231
Venekotensee 103
Vennebeck 93
Verden/Aller 49
Vereinigter Main 241
Viechtach 215
Vienenburg 57, 60
— Kiessee 57
Vierer-See 37
Vierhöfen 48
Villenhofer Maar 124
Vils 193, 206, 217, 220, 222
Vilsbiburg 206
Vilseck 222
Vilshofen 206, 210
Vlotho 77, 78
Völlinghausen 110
Vörden 100
Vogt 183
Vohburg 222
Volkach 231
Volkenbacher Waldsee 137
Volkmarsen Herbsen 88
Vollerwiek 24
Vollstedter See 30
Vordertalbach 167

Wabern 88
Wächtersbach 235
Wälde 160
Wagbachmündung 147

Waging am See 204
Waginger See 196, 202, 204
Wahlenfleth 63
Wahlrod 118
Wahlscheid 113
Wahmbeck 75
Wahnhausen 82
Waidhaus 222
Waigandshain 118
Waischenfeld 228
Wakenitz 34
Walchensee 183, 187, 188, 191, 192
Waldach 161
Waldau 243
Waldbreitbach 115
Waldbröl 113
Waldeck 88, 89
— Dehringhausen 89
— Niederwerbe 89
— Selbach 89
Waldenburg 153
Waldenhausen 236
Walderbach 215
Waldkappel 81
Waldkirch 167
Waldkirchen 210
Waldmohr 144
Waldnaab 223
Waldsassen 222
Waldsee 183
Waldshut 167
— Tiengen 167
Walkenried 60
Wallersee 91
Wallgau 192
Wallgraben 84
Wallnau 32
Wallnerweiher 210
Waltenhofen 178
Walzweiher 143
Wamel 110
Wanfried 81
Wankendorf 38
Wanne-Eickel 107
Warder 30
Wardersee 30
Wardmannsmeer 100
Warendorf 98
Warmenau 98
Warringholz 23
Warstein 111
Warwerort-Kanal 25
Wascheid 130
Wassenberg 103
Wasserlöse 62
Waterneverstorf 31
Wattenmeer 67
Wedau 105
Weener 73
— Sieltief 74
Wega 85
Wehr 168
Wehra 168
Wehrburger Teich 98
Wehrendorf 99
Wehrhausener Baggersee 209
Weiden, Opf. 222
Weihern 212
Weihung 180
Weilheim 192
Weinfelder Maar 125
Weisenbach 168
Weißensee 171, 175, 180
Weißer Main 241
Weißer Regen 213, 214
Wellen 88
Wellesweiler 139
Welschneudorf 118
Weltenburg 226
Welzheim 155
Wendlingen 148
Wenigerather Bach 133
Wennsee 34
Werbach 156
Werl 110
Werra 77, 79, 80, 81
Werratal-See 79, 80
Wersbachtal 112
Werre 92, 93, 95, 96, 97
Wersten 105
Wertach 171, 173, 177, 180
— Stausee 173
Wertheim/Main 235
— Bettingen 236
— Grünenwört 236
— Mondfeld 236
— Reicholzheim 236
— Waldenhausen 236
Wesel 104
Wesel-Datteln-Kanal 100, 107
Weser 49, 52, 61, 75, 76, 77, 78, 79, 80, 93, 95
Wesselburen 24
Westensee 29, 30
— Bossee 30
Westerdeichstrich 25
Westerland 18, 19
Westerrönfeld 26
Westerwälder Seenplatte 117
Westerwald 114
Westhafen-Kanal 41
Wetter 44, 47, 90, 91
Wettmarsen 107
Wettringen 99
Wetzlar 121
Widdern 153
Wiebelskirchen 139
Wied 114, 115, 116, 117
Wieda 60
Wiedau 48
Wiedtal 115
Wiesau 223
Wiesauer Waldseen 217, 223
Wiese 162, 165, 169
Wiesenbecker Teich 55
Wiesensee-Pottum 117
Wiesent 228, 229
Wiesenttal-Muggendorf-Streitberg 228
Wieslauter 142
Wild 101
Wildbad 168
Wildenburg 131
Wildenstein 150
Wilde Rodach 241
Wildsteig 193
Wilhelmshaven 18, 74
Willebadessen 99
Willersinn-Weiher 143
Willhof 221
Willinghausen-Loshausen 85
Willwerath 130
Wilmersdorfer Seen 41
Wilster 27
Wilsterau 27
Wimmer-Bach 92
Windach 183
Windeck 113
Winden 168
Winderatt 28
Winderatter See 28
Windgfällweiher 157
Windheim 78

Windmühlenbruch 103
Windsfeld 224
Wingst-Dobrock 64
Winkhausen 111
Winningen 133
Winsen/Aller 49
Winsen/Luhe 44, 49
Winterberg 99
Wintersdorf 164
Wintrich 132
Winzer 212
Wirges 118
Wissel 102
Wisserbach 113
Wissingen 93
Wittenfelde 100
Wittensee 30
Wittingen 47
Wittlage 92
Wittlich 132
Wittmunder Tief 69
Wittsee 103
Witzenhausen 81
Wöhrachen 201
Wölferlingen 118
Wölfersheim 92
— Baggersee 92
Wörnitz 173, 230
Wörth/Do. 212
Wörth/Rh. 156
Wörthsee 183, 193
Wössener-See 201
Wolf 159, 163
Wolfach 159, 168, 209, 210
Wolfhagen 88
Wombacher Weiher 141
Wommen 80
Wondreb 221
Woodbach 142
Wrexen 86
Wrohe 30
Wrohm 23, 26
Wümme 48, 61
Wünnenberg 99
Würm 183
Würzburg 232
Wulfener Steilküste 33
Wupper 108, 113
— Talsperre 108
Wuppertal 114
— Beyenburg 114
— Stausee 114
Wutach 162, 168
Wyk auf Föhr 19
Wyler Meer 102
Wymeerer Sieltief 74

Xanten 104

Zauner Baggersee 187, 188
Zell (Mosel) 131, 134
Zell i. W. 169
Zeller See 170, 180
Zeltingen 132
Zendscheid 128
Zetel/Neuenburg 74
Ziegelsee 39
Ziegenberger Teich 54
Zinsbach 157
Zirndorf 232
Zusam 171, 173
Zweibrücken 144
Zweigkanal 99
Zwergbach 176
Zwesten 85
— Oberurff 85
Zwillingsgraben 63
Zwischenahner Meer 72